Springer-Lehrbuch

Springer
Berlin
Heidelberg
New York
Barcelona
Hongkong
London
Mailand
Paris
Tokio

Peter Stahlecker
Nils Hauenschild · Markus Klintworth

Optimierung und ökonomische Analyse

Mit 33 Abbildungen

Springer

Professor Dr. Peter Stahlecker
Dr. Nils Hauenschild
Dipl.-Wi.-Math. Markus Klintworth
Universität Hamburg
Institut für Statistik und Ökonometrie
Von-Melle-Park 5
20146 Hamburg
stahleck@econ.uni-hamburg.de
hauen@econ.uni-hamburg.de
klintwor@econ.uni-hamburg.de

ISBN 3-540-43500-X Springer-Verlag Berlin Heidelberg New York

Die Deutsche Bibliothek - CIP-Einheitsaufnahme
Stahlecker, Peter: Optimierung und ökonomische Analyse / Peter Stahlecker; Nils Hauenschild; Markus Klintworth. - Berlin; Heidelberg; New York; Barcelona; Hongkong; London; Mailand; Paris; Tokio: Springer, 2003
(Springer-Lehrbuch)
ISBN 3-540-43500-X

Springer-Verlag Berlin Heidelberg New York
ein Unternehmen der BertelsmannSpringer Science+Business Media GmbH

http://www.springer.de

Printed in Germany

Umschlaggestaltung: Design & Production GmbH, Heidelberg

SPIN 10876102 42/2202-5 4 3 2 1 0 - Gedruckt auf säurefreiem Papier

Vorwort

Schon bei einer oberflächlichen Betrachtung der führenden ökonomischen Fachzeitschriften sowie aktueller Lehrbücher wird deutlich, daß sich die Wirtschaftswissenschaften und dabei insbesondere die Volkswirtschaftslehre zu einer verhältnismäßig mathematischen Disziplin entwickelt haben. Die Mehrzahl aller wissenschaftlichen Abhandlungen im wirtschaftstheoretischen Bereich besitzt zumindest als Ausgangspunkt ein formales Modell; viele Arbeiten könnten sogar in mathematischen Fachzeitschriften publiziert werden. Hieraus ergibt sich für (zumindest theoretisch orientierte) Ökonomen die Notwendigkeit, über gewisse mathematische Fertigkeiten zu verfügen. Dies gilt um so mehr für Studierende dieses Faches, für die der Zugang zu zahlreichen Teildisziplinen vor allem der Volkswirtschaftslehre ohne ein entsprechendes Verständnis der formalen Modelle versperrt bleibt.

Man kann jedoch nicht erwarten, daß derartige Kenntnisse bei allen Studierenden in ausreichendem Maße vorhanden sind. Im wirtschaftswissenschaftlichen Grundstudium werden üblicherweise nur die Bereiche Analysis, Lineare Algebra und Statistik abgedeckt, welche zum Verständnis der Inhalte fortgeschrittener Veranstaltungen nur bedingt ausreichen. Insbesondere ist unserer Erfahrung nach festzustellen, daß Studierende häufig nur über rudimentäre Kenntnisse in Optimierungsmethoden (etwa Optimalitätsbedingungen für unrestringierte Probleme, Lagrange-Methode) verfügen. Dieser Umstand ist vor allem deshalb unbefriedigend, weil unabhängig vom jeweils gewählten Modellrahmen (statisch/dynamisch, deterministisch/stochastisch) nahezu alle wirtschaftstheoretischen Modelle auf Optimierungsüberlegungen basieren und daher zumindest ein mathematisches Optimierungsproblem enthalten. In fortgeschrittenen Lehrveranstaltungen steht man somit oft vor der Entscheidung, entweder auf die ausführliche Lösung des Modells zu verzichten, um gleich zu den wesentlichen ökonomischen Interpretationen vorzudringen oder aber einen Großteil der vorhandenen Zeit auf mathematischen „Nebenschauplätzen" zu verbringen, wodurch die ökonomischen Inhalte meistens zu kurz kommen. Beide Wege sind aus offensichtlichen Gründen unbefriedigend.

Das vorliegende Buch entstand im wesentlichen aus dem Anliegen, den soeben dargestellten Konflikt zu lösen. Seine Zielsetzung besteht darin, eine kompakte aber dennoch mathematisch fundierte Einführung in jene Klassen von Optimierungsproblemen bereitzustellen, die am häufigsten im Rahmen ökonomischer Modelle auftreten. Dabei ist unser Ansatz im Vergleich zu vielen anderen vorwiegend für einen ökonomischen Leserkreis verfaßten Texten über Optimierungsmethoden durch drei Besonderheiten gekennzeichnet.

Erstens behandeln wir sowohl statische als auch dynamische Probleme. Dies hat zum einen den Vorteil, daß man alle wesentlichen Modellklassen und Methoden gewissermaßen „auf einen Blick" sowie in einer einheitlichen Bezeichnungs- und Herangehensweise erlernen kann. Zum anderen werden gewisse Ähnlichkeiten und Zusammenhänge zwischen den statischen und den dynamischen Methoden deutlich, wodurch insbesondere das Verständnis der im allgemeinen schwerer zugänglichen dynamischen Verfahren erleichtert werden sollte.

Zweitens werden die mathematischen Resultate bis auf wenige Ausnahmen bewiesen und konsequent in Satz-Beweis-Struktur dargestellt. Diese Vorgehensweise folgt aus der Überzeugung, daß für ein fundiertes Verständnis und eine anschließende korrekte Anwendung der Methoden eine bloße „Rezeptesammlung" nicht ausreicht. Erst eine intensive Beschäftigung mit den Beweisen der jeweiligen Sätze läßt ein Gespür dafür entwickeln, warum die Lösung eines Problems auf eine bestimmte Weise charakterisiert oder bestimmt werden kann, welche Voraussetzungen dabei essentiell sind und wo die Grenzen der jeweiligen Resultate liegen. Allerdings verzichten wir auf solche Beweise, die formal sehr aufwendig sind und darüber hinaus keine grundlegend neuen, für das Verständnis der jeweiligen Methoden wesentlichen Ideen beinhalten. Die Darstellung der mathematischen Inhalte in Satz-Beweis-Form besitzt ferner den Vorteil, daß in den Sätzen alle benötigten Voraussetzungen sowie die jeweils relevanten Optimalitätsbedingungen aufgeführt sind, so daß diese nicht aus dem Text zusammengesucht werden müssen und das Buch auch als Nachschlagewerk genutzt werden kann.

Drittens ist der Aufbau des gesamten Buches so konzipiert, daß ökonomische und mathematische Betrachtungen stets miteinander verzahnt sind. Es wird zunächst ausführlich anhand vorwiegend volkswirtschaftstheoretischer Fragestellungen verdeutlicht, auf welche Weise sich bei einer formalen Modellbildung aus ökonomischen Überlegungen heraus unmittelbar verschiedene Klassen von Optimierungsproblemen ergeben. Danach werden Optimalitätskriterien und Lösungsmethoden für diese Optimierungsprobleme hergeleitet und erläutert. Im Anschluß daran werden die Resultate auf die ursprünglichen Problemstellungen angewendet und die auf diese Weise bestimmten Lösungen ökonomisch interpretiert. Wir wollen durch diese Vorgehensweise verdeutlichen, daß sich ökonomische Intuition und Interpretation auf der einen sowie mathematische Methodik und Argumentation auf der anderen Seite im Rahmen von Optimierungsproblemen in einem großen Ausmaß gegenseitig beeinflussen und ergänzen, was in kaum einem anderen Bereich derart ausgeprägt anzutreffen ist. Die Auswahl der behandelten ökonomischen Fragestellungen erfolgte dabei vorwiegend mit dem Ziel, diese enge Verzahnung zwischen mathematischer Technik und ökonomischer Interpretation sowie gewisse Analogien zwischen den verschiedenen Problemklassen „plastisch" zu machen. Es geht uns hingegen nicht darum, eine systematische Einführung in wirtschaftstheoretische Teilgebiete oder einen Überblick über sämtliche Anwendungsgebiete der jeweiligen Optimierungsmethoden zu liefern.

Das Buch richtet sich in erster Linie an Studierende der Wirtschaftswissenschaften, der Wirtschaftsmathematik und der Mathematik, die sich mit jenen mathematischen Methoden näher vertraut machen wollen, die zum Verständnis moderner volkswirtschaftlicher Modelle aus dem Bereich der mikro- und der makroökonomischen Theorie benötigt werden. Darüber hinaus ist es aber auch an „fertige" Ökonomen gerichtet, die stärker als bisher auf formalem Gebiet arbeiten möchten und sich aus diesem Grunde in die relevanten mathematischen Methoden einarbeiten wollen. Zum Verständnis der formalen Darstellung sind Vorkenntnisse aus der Analysis und der Linearen Algebra lediglich in einem Umfang erforderlich, wie er üblicherweise im Rahmen des wirtschaftswissenschaftlichen Grundstudiums an deutschen Universitäten vermittelt wird. Das gleiche gilt im wesentlichen hinsichtlich der ökonomischen Vorkenntnisse, welche zum Verständnis der behandelten Modelle benötigt werden. Aus dieser Zielsetzung ergab sich auch, daß wir keinen abstrakten funktionalanalytischen Zugang zur Optimierungstheorie gewählt haben und die jeweiligen Resultate nicht unter möglichst schwachen Annahmen, also in ihrer allgemeinsten Form, präsentieren und beweisen. In der Lehre kann das Buch als Basis für eine eigenständige Vorlesung über Optimierungsmethoden aber auch als Begleittext zu fortgeschrittenen Vorlesungen in Mikro- und Makroökonomik verwendet werden.

In Kapitel 1 führen wir zunächst in knapper Form jene als bekannt vorausgesetzten mathematischen Begriffe und Resultate auf, die in unmittelbarem Zusammenhang mit den nachfolgend betrachteten Optimierungsmethoden stehen. Dies erfolgt zum einem mit dem Ziel, den Leser mit der von uns verwendeten Notation und Begriffsbildung vertraut zu machen. Zum anderen dient dieser Abschnitt in späteren Kapiteln als Referenz für dort verwendete Resultate, so daß ein wiederholtes Nachschlagen in anderen Büchern vermieden werden kann. Darüber hinaus führen wir in diesem Kapitel einige grundlegende Begriffe und Konzepte der Optimierungstheorie ein.

Die statischen Optimierungsprobleme behandeln wir in den Kapiteln 2-4. Nach einer Motivation der dabei auftretenden Problemklassen anhand einiger typischer ökonomischer Beispiele in Kapitel 2 werden diese in den Kapiteln 3 und 4 ausführlich analysiert, wobei wir jeweils notwendige und hinreichende Optimalitätsbedingungen herleiten. Die gewählte Reihenfolge orientiert sich an dem Schwierigkeitsgrad der Problemklassen. Während unrestringierte und gleichungsrestringierte Probleme relativ „standardmäßig" abgehandelt werden, haben wir bei den ungleichungsrestringierten Problemen den ökonomisch relevanten und zudem intuitiv einsichtigen Fall linearer Restriktionen vorangestellt. Im allgemeinen Fall legen wir ein besonderes Gewicht auf die Bedeutung gewisser Regularitätsbedingungen (constraint qualifications), weshalb neben dem Satz von Kuhn-Tucker auch auf den seltener verwendeten Satz von John eingegangen wird.

Die Behandlung dynamischer Optimierungsprobleme ist den Kapiteln 5-8 vorbehalten. Analog zum statischen Teil werden die verschiedenen Problemklassen in Kapitel 5 im Rahmen ökonomischer Modelle eingeführt und dann anschließend sukzessive analysiert. Aufgrund der methodisch gesehen größeren Nähe zu den statischen Modellen beginnen wir mit zeitstetigen dynamischen Problemen, wobei dem jeweiligen Schwierigkeitsgrad folgend zunächst die klassische Variationsrechnung und danach die modernere Kontrolltheorie betrachtet wird. Anschließend gehen wir zur konzeptionell etwas anders aufgebauten Methode der dynamischen Programmierung über, die hier insbesondere im Hinblick auf das zentrale Optimalitätsprinzip von Bellman relativ fundamental und ausführlich behandelt wird.

Im Anhang werden schließlich in sehr knapper Form einige mathematische Hilfsmittel bereitgestellt, die zwar nicht als bekannt vorausgesetzt aber dennoch im Haupttext an verschiedenen Stellen ohne nähere Diskussion verwendet werden. Hierbei handelt es sich neben einigen wichtigen Sätzen und Definitionen vor allem um die Theorie der Differentialgleichungen, welche im Rahmen der zeitstetigen dynamischen Optimierung von Bedeutung ist. Eine ausführliche Behandlung dieses Themenkomplexes würde den Rahmen dieses Buches allerdings sprengen. Die Anhänge können daher eine intensive Auseinandersetzung mit den entsprechenden Theorien nicht ersetzen. Als Hilfestellung zum Verständnis der Beweise und der ökonomischen Beispiele sollte die knappe Darstellung jedoch ausreichen.

Am Ende jedes Kapitels sind Literaturhinweise zu den jeweiligen Problemklassen und Beispielen aufgeführt. Dort wird u.a. auch auf Texte verwiesen, in denen von uns nicht geführte Beweise enthalten sind oder die gewisse Aspekte, die wir nur knapp oder gar nicht ansprechen, ausführlicher behandelt werden.

Abschließend wollen wir unseren Kollegen und Mitarbeitern Oke Gerke, Markus Krieger und Thorsten Stemmler für die sorgfältige Durchsicht verschiedener Teile des Manuskriptes danken. Alle verbliebenen Fehler gehen selbstverständlich zu Lasten der Autoren.

Hamburg, im Juni 2002

Nils Hauenschild
Markus Klintworth
Peter Stahlecker

Inhaltsverzeichnis

Abbildungsverzeichnis

Symbolverzeichnis

$\mathbb{R}$	Menge der reellen Zahlen
$\mathbb{R}_+$, $\mathbb{R}_{++}$	Menge der nichtnegativen bzw. der positiven reellen Zahlen
$\overline{\mathbb{R}}$	Menge der erweiterten reellen Zahlen ($\mathbb{R} \cup \{-\infty\} \cup \{\infty\}$)
$\mathbb{R}^n$	Menge aller n-dimensionalen Spaltenvektoren reeller Zahlen
$\mathbb{R}^{m \times n}$	Menge aller reellen $(m \times n)$-Matrizen
$\mathbb{C}$	Menge der komplexen Zahlen
$\mathbb{C}^n$	Menge aller n-dimensionalen Spaltenvektoren komplexer Zahlen
$\mathbb{C}^{m \times n}$	Menge aller komplexen $(m \times n)$-Matrizen
$\mathbb{N}$, $\mathbb{N}_0$	Menge aller natürlichen Zahlen ohne bzw. mit Null
$\emptyset$	leere Menge
$[a, b]$	abgeschlossenes Intervall
(a, b)	offenes Intervall
$[a, b)$, $(a, b]$	halboffenes Intervall
$\mathcal{C}(\mathcal{D})$	Menge aller auf $\mathcal{D}$ stetigen Funktionen*
$\mathcal{C}^k(\mathcal{D})$	Menge aller auf $\mathcal{D}$ k-mal stetig differenzierbaren Funktionen*
$\mathcal{S}(\mathcal{D})$	Menge aller auf $\mathcal{D}$ stückweise stetigen Funktionen* (vgl. S. 177)
$\mathcal{S}^1(\mathcal{D})$	Menge aller auf $\mathcal{D}$ stetigen und stückweise stetig differenzierbaren Funktionen* (vgl. S. 179)
$\mathcal{A} \subset \mathcal{B}$	$\mathcal{A}$ ist Teilmenge von $\mathcal{B}$ (echte Inklusion und Gleichheit möglich)
$\mathcal{A} \times \mathcal{B}$	kartesisches Produkt der Mengen $\mathcal{A}$ und $\mathcal{B}$
$\mathbf{x}'$, $\mathbf{A}'$	transponierter Vektor, transponierte Matrix
$\mathbf{x}'\mathbf{y}$	inneres Produkt von Vektoren ($\mathbf{x}'\mathbf{y} = \sum_{i=1}^{n} x_i y_i$)
$\mathbf{A}^{-1}$	inverse Matrix
$\mathrm{rg}(\mathbf{A})$	Rang einer Matrix
$\det(\mathbf{A})$, $\lvert\mathbf{A}\rvert$	Determinante einer Matrix
$\mathbf{e}_i$	i-ter Einheitsvektor im $\mathbb{R}^n$
$\mathbf{I}_n$	n-dimensionale Einheitsmatrix

max	Maximum (einer Menge oder einer Funktion)
min	Minimum
sup	Supremum (kleinste obere Schranke)
inf	Infimum (größte untere Schranke)
arg max	Menge aller Elemente des Definitionsbereiches, für die eine Funktion ihr Maximum annimmt
lim	Grenzwert
$\lim_{t\uparrow a}$, $\lim_{t\downarrow a}$	Grenzwertbildung erfolgt von unten bzw. oben
lim sup	Limes superior (größter Häufungspunkt)
lim inf	Limes inferior (kleinster Häufungspunkt)
$\exp(x)$, e^x	Exponentialfunktion
$\ln(x)$	natürlicher Logarithmus
$:=$	linke Seite wird durch rechte Seite definiert
$\equiv$	identisch
$\forall$	für alle
$\exists$	es gibt
■	Ende eines Beweises
□	Ende eines Beispiels oder einer Bemerkung

*Die Mengen $\mathcal{C}(\mathcal{D})$, $\mathcal{C}^k(\mathcal{D})$, $\mathcal{S}(\mathcal{D})$ und $\mathcal{S}^1(\mathcal{D})$ werden in der Regel lediglich für Funktionen $f : \mathcal{D} \to \mathbb{R}$, $\mathcal{D} \subset \mathbb{R}^n$, definiert. Zur Vereinfachung der Notation wollen wir jedoch auch Funktionen $\mathbf{f} : \mathcal{D} \to \mathbb{R}^m$ mit mehrdimensionalem Wertebereich als Elemente dieser Mengen auffassen. Für diese sind sämtliche Komponenten f_i, $i = 1, ..., m$, Elemente der jeweiligen Mengen im Sinne der üblichen Konvention. Wenn Mißverständnisse hinsichtlich des jeweils relevanten Zielraumes nicht ausgeschlossen sind, führen wir bei den Mengen einen zusätzlichen Index auf, der die Dimension der betrachteten Funkion angibt. Wir schreiben dann also z.B. $\mathbf{f} \in \mathcal{C}_m^k(\mathcal{D})$ für eine k-mal stetig differenzierbare Funktion $\mathbf{f} : \mathcal{D} \to \mathbb{R}^m$. Darüber hinaus lassen wir bei allen Mengen die Klammern weg, sofern es sich bei $\mathcal{D}$ um ein (ggf. mehrdimensionales) Intervall handelt, d.h., wir schreiben $\mathcal{C}[a, b]$ statt $\mathcal{C}([a, b])$ usw.

Notation

Zur besseren Unterscheidung notieren wir alle eindimensionalen Variablen in kursiver Darstellung (x), wogegen alle n-dimensionalen Vektoren durch fettgedruckte Kleinbuchstaben gekennzeichnet sind ($\mathbf{x}$). Mit zwei Ausnahmen werden wir dabei alle Vektoren stets als *Spaltenvektoren* auffassen. Abgewichen wird von dieser Konvention lediglich beim Nullvektor $\mathbf{0}$, bei dem aus dem Zusammenhang abgeleitet werden muß, ob er als Spalten- oder als Zeilenvektor zu lesen ist, sowie teilweise beim Gradienten einer Funktion (s.u.). Ferner sind $(m \times n)$-dimensionale Matrizen als fettgedruckte Großbuchstaben aufgeführt ($\mathbf{A}$). Für einen $(n \times 1)$-Spaltenvektor $\mathbf{x}$ bezeichnen wir den transponierten $(1 \times n)$-Zeilenvektor mit $\mathbf{x}'$. Entsprechend ist $\mathbf{A}'$ die transponierte $(n \times m)$-Matrix einer gegebenen $(m \times n)$-Matrix $\mathbf{A}$. Ungleichungsbeziehungen zwischen zwei Spaltenvektoren $\mathbf{x} = (x_1, ..., x_n)'$ und $\mathbf{y} = (y_1, ..., y_n)'$ sind stets komponentenweise zu verstehen, d.h., $\mathbf{x} \geq \mathbf{y}$ ist äquivalent zu $x_i \geq y_i$ für alle $i = 1, ..., n$, bzw. zu $\mathbf{x} - \mathbf{y} \in \mathbb{R}^n_+$.

Die Unterscheidung zwischen kursiver und fettgedruckter Darstellung wird auch im Zusammenhang mit ein- und mehrdimensionalen Funktionen aufrecht erhalten. Eine reellwertige Funktion $f : \mathcal{D} \to \mathbb{R}$ mit Definitionsbereich $\mathcal{D} \subset \mathbb{R}^n$ ist also von der m-dimensionalen Funktion $\mathbf{f} : \mathcal{D} \to \mathbb{R}^m$ unmittelbar zu unterscheiden, wobei jede Komponente f_i, $i = 1, ..., m$, von $\mathbf{f}$ wiederum eine eindimensionale Funktion darstellt. Ebenso wie bei den Vektoren fassen wir $\mathbf{f}$ dabei als $(m \times 1)$-*Spaltenvektor* auf, d.h., es ist

$$\mathbf{f} = \begin{pmatrix} f_1 \\ \vdots \\ f_m \end{pmatrix} : \mathcal{D} \to \mathbb{R}^m.$$

In der Optimierungsliteratur sind sehr viele verschiedene Notationen für (partielle) Ableitungen von Funktionen zu finden. Während die Bezeichnungen innerhalb einzelner Themenkomplexe (statische Probleme, dynamische Probleme in stetiger Zeit, dynamische Probleme in diskreter Zeit) noch relativ einheitlich sind, weicht die Notation zwischen den verschiedenen Gebieten insbesondere im mehrdimensionalen Fall deutlich voneinander ab. Diese Unterschiede haben allerdings durchaus ihre Berechtigung, da je nach behandelter Problemstellung die jeweiligen Optimalitätsbedingungen in der Tat einmal mit dieser und ein anderes Mal mit jener Schreibweise übersichtlicher und verständlicher sind. *Wir haben uns daher entschieden, die in den jeweiligen Bereichen übliche Notation zu übernehmen und lediglich innerhalb der einzelnen Problemklassen eine vollkommen einheitliche Bezeichnungsweise si-*

cherzustellen. Neben einer einsichtigeren Präsentation der verschiedenen Methoden hat diese Vorgehensweise den Vorteil, daß dem Leser der Übergang zur vertiefenden Spezialliteratur in den jeweiligen Bereichen erleichtert wird.

Für Funktionen $f : \mathbb{R} \to \mathbb{R}$ bezeichnen wir die zugehörigen Ableitungen mit f', f'', f''' und $f^{(k)}$, $k \geq 4$.[1] Wenn das Argument einer Funktion als Zeitvariable interpretiert werden kann, schreiben wir für die ersten beiden Ableitungen alternativ auch $\dot{f}$ und $\ddot{f}$. Bei Funktionen $f : \mathbb{R}^n \to \mathbb{R}$, $\mathbf{x} \mapsto f(\mathbf{x})$ mit mehrdimensionalem Definitionsbereich wird die partielle Ableitung nach der i-ten Komponente mit $\partial f / \partial x_i$ oder kürzer mit f_{x_i} bezeichnet. Der Vektor der partiellen Ableitungen bildet den Gradienten der Funktion f, den wir je nach vorliegendem Kontext als Spalten- oder als Zeilenvektor auffassen wollen. Im Falle eines Spaltenvektors schreiben wir ihn dabei in der Form $\partial f / \partial \mathbf{x} = (\partial f / \partial x_1, ..., \partial f / \partial x_n)'$ oder als $f_{\mathbf{x}}$. Dagegen wählen wir für den Gradienten als Zeilenvektor die Darstellung ∇f mit dem Operator ∇ (Nabla), d.h., es ist ∇f gerade der transponierte Vektor von $\partial f / \partial \mathbf{x}$. Oftmals hängt eine Funktion von verschiedenen, mehrdimensionalen Variablen ab, ist also durch $f : \mathbb{R}^n \times \mathbb{R}^m \to \mathbb{R}$, $(\mathbf{x}, \mathbf{y}) \mapsto f(\mathbf{x}, \mathbf{y})$ gegeben. In diesem Fall werden die „Teilgradienten" der partiellen Ableitungen nach den einzelnen Variablen durch $\partial f / \partial \mathbf{x}$ und $\partial f / \partial \mathbf{y}$, $f_{\mathbf{x}}$ und $f_{\mathbf{y}}$ bzw. $\nabla_{\mathbf{x}} f$ und $\nabla_{\mathbf{y}} f$ angegeben. Ist dabei eines der Argumente als eindimensionale Zeitvariable aufzufassen schreiben wir erneut $\dot{f}$. Partielle Ableitungen zweiter Ordnung nach einer Komponente und gemischte partielle Ableitungen sind mit $\partial^2 f / \partial x_i^2$ und $\partial^2 f / \partial x_i \partial x_j$ bzw. in Kurzform mit $f_{x_i x_i}$ und $f_{x_i x_j}$ bezeichnet. Die Hesse-Matrix der partiellen zweiten Ableitungen wird je nach gegebenem Kontext durch $\partial^2 f / \partial \mathbf{x}^2$, $f_{\mathbf{xx}}$ oder $\nabla^2 f$ symbolisiert, wobei in ausführlicher Schreibweise

$$\nabla^2 f = \begin{pmatrix} \frac{\partial^2 f}{\partial x_1^2} & \cdots & \frac{\partial^2 f}{\partial x_1 \partial x_n} \\ \vdots & \ddots & \vdots \\ \frac{\partial^2 f}{\partial x_n \partial x_1} & \cdots & \frac{\partial^2 f}{\partial x_n^2} \end{pmatrix}$$

gilt. Die totale Ableitung einer Funktion mit eindimensionalem Wertebereich bezeichnen wir mit $\frac{d}{dt} f$, wobei t jene Variable bezeichnet, bzgl. derer die totale Ableitung zu bilden ist. Schließlich ist für Funktionen $\mathbf{f} : \mathbb{R}^n \to \mathbb{R}^m$ mit mehrdimensionalem Definitions- und Wertebereich ihre Matrix der ersten partiellen Ableitungen durch

$$\frac{\partial \mathbf{f}}{\partial \mathbf{x}} = \nabla \mathbf{f} = \begin{pmatrix} \frac{\partial f_1}{\partial x_1} & \cdots & \frac{\partial f_1}{\partial x_n} \\ \vdots & \ddots & \vdots \\ \frac{\partial f_n}{\partial x_1} & \cdots & \frac{\partial f_n}{\partial x_n} \end{pmatrix}$$

gegeben, wobei wir erneut von beiden möglichen Notationen Gebrauch machen werden. Man beachte, daß die Gradienten der Komponentenfunktionen f_i stets die *Zeilen* der Jacobi-Matrix bilden, und zwar unabhängig davon, ob wir die Gradienten selbst als Zeile oder Spalte auffassen.[2]

---

[1] Dies ist nicht zu verwechseln mit der Transponierung eines Vektors $\mathbf{f}(\mathbf{x}) \in \mathbb{R}^n$, die in der Form $\mathbf{f}(\mathbf{x})'$ dargestellt wird.

[2] Zur Definition des Ableitungsbegriffs im $\mathbb{R}^n$ vgl. z.B. BARNER, FLOHR (1989).

Kapitel 1

Einführung

Das Studium des vorliegenden Buches setzt gewisse Vorkenntnisse in Mathematik voraus. Im Rahmen dieses einführenden Kapitels sollen daher einige mathematische Grundlagen, die für das Verständnis der behandelten Optimierungsmethoden erforderlich sind, in kompakter Form zusammengefaßt werden. Darüber hinaus wird eine kurze Übersicht über die wesentlichen Grundbegriffe, die im Zusammenhang mit Optimierungsproblemen auftreten, gegeben. Wir gehen davon aus, daß die in Abschnitt 1.1 behandelten Begriffe und Sachverhalte grundsätzlich bekannt sind und die Darstellung dementsprechend sehr knapp gehalten werden kann. Das Kapitel soll in erster Linie die Möglichkeit bieten, die später verwendeten Resultate bei Bedarf nachzuschlagen. Leser, die mit den folgenden Definitionen und Sätzen vertraut sind, können also direkt mit Abschnitt 1.2 oder mit Kapitel 2 beginnen.

1.1 Einige mathematische Grundlagen

In der (statischen) Optimierungstheorie geht es um die Bestimmung von Extremwerten bestimmter Funktionen unter gewissen Nebenbedingungen. Der formale Rahmen ist dabei wesentlich allgemeiner gesteckt als er etwa in der „Schulmathematik" vermittelt wird. Allerdings müssen auch hier die betrachteten Funktionen, deren Definitions- und Wertebereiche sowie die sog. Restriktionsmengen gewisse allgemeine Eigenschaften aufweisen, um z.B. die Existenz von Lösungen der Optimierungsaufgaben sicherzustellen und die Lösungen durch notwendige und hinreichende Bedingungen zu charakterisieren. Wir beginnen mit den wichtigsten Eigenschaften von *Mengen*. Um den Abstand zwischen zwei Punkten $\mathbf{x}, \mathbf{y} \in \mathbb{R}^n$ sowie die Umgebung eines Punktes $\mathbf{x} \in \mathbb{R}^n$ definieren zu können, benötigt man den Begriff einer Norm.

Definition 1.1 *Eine Abbildung* $\|\cdot\| : \mathbb{R}^n \to \mathbb{R}$ *heißt* Norm *auf* $\mathbb{R}^n$, *wenn sie die folgenden Eigenschaften besitzt:*

$$\begin{array}{ll} (i) & \|\mathbf{x}\| = 0 \Leftrightarrow \mathbf{x} = \mathbf{0}, \\ (ii) & \|\lambda \mathbf{x}\| = |\lambda| \cdot \|\mathbf{x}\| \quad \forall \lambda \in \mathbb{R}, \forall \mathbf{x} \in \mathbb{R}^n, \\ (iii) & \|\mathbf{x} + \mathbf{y}\| \leq \|\mathbf{x}\| + \|\mathbf{y}\| \quad \forall \mathbf{x}, \mathbf{y} \in \mathbb{R}^n. \end{array}$$

Bemerkung 1.1 In den meisten Fällen kann mit der sog. *euklidischen Norm* gearbeitet werden. Diese ist für $\mathbf{x} = (x_1, ..., x_n)'$ durch die Vorschrift

$$\|\mathbf{x}\|_2 := \sqrt{\sum_{i=1}^{n} x_i^2} \tag{1.1.1}$$

definiert. □

Mit Hilfe einer Norm läßt sich der Abstand d (bzw. die Entfernung) zweier Punkte $\mathbf{x}, \mathbf{y} \in \mathbb{R}^n$ nunmehr durch $d(\mathbf{x}, \mathbf{y}) := \|\mathbf{x} - \mathbf{y}\|$ erklären. Die hierdurch definierte Funktion $d : \mathbb{R}^n \times \mathbb{R}^n \to \mathbb{R}_+$ nennt man die durch die Norm $\|\cdot\| : \mathbb{R}^n \to \mathbb{R}$ induzierte *Metrik* auf $\mathbb{R}^n$.

Definition 1.2 *Sei $\|\cdot\| : \mathbb{R}^n \to \mathbb{R}$ eine Norm auf $\mathbb{R}^n$, und seien $\mathbf{x}_0 \in \mathbb{R}^n$ sowie $\varepsilon > 0$ fest vorgegeben. Dann heißt*

$$U_\varepsilon(\mathbf{x}_0) := \{\mathbf{x} \in \mathbb{R}^n : \|\mathbf{x} - \mathbf{x}_0\| < \varepsilon\} \tag{1.1.2}$$

eine ε-Umgebung *von* $\mathbf{x}_0$.

Definition 1.3 *Sei $\|\cdot\| : \mathbb{R}^n \to \mathbb{R}$ eine Norm auf $\mathbb{R}^n$. Eine Menge $\mathcal{D} \subset \mathbb{R}^n$ heißt*

1. offen, *wenn für alle $\mathbf{x} \in \mathcal{D}$ ein $\varepsilon > 0$ existiert, so daß $U_\varepsilon(\mathbf{x}) \subset \mathcal{D}$ gilt,*
2. abgeschlossen, *wenn $\mathbb{R}^n \backslash \mathcal{D} := \{\mathbf{x} \in \mathbb{R}^n : \mathbf{x} \notin \mathcal{D}\}$ offen ist,*
3. beschränkt, *wenn ein $\mathbf{x}_0 \in \mathbb{R}^n$ und ein $M < \infty$ existieren, so daß $\mathcal{D} \subset U_M(\mathbf{x}_0) = \{\mathbf{x} \in \mathbb{R}^n : \|\mathbf{x} - \mathbf{x}_0\| < M\}$ gilt,*
4. kompakt, *wenn $\mathcal{D}$ abgeschlossen und beschränkt ist.*

Bemerkung 1.2 **(i)** Ein Punkt $\mathbf{x}_0 \in \mathbb{R}^n$ heißt *innerer Punkt* einer Menge $\mathcal{D} \subset \mathbb{R}^n$, wenn es ein $\varepsilon > 0$ mit $U_\varepsilon(\mathbf{x}_0) \subset \mathcal{D}$ gibt. Eine offene Menge besteht folglich nur aus inneren Punkten.

(ii) Man beachte, daß „abgeschlossen“ nicht das Gegenteil von „offen“ ist, denn es gibt Mengen, die abgeschlossen *und* offen sind, z.B. der $\mathbb{R}^n$ und die leere Menge.

(iii) Im hier ausschließlich betrachteten Grundraum $\mathbb{R}^n$ sind alle Normen äquivalent, so daß die in Definition 1.3 eingeführten Begriffe unabhängig von der gewählten Norm sind. Bei anderen Grundräumen müßte stets mit aufgeführt werden, bzgl. welcher Norm eine Menge offen, abgeschlossen oder beschränkt ist. □

Definition 1.4 *Eine Menge $\mathcal{B} \subset \mathbb{R}^n$ heißt* konvex, *wenn für alle $\mathbf{x}, \mathbf{y} \in \mathcal{B}$ und für alle $\lambda \in [0, 1]$ die Beziehung*

$$\lambda\mathbf{x} + (1 - \lambda)\mathbf{y} \in \mathcal{B} \tag{1.1.3}$$

gilt, d.h. alle Konvexkombinationen von $\mathbf{x}$ und $\mathbf{y}$ ebenfalls zur Menge $\mathcal{B}$ gehören.

Satz 1.1 *Es seien $\mathcal{B}_i \subset \mathbb{R}^n$, $i = 1, ..., n$, konvexe Mengen. Dann ist auch die Menge*

$$\mathcal{B} := \bigcap_{i=1}^{n} \mathcal{B}_i$$

konvex.

Bemerkung 1.3 **(i)** Man beachte, daß auch die leere Menge konvex ist, so daß Satz 1.1 auch in den Fällen $\mathcal{B}_i = \emptyset$ für ein $i \in \{1, ..., n\}$ sowie $\mathcal{B} = \emptyset$ gültig bleibt.

(ii) Im Gegensatz zum Durchschnitt $\mathcal{B} := \bigcap_{i=1}^{n} \mathcal{B}_i$ ist die Vereinigung $\bigcup_{i=1}^{n} \mathcal{B}_i$ konvexer Mengen in der Regel *nicht* konvex.

(iii) Die ε-Umgebung $U_\varepsilon(\mathbf{x}_0)$ eines Punktes $\mathbf{x}_0 \in \mathbb{R}^n$ ist eine spezielle konvexe Menge. □

Damit sind bereits alle Eigenschaften genannt, welche für die bei Optimierungsproblemen auftretenden Mengen wesentlich sind. Für die zu optimierenden Zielfunktionen ist vor allem die Eigenschaft der Konkavität bzw. der Konvexität relevant.

Definition 1.5 *Gegeben seien eine Menge $\mathcal{D} \subset \mathbb{R}^n$ und eine Funktion $f : \mathcal{D} \to \mathbb{R}$. Ferner sei $\mathcal{B} \subset \mathcal{D}$ eine konvexe Menge. Dann heißt die Funktion f*

1. konkav *auf $\mathcal{B}$, wenn für alle $\mathbf{x}, \mathbf{y} \in \mathcal{B}$ und für alle $\lambda \in [0, 1]$ die Ungleichung*

$$f(\lambda \mathbf{x} + (1 - \lambda)\mathbf{y}) \geq \lambda f(\mathbf{x}) + (1 - \lambda) f(\mathbf{y}) \tag{1.1.4}$$

   gilt,

2. streng konkav *auf $\mathcal{B}$, wenn in (1.1.4) für alle $\mathbf{x}, \mathbf{y} \in \mathcal{B}$, $\mathbf{x} \neq \mathbf{y}$, und alle $\lambda \in (0, 1)$ die strikte Ungleichung gilt,*

3. konvex *auf $\mathcal{B}$, wenn $-f$ konkav auf $\mathcal{B}$ ist,*

4. streng konvex *auf $\mathcal{B}$, wenn $-f$ streng konkav auf $\mathcal{B}$ ist,*

wobei im Fall $\mathcal{B} = \mathcal{D}$ der Bezug „auf $\mathcal{B}$" jeweils entfällt.

Bemerkung 1.4 Man beachte, daß ein lineare (bzw. eine affin-lineare) Funktion $f : \mathbb{R}^n \to \mathbb{R}$ mit $f(\mathbf{x}) = \mathbf{a}'\mathbf{x} + b$, $\mathbf{a} \in \mathbb{R}^n$, $b \in \mathbb{R}$, sowohl konvex als auch konkav ist. □

Aufgrund von Teil 3 und 4 aus Definition 1.5 kann man sich im folgenden auf die Betrachtung konkaver Funktionen beschränken, da alle Aussagen entsprechend modifiziert auch für konvexe Funktionen erhalten bleiben. Zunächst gilt die sog. *Gradientenungleichung*, sofern f stetig differenzierbar ist.

Satz 1.2 *Gegeben seien eine offene Menge $\mathcal{D} \subset \mathbb{R}^n$, eine konvexe Menge $\mathcal{B} \subset \mathcal{D}$ und eine Funktion $f \in \mathcal{C}^1(\mathcal{D})$. Dann gilt: Die Funktion f ist auf $\mathcal{B}$ genau dann konkav, wenn für alle $\mathbf{x}, \mathbf{y} \in \mathcal{B}$ die Ungleichung*

$$f(\mathbf{x}) - f(\mathbf{y}) \leq \nabla f(\mathbf{y})(\mathbf{x} - \mathbf{y}) \tag{1.1.5}$$

erfüllt ist, wobei $\nabla f(\mathbf{y})$ den Gradienten von f an der Stelle $\mathbf{y}$ bezeichnet. Zudem ist f genau dann streng konkav, wenn für alle $\mathbf{x}, \mathbf{y} \in \mathcal{B}$, $\mathbf{x} \neq \mathbf{y}$, in (1.1.5) die strikte Ungleichung gilt.

Im Falle einer zweimal stetig differenzierbaren Funktion $f : \mathcal{D} \to \mathbb{R}$ läßt sich die Konkavität mit Hilfe der Hesse-Matrix (d.h. der Matrix der zweiten partiellen Ableitungen) charakterisieren. Hierzu benötigt man den Begriff der Definitheit von Matrizen.

Definition 1.6 *Sei $\mathbf{A} \in \mathbb{R}^{n \times n}$ eine symmetrische Matrix.*

1. *A heißt* positiv definit, *wenn*
$$\mathbf{x}'\mathbf{A}\mathbf{x} > 0$$
für alle $\mathbf{x} \in \mathbb{R}^n \backslash \{0\}$ gilt und positiv semidefinit, *wenn*
$$\mathbf{x}'\mathbf{A}\mathbf{x} \geq 0$$
für alle $\mathbf{x} \in \mathbb{R}^n$ ist.

2. *A heißt* negativ definit, *wenn $-\mathbf{A}$ positiv definit ist und* negativ semidefinit, *wenn $-\mathbf{A}$ positiv semidefinit ist.*

3. *A heißt* indefinit, *wenn $\mathbf{A}$ weder positiv noch negativ semidefinit ist, d.h., wenn es $\mathbf{x}, \mathbf{y} \in \mathbb{R}^n$ mit $\mathbf{x}'\mathbf{A}\mathbf{x} > 0$ und $\mathbf{y}'\mathbf{A}\mathbf{y} < 0$ gibt.*

Da ein direkter Nachweis der in Definition 1.6 aufgeführten Eigenschaften im allgemeinen schwierig ist, sollen an dieser Stelle einige Kriterien angegeben werden, anhand derer überprüft werden kann, ob eine Matrix positiv oder negativ (semi-) definit ist.

Satz 1.3 *Sei $\mathbf{A} \in \mathbb{R}^{n \times n}$ eine symmetrische Matrix. Dann gilt:*

1. *$\mathbf{A}$ ist genau dann positiv (negativ) definit, wenn alle Eigenwerte von $\mathbf{A}$ positiv (negativ) sind.*

2. *$\mathbf{A}$ ist genau dann positiv (negativ) semidefinit, wenn alle Eigenwerte von $\mathbf{A}$ größer (kleiner) oder gleich Null sind.*

3. *$\mathbf{A}$ ist genau dann indefinit, wenn mindestens ein Eigenwert von $\mathbf{A}$ positiv und ein Eigenwert von $\mathbf{A}$ negativ ist.*

Satz 1.4 *Sei* $\mathbf{A} \in \mathbb{R}^{n \times n}$ *eine symmetrische Matrix. Dann gilt:*

1. $\mathbf{A}$ *ist genau dann positiv definit, wenn die Determinanten aller Hauptminoren von* $\mathbf{A}$ *positiv sind, d.h., wenn* $\det(\mathbf{A}_1) > 0, \det(\mathbf{A}_2) > 0, ..., \det(\mathbf{A}_n) = \det(\mathbf{A}) > 0$ *ist, wobei*

$$\mathbf{A}_k = \begin{pmatrix} a_{11} & \cdots & a_{1k} \\ \vdots & & \vdots \\ a_{k1} & \cdots & a_{kk} \end{pmatrix}, \quad k = 1, ..., n, \tag{1.1.6}$$

den k*-ten Hauptminor der Matrix* $\mathbf{A}$ *bezeichnet.*

2. $\mathbf{A}$ *ist genau dann negativ definit, wenn die Determinanten aller Hauptminoren von* $\mathbf{A}$ *alternierende Vorzeichen haben, d.h., wenn*

$$(-1)^k \cdot \det(\mathbf{A}_k) > 0 \quad \forall k = 1, ..., n \tag{1.1.7}$$

gilt, wobei $\mathbf{A}_k$ *gemäß (1.1.6) definiert ist.*

Satz 1.5 *Sei* $\mathbf{A} \in \mathbb{R}^{n \times n}$ *eine symmetrische Matrix. Besitzt* $\mathbf{A}$ *eine dominante Diagonale, d.h., gilt*

$$a_{ii} > \sum_{\substack{j=1 \\ j \neq i}}^{n} |a_{ij}| \geq 0 \quad \forall i = 1, ..., n, \tag{1.1.8}$$

so ist $\mathbf{A}$ *positiv definit.*

Mit Hilfe des Begriffs definiter Matrizen erhält man nunmehr die folgende Charakterisierung konkaver Funktionen:

Satz 1.6 *Sei* $\mathcal{D} \subset \mathbb{R}^n$ *eine offene und konvexe Menge und* $f \in \mathcal{C}^2(\mathcal{D})$ *eine Funktion. Dann ist* f *genau dann konkav auf* $\mathcal{D}$*, wenn die Hesse-Matrix* $\nabla^2 f(\mathbf{x})$ *für alle* $\mathbf{x} \in \mathcal{D}$ *negativ semidefinit ist. Ferner ist* f *genau dann streng konkav auf* $\mathcal{D}$*, wenn* $\nabla^2 f(\mathbf{x})$ *für alle* $\mathbf{x} \in \mathcal{D}$ *negativ definit ist.*

Bemerkung 1.5 Aus Definition 1.5 und Satz 1.6 folgt unmittelbar, daß eine Funktion $f \in \mathcal{C}^2(\mathcal{D})$ genau dann konvex (streng konvex) ist, wenn $\nabla^2 f(\mathbf{x})$ für alle $\mathbf{x} \in \mathcal{D}$ positiv semidefinit (positiv definit) ist. □

Es gibt einige für die Optimierungstheorie wichtige Zusammenhänge zwischen konkaven Funktionen und konvexen Mengen.

Satz 1.7 *Gegeben seien eine Menge* $\mathcal{D} \subset \mathbb{R}^n$*, eine konvexe Menge* $\mathcal{B} \subset \mathcal{D}$*, eine Funktion* $f : \mathcal{D} \longrightarrow \mathbb{R}$ *und eine Zahl* $a \in \mathbb{R}$*. Wenn* f *auf* $\mathcal{B}$ *konkav ist, dann ist die Niveaumenge* $N_f(a) := \{\mathbf{x} \in \mathcal{B} : f(\mathbf{x}) \geq a\}$ *konvex.*

Durch Kombination von Satz 1.7 mit Satz 1.1 ergibt sich unmittelbar der folgende Sachverhalt:

Korollar 1.1 *Sei $\mathcal{D} \subset \mathbb{R}^n$ eine konvexe Menge, und $g_i : \mathcal{D} \to \mathbb{R}$, $i = 1, ..., m$, seien konkave Funktionen. Dann ist die Menge $\mathcal{B} := \{\mathbf{x} \in \mathcal{D} : g_i(\mathbf{x}) \geq 0,\ i = 1, ..., m\} = \bigcap_{i=1}^m \{\mathbf{x} \in \mathcal{D} : g_i(\mathbf{x}) \geq 0\}$ konvex.*

Für manche Optimierungsprobleme ist der Begriff der Konkavität einer Funktion nicht allgemein genug, so daß man auf sog. *quasi-konkave* Funktionen zurückgreifen muß.[1] Für derartige Funktionen ist die Aussage von Satz 1.7 auch umkehrbar.

Definition 1.7 *Sei $\mathcal{D} \subset \mathbb{R}^n$ eine konvexe Menge. Eine Funktion $f : \mathcal{D} \to \mathbb{R}$ heißt*

1. quasi-konkav, *wenn für alle $\mathbf{x}, \mathbf{y} \in \mathcal{D}$ und alle $\lambda \in [0, 1]$ die Ungleichung*
$$f(\lambda \mathbf{x} + (1 - \lambda)\mathbf{y}) \geq \min\{f(\mathbf{x}), f(\mathbf{y})\} \tag{1.1.9}$$
gilt,

2. streng quasi-konkav, *wenn in (1.1.9) für alle $\mathbf{x}, \mathbf{y} \in \mathcal{D}$, $\mathbf{x} \neq \mathbf{y}$, und alle $\lambda \in (0, 1)$ sogar die strikte Ungleichung gilt,*

3. quasi-konvex, *wenn $-f$ quasi-konkav ist, d.h., wenn für alle $\mathbf{x}, \mathbf{y} \in \mathcal{D}$ und alle $\lambda \in [0, 1]$ die Ungleichung*
$$f(\lambda \mathbf{x} + (1 - \lambda)\mathbf{y}) \leq \max\{f(\mathbf{x}), f(\mathbf{y})\} \tag{1.1.10}$$
gilt,

4. streng quasi-konvex, *wenn $-f$ streng quasi-konkav ist.*

Bemerkung 1.6 Man beachte, daß jede (streng) konkave Funktion auch (streng) quasi-konkav ist, die Umkehrung jedoch *nicht* gilt. Als Beispiel betrachte man die Funktion $f : \mathbb{R}_{++} \to \mathbb{R}$, $x \mapsto f(x) = 1/x$, die quasi-konkav und *konvex* (!) ist. Quasi-Konkavität beinhaltet lediglich, daß die *Niveaumengen* $N_f(a) := \{\mathbf{x} \in \mathcal{D} : f(\mathbf{x}) \geq a\}$ einer Funktion $f : \mathcal{D} \to \mathbb{R}$, $\mathcal{D} \subset \mathbb{R}^n$, für alle $a \in \mathbb{R}$ konvex sind. Dies besagt der folgende Satz. □

Satz 1.8 *Gegeben seien eine konvexe Menge $\mathcal{D} \subset \mathbb{R}^n$ und eine Funktion $f : \mathcal{D} \to \mathbb{R}$. Dann gilt: Die Funktion f ist genau dann quasi-konkav, wenn die Mengen $\{\mathbf{x} \in \mathcal{D} : f(\mathbf{x}) \geq a\}$ für alle $a \in \mathbb{R}$ konvex sind.*

Damit sind nunmehr alle wesentlichen Hilfsmittel bereitgestellt, und wir können im folgenden Abschnitt auf einige wichtige Begriffe und Aussagen eingehen, die unmittelbar mit Optimierungsproblemen in Zusammenhang stehen.

[1] Ein prominentes Beispiel hierfür ist die klassische Nutzentheorie. Wird die Präferenzordnung eines Haushaltes durch eine konkave Nutzenfunktion $u : \mathbb{R}_+^n \to \mathbb{R}$ repräsentiert und ist $g : \mathbb{R} \to \mathbb{R}$ eine streng monoton wachsende Funktion, so repräsentiert die durch die Vorschrift $v(\mathbf{x}) := g(u(\mathbf{x}))$ für alle $\mathbf{x} \in \mathbb{R}^n$ definierte Funktion $v : \mathbb{R}_+^n \to \mathbb{R}$ bekanntlich die gleiche Präferenzordnung. Allerdings ist die transformierte Nutzenfunktion v in der Regel nicht mehr konkav, sondern nur noch quasi-konkav.

1.2 Grundbegriffe der Optimierungstheorie

Wir beschränken uns in diesem Abschnitt auf die *statische* Optimierungstheorie. Die korrespondierenden Begriffe für dynamische Probleme werden erst an den entsprechenden Stellen in Teil II des Buches aufgegriffen. Unter einem statischen Optimierungsproblem wird die Aufgabe verstanden, einen Vektor $\mathbf{x}$ aus einer Menge $\mathcal{B} \subset \mathbb{R}^n$ so auszuwählen, daß eine Funktion $f : \mathcal{D} \to \mathbb{R}$ einen größt- oder kleinstmöglichen Wert annimmt, wobei sinnvollerweise $\mathcal{D} \subset \mathbb{R}^n$ und $\mathcal{B} \cap \mathcal{D} \neq \emptyset$ gelten muß. Offenbar kann ohne Beschränkung der Allgemeinheit von der Inklusion $\emptyset \neq \mathcal{B} \subset \mathcal{D}$ ausgegangen werden, da $\mathcal{B}$ andernfalls einfach um den „irrelevanten Teil" verkleinert wird, d.h., man geht ggf. auf die Menge $\mathcal{B}' := \mathcal{B} \cap \mathcal{D}$ über. Die Suche nach einem größtmöglichen Wert wird als Maximierungsproblem bezeichnet und üblicherweise in der Form

$$f(\mathbf{x}) \to \max_{\mathbf{x}}! \tag{1.2.11}$$

unter der Nebenbedingung

$$\mathbf{x} \in \mathcal{B} \tag{1.2.12}$$

oder noch kompakter als $f(\mathbf{x}) \to \max_{\mathbf{x} \in \mathcal{B}}!$ dargestellt. Analog nennt man die Suche nach einem kleinstmöglichen Wert ein Minimierungsproblem und stellt es in der Form $f(\mathbf{x}) \to \min_{\mathbf{x} \in \mathcal{B}}!$ dar. Hierbei wird jeweils die Funktion f als *Zielfunktion* und die Menge $\mathcal{B}$ als *zulässiger Bereich* bzw. als *Restriktionsmenge* des Optimierungsproblems bezeichnet. Ein Punkt $\mathbf{x} \in \mathcal{B}$ heißt *zulässig*. Die konkrete Gestalt der Restriktionsmenge ist wesentlich für die Struktur des Optimierungsproblems und für die zur Ermittlung einer Lösung geeigneten Methoden. Wir werden im statischen Teil des Buches vier verschiedene Arten von Restriktionsmengen betrachten:

1. Unrestringierte Optimierungsprobleme (Abschnitt 3.1): $\mathcal{B} = \mathcal{D}$.

2. Gleichungsrestringierte Optimierungsprobleme (Abschnitt 3.2):
   $\mathcal{B} := \{\mathbf{x} \in \mathcal{D} : \mathbf{h}(\mathbf{x}) = \mathbf{0}\}$, $\mathbf{h} : \mathcal{D} \to \mathbb{R}^m$.

3. Ungleichungsrestringierte Optimierungsprobleme (Abschnitt 4.2):
   $\mathcal{B} := \{\mathbf{x} \in \mathcal{D} : \mathbf{g}(\mathbf{x}) \geq \mathbf{0}\}$, $\mathbf{g} : \mathcal{D} \to \mathbb{R}^r$.

4. Optimierungsprobleme mit gemischten Restriktionen (Abschnitt 4.3):
   $\mathcal{B} := \{\mathbf{x} \in \mathcal{D} : \mathbf{g}(\mathbf{x}) \geq \mathbf{0}, \mathbf{h}(\mathbf{x}) = \mathbf{0}\}$, $\mathbf{g} : \mathcal{D} \to \mathbb{R}^r$, $\mathbf{h} : \mathcal{D} \to \mathbb{R}^m$.

Zunächst muß festgelegt werden, was formal unter einer Lösung eines Optimierungsproblems verstanden wird. Es genügt dabei, ein *Maxi*mierungsproblem der Gestalt (1.2.11)-(1.2.12) zu betrachten, vgl. hierzu auch den nachfolgenden Satz 1.11.

Definition 1.8 *Gegeben seien zwei Mengen $\mathcal{D} \subset \mathbb{R}^n$ und $\emptyset \neq \mathcal{B} \subset \mathcal{D}$ sowie eine Funktion $f : \mathcal{D} \to \mathbb{R}$. Dann heißt ein Punkt $\widehat{\mathbf{x}} \in \mathcal{B}$*

1. lokale Lösung *des Optimierungsproblems (1.2.11)-(1.2.12), falls ein* $\varepsilon > 0$ *existiert, so daß für alle* $\mathbf{x} \in U_\varepsilon(\widehat{\mathbf{x}}) \cap \mathcal{B}$

$$f(\widehat{\mathbf{x}}) \geq f(\mathbf{x}) \tag{1.2.13}$$

gilt,

2. globale Lösung *des Optimierungsproblems (1.2.11)-(1.2.12), falls für alle* $\mathbf{x} \in \mathcal{B}$

$$f(\widehat{\mathbf{x}}) \geq f(\mathbf{x}) \tag{1.2.14}$$

ist.

Im Fall 1 bezeichnet man $f(\widehat{\mathbf{x}})$ *als* lokales Maximum *von* f *über* $\mathcal{B}$, *im Fall 2 als* globales Maximum *von* f *über* $\mathcal{B}$. *Gilt in (1.2.13) bzw. (1.2.14) für* $\mathbf{x} \neq \widehat{\mathbf{x}}$ *sogar die strikte Ungleichung, so spricht man von einer* eindeutigen *lokalen bzw. globalen Lösung sowie von einem* strikten *lokalen bzw. globalen Maximum von* f *über* $\mathcal{B}$.

Während ein globales Maximum offenbar den größtmöglichen Wert der Zielfunktion auf der gesamten Restriktionsmenge darstellt, kennzeichnet ein lokales Maximum lediglich den größtmöglichen Funktionswert auf einem (möglicherweise sehr kleinen) Teilbereich, vgl. Abbildung 1.1. Dabei ist jede globale Lösung des Optimierungsproblems zugleich eine lokale Lösung und das globale Maximum von f über $\mathcal{B}$ natürlich ein (spezielles) lokales Maximum von f über $\mathcal{B}$.

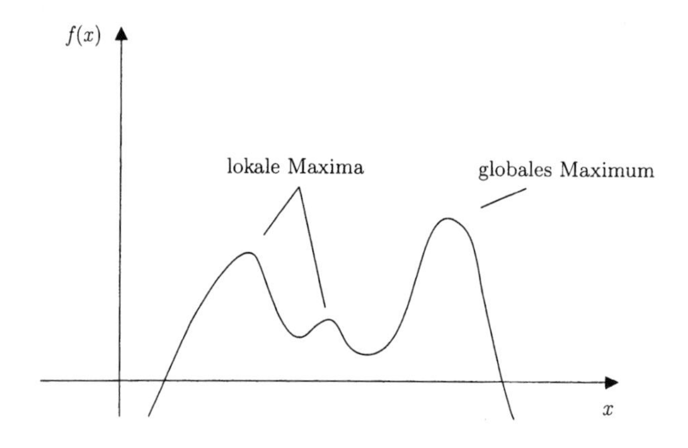

Abbildung 1.1: Lokale und globale Maxima

Es zeigt sich, daß die oben aufgeführten Konvexitäts- und Konkavitätseigenschaften benötigt werden, um sicherzustellen, daß umgekehrt eine lokale Lösung des Optimierungsproblems zugleich eine globale Lösung darstellt. Der nachfolgende Satz ist wichtig, da man bei Optimierungsproblemen natürlich in erster Linie an einer globalen Lösung interessiert ist, die üblichen Optimierungsmethoden jedoch nur zur Bestimmung bzw. Charakterisierung von lokalen Lösungen geeignet sind.

Satz 1.9 *Gegeben seien eine offene Menge $\mathcal{D} \subset \mathbb{R}^n$, eine nichtleere konvexe Menge $\mathcal{B} \subset \mathcal{D}$ sowie eine Funktion $f : \mathcal{D} \to \mathbb{R}$, die konkav auf $\mathcal{B}$ ist. Dann ist eine lokale Lösung des Optimierungsproblems (1.2.11)-(1.2.12) zugleich eine globale Lösung. Ist f streng konkav auf $\mathcal{B}$, ist diese Lösung eindeutig.*

Wir haben im Rahmen der bisherigen Betrachtungen erklärt, was formal unter einem Optimierungsproblem sowie unter einer Lösung eines Optimierungsproblems (bzw. eines Maximierungsproblems der Gestalt (1.2.11)-(1.2.12)) zu verstehen ist. Bei konkreten Fragestellungen ist man nun aber daran interessiert, die (bzw. eine) Lösung des dabei auftretenden Optimierungsproblems zu ermitteln. In diesem Zusammenhang stellen sich zunächst drei wesentliche Fragen:

1. *Existiert* eine Lösung des Optimierungsproblems?

2. Welchen *notwendigen Bedingungen* genügt eine Lösung des Optimierungsproblems?

3. Welche Bedingungen sind *hinreichend* dafür, daß ein zulässiges $\mathbf{x} \in \mathcal{B}$, das man als einen *möglichen* Lösungskandidaten (auf welchem Wege auch immer) ermittelt hat, tatsächlich eine Lösung des Optimierungsproblems darstellt?

Dabei kann man jeweils wieder zwischen der lokalen und globalen Betrachtungsweise im Sinne von Definition 1.8 unterscheiden.

Bei der Frage der Existenz einer Lösung versucht man, Bedingungen zu finden, die nur von den Eigenschaften der Zielfunktion f, ihrem Definitionsbereich $\mathcal{D}$ und dem zulässigen Bereich $\mathcal{B}$ abhängen. Ein Beispiel hierfür ist der nachfolgende wichtige Satz, der verhältnismäßig einfache Bedingungen für die Existenz einer globalen Lösung angibt.

Satz 1.10 (Weierstraß) *Gegeben seien zwei Mengen $\mathcal{D} \subset \mathbb{R}^n$ und $\emptyset \neq \mathcal{B} \subset \mathcal{D}$ sowie eine Funktion $f : \mathcal{D} \to \mathbb{R}$. Die Menge $\mathcal{B}$ sei kompakt, und f sei stetig auf $\mathcal{B}$. Dann existiert eine globale Lösung des Optimierungsproblems (1.2.11)-(1.2.12).*

Dieser Satz stellt einen Spezialfall der auch in einem allgemeineren Rahmen gültigen Aussage dar, daß jede stetige Funktion über einer beliebigen, nichtleeren kompakten Menge sowohl ihr Maximum als auch ihr Minimum annimmt. Man beachte aber, daß diese Extremwerte durchaus auf dem Rand der Menge $\mathcal{B}$ liegen können. Als Beispiel betrachte man etwa die Funktion $f : \mathbb{R} \to \mathbb{R}$, $x \mapsto f(x) = x$ auf dem Intervall $[0, 1]$.

Von derartigen Existenzaussagen zu unterscheiden ist das Vorgehen bei der Beantwortung der Fragen 2 und 3. Hier formuliert man Bedingungen, die nicht nur von f, $\mathcal{D}$ und $\mathcal{B}$, sondern zusätzlich von der gesuchten Lösung $\widehat{\mathbf{x}}$ abhängen. Es handelt sich um Implikationen der folgenden Form, wobei $\mathcal{N}_{f,\mathcal{D},\mathcal{B}}(\mathbf{x})$ eine notwendige und $\mathcal{H}_{f,\mathcal{D},\mathcal{B}}(\mathbf{x})$ eine hinreichende Bedingung bezeichnen:

- Wenn $\widehat{\mathbf{x}} \in \mathcal{B}$ eine Lösung des Optimierungsproblems $f(\mathbf{x}) \longrightarrow \max_{\mathbf{x}\in\mathcal{B}}!$ ist, so gilt $\mathcal{N}_{f,\mathcal{D},\mathcal{B}}(\widehat{\mathbf{x}})$. ($\mathcal{N}_{f,\mathcal{D},\mathcal{B}}(\mathbf{x})$ ist für $\mathbf{x} = \widehat{\mathbf{x}}$ eine wahre Aussage.)

- Wenn $\widehat{\mathbf{x}} \in \mathcal{B}$ der Bedingung $\mathcal{H}_{f,\mathcal{D},\mathcal{B}}(\mathbf{x})$ genügt ($\mathcal{H}_{f,\mathcal{D},\mathcal{B}}(\mathbf{x})$ für $\mathbf{x} = \widehat{\mathbf{x}}$ also wahr ist), so ist $\widehat{\mathbf{x}}$ eine Lösung des Optimierungsproblems $f(\mathbf{x}) \longrightarrow \max_{\mathbf{x}\in\mathcal{B}}!$

Diese scheinbar selbstverständlichen Anmerkungen heben wir deshalb hervor, weil gelegentlich in wirtschaftstheoretischen Arbeiten die Existenzfrage nicht weiter problematisiert wird und oft auch gar nicht befriedigend beantwortet werden kann. Statt dessen charakterisiert man eine Lösung mit Hilfe notwendiger (und hinreichender) Optimalitätsbedingungen. Dagegen wäre nichts einzuwenden, solange man aus den notwendigen Optimalitätsbedingungen einen möglichen Lösungspunkt in expliziter Form bestimmen kann ($\widehat{\mathbf{x}} = ...$) und dann nachweist, daß dieser die hinreichenden Bedingungen erfüllt.[2] Gelingt dies nicht, sollte man sich bewußt sein, daß auch die interessanteste ökonomische Interpretation solcher notwendigen und hinreichenden Bedingungen wenig aussagt: Es könnte ja sein, daß das Optimierungsmodell keine Lösung besitzt, die Annahmen des Modells also nicht widerspruchsfrei formuliert wurden. Wir werden später vor allem im Rahmen der dynamischen Optimierungstheorie sehen, daß man zur Beantwortung der Existenzfrage leider keine einfachen Rezepte zur Verfügung stellen kann, während die Charakterisierung von Lösungen mit notwendigen und hinreichenden Bedingungen schon leichter möglich ist.

Wir haben uns bei allen obigen Überlegungen sowie insbesondere bei der Definition von Lösungen auf Maximierungsprobleme konzentriert. Der nachfolgende Satz zeigt, daß diese Vorgehensweise letztendlich keine Einschränkung darstellt.

Satz 1.11 *Gegeben seien zwei Mengen $\mathcal{D} \subset \mathbb{R}^n$ und $\emptyset \neq \mathcal{B} \subset \mathcal{D}$ sowie eine Funktion $f : \mathcal{D} \longrightarrow \mathbb{R}$. Ferner sei $a \in \mathbb{R}$, $b > 0$ und $c < 0$. Dann sind die Optimierungsprobleme*

$$f(\mathbf{x}) \longrightarrow \max_{\mathbf{x}\in\mathcal{B}}!, \tag{1.2.15}$$

$$a + b \cdot f(\mathbf{x}) \longrightarrow \max_{\mathbf{x}\in\mathcal{B}}!, \tag{1.2.16}$$

$$a + cf(\mathbf{x}) \longrightarrow \min_{\mathbf{x}\in\mathcal{B}}! \tag{1.2.17}$$

äquivalent, d.h., sie besitzen die gleiche (gegebenenfalls leere) Lösungsmenge.

Für $a = 0$ und $c = -1$ zeigt Satz 1.11 demnach, daß die Maximierung einer Funktion f äquivalent zur Minimierung von $-f$ ist, so daß es ausreichend ist, lediglich *Maximierungsprobleme* zu betrachten.

---

[2]Die Schreibweise $\widehat{\mathbf{x}} = ...$ soll bedeuten, daß auf der rechten Seite der Gleichung nur noch die *gegebenen* Größen des Optimierungsproblems, aber nicht mehr die gesuchten Variablen $x_1, ..., x_n$ stehen dürfen.

Literaturhinweise

Die zum Verständnis der nachfolgend behandelten Optimierungsmethoden erforderlichen Vorkenntnisse in Mathematik (Analysis und Lineare Algebra) werden in den meisten Lehrbüchern über Mathematik für Ökonomen vermittelt. Exemplarisch seien an dieser Stelle die Texte von KARMANN (2000) und OPITZ (1999) genannt. Dem formal interessierteren Leser wollen wir darüber hinaus die Beschäftigung mit mathematisch orientierten Büchern wie z. B. FISCHER (2000) und FORSTER (1984, 2001) empfehlen.

Teil I

Statische Optimierung

Kapitel 2

Ökonomische Problemstellungen

Die ökonomische Theorie basiert in großen Teilen auf der Annahme, daß sich die Wirtschaftssubjekte bei ihren Entscheidungen rational verhalten. Diese zentrale Prämisse führt bei der Modellierung ökonomischer Zusammenhänge auf natürliche Weise zu (mathematischen) Optimierungsproblemen. Das Ziel dieses Kapitels ist es, einige ausgewählte Problemstellungen aus der Wirtschaftstheorie und der Ökonometrie zu präsentieren und dabei konkret aufzuzeigen, wie sich Zielfunktion und Nebenbedingungen aus den Verhaltensannahmen und den jeweiligen Rahmenbedingungen ergeben. In den nachfolgenden Kapiteln werden dann verschiedene Ansätze und Methoden zur Ermittlung einer Lösung dieser unterschiedlich strukturierten Optimierungsprobleme entwickelt und deren Anwendung an den hier aufgeführten Beispielen demonstriert und veranschaulicht. Da zunächst der einfachste Fall der Optimierungstheorie, die statische Optimierung, behandelt wird, sind die folgenden ökonomischen Probleme ebenfalls rein statischer Natur. Die Wirtschaftssubjekte treffen zu einem festen Zeitpunkt oder für eine gegebene Planungsperiode eine „optimale“ Entscheidung, ohne deren mögliche Konsequenzen für spätere Zeitpunkte bzw. Zeitperioden zu beachten.

2.1 Güternachfrage eines Haushaltes bei fixem Budget

Wir betrachten als erstes Beispiel die Konsumentscheidung eines einzelnen Haushaltes, der die Möglichkeit besitzt, n verschiedene Güter zu konsumieren. Dabei bezeichnen wir mit x_i, $i = 1, ..., n$, die Konsummengen von Gut i und mit $\mathbf{x} = (x_1, ..., x_n)' \in \mathbb{R}_+^n$ den hieraus gebildeten Spaltenvektor. Es wird unterstellt, daß der Haushalt über Präferenzen verfügt, nach denen er verschiedene Güterbündel, d.h. mögliche Vektoren von Konsummengen, ordnet und das von ihm am meisten präferierte Güterbündel für den Konsum auswählt. Diese Präferenzen müssen gewissen Regularitätsbedingungen genügen, um zu gewährleisten, daß der Haushalt alle möglichen Güterbündel miteinander vergleichen und das „beste“ Bündel auswählen kann. Die ausführliche Darstellung dieser Eigenschaften würde hier zu weit führen, da wir in erster Linie am resultierenden Optimierungsproblem interessiert sind.[1] Eine im weiteren allerdings wichtige Annahme ist die Nichtsättigung. Diese Annahme besagt, daß der Haushalt einem gegebenen Güterbündel $\mathbf{x}$ jedes Güterbündel vorzieht, das von einem Gut mehr und von allen anderen Gütern mindestens genauso viel enthält wie $\mathbf{x}$. Der Haushalt ist also um so besser gestellt, je mehr er von jedem Gut konsumieren kann, ohne von einem anderen Gut weniger konsumieren zu müssen.

Wir nehmen an, daß die Präferenzen des Haushaltes durch eine stetige Nutzenfunktion $u : \mathbb{R}_+^n \to \mathbb{R}$ repräsentiert werden können.[2] Das bedeutet, daß jedem Güterbündel $\mathbf{x}$ ein eindeutiger Nutzenwert $u(\mathbf{x})$ zugeordnet ist und daß stärker präferierte Güterbündel durch höhere Nutzenwerte gekennzeichnet sind. Die Annahme der Nichtsättigung impliziert dabei, daß (im Falle der Differenzierbarkeit) alle partiellen Ableitungen von u positiv sind, d.h. $\frac{\partial u}{\partial x_i}(x_1, ..., x_n) > 0$ für alle $\mathbf{x} \in \mathbb{R}_{++}^n$ und alle $i = 1, ..., n$ gilt. Ein rational handelnder Haushalt wird nun bestrebt sein, das von ihm am meisten präferierte Güterbündel, d.h. jenes mit dem höchsten Nutzenwert, auszuwählen. Um die optimale Entscheidung (und die sie beeinflussenden Planungsdaten) formal beschreiben und analysieren zu können, benötigt man ein Optimierungsmodell. Man könnte zunächst das Optimierungsproblem

$$u(\mathbf{x}) \to \max_{\mathbf{x} \in \mathbb{R}_+^n}! \qquad (2.1.1)$$

betrachten. Es ist nun aber leicht zu erkennen, daß das Nutzenmaximierungsproblem (2.1.1) bei Gültigkeit der Nichtsättigungsannahme keine Lösung besitzt. Da der Haushalt stets eine größere Menge von jedem Gut präferiert und die Auswahl der Konsummengen $x_1, ..., x_n$ keinen Restriktionen unterliegt, würde der Haushalt von jedem Gut „unendlich viel" konsumieren wollen. Wäre nämlich ein Güterbündel $\mathbf{x}^*$ nutzenmaximal, so würde sich der Nutzen durch zusätzliche Gütermengen erhöhen lassen, was im Widerspruch zur angenommenen Optimalität von $\mathbf{x}^*$ steht. Das Problem (2.1.1) hat folglich keine Lösung $\mathbf{x} \in \mathbb{R}_+^n$.

Dieses zunächst ungewöhnlich erscheinende Resultat ist jedoch alleine darauf zurückzuführen, daß die ökonomische Problemstellung nicht angemessen formuliert und daraus ein „falsches" bzw. ungeeignetes Optimierungsproblem abgeleitet wurde. Es ist nämlich nicht vernünftig anzunehmen, daß dem Haushalt alle Güter kostenlos und in unbegrenzter Menge zur Verfügung stehen. Vielmehr ist davon auszugehen, daß der Haushalt jedes Gut i auf einem Markt käuflich erwerben und dafür einen Preis $p_i > 0$ pro Mengeneinheit bezahlen muß. Wir sehen dabei von freien Gütern ($p_i = 0$) ab. Zum Erwerb der Güter steht dem Haushalt ein (modellexogen bestimmtes) Einkommen $m > 0$ zur Verfügung. Schließt man die Möglichkeit einer Kreditaufnahme aus[3], kann der Haushalt also höchstens Güter erwerben, deren

[1] Die verschiedenen Eigenschaften der Präferenzen sind in jedem Standardlehrbuch zur Mikroökonomik ausführlich dargestellt, vgl. z.B. VARIAN (1992), Kapitel 7.

[2] Unter den üblichen Regularitätsbedingungen für die Präferenzen existiert stets eine solche Nutzenfunktion, vgl. VARIAN (1992), S. 97.

[3] Da m modellexogen ist, kann diese Größe ggf. auch bereits gewährte Kredite enthalten.

„Kosten“ $\sum_{i=1}^{n} p_i x_i$ sein Einkommen m nicht übersteigen. Definiert man den Preisvektor $\mathbf{p} \in \mathbb{R}^n_{++}$ gemäß $\mathbf{p} = (p_1, ..., p_n)'$, erhält man folglich das neue, restringierte Nutzenmaximierungsproblem

$$u(\mathbf{x}) \to \max_{\mathbf{x} \in \mathbb{R}^n_+}! \tag{2.1.2}$$

unter der Nebenbedingung

$$\mathbf{p}'\mathbf{x} \leq m. \tag{2.1.3}$$

Da die Zielfunktion u stetig und die Restriktionsmenge $\mathcal{B} := \{\mathbf{x} \in \mathbb{R}^n_+ : \mathbf{p}'\mathbf{x} \leq m\}$ nichtleer und kompakt ist, sichert Satz 1.10 die Existenz einer Lösung von (2.1.2)-(2.1.3).

Wir haben also aufgezeigt, wie sich eine sorgfältig formulierte ökonomische Problemstellung auf direktem Wege in ein formal korrektes Optimierungsproblem übertragen läßt, für das die Existenz einer Lösung durch einen elementaren mathematischen Satz gesichert ist. Es bleibt an dieser Stelle allerdings offen, wie die Lösung des Problems (2.1.2)-(2.1.3) zu ermitteln ist. Daher sind Lösungsmethoden für Probleme der Gestalt (2.1.2)-(2.1.3) zu entwickeln oder zumindest Ansätze dafür bereitzustellen, wie diese Lösungen charakterisiert werden können. Der zweite Aspekt ist insbesondere dann wichtig, wenn das Problem trotz aller Sorgfalt bei seiner Formulierung so komplex bleibt, daß keine explizite Lösung ermittelt werden kann.

Abschließend soll auf naheliegende, für die konkrete Behandlung des Optimierungsproblems allerdings sehr hilfreiche Modifikationen von (2.1.2)-(2.1.3) hingewiesen werden. Zum einen kann man sofort erkennen, daß der Haushalt aufgrund der Nichtsättigungsannahme stets sein gesamtes Einkommen für den Erwerb von Konsumgütern ausgeben wird, so daß die Restriktion (2.1.3) in diesem Fall mit Gleichheit erfüllt sein wird.[4] Vor diesem Hintergrund darf man auch direkt das Optimierungsproblem

$$u(\mathbf{x}) \to \max_{\mathbf{x} \in \mathbb{R}^n_+}! \tag{2.1.4}$$

unter der Nebenbedingung

$$\mathbf{x} \in \mathcal{B}' = \{\mathbf{x} \in \mathbb{R}^n_+ : \mathbf{p}'\mathbf{x} = m\} \tag{2.1.5}$$

betrachten. Zum anderen kann man die Analyse weiter vereinfachen, wenn man unterstellt, daß der Haushalt auf keines der Güter vollständig verzichten kann, d.h., daß $u(\mathbf{x}) = 0$ gilt, falls im Vektor $\mathbf{x} = (x_1, ..., x_n)'$ mindestens eine Komponente $x_i = 0$ ist, $i \in \{1, ..., n\}$. Aus der Annahme der Nichtsättigung folgt dann, daß für alle *positiven* Vektoren (Güterbündel) $\mathbf{x} \in \mathbb{R}^n_{++}$ die Beziehung $u(\mathbf{x}) > 0$ gilt. Erzielt der Haushalt ein positives Einkommen $m > 0$, muß folglich ein nutzenmaximales Güterbündel $\widehat{\mathbf{x}}$ alle Güter in positiver Menge $\widehat{x}_i > 0$, $i = 1, ..., n$, enthalten, und die Lösung des Optimierungsproblems liegt nicht am Rand des $\mathbb{R}^n_+$. Somit kann das

[4] Wäre nämlich ein $\mathbf{x}^*$ mit $\mathbf{p}'\mathbf{x}^* < m$ nutzenmaximal, so könnte der Haushalt den Betrag $m - \mathbf{p}'\mathbf{x}^* > 0$ für den Kauf weiterer Gütermengen verwenden und damit (weil er „unersättlich“ ist) seinen Nutzen steigern. Dies steht im Widerspruch zur Optimalität von $\mathbf{x}^*$.

Problem (2.1.4)-(2.1.5) dahingehend vereinfacht werden, daß nur Punkte der Menge $\mathcal{B}_0 := \{\mathbf{x} \in \mathbb{R}^n_{++} : \mathbf{p}'\mathbf{x} = m\} \subset \mathcal{B}'$ betrachtet werden müssen. Eine Lösung $\widehat{\mathbf{x}} \in \mathcal{B}'$ liegt (unter der obigen Zusatzannahme) stets in $\mathcal{B}_0$. Derartige a priori Überlegungen sind hilfreich, da sich später zeigen wird, daß Probleme mit Gleichungsrestriktionen einfacher handhabbar sind als solche mit Ungleichungsrestriktionen und daß die Berücksichtigung von Nichtnegativitätsbedingungen zusätzliche formale Schwierigkeiten verursacht. Ist hingegen nicht von vornherein klar, ob eine vollständige Substitution der Güter möglich ist oder nicht, sind die Nebenbedingungen $\mathbf{x} \geq \mathbf{0}$ explizit zu beachten. Insbesondere ist es nicht möglich, diese Restriktionen einfach im Definitionsbereich der Zielfunktion ($\mathbb{R}^n_+$) „zu verstecken".

2.2 Produktionsplan eines Mehrproduktunternehmens

In diesem Abschnitt beschäftigen wir uns zunächst mit einem Mehrproduktunternehmen, auf dessen Absatzmärkten Preiswettbewerb herrscht und das entscheiden muß, welche Mengen es von seinen n verschiedenen Absatzgütern produziert. Dazu bezeichnen wir mit x_i, $i = 1, ..., n$, die von Gut i produzierte Menge sowie mit p_i, $i = 1, ..., n$, den für Gut i zu erzielenden Preis, den das Unternehmen als gegeben akzeptiert. Bei der Produktion des Güterbündels $\mathbf{x} = (x_1, ..., x_n)'$ entstehen dem Unternehmen Kosten, die sich annahmegemäß durch eine Kostenfunktion $K : \mathbb{R}^n \to \mathbb{R}$ repräsentieren lassen, welche jedem $\mathbf{x} \in \mathbb{R}^n$ die Gesamtkosten $K(\mathbf{x})$ zuordnet. Durch den Verkauf der Güter wird ein Erlös in Höhe von $E(\mathbf{x}) = \sum_{i=1}^n p_i x_i$ erzielt. Üblicherweise wird für das Unternehmen Gewinnmaximierung als Verhaltenshypothese unterstellt. Da der Gewinn durch die Differenz von Erlös und Kosten gegeben ist, erhält man mit $\mathbf{p} = (p_1, ..., p_n)'$ das unrestringierte Optimierungsproblem

$$\mathbf{p}'\mathbf{x} - K(\mathbf{x}) \to \max_{\mathbf{x} \in \mathbb{R}^n}! \tag{2.2.1}$$

Das in (2.2.1) formulierte Maximierungsproblem ignoriert die Nichtnegativität der Produktionsmengen. Hinzu kommt, daß insbesondere bei einer kurzfristigen Betrachtung Kapazitätsbeschränkungen existieren, die eine obere Schranke für die Produktionsmengen x_i darstellen. Demnach erscheint das folgende, restringierte Optimierungsproblem zur Modellierung der tatsächlichen Entscheidungssituation des Unternehmens geeigneter:

$$\mathbf{p}'\mathbf{x} - K(\mathbf{x}) \to \max_{\mathbf{x} \in \mathbb{R}^n}! \tag{2.2.2}$$

unter den Nebenbedingungen

$$\mathbf{x} \geq \mathbf{0}, \tag{2.2.3}$$

$$\mathbf{x} \leq \mathbf{b}, \tag{2.2.4}$$

wobei $\mathbf{b} \in \mathbb{R}^n_+$ den Vektor der maximal möglichen Gütermengen (z.B. Kapazitätsgrenzen oder Absatzbeschränkungen) bezeichnet.

Eine alternative Hypothese für das Verhalten eines Unternehmens ist die Kostenminimierung. Wir werden uns im folgenden auf den Fall eines Unternehmens beschränken, das *ein* Absatzgut mit Hilfe verschiedener Faktoren produziert. Es wird dabei angenommen, daß das Unternehmen eine exogen gegebene Menge $\overline{y}$ seines Absatzgutes produzieren muß (z.B. aufgrund bestehender Lieferverträge) und daß für die Produktion der Einsatz von n Produktionsfaktoren x_j, $j = 1, ..., n$, (z.B. Arbeitskräfte, Vorprodukte, Rohstoffe) notwendig ist.[5] Der Zusammenhang zwischen den Faktoreinsatzmengen und der produzierten Menge kann dabei durch eine Produktionsfunktion $g : \mathbb{R}^n \to \mathbb{R}$ dargestellt werden, die jedem Vektor $\mathbf{x} = (x_1, ..., x_n)'$ von Faktoreinsatzmengen eine eindeutige Menge y des Absatzgutes zuordnet. Dabei ist zu beachten, daß die Funktion g im allgemeinen *nicht* linear ist.

Das Unternehmen versucht nun, die vorgegebene Absatzmenge $\overline{y}$ unter Berücksichtigung dieser technischen Gegebenheiten zu möglichst geringen Kosten zu produzieren. Kosten entstehen dabei annahmegemäß lediglich für die Faktoreinsatzmengen x_j, wobei für jede Einheit des Faktors j ein Preis in Höhe von $w_j > 0$, $j = 1, ..., n$, zu zahlen ist.[6] Folglich sind die Kosten der Produktion durch $\sum_{j=1}^{n} w_j x_j$ gegeben. Dies liefert mit $\mathbf{w} = (w_1, ..., w_n)'$ das Optimierungsproblem

$$\mathbf{w}'\mathbf{x} \to \min_{\mathbf{x} \in \mathbb{R}^n}! \tag{2.2.5}$$

unter den Nebenbedingungen

$$\begin{aligned} \mathbf{x} &\geq \mathbf{0}, & (2.2.6) \\ g(\mathbf{x}) &= \overline{y}. & (2.2.7) \end{aligned}$$

Im Vergleich zu den bisher vorgestellten Optimierungsproblemen enthält (2.2.5)-(2.2.7) zwei Neuerungen. Zum einen haben wir ein ökonomisch relevantes *Minimierungs*problem hergeleitet, von dem wir aber nach Satz 1.11 wissen, daß es unmittelbar in ein dazu äquivalentes Maximierungsproblem überführt werden kann. Zum anderen tritt in (2.2.7) erstmals eine in der Regel nichtlineare Gleichungsrestriktion auf, die darüber hinaus in eine *Ungleichungs*restriktion transformiert werden kann, wenn wir unterstellen, daß das Unternehmen *mindestens* die Gütermenge $\overline{y}$ produzieren möchte.[7] Dies macht deutlich, daß es auch bei ökonomischen Fragestellungen nicht ausreichend ist, lediglich Lösungsmethoden für lineare Restriktionen zu entwickeln. Daher werden wir die statische Optimierungstheorie in den folgenden Kapiteln auch für allgemeine (nichtlineare) Restriktionen darstellen.

---

[5] Im Gegensatz zum vorher betrachteten Gewinnmaximierungsproblem bezeichnen wir ab jetzt die *Input*faktoren mit x_j, da sie nunmehr die Entscheidungsvariablen des Unternehmens darstellen.

[6] Man beachte, daß durch diese Art der Modellierung auch Kosten für die Nutzung bestehender Kapitalanlagen erfaßt werden können.

[7] Beschreibt man bspw. die Technologie des Unternehmens in der Form $T = \{(\mathbf{x}, y) \in \mathbb{R}^n \times \mathbb{R} \mid g(\mathbf{x}) \geq y, \mathbf{x} \geq \mathbf{0}, y \geq 0\}$, so erhält man bei Vorgabe eines erwünschten $\overline{y}$ das Problem (2.2.5) unter Ungleichungsrestriktionen.

2.3 Monopolistische Preisdifferenzierung

Wir wollen nun die Entscheidungssituation eines Monopolisten modellieren, der ein einziges Gut produziert und auf seinem Absatzmarkt vielen potentiellen Käufern gegenübersteht, die alle prinzipiell bereit sind, dieses Gut zu kaufen. Der Monopolist weiß, daß es zwei Arten von Kunden gibt, Geschäftskunden und Privatkunden. Ihm ist weiterhin bekannt, daß die Geschäftskunden bereit wären, einen höheren Preis für das Produkt zu zahlen, da sie aus jeder konsumierten Einheit des Gutes einen höheren Nutzen erzielen. Der Monopolist würde natürlich gerne von beiden Käufergruppen unterschiedliche Preise verlangen, um so jeweils ihre maximale Zahlungsbereitschaft abzuschöpfen, jedoch ist er nicht in der Lage, sie beim Kauf des Produktes zu identifizieren. Er kann allerdings versuchen, die unterschiedlichen Präferenzen der Kunden auszunutzen, indem er zwei verschiedene Kombinationen von Menge und Preis seines Produktes anbietet. Dieses soll gewährleisten, daß die Geschäftskunden die teure und die Privatkunden die billige Variante kaufen.[8] Natürlich wird diese Preispolitik nur erfolgreich sein, wenn ein späterer Weiterverkauf des Gutes ausgeschlossen werden kann. Andernfalls würden bspw. die Privatkunden die „billigere" Preis-Mengen-Kombination erwerben und dann zu einem höheren Preis an die Geschäftskunden weiterverkaufen. Wir setzen voraus, daß derartige Arbitragegeschäfte nicht möglich sind.

Es wird davon ausgegangen, daß der Monopolist seinen Gewinn maximieren will. Dazu bezeichnen wir den für die Geschäftskunden gedachten Preis mit p_g, jenen für die Privatkunden mit p_k sowie die zugehörigen (vom Monopolisten festzusetzenden) Angebotsmengen mit x_g und x_k. Zur Vereinfachung der Notation wird dabei angenommen, daß es sich bei p_g und p_k um *Gesamt*preise für die Mengen x_g und x_k statt wie bisher um Preise je Einheit handelt. Der Anteil der Geschäftskunden an allen Kunden betrage γ, $0 < \gamma < 1$. Wir setzen voraus, daß die Gesamtzahl aller Kunden auf Eins normiert ist und dem Monopolisten konstante Stückkosten in Höhe von $c > 0$ entstehen. Von Fixkosten wird hingegen abgesehen. Damit ist der Gewinn des Monopolisten durch $\gamma \cdot (p_g - cx_g) + (1-\gamma) \cdot (p_k - cx_k)$ gegeben. Bei der Bestimmung der optimalen Preis-Mengen-Kombinationen müssen nun jedoch einige Nebenbedingungen berücksichtigt werden, in denen das Nachfrageverhalten der Konsumenten zum Ausdruck kommt.

Wir nehmen an, daß sich die Präferenzordnungen der zu den beiden Kundengruppen gehörigen Konsumenten jeweils durch eine Nutzenfunktion v_i, $i = g, k$, repräsentieren lassen, welche den Nutzen eines Konsumenten in Abhängigkeit von der Konsummenge x_i sowie der Konsummenge y_i eines alternativen Gutes ange-

[8] In einer realistischeren Variante des Modells könnte man davon ausgehen, daß der Monopolist zusätzlich *Produktdifferenzierung* betreibt und dabei bestrebt ist, den Geschäftskunden mit der höheren Zahlungsbereitschaft die qualitativ höherwertige Variante zu verkaufen. In diesem Fall müßte man u.a. auch von unterschiedlichen Kosten bei der Herstellung der beiden Produktvarianten ausgehen. Wir beschränken uns der Einfachheit halber jedoch auf den nachfolgend präsentierten Modellrahmen.

ben.[9] Der Einfachheit halber wird davon ausgegangen, daß diese Funktionen linear in y_i sind, d.h., es gelte $v_i(x_i, y_i) = u(x_i) + y_i$. Dabei bezeichnet $u_i : \mathbb{R}_+ \to \mathbb{R}$ für $i = g, k$ jeweils eine zweimal stetig differenzierbare Nutzenfunktion, für welche die Eigenschaften $u_i(0) = 0$ (Normierung), $u_i'(x) > 0$ für alle $x \in \mathbb{R}_+$ (überall positiver Grenznutzen) sowie $u_i''(x) < 0$ für alle $x \in \mathbb{R}_+$ (mit wachsender Menge abnehmender Grenznutzen) vorausgesetzt werden. Man kann nun zeigen, daß $u_i(x_i)$ bei den hier unterstellten sog. quasi-linearen Präferenzen gerade der *Zahlungsbereitschaft* eines Konsumenten für den Konsum der Menge x_i entspricht und somit den jeweiligen Nutzen als *monetäre* Größe, d.h. in Geldeinheiten, angibt. Besitzt der Konsument nämlich ein Einkommen in Höhe von $m_i > 0$ und nimmt man an, daß der Preis pro Einheit für das Gut y_i auf Eins normiert ist, so kann die Budgetrestriktion[10] $p_i + y_i = m_i$ nach y_i aufgelöst und in die Nutzenfunktion v_i eingesetzt werden. Der Konsum der Menge x_i stiftet dem Konsumenten bei einem Gesamtpreis p_i somit einen Nutzen in Höhe von $u(x_i) + m_i - p_i$. Die Zahlungsbereitschaft $z_i(x_i)$ für den Konsum der Menge x_i ist nun definitionsgemäß durch die Gleichung[11] $u_i(0) + m_i - 0 = u(x_i) + m_i - z_i(x_i)$ gegeben, woraus unmittelbar $u_i(x_i) = z_i(x_i)$ folgt. Man beachte, daß die Kunden bereit sind, das Produkt zu erwerben, wenn $u_i(x_i) > p_i$ gilt, d.h., wenn ihre Zahlungsbereitschaft für die Menge x_i den dafür geforderten Preis p_i übersteigt.[12] Darüber hinaus nehmen wir an, daß die Kunden das Produkt auch im Falle $u_i(x_i) = p_i$ kaufen. Wir gehen im folgenden davon aus, daß die Geschäftskunden eine höhere Zahlungsbereitschaft für das vom Monopolisten angebotene Gut haben als die Privatkunden, daß also $u_g(x) > u_k(x)$ für alle $x > 0$ gilt. Darüber hinaus nehmen wir an, daß die Geschäftskunden auch die höhere *marginale* Zahlungsbereitschaft als die Privatkunden besitzen, d.h. $u_g'(x) > u_k'(x)$ für alle $x \in \mathbb{R}_+$.[13] Diese Annahme ist in den meisten Modellen dieser Art üblich und ökonomisch auch durchaus plausibel, da sie einfach besagt, daß ein Konsument mit der höheren Zahlungsbereitschaft für eine bestimmte Menge auch bereit ist, für jede weitere (marginale) Einheit einen höheren Preis zu zahlen. Bei der späteren Analyse des Modells wird sich diese Annahme jedoch als sehr wesentlich erweisen.

Wir kommen nunmehr auf die vom Monopolisten zu beachtenden Nebenbedingungen zurück. Zunächst muß sichergestellt sein, daß beide Kundengruppen bereit sind, das Produkt wirklich zu kaufen, d.h., sie müssen einen höheren Nutzen erreichen als ohne den Konsum des Produktes. Im Hinblick auf die quasi-linearen Präfe-

[9] Wie in der Haushaltstheorie üblich, kann dieses zweite Gut auch als Repräsentant für „alle anderen Güter" angesehen werden.

[10] Es sei daran erinnnert, daß p_i den Gesamtpreis für die Menge x_i bezeichnet.

[11] Die linke Seite dieser Gleichung beschreibt den Nutzen eines Konsumenten, der das Produkt gar nicht konsumiert, die rechte Seite gibt seinen Nutzen an, wenn er die Menge x_i konsumiert und dafür den Preis $z_i(x_i)$ zahlt.

[12] Die Konsumentscheidung weicht in diesem Modellrahmen also etwas von dem in Abschnitt 2.1 behandelten Ansatz ab.

[13] Diese Annahme wird häufig als Ein-Schnittpunkt-Eigenschaft der Präferenzen bezeichnet, da sie impliziert, daß sich die Indifferenzkurven der beiden Kunden nur einmal schneiden.

renzen müssen die Preis-Mengen-Kombinationen folglich so bestimmt sein, daß für $i = g, k$ die Ungleichung $u_i(x_i) \geq p_i$ erfüllt ist, d.h., die Preise dürfen die (maximalen) Zahlungsbereitschaften nicht übersteigen. Als zweiten wichtigen Aspekt muß der Monopolist beachten, daß die Preis-Mengen-Kombinationen so bestimmt werden, daß tatsächlich jede der beiden Käufergruppen *freiwillig* dazu bereit ist, die ihnen zugedachte Kombination zu wählen, also für $i, j = g, k$ und $i \neq j$ die Ungleichung $u_i(x_i) + m_i - p_i \geq u_i(x_j) + m_i - p_j$ erfüllt ist. Diese Überlegungen führen auf das folgende Optimierungsproblem:

$$\gamma \cdot (p_g - cx_g) + (1 - \gamma) \cdot (p_k - cx_k) \to \max_{p_g, p_k, x_g, x_k} ! \tag{2.3.1}$$

unter den Nebenbedingungen

$$u_g(x_g) - p_g \geq 0, \tag{2.3.2}$$
$$u_k(x_k) - p_k \geq 0, \tag{2.3.3}$$
$$u_g(x_g) - p_g \geq u_g(x_k) - p_k, \tag{2.3.4}$$
$$u_k(x_k) - p_k \geq u_k(x_g) - p_g \tag{2.3.5}$$

sowie

$$p_g \geq 0, \ p_k \geq 0, \ x_g \geq 0, \ x_k \geq 0. \tag{2.3.6}$$

Die Nebenbedingungen (2.3.2) und (2.3.3) werden als *Teilnahmebedingungen* bezeichnet, da sie gewährleisten, daß jeder durch den Kauf des Produktes mindestens genauso gut gestellt ist wie vorher und somit am Verkauf „teilnimmt“. Entsprechend nennt man (2.3.4) und (2.3.5) *Selbstselektionsbedingungen*, da sie gerade sicherstellen, daß jede Gruppe die für sie gedachte Kombination bevorzugt.[14]

Das Optimierungsproblem (2.3.1)-(2.3.6) wirkt auf den ersten Blick weitaus komplizierter als die bisherigen. Bei genauerer Betrachtung wird zwar deutlich, daß es sich ebenfalls nur um ein „gewöhnliches“ Maximierungsproblem mit nichtlinearen Ungleichungsrestriktionen handelt, es erweist sich aber in der Tat in mancher Hinsicht als sehr komplex und erfordert einen dementsprechend hohen Aufwand bei der Bestimmung einer Lösung.

2.4 Insider-Outsider-Modelle

Seit einigen Jahren stehen vor allem in der Arbeitsmarktforschung viele Modelle im Mittelpunkt des Interesses, welche die Erklärung unfreiwilliger und anhaltender Arbeitslosigkeit zum Ziel haben. Einer dieser Ansätze ist die Theorie der Insider und Outsider auf dem Arbeitsmarkt. In der einfachsten Variante wird unterstellt,

[14] Die Begriffe der Teilnahmebedingungen und der Selbstselektionsbedingungen stammen aus der Theorie der Prinzipal-Agenten-Modelle, in der ähnlich strukturierte Optimierungsprobleme relevant sind, vgl. z.B. Mas-Colell, Whinston, Green (1995), Kapitel 14, insbesondere Abschnitt 14.C.

daß eine repräsentative Unternehmung mit Hilfe des Faktors Arbeit ein homogenes Gut produziert. Dazu stehen ihr zwei verschiedene Gruppen von Arbeitskräften zur Verfügung. Zum einen handelt es sich um bereits im Unternehmen beschäftigte Arbeitskräfte, die Insider, und zum anderen um derzeit arbeitslose, potentielle Mitarbeiter, die als Outsider bezeichnet werden. Während den Outsidern aufgrund der Annahme vollständiger Konkurrenz auf diesem „externen" Arbeitsmarkt lediglich ihr Reservationslohn W_O gezahlt werden muß, wird der Lohn W_I der Insider durch Verhandlungen zwischen der Unternehmung und den Insidern bestimmt. Darüber hinaus hat die Unternehmung zu beachten, daß ihr sowohl durch die Entlassung von Insidern als auch durch die Einstellung von Outsidern Kosten entstehen, die durch Kostenfunktionen $C_I : \mathbb{R} \to \mathbb{R}_+$ bzw. $C_O : \mathbb{R} \to \mathbb{R}_+$ angegeben werden.[15] In der hier vorgestellten Basisvariante des Modells wird die Arbeitsleistung der Insider und der eingearbeiteten Outsider als homogen (d.h. gleichwertig) vorausgesetzt. Die Technologie des Unternehmens wird durch eine Produktionsfunktion $f : \mathbb{R} \to \mathbb{R}_+$ abgebildet, die jedem Arbeitseinsatz L einen Output $f(L)$ zuordnet. Der Preis P des Absatzgutes ist vorgegeben. Es wird angenommen, daß die Unternehmung ihren Gewinn maximiert, indem sie ihre Nachfrage L_I nach Insidern und L_O nach Outsidern wählt. Bezeichnet man mit m die Anzahl der bisher beschäftigten Insider, erhält man insgesamt das Optimierungsproblem

$$P \cdot f(L_I + L_O) - W_I \cdot L_I - W_O \cdot L_O - C_I(m - L_I) - C_O(L_O) \to \max_{L_I, L_O}! \tag{2.4.1}$$

unter den Nebenbedingungen

$$L_O \geq 0, \tag{2.4.2}$$

$$0 \leq L_I \leq m. \tag{2.4.3}$$

Man beachte, daß $m - L_I$ die Anzahl der entlassenen Insider angibt. Spaltet man (2.4.3) in die beiden Ungleichungen

$$L_I \geq 0 \quad \text{und} \tag{2.4.4}$$

$$L_I \leq m \tag{2.4.5}$$

auf, erhält man wieder ein Optimierungsproblem, daß in seiner Grundform mit den vorherigen identisch ist.

2.5 Herleitung von Schätzern in der Ökonometrie

Alle bisher aufgeführten Optimierungsprobleme resultierten aus rein ökonomischen Fragestellungen. Im letzten Abschnitt dieses Kapitels wollen wir noch ein Beispiel

[15] Kosten für die Entlassung von Insidern entstehen z.B. durch Abfindungen, für neu eingestellte Outsider sind Aufwendungen zu deren Schulung notwendig.

aus der Ökonometrie näher diskutieren, bei dem sich ebenfalls Optimierungsprobleme ergeben. Ziel der Ökonometrie ist es, die aus wirtschaftstheoretischen Überlegungen resultierenden Zusammenhänge zwischen ökonomischen Größen empirisch zu überprüfen und zu quantifizieren. Dazu werden mathematische Modelle formuliert, in denen diese Abhängigkeiten zwischen zu erklärenden (endogenen) und erklärenden (exogenen) Variablen über bestimmte Parameter zum Ausdruck kommen. Die Werte dieser Parameter müssen anschließend mit Hilfe beobachteter Daten geschätzt werden.

Im einfachsten Fall geht man von einem linearen Regressionsmodell der Gestalt

$$\mathbf{y} = \mathbf{X}\boldsymbol{\beta} + \mathbf{u} \tag{2.5.1}$$

aus. Dabei bezeichnet $\mathbf{y} \in \mathbb{R}^n$ den Vektor der Beobachtungen der endogenen Variable, $\mathbf{X} \in \mathbb{R}^{n \times k}$ die Matrix der Beobachtungen der k exogenen Variablen, die annahmegemäß vollen Spaltenrang k besitzt, $\boldsymbol{\beta} \in \mathbb{R}^k$ den unbekannten Parametervektor und $\mathbf{u} \in \mathbb{R}^n$ einen nicht beobachtbaren Vektor aus stochastischen Störgrößen. Durch diesen Störterm $\mathbf{u}$ soll berücksichtigt werden, daß die funktionalen Beziehungen zwischen ökonomischen Größen einer Vielzahl von zufälligen Einflußfaktoren unterliegen, die nicht bekannt sind oder nicht explizit erfaßt bzw. modelliert werden können. Als Beispiel für einen Ansatz der Form (2.5.1) betrachte man die Schätzung der Produktionselastizitäten einer makroökonomischen Cobb-Douglas-Produktionsfunktion. Bezeichnet man mit Y, K und A die gesamtwirtschaftlichen Größen von Produktion, Kapitalstock und Beschäftigung, führt die Modellierung $Y = A^{\beta_1}K^{\beta_2}$ durch Logarithmierung und Ergänzung eines Störterms auf die zu (2.5.1) analoge Beziehung $\ln Y = \beta_1 \ln A + \beta_2 \ln K + u$.

Ein Ziel des Ökonometrikers ist, den unbekannten Parametervektor $\boldsymbol{\beta}$ mit Hilfe der Beobachtungen $(\mathbf{y}, \mathbf{X})$ zu schätzen, um so Aufschluß über Stärke und Richtung des Einflusses der exogenen Variablen auf die endoge Variable zu erhalten. Um nun eine möglichst „gute", also „genaue" Schätzung von $\boldsymbol{\beta}$ zu erreichen, muß zunächst ein Kriterium festgelegt werden, anhand dessen die Auswahl eines „guten" Schätzers möglich ist.[16] Eine naheliegende Forderung besteht darin, einen Schätzer $\widehat{\boldsymbol{\beta}}$ so zu bestimmen, daß die Summe der quadratischen Abweichungen der geschätzten Werte $\widehat{\mathbf{y}} = \mathbf{X}\widehat{\boldsymbol{\beta}}$ von den beobachteten Werten $\mathbf{y}$ möglichst gering ausfällt. Dies führt auf das Optimierungsproblem

$$(\mathbf{y} - \mathbf{X}\mathbf{b})'(\mathbf{y} - \mathbf{X}\mathbf{b}) \to \min_{\mathbf{b} \in \mathbb{R}^k}! \tag{2.5.2}$$

Die Lösung von (2.5.2) liefert den sog. Kleinste-Quadrate-Schätzer (KQ-Schätzer).[17] In manchen Situationen besitzt man zudem aufgrund theoretischer Vorüberlegungen

[16] Als Schätzer versteht man dabei eine von $\mathbf{y}$ (und $\mathbf{X}$) abhängige Funktion, die bei gegebenem $\mathbf{X}$ jedem Beobachtungsvektor $\mathbf{y}$ einen Schätzwert $\widehat{\boldsymbol{\beta}}(\mathbf{y})$ zuordnet.

[17] Der Term $y_i - \mathbf{x}_i'\mathbf{b}$ wird als i-tes Residuum bezeichnet, so daß in (2.5.2) die Residuenquadratsumme $(\mathbf{y} - \mathbf{X}\mathbf{b})'(\mathbf{y} - \mathbf{X}\mathbf{b}) = \sum_{i=1}^{n}(y_i - \mathbf{x}_i'\mathbf{b})^2$ minimiert wird.

gewisse Vorinformationen über den Parametervektor, die bei seiner Schätzung berücksichtigt werden sollten. Diese Vorinformation steht häufig in Form einer linearen Restriktion $\mathbf{R}\boldsymbol{\beta} = \mathbf{r}$ mit $\mathbf{R} \in \mathbb{R}^{q \times k}$ und $\mathbf{r} \in \mathbb{R}^q$ zur Verfügung, wobei für den Rang der Matrix $\text{rg}(\mathbf{R}) = q < k$ vorausgesetzt wird. Folglich hat man zur Bestimmung des neuen Schätzers $\widehat{\boldsymbol{\beta}}_R$ das gleichungsrestringierte Optimierungsproblem

$$(\mathbf{y} - \mathbf{X}\mathbf{b}_R)'(\mathbf{y} - \mathbf{X}\mathbf{b}_R) \rightarrow \min_{\mathbf{b}_R \in \mathbb{R}^k}! \qquad (2.5.3)$$

unter der Nebenbedingung

$$\mathbf{R}\mathbf{b}_R = \mathbf{r} \qquad (2.5.4)$$

zu lösen. Für das oben angedeutete Beispiel der Cobb-Douglas-Produktionsfunktion könnte eine derartige Restriktion etwa durch die Vorinformation einer Technologie mit konstanten Skalenerträgen (im Sinne einer Produktionsfunktion mit Homogenitätsgrad Eins) gegeben sein. In diesem Fall hätte man bei der Schätzung der Parameter β_1 und β_2 die Restriktion $\beta_1 + \beta_2 = 1$ zu berücksichtigen.

Die wesentliche Erkenntnis dieses Abschnittes ist, daß wir mit (2.5.3)-(2.5.4) auch in dem für die empirische Wirtschaftsforschung relevanten Gebiet der Ökonometrie zu Optimierungsproblemen gelangen, die sich formal nicht von denen in ökonomischen Modellen unterscheiden, so daß die nachfolgend präsentierte statische Optimierungstheorie zur Anwendung in beiden Teilbereichen geeignet ist.

Literaturhinweise

Die Behandlung des Nutzenmaximierungsproblems eines Haushaltes sowie des Gewinnmaximierungs- und des Konstenminimierungsproblems einer Unternehmung gehören zum Standardrepertoire jedes Lehrbuches zur Mikroökonomik. Eine elementare Einführung in diese Gebiete findet man etwa in VARIAN (2001); für fortgeschrittenere Abhandlungen sei bspw. auf VARIAN (1992), LUENBERGER (1995) oder MAS-COLELL, WHINSTON, GREEN (1995) verwiesen. Die monopolistische Preisdifferenzierung wird ebenfalls in zahlreichen Lehrbüchern analysiert, vgl. z.B. VARIAN (1992). Wir betrachten hier mit dem sog. „monopolistic screening" eine Variante, die der modernen Prinzipal-Agenten-Theorie sehr ähnlich ist. Ein derartiger Ansatz findet sich z.B. in MAS-COLELL, WHINSTON, GREEN (1995). Das Insider-Outsider-Modell geht auf LINDBECK, SNOWER (1986, 1987, 1988) zurück, unsere Vorgehensweise orientiert sich jedoch vorwiegend an FRANZ (1999). Eine ausführliche Darstellung und Erläuterung des linearen Regressionsmodells ist in jedem Lehrbuch zur Ökonometrie zu finden. Wir verweisen an dieser Stelle exemplarisch auf JOHNSTON, DINARDO (1997).

Kapitel 3

Klassische Optimierung

Die Analyse verschiedenartiger Optimierungsprobleme beginnen wir in diesem Kapitel zunächst mit den verhältnismäßig einfachen Fällen unrestringierter und gleichungsrestringierter Maximierungsprobleme. Diese lassen sich sowohl im Hinblick auf ihre mathematische Behandlung als auch in bezug auf ihre ökonomische Relevanz als „klassisch“ einordnen, da sie bereits seit langer Zeit zum Standardinstrumentarium der angewandten Mathematik wie auch der ökonomischen Forschung gehören. Das Ziel der nachfolgenden Analyse ist stets die Angabe notwendiger und hinreichender Optimalitätsbedingungen zur Charakterisierung der Lösungen des Optimierungsproblems. Während die notwendigen Bedingungen dazu verwendet werden können, mögliche Optimallösungen zu bestimmen, dienen die hinreichenden Bedingungen zur Überprüfung, welcher dieser zuvor ermittelten „Kandidaten“ tatsächlich ein Optimum liefert. Dies wird im folgenden insbesondere anhand ausführlich dargestellter Beispiele deutlich werden.

3.1 Unrestringierte Optimierungsprobleme

Wir betrachten in diesem Abschnitt das Problem der Maximierung einer Zielfunktion, bei der keinerlei Restriktionen hinsichtlich der Wahl ihrer Argumente zu berücksichtigen sind. Sei also $\mathcal{D} \subset \mathbb{R}^n$ eine nichtleere offene Menge und $f : \mathcal{D} \to \mathbb{R}$ eine stetige Funktion. Dann lautet das statische Optimierungsproblem 1 (**SOP1**):

$$f(\mathbf{x}) \to \max_{\mathbf{x} \in \mathcal{D}}! \tag{3.1.1}$$

Es ist zu beachten, daß die Existenz einer Lösung von (SOP1) nicht gesichert ist, solange $\mathcal{D}$ nicht kompakt ist, vgl. Satz 1.10. Wir werden diese (i. allg. schwierige) Existenzfrage nicht weiter problematisieren und analysieren statt dessen, welche notwendigen Bedingungen eine (lokale) Lösung von (SOP1) erfüllen muß.

Satz 3.1 *Sei $\mathcal{D} \subset \mathbb{R}^n$ eine offene Menge und $f \in C^1(\mathcal{D})$ eine gegebene Zielfunktion. Ferner sei $\widehat{\mathbf{x}} \in \mathbb{R}^n$ eine lokale Lösung von (SOP1). Dann gilt*

$$\nabla f(\widehat{\mathbf{x}}) = \mathbf{0}. \tag{3.1.2}$$

Beweis: Angenommen, es gelte $\nabla f(\widehat{\mathbf{x}}) \neq \mathbf{0}$. Da $\mathcal{D} \subset \mathbb{R}^n$ eine offene Menge ist, gibt es eine ε-Umgebung von $\widehat{\mathbf{x}}$ mit $U_\varepsilon(\widehat{\mathbf{x}}) \subset \mathcal{D}$. Mit Hilfe einer Taylor-Entwicklung 1. Ordnung um $\widehat{\mathbf{x}}$ (vgl. Satz A.1 in Anhang A) erhält man für $t > 0$ mit $\widehat{\mathbf{x}}+t\cdot\nabla f(\widehat{\mathbf{x}})' \in U_\varepsilon(\widehat{\mathbf{x}})$

$$f(\widehat{\mathbf{x}} + t \cdot \nabla f(\widehat{\mathbf{x}})') = f(\widehat{\mathbf{x}}) + t \cdot \nabla f(\widehat{\mathbf{x}}) \nabla f(\widehat{\mathbf{x}})' + r(t \nabla f(\widehat{\mathbf{x}})'), \tag{3.1.3}$$

wobei r eine Funktion mit $\lim\limits_{t\to 0, t\neq 0} \frac{r(t\nabla f(\widehat{\mathbf{x}})')}{\|t\nabla f(\widehat{\mathbf{x}})'\|} = 0$ bezeichnet. Da $\nabla f(\widehat{\mathbf{x}}) \nabla f(\widehat{\mathbf{x}})' = \sum_{i=1}^n \left(\frac{\partial f}{\partial x_i}(\widehat{\mathbf{x}})\right)^2 > 0$ ist, folgt für hinreichend kleines $t > 0$

$$\nabla f(\widehat{\mathbf{x}}) \nabla f(\widehat{\mathbf{x}})' + \frac{1}{t} r(t \nabla f(\widehat{\mathbf{x}})') > 0,$$

so daß (3.1.3) im Widerspruch zur lokalen Optimalität von $\widehat{\mathbf{x}}$ steht. Folglich muß $\nabla f(\widehat{\mathbf{x}}) = \mathbf{0}$ gelten. ■

Die sog. notwendige Optimalitätsbedingung 1. Ordnung (3.1.2) stellt eine Verallgemeinerung des aus der eindimensionalen Analysis bekannten Resultats dar, daß die 1. Ableitung der Zielfunktion in einem lokalen Extremum gleich Null sein muß. Da der Gradient einer differenzierbaren Funktion der Vektor ihrer partiellen Ableitungen ist, impliziert die Eigenschaft $\nabla f(\mathbf{x}) \neq \mathbf{0}$, daß die Funktion f im Punkt $\mathbf{x}$ in (mindestens) einer Koordinatenrichtung steigt oder fällt, so daß dort kein lokales Optimum liegen kann. Ist hingegen an einer Stelle $\widehat{\mathbf{x}}$ die Gleichung $\nabla f(\widehat{\mathbf{x}}) = \mathbf{0}$ erfüllt, besitzt die Tangentialebene (bzw. im Eindimensionalen die Tangente) in diesem Punkt die Steigung Null, und es besteht die Möglichkeit, daß dort ein Maximum vorliegt. Dies läßt sich wie in Abbildung 3.1 graphisch veranschaulichen.

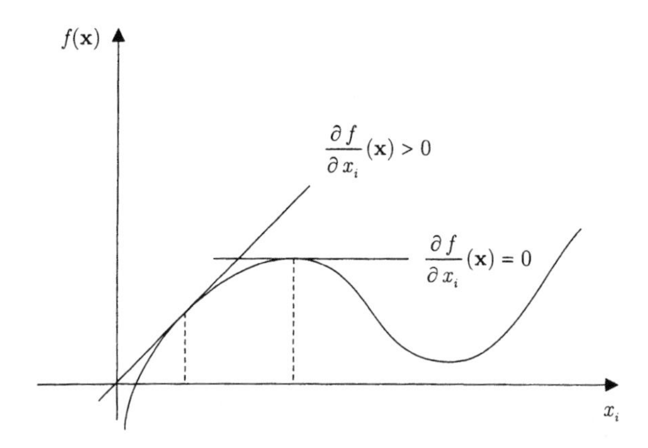

Abbildung 3.1: Notwendige Bedingung für (SOP1)

Da es sich bei (3.1.2) nur um eine notwendige Bedingung für ein Maximum handelt, ist lediglich eine „negative Auslese“ möglich: Jedes $\mathbf{x} \in \mathbb{R}^n$, das (3.1.2) nicht erfüllt, kann keine Maximalstelle sein. Insbesondere wissen wir damit, daß (SOP1) keine Lösung besitzt, wenn kein $\mathbf{x} \in \mathbb{R}^n$ existiert, für das (3.1.2) gilt. Dies verdeutlicht man sich leicht anhand eines Beispiels.

Beispiel 3.1 Wir haben bereits in Abschnitt 2.1 argumentiert, daß das unrestringierte Nutzenmaximierungsproblem eines Haushaltes aufgrund der üblicherweise unterstellten Nichtsättigungsannahme keine Lösung besitzt. Dies läßt sich nun direkt über Satz 3.1 verifizieren. Die Annahme der Nichtsättigung impliziert nämlich, daß die Zielfunktion u in allen Komponenten streng monoton wachsend ist, so daß (im Falle einer differenzierbaren Nutzenfunktion) $\nabla u(\mathbf{x}) > \mathbf{0}$ für alle $\mathbf{x} \in \mathbb{R}^n_{++}$ gilt. Folglich besitzt $\nabla u(\mathbf{x}) = \mathbf{0}$ keine Lösung in $\mathbb{R}^n_{++}$, und es kann kein Maximum existieren. □

Analog zu Satz 3.1 können wir auch eine notwendige Bedingung 2. Ordnung für ein lokales Maximum herleiten. Es gilt

Satz 3.2 *Sei $\mathcal{D} \subset \mathbb{R}^n$ eine offene Menge und $f \in C^2(\mathcal{D})$ eine gegebene Zielfunktion. Ferner sei $\widehat{\mathbf{x}} \in \mathbb{R}^n$ eine lokale Lösung von (SOP1). Dann ist $\nabla^2 f(\widehat{\mathbf{x}})$ negativ semidefinit.*

Beweis: Es sei angenommen, daß die Behauptung falsch ist. Dann existiert ein $\mathbf{h} \in \mathbb{R}^n \backslash \{\mathbf{0}\}$ mit

$$\mathbf{h}'\nabla^2 f(\widehat{\mathbf{x}})\mathbf{h} > 0.$$

Da $\mathcal{D} \subset \mathbb{R}^n$ eine offene Menge ist, gibt es eine ε-Umgebung von $\widehat{\mathbf{x}}$ mit $U_\varepsilon(\widehat{\mathbf{x}}) \subset \mathcal{D}$. Mit Hilfe einer Taylor-Entwicklung 2. Ordnung um $\widehat{\mathbf{x}}$ (vgl. Satz A.2 in Anhang A) erhält man für obiges $\mathbf{h} \in \mathbb{R}^n \backslash \{\mathbf{0}\}$ und für $t > 0$ mit $\widehat{\mathbf{x}} + t\mathbf{h} \in U_\varepsilon(\widehat{\mathbf{x}})$

$$f(\widehat{\mathbf{x}} + t\mathbf{h}) = f(\widehat{\mathbf{x}}) + t \cdot \nabla f(\widehat{\mathbf{x}})\mathbf{h} + \frac{1}{2}t^2 \cdot \mathbf{h}'\nabla^2 f(\widehat{\mathbf{x}})\mathbf{h} + \rho(t\mathbf{h}), \tag{3.1.4}$$

wobei ρ eine Funktion mit $\lim\limits_{t \to 0, t \neq 0} \frac{\rho(t\mathbf{h})}{\|t\mathbf{h}\|^2} = 0$ ist. Da $\mathbf{h}'\nabla^2 f(\widehat{\mathbf{x}})\mathbf{h} > 0$ ist, folgt für hinreichend kleines $t > 0$

$$\frac{1}{2}\mathbf{h}'\nabla^2 f(\widehat{\mathbf{x}})\mathbf{h} + \frac{1}{t^2}\rho(t\mathbf{h}) > 0,$$

so daß (3.1.4) unter Berücksichtigung von $\nabla f(\widehat{\mathbf{x}}) = \mathbf{0}$ genau wie im Beweis von Satz 3.1 einen Widerspruch zur lokalen Optimalität von $\widehat{\mathbf{x}}$ liefert. Somit muß $\nabla^2 f(\widehat{\mathbf{x}})$ negativ semidefinit sein. ■

Genau wie Satz 3.1 ist auch Satz 3.2 nur zu einer „negativen Auslese" geeignet. Eine Lösung $\widehat{\mathbf{x}}$ von (3.1.2) stellt *kein* lokales Maximum der Zielfunktion f dar, wenn die zugehörige Hesse-Matrix an dieser Stelle nicht zumindest negativ semidefinit ist. Dies läßt sich erneut an einem Beispiel verdeutlichen.

Beispiel 3.2 Wir betrachten das in Abschnitt 2.2 dargestellte, unrestringierte Gewinnmaximierungsproblem (2.2.1) eines Mehrproduktunternehmens. Die Kostenfunktion $K : \mathbb{R}^n \to \mathbb{R}$ sei zweimal stetig differenzierbar und konkav. Definiert man die Zielfunktion f durch $f(\mathbf{x}) := \mathbf{p}'\mathbf{x} - K(\mathbf{x})$, lautet die notwendige Optimalitätsbedingung 1. Ordnung nach Satz 3.1

$$\nabla f(\mathbf{x}) = \mathbf{p}' - \nabla K(\mathbf{x}) = \mathbf{0}. \tag{3.1.5}$$

Angenommen, es gibt einen Vektor $\widehat{\mathbf{x}} \in \mathbb{R}^n$, der (3.1.5) erfüllt. Die Hesse-Matrix von f ist durch $\nabla^2 f(\mathbf{x}) = -\nabla^2 K(\mathbf{x})$ gegeben. Da K konkav ist, ist $\nabla^2 K(\mathbf{x})$ für alle $\mathbf{x} \in \mathbb{R}^n$ negativ semidefinit, so daß $\nabla^2 f(\mathbf{x})$ für alle $\mathbf{x}$ *positiv* semidefinit ist. Insbesondere ist damit die Bedingung aus Satz 3.2 für $\widehat{\mathbf{x}}$ nicht erfüllt und $\widehat{\mathbf{x}}$ keine lokale Maximalstelle der Gewinnfunktion. Die Ursache für dieses Ergebnis liegt darin, daß die Zielfunktion f aufgrund der konkaven Kostenfunktion konvex ist, so daß an der Stelle $\widehat{\mathbf{x}}$ allenfalls ein Gewinn*minimum* liegen kann (vgl. dazu den nachfolgenden Satz 3.4 und Bemerkung 3.3). □

Nachdem man mit den Lösungen von (3.1.2) nur Kandidaten für eine Lösung von (SOP1) ermitteln kann, stellt sich nun die Frage, ob es sich dabei tatsächlich um Maxima handelt. Dazu benötigt man *hinreichende* Optimalitätskriterien. Es zeigt sich, daß die in Satz 3.1 und Satz 3.2 aufgeführten Bedingungen diese Aufgabe schon fast erfüllen. Es ist lediglich eine geringfügige Verschärfung der negativen Semidefinitheit erforderlich.

Satz 3.3 *Sei $\mathcal{D} \subset \mathbb{R}^n$ eine offene Menge und $f \in \mathcal{C}^2(\mathcal{D})$ eine gegebene Zielfunktion. Ferner gelte für ein $\widehat{\mathbf{x}} \in \mathcal{D}$*

$$\begin{aligned} &(i) \quad \nabla f(\widehat{\mathbf{x}}) = \mathbf{0}, \\ &(ii) \quad \nabla^2 f(\widehat{\mathbf{x}}) \text{ ist negativ definit.} \end{aligned}$$

Dann ist $\widehat{\mathbf{x}}$ eine strikte lokale Lösung von (SOP1).

Beweis: Seien ein $\widehat{\mathbf{x}} \in \mathcal{D}$ und ein $\mathbf{h} \in \mathbb{R}^n$ mit $\|\mathbf{h}\| = 1$ gegeben. Es existiert $\delta > 0$ mit $U_\delta(\widehat{\mathbf{x}}) \subset \mathcal{D}$. Eine Taylor-Entwicklung 2. Ordnung liefert für alle $t > 0$ mit $\widehat{\mathbf{x}} + t\mathbf{h} \in U_\delta(\widehat{\mathbf{x}})$

$$f(\widehat{\mathbf{x}} + t\mathbf{h}) = f(\widehat{\mathbf{x}}) + t \cdot \nabla f(\widehat{\mathbf{x}})\mathbf{h} + \frac{1}{2}t^2 \cdot \mathbf{h}'\nabla^2 f(\widehat{\mathbf{x}})\mathbf{h} + \rho(t\mathbf{h}), \tag{3.1.6}$$

wobei $\lim\limits_{t\to 0} \frac{\rho(t\mathbf{h})}{\|t\mathbf{h}\|^2} = 0$ ist. Die durch $Q(\mathbf{x}) := \frac{1}{2}\mathbf{x}'\nabla^2 f(\widehat{\mathbf{x}})\mathbf{x}$ definierte stetige Funktion $Q : \mathbb{R}^n \to \mathbb{R}$ nimmt auf der kompakten Menge $S^{n-1} := \{\mathbf{x} \in \mathbb{R}^n : \|\mathbf{x}\| = 1\}$ ein Maximum μ an. Wegen der negativen Definitheit von $\nabla^2 f(\widehat{\mathbf{x}})$ gilt $\mu < 0$. Unter Berücksichtigung von $\nabla f(\widehat{\mathbf{x}}) = \mathbf{0}$ folgt damit aus (3.1.6)

$$f(\widehat{\mathbf{x}} + t\mathbf{h}) - f(\widehat{\mathbf{x}}) = \frac{1}{2}t^2 \cdot \mathbf{h}'\nabla^2 f(\widehat{\mathbf{x}})\mathbf{h} + \rho(t\mathbf{h}) \le t^2\mu + \rho(t\mathbf{h}). \tag{3.1.7}$$

Division durch $\|t\mathbf{h}\|^2 = t^2 \cdot \|\mathbf{h}\|^2 = t^2$ liefert

$$\frac{1}{t^2}\left(f(\widehat{\mathbf{x}} + t\mathbf{h}) - f(\widehat{\mathbf{x}})\right) \le \mu + \frac{\rho(t\mathbf{h})}{t^2}. \tag{3.1.8}$$

Da $\mu < 0$ und $\lim\limits_{t \to 0} \frac{\rho(t\mathbf{h})}{t^2} = 0$ ist, folgt für hinreichend kleines $t > 0$

$$f(\widehat{\mathbf{x}} + t\mathbf{h}) - f(\widehat{\mathbf{x}}) < 0, \tag{3.1.9}$$

woraus sich unmittelbar die Behauptung ergibt. ■

Der entscheidende Unterschied zwischen Satz 3.2 und Satz 3.3 besteht darin, daß sich als notwendige Bedingung für ein lokales Maximum die negative Semidefinitheit der Hesse-Matrix an dieser Stelle ergibt, wogegen die hinreichende Bedingung die negative *Definitheit* erfordert. Man kann sich anhand eines (nichtökonomischen) Beispiels verdeutlichen, daß diese stärkere Bedingung wesentlich ist und daß aus der negativen Semidefinitheit der Hesse-Matrix an einer Stelle $\widehat{\mathbf{x}}$ mit $\nabla f(\widehat{\mathbf{x}}) = \mathbf{0}$ *nicht* auf ein lokales Maximum geschlossen werden darf.

Beispiel 3.3 Es soll die Funktion $f : \mathbb{R}^2 \to \mathbb{R}$, $f(x_1, x_2) := -x_1^2 - x_2^3$ maximiert werden. Eine Maximalstelle $\widehat{\mathbf{x}} \in \mathbb{R}^2$ muß notwendigerweise die Bedingung $\nabla f(\widehat{\mathbf{x}}) = \mathbf{0}$ erfüllen. Wegen $\nabla f(x_1, x_2) = (-2x_1, -3x_2^2)$ ist $\widehat{\mathbf{x}} = (0,0)'$ der einzige Kandidat für ein Maximum von f. Die Hesse-Matrix von f ist durch

$$\nabla^2 f(x_1, x_2) = \begin{pmatrix} -2 & 0 \\ 0 & -6x_2 \end{pmatrix}$$

gegeben. Für beliebiges $\mathbf{h} \in \mathbb{R}^2$ gilt

$$(h_1, h_2) \begin{pmatrix} -2 & 0 \\ 0 & 0 \end{pmatrix} \begin{pmatrix} h_1 \\ h_2 \end{pmatrix} = -2h_1^2 \leq 0.$$

Daher ist $\nabla^2 f(\mathbf{0})$ negativ semidefinit. An der Stelle $\widehat{\mathbf{x}} = (0,0)'$ liegt jedoch *kein* lokales Maximum von f, denn es gilt für jedes $\varepsilon > 0$ die Ungleichung $f(0, -\varepsilon) = \varepsilon^3 > 0 = f(0,0)$. □

Bemerkung 3.1 Gilt in Satz 3.3 anstelle von (ii), daß $\nabla^2 f(\widehat{\mathbf{x}})$ *indefinit* ist, so liegt an der Stelle $\widehat{\mathbf{x}}$ weder ein Minimum noch ein Maximum vor. Statt dessen kann $\widehat{\mathbf{x}}$ ein *Sattelpunkt* von f sein (vgl. dazu auch Definition 4.7 und Bemerkung 4.9 in Abschnitt 4.2.3). Ein einfaches Beispiel hierfür stellt die Funktion $f : \mathbb{R}^2 \to \mathbb{R}$, $f(x_1, x_2) = x_1^2 - x_2^2$ dar. Es gilt $\nabla f(0,0) = (0,0)$, aber $\nabla^2 f = \begin{pmatrix} 2 & 0 \\ 0 & -2 \end{pmatrix}$ ist indefinit.[1] □

In Satz 3.3 haben wir nur hinreichende Bedingungen für *lokale* Maxima angegeben. Man kann die dortigen Aussagen allerdings mit jenen von Satz 1.9 kombinieren, um auch hinreichende Bedingungen für ein *globales* Maximum zu erhalten.

[1] Die Indefinitheit der Hesse-Matrix läßt sich direkt über die zugehörige Definition nachprüfen. Für einen Vektor $\mathbf{h}_1 = (a, 0)'$, $a \neq 0$, gilt $\mathbf{h}_1' \nabla^2 f \mathbf{h}_1 = 2a^2 > 0$, für $\mathbf{h}_2 = (0, b)'$, $b \neq 0$, entsprechend $\mathbf{h}_2' \nabla^2 f \mathbf{h}_2 = -2b^2 < 0$.

Satz 3.4 *Es sei $\mathcal{D} \subset \mathbb{R}^n$ eine offene und konvexe Menge und $f \in \mathcal{C}^1(\mathcal{D})$ eine konkave Funktion. Ferner gelte für ein $\widehat{\mathbf{x}} \in \mathcal{D}$ die Gleichung $\nabla f(\widehat{\mathbf{x}}) = \mathbf{0}$. Dann besitzt f an der Stelle $\widehat{\mathbf{x}}$ ein globales Maximum.*

Ist f sogar streng konkav, dann ist ein $\widehat{\mathbf{x}} \in \mathcal{D}$ mit $\nabla f(\widehat{\mathbf{x}}) = \mathbf{0}$ die eindeutige globale Maximalstelle von f.

Beweis: Da $\mathcal{D}$ konvex und f konkav ist, gilt für $\widehat{\mathbf{x}}$ die Ungleichung (vgl. Satz 1.2)

$$f(\mathbf{x}) - f(\widehat{\mathbf{x}}) \leq \nabla f(\widehat{\mathbf{x}})(\mathbf{x} - \widehat{\mathbf{x}}) \quad \forall \mathbf{x} \in \mathcal{D}. \tag{3.1.10}$$

Aus $\nabla f(\widehat{\mathbf{x}}) = \mathbf{0}$ folgt $f(\mathbf{x}) \leq f(\widehat{\mathbf{x}})$ für alle $\mathbf{x} \in \mathcal{D}$, d.h., $\widehat{\mathbf{x}}$ ist eine globale Maximalstelle.

Falls f sogar streng konkav ist, gilt in (3.1.10) die strikte Ungleichung und damit $f(\mathbf{x}) < f(\widehat{\mathbf{x}})$ $\forall \mathbf{x} \in \mathcal{D}$, $\mathbf{x} \neq \widehat{\mathbf{x}}$, so daß $\widehat{\mathbf{x}}$ das eindeutige globale Maximum von f liefert. ■

Wenn die Voraussetzungen von Satz 3.4 erfüllt sind, befindet man sich im Hinblick auf die Lösung eines unrestringierten Optimierungsproblems in einer sehr komfortablen Situation. Man braucht lediglich nachzuprüfen, ob es einen Vektor $\widehat{\mathbf{x}}$ gibt, der die Bedingung $\nabla f(\widehat{\mathbf{x}}) = \mathbf{0}$ erfüllt. In diesem Fall weiß man bereits, daß ein solches $\widehat{\mathbf{x}}$ die (bzw. eine) globale Lösung des Optimierungsproblems darstellt. Gerade bei ökonomischen Fragestellungen ist es häufig möglich, die Konkavität der Zielfunktion vorab zu sichern[2], so daß Satz 3.4 hierfür von großer Bedeutung ist.[3]

Bemerkung 3.2 Ist $f \in \mathcal{C}^2(\mathcal{D})$, so ist f nach Satz 1.6 genau dann streng konkav, wenn $\nabla^2 f(\mathbf{x})$ *für alle* $\mathbf{x} \in \mathcal{D}$ negativ definit ist. Will man also die Konkavität von f mittels der Hesse-Matrix ermitteln, so ist die negative Definitheit in *allen* Punkten aus $\mathcal{D}$ zu prüfen, während es in Satz 3.3 ausreicht, diese allein an der Stelle $\widehat{\mathbf{x}}$ mit $\nabla f(\widehat{\mathbf{x}}) = \mathbf{0}$ nachzuweisen. □

Bemerkung 3.3 Aufgrund der in Satz 1.11 aufgezeigten Äquivalenz zwischen Maximierungs- und Minimierungsproblemen lassen sich die Ergebnisse dieses Abschnitts unmittelbar auf letztere übertragen. In Satz 3.2 und in Satz 3.3 muß die negative (Semi-) Definitheit dabei durch positive (Semi-) Definitheit ersetzt werden, in Satz 3.4 muß f konvex sein. □

Abschließend wollen wir die Anwendung der oben bewiesenen Sätze anhand von zwei der in Kapitel 2 vorgestellten Beispiele verdeutlichen.

---

[2] Dazu sei etwa auf das Nutzenmaximierungsproblem in Abschnitt 2.1 verwiesen.

[3] Vom mathematischen Standpunkt aus betrachtet, ist das Resultat eher trivial: Der Begriff einer konkaven Funktion stellt letztendlich nichts anderes dar als eine „Übertragung" des Änderungsverhaltens einer Funktion im Bereich eines lokalen Maximums auf den *gesamten* Definitionsbereich. D.h., ein Verlauf wie in Abbildung 1.1 wird ausgeschlossen.

Beispiel 3.4 Wir betrachten das gewinnmaximierende Mehrproduktunternehmen aus Abschnitt 2.2 mit dem Optimierungsproblem

$$f(\mathbf{x}) = \mathbf{p}'\mathbf{x} - K(\mathbf{x}) \to \max_{\mathbf{x}\in\mathbb{R}^n}!, \tag{3.1.11}$$

wobei wir die ökonomisch wichtigen Nichtnegativitätsbedingungen zunächst vernachlässigen. Zur Anwendung der oben hergeleiteten Sätze müssen wir die dort gemachten Voraussetzungen überprüfen. Der Definitionsbereich $\mathcal{D} = \mathbb{R}^n$ ist eine offene und konvexe Menge, und der Term $\mathbf{p}'\mathbf{x}$ der Zielfunktion ist linear und zweimal stetig differenzierbar. Die Anwendbarkeit der Sätze hängt somit entscheidend von den Eigenschaften der Kostenfunktion ab. Es erscheint dabei relativ unproblematisch, eine zweimal stetig differenzierbare Funktion zu unterstellen. Hinsichtlich des Krümmungsverhaltens dieser Funktion ist in vielen Fällen eine konvexe Form ökonomisch sinnvoll. Setzt man also eine konvexe Kostenfunktion voraus, ist die Zielfunktion $f(\mathbf{x}) = \mathbf{p}'\mathbf{x} - K(\mathbf{x})$ konkav, und wir können Satz 3.4 anwenden. Es muß „lediglich" ein Vektor $\widehat{\mathbf{x}} \in \mathbb{R}^n$ gefunden werden, der die Bedingung

$$\nabla f(\widehat{\mathbf{x}}) = \mathbf{p}' - \nabla K(\widehat{\mathbf{x}}) = \mathbf{0} \tag{3.1.12}$$

bzw.

$$p_j = \frac{\partial K}{\partial x_j}(\widehat{\mathbf{x}}) \quad \forall j = 1, ..., n \tag{3.1.13}$$

erfüllt. Wir erhalten hier also eine Verallgemeinerung des für Einproduktunternehmen bekannten Resultats, daß im Gewinnoptimum die partiellen Grenzkosten jedes Produktes mit dem Marktpreis übereinstimmen müssen. Allerdings ist die *Existenz* eines derartigen Vektors $\widehat{\mathbf{x}}$ durch die obigen Annahmen noch *nicht* gesichert. Ist die Kostenfunktion beispielsweise linear[4], d.h. $K(\mathbf{x}) = \mathbf{c}'\mathbf{x}$ mit $\mathbf{c} \in \mathbb{R}^n$, reduziert sich (3.1.12) auf die Bedingung $\mathbf{p}' = \mathbf{c}'$. Sind nun die exogenen Größen $\mathbf{p}$ und $\mathbf{c}$ verschieden, existiert offensichtlich *kein* $\widehat{\mathbf{x}}$, das (3.1.12) erfüllt und folglich auch kein gewinnmaximaler Produktionsplan. Dies ist plausibel, da die Unternehmung z.B. von allen Gütern mit $p_j > c_j$ gerne „unendlich viel" produzieren würde, um einen „unendlich hohen" Gewinn zu realisieren.[5] Gilt hingegen $p_j = c_j$ für alle $j = 1, ..., n$, ist (3.1.12) unabhängig von $\mathbf{x}$ stets erfüllt, und die Unternehmung kann zwischen unendlich vielen „optimalen" Produktionsplänen wählen, die alle einen Gewinn in Höhe von Null erbringen.

Eine andere Situation ergibt sich, wenn man eine quadratische Kostenfunktion der Gestalt $K(\mathbf{x}) = \mathbf{c}'\mathbf{x} + \frac{1}{2}\mathbf{x}'\mathbf{A}\mathbf{x}$ mit einer symmetrischen, positiv definiten Matrix $\mathbf{A} \in \mathbb{R}^{n\times n}$ annimmt. Unter der letzten Voraussetzung ist K streng konvex. Gleichung (3.1.12) lautet dann

$$\mathbf{p}' - \mathbf{c}' - \mathbf{x}'\mathbf{A} = \mathbf{0}. \tag{3.1.14}$$

[4] Man beachte, daß eine lineare Funktion auch konvex ist.

[5] Entsprechend würde sie von allen Gütern mit $p_j < c_j$ gerne eine Menge von $-\infty$ produzieren. An dieser Stelle führt die Vernachlässigung von Nichtnegativitätsbedingungen also bereits zu unsinnigen Resultaten. Wir werden dieses Manko in Abschnitt 4.1 beheben.

Aus (3.1.14) folgt

$$\mathbf{A}'\mathbf{x} = (\mathbf{p} - \mathbf{c}) \tag{3.1.15}$$

und daraus (mit $\mathbf{A} = \mathbf{A}'$)

$$\mathbf{x} = \mathbf{A}^{-1}(\mathbf{p} - \mathbf{c}), \tag{3.1.16}$$

weil jede positiv definite Matrix invertierbar ist. Da die Zielfunktion f unter den obigen Voraussetzungen streng konkav ist, wissen wir nach Satz 3.4, daß wir mit (3.1.16) sogar die eindeutige globale Maximalstelle der Gewinnfunktion gefunden haben. □

Beispiel 3.5 Das Problem der Bestimmung des unrestringierten KQ-Schätzers aus Abschnitt 2.5 führt auf das Minimierungsproblem

$$(\mathbf{y} - \mathbf{X}\mathbf{b})'(\mathbf{y} - \mathbf{X}\mathbf{b}) \to \min_{\mathbf{b}\in\mathbb{R}^k}! \tag{3.1.17}$$

Durch Multiplikation mit -1 läßt sich (3.1.17) in ein äquivalentes Maximierungsproblem überführen. Nach Ausmultiplikation liefert (3.1.17) damit das Problem

$$f(\mathbf{b}) := -\mathbf{y}'\mathbf{y} + 2\mathbf{y}'\mathbf{X}\mathbf{b} - \mathbf{b}'\mathbf{X}'\mathbf{X}\mathbf{b} \to \max_{\mathbf{b}\in\mathbb{R}^k}! \tag{3.1.18}$$

Erneut ist $\mathcal{D} = \mathbb{R}^k$ offen und konvex sowie $f \in \mathcal{C}^2(\mathbb{R}^k)$. Die Matrix $\mathbf{X}'\mathbf{X}$ ist unabhängig von $\mathbf{b}$ und darüber hinaus positiv definit, weil der Rang von $\mathbf{X}$ nach Voraussetzung gleich k ist. Folglich ist die Zielfunktion (3.1.18) wegen $\nabla^2 f(\mathbf{b}) = -2\mathbf{X}'\mathbf{X}$ streng konkav. Damit ist Satz 3.4 anwendbar, und ein Vektor $\widehat{\boldsymbol{\beta}}$, der die Bedingung $\nabla f(\widehat{\boldsymbol{\beta}}) = \mathbf{0}$ erfüllt, liefert das globale Maximum von f. Wegen (3.1.18) lautet die Optimalitätsbedingung $\nabla f(\widehat{\boldsymbol{\beta}}) = \mathbf{0}$:

$$2\mathbf{y}'\mathbf{X} - 2\widehat{\boldsymbol{\beta}}'\mathbf{X}'\mathbf{X} = \mathbf{0}. \tag{3.1.19}$$

Dies ist äquivalent zu

$$\mathbf{X}'\mathbf{X}\widehat{\boldsymbol{\beta}} = \mathbf{X}'\mathbf{y}, \tag{3.1.20}$$

so daß sich mit der Invertierbarkeit von $\mathbf{X}'\mathbf{X}$ sofort

$$\widehat{\boldsymbol{\beta}} = (\mathbf{X}'\mathbf{X})^{-1}\mathbf{X}'\mathbf{y} \tag{3.1.21}$$

ergibt. Es existiert also eine eindeutige Lösung der Gleichung $\nabla f(\widehat{\boldsymbol{\beta}}) = \mathbf{0}$, und $\widehat{\boldsymbol{\beta}}$ ist der gesuchte KQ-Schätzer. □

3.2 Restriktionen in Gleichungsform

Die in Kapitel 2 aufgeführten ökonomischen Beispiele haben gezeigt, daß der Fall eines unrestringierten Optimierungsproblems in Anwendungen verhältnismäßig selten auftritt. Statt dessen legen die ökonomischen oder technologischen Rahmenbedingungen dem Verhalten der Wirtschaftssubjekte gewisse Beschränkungen auf, deren

Modellierung zu restringierten Optimierungsproblemen führt. Wir beginnen unsere Analyse in diesem Abschnitt mit Maximierungsproblemen, welche durch Gleichungen restringiert sind und die einfachste Form derartiger Optimierungsprobleme darstellen. Dabei wird sich zeigen, daß die resultierenden notwendigen und hinreichenden Optimalitätsbedingungen auffallende formale Analogien zu jenen aus dem vorherigen Abschnitt aufweisen. Darüber hinaus stellen sie in vieler Hinsicht eine Vorstufe zu den entsprechenden Bedingungen bei Optimierungsproblemen mit Nebenbedingungen in Ungleichungsform dar, die wir im nächsten Kapitel betrachten.

Sei also $\mathcal{D} \subset \mathbb{R}^n$ eine offene Menge und $f : \mathcal{D} \to \mathbb{R}$ eine stetig differenzierbare Funktion. Ferner sei die Funktion $\mathbf{h} = (h_1, ..., h_m)' : \mathcal{D} \to \mathbb{R}^m$, $m < n$, stetig differenzierbar. Das statische Optimierungsproblem 2 (**SOP2**) lautet

$$f(\mathbf{x}) \to \max_{\mathbf{x}\in\mathcal{D}}! \tag{3.2.1}$$

unter der Nebenbedingung[6]

$$\mathbf{h}(\mathbf{x}) = \mathbf{0}. \tag{3.2.2}$$

Zudem setzen wir voraus, daß $\mathcal{B} := \{\mathbf{x} \in \mathcal{D} : \mathbf{h}(\mathbf{x}) = \mathbf{0}\} \neq \emptyset$ gilt. Die Besonderheit von (SOP2) besteht darin, daß durch die Nebenbedingungen $h_j(\mathbf{x}) = 0$, $j = 1, ..., m$, gerade m der n Variablen nicht mehr frei wählbar sind, sondern „funktional“ von den übrigen Variablen abhängen. Das Optimierungsproblem besitzt also nur $n - m$ Freiheitsgrade. Wäre $m = n$, würde $\mathbf{x}$ (im Falle der eindeutigen Lösbarkeit) bereits durch das Gleichungssystem $\mathbf{h}(\mathbf{x}) = \mathbf{0}$ vollständig festgelegt sein, und es gäbe de facto nichts mehr zu optimieren.[7] Daher ist die Voraussetzung $m < n$ wesentlich, damit es sich bei (SOP2) um ein „echtes“ Optimierungsproblem handelt. Die Nebenbedingung führt jedoch dazu, daß nach Festlegung von $n - m$ Variablen die restlichen m Variablen durch $\mathbf{h}(\mathbf{x}) = \mathbf{0}$ bereits (implizit) bestimmt sind. Diesen Zusammenhang zwischen den einzelnen Entscheidungsvariablen kann man sich bei der Herleitung von notwendigen Optimalitätsbedingungen zunutze machen, indem man den Satz über implizite Funktionen (vgl. Anhang A) verwendet. Mit Hilfe dieses Satzes ist es möglich, das restringierte Problem (SOP2) lokal in ein unrestringiertes Optimierungsproblem in den $n - m$ unabhängigen Variablen zu transformieren. Durch Anwendung der entsprechenden Sätze aus Abschnitt 3.1 gelangt man dann zu einer notwendigen Optimalitätsbedingung 1. Ordnung für (SOP2). Es gilt

Satz 3.5 (Lagrange-Bedingung) *Sei $\mathcal{D} \subset \mathbb{R}^n$ eine offene Menge, und seien $f \in \mathcal{C}^1(\mathcal{D})$ sowie $\mathbf{h} \in \mathcal{C}^1_m(\mathcal{D})$ gegebene Funktionen. Ferner sei $\widehat{\mathbf{x}} \in \mathcal{D}$ eine lokale Lösung von (SOP2) und $\mathrm{rg}(\nabla \mathbf{h}(\widehat{\mathbf{x}})) = m$. Dann existiert ein $\boldsymbol{\lambda} \in \mathbb{R}^m$ mit*

$$\nabla f(\widehat{\mathbf{x}}) - \boldsymbol{\lambda}' \nabla \mathbf{h}(\widehat{\mathbf{x}}) = \mathbf{0}. \tag{3.2.3}$$

[6] Man beachte, daß sich jede Gleichungsrestriktion in die Gestalt (3.2.2) bringen läßt.

[7] In diesem Fall wäre die Lösung $\widehat{\mathbf{x}}$ des Gleichungssystems $\mathbf{h}(\mathbf{x}) = \mathbf{0}$ somit bereits als Triviallösung von (SOP2) gefunden.

Beweis: Ohne Beschränkung der Allgemeinheit läßt sich $\widehat{\mathbf{x}}$ nach eventueller Umnumerierung der Komponenten so partitionieren, daß $\widehat{\mathbf{x}} = (\widehat{\mathbf{x}}_{(1)}, \widehat{\mathbf{x}}_{(2)})'$ mit $\widehat{\mathbf{x}}_{(1)} = (\widehat{\mathbf{x}}_1, ..., \widehat{\mathbf{x}}_m)' \in \mathbb{R}^m$, $\widehat{\mathbf{x}}_{(2)} = (\widehat{\mathbf{x}}_{m+1}, ..., \widehat{\mathbf{x}}_n)' \in \mathbb{R}^{n-m}$ und $\text{rg}(\nabla_{\mathbf{x}_{(1)}} \mathbf{h}(\widehat{\mathbf{x}})) = m$ gilt. Nach dem Satz über implizite Funktionen (vgl. Satz A.3 in Anhang A) existieren dann offene Umgebungen $V_1 \subset \mathbb{R}^m$ von $\widehat{\mathbf{x}}_{(1)}$ und $V_2 \subset \mathbb{R}^{n-m}$ von $\widehat{\mathbf{x}}_{(2)}$ sowie eine stetig differenzierbare Abbildung $\mathbf{z} : V_2 \to V_1$ mit $\mathbf{h}(\mathbf{z}(\mathbf{y}), \mathbf{y}) = \mathbf{0}$ für alle $\mathbf{y} \in V_2$. Mit der durch $\overline{f}(\mathbf{y}) := f(\mathbf{z}(\mathbf{y}), \mathbf{y})$ für alle $\mathbf{y} \in V_2$ definierten Funktion $\overline{f} : V_2 \to \mathbb{R}$ ist (SOP2) auf der Menge $V_1 \times V_2$ also äquivalent zu dem unrestringierten Optimierungsproblem

$$\overline{f}(\mathbf{y}) \to \max_{\mathbf{y} \in V_2}! \tag{3.2.4}$$

Da $\mathbf{z}(\widehat{\mathbf{x}}_{(2)}) = \widehat{\mathbf{x}}_{(1)}$ gilt, ist $\widehat{\mathbf{x}}_{(2)}$ eine lokale Lösung von (3.2.4) und erfüllt somit nach Satz 3.1 die Gleichung $\nabla \overline{f}(\widehat{\mathbf{x}}_{(2)}) = \mathbf{0}$. Aus der Definition von $\overline{f}$ erhält man unter Berücksichtigung der Kettenregel

$$\begin{aligned} \nabla \overline{f}(\widehat{\mathbf{x}}_{(2)}) &= \nabla f(\mathbf{z}(\widehat{\mathbf{x}}_{(2)}), \widehat{\mathbf{x}}_{(2)}) \cdot \begin{pmatrix} \nabla \mathbf{z}(\widehat{\mathbf{x}}_{(2)}) \\ \mathbf{I}_{n-m} \end{pmatrix} \\ &= \nabla_{\mathbf{x}_{(1)}} f(\widehat{\mathbf{x}}) \cdot \nabla \mathbf{z}(\widehat{\mathbf{x}}_{(2)}) + \nabla_{\mathbf{x}_{(2)}} f(\widehat{\mathbf{x}}). \end{aligned} \tag{3.2.5}$$

Aus dem Satz über implizite Funktionen folgt zudem

$$\nabla \mathbf{z}(\widehat{\mathbf{x}}_{(2)}) = -\left(\nabla_{\mathbf{x}_{(1)}} \mathbf{h}(\widehat{\mathbf{x}})\right)^{-1} \nabla_{\mathbf{x}_{(2)}} \mathbf{h}(\widehat{\mathbf{x}}). \tag{3.2.6}$$

Einsetzen von (3.2.6) in (3.2.5) liefert zusammen mit der Bedingung $\nabla \overline{f}(\widehat{\mathbf{x}}_{(2)}) = \mathbf{0}$ dann

$$\nabla_{\mathbf{x}_{(2)}} f(\widehat{\mathbf{x}}) - \nabla_{\mathbf{x}_{(1)}} f(\widehat{\mathbf{x}}) \cdot \left(\nabla_{\mathbf{x}_{(1)}} \mathbf{h}(\widehat{\mathbf{x}})\right)^{-1} \nabla_{\mathbf{x}_{(2)}} \mathbf{h}(\widehat{\mathbf{x}}) = \mathbf{0}. \tag{3.2.7}$$

Andererseits gilt trivialerweise

$$\nabla_{\mathbf{x}_{(1)}} f(\widehat{\mathbf{x}}) - \nabla_{\mathbf{x}_{(1)}} f(\widehat{\mathbf{x}}) \cdot \left(\nabla_{\mathbf{x}_{(1)}} \mathbf{h}(\widehat{\mathbf{x}})\right)^{-1} \nabla_{\mathbf{x}_{(1)}} \mathbf{h}(\widehat{\mathbf{x}}) = \mathbf{0}. \tag{3.2.8}$$

Mit $\boldsymbol{\lambda} := \left(\nabla_{\mathbf{x}_{(1)}} f(\widehat{\mathbf{x}}) \cdot (\nabla_{\mathbf{x}_{(1)}} \mathbf{h}(\widehat{\mathbf{x}}))^{-1}\right)' \in \mathbb{R}^m$ folgt durch Zusammenfassen von (3.2.7) und (3.2.8) dann unmittelbar

$$\nabla f(\widehat{\mathbf{x}}) - \boldsymbol{\lambda}' \nabla \mathbf{h}(\widehat{\mathbf{x}}) = \mathbf{0},$$

womit der Satz bewiesen ist. ∎

Bemerkung 3.4 Ein $\widehat{\mathbf{x}} \in \mathcal{D}$ mit $\text{rg}(\nabla \mathbf{h}(\widehat{\mathbf{x}})) = m$ wird häufig als *regulärer Punkt* bezeichnet. □

Der Beweis des Satzes macht deutlich, wie die durch die Gleichungsrestriktion vorgegebene implizite Beziehung zwischen den Variablen ausgenutzt wird, um das gleichungsrestringierte Problem lokal auf ein unrestringiertes Problem zurückzuführen. Anhand von Satz 3.1 erkennt man zudem, daß sich Gleichung (3.2.3) als notwendige Bedingung für die Maximierung der durch

$$L(\mathbf{x}, \boldsymbol{\lambda}) := f(\mathbf{x}) - \boldsymbol{\lambda}'\mathbf{h}(\mathbf{x}) \tag{3.2.9}$$

definierten unrestringierten Zielfunktion $L : \mathcal{D} \times \mathbb{R}^m \to \mathbb{R}$ bzgl. $\mathbf{x}$ ergibt. Die Funktion $L(\mathbf{x}, \boldsymbol{\lambda})$ wird als *Lagrange-Funktion* bezeichnet, $\boldsymbol{\lambda}$ heißt auch Vektor der *Lagrange-Multiplikatoren*. Darüber hinaus gilt $\nabla_{\boldsymbol{\lambda}} L(\mathbf{x}, \boldsymbol{\lambda}) = -\mathbf{h}(\mathbf{x})'$, so daß man aus der notwendigen Bedingung für die Maximierung von L bzgl. $\boldsymbol{\lambda}$ gerade die Gleichungsrestriktion (3.2.2) wiedergewinnt. Die Lagrange-Funktion verknüpft also Zielfunktion und Nebenbedingungen von (SOP2) und spielt anschließend exakt die gleiche Rolle wie die Zielfunktion im unrestringierten (SOP1). Dementsprechend ist es auch nicht überraschend, daß man für die notwendigen Bedingungen 2. Ordnung sowie die hinreichenden Bedingungen für lokale und globale Lösungen von (SOP2) Resultate erhält, die vollkommen analog zu jenen aus den Sätzen 3.2, 3.3 und 3.4 sind. Im wesentlichen ist lediglich die dortige Zielfunktion f durch die Lagrange-Funktion L zu ersetzen. Wir werden auf die Beweise dieser Aussagen vollständig verzichten, da sie einerseits formal aufwendiger und schwieriger sind, andererseits jedoch keine wesentlichen neuen Einsichten liefern. Der einzige nennenswerte Unterschied zum unrestringierten Fall besteht darin, daß die Definitheitseigenschaften der relevanten Hesse-Matrix nur noch auf einer Teilmenge des $\mathbb{R}^n$ erfüllt sein müssen. Hierfür werden wir im Anschluß an die folgenden Sätze eine anschauliche Interpretation geben.

Für die notwendigen Bedingungen 2. Ordnung erhält man

Satz 3.6 *Sei $\mathcal{D} \subset \mathbb{R}^n$ eine offene Menge, und seien $f \in \mathcal{C}^2(\mathcal{D})$ sowie $\mathbf{h} \in \mathcal{C}^2_m(\mathcal{D})$ gegebene Funktionen. Ferner sei $\widehat{\mathbf{x}}$ eine lokale Lösung von (SOP2), und es gelte* $\text{rg}(\nabla \mathbf{h}(\widehat{\mathbf{x}})) = m$. *Dann existiert ein $\boldsymbol{\lambda} \in \mathbb{R}^m$ mit*

$$\nabla f(\widehat{\mathbf{x}}) - \boldsymbol{\lambda}'\nabla \mathbf{h}(\widehat{\mathbf{x}}) = \mathbf{0}, \tag{3.2.10}$$

und die Hesse-Matrix[8] $\nabla^2_{\mathbf{x}} L(\widehat{\mathbf{x}}, \boldsymbol{\lambda})$ *der Funktion* $L(\mathbf{x}, \boldsymbol{\lambda}) = f(\mathbf{x}) - \boldsymbol{\lambda}'\mathbf{h}(\mathbf{x})$ *ist an der Stelle* $(\widehat{\mathbf{x}}, \boldsymbol{\lambda})$ *auf der Menge* $M := \{\mathbf{y} \in \mathbb{R}^n : \nabla \mathbf{h}(\widehat{\mathbf{x}})\mathbf{y} = 0\}$ *negativ semidefinit, d.h., es ist* $\mathbf{y}'\nabla^2_{\mathbf{x}} L(\widehat{\mathbf{x}}, \boldsymbol{\lambda})\mathbf{y} \leq 0$ *für alle* $\mathbf{y} \in M$.

Beweis: Vgl. HESTENES (1966), Kapitel 1 oder LUENBERGER (1984), Abschnitt 10.5. ■

Ebenso ergibt sich als hinreichende Bedingung für eine lokale Lösung von (SOP2) in Analogie zu Satz 3.3:

Satz 3.7 *Sei $\mathcal{D} \subset \mathbb{R}^n$ eine offene Menge, und seien $f \in \mathcal{C}^2(\mathcal{D})$ sowie $\mathbf{h} \in \mathcal{C}^2_m(\mathcal{D})$ gegebene Funktionen. Ferner sei $\widehat{\mathbf{x}} \in \mathbb{R}^n$ ein Punkt, der die Restriktion*

$$\mathbf{h}(\widehat{\mathbf{x}}) = \mathbf{0} \tag{3.2.11}$$

[8] Es gilt $\nabla^2_{\mathbf{x}} L(\widehat{\mathbf{x}}, \boldsymbol{\lambda}) = \nabla^2 f(\widehat{\mathbf{x}}) - \sum_{i=1}^m \lambda_i \nabla^2 h_i(\widehat{\mathbf{x}})$ mit $\nabla^2 h_i(\widehat{\mathbf{x}})$ als Hesse-Matrix für die i-te Komponente h_i der m-dimensionalen Funktion $\mathbf{h}$.

erfüllt, und es gebe ein $\boldsymbol{\lambda} \in \mathbb{R}^m$, *so daß*

$$\nabla f(\widehat{\mathbf{x}}) - \boldsymbol{\lambda}'\nabla \mathbf{h}(\widehat{\mathbf{x}}) = \mathbf{0} \tag{3.2.12}$$

gilt. Darüber hinaus sei die Hesse-Matrix $\nabla^2_{\mathbf{x}} L(\widehat{\mathbf{x}}, \boldsymbol{\lambda})$ *der Funktion* $L(\mathbf{x}, \boldsymbol{\lambda}) = f(\mathbf{x}) - \boldsymbol{\lambda}'\mathbf{h}(\mathbf{x})$ *auf der Menge* $M := \{\mathbf{y} \in \mathbb{R}^n : \nabla \mathbf{h}(\widehat{\mathbf{x}})\mathbf{y} = 0\}$ *negativ definit.*

Dann ist $\widehat{\mathbf{x}}$ *eine strikte lokale Lösung von (SOP2).*

Beweis: Vgl. HESTENES (1966), Kapitel 1 oder LUENBERGER (1984), Abschnitt 10.5. ■

Genau wie im unrestringierten Fall können Satz 3.5 und Satz 3.6 dazu genutzt werden, alle $\mathbf{x} \in \mathbb{R}^n$ auszuschließen, die keine Lösung von (SOP2) darstellen können. Die Frage, ob ein Kandidat für die Lösung von (SOP2), d.h. ein $\widehat{\mathbf{x}} \in \mathbb{R}^n$, das (3.2.3) erfüllt, wirklich ein lokales Optimum ist, kann anschließend über Satz 3.7 geklärt werden. Da die Vorgehensweise zu jener aus Abschnitt 3.1 im wesentlichen identisch ist, wollen wir dies nicht weiter vertiefen, sondern an dieser Stelle lediglich noch kurz erläutern, warum in Satz 3.6 und Satz 3.7 die Einschränkung auf die Menge M zulässig bzw. möglich ist.[9]

Die Bedeutung der Menge M für gleichungsrestringierte Maximierungsprobleme wird erkennbar, wenn wir zunächst nochmals zum unrestringierten Problem aus Abschnitt 3.1 zurückkehren, wobei wir zur Vereinfachung der Argumentation voraussetzen, daß der Definitionsbereich der Zielfunktion f nicht eingeschränkt ist, also $\mathcal{D} = \mathbb{R}^n$ gilt. Anschaulich kann man dort bei der Suche nach einem Maximum auch so vorgehen, daß man sich von einem beliebigen Punkt ausgehend in verschiedene „Richtungen" bewegt, wobei man natürlich an solchen Richtungen interessiert ist, die zu einer Zielwertverbesserung führen (vgl. auch Abbildung 4.3 in Abschnitt 4.2.1). Bei einem unrestringierten Problem ist es möglich, sich in diese verschiedenen Richtungen stets entlang einer Geraden zu bewegen, da man auf diese Weise niemals den zulässigen Bereich (also den gesamten $\mathbb{R}^n$) verläßt.[10] Im Falle eines restringierten Problems besteht hingegen die Gefahr, daß man bei der Bewegung entlang einer Geraden den zulässigen Bereich (d.h. die Menge $\mathcal{B} \subset \mathbb{R}^n$) verläßt. Folglich ist es hier angebracht, sich statt dessen auf sog. „Kurven" zu bewegen, um eine Richtung mit einer Zielwertverbesserung aufzufinden. Die jeweilige Richtung der Kurve ist dabei durch ihre „Steigung" im Ausgangspunkt vorgegeben, im n-dimensionalen Raum also durch den sog. Tangentialvektor. Die in den Sätzen 3.6 und 3.7 definierte Menge M enthält nun gerade all jene Tangentialvektoren an Kurven durch einen vorgegebenen Punkt $\widehat{\mathbf{x}}$ (jeweils ausgewertet an der Stelle $\widehat{\mathbf{x}}$), welche in den zulässigen Bereich des Optimierungsproblems weisen und mithin alle Richtungen, in die man sich zulässigerweise bewegen darf. Folglich brauchen die in den Sätzen aufgeführten

[9] Die nachfolgende Darstellung dient wirklich nur der Anschauung und unterschlägt einige wichtige formale Details. Für eine exakte Betrachtung vgl. z.B. LUENBERGER (1984), S. 297 ff.

[10] In der Tat ist es möglich, sämtliche Sätze aus Abschnitt 3.1 auf diesem Wege zu beweisen, anstatt auf die hier verwendeten Taylor-Entwicklungen zurückzugreifen.

Definitheitseigenschaften nur auf dieser Menge M gelten, da alle anderen Richtungen gewissermaßen ohnehin „uninteressant" sind. Die Menge M wird üblicherweise als Tangentialraum an den zulässigen Bereich $\mathcal{B}$ im Punkt $\widehat{\mathbf{x}}$ bezeichnet.

Bevor wir uns der Anwendung der Lagrange-Methode auf einige ökonomische Problemstellungen widmen, wollen wir wie in Abschnitt 3.1 noch hinreichende Bedingungen für eine *globale* Lösung von (SOP2) angeben. Vor dem Hintergrund von Satz 1.9 und Satz 3.4 ist es nicht verwunderlich, daß hierfür erneut die Konkavität der Zielfunktion und die Konvexität der Restriktionsmenge wesentlich ist, wobei sich letztere auf entsprechende Eigenschaften der Restriktionsfunktionen h_j, $j = 1, ..., m$, zurückführen läßt. Aufgrund einer etwas überraschend auftretenden Fallunterscheidung werden wir den Beweis diesmal explizit angeben.

Satz 3.8 *Sei $\mathcal{D} \subset \mathbb{R}^n$ eine offene und konvexe Menge, $f \in C^1(\mathcal{D})$ eine konkave Funktion sowie $\mathbf{h} \in C^1_m(\mathcal{D})$ eine weitere gegebene Funktion. Es gebe ein $\widehat{\mathbf{x}} \in \mathbb{R}^n$ und ein $\boldsymbol{\lambda} = (\lambda_1, ..., \lambda_m)' \in \mathbb{R}^m$ mit $\mathbf{h}(\widehat{\mathbf{x}}) = \mathbf{0}$ und*

$$\nabla f(\widehat{\mathbf{x}}) - \boldsymbol{\lambda}' \nabla \mathbf{h}(\widehat{\mathbf{x}}) = \mathbf{0}. \tag{3.2.13}$$

Ferner sei die Funktion h_i konvex für alle $i \in J := \{i : \lambda_i > 0\}$ sowie konkav für alle $i \in K := \{i : \lambda_i < 0\}$. Dann ist $\widehat{\mathbf{x}}$ eine globale Lösung von (SOP2).

Ist f sogar streng konkav, liefert $\widehat{\mathbf{x}}$ die eindeutige globale Lösung von (SOP2).

Beweis: Sei $\mathbf{x} \in \mathcal{D}$, $\mathbf{x} \neq \widehat{\mathbf{x}}$, ein (beliebiger) zulässiger Vektor für (SOP2), d.h. $\mathbf{h}(\mathbf{x}) = \mathbf{0}$. Da h_i für alle $i \in J$ konvex ist, gilt wegen $\mathbf{h}(\widehat{\mathbf{x}}) = \mathbf{h}(\mathbf{x}) = 0$ die Ungleichung (vgl. Satz 1.2)

$$\nabla h_i(\widehat{\mathbf{x}})(\mathbf{x} - \widehat{\mathbf{x}}) \leq \mathbf{0} \quad \forall i \in J. \tag{3.2.14}$$

Ebenso ergibt sich

$$\nabla h_i(\widehat{\mathbf{x}})(\mathbf{x} - \widehat{\mathbf{x}}) \geq \mathbf{0} \quad \forall i \in K, \tag{3.2.15}$$

da h_i für alle $i \in K$ konkav ist. Rechtsmultiplikation von (3.2.13) mit $(\mathbf{x} - \widehat{\mathbf{x}})$ liefert

$$\nabla f(\widehat{\mathbf{x}})(\mathbf{x} - \widehat{\mathbf{x}}) - \sum_{i \in J} \lambda_i \nabla h_i(\widehat{\mathbf{x}})(\mathbf{x} - \widehat{\mathbf{x}}) - \sum_{i \in K} \lambda_i \nabla h_i(\widehat{\mathbf{x}})(\mathbf{x} - \widehat{\mathbf{x}}) = \mathbf{0},$$

woraus sich mit $\lambda_i > 0$, $i \in J$, und (3.2.14) sowie $\lambda_i < 0$, $i \in K$, und (3.2.15) unmittelbar

$$\nabla f(\widehat{\mathbf{x}})(\mathbf{x} - \widehat{\mathbf{x}}) \leq \mathbf{0} \tag{3.2.16}$$

ergibt. Ferner gilt wegen der Konkavität von f die Ungleichung

$$f(\mathbf{x}) - f(\widehat{\mathbf{x}}) \leq \nabla f(\widehat{\mathbf{x}})(\mathbf{x} - \widehat{\mathbf{x}}), \tag{3.2.17}$$

so daß aus (3.2.16) und (3.2.17) die Behauptung folgt. Ist f streng konkav, gilt in (3.2.17) die strikte Ungleichung, und $\widehat{\mathbf{x}}$ ist sogar eindeutig. ∎

Damit haben wir die Charakterisierung der Lösungen von (SOP2) durch notwendige und hinreichende Bedingungen abgeschlossen und können nun erneut an einigen der in Kapitel 2 vorgestellten Beispiele deren Verwendung bei der Lösung konkreter Optimierungsprobleme demonstrieren.

Beispiel 3.6 Zunächst wollen wir Beispiel 3.5 bzw. Beispiel 2.5 zur Bestimmung des KQ-Schätzers im linearen Regressionsmodell fortführen. Anders als in Abschnitt 3.1 nehmen wir jedoch an, daß über den zu schätzenden Parametervektor $\boldsymbol{\beta}$ gesicherte Vorinformationen in Form einer linearen Gleichungsrestriktion $\mathbf{R}\boldsymbol{\beta} = \mathbf{r}$ mit $\mathbf{R} \in \mathbb{R}^{q \times k}$, $q < k$, und $\text{rg}(\mathbf{R}) = q$ sowie $\mathbf{r} \in \mathbb{R}^q$ vorliegen. Damit ist der sog. restringierte KQ-Schätzer $\widehat{\boldsymbol{\beta}}_R$, der die Residuenquadratsumme unter der Restriktion $\mathbf{R}\boldsymbol{\beta} = \mathbf{r}$ minimiert, als Lösung des Optimierungsproblems (2.5.3)-(2.5.4) zu bestimmen. Dies ist äquivalent zum Maximierungsproblem [vgl. (3.1.18)]

$$-\mathbf{y}'\mathbf{y} + 2\mathbf{b}_R'\mathbf{X}'\mathbf{y} - \mathbf{b}_R'\mathbf{X}'\mathbf{X}\mathbf{b}_R \rightarrow \max_{\mathbf{b}_R \in \mathbb{R}^k}! \tag{3.2.18}$$

unter der Nebenbedingung

$$\mathbf{R}\mathbf{b}_R = \mathbf{r}. \tag{3.2.19}$$

Wir haben bereits in Beispiel 3.5 argumentiert, daß $\mathcal{D} = \mathbb{R}^k$ offen und die Zielfunktion streng konkav ist. Die durch $\mathbf{h}(\mathbf{b}_R) := \mathbf{R}\mathbf{b}_R - \mathbf{r}$ definierte Restriktionsfunktion ist linear und folglich sowohl konvex als auch konkav. Wir können also Satz 3.8 in Verbindung mit Satz 3.7 anwenden, ohne darauf achten zu müssen, ob die Lagrange-Multiplikatoren positiv oder negativ sind. Die Lagrange-Funktion lautet

$$L(\mathbf{b}_R, \boldsymbol{\lambda}) = -\mathbf{y}'\mathbf{y} + 2\mathbf{b}_R'\mathbf{X}'\mathbf{y} - \mathbf{b}_R'\mathbf{X}'\mathbf{X}\mathbf{b}_R - \boldsymbol{\lambda}'(\mathbf{R}\mathbf{b}_R - \mathbf{r}). \tag{3.2.20}$$

Im zweiten Schritt sind nun die partiellen Ableitungen von $L(\mathbf{b}_R, \boldsymbol{\lambda})$ nach $\mathbf{b}_R$ und $\boldsymbol{\lambda}$ zu bilden. Wegen

$$\nabla_{\mathbf{b}_R} L(\mathbf{b}_R, \boldsymbol{\lambda}) = 2\mathbf{y}'\mathbf{X} - 2\mathbf{b}_R'\mathbf{X}'\mathbf{X} - \boldsymbol{\lambda}'\mathbf{R} \quad \text{und} \tag{3.2.21}$$

$$\nabla_{\boldsymbol{\lambda}} L(\mathbf{b}_R, \boldsymbol{\lambda}) = -\mathbf{h}(\mathbf{b}_R) = -(\mathbf{R}\mathbf{b}_R - \mathbf{r})' \tag{3.2.22}$$

muß der Schätzer $\widehat{\boldsymbol{\beta}}_R$ folglich so bestimmt werden, daß er eine Lösung des Gleichungssystems

$$2\mathbf{X}'\mathbf{y} - 2\mathbf{X}'\mathbf{X}\widehat{\boldsymbol{\beta}}_R - \mathbf{R}'\boldsymbol{\lambda} = \mathbf{0}, \tag{3.2.23}$$

$$\mathbf{R}\widehat{\boldsymbol{\beta}}_R = \mathbf{r} \tag{3.2.24}$$

ist. Linksmultiplikation von (3.2.23) mit $\mathbf{R}(\mathbf{X}'\mathbf{X})^{-1}$ liefert

$$2\mathbf{R}(\mathbf{X}'\mathbf{X})^{-1}\mathbf{X}'\mathbf{y} - 2\mathbf{R}\widehat{\boldsymbol{\beta}}_R - \mathbf{R}(\mathbf{X}'\mathbf{X})^{-1}\mathbf{R}'\boldsymbol{\lambda} = \mathbf{0}, \tag{3.2.25}$$

woraus sich unter Verwendung des KQ-Schätzers $\widehat{\boldsymbol{\beta}} = (\mathbf{X}'\mathbf{X})^{-1}\mathbf{X}'\mathbf{y}$ [vgl. (3.1.21)] und (3.2.24) die Gleichung

$$2\mathbf{R}\widehat{\boldsymbol{\beta}} - 2\mathbf{r} - \mathbf{R}(\mathbf{X}'\mathbf{X})^{-1}\mathbf{R}'\boldsymbol{\lambda} = \mathbf{0} \tag{3.2.26}$$

ergibt. Da $\mathbf{R}(\mathbf{X}'\mathbf{X})^{-1}\mathbf{R}'$ nach den Voraussetzungen an $\mathbf{R}$ und $\mathbf{X}$ eine reguläre $(q \times q)$-Matrix ist, folgt aus (3.2.26)

$$\boldsymbol{\lambda} = 2[\mathbf{R}(\mathbf{X}'\mathbf{X})^{-1}\mathbf{R}']^{-1}(\mathbf{R}\widehat{\boldsymbol{\beta}} - \mathbf{r}). \tag{3.2.27}$$

Einsetzen in (3.2.23) liefert dann

$$\mathbf{X}'\mathbf{X}\widehat{\boldsymbol{\beta}}_R = \mathbf{X}'\mathbf{y} - \mathbf{R}'[\mathbf{R}(\mathbf{X}'\mathbf{X})^{-1}\mathbf{R}']^{-1}(\mathbf{R}\widehat{\boldsymbol{\beta}} - \mathbf{r}),$$

woraus man durch Linksmultiplikation mit $(\mathbf{X}'\mathbf{X})^{-1}$ unmittelbar

$$\widehat{\boldsymbol{\beta}}_R = \widehat{\boldsymbol{\beta}} + (\mathbf{X}'\mathbf{X})^{-1}\mathbf{R}'[\mathbf{R}(\mathbf{X}'\mathbf{X})^{-1}\mathbf{R}']^{-1}(\mathbf{r} - \mathbf{R}\widehat{\boldsymbol{\beta}}) \tag{3.2.28}$$

erhält. Damit haben wir nach Satz 3.8 die globale Lösung von (3.2.18)-(3.2.19) berechnet und eine explizite Formel für den KQ-Schätzer unter linearen Restriktionen ermitteln können. Dieser ist in der Ökonometrie z.B. für die Konstruktion von Testverfahren für lineare Hypothesen (F-Test) von großer Bedeutung. □

Beispiel 3.7 Als nächstes wenden wir uns dem in Abschnitt 2.2 behandelten Kostenminimierungsproblem (2.2.5)-(2.2.7) eines Unternehmens zu, das ein Gut in der Menge y mit Hilfe von n verschiedenen Produktionsfaktoren (mit den Einsatzmengen $x_1, ..., x_n$) herstellt. Wir verzichten an dieser Stelle auf die explizite Berücksichtigung einer Nichtnegativitätsbedingung für die Faktoreinsatzmengen, so daß wir auf diese Weise ein Optimierungsproblem in der Form von (SOP2) erhalten. Es lautet

$$f(\mathbf{x}) = -\mathbf{w}'\mathbf{x} \to \max_{\mathbf{x}\in\mathbb{R}^n_+}! \tag{3.2.29}$$

unter der Nebenbedingung

$$g(\mathbf{x}) - \overline{y} = 0, \tag{3.2.30}$$

wobei $g : \mathbb{R}^n_+ \to \mathbb{R}$ eine Produktionsfunktion, $\mathbf{w} \in \mathbb{R}^n_{++}$ den Vektor der gegebenen Faktorpreise und $\overline{y} \in \mathbb{R}_{++}$ eine zu produzierende Ausbringungsmenge bezeichnet. Wir betrachten im folgenden konkret ein Beispiel, das in mikroökonomischen Grundvorlesungen meist ausführlich behandelt wird. Die Produktionsfunktion sei vom Cobb-Douglas-Typ, d.h., es sei $g : \mathbb{R}^n_+ \to \mathbb{R}$ durch

$$g(\mathbf{x}) = x_1^{\alpha_1} x_2^{\alpha_2} \cdots x_n^{\alpha_n} \tag{3.2.31}$$

gegeben, wobei in (3.2.31) $\alpha_i \in \mathbb{R}$ mit $\alpha_i > 0$, $i = 1, ..., n$, gegebene Parameter (Produktionselastizitäten) sind und der Skalenfaktor gleich Eins gesetzt wurde. Man beachte zunächst, daß der Definitionsbereich der Funktion g eine abgeschlossene Menge ist und darüber hinaus g am Rand des $\mathbb{R}^n_+$ (also in Punkten $\mathbf{x} \in \mathbb{R}^n_+$ mit $x_i = 0$ für ein $i \in \{1, ..., n\}$) *nicht* differenzierbar ist, falls $\alpha_i \in (0, 1)$ gilt. Daher können wir die zuvor bewiesenen Sätze nicht einfach unbesehen anwenden! Da jedoch für die Ausbringung $g(\mathbf{x}) = 0$ gilt, falls $x_j = 0$ für ein $j \in \{1, ..., n\}$ ist, ein Produktionsfaktor j also nicht verwendet wird, besitzt das Kostenminimierungsproblem für $\overline{y} > 0$ keine Lösung am Rand des $\mathbb{R}^n_+$. Wir können daher den Definitionsbereich $\mathcal{D}$ der Cobb-Douglas-Funktion g gleich auf die offene Menge $\mathcal{D}' = \mathbb{R}^n_{++}$ aller positiven Inputvektoren einschränken. Das Optimierungsproblem lautet dann also

$$f(\mathbf{x}) = -\sum_{i=1}^{n} w_i x_i \to \max_{\mathbf{x}\in\mathbb{R}^n_{++}}! \tag{3.2.32}$$

unter der Nebenbedingung

$$x_1^{\alpha_1} x_2^{\alpha_2} \cdots x_n^{\alpha_n} = \overline{y}. \tag{3.2.33}$$

Dieses Problem läßt sich nun noch weiter vereinfachen, indem man sich überlegt, daß der zulässige Bereich $\mathcal{B} = \{\mathbf{x} \in \mathbb{R}^n_{++} \mid x_1^{\alpha_1} x_2^{\alpha_2} \cdots x_n^{\alpha_n} = \overline{y}\}$ „unverändert" bleibt, wenn man statt (3.2.33) die transformierte Nebenbedingung

$$\sum_{i=1}^{n} \alpha_i \ln x_i = \ln \overline{y} \tag{3.2.34}$$

zugrunde legt, d.h., es ist mit $\mathcal{B}' = \{\mathbf{x} \in \mathbb{R}^n_{++} \mid \sum_{i=1}^n \alpha_i \ln x_i = \ln \overline{y}\}$ offenbar $\mathcal{B}' = \mathcal{B}$.

Wir wenden daher den Satz 3.5 auf ein gleichungsrestringiertes Optimierungsproblem mit der Zielfunktion $f(\mathbf{x}) = -\sum_{i=1}^n w_i x_i$ und der Restriktionsfunktion $h(\mathbf{x}) := \ln \overline{y} - \sum_{i=1}^n \alpha_i \ln x_i$ an. Dabei ist zu beachten, daß nur eine Nebenbedingung vorliegt und der Gradient $\nabla h(\mathbf{x}) = (-\frac{\alpha_1}{x_1}, ..., -\frac{\alpha_n}{x_n})$ der Restriktionsfunktion stets ungleich Null ist, so daß die in Satz 3.5 geforderte Regularitätsannahme $\text{rg}(\nabla h(\widehat{\mathbf{x}})) = 1$ auf jeden Fall gilt. Es sei also $\widehat{\mathbf{x}} \in \mathbb{R}^n_{++}$ eine Lösung von $f(\mathbf{x}) \to \max_{\mathbf{x} \in \mathbb{R}^n_{++}}!$ unter der Nebenbedingung $h(\mathbf{x}) = 0$. Dann existiert nach Satz 3.5 eine Zahl $\lambda \in \mathbb{R}$, so daß die Optimalitätsbedingungen

$$\frac{\partial f}{\partial x_i}(\widehat{\mathbf{x}}) - \lambda \frac{\partial h}{\partial x_i}(\widehat{\mathbf{x}}) = 0, \quad i = 1, ..., n, \tag{3.2.35}$$

und somit die n Gleichungen

$$-w_i + \lambda \alpha_i \frac{1}{x_i} = 0, \quad i = 1, ..., n, \tag{3.2.36}$$

zusammen mit der Nebenbedingung

$$\ln \overline{y} - \sum_{i=1}^{n} \alpha_i \ln x_i = 0 \tag{3.2.37}$$

für $x_i = \widehat{x}_i$, $i = 1, ..., n$, erfüllt sein müssen. Aus (3.2.36) folgt $\lambda > 0$ und

$$x_i = \frac{\lambda \alpha_i}{w_i} \tag{3.2.38}$$

bzw.

$$\ln x_i = \ln \lambda + \ln \alpha_i - \ln w_i \tag{3.2.39}$$

für $i = 1, ..., n$. Letzteres in (3.2.37) eingesetzt ergibt

$$-\sum_{i=1}^{n} \alpha_i (\ln \lambda + \ln \alpha_i - \ln w_i) + \ln \overline{y} = 0, \tag{3.2.40}$$

woraus mit $r := \sum_{i=1}^n \alpha_i$

$$\ln \lambda = \frac{1}{r} \left(\sum_{i=1}^{n} \alpha_i (\ln w_i - \ln \alpha_i) + \ln \overline{y} \right) \tag{3.2.41}$$

bzw.

$$\lambda = \left(\frac{w_1}{\alpha_1}\right)^{\alpha_1/r} \cdots \left(\frac{w_n}{\alpha_n}\right)^{\alpha_n/r} \overline{y}^{1/r} \tag{3.2.42}$$

folgt. Damit gewinnen wir durch Kombination von (3.2.38) und (3.2.42) für $\widehat{\mathbf{x}} = (\widehat{x}_1, ..., \widehat{x}_n)'$ den expliziten Lösungskandidaten

$$\widehat{x}_i = \left(\frac{w_1}{\alpha_1}\right)^{\alpha_1/r} \cdots \left(\frac{w_{i-1}}{\alpha_{i-1}}\right)^{\alpha_{i-1}/r} \left(\frac{w_i}{\alpha_i}\right)^{\alpha_i/r-1} \left(\frac{w_{i+1}}{\alpha_{i+1}}\right)^{\alpha_{i+1}/r} \cdots \left(\frac{w_n}{\alpha_n}\right)^{\alpha_n/r} \overline{y}^{1/r} \tag{3.2.43}$$

für alle $i = 1, ..., n$. Es bleibt nun die entscheidende Frage, ob $\widehat{\mathbf{x}}$ tatsächlich ein Kostenminimum liefert (also $-\sum_{i=1}^n w_i x_i$ maximiert). Da $\lambda > 0$ ist, sollte nach Satz 3.8 die Restriktionsfunktion h konvex, also

$$-h(\mathbf{x}) = \sum_{i=1}^{n} \alpha_i \ln x_i - \ln \overline{y} \tag{3.2.44}$$

konkav auf $\mathbb{R}^n_{++}$ sein. Das aber ist leicht zu sehen, da jede Funktion $\psi_i : \mathbb{R}^n_{++} \to \mathbb{R}$ mit $\psi_i(\mathbf{x}) = \alpha_i \ln x_i$, $i = 1, ..., n$, konkav (aber nicht streng konkav!) ist und daher $\psi : \mathbb{R}^n_{++} \to \mathbb{R}$ mit $\psi(\mathbf{x}) = \sum_{i=1}^n \psi_i(\mathbf{x})$ eine konkave Funktion ist. Also handelt es sich bei (3.2.43) um die globale Lösung des Kostenminimierungsproblems. Man beachte hierbei, daß wir nur die Bedingung $\alpha_i > 0$, $i = 1, ..., n$, gefordert haben, so daß die Cobb-Douglas-Funktion g nicht notwendig konkav, sondern nur quasi-konkav sein muß. An (3.2.43) erkennt man unmittelbar, daß die kostenminimale Faktoreinsatzmenge $\widehat{x}_i$ mit steigendem Faktorpreis w_i sinkt und mit wachsender Outputmenge $\overline{y}$ oder steigendem Faktorpreis eines anderen Produktionsfaktors wächst. □

Beispiel 3.8 Wir betrachten nun das Nutzenmaximierungsproblem des Haushalts aus Abschnitt 2.1 in der Form (2.1.4)-(2.1.5), d.h.

$$u(\mathbf{x}) \to \max_{\mathbf{x} \in \mathbb{R}^n_+}! \tag{3.2.45}$$

unter der Nebenbedingung

$$\mathbf{p}'\mathbf{x} = m. \tag{3.2.46}$$

Hier wurde bereits die a priori Überlegung berücksichtigt, daß der Haushalt aufgrund der Nichtsättigungsannahme sein gesamtes Einkommen m für den Konsum aufwendet, so daß ein gleichungsrestringiertes Nutzenmaximierungsproblem gelöst werden muß. Die stetige Zielfunktion u wird aus ökonomischen Gründen üblicherweise als streng konkav vorausgesetzt,[11] die Restriktionsmenge $\mathcal{B} := \{\mathbf{x} \in \mathbb{R}^n_+ : \mathbf{p}'\mathbf{x} - m = 0\}$ ist für $\mathbf{p} \in \mathbb{R}^n$ mit $p_j > 0$, $j = 1, ..., n$, und $m \geq 0$ nichtleer und kompakt. Somit wissen wir nach Satz 1.10 in Verbindung mit Satz 1.9, daß genau eine Lösung des Nutzenmaximierungsproblems *existiert*. Allerdings können wir zur Bestimmung

[11] Diese Voraussetzung repräsentiert die Annahme streng konvexer Präferenzen, die im wesentlichen auf der Vorstellung eines abnehmenden Grenznutzens basiert, vgl. KREPS (1990), S. 34 f.

dieser Lösung die zuvor bewiesenen Sätze noch nicht anwenden, da der Definitionsbereich $\mathbb{R}^n_+$ eine abgeschlossene Menge und die Zielfunktion am Rand des Definitionsbereiches in der Regel nicht differenzierbar ist.[12] Genau wie im vorangegangenen Beispiel der Produktionsplanung ist es jedoch möglich, den Definitionsbereich auf die offene Menge $\mathcal{D} = \mathbb{R}^n_{++}$ einzuschränken. Für $m > 0$ ist die bereits in Abschnitt 2.1 betrachtete Menge $\mathcal{B}_0 := \{\mathbf{x} \in \mathbb{R}^n_{++} : \mathbf{p}'\mathbf{x} - m = 0\}$ nämlich nichtleer, und wir wissen aufgrund der Nichtsättigungsannahme in Verbindung mit der dort diskutierten Annahme der nicht vollständig substituierbaren Güter, daß für die Lösung $\widehat{\mathbf{x}} \in \mathcal{B}_0$ gelten muß. Daher können wir gleich das Optimierungsproblem

$$u(\mathbf{x}) \to \max_{\mathbf{x} \in \mathbb{R}^n_{++}} ! \tag{3.2.47}$$

unter der Nebenbedingung

$$\mathbf{x} \in \mathcal{B}_0 \tag{3.2.48}$$

betrachten, wobei der Definitionsbereich $\mathcal{D} = \mathbb{R}^n_{++}$ offen ist und die Funktion u zweimal stetig differenzierbar auf $\mathcal{D}$ sei. Darüber hinaus ist die für die Gleichungsrestriktion $h(\mathbf{x}) = \mathbf{p}'\mathbf{x} - m$ relevante Funktion h linear in $\mathbf{x}$ und damit sowohl konvex als auch konkav. Also ist auch hier Satz 3.8 anwendbar, und wir brauchen nur noch einen Vektor $\widehat{\mathbf{x}}$ zu finden, der die Gleichungen $h(\widehat{\mathbf{x}}) = \mathbf{0}$ und (3.2.13) löst.

Der nächste Schritt zur Bestimmung dieses Vektors besteht wiederum darin, die Lagrange-Funktion aufzustellen. Mit $\lambda \in \mathbb{R}$ besitzt sie für dieses spezielle Problem die Gestalt

$$L(\mathbf{x}, \lambda) = u(\mathbf{x}) - \lambda(\mathbf{p}'\mathbf{x} - m). \tag{3.2.49}$$

Anschließend bilden wir die partiellen Ableitungen von L nach $\mathbf{x}$ und λ, die an der Optimalstelle $\widehat{\mathbf{x}}$ jeweils gleich $\mathbf{0}$ (bzw. 0) sein müssen, d.h.

$$\nabla_{\mathbf{x}} L(\widehat{\mathbf{x}}, \lambda) = \nabla u(\widehat{\mathbf{x}}) - \lambda \mathbf{p}' = \mathbf{0}, \tag{3.2.50}$$

$$\nabla_{\lambda} L(\widehat{\mathbf{x}}, \lambda) = -h(\widehat{\mathbf{x}}) = -\mathbf{p}'\widehat{\mathbf{x}} + m = 0. \tag{3.2.51}$$

Bei (3.2.50)-(3.2.51) handelt es sich um ein Gleichungssystem mit $n+1$ Gleichungen in den $n+1$ Variablen $x_1, ..., x_n, \lambda$, das sich ausführlicher in der Form

$$\begin{aligned} \frac{\partial u}{\partial x_1}(\widehat{\mathbf{x}}) - \lambda p_1 &= 0, \\ &\vdots \\ \frac{\partial u}{\partial x_n}(\widehat{\mathbf{x}}) - \lambda p_n &= 0, \\ \sum_{i=1}^{n} p_i \widehat{x}_i &= m \end{aligned} \tag{3.2.52}$$

[12] Als Beispiel hierfür betrachte man etwa den Fall einer Cobb-Douglas-Nutzenfunktion, deren Exponenten zwischen Null und Eins liegen, vgl. auch Beispiel 3.7. In vielen mathematischen Lehrbüchern wird die Differenzierbarkeit von vornherein ausschließlich auf offenen Mengen definiert. Wir lassen i. allg. auch noch die einseitige Differenzierbarkeit am Rand von abgeschlossenen Mengen zu. Im oben angedeuteten Fall einer Cobb-Douglas-Nutzenfunktion ist aber selbst diese nicht mehr gegeben.

schreiben läßt. Das Gleichungssystem (3.2.52) besitzt (wegen der bereits vorab gesicherten Existenz genau einer Lösung des Optimierungsproblems) eine eindeutige, von den exogenen Größen $\mathbf{p}$ und m abhängige Lösung $\widehat{\mathbf{x}}(\mathbf{p}, m)$ und $\widehat{\lambda}(\mathbf{p}, m)$, und $\widehat{\mathbf{x}}$ liefert das gesuchte globale Maximum des Optimierungsproblems der Haushalte. Man beachte jedoch, daß die explizite Lösung des nichtlinearen Gleichungssystems (3.2.52) je nach Gestalt der Nutzenfunktion möglicherweise ein nicht-triviales Problem darstellt.

Im Rahmen der mikroökonomischen Theorie wird $\widehat{\mathbf{x}}(\mathbf{p}, m)$ als Nachfragefunktion bezeichnet. Während diese Interpretation der Optimallösung aufgrund der Formulierung des Optimierungsproblems selbstverständlich ist, kann der Lagrange-Multiplikator λ überraschenderweise ebenfalls sinnvoll ökonomisch interpretiert werden, so daß es sich hierbei im Hinblick auf ökonomische Fragestellungen nicht um eine bloße Hilfsvariable zur Lösung des Optimierungsproblems handelt. Um dies zu erkennen, setzen wir die Nachfragefunktion $\widehat{\mathbf{x}}(\mathbf{p}, m)$ in die Zielfunktion u ein und erhalten so den maximal erreichbaren (optimalen) Nutzen $\widehat{u}(\mathbf{p}, m) := u(\widehat{\mathbf{x}}(\mathbf{p}, m))$. Differentiation von $\widehat{u}$ nach m liefert[13]

$$\nabla_m \widehat{u}(\mathbf{p}, m) = \nabla u(\widehat{\mathbf{x}}(\mathbf{p}, m)) \cdot \nabla_m \widehat{\mathbf{x}}(\mathbf{p}, m), \tag{3.2.53}$$

wobei die (partielle) Differenzierbarkeit von $\widehat{\mathbf{x}}$ nach m wegen der Annahme $u \in \mathcal{C}^2(\mathbb{R}^n_+)$ aus dem Satz über implizite Funktionen (bzw. dessen Anwendung auf das Gleichungssystem (3.2.50)-(3.2.51)) folgt. Außerdem erfüllt $\widehat{\mathbf{x}}(\mathbf{p}, m)$ die beiden Optimalitätsbedingungen (3.2.50) und (3.2.51), d.h.

$$\nabla u(\widehat{\mathbf{x}}(\mathbf{p}, m)) = \lambda \mathbf{p}', \tag{3.2.54}$$

$$\mathbf{p}'\widehat{\mathbf{x}}(\mathbf{p}, m) = m. \tag{3.2.55}$$

Differentiation von (3.2.55) nach m liefert

$$\mathbf{p}' \nabla_m \widehat{\mathbf{x}}(\mathbf{p}, m) = 1. \tag{3.2.56}$$

Durch Zusammenfassen von (3.2.53), (3.2.54) und (3.2.56) folgt dann sofort

$$\nabla_m \widehat{u}(\mathbf{p}, m) = \lambda, \tag{3.2.57}$$

d.h., der Lagrange-Multiplikator gibt für den Fall, daß sich der Haushalt rational verhält (also seinen Nutzen maximiert) gerade den Grenznutzen des Einkommens an. Er hat folglich eine wichtige ökonomische Bedeutung. □

Es kann gezeigt werden, daß die ökonomische Interpretierbarkeit des Lagrange-Multiplikators in Beispiel 3.8 nicht auf die spezielle Struktur des Nutzenmaximierungsproblems zurückzuführen, sondern vielmehr als Beispiel für ein allgemeineres

[13] In (3.2.53) ist zu beachten, daß $\nabla_m \widehat{\mathbf{x}}(\mathbf{p}, m)$ eine $(n \times 1)$-Matrix und damit einen Spaltenvektor darstellt, da $\widehat{\mathbf{x}}$ als Funktion von m den $\mathbb{R}^n$ als Bildraum sowie den $\mathbb{R}^1$ als Definitionsbereich besitzt. Entsprechend ist $\nabla_m \widehat{u}(\mathbf{p}, m)$ eine (1×1)-Matrix, also eine reelle Zahl.

Resultat anzusehen ist. Dabei spielt einmal mehr der Satz über implizite Funktionen eine zentrale Rolle. Das wesentliche Argument läßt sich am einfachsten für den Fall demonstrieren, daß die Gleichungsrestriktion aus (SOP2) in der Form $\mathbf{h}(\mathbf{x}) = \mathbf{b}$ mit $\mathbf{b} \in \mathbb{R}^m$ dargestellt wird.[14] Für den Beweis des nachfolgenden Satzes benötigen wir darüber hinaus ein Hilfsresultat:

Lemma 3.1 *Gegeben seien zwei Matrizen* $\mathbf{A} \in \mathbb{R}^{n\times n}$ *und* $\mathbf{B} \in \mathbb{R}^{m\times n}$. *Für den Rang von* $\mathbf{B}$ *gelte* $\text{rg}(\mathbf{B}) = m$, *und* $\mathbf{A}$ *sei auf der Menge* $\mathcal{M} = \{\mathbf{x} \in \mathbb{R}^n : \mathbf{Bx} = \mathbf{0}\}$ *negativ definit. Dann ist die durch*

$$\mathbf{C} = \begin{pmatrix} \mathbf{A} & \mathbf{B}' \\ \mathbf{B} & \mathbf{0} \end{pmatrix}$$

definierte Matrix $\mathbf{C} \in \mathbb{R}^{(m+n)\times(m+n)}$ *regulär, d.h. invertierbar.*

Beweis: Der Vektor $\begin{pmatrix} \mathbf{x} \\ \mathbf{y} \end{pmatrix} \in \mathbb{R}^{m+n}$ mit $\mathbf{x} \in \mathbb{R}^m$ und $\mathbf{y} \in \mathbb{R}^n$ sei eine Lösung des Gleichungssystems

$$\mathbf{C}\begin{pmatrix} \mathbf{x} \\ \mathbf{y} \end{pmatrix} = \mathbf{0}.$$

Dann gilt

$$\mathbf{Ax} + \mathbf{B}'\mathbf{y} = \mathbf{0} \quad \text{und} \quad \mathbf{Bx} = \mathbf{0}.$$

Linksmultiplikation der ersten Gleichung mit $\mathbf{x}'$ liefert

$$\mathbf{x}'\mathbf{Ax} + \mathbf{x}'\mathbf{B}'\mathbf{y} = 0,$$

woraus sich wegen $\mathbf{Bx} = \mathbf{0}$ unmittelbar $\mathbf{x}'\mathbf{Ax} = \mathbf{0}$ ergibt. Da $\mathbf{A}$ auf der Menge $\mathcal{M} = \{\mathbf{x} \in \mathbb{R}^n : \mathbf{Bx} = \mathbf{0}\}$ negativ definit ist, folgt hieraus $\mathbf{x} = \mathbf{0}$. Wegen $\text{rg}(\mathbf{B}) = m$ ergibt sich schließlich aus der Beziehung $\mathbf{B}'\mathbf{y} = \mathbf{0}$, daß auch $\mathbf{y} = \mathbf{0}$ gilt. Somit ist $\mathbf{C}$ regulär. ■

Satz 3.9 *Gegeben seien eine offene Menge* $\mathcal{D} \subset \mathbb{R}^n$ *sowie zwei Funktionen* $f \in \mathcal{C}^2(\mathcal{D})$ *und* $\mathbf{h} \in \mathcal{C}^2_m(\mathcal{D})$. *Ferner sei* $\widehat{\mathbf{x}} \in \mathcal{D}$ *eine lokale Lösung des Optimierungsproblems*

$$f(\mathbf{x}) \to \max_{\mathbf{x}\in\mathcal{D}}! \tag{3.2.58}$$

unter der Nebenbedingung

$$\mathbf{h}(\mathbf{x}) = \mathbf{b}_0. \tag{3.2.59}$$

Darüber hinaus gelte $\text{rg}(\nabla\mathbf{h}(\widehat{\mathbf{x}})) = m$, *und* $\widehat{\mathbf{x}}$ *genüge zusammen mit dem Lagrange-Multiplikator* $\widehat{\boldsymbol{\lambda}}$ *aus Satz 3.5 den hinreichenden Bedingungen für ein striktes lokales Maximum aus Satz 3.7. Dann gilt*

$$\nabla_{\mathbf{b}} f(\widehat{\mathbf{x}}) = \widehat{\boldsymbol{\lambda}}'. \tag{3.2.60}$$

[14] Statt $\mathbf{h}(\mathbf{x}) = \mathbf{0}$ wie in (SOP2) hat man hier also eine Restriktion der Form $\overline{\mathbf{h}}(\mathbf{x}, \mathbf{b}) = \mathbf{h}(\mathbf{x}) - \mathbf{b} = \mathbf{0}$. Für jedes feste $\mathbf{b} \in \mathbb{R}^n$ sind alle bisher betrachteten Sätze anwendbar, so daß ohne Beschränkung der Allgemeinheit gleich explizit $\mathbf{h}(\mathbf{x}) = \mathbf{b}$ geschrieben werden kann. Dieser Fall tritt bei ökonomischen Fragestellungen zum einen recht häufig auf und ist zum anderen sehr einsichtig. Für eine etwas andere Darstellung vgl. LUENBERGER (1984), S. 313.

Beweis: Nach Satz 3.5 existiert ein $\widehat{\boldsymbol{\lambda}} \in \mathbb{R}^m$, so daß die lokale Lösung $\widehat{\mathbf{x}}$ von (3.2.58)-(3.2.59) die notwendigen Bedingungen

$$\nabla f(\widehat{\mathbf{x}}) - \widehat{\boldsymbol{\lambda}}'\nabla \mathbf{h}(\widehat{\mathbf{x}}) = \mathbf{0} \quad \text{und} \tag{3.2.61}$$

$$\mathbf{b}_0 - \mathbf{h}(\widehat{\mathbf{x}}) = \mathbf{0} \tag{3.2.62}$$

erfüllt. Man kann (3.2.61)-(3.2.62) nun auch als Gleichungssystem in den *drei* Variablen $\mathbf{x}$, $\boldsymbol{\lambda}$ und $\mathbf{b}$ auffassen und in der Form

$$F(\mathbf{x}, \boldsymbol{\lambda}, \mathbf{b}) := \begin{pmatrix} \nabla f(\mathbf{x})' - \nabla \mathbf{h}(\mathbf{x})'\boldsymbol{\lambda} \\ \mathbf{b} - \mathbf{h}(\mathbf{x}) \end{pmatrix} = \begin{pmatrix} \mathbf{0} \\ \mathbf{0} \end{pmatrix} \tag{3.2.63}$$

schreiben. Die Matrix

$$\nabla_{(\mathbf{x},\boldsymbol{\lambda})} F(\widehat{\mathbf{x}}, \widehat{\boldsymbol{\lambda}}, \mathbf{b}_0) = \begin{pmatrix} \nabla^2_{\mathbf{x}} L(\widehat{\mathbf{x}}, \widehat{\boldsymbol{\lambda}}) & -\nabla \mathbf{h}(\widehat{\mathbf{x}})' \\ -\nabla \mathbf{h}(\widehat{\mathbf{x}}) & \mathbf{0}_{m\times m} \end{pmatrix} \tag{3.2.64}$$

mit $\nabla^2_{\mathbf{x}} L(\mathbf{x}, \boldsymbol{\lambda})$ als Hesse-Matrix der Funktion $L(\mathbf{x}, \boldsymbol{\lambda}) = f(\mathbf{x}) - \boldsymbol{\lambda}'(\mathbf{h}(\mathbf{x}) - \mathbf{b})$ ist nach Lemma 3.1 invertierbar, da $\nabla^2_{\mathbf{x}} L(\widehat{\mathbf{x}}, \widehat{\boldsymbol{\lambda}})$ nach Voraussetzung negativ *definit* auf der Menge M aus Satz 3.7 ist und weil $\text{rg}(\nabla \mathbf{h}(\widehat{\mathbf{x}})) = m$ gilt. Damit existieren nach dem Satz über implizite Funktionen offene Mengen $U, V_1 \subset \mathbb{R}^m$ und $V_2 \subset \mathbb{R}^n$ sowie stetig differenzierbare Abbildungen $\boldsymbol{\Lambda} : U \to V_1$ und $\mathbf{X} : U \to V_2$, die $\boldsymbol{\lambda}$ und $\mathbf{x}$ als Funktion von $\mathbf{b}$ angeben, wobei $\widehat{\boldsymbol{\lambda}} = \boldsymbol{\Lambda}(\mathbf{b}_0)$ und $\widehat{\mathbf{x}} = \mathbf{X}(\mathbf{b}_0)$ gilt. Einsetzen in die Lagrange-Funktion liefert für $\mathbf{b} \in U$

$$L(\mathbf{x}, \boldsymbol{\lambda}, \mathbf{b}) = f(\mathbf{X}(\mathbf{b})) - \boldsymbol{\Lambda}(\mathbf{b})'(\mathbf{h}(\mathbf{X}(\mathbf{b})) - \mathbf{b}). \tag{3.2.65}$$

Durch Differentiation nach $\mathbf{b}$ erhält man mit der Ketten- und der Produktregel

$$\begin{aligned} \nabla_{\mathbf{b}} L(\mathbf{x}, \boldsymbol{\lambda}, \mathbf{b}) &= \nabla f(\mathbf{X}(\mathbf{b}))\nabla_{\mathbf{b}}\mathbf{X}(\mathbf{b}) - (\mathbf{h}(\mathbf{X}(\mathbf{b})) - \mathbf{b})'\nabla_{\mathbf{b}}\boldsymbol{\Lambda}(\mathbf{b}) \\ &\quad -\boldsymbol{\Lambda}(\mathbf{b})'\left[\nabla \mathbf{h}(\mathbf{X}(\mathbf{b}))\nabla_{\mathbf{b}}\mathbf{X}(\mathbf{b}) - \mathbf{I}_m\right] \\ &= \left[\nabla f(\mathbf{X}(\mathbf{b})) - \boldsymbol{\Lambda}(\mathbf{b})'\nabla \mathbf{h}(\mathbf{X}(\mathbf{b}))\right]\nabla_{\mathbf{b}}\mathbf{X}(\mathbf{b}) \\ &\quad -(\mathbf{h}(\mathbf{X}(\mathbf{b})) - \mathbf{b})'\nabla_{\mathbf{b}}\boldsymbol{\Lambda}(\mathbf{b}) + \boldsymbol{\Lambda}(\mathbf{b})'. \end{aligned} \tag{3.2.66}$$

Wegen (3.2.61) und (3.2.62) folgt aus (3.2.66) für $\mathbf{b} = \mathbf{b}_0$

$$\nabla_{\mathbf{b}} L(\widehat{\mathbf{x}}, \widehat{\boldsymbol{\lambda}}, \mathbf{b}) = \boldsymbol{\Lambda}(\mathbf{b})'. \tag{3.2.67}$$

Andererseits ergibt sich aus $L(\mathbf{x}, \boldsymbol{\lambda}, \mathbf{b}) = f(\mathbf{X}(\mathbf{b})) - \boldsymbol{\Lambda}(\mathbf{b})'(\mathbf{h}(\mathbf{X}(\mathbf{b})) - \mathbf{b}) = f(\mathbf{X}(\mathbf{b}))$ für $\mathbf{b} = \mathbf{b}_0$ auch

$$\nabla_{\mathbf{b}} L(\widehat{\mathbf{x}}, \widehat{\boldsymbol{\lambda}}, \mathbf{b}) = \nabla_{\mathbf{b}} f(\mathbf{X}(\mathbf{b})), \tag{3.2.68}$$

so daß die Kombination von (3.2.67) und (3.2.68) die Behauptung liefert. ■

Analog zum Nutzenmaximierungsproblem aus Abschnitt 2.1 führen in der Regel Budgetbeschränkungen irgendwelcher Art (z.B. Einkommens-, Zeit- oder Mengenbeschränkungen) zu Gleichungsrestriktionen, wogegen die Zielfunktion einen bestimmten Wert (z.B. in Geld- oder Nutzeneinheiten) mißt. Nach Satz 3.9 geben die Lagrange-Multiplikatoren demnach an, wie der Wert der Zielfunktion auf Änderungen der (Mengen-) Restriktion reagiert. Dieser marginale Wert der Ressourcen des Wirtschaftssubjektes wird demzufolge als deren „Schattenpreis" interpretiert.

Literaturhinweise

Bei der statischen Optimierungstheorie handelt es sich sowohl innerhalb der Mathematik als auch in ihrer Funktion als Hilfsmittel in der Wirtschaftstheorie um ein absolutes „Standardgebiet“. Dementsprechend gibt es sehr viele Lehrbücher, welche die statische Optimierung rein mathematisch oder speziell im Hinblick auf ökonomische Fragestellungen behandeln. Wir wollen lediglich auf jene Bücher verweisen, die für unsere Darstellung besonders prägend waren. Unter den mathematischen Texten waren dies die z.T. schon etwas älteren, aber immer noch sehr empfehlenswerten Bücher von BAZARAA, SHERALI, SHETTY (1993), HESTENES (1966) und LUENBERGER (1984). Bei den eher für einen ökonomischen Leserkreis gedachten Abhandlungen sei vor allem auf INTRILIGATOR (1971) sowie auf ein neueres Werk von SUNDARAM (1996) verwiesen. Zudem enthalten fortgeschrittene Lehrbücher zur Wirtschaftstheorie häufig eine kompakte Darstellung der wichtigsten Sätze der Optimierung, vgl. z.B. MAS-COLELL, WHINSTON, GREEN (1995).

Kapitel 4

Optimierung bei Ungleichungsrestriktionen

Die in Kapitel 2 aufgeführten Beispiele haben gezeigt, daß bei ökonomischen Fragestellungen sehr häufig auch Restriktionen in Form von Ungleichungen auftreten. Um ein Verständnis für die Vorgehensweise und die (inhaltliche) Bedeutung der Optimalitätsbedingungen bei derartigen Optimierungsproblemen zu vermitteln, betrachten wir eingangs drei einfache Spezialfälle, die darüber hinaus selbst in zahlreichen ökonomischen Anwendungen auftreten und daher für sich genommen ebenfalls relevant sind. Anschließend werden Optimalitätsbedingungen für allgemeine Optimierungsprobleme mit nichtlinearen Ungleichungsrestriktionen hergeleitet und diskutiert. Dabei wird sich zeigen, daß diese zum einen Verallgemeinerungen der entsprechenden Bedingungen für die Spezialfälle von Nichtnegativitätsbedingungen und linearen Restriktionen darstellen, zum anderen aber auch auffallende Ähnlichkeiten zu den Optimalitätsbedingungen bei gleichungsrestringierten Problemen besitzen. Am Ende des Kapitels betrachten wir schließlich noch Optimierungsprobleme, bei denen sowohl Gleichungs- als auch Ungleichungsrestriktionen auftreten und die somit alle zuvor hergeleiteten Resultate zusammenfassen.

4.1 Spezialfälle

In diesem Abschnitt behandeln wir zunächst die drei einfachsten Fälle ungleichungsrestringierter Optimierungsprobleme. Die gemeinsame Besonderheit dieser Ansätze besteht darin, daß die Restriktionen jeweils linear in den Entscheidungsvariablen sind. Dies vereinfacht die Analyse, jedoch lassen sich bereits nahezu alle wesentlichen Überlegungen, die auch im allgemeinen Fall anzustellen sind, hieran demonstrieren.

4.1.1 Nichtnegativitätsbedingungen und obere Schranken

In den meisten ökonomischen Anwendungen handelt es sich bei den Entscheidungsvariablen um Mengen oder Preise, für welche Nichtnegativitätsbedingungen zwangsläufig gegeben sind. Häufig treten zudem obere Schranken für die Entscheidungsvariablen auf (z.B. Kapazitätsgrenzen, Nachfragebeschränkungen), die den Nichtnegativitätsbedingungen formal nahezu identisch sind und daher in diesem Teilabschnitt gleich mitbehandelt werden sollen. Wir konzentrieren uns zunächst jedoch auf den Fall, daß die Nichtnegativitätsbedingungen die *einzigen* relevanten Nebenbedingungen darstellen. Dazu betrachten wir eine stetige Zielfunktion $f : \mathbb{R}^n \to \mathbb{R}$, die abweichend von den bisherigen Optimierungsproblemen auf dem gesamten $\mathbb{R}^n$ definiert sein soll (d.h. $\mathcal{D} = \mathbb{R}^n$). Diese Vorgehensweise dient alleine einer etwas anschaulicheren Darstellung dieses Spezialfalls. Wir werden in Abschnitt 4.1.2 wieder zum allgemeineren Ansatz mit einem Definitionsbereich $\mathcal{D} \subset \mathbb{R}^n$ zurückkehren. Das statische Optimierungsproblem 3 (**SOP3**) ist also durch

$$f(\mathbf{x}) \to \max_{\mathbf{x}\in\mathbb{R}^n}! \tag{4.1.1}$$

unter der Nebenbedingung

$$\mathbf{x} \geq \mathbf{0} \tag{4.1.2}$$

gegeben, so daß $\mathcal{B} := \mathbb{R}^n_+$ den zulässigen Bereich bezeichnet. Wie in Kapitel 3 sind wir zunächst an der Bestimmung von *notwendigen* Optimalitätsbedingungen für (SOP3) interessiert. Es gilt

Satz 4.1 *Gegeben sei eine stetig differenzierbare Funktion $f : \mathbb{R}^n \to \mathbb{R}$ (d.h. $f \in C^1(\mathbb{R}^n)$). Ferner sei $\widehat{\mathbf{x}} \in \mathbb{R}^n_+$ eine lokale Lösung von (SOP3). Dann gilt*

$$\nabla f(\widehat{\mathbf{x}}) \leq \mathbf{0}, \tag{4.1.3}$$

$$\nabla f(\widehat{\mathbf{x}}) \cdot \widehat{\mathbf{x}} = 0. \tag{4.1.4}$$

Beweis: Sei $\widehat{\mathbf{x}} \geq \mathbf{0}$ eine lokale Lösung. Zu beliebig gegebenem $\mathbf{y} \in \mathbb{R}^n_+$ und $t \in \mathbb{R}$ definieren wir

$$\mathbf{x}(t) := (1-t)\widehat{\mathbf{x}} + t\mathbf{y}.$$

Für $0 \leq t \leq 1$ gilt $\mathbf{x}(t) \geq \mathbf{0}$ und, da $\widehat{\mathbf{x}}$ eine lokale Maximalstelle von f ist, somit

$$f(\widehat{\mathbf{x}}) \geq f(\mathbf{x}(t)) \tag{4.1.5}$$

für hinreichend kleines t. Aus $\mathbf{x}(0) = \widehat{\mathbf{x}}$ und (4.1.5) erhält man also

$$\frac{f(\mathbf{x}(t)) - f(\mathbf{x}(0))}{t} \leq 0 \tag{4.1.6}$$

für hinreichend kleines $t > 0$. Aus der Differenzierbarkeit von $f(\mathbf{x}(t))$ in t ergibt sich mit (4.1.6)

$$\frac{d}{dt} f(\mathbf{x}(0)) = \lim_{t\downarrow 0} \frac{f(\mathbf{x}(t)) - f(\mathbf{x}(0))}{t} \leq 0. \tag{4.1.7}$$

Andererseits gilt

$$\frac{d}{dt} f(\mathbf{x}(t)) = \sum_{i=1}^{n} \frac{\partial f}{\partial x_i}(\mathbf{x}(t)) \cdot (y_i - \widehat{x}_i),$$

woraus mit (4.1.7) und $\mathbf{x}(0) = \widehat{\mathbf{x}}$ sofort

$$\sum_{i=1}^{n} \frac{\partial f}{\partial x_i}(\widehat{\mathbf{x}}) \cdot (y_i - \widehat{x}_i) \leq 0 \tag{4.1.8}$$

folgt. Wählt man nun für $j = 1, ..., n$ Vektoren $\mathbf{y}^{(j)} \in \mathbb{R}_+^n$ gemäß $\mathbf{y}^{(j)} = \widehat{\mathbf{x}} + \mathbf{e}_j$, wobei $\mathbf{e}_j = (0, ..., 0, 1, 0, ..., 0)' \in \mathbb{R}^n$ den j-ten Einheitsvektor bezeichnet, erhält man aus (4.1.8)

$$\frac{\partial f}{\partial x_j}(\widehat{\mathbf{x}}) \leq 0 \quad \forall j = 1, ..., n,$$

was äquivalent zu (4.1.3) ist. Ebenso liefert (4.1.8) mit $\mathbf{y}^{(j)} = \widehat{\mathbf{x}} - \widehat{x}_j \cdot \mathbf{e}_j$, $j = 1, ..., n$, (d.h. $y_i^{(j)} = \widehat{x}_i$ für $i \neq j$ und $y_i^{(j)} = 0$ für $i = j$) die Ungleichungen

$$-\frac{\partial f}{\partial x_j}(\widehat{\mathbf{x}}) \cdot \widehat{x}_j \leq 0, \quad j = 1, ..., n. \tag{4.1.9}$$

Andererseits gilt wegen (4.1.3) und $\widehat{x}_j \geq 0$ auch

$$-\frac{\partial f}{\partial x_j}(\widehat{\mathbf{x}}) \cdot \widehat{x}_j \geq 0, \quad j = 1, ..., n. \tag{4.1.10}$$

Kombination von (4.1.9) und (4.1.10) liefert dann unmittelbar (4.1.4). ■

Offenbar stellt (4.1.8) die wesentliche Ungleichung im Beweis von Satz 4.1 dar. Sie lautet in vektorieller Schreibweise $\nabla f(\widehat{\mathbf{x}})(\mathbf{y} - \widehat{\mathbf{x}}) \leq 0$ und wird so oder in ähnlicher Form noch mehrfach von Bedeutung sein. Dabei ist zu beachten, daß (4.1.8) noch nicht zur Bestimmung oder Charakterisierung einer Lösung geeignet ist, da der Vektor $\mathbf{y}$ nicht näher spezifiziert wird. Es ist daher genau wie in Satz 4.1 stets das Ziel, operationale Bedingungen aus dieser Ungleichung abzuleiten. Für (SOP3) erfüllen gerade (4.1.3) und (4.1.4) diese Aufgabe.[1] Es sei ferner darauf hingewiesen, daß (4.1.4) wegen (4.1.3) und $\widehat{\mathbf{x}} \geq \mathbf{0}$ sogar die Gleichungen

$$\frac{\partial f}{\partial x_j}(\widehat{\mathbf{x}}) \cdot \widehat{x}_j = 0, \quad \forall j = 1, ..., n, \tag{4.1.11}$$

liefert, woraus sich die beiden wichtigen Implikationen

$$\widehat{x}_j > 0 \quad \Rightarrow \quad \frac{\partial f}{\partial x_j}(\widehat{\mathbf{x}}) = 0 \tag{4.1.12}$$

und

$$\frac{\partial f}{\partial x_j}(\widehat{\mathbf{x}}) < 0 \quad \Rightarrow \quad \widehat{x}_j = 0 \tag{4.1.13}$$

folgern lassen.[2] Dabei macht (4.1.12) deutlich, daß sich die notwendigen Bedingungen aus Satz 4.1 einfach auf jene aus Satz 3.1 für das *un*restringierte Optimierungsproblem reduzieren, falls *keine* Nichtnegativitätsbedingung bindend ist, d.h., falls

[1] Für die Gültigkeit dieser notwendigen Optimalitätsbedingungen ist es sogar ausreichend, die Differenzierbarkeit von f im Punkt $\widehat{\mathbf{x}} \in \mathcal{B}$ zu fordern. Die Annahme $f \in C^1(\mathbb{R}^n)$ ist also etwas stärker als benötigt.

[2] Man beachte, daß die Umkehrungen von (4.1.12) und (4.1.13) *nicht* notwendigerweise gelten!

die Restriktion $\mathbf{x} \geq \mathbf{0}$ im Optimum mit strikter Ungleichung erfüllt ist. Lediglich die Möglichkeit einer im Optimum bindenden Restriktion (d.h. $\widehat{x}_i = 0$ für mindestens ein i) führt zu den etwas komplexeren notwendigen Bedingungen (4.1.3) und (4.1.4). Diese sind in Abbildung 4.1 graphisch veranschaulicht.

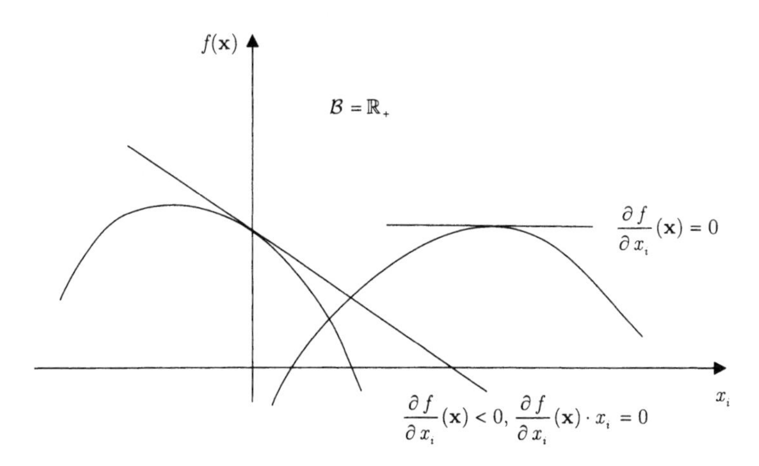

Abbildung 4.1: Notwendige Bedingungen für (SOP3)

Satz 4.1 liefert Bedingungen, die eine Maximalstelle $\widehat{\mathbf{x}}$ notwendigerweise erfüllen muß und ist somit nur dazu geeignet, mögliche Kandidaten für ein Maximum zu ermitteln. Genau wie in Kapitel 3 benötigt man auch hinreichende Bedingungen, um zu prüfen, ob es sich tatsächlich um ein Maximum handelt. Bei den unrestringierten und bei den gleichungsrestringierten Optimierungsproblemen haben wir gesehen, daß die notwendigen Bedingungen auch hinreichend sind, wenn gewisse zusätzliche Voraussetzungen erfüllt sind. Ein entsprechendes Resultat erhält man auch für den Fall von Nichtnegativitätsbedingungen.

Satz 4.2 *Gegeben sei eine stetig differenzierbare und konkave Funktion $f : \mathbb{R}^n \to \mathbb{R}$. Ferner sei $\widehat{\mathbf{x}} \in \mathcal{B} = \mathbb{R}^n_+$ ein Vektor, der die Bedingungen (4.1.3) und (4.1.4) aus Satz 4.1 erfüllt. Dann ist $\widehat{\mathbf{x}}$ eine globale Lösung von (SOP3).*

Beweis: Sei $\mathbf{y} \in \mathbb{R}^n_+$ gegeben. Da der $\mathbb{R}^n$ konvex und f nach Voraussetzung konkav ist, gilt nach Satz 1.2 die Gradientenungleichung, d.h., wir erhalten die Beziehung

$$\begin{aligned} f(\mathbf{y}) - f(\widehat{\mathbf{x}}) &\leq \nabla f(\widehat{\mathbf{x}})(\mathbf{y} - \widehat{\mathbf{x}}) \\ &\leq -\nabla f(\widehat{\mathbf{x}})\widehat{\mathbf{x}} \\ &= 0, \end{aligned} \tag{4.1.14}$$

wobei die erste Ungleichung gerade die Gradientenungleichung ist, während sich die zweite Ungleichung aus (4.1.3) und $\mathbf{y} \geq \mathbf{0}$ ergibt. Die letzte Gleichung folgt schließlich aus (4.1.4). Somit besitzt f an der Stelle $\widehat{\mathbf{x}}$ ein globales Maximum auf $\mathcal{B}$. ■

Bemerkung 4.1 Der Satz 4.2 bleibt auch gültig, wenn anstelle der Konkavität von f auf dem gesamten Definitionsbereich lediglich die Gültigkeit der Gradientenungleichung (4.1.14) im Punkt $\mathbf{x} = \widehat{\mathbf{x}}$ vorausgesetzt wird. □

Bevor wir uns dem Problem oberer Schranken für die Entscheidungsvariable $\mathbf{x}$ widmen, wollen wir das Optimierungsproblem mit Nichtnegativitätsbedingungen und dabei insbesondere die ökonomische Interpretation der Bedingungen (4.1.3) und (4.1.4) anhand eines Beispiels verdeutlichen.

Beispiel 4.1 Wir betrachten das Beispiel eines Mehrproduktunternehmens aus Abschnitt 2.2, wobei jetzt das Optimierungsproblem

$$\mathbf{p}'\mathbf{x} - K(\mathbf{x}) \to \max_{\mathbf{x}\in\mathbb{R}^n}! \tag{4.1.15}$$

unter der Nebenbedingung

$$\mathbf{x} \geq \mathbf{0} \tag{4.1.16}$$

analysiert werden soll. Für die *unrestringierte* Variante diese Problems [vgl. (3.1.11)] hatten wir in Beispiel 3.4 die Bedingung (3.1.13) hergeleitet, nach der für jedes Gut x_j seine partiellen Grenzkosten $\frac{\partial K}{\partial x_j}(\mathbf{x})$ und sein Preis p_j im Gewinnmaximum $\mathbf{x} = \widehat{\mathbf{x}}$ übereinstimmen müssen. Bei Berücksichtigung von Nichtnegativitätsrestriktionen sind diese Bedingungen zu modifizieren. Wenn wir eine konvexe Kostenfunktion K unterstellen, ist die Zielfunktion konkav, und wir können Satz 4.2 anwenden. Ein $\widehat{\mathbf{x}} \in \mathbb{R}^n$ stellt folglich genau dann einen gewinnmaximalen Produktionsplan der Unternehmung dar, wenn die Bedingungen

$$\begin{aligned} \mathbf{p}' - \nabla K(\widehat{\mathbf{x}}) &\leq \mathbf{0}, \\ (\mathbf{p}' - \nabla K(\widehat{\mathbf{x}})) \cdot \widehat{\mathbf{x}} &= 0, \\ \widehat{\mathbf{x}} &\geq \mathbf{0} \end{aligned}$$

bzw. für $j = 1, ..., n$

$$p_j \leq \frac{\partial K}{\partial x_j}(\widehat{\mathbf{x}}), \tag{4.1.17}$$

$$\left(p_j - \frac{\partial K}{\partial x_j}(\widehat{\mathbf{x}})\right) \cdot \widehat{x}_j = 0, \tag{4.1.18}$$

$$\widehat{x}_j \geq 0, \tag{4.1.19}$$

erfüllt sind. Aus (4.1.17)-(4.1.19) erhält man unmittelbar die folgenden Implikationen [vgl. (4.1.12) und (4.1.13)]:

$$\widehat{x}_j > 0 \Rightarrow p_j = \frac{\partial K}{\partial x_j}(\widehat{\mathbf{x}}), \tag{4.1.20}$$

$$p_j < \frac{\partial K}{\partial x_j}(\widehat{\mathbf{x}}) \Rightarrow \widehat{x}_j = 0. \tag{4.1.21}$$

Die Gleichungen (4.1.20) und (4.1.21) liefern die entscheidende Charakterisierung der gewinnoptimalen Lösung und lassen sich ökonomisch gut interpretieren. Gleichung (4.1.20) besagt, daß für ein im Gewinnmaximum mit positiver Menge produziertes Gut die partiellen Grenzkosten und der Preis übereinstimmen, so daß wir für diesen Fall das bekannte Resultat aus Beispiel 3.4 wiedergewinnen. Übersteigen hingegen im Gewinnmaximum die partiellen Grenzkosten den Preis des Gutes, wird dieses überhaupt nicht angeboten. Dies ist plausibel, da die Produktion selbst einer geringen Menge dieses Gutes den Gewinn verringern würde, eine „Reduzierung" der Menge in den negativen Bereich ihn jedoch steigern könnte. Aufgrund der Nichtnegativitätsbedingung ist der zweite Fall nicht möglich, und das Gut wird *nicht* angeboten. □

Am Ende dieses Teilabschnittes wollen wir uns nun dem Fall oberer Schranken für die Entscheidungsvariablen x_j, $j = 1, ..., n$, zuwenden. Werden Nichtnegativitätsrestriktionen zunächst ignoriert, erhalten wir das statische Optimierungsproblem 4 (**SOP4**)

$$f(\mathbf{x}) \underset{\mathbf{x} \in \mathbb{R}^n}{\rightarrow \max!} \tag{4.1.22}$$

unter der Nebenbedingung

$$\mathbf{x} \leq \mathbf{b}, \tag{4.1.23}$$

wobei $\mathbf{b} \in \mathbb{R}^n$ den Vektor der oberen Schranken bezeichnet und alle zuvor eingeführten Bezeichnungen weiter Bestand haben. Die Restriktionsmenge ist jetzt allerdings durch $\mathcal{B} := \{\mathbf{x} \in \mathbb{R}^n : \mathbf{x} \leq \mathbf{b}\}$ gegeben. Durch eine einfache Variablentransformation kann das Problem (SOP4) nun auf das oben analysierte (SOP3) mit Nichtnegativitätsbedingungen zurückgeführt werden. Dazu setzen wir $\mathbf{x} = \mathbf{b} - \mathbf{y}$ zu gegebenem $\mathbf{y} \in \mathbb{R}^n$, definieren die Funktion $g : \mathbb{R}^n \rightarrow \mathbb{R}$ durch $g(\mathbf{y}) := f(\mathbf{b} - \mathbf{y})$ für alle $\mathbf{y} \in \mathbb{R}^n$ und betrachten das Optimierungsproblem

$$g(\mathbf{y}) \underset{\mathbf{y} \in \mathbb{R}^n}{\rightarrow \max!} \tag{4.1.24}$$

unter der Nebenbedingung

$$\mathbf{y} \geq \mathbf{0}. \tag{4.1.25}$$

Die Optimierungsprobleme (4.1.22)-(4.1.23) und (4.1.24)-(4.1.25) sind hinsichtlich ihrer Lösungsmengen äquivalent, denn es gilt

Lemma 4.1 *Ein Vektor $\widehat{\mathbf{y}} \in \mathbb{R}^n$ ist genau dann eine Lösung von (4.1.24)-(4.1.25), wenn $\widehat{\mathbf{x}} = \mathbf{b} - \widehat{\mathbf{y}} \in \mathbb{R}^n$ eine Lösung von (4.1.22)-(4.1.23) ist.*

Beweis: Sei $\widehat{\mathbf{y}}$ eine Lösung von (4.1.24)-(4.1.25) und $\widehat{\mathbf{x}} = \mathbf{b} - \widehat{\mathbf{y}}$. Dann gilt

$$\begin{aligned} & g(\widehat{\mathbf{y}}) \geq g(\mathbf{y}) \quad \forall \mathbf{y} \geq \mathbf{0} \\ \Leftrightarrow \quad & f(\mathbf{b} - \widehat{\mathbf{y}}) \geq f(\mathbf{b} - \mathbf{y}) \quad \forall \mathbf{y} \geq \mathbf{0} \\ \Leftrightarrow \quad & f(\widehat{\mathbf{x}}) \geq f(\mathbf{x}) \quad \forall \mathbf{x} \leq \mathbf{b}. \end{aligned}$$

Dabei folgt die erste Äquivalenz aus der Definition von g und die zweite durch die Festlegung $\mathbf{x} = \mathbf{b} - \mathbf{y}$. Folglich ist $\widehat{\mathbf{x}}$ eine Lösung von (4.1.22)-(4.1.23). Umgekehrt liefert eine Lösung $\widehat{\mathbf{x}}$ von (4.1.22)-(4.1.23) über die obige Äquivalenz, daß $\widehat{\mathbf{y}} = \mathbf{b} - \widehat{\mathbf{x}}$ eine Lösung von (4.1.24)-(4.1.25) ist. ∎

Damit erhalten wir aus Satz 4.1 notwendige Optimalitätsbedingungen für (SOP4).

Korollar 4.1 *Sei $f : \mathbb{R}^n \to \mathbb{R}$ eine stetig differenzierbare Funktion. Ferner sei $\widehat{\mathbf{x}}$ eine lokale Lösung von (SOP4). Dann gilt*

$$\nabla f(\widehat{\mathbf{x}}) \geq \mathbf{0}, \tag{4.1.26}$$

$$\nabla f(\widehat{\mathbf{x}})(\mathbf{b} - \widehat{\mathbf{x}}) = 0. \tag{4.1.27}$$

Beweis: Nach Lemma 4.1 ist $\widehat{\mathbf{y}} = \mathbf{b} - \widehat{\mathbf{x}}$ eine lokale Lösung von (4.1.24)-(4.1.25). Diese erfüllt nach Satz 4.1 die notwendigen Optimalitätsbedingungen $\nabla g(\widehat{\mathbf{y}}) \leq \mathbf{0}$ und $\nabla g(\widehat{\mathbf{y}})\widehat{\mathbf{y}} = 0$. Unter Verwendung der Definition von g liefert dies

$$\begin{aligned} -\nabla f(\mathbf{b} - \widehat{\mathbf{y}}) &\leq \mathbf{0}, \\ -\nabla f(\mathbf{b} - \widehat{\mathbf{y}})\widehat{\mathbf{y}} &= 0. \end{aligned}$$

Mit $\widehat{\mathbf{x}} = \mathbf{b} - \widehat{\mathbf{y}}$ ergeben sich daraus direkt (4.1.26) und (4.1.27). ∎

Als weiteres Korollar erhält man darüber hinaus die folgende, zu Satz 4.2 analoge hinreichende Bedingung für eine globale Lösung von (SOP4).

Korollar 4.2 *Sei $f : \mathbb{R}^n \to \mathbb{R}$ eine stetig differenzierbare und konkave Funktion. Ferner sei $\widehat{\mathbf{x}} \in \mathcal{B}$ ein Vektor, der die Bedingungen (4.1.26) und (4.1.27) erfüllt. Dann ist $\widehat{\mathbf{x}}$ eine globale Lösung von (SOP4).*

Beweis: Sei $\mathbf{y} \in \mathbb{R}^n$ mit $\mathbf{y} \leq \mathbf{b}$ gegeben. Da der $\mathbb{R}^n$ konvex und f nach Voraussetzung konkav ist, gilt nach Satz 1.2 die Gradientenungleichung, d.h., wir erhalten die Beziehung

$$\begin{aligned} f(\mathbf{y}) - f(\widehat{\mathbf{x}}) &\leq \nabla f(\widehat{\mathbf{x}})(\mathbf{y} - \widehat{\mathbf{x}}) \\ &= \nabla f(\widehat{\mathbf{x}})(\mathbf{y} - \mathbf{b} + \mathbf{b} - \widehat{\mathbf{x}}) \\ &\leq \nabla f(\widehat{\mathbf{x}})(\mathbf{b} - \widehat{\mathbf{x}}) \\ &= 0, \end{aligned}$$

wobei die zweite Ungleichung aus (4.1.26) und $\mathbf{y} \leq \mathbf{b}$ folgt. Die letzte Gleichung ergibt sich schließlich aus (4.1.27). ∎

Die im Falle von oberen Schranken auftretenden Optimalitätsbedingungen sind offenbar sowohl formal als auch in bezug auf ihre Interpretation denen bei Nichtnegativitätsbedingungen sehr ähnlich. Analog zu (4.1.12) und (4.1.13) folgert man aus (4.1.26) und (4.1.27) die Implikationen

$$\widehat{x}_j < b_j \quad \Rightarrow \quad \frac{\partial f}{\partial x_j}(\widehat{\mathbf{x}}) = 0, \tag{4.1.28}$$

$$\frac{\partial f}{\partial x_j}(\widehat{\mathbf{x}}) > 0 \quad \Rightarrow \quad \widehat{x}_j = b_j, \tag{4.1.29}$$

so daß man für den Fall nicht bindender Restriktionen erneut die gleichen Bedingungen wie im unrestringierten Fall erhält, wogegen bei bindenden Restriktionen Modifikationen nötig sind. Dies ist in Abbildung 4.2 graphisch veranschaulicht.

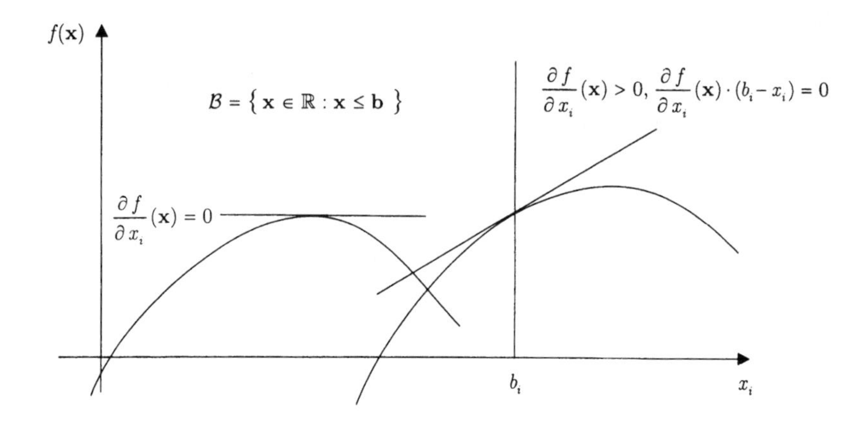

Abbildung 4.2: Notwendige Bedingungen für (SOP4)

Beispiel 4.2 Um die ökonomische Bedeutung der Optimalitätsbedingungen (4.1.26) und (4.1.27) bzw. von (4.1.28) und (4.1.29) zu verdeutlichen, wollen wir Beispiel 4.1 fortsetzen und nach dem gewinnmaximalen Verhalten des Mehrproduktunternehmens fragen, das sich anstelle einer Nichtnegativitätsbedingung nun mit einer Kapazitätsbeschränkung für alle n Produkte konfrontiert sieht. Das Optimierungsproblem lautet

$$\mathbf{p}'\mathbf{x} - K(\mathbf{x}) \to \max_{\mathbf{x}\in\mathbb{R}^n}! \tag{4.1.30}$$

unter der Nebenbedingung

$$\mathbf{x} \leq \mathbf{b}, \tag{4.1.31}$$

wobei $\mathbf{b} \in \mathbb{R}^n_+$ den Vektor der Kapazitätsgrenzen und $K : \mathbb{R}^n \to \mathbb{R}$ eine konvexe Kostenfunktion bezeichnet. Die Optimalitätsbedingungen lauten dann gemäß der Korollare 4.1 und 4.2

$$\begin{aligned} \mathbf{p}' - \nabla K(\widehat{\mathbf{x}}) &\geq \mathbf{0}, \\ (\mathbf{p}' - \nabla K(\widehat{\mathbf{x}}))(\mathbf{b} - \widehat{\mathbf{x}}) &= 0, \\ \widehat{\mathbf{x}} &\leq \mathbf{b} \end{aligned}$$

bzw. für alle $j = 1, ..., n$

$$p_j \geq \frac{\partial K}{\partial x_j}(\widehat{\mathbf{x}}), \tag{4.1.32}$$

$$0 = \left(p_j - \frac{\partial K}{\partial x_j}(\widehat{\mathbf{x}})\right)(b_j - \widehat{x}_j), \tag{4.1.33}$$

$$\widehat{x}_j \leq b_j. \tag{4.1.34}$$

Daraus erhält man die Implikationen [vgl. (4.1.28) und (4.1.29)]

$$\widehat{x}_j < b_j \quad \Rightarrow \quad p_j = \frac{\partial K}{\partial x_j}(\widehat{\mathbf{x}}), \tag{4.1.35}$$

$$p_j > \frac{\partial K}{\partial x_j}(\widehat{\mathbf{x}}) \quad \Rightarrow \quad \widehat{x}_j = b_j. \tag{4.1.36}$$

Gleichung (4.1.35) besagt, daß der Preis des Gutes j mit seinen partiellen Grenzkosten übereinstimmt, wenn im Optimum nicht die maximal mögliche Menge dieses Gutes produziert wird. Dieses Resultat ist konsistent mit (3.1.13) aus Beispiel 3.4 für das unrestringierte sowie mit (4.1.20) aus Beispiel 4.1 für das Optimierungsproblem mit Nichtnegativitätsbedingungen. Dagegen impliziert (4.1.36), daß die maximal mögliche Menge b_j des Gutes j produziert wird, wenn sein Preis die partiellen Grenzkosten im Optimum übersteigt. Dies ist klar, da bei dieser Konstellation eine weitere Erhöhung der Produktionsmengen dazu führen würde, daß die Erlöse in stärkerem Maße zunehmen als die Kosten. Aufgrund der Kapazitätsbeschränkung ist eine Ausweitung der Produktion jedoch nicht möglich, so daß $\widehat{x}_j = b_j$ produziert wird. □

Im Anschluß an die getrennte Behandlung von Nichtnegativitätsbedingungen und oberen Schranken liegt natürlich die Frage nahe, welche Optimalitätsbedingungen sich bei einer simultanen Berücksichtigung *beider* Restriktionen ergeben. Es stellt sich heraus, daß man nicht einfach die Bedingungen aus Satz 4.1 und Korollar 4.1 gemeinsam fordern darf. Aus (4.1.3) und (4.1.26) folgt nämlich $\nabla f(\widehat{\mathbf{x}}) = \mathbf{0}$, wodurch auch die Bedingungen (4.1.4) und (4.1.27) keine Aussagekraft mehr besitzen. Bei der Gleichung $\nabla f(\widehat{\mathbf{x}}) = \mathbf{0}$ handelt es sich jedoch um die Optimalitätsbedingung des *unrestringierten* Optimierungsproblems (vgl. Satz 3.1), so daß hierdurch nicht mehr gewährleistet ist, daß die „Lösung“ $\widehat{\mathbf{x}}$ die beiden Restriktionen einhält. Man muß demzufolge nach allgemeineren Bedingungen suchen, welche die Charakterisierung einer Lösung des beidseitig restringierten Optimierungsproblems ermöglichen.

4.1.2 Lineare Restriktionen

In diesem Teilabschnitt wollen wir Optimalitätsbedingungen für Maximierungsprobleme mit linearen Ungleichungsrestriktionen der Gestalt $\mathbf{Rx} \geq \mathbf{r}$ herleiten, wobei $\mathbf{R}$ eine gegebene Matrix und $\mathbf{r}$ einen gegebenen Vektor bezeichnet. Diese Restriktion enthält für $\mathbf{R} = (-\mathbf{I}_n, \mathbf{I}_n)'$ und $\mathbf{r} = (-\mathbf{b}, \mathbf{0})'$ das im vorangegangenen Abschnitt angesprochene Problem mit der Restriktion $\mathbf{0} \leq \mathbf{x} \leq \mathbf{b}$ als Spezialfall. Darüber hinaus werden wir auch die Aussagen von Satz 4.1 und Korollar 4.1 aus den nachfolgenden, allgemeineren Sätzen wiedergewinnen können. Unsere Überlegungen dienen zum anderen aber auch der Vorbereitung auf die in Abschnitt 4.2 zu behandelnden allgemeinen, nichtlinearen Restriktionen, bei denen eine ähnliche Vorgehensweise gewählt werden kann. Daher setzen wir von nun an auch wieder einen allgemeinen Definitionsbereich $\mathcal{D} \subset \mathbb{R}^n$ für die Zielfunktion voraus. Wir betrachten also das statische Optimierungsproblem 5 (**SOP5**)

$$f(\mathbf{x}) \to \max_{\mathbf{x}\in\mathcal{D}}! \tag{4.1.37}$$

unter der Nebenbedingung

$$\mathbf{Rx} \geq \mathbf{r}, \tag{4.1.38}$$

wobei die Zielfunktion $f : \mathcal{D} \to \mathbb{R}$, die Matrix $\mathbf{R} \in \mathbb{R}^{q\times n}$ und der Vektor $\mathbf{r} \in \mathbb{R}^q$ gegeben sind und die Restriktionsmenge $\mathcal{B} := \{\mathbf{x} \in \mathcal{D} : \mathbf{Rx} \geq \mathbf{r}\}$ nichtleer sei. Wir hatten bereits in Abschnitt 4.1.1 angedeutet, daß die im Beweis von Satz 4.1 verwendete Ungleichung (4.1.8) zur Charakterisierung bzw. zur Bestimmung einer Lösung von zentraler Bedeutung ist. Es erweist sich als sinnvoll, hierfür ein etwas allgemeineres Resultat zu formulieren.

Satz 4.3 *Gegeben seien eine offene Menge $\mathcal{D} \subset \mathbb{R}^n$, eine konvexe Menge $\mathcal{B} \subset \mathcal{D}$, eine auf $\mathcal{B}$ konkave Funktion $f \in C^1(\mathcal{D})$ sowie ein Punkt $\widehat{\mathbf{x}} \in \mathcal{B}$. Dann sind folgende Aussagen äquivalent:*

(i) $\widehat{\mathbf{x}}$ ist globale Lösung von $f(\mathbf{x}) \to \max_{\mathbf{x}\in\mathcal{D}}!$ unter der Nebenbedingung $\mathbf{x} \in \mathcal{B}$.

(ii) Für alle $\mathbf{y} \in \mathcal{B}$ gilt

$$\nabla f(\widehat{\mathbf{x}})(\mathbf{y} - \widehat{\mathbf{x}}) \leq 0. \tag{4.1.39}$$

Beweis: (i) $\Rightarrow$ (ii): Der Beweis ist nahezu identisch mit dem ersten Teil des Beweises von Satz 4.1. Sei $\widehat{\mathbf{x}} \in \mathcal{B}$ mit $f(\widehat{\mathbf{x}}) \geq f(\mathbf{x})$ für alle $\mathbf{x} \in \mathcal{B}$ gegeben. Definiere zu gegebenem $\mathbf{y} \in \mathcal{B}$ und $t \in \mathbb{R}$ den Vektor $\mathbf{x}(t) := (1-t)\widehat{\mathbf{x}} + t\mathbf{y}$. Da $\mathcal{B}$ nach Voraussetzung konvex ist, gilt $\mathbf{x}(t) \in \mathcal{B}\ \forall t \in [0,1]$. Mit $\mathbf{x}(0) = \widehat{\mathbf{x}}$ folgt dann analog zu (4.1.6)-(4.1.8)

$$\frac{f(\mathbf{x}(t)) - f(\mathbf{x}(0))}{t} \leq 0$$

für hinreichend kleines $t > 0$ sowie

$$\frac{d}{dt} f(\mathbf{x}(0)) = \lim_{t\downarrow 0} \frac{f(\mathbf{x}(t)) - f(\mathbf{x}(0))}{t} \leq 0,$$

woraus sich mit

$$\frac{d}{dt} f(\mathbf{x}(t)) = \sum_{i=1}^{n} \frac{\partial f}{\partial x_i}(\mathbf{x}(t)) \cdot (y_i - \widehat{x}_i)$$

direkt (4.1.39) ergibt.

(ii) $\Rightarrow$ (i): Der Nachweis dieser Implikation erfolgt analog zum Beweis von Satz 4.2. Da $\mathcal{D}$ offen und f konkav auf $\mathcal{B}$ ist, gilt die Gradientenungleichung (1.1.5). Weil $\widehat{\mathbf{x}} \in \mathcal{B}$ ist, gilt also die Beziehung

$$f(\mathbf{y}) - f(\widehat{\mathbf{x}}) \leq \nabla f(\widehat{\mathbf{x}})(\mathbf{y} - \widehat{\mathbf{x}}) \quad \text{für alle } \mathbf{y} \in \mathcal{B},$$

woraus sich mit (4.1.39) unmittelbar $f(\mathbf{y}) \leq f(\widehat{\mathbf{x}})$ für alle $\mathbf{y} \in \mathcal{B}$ ergibt. Somit liefert $\widehat{\mathbf{x}}$ ein globales Maximum von f auf $\mathcal{B}$. ∎

Aufgrund der Voraussetzung einer konvexen Restriktionsmenge $\mathcal{B}$ stellt Satz 4.3 bereits ein verhältnismäßig allgemeines Resultat dar. Für die Anwendung auf konkrete Optimierungsprobleme ist der Satz jedoch ungeeignet, da die Bedingung (4.1.39) zur Bestimmung einer Lösung nicht vernünftig handhabbar ist. Daher versucht man stets, unter Beachtung der speziellen Gestalt der Restriktionsmenge $\mathcal{B}$ operationale Bedingungen herzuleiten, die zu (4.1.39) äquivalent sind. Im Falle von Nichtnegativitätsbedingungen und oberen Schranken ist dies mit (4.1.3) und (4.1.4) bzw. (4.1.26) und (4.1.27) gelungen. Für die lineare Restriktion aus (4.1.38) kann zunächst festgehalten werden, daß die Menge $\{\mathbf{x} \in \mathbb{R}^n : \mathbf{R}\mathbf{x} \geq \mathbf{r}\}$ konvex ist. Ist auch $\mathcal{D}$ konvex, so handelt es sich bei der Restriktionsmenge $\mathcal{B} = \{\mathbf{x} \in \mathbb{R}^n : \mathbf{R}\mathbf{x} \geq \mathbf{r}\} \cap \mathcal{D}$ ebenfalls um eine konvexe Menge. Somit ist Satz 4.3 anwendbar, wenn darüber hinaus die Konkavität der Zielfunktion f auf $\mathcal{B}$ gefordert wird. Die entscheidende Idee besteht nun darin, genau wie im Falle der gleichungsrestringierten Optimierungsprobleme eine Lagrange-Funktion zu bilden, die Zielfunktion und Nebenbedingungen verknüpft und deren partielle Ableitungen zu operationalen Optimalitätsbedingungen führen. Hierzu benötigen wir noch das folgende Resultat für lineare Ungleichungssysteme.

Lemma 4.2 (Farkas-Lemma) *Gegeben seien eine Matrix* $\mathbf{A} \in \mathbb{R}^{m \times n}$ *und ein Vektor* $\mathbf{c} \in \mathbb{R}^n$. *Dann hat* genau eines *der Ungleichungssysteme*

$$(F1) \qquad \mathbf{A}\mathbf{x} \leq \mathbf{0} \text{ und } \mathbf{c}'\mathbf{x} > \mathbf{0}, \ \mathbf{x} \in \mathbb{R}^n,$$
$$(F2) \qquad \mathbf{A}'\mathbf{p} = \mathbf{c} \text{ und } \mathbf{p} \geq \mathbf{0}, \ \mathbf{p} \in \mathbb{R}^m$$

eine Lösung $\widetilde{\mathbf{x}} \in \mathbb{R}^n$ *bzw.* $\widetilde{\mathbf{p}} \in \mathbb{R}^m$.

Beweis: Vgl. Abschnitt 4.4. ∎

Damit sind wir nun in der Lage, das zentrale Ergebnis dieses Abschnitts zu formulieren.

Satz 4.4 *Gegeben seien eine offene und konvexe Menge* $\mathcal{D} \subset \mathbb{R}^n$, *eine auf der Menge* $\mathcal{B} := \{\mathbf{x} \in \mathcal{D} : \mathbf{R}\mathbf{x} \geq \mathbf{r}\}$ *konkave Funktion* $f \in C^1(\mathcal{D})$ *und ein zulässiger Punkt* $\widehat{\mathbf{x}} \in \mathcal{B}$. *Dann gilt:* $\widehat{\mathbf{x}}$ *ist genau dann eine Lösung von (SOP5), wenn es ein* $\boldsymbol{\lambda} \in \mathbb{R}^q$ *mit* $\boldsymbol{\lambda} \geq \mathbf{0}$ *gibt, so daß für*

$$L(\mathbf{x}, \boldsymbol{\lambda}) := f(\mathbf{x}) + \boldsymbol{\lambda}'(\mathbf{R}\mathbf{x} - \mathbf{r}) \tag{4.1.40}$$

die Bedingungen

$$\nabla_{\mathbf{x}} L(\widehat{\mathbf{x}}, \boldsymbol{\lambda}) = \nabla f(\widehat{\mathbf{x}}) + \boldsymbol{\lambda}'\mathbf{R} = \mathbf{0}, \tag{4.1.41}$$

und

$$\boldsymbol{\lambda}'(\mathbf{R}\widehat{\mathbf{x}} - \mathbf{r}) = 0 \tag{4.1.42}$$

erfüllt sind.

Beweis: „$\Rightarrow$": Sei $\widehat{\mathbf{x}} \in \mathcal{B} = \{\mathbf{x} \in \mathcal{D} : \mathbf{R}\mathbf{x} \geq \mathbf{r}\}$ eine Lösung von (SOP5). Nach Satz 4.3 erfüllt diese die Bedingung

$$\nabla f(\widehat{\mathbf{x}})(\mathbf{y} - \widehat{\mathbf{x}}) \leq 0 \quad \forall \mathbf{y} \in \mathcal{B}. \tag{4.1.43}$$

Ohne Beschränkung der Allgemeinheit seien $\mathbf{R}$ und $\mathbf{r}$ (nach eventueller Umordnung) so partitioniert, daß $\mathbf{R}_1\widehat{\mathbf{x}} = \mathbf{r}_1$ und $\mathbf{R}_2\widehat{\mathbf{x}} > \mathbf{r}_2$ für $\mathbf{R}_1 \in \mathbb{R}^{a \times n}$, $\mathbf{R}_2 \in \mathbb{R}^{(q-a)\times n}$, $\mathbf{r}_1 \in \mathbb{R}^a$, $\mathbf{r}_1 \in \mathbb{R}^{q-a}$ sowie $\mathbf{R} = \begin{pmatrix} \mathbf{R}_1 \\ \mathbf{R}_2 \end{pmatrix}$ und $\mathbf{r} = \begin{pmatrix} \mathbf{r}_1 \\ \mathbf{r}_2 \end{pmatrix}$ gilt. Setze nun $\mathbf{A} := \mathbf{R}_1$ und $\mathbf{c}' := -\nabla f(\widehat{\mathbf{x}})$. Dann gilt für alle $\mathbf{y} \in \mathcal{B}$ wegen $\mathbf{A}\mathbf{y} \geq \mathbf{r}_1$ und $\mathbf{A}\widehat{\mathbf{x}} = \mathbf{r}_1$ offenbar

$$\mathbf{A}(\widehat{\mathbf{x}} - \mathbf{y}) \leq \mathbf{0} \tag{4.1.44}$$

und wegen (4.1.43)

$$\mathbf{c}'(\widehat{\mathbf{x}} - \mathbf{y}) \leq \mathbf{0}. \tag{4.1.45}$$

Sei nun ein beliebiges $\mathbf{h} \in \mathbb{R}^n$ mit $\mathbf{A}\mathbf{h} \leq \mathbf{0}$ gegeben. Für ein beliebiges $K > 0$ setzen wir $\overline{\mathbf{h}} := \frac{1}{K}\mathbf{h}$ sowie $\overline{\mathbf{y}} := \widehat{\mathbf{x}} - \overline{\mathbf{h}}$. Dann gilt $\mathbf{R}_1\overline{\mathbf{y}} = \mathbf{A}\overline{\mathbf{y}} = \mathbf{A}\widehat{\mathbf{x}} - \mathbf{A}\overline{\mathbf{h}} = \mathbf{r}_1 - \frac{1}{K}\mathbf{A}\mathbf{h} \geq \mathbf{r}_1$ und $\mathbf{R}_2\overline{\mathbf{y}} = \mathbf{R}_2\widehat{\mathbf{x}} - \mathbf{R}_2\overline{\mathbf{h}} = \mathbf{R}_2\widehat{\mathbf{x}} - \frac{1}{K}\mathbf{R}_2\mathbf{h} \geq \mathbf{r}_2$ für hinreichend großes K, weil $\mathbf{R}_2\widehat{\mathbf{x}} > \mathbf{r}_2$ ist. Also gilt $\overline{\mathbf{y}} \in \mathcal{B}$ (bei hinreichend großem K) und somit nach (4.1.45) auch $\mathbf{0} \geq \mathbf{c}'(\widehat{\mathbf{x}} - \overline{\mathbf{y}}) = \mathbf{c}'\overline{\mathbf{h}} = \frac{1}{K}\mathbf{c}'\mathbf{h}$, woraus sich $\mathbf{c}'\mathbf{h} \leq \mathbf{0}$ ergibt. Somit hat das System

$$\begin{aligned} \mathbf{A}\mathbf{h} &\leq \mathbf{0}, \\ \mathbf{c}'\mathbf{h} &> 0, \end{aligned}$$

keine Lösung $\widetilde{\mathbf{h}} \in \mathbb{R}^n$. Nach Lemma 4.2 existiert also ein $\widetilde{\mathbf{p}} \in \mathbb{R}^a$, $\widetilde{\mathbf{p}} \geq \mathbf{0}$, so daß $\mathbf{A}'\widetilde{\mathbf{p}} = \mathbf{c}$ bzw.

$$\mathbf{R}_1'\widetilde{\mathbf{p}} = -\nabla f(\widehat{\mathbf{x}})'$$

gilt. Mit $\boldsymbol{\lambda} := \begin{pmatrix} \widetilde{\mathbf{p}} \\ \mathbf{0} \end{pmatrix} \in \mathbb{R}^q_+$ folgt daraus

$$\mathbf{R}'\boldsymbol{\lambda} = (\mathbf{R}_1', \mathbf{R}_2')\boldsymbol{\lambda} = -\nabla f(\widehat{\mathbf{x}})',$$

was äquivalent zu (4.1.41) ist. Darüber hinaus gilt

$$\begin{aligned} \boldsymbol{\lambda}'(\mathbf{R}\widehat{\mathbf{x}} - \mathbf{r}) &= (\widetilde{\mathbf{p}}', 0)\begin{pmatrix} \mathbf{R}_1\widehat{\mathbf{x}} - \mathbf{r}_1 \\ \mathbf{R}_2\widehat{\mathbf{x}} - \mathbf{r}_2 \end{pmatrix} \\ &= \widetilde{\mathbf{p}}'(\mathbf{R}_1\widehat{\mathbf{x}} - \mathbf{r}_1) = 0, \end{aligned}$$

d.h., es gilt auch (4.1.42).

„$\Leftarrow$": Wir behalten alle im ersten Teil des Beweises eingeführten Bezeichnungen bei. Sei also $\widehat{\mathbf{x}} \in \mathcal{B}$ ein Punkt, der zwar die Bedingungen $\mathbf{R}_1\widehat{\mathbf{x}} = \mathbf{r}_1$ und $\mathbf{R}_2\widehat{\mathbf{x}} > \mathbf{r}_2$, aber (4.1.43) *nicht* erfüllt. Dann existiert ein $\widetilde{\mathbf{y}} \in \mathcal{B}$ mit $\mathbf{c}'(\widehat{\mathbf{x}} - \widetilde{\mathbf{y}}) > 0$, so daß $\widetilde{\mathbf{h}} := \widehat{\mathbf{x}} - \widetilde{\mathbf{y}}$ eine Lösung des Systems $\mathbf{A}\mathbf{h} \leq \mathbf{0}$ und $\mathbf{c}'\mathbf{h} > 0$ ist. Nach Lemma 4.2

besitzt das System $\mathbf{A}'\mathbf{p} = \mathbf{c}$, $\mathbf{p} \geq \mathbf{0}$ dann keine Lösung $\widetilde{\mathbf{p}}$, und es existiert *kein* $\boldsymbol{\lambda} \in \mathbb{R}^q$ mit $\boldsymbol{\lambda} \geq \mathbf{0}$, das den Bedingungen (4.1.41) und (4.1.42) genügt.[3] ■

Der Beweis von Satz 4.4 macht deutlich, wie die spezielle Struktur der Restriktionsmenge $\mathcal{B}$ ausgenutzt werden kann, um geeignete Optimalitätsbedingungen zu finden, welche zu der nicht handhabbaren Ungleichung (4.1.39) äquivalent sind. Die Bedingungen (4.1.41) und (4.1.42) werden als *Kuhn-Tucker-Bedingungen* bezeichnet, die Zahlen $\lambda_1, ..., \lambda_q$ heißen *Kuhn-Tucker-Multiplikatoren*. Dabei ist zu beachten, daß diese Multiplikatoren im Gegensatz zu den Lagrange-Multiplikatoren aus Abschnitt 3.2 stets nichtnegativ sind. Diese Zusatzinformation kann zur Charakterisierung oder Bestimmung der Lösung(en) von ungleichungsrestringierten Optimierungsproblemen häufig ausgenutzt werden. Es sei allerdings betont, daß diese Eigenschaft von der Formulierung des Optimierungsproblems abhängt. Betrachtet man beispielsweise Minimierungsprobleme und/oder Restriktionen der Form $\mathbf{Rx} \leq \mathbf{r}$, müssen die Vorzeichen in (4.1.41) entsprechend angepaßt werden, damit die Nichtnegativität der Kuhn-Tucker-Multiplikatoren gewährleistet ist. Es empfiehlt sich daher, konsequent einen „Referenzfall" zu verwenden und alle auftretenden Optimierungsprobleme ggf. durch Multiplikation der Ziel- und/oder Restriktionsfunktion mit -1 auf diese Standardform zu bringen, da auf diese Weise unnötige Fehler vermieden werden können.

Die Bedingungen (4.1.41) und (4.1.42) führen auf die Bedingung $\nabla f(\widehat{\mathbf{x}}) = \mathbf{0}$, falls $\mathbf{R}\widehat{\mathbf{x}} > \mathbf{r}$ gilt, d.h., falls alle Restriktionen im Optimum nicht bindend sind. Dies entspricht dem Ergebnis aus Abschnitt 3.1 für das unrestringierte Optimierungsproblem. Wenn man sich die in den Abschnitten 3.2 und 4.1.1 hergeleiteten Resultate vor Augen führt, können die in Satz 4.4 angegebenen Optimalitätsbedingungen keinesfalls überraschen. Im Gegenteil, die Bedingung (4.1.41) ist formal identisch zu jener für das gleichungsrestringierte Optimierungsproblem. Es ist somit naheliegend, daß man wieder mit einer Lagrange-Funktion arbeitet. Die multiplikative Bedingung (4.1.42) ähnelt den für die simplen Ungleichungsrestriktionen aus Abschnitt 4.1.1 relevanten Bedingungen (4.1.4) und (4.1.27). Sie stellt sicher, daß für die Optimallösung sowohl bindende als auch nicht bindende Restriktionen möglich sind.[4] Somit handelt es sich bei Satz 4.4 um eine Verallgemeinerung bzw. Zusammenführung der zuvor behandelten, einfacheren Fälle. Zum anderen stellt Satz 4.4 aber wiederum selbst den Spezialfall eines allgemeineren Satzes für nichtlineare Restriktionen dar, den wir in Abschnitt 4.2 beweisen werden. Dort sind zwar zusätzliche Voraussetzungen nötig und zudem weitere formale Details zu beachten, die zugrunde liegende Intuition unterscheidet sich jedoch nicht von jener aus Satz 4.4.

Mit Satz 4.4 sind wir nun in der Lage, Optimalitätsbedingungen für den noch nicht gelösten Spezialfall aus Abschnitt 4.1.1 anzugeben, daß sowohl Nichtnegativitätsrestriktionen als auch obere Schranken bei der Maximierung der Zielfunktion zu

[3] Dazu beachte man, daß die Bedingung (4.1.42) nur erfüllt sein kann, wenn die Beziehung $\boldsymbol{\lambda}_1'(\mathbf{R}_1\widehat{\mathbf{x}} - \mathbf{r}_1) + \boldsymbol{\lambda}_2'(\mathbf{R}_2\widehat{\mathbf{x}} - \mathbf{r}_2) = \boldsymbol{\lambda}_2'(\mathbf{R}_2\widehat{\mathbf{x}} - \mathbf{r}_2) = 0$ mit einem entsprechend partitionierten Vektor $\boldsymbol{\lambda}$ gilt, so daß aus der Forderung $\boldsymbol{\lambda} \geq \mathbf{0}$ unmittelbar $\boldsymbol{\lambda}_2 = \mathbf{0}$ folgt.

[4] Bei den Problemen aus Abschnitt 4.1.1 können die Kuhn-Tucker-Multiplikatoren wegen $\mathbf{R} = \mathbf{I}$ eliminiert werden.

berücksichtigen sind, d.h., wir betrachten

$$f(\mathbf{x}) \to \max_{\mathbf{x}\in\mathcal{D}}! \tag{4.1.46}$$

unter den Nebenbedingungen

$$\mathbf{x} \geq \mathbf{0}, \tag{4.1.47}$$

$$-\mathbf{x} \geq -\mathbf{b}. \tag{4.1.48}$$

Aus der Lagrange-Funktion

$$L(\mathbf{x}, \boldsymbol{\lambda}_1, \boldsymbol{\lambda}_2) = f(\mathbf{x}) + \boldsymbol{\lambda}_1'\mathbf{x} + \boldsymbol{\lambda}_2'(\mathbf{b} - \mathbf{x})$$

ergeben sich sofort die Optimalitätsbedingungen

$$\nabla f(\widehat{\mathbf{x}}) + \boldsymbol{\lambda}_1' - \boldsymbol{\lambda}_2' = \mathbf{0}, \tag{4.1.49}$$

$$\boldsymbol{\lambda}_1'\widehat{\mathbf{x}} = 0, \tag{4.1.50}$$

$$\boldsymbol{\lambda}_2'(\mathbf{b} - \widehat{\mathbf{x}}) = 0, \tag{4.1.51}$$

$$\boldsymbol{\lambda}_1 \geq \mathbf{0}, \tag{4.1.52}$$

$$\boldsymbol{\lambda}_2 \geq \mathbf{0} \tag{4.1.53}$$

und, da $\widehat{\mathbf{x}}$ ein zulässiger Punkt ist,

$$\mathbf{b} \geq \widehat{\mathbf{x}} \geq \mathbf{0}. \tag{4.1.54}$$

Jetzt werden *beide* Ungleichungsrestriktionen simultan erfaßt, was durch einfache Kombination von Satz 4.1 und Korollar 4.1 nicht erreicht werden konnte. Natürlich lassen sich aus (4.1.49)-(4.1.54) auch die Optimalitätsbedingungen für (SOP3) und (SOP4) reproduzieren. Sind die Kapazitätsgrenzen inaktiv ($\widehat{\mathbf{x}} < \mathbf{b}$), ist $\boldsymbol{\lambda}_2 = \mathbf{0}$, und wir erhalten $\nabla f(\widehat{\mathbf{x}}) = -\boldsymbol{\lambda}_1' \leq \mathbf{0}$ sowie $\nabla f(\widehat{\mathbf{x}})\widehat{\mathbf{x}} = 0$. Analog folgt aus $\widehat{\mathbf{x}} > \mathbf{0}$ sofort $\boldsymbol{\lambda}_1 = \mathbf{0}$ und damit $\nabla f(\widehat{\mathbf{x}}) = \boldsymbol{\lambda}_2' \geq \mathbf{0}$ sowie $\nabla f(\widehat{\mathbf{x}})(\mathbf{b} - \widehat{\mathbf{x}}) = 0$.

Beispiel 4.3 Wir wollen zum Abschluß eine Anwendung von Satz 4.4 anhand des Gewinnmaximierungsproblems der Unternehmung im Insider-Outsider-Modell demonstrieren (vgl. Abschnitt 2.4). Zur Erinnerung reproduzieren wir das Optimierungsproblem (2.4.1)-(2.4.3), wobei wir die Nebenbedingungen bereits in die „Standardform" aus Satz 4.4 transformieren, d.h., wir betrachten

$$P \cdot f(L_I + L_O) - W_I L_I - W_O L_O - C_I(m - L_I) - C_O(L_O) \to \max_{(L_I, L_O)\in\mathbb{R}^2}! \tag{4.1.55}$$

unter den Nebenbedingungen

$$L_O \geq 0, \tag{4.1.56}$$

$$L_I \geq 0, \tag{4.1.57}$$

$$-L_I \geq -m. \tag{4.1.58}$$

Zur Anwendung von Satz 4.4 müssen wir offenbar noch sicherstellen, daß die Zielfunktion stetig differenzierbar und konkav ist. Dies ist gewährleistet, wenn die Produktionsfunktion f stetig differenzierbar und konkav sowie die Kostenfunktionen C_I und C_O stetig differenzierbar und konvex sind.[5] Diese Annahmen sind in volkswirtschaftlichen Modellen durchaus üblich, so daß wir im folgenden von ihrer Gültigkeit ausgehen. Bezeichnen wir die Zielfunktion aus (4.1.55) mit $G(L_I, L_O)$ sowie mit μ_O, μ_I und λ_I die zu den Nebenbedingungen (4.1.56)-(4.1.58) gehörigen Kuhn-Tucker-Multiplikatoren, lautet die Lagrange-Funktion für das obige Optimierungsproblem

$$\mathcal{L}(L_I, L_O, \mu_I, \mu_O, \lambda_I) = G(L_I, L_O) + \mu_O L_O + \mu_I L_I + \lambda_I(m - L_I).$$

Die Optimalitätsbedingungen (4.1.41) und (4.1.42) sowie die Nichtnegativität der Kuhn-Tucker-Multiplikatoren liefern dann

$$\begin{aligned} \frac{\partial \mathcal{L}}{\partial L_I}(L_I, L_O, \mu_I, \mu_O, \lambda_I) &= \frac{\partial G(\widehat{L}_I, \widehat{L}_O)}{\partial L_I} + \mu_I - \lambda_I = 0, \\ \frac{\partial \mathcal{L}}{\partial L_O}(L_I, L_O, \mu_I, \mu_O, \lambda_I) &= \frac{\partial G(\widehat{L}_I, \widehat{L}_O)}{\partial L_O} + \mu_O = 0 \end{aligned}$$

bzw.

$$\begin{aligned} Pf'(\widehat{L}_I + \widehat{L}_O) - W_I + C_I'(m - \widehat{L}_I) + \mu_I - \lambda_I &= 0, & (4.1.59) \\ Pf'(\widehat{L}_I + \widehat{L}_O) - W_O - C_O'(\widehat{L}_O) + \mu_O &= 0 & (4.1.60) \end{aligned}$$

sowie

$$\begin{aligned} \mu_O \cdot \widehat{L}_O &= 0, & (4.1.61) \\ \mu_I \cdot \widehat{L}_I &= 0, & (4.1.62) \\ \lambda_I(m - \widehat{L}_I) &= 0, & (4.1.63) \\ \mu_O \geq 0,\ \mu_I \geq 0,\ \lambda_I &\geq 0, & (4.1.64) \end{aligned}$$

wobei die Optimallösungen der Unternehmung mit $\widehat{L}_I$ und $\widehat{L}_O$ bezeichnet wurden. Zudem geben f', C_I' und C_O' die ersten Ableitungen der jeweiligen Funktionen an. Man beachte, daß Satz 4.4 anstelle von (4.1.61)-(4.1.62) eigentlich zunächst die Bedingung $\mu_O \cdot \widehat{L}_O + \mu_I \cdot \widehat{L}_I = 0$ liefert. Wegen (4.1.64) und $\widehat{L}_I, \widehat{L}_O \geq 0$ müssen dort jedoch *beide* Summanden gleich Null sein, so daß wir von vornherein zwei getrennte Bedingungen formuliert haben. Um aus (4.1.59)-(4.1.64) explizite Lösungen $\widehat{L}_I$ und $\widehat{L}_O$ zu ermitteln, wären bestimmte Produktions- und Kostenfunktionen zu spezifizieren. Anschließend müßten alle möglichen $2^3 = 8$ Kombinationen von bindenden und nicht bindenden Nebenbedingungen [(4.1.56)-(4.1.58)] überprüft werden. Wir wollen

[5] Man beachte, daß die Zielfunktion von *zwei* Variablen abhängt, so daß man zum Nachweis der Konkavität zeigen muß, daß die zugehörige Hesse-Matrix negativ definit ist. Dies sei dem Leser als Übungsaufgabe überlassen.

dies jedoch nicht weiter verfolgen und statt dessen aufzeigen, wie man auch für allgemeine Funktionen f, C_I und C_O aus den Optimalitätsbedingungen (4.1.59)-(4.1.64) ökonomisch sinnvoll interpretierbare Ergebnisse herleiten kann.

Wir haben vorausgesetzt, daß die Insider mit dem Unternehmen über ihren Lohn verhandeln. Es kann somit davon ausgegangen werden, daß sie keinem Lohn zustimmen, bei dem keiner von ihnen beschäftigt wird. Aufgrund dieser ökonomischen Vorüberlegungen können wir also annehmen, daß – bei geeignet gewählten Funktionen f, C_I, und C_O sowie einem entsprechend gewählten W_I – die Lösung des Optimierungsproblems der Bedingung $\widehat{L}_I > 0$ genügt, die Restriktion (4.1.57) also nicht bindend ist. Damit lassen sich die Optimalitätsbedingungen wie folgt vereinfachen:[6] Aus $\widehat{L}_I > 0$ folgt mit (4.1.62) $\mu_I = 0$, so daß (4.1.59) wegen $\lambda_I \geq 0$ die Ungleichung

$$Pf'(\widehat{L}_I + \widehat{L}_O) - W_I + C_I'(m - \widehat{L}_I) \geq 0 \tag{4.1.65}$$

impliziert. Multiplikation von (4.1.59) mit $(m - \widehat{L}_I)$ liefert unter Verwendung von (4.1.63) zudem

$$\left[Pf'(\widehat{L}_I + \widehat{L}_O) - W_I + C_I'(m - \widehat{L}_I)\right] \cdot (m - \widehat{L}_I) = 0. \tag{4.1.66}$$

Darüber hinaus ergibt sich aus (4.1.60) wegen $\mu_O \geq 0$ die Ungleichung

$$Pf'(\widehat{L}_I + \widehat{L}_O) - W_O - C_O'(\widehat{L}_O) \leq 0, \tag{4.1.67}$$

und durch Multiplikation von (4.1.60) mit $\widehat{L}_O$ folgt mit (4.1.61)

$$\left[Pf'(\widehat{L}_I + \widehat{L}_O) - W_O - C_O'(\widehat{L}_O)\right] \cdot \widehat{L}_O = 0. \tag{4.1.68}$$

Aus ökonomischer Sicht interessiert vor allem die Frage, unter welchen Bedingungen Insider durch Outsider verdrängt werden, d.h. wann $\widehat{L}_I < m$ *und* $\widehat{L}_O > 0$ gilt. Dabei ist zu beachten, daß in der „Ausgangssituation" $\overline{L}_I = m$ und $\overline{L}_O = 0$ gilt, so daß die Unternehmung Insider entlassen und Outsider einstellen muß, um sich in Richtung der optimalen („neuen") Konstellation $(\widehat{L}_I, \widehat{L}_O)$ mit $\widehat{L}_I < m$ und $\widehat{L}_O > 0$ zu bewegen. Nehmen wir an, eine derartige Ersetzung sei für die Unternehmung optimal. Aus (4.1.66) und (4.1.68) folgt dann, daß (4.1.65) und (4.1.67) jeweils mit Gleichheit erfüllt sein müssen. Dies wiederum impliziert

$$-W_I + C_I'(m - \widehat{L}_I) = -W_O - C_O'(\widehat{L}_O)$$

bzw.

$$W_I = W_O + C_O'(\widehat{L}_O) + C_I'(m - \widehat{L}_I). \tag{4.1.69}$$

Wenn also die Unternehmung Insider durch Outsider ersetzt, um die Optimallösung zu realisieren, muß der Lohn der Insider notwendigerweise gleich dem Lohn der Outsider *zuzüglich* der Grenzkosten aus Entlassung und Neueinstellung von Arbeitskräften sein. Dieses Resultat ist ökonomisch plausibel, da beide Gruppen von

[6] Man vergleiche die Bedingungen (4.1.65)-(4.1.68) mit jenen aus Satz 4.1 und Korollar 4.1.

Arbeitskräften in diesem Fall für die Unternehmung auch unter Kostenaspekten als gleichwertig angesehen werden. Man beachte aber, daß (4.1.69) *keine* hinreichende Bedingung für die Ersetzung von Insidern durch Outsider ist. Die Gleichung impliziert zwar, daß auch in (4.1.65) und (4.1.67) Gleichheit gelten muß, aus (4.1.66) und (4.1.68) folgt damit jedoch *nicht* $m > \widehat{L}_I$ und $\widehat{L}_O > 0$. Es ist genauso gut denkbar, daß zusätzlich zu den Insidern auch Outsider eingestellt werden ($m = \widehat{L}_I$, $\widehat{L}_O > 0$), weil die Löhne insgesamt so niedrig sind, daß sich eine Ausweitung von Beschäftigung und Produktion im Vergleich zum status quo lohnt, oder daß trotz der Entlassung von Insidern keine Outsider eingestellt werden ($m < \widehat{L}_I$, $\widehat{L}_O = 0$), weil das Lohnniveau zu hoch ist. Ebenso könnte die Ausgangssituation bereits mit der Optimallösung übereinstimmen, so daß die gesamte Beschäftigung gewissermaßen „zufällig" unverändert bleibt ($m = \widehat{L}_I$, $\widehat{L}_O = 0$).

Hinreichende Bedingungen können hingegen dafür angegeben werden, daß *keine* Ersetzung von Insidern durch Outsider erfolgt. Gilt

$$W_I < W_O + C_O'(\widehat{L}_O) + C_I'(m - \widehat{L}_I), \tag{4.1.70}$$

so folgt daraus $Pf'(\widehat{L}_I + \widehat{L}_O) - W_I + C_I'(m - \widehat{L}_I) > Pf'(\widehat{L}_I + \widehat{L}_O) - W_O - C_O'(\widehat{L}_O)$, so daß mindestens eine der Ungleichungen (4.1.65) und (4.1.67) *nicht* bindend sein kann. In diesem Fall erhält man über (4.1.66) und (4.1.68) entweder $\widehat{L}_I = m$ und $\widehat{L}_O \geq 0$ oder aber $\widehat{L}_I \leq m$ und $\widehat{L}_O = 0$. Im ersten Fall können zusätzlich zu den Insidern noch Outsider eingestellt werden, im zweiten Fall werden möglicherweise sogar Insider entlassen. Sind beide Restriktionen (4.1.65) und (4.1.67) nicht bindend, folgt $\widehat{L}_I = m$ und $\widehat{L}_O = 0$, d.h., die Ausgangssituation ist bereits optimal und die Beschäftigung bleibt konstant. Diese Resultate sind ebenfalls ökonomisch plausibel, da die Grenzkosten für einen weiterbeschäftigten Insider wegen (4.1.70) geringer sind als jene für die Entlassung eines Insiders und seine Ersetzung durch einen Outsider. Letztere erhalten nur einen Arbeitsplatz, wenn die gesamte Beschäftigung erhöht werden kann. □

Abschließend sei bemerkt, daß Beispiel 4.3 zwei wesentliche Aspekte der Optimierungstheorie bzw. deren Anwendung in ökonomischen Modellen verdeutlicht. Zum einen wird das Zusammenspiel zwischen ökonomischen und mathematischen Argumenten deutlich. Bspw. läßt sich die Bedingung $\widehat{L}_I > 0$ nicht mathematisch aus den Optimalitätsbedingungen ableiten, jedoch kann der Fall $\widehat{L}_I = 0$ aus ökonomischen Vorüberlegungen ausgeschlossen werden. Bei geeigneten Voraussetzungen an die im Modell enthaltenen Funktionen wird dieser Fall in der Tat nicht auftreten, wodurch wiederum die mathematische Analyse der übrigen Optimalitätsbedingungen vereinfacht wird. Darüber hinaus zeigt sich insbesondere die gute ökonomische Interpretierbarkeit der Optimalitätsbedingungen. Somit erweist sich die Optimierungstheorie als äußerst wertvolles Hilfsmittel zur Bestimmung und Charakterisierung ökonomisch sinnvoller Lösungen. Zum anderen werden jedoch auch einige Grenzen der Optimierungstheorie sichtbar, und zwar insbesondere bei der Angabe umfassender notwendiger und hinreichender Bedingungen. Die Implikationen (4.1.12), (4.1.13), (4.1.28) und (4.1.29) sind lediglich in der dort angegebenen Richtung zu verwenden und stellen keine Äquivalenzen dar. Bei der Behandlung konkreter Optimierungsprobleme sollte dementsprechend sorgfältig argumentiert werden. Dies gilt selbstverständlich erst recht für den Fall allgemeiner, nichtlinearer Ungleichungsrestriktionen, dem wir uns im nächsten Abschnitt widmen.

4.2 Nichtlineare Ungleichungsrestriktionen

Für den Spezialfall linearer Ungleichungsrestriktionen haben wir in Satz 4.4 mit den Kuhn-Tucker-Bedingungen (4.1.41) und (4.1.42) notwendige (und unter den dortigen Voraussetzungen auch hinreichende) Optimalitätsbedingungen für Lösungen des Problems (SOP5) angegeben. Es liegt nahe, die Ergebnisse aus Satz 4.4 auf den allgemeinen Fall nichtlinearer Ungleichungen der Gestalt $\mathbf{g}(\mathbf{x}) \geq \mathbf{0}$, $\mathbf{g} : \mathcal{D} \to \mathbb{R}^m$, zu übertragen. Die zu (4.1.41)-(4.1.42) analogen Kuhn-Tucker-Bedingungen lauten dann mit der durch $L(\mathbf{x}, \boldsymbol{\lambda}) = f(\mathbf{x}) + \boldsymbol{\lambda}'\mathbf{g}(\mathbf{x})$ definierten Lagrange-Funktion:

$$\nabla_{\mathbf{x}} L(\widehat{\mathbf{x}}, \boldsymbol{\lambda}) = \nabla f(\widehat{\mathbf{x}}) + \boldsymbol{\lambda}'\nabla \mathbf{g}(\widehat{\mathbf{x}}) = \mathbf{0} \tag{4.2.1}$$

und

$$\boldsymbol{\lambda}'\mathbf{g}(\widehat{\mathbf{x}}) = 0, \tag{4.2.2}$$

wobei zusätzlich die Bedingungen $\boldsymbol{\lambda} \geq \mathbf{0}$ und $\mathbf{g}(\widehat{\mathbf{x}}) \geq \mathbf{0}$ zu berücksichtigen sind. Damit ist $\lambda_i g_i(\widehat{\mathbf{x}}) = 0$ für alle $i = 1, ..., m$. Wir zeigen anhand des folgenden Gegenbeispiels, daß diese Bedingungen bei nichtlinearen Ungleichungsrestriktionen i. allg. *keine* notwendigen Bedingungen sind und demzufolge Satz 4.4 *nicht* ohne weiteres auf den Fall allgemeiner Ungleichungsrestriktionen übertragen werden darf.

Beispiel 4.4 Wir betrachten das Optimierungsproblem

$$f(\mathbf{x}) = x_1 \to \max_{\mathbf{x} \in \mathbb{R}^2}! \tag{4.2.3}$$

unter den Nebenbedingungen

$$\begin{aligned} g_1(x_1, x_2) &= -x_2 + (1 - x_1)^3 \geq 0, && (4.2.4) \\ g_2(x_1, x_2) &= x_2 \geq 0. && (4.2.5) \end{aligned}$$

Wie man unmittelbar erkennt, ist die optimale Lösung durch $\widehat{\mathbf{x}} = (\widehat{x}_1, \widehat{x}_2)' = (1, 0)'$ gegeben. Wir wollen nun überprüfen, ob $\widehat{\mathbf{x}}$ die Bedingungen (4.2.1)-(4.2.2) erfüllt. Dafür bilden wir als erstes die zu (4.2.3)-(4.2.5) gehörige Lagrange-Funktion

$$\begin{aligned} L(\mathbf{x}, \boldsymbol{\lambda}) &= f(\mathbf{x}) + \boldsymbol{\lambda}'\mathbf{g}(\mathbf{x}) = f(\mathbf{x}) + \lambda_1 g_1(\mathbf{x}) + \lambda_2 g_2(\mathbf{x}) \\ &= x_1 + \lambda_1(-x_2 + (1 - x_1)^3) + \lambda_2 x_2. && (4.2.6) \end{aligned}$$

Man erhält damit die Optimalitätsbedingungen

$$(i) \quad \begin{aligned} \frac{\partial L}{\partial x_1}(\mathbf{x}, \boldsymbol{\lambda}) &= 1 - \lambda_1 \cdot 3(1-x_1)^2 = 0, \\ \frac{\partial L}{\partial x_2}(\mathbf{x}, \boldsymbol{\lambda}) &= -\lambda_1 + \lambda_2 = 0, \end{aligned}$$

$$(ii) \quad \lambda_1(-x_2 + (1-x_1)^3) = 0, \quad \lambda_2 x_2 = 0,$$

$$(iii) \quad \lambda_1 \geq 0, \quad \lambda_2 \geq 0,$$

$$(iv) \quad -x_2 + (1-x_1)^3 \geq 0, \quad x_2 \geq 0.$$

Zwar gelten die Bedingungen (ii)-(iv) im Punkt $\widehat{\mathbf{x}} = (1,0)'$, wobei $\lambda_1 = \lambda_2 \geq 0$ beliebig sein kann, jedoch ist stets $\frac{\partial L}{\partial x_1}(\widehat{\mathbf{x}}, \boldsymbol{\lambda}) = 1$, so daß die erste Bedingung in (i) verletzt ist. Somit erfüllt die Optimallösung nicht die Kuhn-Tucker-Bedingungen (4.2.1)-(4.2.2), die folglich auch nicht zur Bestimmung dieser Lösung verwendet werden können. □

Vor dem Hintergrund der Ergebnisse von Satz 4.4 und Beispiel 4.4 liegt es nahe, zwei verschiedene Ansätze weiterzuverfolgen. Da die linearen Restriktionen einen Spezialfall allgemeiner Ungleichungsrestriktionen darstellen, könnte es zum einen möglich sein, weitere Konstellationen zu finden, bei denen die Kuhn-Tucker-Bedingungen als notwendige Optimalitätsbedingungen auftreten. Wir sind also an einer Erweiterung von Satz 4.4 auf größere Klassen von Ungleichungsrestriktionen interessiert. Zum anderen wäre es denkbar, daß ein noch allgemeineres Resultat beweisbar ist, das generell für *alle* Ungleichungsrestriktionen notwendige Bedingungen liefert und Satz 4.4 als Spezialfall enthält. Es wird sich zeigen, daß beide Ansätze in der Tat realisierbar sind. Als Hilfsmittel benötigen wir dazu mit dem Konzept der zulässigen Richtungen einige neue Begriffe und Resultate, die vorab diskutiert und bereitgestellt werden sollen. Dabei betrachten wir im gesamten Abschnitt 4.2 das statische Optimierungsproblem 6 (**SOP6**)

$$f(\mathbf{x}) \underset{\mathbf{x} \in \mathcal{D}}{\longrightarrow \max!} \tag{4.2.7}$$

unter der Nebenbedingung

$$\mathbf{g}(\mathbf{x}) \geq \mathbf{0}, \tag{4.2.8}$$

wobei $\mathcal{D} \subset \mathbb{R}^n$ eine offene Menge sowie $f : \mathcal{D} \to \mathbb{R}$ und $\mathbf{g} = (g_1, ..., g_m)' : \mathcal{D} \to \mathbb{R}^m$ (in der Regel) stetig differenzierbare Funktion bezeichnen. Darüber hinaus definieren wir den zulässigen Bereich durch

$$\mathcal{B} := \{\mathbf{x} \in \mathcal{D} : \mathbf{g}(\mathbf{x}) \geq \mathbf{0}\}.$$

Bemerkung 4.2 Wäre a priori genau bekannt, welche der in (4.2.8) enthaltenen Restriktionen im Optimum bindend, d.h. mit Gleichheit erfüllt sind, so könnte man (SOP6) vollständig mit den Sätzen aus Kapitel 3 abhandeln. In diesem Fall würde man einfach alle nicht bindenden Restriktionen eliminieren und (SOP6) somit auf ein gleichungsrestringiertes Problem reduzieren. Da die bindenden Restriktionen jedoch *nicht* bekannt sind, könnte man auch so vorgehen, alle möglichen Kombinationen von bindenden und nicht bindenden Restriktionen mit Hilfe der Sätze aus Kapitel 3 durchzurechnen und aus der Menge der *zulässigen* Lösungen diejenige, welche den größten Funktionswert liefert, als Lösung bestimmen.[7] Man beachte, daß dabei stets geprüft werden muß, ob eine mit den Sätzen aus Kapitel 3 gefundene Lösung tatsächlich *alle* Restriktionen einhält. Es ist somit offensichtlich, daß diese Vorgehensweise nur bei „kleinen“ Problemen mit wenigen Restriktionen praktikabel ist. In komplexeren Fällen wird man hingegen mit den nachfolgend präsentierten Methoden schneller zum Ziel kommen. □

4.2.1 Das Konzept der zulässigen Richtung

Die Idee des hier diskutierten Konzeptes basiert auf der geometrischen Vorstellung, daß man sich von einem bestimmten Punkt $\overline{\mathbf{x}} \in \mathcal{B}$ ausgehend in verschiedene „Richtungen“ bewegen kann und dabei entweder den zulässigen Bereich $\mathcal{B}$ verläßt oder in ihm verbleibt. Zulässig sind dann nur solche Richtungen, in die man gehen kann, ohne sich – auch bei einer ggf. nur sehr geringfügigen Bewegung – aus dem zulässigen Bereich zu entfernen. Die präzise Definition dieses Konzeptes lautet wie folgt:

Definition 4.1 *Sei $\mathcal{B} \subset \mathbb{R}^n$ eine nichtleere Menge und $\overline{\mathbf{x}} \in \mathcal{B}$. Ein Vektor $\mathbf{d} \in \mathbb{R}^n$ heißt* zulässige Richtung *in $\overline{\mathbf{x}}$, falls ein $\beta > 0$ existiert, so daß für alle $\alpha \in [0, \beta]$ gilt:*

$$\overline{\mathbf{x}} + \alpha \cdot \mathbf{d} \in \mathcal{B}. \tag{4.2.9}$$

Die Menge aller in $\overline{\mathbf{x}}$ zulässigen Richtungen werde mit $Z(\overline{\mathbf{x}})$ bezeichnet, d.h.

$$Z(\overline{\mathbf{x}}) := \{\mathbf{d} \in \mathbb{R}^n \mid \exists \beta > 0 \ \forall \alpha \in [0, \beta] : \overline{\mathbf{x}} + \alpha \cdot \mathbf{d} \in \mathcal{B}\}.$$

Bemerkung 4.3 **(i)** Da $\mathbf{0} \in Z(\overline{\mathbf{x}})$ gilt, ist $Z(\overline{\mathbf{x}}) \neq \emptyset$.

(ii) Ist $\mathbf{g}(\overline{\mathbf{x}}) > \mathbf{0}$, so gilt (bei stetigem $\mathbf{g}$) $Z(\overline{\mathbf{x}}) = \mathbb{R}^n$. Das bedeutet, daß man von einem Punkt $\overline{\mathbf{x}} \in \mathcal{B}$, in dem *keine* der Restriktionen bindend ist, in *jede* beliebige Richtung „gehen kann“. □

Im Hinblick auf (SOP6) interessiert in erster Linie die Frage, in welcher zulässigen Richtung von einem beliebigen Punkt $\overline{\mathbf{x}} \in \mathcal{B}$ ausgehend ein höherer Wert der Zielfunktion erreicht werden kann. Es gilt

Satz 4.5 *Sei $\mathcal{D} \subset \mathbb{R}^n$ eine offene Menge, $\mathcal{B} \subset \mathcal{D}$ eine nichtleere Menge, $f \in \mathcal{C}^1(\mathcal{D})$ eine Funktion und $\overline{\mathbf{x}} \in \mathcal{B}$ ein zulässiger Punkt. Es existiere ein $\mathbf{d} \in Z(\overline{\mathbf{x}})$ mit $\nabla f(\overline{\mathbf{x}})\mathbf{d} > 0$. Dann gibt es ein $\delta > 0$, so daß $\overline{\mathbf{x}} + \delta \cdot \mathbf{d} \in \mathcal{B}$ ist, und für alle $\alpha \in (0, \delta)$ gilt*

$$f(\overline{\mathbf{x}} + \alpha\mathbf{d}) > f(\overline{\mathbf{x}}). \tag{4.2.10}$$

---

[7] Dabei sollte man sinnvollerweise mit dem Fall beginnen, daß alle Restriktionen nicht bindend sind und dann zunächst jeweils eine Restriktion als bindend annehmen, anschließend jeweils zwei bindende Restriktionen usw.

Beweis: Seien $\overline{\mathbf{x}} \in \mathcal{B}$ und $\mathbf{d} \in Z(\overline{\mathbf{x}})$ gegeben. Dann gibt es ein $\beta > 0$, so daß für alle $\alpha \in [0, \beta]$ die Beziehung $\overline{\mathbf{x}} + \alpha \cdot \mathbf{d} \in \mathcal{B}$ gilt. Man definiere nun die Funktion $h : [0, \beta] \to \mathbb{R}$ durch $h(\alpha) := f(\overline{\mathbf{x}} + \alpha \cdot \mathbf{d})$ für alle $\alpha \in [0, \beta]$. Es gilt $h'(0) := \lim_{\alpha \downarrow 0} \frac{h(\alpha)-h(0)}{\alpha} = \nabla f(\overline{\mathbf{x}})\mathbf{d} > 0$. Folglich existiert ein $\delta \in (0, \beta)$, so daß für alle $\alpha \in (0, \delta)$ die Ungleichung $h(\alpha) > h(0)$ gilt. Aus der Definition von h ergibt sich dann direkt (4.2.10). ■

Die in Satz 4.5 nachgewiesene Eigenschaft führt zu folgender Definition.

Definition 4.2 *Sei $\mathcal{D} \subset \mathbb{R}^n$ eine offene Menge, $\mathcal{B} \subset \mathcal{D}$ eine nichtleere Menge, $f \in \mathcal{C}^1(\mathcal{D})$ eine Funktion und $\overline{\mathbf{x}} \in \mathcal{B}$ ein zulässiger Punkt. Dann bezeichnet*

$$F_1(\overline{\mathbf{x}}) := \{\mathbf{d} \in \mathbb{R}^n : \nabla f(\overline{\mathbf{x}})\mathbf{d} > 0\}$$

die Menge aller in $\overline{\mathbf{x}}$ aufsteigenden Richtungen.[8]
Ein Vektor $\mathbf{d} \in Z(\overline{\mathbf{x}}) \cap F_1(\overline{\mathbf{x}})$ heißt in $\overline{\mathbf{x}}$ zulässige aufsteigende Richtung.

Mit Hilfe der obigen Begriffe ist nun eine geometrisch anschauliche Charakterisierung lokaler Lösungen von (SOP6) möglich.

Satz 4.6 *Sei $\mathcal{D} \subset \mathbb{R}^n$ eine offene Menge, und seien $f \in \mathcal{C}^1(\mathcal{D})$ sowie $\mathbf{g} : \mathcal{D} \to \mathbb{R}^m$ gegebene Funktionen. Ferner sei $\widehat{\mathbf{x}} \in \mathcal{B}$ eine lokale Lösung von (SOP6). Dann gilt*

$$Z(\widehat{\mathbf{x}}) \cap F_1(\widehat{\mathbf{x}}) = \emptyset, \tag{4.2.11}$$

d.h., für alle $\mathbf{d} \in Z(\widehat{\mathbf{x}})$ ist $\nabla f(\widehat{\mathbf{x}})\mathbf{d} \leq 0$ bzw. für alle $\mathbf{d} \in \mathbb{R}^n$ mit $\nabla f(\widehat{\mathbf{x}})\mathbf{d} > 0$ ist $\mathbf{d} \notin Z(\widehat{\mathbf{x}})$.

Beweis: Die Aussage folgt unmittelbar aus Satz 4.5. ■

Dieser Satz besagt, daß von einer lokalen Lösung $\widehat{\mathbf{x}}$ ausgehend, eine zulässige Richtung niemals zu einem höheren Wert der Zielfunktion führt bzw. daß alle Richtungen, die lokal noch zu einer Zielwertverbesserung führen würden, nicht mehr zulässig sind. Dies ist in Abbildung 4.3 graphisch veranschaulicht.

Bemerkung 4.4 Ist bei einer lokalen Lösung $\widehat{\mathbf{x}} \in \mathcal{B}$ von (SOP6) *keine* der Restriktionen bindend, d.h. ist $\mathbf{g}(\widehat{\mathbf{x}}) > \mathbf{0}$, liefert Satz 4.6 wegen $Z(\widehat{\mathbf{x}}) = \mathbb{R}^n$ unmittelbar die notwendige Bedingung $\nabla f(\widehat{\mathbf{x}}) = \mathbf{0}$, so daß wir hier das Resultat aus Satz 3.1 wiedergewinnen. □

Mit Hilfe der zulässigen Richtungen kann unter Zusatzannahmen eine zu (4.2.11) aus Satz 4.6 analoge *hinreichende* Bedingung für eine *globale* Lösung von (SOP6) formuliert werden.

[8] Analog zu $F_1(\overline{\mathbf{x}})$ ist mit $F_2(\overline{\mathbf{x}}) := \{\mathbf{d} \in \mathbb{R}^n : \nabla f(\overline{\mathbf{x}})\mathbf{d} < 0\}$ die Menge aller in $\overline{\mathbf{x}}$ absteigenden Richtungen definiert, die bei Minimierungsproblemen relevant ist.

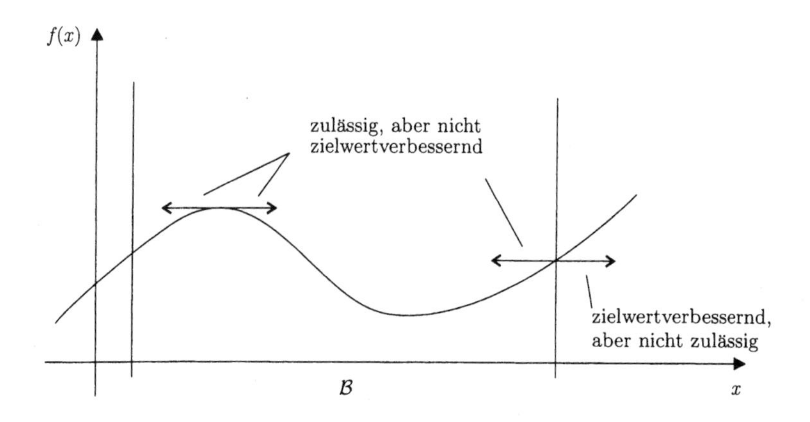

Abbildung 4.3: Zulässige Richtungen

Satz 4.7 *Gegeben seien eine offene und konvexe Menge $\mathcal{D} \subset \mathbb{R}^n$, eine konkave Funktion $f \in C^1(\mathcal{D})$ sowie quasi-konkave Funktionen $g_i : \mathcal{D} \to \mathbb{R}$, $i = 1, ..., m$. Ferner sei $\widehat{\mathbf{x}} \in \mathcal{B}$ ein Punkt mit*

$$\nabla f(\widehat{\mathbf{x}})\mathbf{d} \leq 0 \quad \forall \mathbf{d} \in Z(\widehat{\mathbf{x}}). \tag{4.2.12}$$

Dann ist $\widehat{\mathbf{x}}$ eine globale Lösung von (SOP6).

Beweis: Da alle Funktionen g_i, $i = 1, ..., m$, quasi-konkav sind, ist der zulässige Bereich $\mathcal{B} = \{\mathbf{x} \in \mathcal{D} : \mathbf{g}(\mathbf{x}) \geq \mathbf{0}\}$ eine konvexe Menge (vgl. Satz 1.8). Für ein beliebiges $\mathbf{x} \in \mathcal{B}$ und für alle $\alpha \in [0, 1]$ gilt somit $\alpha\mathbf{x} + (1 - \alpha)\widehat{\mathbf{x}} = \widehat{\mathbf{x}} + \alpha(\mathbf{x} - \widehat{\mathbf{x}}) \in \mathcal{B}$, so daß $\mathbf{d} := \mathbf{x} - \widehat{\mathbf{x}} \in Z(\widehat{\mathbf{x}})$ ist. Wegen der Voraussetzung (4.2.12) folgt daraus $\nabla f(\widehat{\mathbf{x}})(\mathbf{x} - \widehat{\mathbf{x}}) \leq 0$, während die Konkavität von f sofort die Ungleichung $f(\mathbf{x}) - f(\widehat{\mathbf{x}}) \leq \nabla f(\widehat{\mathbf{x}})(\mathbf{x} - \widehat{\mathbf{x}})$ liefert (vgl. Satz 1.2). Kombination dieser beiden Ungleichungen ergibt $f(\mathbf{x}) \leq f(\widehat{\mathbf{x}})$ und damit die Behauptung. ■

Auch Satz 4.7 ist im Hinblick auf Satz 4.5 geometrisch interpretierbar und plausibel: Wenn *keine* zulässige Richtung zu einer lokalen Zielwertverbesserung führt, muß es sich um eine globale Lösung von (SOP6) handeln, da bei einer konkaven Funktion f jedes lokale Maximum ein globales ist. Bei Durchsicht des Beweises von Satz 4.7 sieht man, daß die Beziehung (4.2.12) auch in der Form $\nabla f(\widehat{\mathbf{x}})(\mathbf{x} - \widehat{\mathbf{x}}) \leq 0$ für alle $\mathbf{x} \in \mathcal{B}$ geschrieben werden kann und die Aussage des Satzes gültig bleibt, wenn der zulässige Bereich $\mathcal{B}$ eine beliebige, nichtleere konvexe Menge ist, vgl. auch Satz 4.3.

Die in Satz 4.6 und Satz 4.7 angegebenen Bedingungen haben den Nachteil, daß sie, ähnlich wie die bei den linearen Restriktionen verwendete Beziehung (4.1.8), noch keine operationalen Kriterien zur *Bestimmung* einer Lösung von (SOP6) darstellen. Während die Menge $F_1(\widehat{\mathbf{x}})$ der aufsteigenden Richtungen aufgrund ihrer

Abhängigkeit von $\nabla f(\widehat{\mathbf{x}})$ bereits das Potential hierfür besitzt, ist die Menge $Z(\widehat{\mathbf{x}})$ praktisch nicht handhabbar. Es wäre daher wünschenswert, die zulässigen Richtungen mit Hilfe der Gradienten $\nabla g_i(\widehat{\mathbf{x}})$, $i = 1, ..., m$, der Restriktionsfunktionen zu charakterisieren. Wir werden unten zeigen, daß dies für eine Teilmenge $Y_1(\widehat{\mathbf{x}}) \subset Z(\widehat{\mathbf{x}})$ möglich ist. Wegen Satz 4.6 ist dann auch $Y_1(\widehat{\mathbf{x}}) \cap F_1(\widehat{\mathbf{x}}) = \emptyset$ eine notwendige Bedingung für eine lokale Lösung von (SOP6). Aus dieser Bedingung können zu Satz 4.4 analoge Optimalitätsbedingungen hergeleitet werden. Dies soll im folgenden präzisiert werden, wofür wir zunächst eine Erweiterung von Satz 4.6 benötigen.

Korollar 4.3 *Sei $\mathcal{D} \subset \mathbb{R}^n$ eine offene Menge, und seien $f \in \mathcal{C}^1(\mathcal{D})$ sowie $\mathbf{g} : \mathcal{D} \to \mathbb{R}^m$ gegebene Funktionen. Ferner sei $\widehat{\mathbf{x}}$ eine lokale Lösung von (SOP6). Dann gilt*

$$\overline{Z}(\widehat{\mathbf{x}}) \cap F_1(\widehat{\mathbf{x}}) = \emptyset, \tag{4.2.13}$$

wobei $\overline{Z}(\widehat{\mathbf{x}})$ die abgeschlossene Hülle[9] von $Z(\widehat{\mathbf{x}})$ bezeichnet.

Beweis: Sei ein beliebiger Vektor $\mathbf{d} \in \overline{Z}(\widehat{\mathbf{x}})$ gegeben. Ist $\mathbf{d} \in Z(\widehat{\mathbf{x}}) \subset \overline{Z}(\widehat{\mathbf{x}})$, so folgt $\mathbf{d} \notin F_1(\widehat{\mathbf{x}})$ bereits aus Satz 4.6. Sei also $\mathbf{d} \notin Z(\widehat{\mathbf{x}})$, aber $\mathbf{d} \in \partial Z(\widehat{\mathbf{x}})$. Nach der Definition des Randes gibt es in *jeder* Umgebung von $\mathbf{d}$ (mindestens) ein Element aus $Z(\widehat{\mathbf{x}})$. Zu jedem $\varepsilon > 0$ existiert also ein $\mathbf{d}_\varepsilon \in U_\varepsilon(\mathbf{d}) = \{\mathbf{y} \in \mathbb{R}^n : \|\mathbf{y} - \mathbf{d}\| < \varepsilon\}$ mit $\mathbf{d}_\varepsilon \in Z(\widehat{\mathbf{x}})$. Folglich gilt nach Satz 4.6 für $\mathbf{d}_\varepsilon$ die Ungleichung $\nabla f(\widehat{\mathbf{x}})\mathbf{d}_\varepsilon \leq 0$. Da das innere Produkt ψ gemäß $\mathbf{d} \mapsto \psi(\mathbf{d}) := \nabla f(\widehat{\mathbf{x}})\mathbf{d}$ eine auf $\mathbb{R}^n$ stetige Funktion ist, ergibt sich mit $\lim_{\varepsilon \to 0} \mathbf{d}_\varepsilon = \mathbf{d}$ daraus unmittelbar $\nabla f(\widehat{\mathbf{x}})\mathbf{d} \leq 0$, d.h. $\mathbf{d} \notin F_1(\widehat{\mathbf{x}})$. ∎

Für die Charakterisierung der zulässigen Richtungen in (SOP6) ist es von entscheidender Bedeutung, welche Restriktionen in einem Punkt $\overline{\mathbf{x}} \in \mathcal{B}$ bindend sind, so daß hierfür eine gesonderte Notation zweckmäßig ist.

Definition 4.3 *Sei $\mathcal{B} := \{\mathbf{x} \in \mathcal{D} : g_i(\mathbf{x}) \geq 0,\ i = 1, ..., m\}$ wie in (SOP6) gegeben. Ferner sei $\overline{\mathbf{x}} \in \mathcal{B}$.*

1. *Die Restriktion $g_i(\mathbf{x}) \geq 0$, $i = 1, ..., m$, heißt* aktiv *im Punkt $\overline{\mathbf{x}}$, wenn $g_i(\overline{\mathbf{x}}) = 0$ ist und* inaktiv *im Punkt $\overline{\mathbf{x}}$, wenn $g_i(\overline{\mathbf{x}}) > 0$ gilt.*

2. *Die Menge $I_0(\overline{\mathbf{x}}) := \{i \in \{1, ..., m\} \mid g_i(\overline{\mathbf{x}}) = 0\}$ heißt* Indexmenge der in $\overline{\mathbf{x}}$ aktiven Restriktionen.

Man beachte, daß $I_0(\overline{\mathbf{x}}) = \emptyset$ genau dann gilt, wenn für alle $i = 1, ..., m$ die strikte Ungleichung $g_i(\overline{\mathbf{x}}) > 0$ erfüllt ist. Für aktive Restriktionen läßt sich nun der gesuchte Zusammenhang zwischen zulässigen Richtungen und den Gradienten der Restriktionsfunktionen herstellen.

Lemma 4.3 *Die i-te Restriktion sei im Punkt $\overline{\mathbf{x}}$ aktiv, d.h. $i \in I_0(\overline{\mathbf{x}})$, und es sei $g_i \in \mathcal{C}^1(\mathcal{D})$. Dann gilt für alle $\mathbf{d} \in Z(\overline{\mathbf{x}})$ die Ungleichung*

$$\nabla g_i(\overline{\mathbf{x}})\mathbf{d} \geq 0. \tag{4.2.14}$$

[9] Vgl. dazu Definition A.1 in Anhang A.

Beweis: Da $\mathbf{d}$ eine zulässige Richtung ist, gibt es ein $\beta > 0$ mit

$$g_i(\overline{\mathbf{x}} + \alpha \mathbf{d}) \geq 0 \quad \forall \alpha \in [0, \beta]. \tag{4.2.15}$$

Es wird behauptet, daß die Ungleichung $\nabla g_i(\overline{\mathbf{x}})\mathbf{d} \geq 0$ gilt. Angenommen, die Behauptung ist falsch. Dann ist $\nabla g_i(\overline{\mathbf{x}})\mathbf{d} < 0$. Nach Satz 4.5 (mit $f = -g_i$) gibt es folglich ein $\delta \in (0, \beta)$, so daß für alle $\alpha \in (0, \delta)$ die Beziehung $g_i(\overline{\mathbf{x}} + \alpha \mathbf{d}) < g_i(\overline{\mathbf{x}})$ gilt. Da die i-te Restriktion im Punkt $\overline{\mathbf{x}}$ aktiv ist, gilt $g_i(\overline{\mathbf{x}}) = 0$, und man erhält $g_i(\overline{\mathbf{x}} + \alpha \mathbf{d}) < 0$. Dies steht im Widerspruch zu (4.2.15). Also gilt die Behauptung des Lemmas. ■

Lemma 4.4 *Es sei $\mathcal{D} \subset \mathbb{R}^n$ eine offene Menge, $\overline{\mathbf{x}} \in \mathcal{B}$ ein zulässiger Punkt, und die Restriktionsfunktionen g_i, $i = 1, ..., m$, seien für $i \in I_0(\overline{\mathbf{x}})$ stetig differenzierbar sowie für $i \notin I_0(\overline{\mathbf{x}})$ stetig. Ferner sei $\mathbf{d} \in \mathbb{R}^n$ ein beliebiger Vektor mit $\nabla g_i(\overline{\mathbf{x}})\mathbf{d} > 0$ $\forall i \in I_0(\overline{\mathbf{x}})$. Dann ist $\mathbf{d} \in Z(\overline{\mathbf{x}})$.*

Beweis: Seien $i \in I_0(\overline{\mathbf{x}})$ und $\mathbf{d} \in \mathbb{R}^n$ mit $\nabla g_i(\overline{\mathbf{x}})\mathbf{d} > 0$ beliebig, aber fest vorgegeben. Nach Satz 4.5 (mit $f = g_i$) existiert ein $\delta_i > 0$, so daß für alle $\alpha \in (0, \delta_i)$ die Ungleichung

$$g_i(\overline{\mathbf{x}} + \alpha \mathbf{d}) > g_i(\overline{\mathbf{x}}) = 0$$

gilt. Es existiert folglich ein $\beta > 0$ (z.B. $\beta = \min\{\delta_i \mid i \in I_0(\overline{\mathbf{x}})\}$), so daß für *alle* $i \in I_0(\overline{\mathbf{x}})$ und für alle $\alpha \in [0, \beta]$ die Ungleichung $g_i(\overline{\mathbf{x}}+\alpha \mathbf{d}) \geq 0$ gilt. Wegen $g_i(\overline{\mathbf{x}}) > 0$, $i \notin I_0(\overline{\mathbf{x}})$, und der Stetigkeit der Funktionen g_i kann $\beta > 0$ sogar so gewählt werden, daß auch für $i \notin I_0(\overline{\mathbf{x}})$ die Ungleichung

$$g_i(\overline{\mathbf{x}} + \alpha \mathbf{d}) \geq 0$$

gilt. Somit ist $\mathbf{d} \in Z(\overline{\mathbf{x}})$. ■

Diese beiden Lemmata führen zu folgender Definition.

Definition 4.4 *Mit den Bezeichnungen und Voraussetzungen von Lemma 4.3 und Lemma 4.4 sei*

$$Y_1(\overline{\mathbf{x}}) := \{\mathbf{d} \in \mathbb{R}^n \mid \nabla g_i(\overline{\mathbf{x}})\mathbf{d} > 0 \ \forall i \in I_0(\overline{\mathbf{x}})\},$$
$$Y_2(\overline{\mathbf{x}}) := \{\mathbf{d} \in \mathbb{R}^n \mid \nabla g_i(\overline{\mathbf{x}})\mathbf{d} \geq 0 \ \forall i \in I_0(\overline{\mathbf{x}})\}.$$

Bemerkung 4.5 **(i)** Im Hinblick auf Lemma 4.3 und 4.4 werden $Y_1(\overline{\mathbf{x}})$ und $Y_2(\overline{\mathbf{x}})$ auch als „linearisierte" Mengen der zulässigen Richtungen bezeichnet, da die Bedingungen $\nabla g_i(\overline{\mathbf{x}})\mathbf{d} > 0$ bzw. $\nabla g_i(\overline{\mathbf{x}})\mathbf{d} \geq 0$ linear in $\mathbf{d}$ sind.

(ii) Aus $I_0(\overline{\mathbf{x}}) = \emptyset$ folgt $Y_1(\overline{\mathbf{x}}) = Y_2(\overline{\mathbf{x}}) = \mathbb{R}^n$.

(iii) Es ist $\mathbf{0} \in Y_2(\overline{\mathbf{x}})$.

(iv) $Y_2(\overline{\mathbf{x}})$ ist eine *abgeschlossene* Menge. □

Insgesamt erhalten wir ein für das weitere Vorgehen wesentliches Resultat:

Satz 4.8 *Es sei $\mathcal{D} \subset \mathbb{R}^n$ eine offene Menge und $\overline{\mathbf{x}} \in \mathcal{B}$ ein zulässiger Punkt. Ferner seien die Restriktionsfunktionen g_i, $i = 1, ..., m$, für $i \in I_0(\overline{\mathbf{x}})$ stetig differenzierbar sowie für $i \notin I_0(\overline{\mathbf{x}})$ stetig. Dann gilt*

$$Y_1(\overline{\mathbf{x}}) \subset \overline{Z}(\overline{\mathbf{x}}) \subset Y_2(\overline{\mathbf{x}}). \tag{4.2.16}$$

Beweis: Nach Lemma 4.4 gilt $Y_1(\overline{\mathbf{x}}) \subset Z(\overline{\mathbf{x}})$, so daß $Z(\overline{\mathbf{x}}) \subset \overline{Z}(\overline{\mathbf{x}})$ die erste Inklusion ergibt. Anwendung von Lemma 4.3 liefert $Z(\overline{\mathbf{x}}) \subset Y_2(\overline{\mathbf{x}})$, woraus $\overline{Z}(\overline{\mathbf{x}}) \subset \overline{Y}_2(\overline{\mathbf{x}})$ folgt. Da $Y_2(\overline{\mathbf{x}})$ aber eine abgeschlossene Menge ist, gilt $Y_2(\overline{\mathbf{x}}) = \overline{Y}_2(\overline{\mathbf{x}})$, so daß man insgesamt die zweite Inklusion in (4.2.16) erhält. ■

Bemerkung 4.6 Ist $Y_1(\overline{\mathbf{x}}) \neq \emptyset$, so folgt wegen $\overline{Y}_1(\overline{\mathbf{x}}) = Y_2(\overline{\mathbf{x}})$ aus (4.2.16) sofort $\overline{Z}(\overline{\mathbf{x}}) = Y_2(\overline{\mathbf{x}})$, wobei $\overline{Y}_1(\overline{\mathbf{x}})$ (analog zu $\overline{Z}(\overline{\mathbf{x}})$) die abgeschlossene Hülle von $Y_1(\overline{\mathbf{x}})$ bezeichnet. Bei der Beziehung $\overline{Z}(\overline{\mathbf{x}}) = Y_2(\overline{\mathbf{x}})$ handelt es sich um eine *Regularitätsbedingung*, die im weiteren eine große Rolle spielt. □

Die erste Inklusion in (4.2.16) liefert die bereits oben angedeutete Einschränkung der Menge aller zulässigen Richtungen auf solche, die sich über die Gradienten der aktiven Restriktionen charakterisieren lassen. Als unmittelbare Folgerung von Satz 4.6 erhält man somit

Korollar 4.4 *Sei $\mathcal{D} \subset \mathbb{R}^n$ eine offene Menge, und seien $f \in C^1(\mathcal{D})$ sowie $\mathbf{g} \in C^1_m(\mathcal{D})$ gegebene Funktionen. Ferner sei $\widehat{\mathbf{x}} \in \mathcal{B}$ eine lokale Lösung von (SOP6). Dann gilt*

$$Y_1(\widehat{\mathbf{x}}) \cap F_1(\widehat{\mathbf{x}}) = \emptyset. \tag{4.2.17}$$

Beweis: Die Behauptung folgt direkt aus Satz 4.6 und Satz 4.8.[10] ■

Anschaulich besagt Korollar 4.4, daß von einem lokalen Optimum ausgehende Richtungen nicht zugleich zielwertverbessernd sein ($\mathbf{d} \in F_1(\widehat{\mathbf{x}})$) und in das Innere der Restriktionsmenge zeigen können ($\mathbf{d} \in Y_1(\widehat{\mathbf{x}})$). Sowohl $Y_1(\widehat{\mathbf{x}})$ als auch $F_1(\widehat{\mathbf{x}})$ hängen unmittelbar von den Gradienten der Restriktions- bzw. der Zielfunktion ab und können somit dazu genutzt werden, ein operationales Kriterium zur Charakterisierung einer lokalen Lösung von (SOP6) herzuleiten: Wenn $\widehat{\mathbf{x}} \in \mathcal{B}$ eine lokale Lösung von (SOP6) ist, hat das Ungleichungssystem $\nabla f(\widehat{\mathbf{x}})\mathbf{d} > 0$ und $\nabla g_i(\widehat{\mathbf{x}})\mathbf{d} > 0$ $\forall i \in I_0(\widehat{\mathbf{x}})$ nach Korollar 4.4 *keine* Lösung $\mathbf{d} \in \mathbb{R}^n$. Hieraus folgen die notwendigen Optimalitätsbedingungen von F. John für den Fall allgemeiner nichtlinearer Restriktionen. Die Kuhn-Tucker-Bedingungen erhält man hingegen auf der Basis von Satz 4.8, wenn für die rechte Inklusion in (4.2.16) Gleichheit, d.h. $\overline{Z}(\widehat{\mathbf{x}}) = Y_2(\widehat{\mathbf{x}})$, gilt. Im Falle der Gültigkeit dieser *Regularitätsbedingung* impliziert Korollar 4.3,

[10] Für die Gültigkeit der Aussage des Satzes würde es sogar ausreichen, die stetige Differenzierbarkeit lediglich für die Funktionen g_i aller *aktiven* Restriktionen zu fordern. Im Hinblick auf eine spätere praktische Anwendung ist dies allerdings wenig hilfreich, da a priori ja gerade nicht bekannt ist, *welche* Restriktionen im Optimum aktiv sind. Von daher ist es sinnvoll, die stetige Differenzierbarkeit von vornherei für alle Restriktionsfunktionen vorauszusetzen.

daß das Ungleichungssystem $\nabla f(\widehat{\mathbf{x}})\mathbf{d} > 0$ und $\nabla g_i(\widehat{\mathbf{x}})\mathbf{d} \geq 0 \; \forall i \in I_0(\widehat{\mathbf{x}})$ keine Lösung $\mathbf{d} \in \mathbb{R}^n$ besitzt ($\mathbf{d} \in \mathbf{F}_1(\widehat{\mathbf{x}}) \Rightarrow \mathbf{d} \notin \overline{Z}(\widehat{\mathbf{x}}) \Rightarrow \mathbf{d} \notin Y_2(\widehat{\mathbf{x}})$). Die daraus resultierenden Kuhn-Tucker-Bedingungen sind etwas strenger als die Bedingungen von F. John. Wir werden sehen, daß die Regularitätsbedingung $\overline{Z}(\widehat{\mathbf{x}}) = Y_2(\widehat{\mathbf{x}})$ z.B. im Falle linearer Ungleichungsrestriktionen erfüllt ist, so daß der in Abschnitt 4.1 direkt bewiesene Satz 4.4 nachträglich eine zweite, allgemeinere Rechtfertigung erhält.

4.2.2 Notwendige Optimalitätsbedingungen

In diesem Teilabschnitt sind wir lediglich an der Frage interessiert, welche Bedingungen eine lokale Lösung von (SOP6) notwendigerweise erfüllen muß. Im folgenden sei also stets ein $\widehat{\mathbf{x}} \in \mathcal{D} \subset \mathbb{R}^n$ gegeben, das die Restriktion $\widehat{\mathbf{x}} \in \mathcal{B} = \{\mathbf{x} \in \mathcal{D} : g_i(\mathbf{x}) \geq 0,\ i = 1,...,m\}$ einhält und die Zielfunktion f auf $\mathcal{B}$ maximiert. Die Funktionen $f, g_1, ..., g_m$ seien stetig differenzierbar. Wir benötigen als Hilfsmittel eine Folgerung aus Lemma 4.2 (Farkas-Lemma), das bereits im Beweis der Kuhn-Tucker-Bedingungen bei linearen Restriktionen verwendet wurde.

Lemma 4.5 (Gordan's Theorem) *Sei* $\mathbf{A} \in \mathbb{R}^{m \times n}$ *eine gegebene Matrix. Dann hat* genau eines *der Ungleichungssysteme*

$$\mathbf{A}\mathbf{x} < \mathbf{0}, \tag{4.2.18}$$

$$\mathbf{A}'\mathbf{p} = \mathbf{0},\ \mathbf{p} \geq \mathbf{0}, \tag{4.2.19}$$

eine Lösung $\widetilde{\mathbf{x}} \in \mathbb{R}^n$ *bzw.* $\widetilde{\mathbf{p}} \in \mathbb{R}^m \setminus \{\mathbf{0}\}$.

Beweis: Vgl. Abschnitt 4.4. ■

Damit kann das erste zentrale Ergebnis dieses Kapitels gezeigt werden.

Satz 4.9 (John-Bedingungen) *Sei* $\mathcal{D} \subset \mathbb{R}^n$ *eine offene Menge, und seien* $f \in \mathcal{C}^1(\mathcal{D})$ *sowie* $\mathbf{g} \in \mathcal{C}^1_m(\mathcal{D})$ *gegebene Funktionen. Ferner sei* $\widehat{\mathbf{x}} \in \mathcal{B}$ *eine lokale Lösung von (SOP6). Dann existieren* $\lambda_0 \in \mathbb{R}$ *und* $\boldsymbol{\lambda} \in \mathbb{R}^m$ *mit*

$$\begin{aligned}
&(J1) \quad \lambda_0 \cdot \nabla f(\widehat{\mathbf{x}}) + \boldsymbol{\lambda}'\nabla \mathbf{g}(\widehat{\mathbf{x}}) = \mathbf{0},\\
&(J2) \quad \boldsymbol{\lambda}'\mathbf{g}(\widehat{\mathbf{x}}) = 0,\\
&(J3) \quad (\lambda_0, \boldsymbol{\lambda}) \geq (0, \mathbf{0}), \quad (\lambda_0, \boldsymbol{\lambda}) \neq (0, \mathbf{0}).
\end{aligned}$$

Beweis: Sei eine Lösung $\widehat{\mathbf{x}} \in \mathcal{B}$ von (SOP6) gegeben. Dann gilt nach Korollar 4.4 $Y_1(\widehat{\mathbf{x}}) \cap F_1(\widehat{\mathbf{x}}) = \emptyset$, d.h., das Ungleichungssystem

$$\nabla f(\widehat{\mathbf{x}})\mathbf{d} > 0 \quad \text{und} \quad \nabla g_i(\widehat{\mathbf{x}})\mathbf{d} > 0 \; \forall i \in I_0(\widehat{\mathbf{x}}) \tag{4.2.20}$$

hat keine Lösung $\mathbf{d} \in \mathbb{R}^n$. Wir bezeichnen mit $a \geq 0$ die Anzahl der in $\widehat{\mathbf{x}}$ aktiven Restriktionen und setzen

$$\mathbf{A}_0 := \nabla f(\widehat{\mathbf{x}})$$

für die $(1 \times n)$-Matrix des Gradienten der Zielfunktion in $\widehat{\mathbf{x}}$ sowie

$$\mathbf{A}_1 := (\nabla g_i(\widehat{\mathbf{x}}))_{i \in I_0(\widehat{\mathbf{x}})}$$

als $(a \times n)$-Matrix der zu den bindenden Restriktionsfunktionen gehörigen Gradienten (zeilenweise). Ferner sei $\mathbf{A} := -\begin{pmatrix} \mathbf{A}_0 \\ \mathbf{A}_1 \end{pmatrix} \in \mathbb{R}^{(1+a)\times n}$. Das Ungleichungssystem (4.2.20) lautet dann: $\mathbf{Ad} < \mathbf{0}$. Da dieses keine Lösung $\mathbf{d} \in \mathbb{R}^n$ besitzt, folgt aus Gordan's Theorem (Lemma 4.5) die Existenz eines $\widetilde{\boldsymbol{\lambda}} \in \mathbb{R}^{1+a} \backslash \{\mathbf{0}\}$ mit $\widetilde{\boldsymbol{\lambda}} \geq \mathbf{0}$ und $\mathbf{A}'\widetilde{\boldsymbol{\lambda}} = \mathbf{0}$ bzw.

$$-(\mathbf{A}_0', \mathbf{A}_1')\widetilde{\boldsymbol{\lambda}} = -\nabla f(\widehat{\mathbf{x}})' \cdot \lambda_0 - \sum_{i \in I_0(\widehat{\mathbf{x}})} \nabla g_i(\widehat{\mathbf{x}})' \cdot \lambda_i = \mathbf{0}, \tag{4.2.21}$$

wobei $\widetilde{\boldsymbol{\lambda}} = (\lambda_0, \boldsymbol{\lambda}_1)'$ entsprechend partitioniert wurde. Setzt man nun zusätzlich $\lambda_i = 0 \; \forall i \notin I_0(\widehat{\mathbf{x}})$, so folgt aus (4.2.21) – ggf. nach entsprechender Umnumerierung der Komponenten von $\widetilde{\boldsymbol{\lambda}}$ – durch Transponierung und Multiplikation mit -1 direkt (J1). Bedingung (J2) ist trivialerweise erfüllt, da $\lambda_i = 0$ für $i \notin I_0(\widehat{\mathbf{x}})$ und $g_i(\widehat{\mathbf{x}}) = 0$ für $i \in I_0(\widehat{\mathbf{x}})$ ist. Zudem folgt (J3) aus Gordan's Theorem. ■

Bemerkung 4.7 Man beachte, daß

$$\boldsymbol{\lambda}'\nabla \mathbf{g}(\widehat{\mathbf{x}}) = \sum_{i=1}^{m} \lambda_i \nabla g_i(\widehat{\mathbf{x}}) \tag{4.2.22}$$

ist, so daß die Bedingung (J1) aus Satz 4.9 besagt, daß die Gradienten der Ziel- und der Restriktionsfunktionen im Punkt $\widehat{\mathbf{x}}$ *linear abhängig* sind. Wegen (J3) und $\mathbf{g}(\widehat{\mathbf{x}}) \geq \mathbf{0}$ impliziert (J2) zudem, daß sogar $\lambda_i g_i(\widehat{x}) = 0$ *für alle* $i = 1, ..., m$ gelten muß. Dies wird auch unmittelbar im Beweis des Satzes deutlich. □

Bevor wir die Bedingungen von Satz 4.9 weiter interpretieren und ihre Verwendung anhand eines Beispiels demonstrieren, soll vorab der Satz von Kuhn-Tucker bewiesen werden, da auf diese Weise anschließend auch gleich eine Gegenüberstellung der jeweiligen Optimalitätsbedingungen möglich ist. Es wurde bereits am Ende des vorherigen Abschnittes darauf hingewiesen, daß dieser Satz unter der Voraussetzung einer zusätzlichen Regularitätseigenschaft aus der zweiten Inklusion von Satz 4.8 hergeleitet werden kann.

Definition 4.5 *Ein Vektor* $\widehat{\mathbf{x}} \in \mathcal{B}$ *genügt der Regularitätsbedingung CQ (constraint qualification), wenn*

$$\overline{Z}(\widehat{\mathbf{x}}) = Y_2(\widehat{\mathbf{x}}) \tag{4.2.23}$$

gilt.

Bei Gültigkeit von (4.2.23) folgt aus Satz 4.6 und Satz 4.8 die notwendige Optimalitätsbedingung $F_1(\widehat{\mathbf{x}}) \cap Y_2(\widehat{\mathbf{x}}) = \emptyset$. Dies führt auf die nachfolgend angegebenen Kuhn-Tucker-Bedingungen.

Satz 4.10 (Kuhn-Tucker-Bedingungen) *Sei $\mathcal{D} \subset \mathbb{R}^n$ eine offene Menge, und seien $f \in \mathcal{C}^1(\mathcal{D})$ sowie $\mathbf{g} \in \mathcal{C}^1_m(\mathcal{D})$ gegebene Funktionen. Ferner sei $\widehat{\mathbf{x}} \in \mathcal{B}$ eine lokale Lösung von (SOP6), welche die Regularitätsbedingung CQ erfüllt. Dann existiert ein $\boldsymbol{\lambda} \in \mathbb{R}^m$ mit*

$$\begin{array}{ll} (KT1) & \nabla f(\widehat{\mathbf{x}}) + \boldsymbol{\lambda}'\nabla \mathbf{g}(\widehat{\mathbf{x}}) = \mathbf{0}, \\ (KT2) & \boldsymbol{\lambda}'\mathbf{g}(\widehat{\mathbf{x}}) = 0, \\ (KT3) & \boldsymbol{\lambda} \geq \mathbf{0}. \end{array}$$

Beweis: Sei $\widehat{\mathbf{x}} \in \mathcal{B}$ eine lokale Lösung von (SOP6), für die (4.2.23) erfüllt ist. Nach Satz 4.6 und Satz 4.8 gilt dann $F_1(\widehat{\mathbf{x}}) \cap Y_2(\widehat{\mathbf{x}}) = \emptyset$, d.h., das Ungleichungssystem

$$\nabla f(\widehat{\mathbf{x}})\mathbf{d} > 0 \quad \text{und} \quad \nabla g_i(\widehat{\mathbf{x}})\mathbf{d} \geq 0 \ \forall i \in I_0(\widehat{\mathbf{x}}) \tag{4.2.24}$$

besitzt keine Lösung $\mathbf{d} \in \mathbb{R}^n$. Setzt man nun (analog zum Beweis von Satz 4.4 und Satz 4.9) $\mathbf{c} = \nabla f(\widehat{\mathbf{x}})'$ und $\mathbf{A} = (-\nabla g_i(\widehat{\mathbf{x}}))_{i \in I_0(\widehat{\mathbf{x}})}$, folgt aus dem Farkas-Lemma (Lemma 4.2) die Existenz von Zahlen $\lambda_i \in \mathbb{R}$ mit $\lambda_i \geq 0$ für alle $i \in I_0(\widehat{\mathbf{x}})$, so daß

$$-\sum_{i \in I_0(\widehat{\mathbf{x}})} \lambda_i \nabla g_i(\widehat{\mathbf{x}})' = \nabla f(\widehat{\mathbf{x}})' \tag{4.2.25}$$

gilt. Setzt man erneut $\lambda_i = 0 \ \forall i \notin I_0(\widehat{\mathbf{x}})$, folgt aus (4.2.25) nach Transponierung sofort (KT1), während sich (KT3) bereits aus dem Farkas-Lemma ergibt. Aus $\lambda_i \geq 0$ und $g_i(\widehat{\mathbf{x}}) = 0 \ \forall i \in I_0(\widehat{\mathbf{x}})$ sowie $\lambda_i = 0$ und $g_i(\widehat{\mathbf{x}}) > 0 \ \forall i \notin I_0(\widehat{\mathbf{x}})$ folgt zudem die Bedingung (KT2). ■

Bemerkung 4.8 Die Bedingung (KT1) aus Satz 4.10 läßt sich ausführlich in der Form

$$\nabla f(\widehat{\mathbf{x}}) + \sum_{i=1}^{m} \lambda_i \cdot \nabla g_i(\widehat{\mathbf{x}}) = \mathbf{0} \tag{4.2.26}$$

schreiben. Dies bedeutet, daß der Gradient der Zielfunktion im Optimum eine Linearkombination der Gradienten der Restriktionsfunktionen ist. Man beachte, daß (KT2) wieder gleichbedeutend ist mit $\lambda_i g_i(\widehat{\mathbf{x}}) = 0$ für *alle* $i = 1, ..., m$. □

Analog zu den Lagrange-Multiplikatoren im Falle gleichungsrestringierter Optimierungsprobleme werden die Parameter λ_i, $i = 1, ..., m$, als *Kuhn-Tucker-Multiplikatoren* bezeichnet. Während die Lagrange-Multiplikatoren jedoch *nicht* vorzeichenbeschränkt sind, d.h. positiv oder negativ sein können, weiß man von den Kuhn-Tucker-Multiplikatoren, daß sie in jedem Fall nichtnegativ sind. Wie bereits in Abschnitt 4.1.2 angedeutet wurde, kann diese Eigenschaft häufig bei der Bestimmung einer Lösung von (SOP6) ausgenutzt werden.

Ein Vergleich der Sätze von John und Kuhn-Tucker offenbart lediglich zwei Unterschiede in den Optimalitätsbedingungen: Bei den John-Bedingungen ist in (J1) zusätzlich der Faktor λ_0 vor $\nabla f(\widehat{\mathbf{x}})$ zu beachten, und in (J3) wird gefordert, daß mindestens ein λ_i von Null verschieden ist. Dies zeigt, daß der Satz von Kuhn-Tucker direkt aus dem Satz von John folgt, falls $\lambda_0 = 1$ gilt. Die Zusatzvoraussetzung der

Regularitätsbedingung CQ stellt also offenbar sicher, daß $\lambda_0 \neq 0$ gilt und somit auf Eins normiert werden kann. Man beachte, daß es sich hierbei um eine *Voraussetzung* des Satzes und nicht etwa um eine weitere notwendige Optimalitätsbedingung handelt. Es kann durchaus eine Lösung von (SOP6) geben, welche die Regularitätsbedingung nicht erfüllt und somit auch nicht den Kuhn-Tucker-Bedingungen genügen muß. Es ergibt sich nun die Frage, wann die constraint qualification erfüllt ist. Die Bedingung (4.2.23) ist sehr abstrakt und praktisch nicht nachprüfbar, so daß man an hinreichenden Bedingungen für (4.2.23) interessiert ist. In Abschnitt 4.1.2 haben wir gesehen, daß man den Satz von Kuhn-Tucker bei linearen Restriktionen direkt nachweisen kann. Es liegt also die Vermutung nahe, daß die Linearität der g_i, $i = 1, ..., m$, Gleichung (4.2.23) impliziert. Darüber hinaus kann man erkennen, daß der Satz von Kuhn-Tucker sofort aus dem Satz von John folgt, wenn die Gradienten $\nabla g_i(\widehat{\mathbf{x}})$ $\forall i \in I_0(\widehat{\mathbf{x}})$ linear unabhängig sind. Wäre nämlich $\lambda_0 = 0$, würde (4.2.23) wegen $(\lambda_0, \boldsymbol{\lambda}) \neq (0, \mathbf{0})$ dieser linearen Unabhängigkeit widersprechen, so daß die lineare Unabhängigkeit der $\nabla g_i(\widehat{\mathbf{x}})$ möglicherweise eine weitere hinreichende Bedingung für (4.2.23) liefert. Der nachfolgende Satz zeigt, daß beide Überlegungen in der Tat zutreffen und zudem weitere Bedingungen für die Gültigkeit von CQ angegeben werden können.[11]

Satz 4.11 *Sei $\mathcal{D} \subset \mathbb{R}^n$ eine offene Menge, und seien $f \in \mathcal{C}^1(\mathcal{D})$ sowie $\mathbf{g} \in \mathcal{C}^1_m(\mathcal{D})$ gegebene Funktionen. Ferner sei $\overline{\mathbf{x}} \in \mathcal{B}$ ein zulässiger Punkt für (SOP6). Die Regularitätsbedingung CQ ist in $\overline{\mathbf{x}}$ erfüllt, falls* eine *der folgenden Bedingungen gilt:*

1. *Die Gradienten der in $\overline{\mathbf{x}}$ aktiven Restriktionsfunktionen sind linear unabhängig, d.h. $\sum_{i \in I_0(\overline{\mathbf{x}})} a_i \nabla g_i(\overline{\mathbf{x}}) = 0 \Leftrightarrow a_i = 0$ für alle $i \in I_0(\overline{\mathbf{x}})$.*

2. *Alle Restriktionsfunktionen g_i, $i = 1, ..., m$, sind affin-linear, d.h., es ist $g_i(\mathbf{x}) = \mathbf{a}_i'\mathbf{x} + b_i$, wobei $\mathbf{a}_i \in \mathbb{R}^n$ und $b_i \in \mathbb{R}$ gegeben sind.*

3. *Die Menge $\mathcal{D}$ ist konvex. Ferner sind die in $\overline{\mathbf{x}}$ aktiven Restriktionsfunktionen konkav und genügen den sog. Slater-Bedingungen:*

$$\exists\ \mathbf{x}_* \in \mathcal{D} \text{ mit } g_i(\mathbf{x}_*) > 0 \quad \text{für alle } i \in I_0(\overline{\mathbf{x}}).$$

Beweis: zu 1. Es bezeichne $r \in \{1, ..., n\}$ die Anzahl der in $\overline{\mathbf{x}}$ aktiven Restriktionen. Die (zeilenweise) aus den Gradienten $\nabla g_i(\overline{\mathbf{x}})$ zusammengesetzte Matrix $\mathbf{G} := (\nabla g_i(\overline{\mathbf{x}}))_{i \in I_0(\overline{\mathbf{x}})}$ ist dann eine $(r \times n)$-Matrix, die aufgrund der linearen Unabhängigkeit der Gradienten den vollen Rang r besitzt. Für jeden vorgegebenen Vektor $\mathbf{c} \in \mathbb{R}^r_{++}$ besitzt das Gleichungssystem $\mathbf{Gd} = \mathbf{c}$ daher eine Lösung $\mathbf{d} \in \mathbb{R}^n$, d.h., es gilt $\nabla g_i(\overline{\mathbf{x}})\mathbf{d} = c_i > 0$ für alle $i \in I_0(\overline{\mathbf{x}})$. Somit ist die Menge $Y_1(\overline{\mathbf{x}})$ nichtleer, und aus Satz 4.8 bzw. der daran anschließenden Bemerkung 4.6 folgt die Beziehung $\overline{Z}(\overline{\mathbf{x}}) = Y_2(\overline{\mathbf{x}})$.

[11] In BAZARAA, SHERALI, SHETTY (1993), Kapitel 5, sind weitere constraint qualifications aufgeführt, die in ökonomischen Anwendungen jedoch recht selten relevant sind und daher nicht explizit behandelt werden.

zu 2. Sei $g_i(\mathbf{x}) := \mathbf{a}_i'\mathbf{x} + b_i$ mit $\mathbf{a}_i \in \mathbb{R}^n$ und $b_i \in \mathbb{R}$, $i = 1, ..., m$, gegeben. Da nach Satz 4.8 $\overline{Z}(\overline{\mathbf{x}}) \subset Y_2(\overline{\mathbf{x}})$ sowie trivialerweise $Z(\overline{\mathbf{x}}) \subset \overline{Z}(\overline{\mathbf{x}})$ gilt, muß lediglich die Inklusion $Y_2(\overline{\mathbf{x}}) \subset Z(\overline{\mathbf{x}})$ gezeigt werden. Sei also $\mathbf{d} \in Y_2(\overline{\mathbf{x}})$, d.h., es gelte für alle $i \in I_0(\overline{\mathbf{x}})$ die Ungleichung $\nabla g_i(\overline{\mathbf{x}})\mathbf{d} \geq 0$. Für $\alpha > 0$ erhält man dann

$$\begin{aligned} g_i(\overline{\mathbf{x}} + \alpha\mathbf{d}) &= \mathbf{a}_i'(\overline{\mathbf{x}} + \alpha\mathbf{d}) + b_i \\ &= \mathbf{a}_i'\overline{\mathbf{x}} + b_i + \alpha\mathbf{a}_i'\mathbf{d} \\ &= g_i(\overline{\mathbf{x}}) + \alpha\mathbf{a}_i'\mathbf{d} \\ &= \alpha \cdot \nabla g_i(\overline{\mathbf{x}})\mathbf{d} \geq 0, \end{aligned}$$

wobei die letzte Gleichung aus $g_i(\overline{\mathbf{x}}) = 0 \ \forall i \in I_0(\overline{\mathbf{x}})$ und $\nabla g_i(\overline{\mathbf{x}}) = \mathbf{a}_i'$ folgt. Da für alle $i \notin I_0(\overline{\mathbf{x}})$ aber $g_i(\overline{\mathbf{x}}) > 0$ ist und die Funktionen g_i, $i = 1, ..., m$, stetig sind, existiert somit ein $\tau > 0$ mit $g_i(\overline{\mathbf{x}} + \alpha\mathbf{d}) \geq 0$ für alle $\alpha \in [0, \tau]$ und alle $i = 1, ..., m$. Folglich gilt $\mathbf{d} \in Z(\overline{\mathbf{x}})$.

zu 3. Sei $\mathbf{x}_* \in \mathcal{B}$ ein Punkt, der die Slater-Bedingungen erfüllt und $\overline{\mathbf{x}} \in \mathcal{B}$ ein zulässiger Punkt. Da die Funktionen g_i für alle $i \in I_0(\overline{\mathbf{x}})$ konkav sind, folgt

$$g_i(\mathbf{x}_*) - g_i(\overline{\mathbf{x}}) \leq \nabla g_i(\overline{\mathbf{x}})(\mathbf{x}_* - \overline{\mathbf{x}})$$

und wegen $g_i(\overline{\mathbf{x}}) = 0$ und $g_i(\mathbf{x}_*) > 0$ somit

$$\nabla g_i(\overline{\mathbf{x}})(\mathbf{x}_* - \overline{\mathbf{x}}) > 0$$

für alle $i \in I_0(\overline{\mathbf{x}})$. Daher ist $\mathbf{d} = (\mathbf{x}_* - \overline{\mathbf{x}}) \in Y_1(\overline{\mathbf{x}})$, also $Y_1(\overline{\mathbf{x}}) \neq \emptyset$. Dann folgt aber wie in Teil 1 aus Satz 4.8 bzw. der daran anschließenden Bemerkung 4.6 die Beziehung $\overline{Z}(\overline{\mathbf{x}}) = Y_2(\overline{\mathbf{x}})$. ■

Man beachte, daß die lineare Unabhängigkeit der Gradienten der aktiven Restriktionen vollkommen analog zur entsprechenden Rangannahme im Satz von Lagrange bei gleichungsrestringierten Optimierungsproblemen ist. Die Tatsache, daß nur *eine* der obigen Bedingungen erfüllt sein muß, erklärt, warum in Satz 4.4 keine Rangannahme für die Matrix **R** notwendig ist, mit der die lineare Unabhängigkeit der Gradienten zu sichern wäre.[12]

Mit den Sätzen 4.9 bis 4.11 haben wir nunmehr alle wesentlichen Ergebnisse zur Charakterisierung der Optimallösungen von (SOP6) bereitgestellt. Dabei konnten wir die Aussagen von Satz 4.4 auf eine größere Klasse von Ungleichungsrestriktionen übertragen. Wir sind nunmehr auch in der Lage, zu dem in Beispiel 4.4 einleitend betrachteten Optimierungsproblem (4.2.3)-(4.2.5) zurückzukehren. Dabei können wir aufzeigen, warum die Kuhn-Tucker-Bedingungen dort *nicht* zur Bestimmung der Optimallösung geeignet sind und wie diese statt dessen über die John-Bedingungen ermittelt werden kann.

[12] Die Restriktionsfunktionen g_i aus der 2. Bedingung von Satz 4.11 liefern die Menge $\mathcal{B}$ aus Satz 4.4, indem man die i-te Zeile der Matrix **R** mit $\mathbf{a}_i'$ und die i-te Komponente des Vektors **r** mit b_i identifiziert.

Beispiel 4.5 Wir wollen Beispiel 4.4 fortsetzen und erneut das Optimierungsproblem

$$f(\mathbf{x}) = x_1 \underset{\mathbf{x}\in\mathbb{R}^2}{\rightarrow\max!}$$

unter den Nebenbedingungen

$$\begin{aligned} g_1(\mathbf{x}) &= -x_2 + (1-x_1)^3 \geq 0, \\ g_2(\mathbf{x}) &= x_2 \geq 0 \end{aligned}$$

betrachten. Wir hatten bereits gezeigt, daß die Kuhn-Tucker-Bedingungen für die Optimallösung $\widehat{\mathbf{x}} = (1,0)'$ nicht erfüllt sind, da $\frac{\partial L}{\partial x_1}(\widehat{\mathbf{x}}, \boldsymbol{\lambda}) = 1 \neq 0$ gilt. Offenbar genügen die obigen Restriktionsfunktionen also nicht der Regularitätsbedingung CQ. Es gilt daher keine der in Satz 4.11 angegebenen hinreichenden Bedingungen: Die Funktion $g_1(\mathbf{x}) = -x_2 + (1-x_1)^3$ ist offensichtlich weder linear noch konkav, so daß 2. und 3. nicht erfüllt sind. Für die Gradienten der Restriktionsfunktionen gilt zudem $\nabla g_1(\mathbf{x}) = (-3(1-x_1)^2, -1)$ und $\nabla g_2(\mathbf{x}) = (0,1)$. Wegen $\nabla g_1(\widehat{\mathbf{x}}) = (0,-1)$ sind die Gradienten folglich bei der Optimallösung $\widehat{\mathbf{x}} = (1,0)'$ linear abhängig, und 1. aus Satz 4.11 gilt ebenfalls nicht.

Die Bedingungen des Satzes von John sind dagegen im Optimum $\widehat{\mathbf{x}} = (1,0)'$ nicht verletzt. Diese lauten für das obige Optimierungsproblem

$$\lambda_0(1,0) + \lambda_1\left(-3(1-x_1)^2, -1\right) + \lambda_2(0,1) = (0,0), \tag{4.2.27}$$

$$\lambda_1\left(-x_2 + (1-x_1)^3\right) + \lambda_2 x_2 = 0 \tag{4.2.28}$$

sowie

$$(\lambda_0, \lambda_1, \lambda_2) \geq (0,0,0), \quad (\lambda_0, \lambda_1, \lambda_2) \neq (0,0,0). \tag{4.2.29}$$

An der Stelle $\widehat{\mathbf{x}} = (1,0)'$ gilt $g_1(\widehat{\mathbf{x}}) = 0$ und $g_2(\widehat{\mathbf{x}}) = 0$, so daß (4.2.28) erfüllt ist. Für $\lambda_0 = 0$ gilt offenbar auch (4.2.27) (mit $\lambda_1 = \lambda_2 > 0$). Somit ist $\widehat{\mathbf{x}} = (1,0)'$ mit den John-Bedingungen vereinbar.

Es bleibt aber die Frage offen, ob die (durch genaues Hinsehen erkannte) Lösung $\widehat{\mathbf{x}}$ mit Hilfe der John-Bedingungen (4.2.27)-(4.2.29) *gefunden* werden kann. Sei dafür zunächst $\lambda_0 = 0$. Aus (4.2.27) folgt, daß die lokale Lösung die Bedingungen

$$-3\lambda_1(1-x_1)^2 = 0, \tag{4.2.30}$$

$$-\lambda_1 + \lambda_2 = 0 \tag{4.2.31}$$

erfüllen muß. Aus (4.2.29) und (4.2.31) ergibt sich nun $\lambda_1 = \lambda_2 > 0$, so daß (4.2.30) $x_1 = 1$ liefert und $g_i(\mathbf{x}) \geq 0$ unmittelbar $x_2 = 0$ impliziert. Folglich ist $\widehat{\mathbf{x}} = (1,0)'$ ein *Kandidat* für ein lokales Maximum. Sei nun andererseits $\lambda_0 > 0$. Dann impliziert (4.2.27) mit $\widetilde{\lambda}_1 := \lambda_1/\lambda_0$ und $\widetilde{\lambda}_2 := \lambda_2/\lambda_0$, daß im Optimum die Bedingungen

$$1 - 3\widetilde{\lambda}_1(1-x_1)^2 = 0, \tag{4.2.32}$$

$$-\widetilde{\lambda}_1 + \widetilde{\lambda}_2 = 0 \tag{4.2.33}$$

erfüllt sein müssen. Für $\widetilde{\lambda}_1 = \widetilde{\lambda}_2 = 0$ liefert (4.2.32) die Gleichung $1 = 0$ und führt somit zum Widerspruch. Für $\widetilde{\lambda}_1 = \widetilde{\lambda}_2 > 0$ erhält man wie oben aus (4.2.28) $x_1 = 1$

und $x_2 = 0$, so daß (4.2.32) erneut $1 = 0$ und damit einen Widerspruch impliziert. Folglich kann mit den John-Bedingungen der Vektor $\widehat{\mathbf{x}} = (1, 0)'$ als einziger Kandidat für eine Lösung identifiziert werden. □

Der Vollständigkeit halber wollen wir am Ende dieses Teilabschnitts genau wie in Kapitel 3 auch noch die notwendigen Bedingungen 2. Ordnung für (SOP6) angeben. Angesichts der bereits herausgearbeiteten umfangreichen Analogien zwischen den Lagrange- und den Kuhn-Tucker-Bedingungen kann es nicht überraschen, daß diese sehr ähnlich zu jenen in Satz 3.6 für das gleichungsrestringierte Optimierungsproblem sind. Wir verzichten daher auf einen Beweis und beschränken uns zudem auf den Satz von Kuhn-Tucker. Es gilt

Satz 4.12 *Sei $\mathcal{D} \subset \mathbb{R}^n$ eine offene Menge, und seien $f \in \mathcal{C}^2(\mathcal{D})$ sowie $\mathbf{g} \in \mathcal{C}^2_m(\mathcal{D})$ gegebene Funktionen. Ferner sei $\widehat{\mathbf{x}} \in \mathcal{D}$ eine lokale Lösung von (SOP6), die der Regularitätsbedingung CQ genügt. Dann existiert ein $\boldsymbol{\lambda} \in \mathbb{R}^m$, das die Bedingungen (KT1)-(KT3) erfüllt, und die Hesse-Matrix $\nabla^2_{\mathbf{x}} L(\widehat{\mathbf{x}}, \boldsymbol{\lambda})$ der Lagrange-Funktion $L(\mathbf{x}, \boldsymbol{\lambda}) = f(\mathbf{x}) + \boldsymbol{\lambda}'\mathbf{g}(\mathbf{x})$ ist auf der Menge $M := \{\mathbf{y} \in \mathbb{R}^n : \nabla g_i(\widehat{\mathbf{x}}) \cdot \mathbf{y} = 0, i \in I_0(\widehat{\mathbf{x}})\}$ negativ semidefinit.*

Beweis: Vgl. HESTENES (1966), Kapitel 1 oder LUENBERGER (1984), Abschnitt 10.8. ■

4.2.3 Hinreichende Optimalitätsbedingungen und Sattelpunkttheoreme

Wir geben zunächst eine hinreichende Bedingung für ein lokales Maximum von (SOP6) an, wobei (wie in Kapitel 3) die notwendigen Optimalitätsbedingungen des Satzes 4.12 ein wenig strenger gefaßt werden müssen, um auch hinlänglich zu sein.

Satz 4.13 *Sei $\mathcal{D} \subset \mathbb{R}^n$ eine offene Menge, und seien $f \in \mathcal{C}^2(\mathcal{D})$ sowie $\mathbf{g} \in \mathcal{C}^2_m(\mathcal{D})$ gegebene Funktionen. Zu einem Vektor $\widehat{\mathbf{x}} \in \mathcal{B}$ existiere ein $\boldsymbol{\lambda} \in \mathbb{R}^m$, so daß die Bedingungen (KT1)-(KT3) erfüllt sind. Ferner sei für $J_0(\widehat{\mathbf{x}}) := \{j : g_j(\widehat{\mathbf{x}}) = 0, \lambda_j > 0\} \subset I_0(\widehat{\mathbf{x}})$ die Hesse-Matrix $\nabla^2_{\mathbf{x}} L(\widehat{\mathbf{x}}, \boldsymbol{\lambda})$ der Lagrange-Funktion $L(\mathbf{x}, \boldsymbol{\lambda}) = f(\mathbf{x}) + \boldsymbol{\lambda}'\mathbf{g}(\mathbf{x})$ negativ definit auf der Menge $M' := \{\mathbf{y} \in \mathbb{R}^n : \nabla g_i(\widehat{\mathbf{x}})\mathbf{y} = 0, i \in J_0(\widehat{\mathbf{x}})\}$.*

Dann ist $\widehat{\mathbf{x}}$ eine lokale Lösung von (SOP6).

Beweis: Vgl. HESTENES (1966), Kapitel 1 oder LUENBERGER (1984), Abschnitt 10.8. ■

Bei Satz 4.13 ist zu beachten, daß die Forderung einer auf dem Tangentialraum M negativ definiten Hesse-Matrix $\nabla^2_{\mathbf{x}} L(\widehat{\mathbf{x}}, \boldsymbol{\lambda})$ anders als im Lagrange-Fall nicht ausreicht. Die Menge M muß noch dahingehend *vergrößert* werden, daß die Orthogonalitätsbedingung $\nabla g_i(\widehat{\mathbf{x}})\mathbf{y} = 0$ nur für alle bindenden Restriktionen mit *positivem*

Kuhn-Tucker-Multiplikator erfüllt ist.[13] Damit haben wir die für unrestringierte und gleichungsrestringierte Optimierungsprobleme hergeleiteten lokalen Resultate auf den Fall von allgemeinen Ungleichungsrestriktionen übertragen bzw. erweitern können. Es fehlt lediglich noch eine hinreichende Bedingung für eine (eindeutige) globale Lösung von (SOP6). Angesichts der bisher aufgetretenen Analogien zu (SOP1) und (SOP2) ist vor dem Hintergrund von Satz 3.4 und insbesondere Satz 3.8 zu erwarten, daß hierfür erneut die Konkavität der Funktionen $f, g_1, ..., g_m$ wesentlich ist. In diesem Zusammenhang erweist sich die folgende Definition als sinnvoll.

Definition 4.6 *Sei $\mathcal{D} \subset \mathbb{R}^n$ eine offene und konvexe Menge, und seien $f \in C^1(\mathcal{D})$ sowie $\mathbf{g} \in C^1_m(\mathcal{D})$ gegebene Funktionen. Das Optimierungsproblem*

$$f(\mathbf{x}) \to \max_{\mathbf{x} \in \mathcal{D}}!$$

unter der Nebenbedingung

$$\mathbf{x} \in \mathcal{B} := \{\mathbf{x} \in \mathcal{D} : g_i(\mathbf{x}) \geq 0, \ i = 1, ..., m\}$$

heißt konkav, *wenn alle Funktionen $f, g_1, ..., g_m$ konkav auf $\mathcal{D}$ sind.*

Es sei daran erinnert, daß die Konkavität der g_i die Konvexität der Restriktionsmenge $\mathcal{B}$ impliziert (Korollar 1.1). Für konkave Optimierungsprobleme lassen sich die Aussagen der Sätze von John und Kuhn-Tucker „global umkehren", d.h., die Bedingungen (J1)-(J3) bzw. (KT1)-(KT3) sind bei konkaven Optimierungsproblemen hinreichend für eine globale Lösung von (SOP6).

Satz 4.14 *Gegeben seien eine offene und konvexe Menge $\mathcal{D} \subset \mathbb{R}^n$ sowie Funktionen $f \in C^1(\mathcal{D})$ und $\mathbf{g} \in C^1_m(\mathcal{D})$. Ferner sei (SOP6) ein konkaves Optimierungsproblem, und es existiere ein $\widehat{\mathbf{x}} \in \mathcal{B}$ und ein $\widehat{\boldsymbol{\lambda}} \in \mathbb{R}^m$, so daß*

(a) *die Bedingungen (J1)-(J3) mit $\lambda_0 = 1$*

oder (gleichbedeutend)

(b) *die Bedingungen (KT1)-(KT3)*

erfüllt sind.
Dann ist $\widehat{\mathbf{x}}$ eine globale Lösung von (SOP6).
Ist f sogar streng konkav, stellt $\widehat{\mathbf{x}}$ die eindeutige globale Lösung von (SOP6) dar.

Beweis: Die Äquivalenz von (a) und (b) ist offensichtlich. Wir betrachten im folgenden die Lagrange-Funktion $L : \mathcal{D} \times \mathbb{R}^m_+ \to \mathbb{R}$ gemäß $L(\mathbf{x}, \boldsymbol{\lambda}) := f(\mathbf{x}) + \boldsymbol{\lambda}'\mathbf{g}(\mathbf{x}) = f(\mathbf{x}) + \sum_{j=1}^m \lambda_j g_j(\mathbf{x})$. Für jedes *feste* $\boldsymbol{\lambda} \in \mathbb{R}^m_+$ ist L eine konkave Funktion in der ersten Komponente, da alle Funktionen $f, g_1, ..., g_m$ nach Voraussetzung konkav sind. Sei

[13]Man beachte, daß (KT2) zwar $\lambda_i = 0$ für $g_i(\widehat{\mathbf{x}}) > 0$ impliziert, aus $g_i(\widehat{\mathbf{x}}) = 0$ jedoch *nicht* $\lambda_i > 0$ gefolgert werden kann.

nun ein Paar $(\widehat{\mathbf{x}}, \widehat{\boldsymbol{\lambda}}) \in \mathcal{D} \times \mathbb{R}^m_+$ mit $\widehat{\mathbf{x}} \in \mathcal{B}$ gegeben, das die Kuhn-Tucker-Bedingungen erfüllt. Wegen (KT1) gilt dann

$$\nabla_{\mathbf{x}} L(\widehat{\mathbf{x}}, \widehat{\boldsymbol{\lambda}}) = \nabla f(\widehat{\mathbf{x}}) + \sum_{j=1}^{m} \widehat{\lambda}_j \nabla g_j(\widehat{\mathbf{x}}) = \mathbf{0}. \tag{4.2.34}$$

Da $L(\cdot, \widehat{\boldsymbol{\lambda}})$ auf der *offenen* und konvexen Menge $\mathcal{D} \subset \mathbb{R}^n$ konkav ist, stellt $\widehat{\mathbf{x}}$ nach Satz 3.4 ein *globales* Maximum von $L(\cdot, \widehat{\boldsymbol{\lambda}})$ auf $\mathcal{D}$ dar, d.h., es gilt für alle $\mathbf{x} \in \mathcal{D}$

$$L(\mathbf{x}, \widehat{\boldsymbol{\lambda}}) \leq L(\widehat{\mathbf{x}}, \widehat{\boldsymbol{\lambda}}). \tag{4.2.35}$$

Somit gilt für alle $\mathbf{x} \in \mathcal{B} \subset \mathcal{D}$

$$\begin{aligned} f(\mathbf{x}) &\leq f(\mathbf{x}) + \sum_{j=1}^{m} \widehat{\lambda}_j g_j(\mathbf{x}) \\ &\leq f(\widehat{\mathbf{x}}) + \sum_{j=1}^{m} \widehat{\lambda}_j g_j(\widehat{\mathbf{x}}) \\ &= f(\widehat{\mathbf{x}}), \end{aligned}$$

wobei die erste Ungleichung aus $\lambda_j \geq 0$ und $g_j(\mathbf{x}) \geq 0 \ \forall j = 1, ..., m$ und die zweite Ungleichung aus (4.2.35) folgt. Die letzte Gleichung ergibt sich aus $\sum_{j=1}^{m} \widehat{\lambda}_j g_j(\widehat{\mathbf{x}}) = 0$ [Bedingung (KT2) aus Satz 4.10]. Folglich ist $\widehat{\mathbf{x}} \in \mathcal{B}$ ein globales Maximum von f über $\mathcal{B}$. Ist f streng konkav, gilt in (4.2.35) die strikte Ungleichung und damit auch $f(\mathbf{x}) < f(\widehat{\mathbf{x}})$ für alle $\mathbf{x} \in \mathcal{B}$ mit $\mathbf{x} \neq \widehat{\mathbf{x}}$. ■

Wie bereits erwähnt, enthält Satz 4.14 lediglich die „üblichen" Voraussetzungen, unter denen die notwendigen Kuhn-Tucker-Bedingungen zugleich hinreichend für eine Lösung von (SOP6) sind. Es ist allerdings bemerkenswert, daß die Regularitätsbedingung CQ für die Hinlänglichkeit der Kuhn-Tucker-Bedingungen *nicht* benötigt wird.

Eine formal elegante Charakterisierung der Lösungen von (SOP6) ist auch mit Hilfe der sog. Sattelpunkttheoreme für Lagrange-Funktionen möglich, auf die wir im folgenden noch kurz eingehen wollen. Wir betrachten dazu einmal mehr das Optimierungsproblem (SOP6), für das wir die Lagrange-Funktion $L : \mathcal{D} \times \mathbb{R}^m_+ \to \mathbb{R}$ mit

$$L(\mathbf{x}, \boldsymbol{\lambda}) = f(\mathbf{x}) + \boldsymbol{\lambda}' \mathbf{g}(\mathbf{x}) \tag{4.2.36}$$

bilden.

Definition 4.7 *Gegeben seien eine offene Menge $\mathcal{D} \subset \mathbb{R}^n$ und zwei Punkte $\overline{\mathbf{x}} \in \mathcal{D}$ und $\overline{\boldsymbol{\lambda}} \in \mathbb{R}^m_+$. Das Paar $(\overline{\mathbf{x}}, \overline{\boldsymbol{\lambda}})$ heißt* Sattelpunkt *der Lagrange-Funktion L, wenn*

$$L(\mathbf{x}, \overline{\boldsymbol{\lambda}}) \leq L(\overline{\mathbf{x}}, \overline{\boldsymbol{\lambda}}) \leq L(\overline{\mathbf{x}}, \boldsymbol{\lambda}) \tag{4.2.37}$$

für alle $\mathbf{x} \in \mathcal{D}$ und alle $\boldsymbol{\lambda} \in \mathbb{R}^m_+$ gilt.

Bemerkung 4.9 **(i)** Die Beziehung (4.2.37) besagt, daß

$$L(\overline{\mathbf{x}}, \overline{\boldsymbol{\lambda}}) = \max_{\mathbf{x} \in \mathcal{D}} L(\mathbf{x}, \overline{\boldsymbol{\lambda}}) = \min_{\boldsymbol{\lambda} \in \mathbb{R}^m_+} L(\overline{\mathbf{x}}, \boldsymbol{\lambda})$$

ist.

(ii) Die Bezeichnung „Sattelpunkt" resultiert daraus, daß der Graph von L im Fall $n = m = 1$ in der Umgebung eines solchen Punktes die Form eines Sattels besitzt. Dies ist in Abbidung 4.4 graphisch veranschaulicht. □

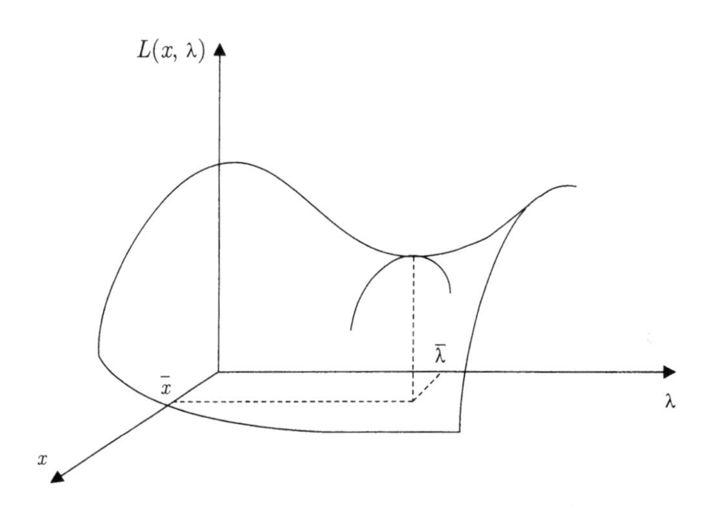

Abbildung 4.4: Sattelpunkt der Lagrange-Funktion

Es gibt nun die folgende nützliche Charakterisierung eines Sattelpunktes.

Satz 4.15 *Gegeben seien eine offene Menge $\mathcal{D} \subset \mathbb{R}^n$ und zwei Punkte $\overline{\mathbf{x}} \in \mathcal{D}$ und $\overline{\boldsymbol{\lambda}} \in \mathbb{R}^m_+$. Dann ist das Paar $(\overline{\mathbf{x}}, \overline{\boldsymbol{\lambda}})$ genau dann ein Sattelpunkt der zu (SOP6) gehörigen Lagrange-Funktion (4.2.36), wenn*

$$(SP1) \qquad L(\overline{\mathbf{x}}, \overline{\boldsymbol{\lambda}}) = \max_{\mathbf{x} \in \mathcal{D}} L(\mathbf{x}, \overline{\boldsymbol{\lambda}}),$$

$$(SP2) \qquad g_i(\overline{\mathbf{x}}) \geq 0 \quad \forall i = 1, ..., m,$$

$$(SP3) \qquad \overline{\lambda}_i g_i(\overline{\mathbf{x}}) = 0 \quad \forall i = 1, ..., m$$

gilt.

Beweis: „$\Rightarrow$": Sei $(\overline{\mathbf{x}}, \overline{\boldsymbol{\lambda}})$ ein Sattelpunkt von L. Dann ergibt sich (SP1) direkt aus der Definition in (4.2.37). Ferner gilt für alle $\boldsymbol{\lambda} \in \mathbb{R}^m_+$

$$f(\overline{\mathbf{x}}) + \overline{\boldsymbol{\lambda}}' \mathbf{g}(\overline{\mathbf{x}}) \leq f(\overline{\mathbf{x}}) + \boldsymbol{\lambda}' \mathbf{g}(\overline{\mathbf{x}}),$$

woraus für alle $\boldsymbol{\lambda} \in \mathbb{R}_+^m$ die Ungleichung

$$(\boldsymbol{\lambda} - \overline{\boldsymbol{\lambda}})'\mathbf{g}(\overline{\mathbf{x}}) \geq 0 \tag{4.2.38}$$

folgt. Für $\boldsymbol{\lambda} = \overline{\boldsymbol{\lambda}} + \mathbf{e}_i$, $i = 1, ..., m$, wobei $\mathbf{e}_i = (0, ..., 0, 1, 0, ..., 0)' \in \mathbb{R}^m$ den i-ten Einheitsvektor bezeichnet, liefert (4.2.38) die Bedingung (SP2). Zum anderen ergibt sich für $\boldsymbol{\lambda} = \mathbf{0}$ die Ungleichung $\overline{\boldsymbol{\lambda}}'\mathbf{g}(\overline{\mathbf{x}}) \leq 0$, woraus wegen $g_i(\overline{\mathbf{x}}) \geq 0$ und $\overline{\lambda}_i \geq 0$ $\forall i = 1, ..., m$ auch (SP3) folgt.

„$\Leftarrow$“: Das Paar $(\overline{\mathbf{x}}, \overline{\boldsymbol{\lambda}})$ erfülle (SP1), (SP2) und (SP3). Wegen (SP1) ist nur noch $L(\overline{\mathbf{x}}, \overline{\boldsymbol{\lambda}}) \leq L(\overline{\mathbf{x}}, \boldsymbol{\lambda})$ für alle $\boldsymbol{\lambda} \in \mathbb{R}_+^m$ zu zeigen. Aus (SP3) und (4.2.36) folgt $f(\overline{\mathbf{x}}) = L(\overline{\mathbf{x}}, \overline{\boldsymbol{\lambda}})$, so daß sich mit (SP2) und $\boldsymbol{\lambda} \geq \mathbf{0}$

$$L(\overline{\mathbf{x}}, \overline{\boldsymbol{\lambda}}) \leq f(\overline{\mathbf{x}}) + \boldsymbol{\lambda}'\mathbf{g}(\overline{\mathbf{x}}) = L(\overline{\mathbf{x}}, \boldsymbol{\lambda})$$

für alle $\boldsymbol{\lambda} \in \mathbb{R}_+^m$ ergibt. ■

Mit Hilfe dieses Satzes können die beiden sog. Sattelpunkttheoreme formuliert werden, welche die *globalen* Lösungen von (SOP6) über Sattelpunkte der zugehörigen Lagrange-Funktion charakterisieren.

Satz 4.16 (Sattelpunkttheorem, hinreichend) *Sei $\mathcal{D} \subset \mathbb{R}^n$ eine offene Menge und $(\widehat{\mathbf{x}}, \widehat{\boldsymbol{\lambda}}) \in \mathcal{D} \times \mathbb{R}_+^m$ ein Sattelpunkt der Lagrange-Funktion L von (SOP6). Dann ist $\widehat{\mathbf{x}}$ eine globale Lösung von (SOP6).*

Beweis: Sei $(\widehat{\mathbf{x}}, \widehat{\boldsymbol{\lambda}})$ ein Sattelpunkt von L, der folglich den Bedingungen (SP1)-(SP3) aus Satz 4.15 genügt. Nach (SP2) ist $\widehat{\mathbf{x}}$ für (SOP6) zulässig, d.h., $\widehat{\mathbf{x}} \in \mathcal{B}$. Ferner gilt für alle $\mathbf{x} \in \mathcal{B}$

$$\begin{aligned} f(\mathbf{x}) &\leq f(\mathbf{x}) + \widehat{\boldsymbol{\lambda}}'\mathbf{g}(\mathbf{x}) \\ &= L(\mathbf{x}, \widehat{\boldsymbol{\lambda}}) \\ &\leq L(\widehat{\mathbf{x}}, \widehat{\boldsymbol{\lambda}}) \\ &= f(\widehat{\mathbf{x}}) + \widehat{\boldsymbol{\lambda}}'\mathbf{g}(\widehat{\mathbf{x}}) \\ &= f(\widehat{\mathbf{x}}), \end{aligned}$$

wobei die erste Ungleichung aus $\mathbf{g}(\mathbf{x}) \geq \mathbf{0}$ und $\widehat{\boldsymbol{\lambda}} \geq \mathbf{0}$ und die zweite Ungleichung aus (SP1) folgt. Die letzte Gleichung ergibt sich schließlich aus (SP3). ■

Bemerkung 4.10 Man beachte die große Ähnlichkeit der Beweise von Satz 4.14 und Satz 4.16. □

Satz 4.16 läßt sich ohne Zusatzvoraussetzungen nicht umkehren, d.h., eine globale Lösung von (SOP6) stellt nicht notwendig einen Sattelpunkt der Lagrange-Funktion dar. Im Hinblick auf das entsprechende Ergebnis bei den notwendigen Kuhn-Tucker-Bedingungen (vgl. Satz 4.10) ist dies sicherlich auch nicht zu erwarten. Es zeigt sich jedoch, daß man unter der zusätzlichen Voraussetzung der Regularitätsbedingung CQ aus einer globalen Lösung von (SOP6) auch auf einen Sattelpunkt der Lagrange-Funktion schließen kann.

Satz 4.17 (Sattelpunkttheorem, notwendig) *Sei $\mathcal{D} \subset \mathbb{R}^n$ eine offene und konvexe Menge, und sei das Optimierungsproblem (SOP6) konkav. Ferner sei $\widehat{\mathbf{x}} \in \mathcal{B}$ eine globale Lösung von (SOP6), für welche die Regularitätsbedingung CQ erfüllt ist. Dann existiert ein $\widehat{\boldsymbol{\lambda}} \in \mathbb{R}^m_+$, so daß $(\widehat{\mathbf{x}}, \widehat{\boldsymbol{\lambda}})$ ein Sattelpunkt der Lagrange-Funktion L ist.*

Beweis: Es sei $\widehat{\mathbf{x}}$ eine globale Lösung von (SOP6), welche die Regularitätsbedingung CQ erfüllt. Dann existiert nach Satz 4.10 ein $\widehat{\boldsymbol{\lambda}} \in \mathbb{R}^m_+$, das die Kuhn-Tucker-Bedingungen erfüllt. Aus (KT1) und der Konkavität von f und $g_1, ..., g_m$ ergibt sich $L(\widehat{\mathbf{x}}, \widehat{\boldsymbol{\lambda}}) = \max_{\mathbf{x} \in \mathcal{D}} L(\mathbf{x}, \widehat{\boldsymbol{\lambda}})$, da die Lagrange-Funktion in diesem Fall auch konkav bzgl. $\mathbf{x}$ ist. Folglich gilt (SP1) aus Satz 4.15. Darüber hinaus sind (SP2) und (SP3) wegen $\widehat{\mathbf{x}} \in \mathcal{B}$ und der Kuhn-Tucker-Bedingung (KT2) ebenfalls erfüllt, so daß $(\widehat{\mathbf{x}}, \widehat{\boldsymbol{\lambda}})$ nach Satz 4.15 ein Sattelpunkt ist. ■

Im Gegensatz zu den notwendigen Kuhn-Tucker-Bedingungen (Satz 4.10) ist die Konkavität von f und $g_1, ..., g_m$ in Satz 4.17 eine wesentliche Voraussetzung. Dazu betrachten wir

Beispiel 4.6 Gegeben sei das Optimierungsproblem

$$f(x) = x^2 \to \max_{x \in \mathbb{R}}!$$

unter den Nebenbedingungen

$$\begin{aligned} -2x + 1 &\geq 0, \\ x &\geq 0. \end{aligned}$$

Dieses besitzt offenbar die globale Lösung $\widehat{x} = 1/2$. Die Lagrange-Funktion lautet

$$L(x, \boldsymbol{\lambda}) = x^2 + \lambda_1(-2x + 1) + \lambda_2 x,$$

so daß für jedes feste $\overline{\boldsymbol{\lambda}} \in \mathbb{R}^2_+$ die Gleichung $\sup_{x \in \mathbb{R}} L(x, \overline{\boldsymbol{\lambda}}) = \infty$ gilt. Folglich existiert kein Maximum von $L(\cdot, \overline{\boldsymbol{\lambda}})$, und (SP1) ist nicht erfüllt. Die Ursache für dieses Ergebnis liegt offensichtlich darin, daß zum einen die Zielfunktion f konvex ist und damit auch die Lagrange-Funktion L für $\overline{\boldsymbol{\lambda}} \in \mathbb{R}^2_+$ bzgl. x *konvex* ist. Zum anderen wird versucht, $L(\cdot, \overline{\boldsymbol{\lambda}})$ über ganz $\mathbb{R}$ zu maximieren. □

Bevor wir die in diesem gesamten Abschnitt nachgewiesenen notwendigen und hinreichenden Optimalitätsbedingungen an einem ökonomischen Beispiel detailliert demonstrieren, wollen wir als letzten nennenswerten Aspekt dieses Themenkomplexes noch das komparativ-statische Resultat aus Satz 3.9 auf (SOP6) übertragen. Wir haben dort gezeigt, daß sich die Lagrange-Multiplikatoren als Schattenpreise der einzelnen Restriktionsvariablen interpretieren lassen, da sie angeben, wie der Optimalwert der Zielfunktion auf marginale Veränderungen in den Restriktionen reagiert. Für die Kuhn-Tucker-Multiplikatoren gilt im wesentlichen die gleiche Aussage. Aus Gründen der besseren ökonomischen Interpretierbarkeit betrachten wir dabei ohne Beschränkung der Allgemeinheit erneut Ungleichungsrestriktionen der Form $\mathbf{g}(\mathbf{x}) \geq \mathbf{b}$ mit $\mathbf{b} \in \mathbb{R}$.[14]

Satz 4.18 *Gegeben seien eine offene Menge $\mathcal{D} \subset \mathbb{R}^n$ sowie Funktionen $f \in \mathcal{C}^2(\mathcal{D})$ und $\mathbf{g} \in \mathcal{C}^2_m(\mathcal{D})$. Es sei $\widehat{\mathbf{x}} \in \mathcal{B}$ eine lokale Lösung des Optimierungsproblems*

$$f(\mathbf{x}) \to \max_{\mathbf{x}\in\mathcal{D}}! \tag{4.2.39}$$

unter der Nebenbedingung

$$\mathbf{g}(\mathbf{x}) \geq \mathbf{b}. \tag{4.2.40}$$

Ferner seien die Gradienten $\nabla \overline{g}_i(\widehat{\mathbf{x}})$ der bindenden Restriktionen ($i \in I_0(\widehat{\mathbf{x}})$) linear unabhängig, und $\widehat{\mathbf{x}}$ genüge zusammen mit den Kuhn-Tucker-Multiplikatoren aus Satz 4.10 den hinreichenden Bedingungen für ein lokales Maximum aus Satz 4.13. Schließlich seien alle zu den bindenden Restriktionen gehörigen Kuhn-Tucker-Multiplikatoren strikt positiv, d.h., es sei $\lambda_i > 0$ für alle $i \in I_0(\widehat{\mathbf{x}})$. Dann gilt

$$\nabla_{\mathbf{b}} f(\widehat{\mathbf{x}}) = -\boldsymbol{\lambda}'. \tag{4.2.41}$$

Beweis: Sei $\widehat{\mathbf{x}}$ eine lokale Lösung von (4.2.39)-(4.2.40). Aufgrund der linearen Unabhängigkeit der Gradienten ist die Regularitätsbedingung CQ nach Satz 4.11 erfüllt. Daher existiert nach Satz 4.10 ein $\boldsymbol{\lambda} \in \mathbb{R}^m_+$, welches zusammen mit $\widehat{\mathbf{x}}$ die Kuhn-Tucker-Bedingungen (KT1)-(KT3) erfüllt. Betrachten wir zunächst die bindenden Restriktionen. Nach (KT1) und (KT2) gelten hierfür die Gleichungen

$$\begin{aligned} \nabla f(\widehat{\mathbf{x}}) + \sum_{i\in I_0(\widehat{\mathbf{x}})} \lambda_i \nabla g_i(\widehat{\mathbf{x}}) &= \mathbf{0}, && (4.2.42) \\ g_i(\widehat{\mathbf{x}}) - b_i &= 0 \quad \text{für alle } i \in I_0(\widehat{\mathbf{x}}). && (4.2.43) \end{aligned}$$

Da nach Voraussetzung $\lambda_i > 0$ für alle $i \in I_0(\widehat{\mathbf{x}})$ gilt, die Gradienten $\nabla g_i(\widehat{\mathbf{x}})$, $i \in I_0(\widehat{\mathbf{x}})$, linear unabhängig sind und die Hesse-Matrix $\nabla^2_{\mathbf{x}} L(\widehat{\mathbf{x}}, \boldsymbol{\lambda})$ der Lagrange-Funktion negativ definit auf der Menge M' aus Satz 4.13 ist, folgt hieraus mit exakt dem gleichen Beweis wie in Satz 3.9, daß

$$\frac{\partial}{\partial b_i} f(\widehat{\mathbf{x}}) = -\lambda_i$$

für alle $i \in I_0(\widehat{\mathbf{x}})$ gilt (vgl. (3.2.60)).[15] Dabei ergibt sich das veränderte Vorzeichen daraus, daß in den Optimalitätsbedingungen des Satzes von Kuhn-Tucker der Term

---

[14] Für eine etwas andere Darstellung des nachfolgenden Sensitivitätstheorems vgl. LUENBERGER (1984), S. 317 f.

[15] Die Voraussetzung $\lambda_i > 0$ für alle $i \in I_0(\widehat{\mathbf{x}})$ ist nötig, um wie im Beweis von Satz 3.9 mit dem Satz über implizite Funktionen argumentieren zu können. Gilt $\lambda_i = 0$ für ein $i \in I_0(\widehat{\mathbf{x}})$, könnte eine marginale Veränderung von $\mathbf{b}$ zu einem *negativen* Multiplikator führen und damit die Nichtnegativitätsbedingung der Kuhn-Tucker-Multiplikatoren verletzen. Die Anwendung des Satzes über implizite Funktionen auf das Gleichungssystem (4.2.42)-(4.2.43) liefert dann also Bildpunkte $(\mathbf{x}, \boldsymbol{\lambda})$, die nicht den Kuhn-Tucker-Bedingungen genügen und somit auch nicht als Optimallösungen des Ausgangsproblems interpretiert werden können. In Satz 3.9 tritt dieses Problem nicht auf, da die Lagrange-Multiplikatoren auch negativ sein können.

$+\boldsymbol{\lambda}'\nabla\mathbf{g}$ anstelle des Terms $-\boldsymbol{\lambda}'\nabla\mathbf{h}$ in den entsprechenden Bedingungen des Satzes von Lagrange auftritt. Für die *nicht* aktiven Restriktionen mit $g_i(\widehat{\mathbf{x}}) > b_i$, $i \notin I_0(\widehat{\mathbf{x}})$, gilt nach (KT2) $\lambda_i = 0$. Andererseits ist für $i \notin I_0(\widehat{\mathbf{x}})$ offensichtlich $\frac{\partial}{\partial b_i} f(\widehat{\mathbf{x}}) = 0$, da eine lokale Lösung $\widehat{\mathbf{x}}$ von (4.2.42)-(4.2.43) nicht von den b_i, $i \notin I_0(\widehat{\mathbf{x}})$, abhängt und alle in $\widehat{\mathbf{x}}$ inaktiven Restriktionen lokal inaktiv bleiben.[16] Also erhält man insgesamt (4.2.41). ∎

Damit kommen wir am Ende dieses Abschnitts zu der eingangs angekündigten ökonomischen Anwendung.

Beispiel 4.7 Wir betrachten den in Abschnitt 2.3 beschriebenen Monopolisten, der zwei verschiedenen Käufergruppen unterschiedliche Preis-Mengen-Kombinationen seines Produktes anbieten möchte, um auf diese Weise die höhere Zahlungsbereitschaft der Geschäftskunden abzuschöpfen. Wir führen das in (2.3.1)-(2.3.5) formulierte Optimierungsproblem hier nochmals auf und transformieren es gleich in die „Standardform" von (SOP6):

$$\gamma \cdot (p_g - cx_g) + (1-\gamma) \cdot (p_k - cx_k) \to \max_{p_g, p_k, x_g, x_k}! \tag{4.2.44}$$

unter den Nebenbedingungen

$$\begin{aligned} u_g(x_g) - p_g &\geq 0, & (4.2.45)\\ u_k(x_k) - p_k &\geq 0, & (4.2.46)\\ u_g(x_g) - p_g - u_g(x_k) + p_k &\geq 0, & (4.2.47)\\ u_k(x_k) - p_k - u_k(x_g) + p_g &\geq 0, & (4.2.48)\\ p_g \geq 0,\ p_k \geq 0,\ x_g \geq 0,\ x_k &\geq 0, & (4.2.49) \end{aligned}$$

wobei annahmegemäß $\gamma \in (0,1)$ und $c > 0$ gilt. Die Bestimmung einer Lösung dieser Optimierungsaufgabe ist keinesfalls trivial, und wir werden an einigen Stellen an die Grenzen der zuvor hergeleiteten Sätze stoßen. Zunächst läßt sich das Problem (4.2.44)-(4.2.49) jedoch etwas vereinfachen, da eine der Nebenbedingungen überflüssig ist. Aus (4.2.47) und (4.2.46) folgt nämlich unter Verwendung der Voraussetzung $u_g(x) > u_k(x)\ \forall x > 0$ die Ungleichung

$$u_g(x_g) - p_g \geq u_g(x_k) - p_k \geq u_k(x_k) - p_k \geq 0,$$

so daß (4.2.45) bereits in (4.2.46) und (4.2.47) enthalten ist. Wir können die Nebenbedingung (4.2.45) also vernachlässigen und die Kuhn-Tucker-Bedingungen für das verbleibende Problem angeben. Dazu bezeichnen wir mit λ_1, λ_2 und λ_3 die zu den Ungleichungsrestriktionen (4.2.46)-(4.2.48) gehörigen Kuhn-Tucker-Multiplikatoren

[16] Wenn eine Restriktion im Optimum nicht aktiv ist, beeinflußt eine *marginale* Änderung dieser Restriktion die optimale Wahl von $\mathbf{x}$ nicht, so daß auch der Optimalwert der Zielfunktion unverändert bleibt. Man beachte dazu im übrigen auch die Ausführungen in Bemerkung 4.2.

sowie mit μ_i, $i = 1, ..., 4$, jene der Nichtnegativitätsbedingungen (4.2.49). Eine Lösung von (4.2.44)-(4.2.49), *welche die Regularitätsbedingung CQ erfüllt*, muß nach Satz 4.10 also notwendigerweise den Bedingungen

$$\begin{aligned}
\gamma - \lambda_2 + \lambda_3 + \mu_1 &= 0, && (4.2.50)\\
(1-\gamma) - \lambda_1 + \lambda_2 - \lambda_3 + \mu_2 &= 0, && (4.2.51)\\
-\gamma c + \lambda_2 u_g'(\widehat{x}_g) - \lambda_3 u_k'(\widehat{x}_g) + \mu_3 &= 0, && (4.2.52)\\
-(1-\gamma)c + \lambda_1 u_k'(\widehat{x}_k) - \lambda_2 u_g'(\widehat{x}_k) + \lambda_3 u_k'(\widehat{x}_k) + \mu_4 &= 0, && (4.2.53)\\
\lambda_1(u_k(\widehat{x}_k) - \widehat{p}_k) &= 0, && (4.2.54)\\
\lambda_2(u_g(\widehat{x}_g) - \widehat{p}_g - u_g(\widehat{x}_k) + \widehat{p}_k) &= 0, && (4.2.55)\\
\lambda_3(u_k(\widehat{x}_k) - \widehat{p}_k - u_k(\widehat{x}_g) + \widehat{p}_g) &= 0, && (4.2.56)\\
\mu_1\widehat{p}_g = 0,\ \mu_2\widehat{p}_k = 0,\ \mu_3\widehat{x}_g = 0,\ \mu_4\widehat{x}_k &= 0 && (4.2.57)
\end{aligned}$$

genügen. Darüber hinaus sind alle Multiplikatoren λ_i und μ_j nichtnegativ. Wir leiten zunächst einige unmittelbare Implikationen dieser Optimalitätsgleichungen ab. Aus (4.2.50) folgt

$$\lambda_2 = \gamma + \lambda_3 + \mu_1, \qquad (4.2.58)$$

so daß sich mit $\gamma > 0$ und $\lambda_3, \mu_1 \geq 0$ unmittelbar $\lambda_2 > 0$ ergibt. Folglich muß (4.2.47) wegen (4.2.55) auf jeden Fall bindend sein, d.h., es gilt $u_g(\widehat{x}_g) - \widehat{p}_g = u_g(\widehat{x}_k) - \widehat{p}_k$. Der „Nutzenüberschuß" (d.h. die Differenz aus Zahlungsbereitschaft und Preis für eine bestimmte Menge) der Geschäftskunden ist also bei beiden angebotenen Preis-Mengen-Kombinationen identisch. Die Geschäftskunden sind somit indifferent zwischen ihrer „eigenen" und der den Privatkunden zugedachten Preis-Mengen-Kombination. Addition von (4.2.50) und (4.2.51) liefert

$$\lambda_1 = 1 + \mu_1 + \mu_2, \qquad (4.2.59)$$

woraus mit $\mu_1, \mu_2 \geq 0$ auch $\lambda_1 > 0$ folgt. Wegen (4.2.54) ist also (4.2.46) ebenfalls mit Gleichheit erfüllt, d.h. $u_k(\widehat{x}_k) = \widehat{p}_k$. Für die Privatkunden stimmen also Zahlungsbereitschaft und Preis für die angebotene Menge überein, sie sind daher gewissermaßen indifferent zwischen Kauf und Nicht-Kauf des Produktes.[17]

Es erweist sich als sinnvoll, vorab kurz jene Fälle zu diskutieren, bei denen mindestens einer der beiden Käufergruppen *nichts* angeboten wird, d.h. $\widehat{x}_g = 0$ und/oder $\widehat{x}_k = 0$ gilt. Für $\widehat{x}_g = \widehat{x}_k = 0$ folgt wegen $u_g(0) = u_k(0) = 0$ aus den Restriktionen (4.2.45) und (4.2.46) sowie den Nichtnegativitätsbedingungen auch $\widehat{p}_g = \widehat{p}_k = 0$. Dieser Fall ist zum einen zulässig, weil *alle* Restriktionen mit Gleichheit erfüllt sind, zum anderen kann er nicht mit Hilfe der Kuhn-Tucker-Bedingungen als mögliche Lösung ausgeschlossen werden, weil die Regularitätsbedingung CQ in diesem Punkt

[17] Falls nicht konsumiert wird, beträgt der „Nutzenüberschuß" $u(0) - 0 = 0$. Es sei daran erinnert, daß wir in Abschnitt 2.3 vorausgesetzt haben, daß das Produkt auch erworben wird, wenn Zahlungsbereitschaft und Preis für eine gewisse Menge übereinstimmen, also $u(x) = p$ gilt. Im Falle $u(x) > p$ wird das Gut natürlich ebenfalls konsumiert.

in der Regel *nicht* erfüllt ist.[18] Bei „hohen“ Stückkosten c ist diese Konstellation für ein Gewinnmaximum der Unternehmung auch ökonomisch plausibel, da in diesem Fall auch hohe Preise nötig sind, um einen positiven Gewinn zu erwirtschaften. Dies könnte unter Umständen aber zu einer Verletzung der Teilnahmebedingungen führen. Bei Preis-Mengen-Kombinationen, zu denen die Kunden das Produkt kaufen würden, erwirtschaftet die Unternehmung hingegen einen negativen Gewinn und wird optimalerweise gar nicht produzieren. Falls c hingegen „klein“ ist und unter Einhaltung der Nebenbedingungen mit positiven Mengen und Preisen ein nichtnegativer Gewinn möglich ist, könnte der Fall $\widehat{x}_g = \widehat{x}_k = \widehat{p}_g = \widehat{p}_k = 0$ ein mögliches (lokales) Gewinn*minimum* der Unternehmung darstellen.

Eine nicht produzierende Unternehmung ist ökonomisch natürlich verhältnismäßig uninteressant, so daß wir lediglich nach möglichen Lösungen mit $\widehat{x}_g > 0$ und/oder $\widehat{x}_k > 0$ suchen. Eine Situation, in der die Unternehmung $\widehat{x}_k = 0$ und $\widehat{x}_g > 0$ wählt, ist ebenfalls als mögliche Lösung denkbar. Aus $u_k(0) = 0$, $p_k \geq 0$ und (4.2.46) ergibt sich hierfür $\widehat{p}_k = 0$. Die Restriktionen (4.2.47) und (4.2.48) implizieren dann $u_g(\widehat{x}_g) \geq \widehat{p}_g \geq u_k(\widehat{x}_g)$. Im Hinblick auf das Ziel der Gewinnmaximierung wird die Unternehmung natürlich p_g so groß wie möglich wählen wollen. Der Punkt $(\widehat{p}_g, \widehat{p}_k, \widehat{x}_g, \widehat{x}_k)'$ mit $\widehat{p}_k = \widehat{x}_k = 0$ und $\widehat{p}_g, \widehat{x}_g > 0$ gemäß $u_g(\widehat{x}_g) = \widehat{p}_g$ ist also zulässig, da er alle Nebenbedingungen einhält, und er kann nicht über die Kuhn-Tucker-Bedingungen als mögliche Lösung ausgeschlossen werden, da er in der Regel nicht der Regularitätsbedingung CQ genügt.[19] Bei dieser Konstellation stimmen für die Geschäftskunden gerade Zahlungsbereitschaft und Preis überein, während die Privatkunden überhaupt nicht konsumieren, da bei der angebotenen Preis-Mengen-Kombination ihre Zahlungsbereitschaft geringer als der verlangte Preis ist ($u_k(\widehat{x}_g) < \widehat{p}_g$). Auch dieser Fall ist bei hohen Kosten c ökonomisch plausibel: Lediglich die Geschäftskunden sind bereit, den vom Unternehmen geforderten, entsprechend hohen Preis zu zahlen, da sie einen höheren Nutzen aus dem Konsum des Gutes ziehen. Der geringere Nutzen der Privatkunden führt dazu, daß sie entweder nicht bereit sind, den kostendeckenden Preis der Unternehmung zu zahlen ($\widehat{p}_k \geq c\widehat{x}_k$) oder daß die Unternehmung durch den Verkauf an die Privatkunden Verluste macht ($\widehat{p}_k < c\widehat{x}_k$).

Im Gegensatz dazu kann der Fall $\widehat{x}_g = 0$ und $\widehat{x}_k > 0$ *niemals* als Lösung für das Optimierungsproblem der Unternehmung in Frage kommen, denn durch Kombination der Restriktionen (4.2.46) und (4.2.47) ergibt sich mit $u_g(0) = 0$ die Ungleichung $u_k(\widehat{x}_k) \geq u_g(\widehat{x}_k) + \widehat{p}_g$, die wegen $\widehat{p}_g \geq 0$ und $u_k(x) < u_g(x)\ \forall x > 0$ für $\widehat{x}_k > 0$ verletzt ist. Folglich stellt eine derartige Konstellation keinen zulässigen Punkt dar.

[18] Dazu überlege man sich, daß die sieben mit Gleichheit erfüllten Restriktionen niemals im $\mathbb{R}^4$ linear unabhängig sein können. Ebenso sind die Restriktionsfunktionen i. allg. weder linear noch konkav, so daß keine der hinreichenden Bedingungen aus Satz 4.11 anwendbar ist, um die Gültigkeit von CQ sicherzustellen.

[19] Auch hier überlegt man sich, daß die Gradienten der in diesem Punkt bindenden Restriktionen (die Nebenbedingungen (4.2.46) und (4.2.47) sowie die Nichtnegativitätsbedingungen für x_k und p_k) nicht linear unabhängig sind.

Auch dieses Ergebnis kann nicht überraschen, da die Geschäftskunden aufgrund von $u_g(x) > u_k(x)$ stets das für die Privatkunden gedachte Angebot bevorzugen würden, so daß die zugehörige Selbstselektionsbedingung verletzt ist.

Wir wollen die soeben beschriebenen Fälle nicht vertiefen, sondern statt dessen zu der Ausgangsfrage zurückkehren, welche Bedingungen notwendigerweise erfüllt sein müssen, wenn die Unternehmung Preisdifferenzierung durchführt *und* an beide Kundengruppen verkauft. Wir folgern zunächst einige Eigenschaften einer derartigen Konstellation aus den Kuhn-Tucker-Bedingungen (4.2.50)-(4.2.57) und überprüfen erst anschließend, ob die Regularitätsbedingung CQ in dem so charakterisierten zulässigen Punkt erfüllt ist. Es wurde bereits direkt im Anschluß an (4.2.50)-(4.2.57) gezeigt, daß die Nebenbedingungen (4.2.46) und (4.2.47) mit Gleichheit erfüllt sind. Aus $\widehat{x}_g, \widehat{x}_k > 0$ folgt daraus mit (4.2.46) und (4.2.48) unmittelbar auch $\widehat{p}_g, \widehat{p}_k > 0$, so daß alle Entscheidungsvariablen positiv und die zugehörigen Kuhn-Tucker-Multiplikatoren μ_i gleich Null sind. Darüber hinaus muß notwendig $\widehat{x}_g \neq \widehat{x}_k$ gelten. Um dies zu zeigen, sei angenommen, daß $\widehat{x}_g = \widehat{x}_k = \widehat{x} > 0$ gilt. Wegen $\mu_3 = \mu_4 = 0$ liefert die Addition von (4.2.52) und (4.2.53) die Bedingung

$$\lambda_1 u_k'(\widehat{x}) = c,$$

woraus mit (4.2.59) und $\mu_1 = \mu_2 = 0$ sofort

$$u_k'(\widehat{x}) = c \tag{4.2.60}$$

folgt. Einsetzen in (4.2.52) ergibt dann mit (4.2.58) und $\mu_1 = 0$

$$-\gamma c + (\gamma + \lambda_3) u_g'(\widehat{x}) - \lambda_3 c = 0$$

bzw.

$$u_g'(\widehat{x}) = c. \tag{4.2.61}$$

Wegen $u_g'(x) > u_k'(x)\ \forall x > 0$ führen (4.2.60) und (4.2.61) somit zum Widerspruch, und es gilt in der Tat $\widehat{x}_g \neq \widehat{x}_k$. Da (4.2.47) bindet, impliziert dies zugleich $\widehat{p}_g \neq \widehat{p}_k$. Mit Hilfe dieser Ergebnisse läßt sich nun zeigen, daß notwendigerweise $\lambda_3 = 0$ gelten muß. Angenommen, es wäre $\lambda_3 > 0$. Aus (4.2.56) folgt dann, daß (4.2.48) mit Gleichheit erfüllt ist. Da wegen $\lambda_2 > 0$ auch in (4.2.47) Gleichheit gilt, implizieren diese beiden Gleichungen dann

$$u_g(\widehat{x}_g) - u_g(\widehat{x}_k) = u_k(\widehat{x}_g) - u_k(\widehat{x}_k).$$

Dies ist wiederum äquivalent zu

$$\int_{\widehat{x}_k}^{\widehat{x}_g} u_g'(x)dx = \int_{\widehat{x}_k}^{\widehat{x}_g} u_k'(x)dx,$$

was wegen $\widehat{x}_g \neq \widehat{x}_k$ und $\widehat{x}_g, \widehat{x}_k > 0$ im Widerspruch zu $u_g'(x) > u_k'(x)\ \forall x > 0$ steht.

Es ist zweckmäßig, an dieser Stelle die bisherigen Resultate kurz zusammenzufassen, bevor wir zu einer genaueren Charakterisierung des hier betrachteten möglichen Lösungskandidaten übergehen. Es wurde gezeigt, daß bei einer den notwendigen Kuhn-Tucker-Bedingungen genügenden Preis-Mengen-Kombination, bei der die Unternehmung beiden Käufergruppen positive Mengen ihres Produktes anbietet, stets eine „echte" Differenzierung stattfindet, d.h., sowohl Mengen als auch Preise sind für beide Gruppen verschieden. Die Teilnahmebedingung der Geschäftskunden (die Gruppe mit der *höheren* Zahlungsbereitschaft) ist irrelevant, jene der Privatkunden bindet. Während letztere also nur ihren Reservationsnutzen erhalten ($u_k(\widehat{x}_k) - \widehat{p}_k = 0$), sind die Geschäftskunden durch den Konsum des Produktes strikt bessergestellt (aus (4.2.46) und (4.2.47) folgt $u_g(\widehat{x}_g) > \widehat{p}_g$). Andererseits sind die Geschäftskunden indifferent zwischen ihrer „eigenen" Preis-Mengen-Kombination und der für die Privatkunden gedachten, da ihr „Nutzenüberschuß" bei beiden Kombinationen identisch ist ($u_g(\widehat{x}_g) - \widehat{p}_g = u_g(\widehat{x}_k) - \widehat{p}_k$). Dagegen ziehen die Privatkunden „ihre" Kombination in der Regel vor ($u_k(\widehat{x}_k) - \widehat{p}_k > u_k(\widehat{x}_g) - \widehat{p}_g$). Die ökonomische Interpretation für dieses Verhalten besteht darin, daß die Unternehmung Mengen und Preise so festsetzt, daß die aus ihrer Sicht „schlechteren" Privatkunden gerade noch bereit sind, das Produkt zu kaufen und die mit der höheren Zahlungsbereitschaft ausgestatteten Geschäftskunden deren Kombination gerade nicht attraktiver finden. Dadurch wird die ökonomische Rente der Privatkunden durch das Unternehmen komplett abgeschöpft, jene der Geschäftskunden soweit wie in Gegenwart der zweiten Gruppe möglich.

Formal haben wir bisher die Resultate $\lambda_3 = \mu_1 = \mu_2 = \mu_3 = \mu_4 = 0$ sowie $\lambda_1 > 0$ und $\lambda_2 > 0$ hergeleitet. Aus (4.2.59) und (4.2.58) folgt daraus $\lambda_1 = 1$ und $\lambda_2 = \gamma$. Einsetzen in (4.2.52) und (4.2.53) liefert

$$u_g'(\widehat{x}_g) = c \tag{4.2.62}$$

sowie

$$-(1-\gamma)c + u_k'(\widehat{x}_k) - \gamma u_g'(\widehat{x}_k) = 0$$

bzw.

$$(u_k'(\widehat{x}_k) - c) + \frac{\gamma}{1-\gamma}\left(u_k'(\widehat{x}_k) - u_g'(\widehat{x}_k)\right) = 0. \tag{4.2.63}$$

Wegen $u_g'(x) > u_k'(x)\ \forall x > 0$ impliziert (4.2.63) dabei

$$u_k'(\widehat{x}_k) > c. \tag{4.2.64}$$

Für genau spezifizierte Nutzenfunktionen u_g und u_k könnten $\widehat{x}_g$ und $\widehat{x}_k$ nun aus (4.2.62) und (4.2.63) ermittelt werden. Aus

$$u_k(\widehat{x}_k) = \widehat{p}_k \tag{4.2.65}$$

sowie

$$u_g(\widehat{x}_g) - \widehat{p}_g - u_g(\widehat{x}_k) + \widehat{p}_k = 0 \tag{4.2.66}$$

ergeben sich anschließend $\widehat{p}_g$ und $\widehat{p}_k$. Man beachte, daß die für die Geschäftskunden gedachte Menge $\widehat{x}_g$ genau die gleiche ist wie in dem Fall, daß *ausschließlich* Geschäftskunden vorhanden sind.[20] Die Privatkunden können (wegen $u_k''(x) < 0$ und (4.2.64)) hingegen nur eine *geringere* Menge konsumieren, als in dem Fall, daß sie die alleinigen Nachfrager des Produktes wären. Im übrigen implizieren (4.2.62) und (4.2.64) auch $\widehat{x}_k < \widehat{x}_g$, woraus mit (4.2.66) $\widehat{p}_g > \widehat{p}_k$ folgt. Man beachte bei der Interpretation dieses Modells, daß es sich bei p_g bzw. p_k um den Preis für die *Gesamtmenge* x_g bzw. x_k handelt. Daher bedeutet die Ungleichung $\widehat{p}_g > \widehat{p}_k$ nicht zwingend, daß die Geschäftskunden höhere Preise pro Stück bezahlen.

Die mit (4.2.62)-(4.2.66) hergeleitete mögliche Lösung des Preisdifferenzierungsproblems eines Monopolisten findet sich so oder in ähnlicher Form in fortgeschrittenen Lehrbüchern zur Mikroökonomik, wobei die Darstellung z.T. sogar innerhalb eines etwas allgemeineren Prinzipal-Agenten-Ansatzes erfolgt.[21] Vor dem Hintergrund der in diesem Kapitel entwickelten Optimierungstheorie ist diese „Lösung" jedoch noch mit Vorsicht zu betrachten, da drei wesentliche Aspekte völlig ignoriert wurden.

Zunächst haben wir es bisher versäumt, die in Satz 4.10 vorausgesetzte Regularitätsbedingung CQ zu überprüfen. Dies läßt sich allerdings problemlos nachholen. Da im oben betrachteten Punkt lediglich die Restriktionen (4.2.46) und (4.2.47) aktiv sind und die zugehörigen Gradienten $\nabla g_1(\widehat{p}_g, \widehat{p}_k, \widehat{x}_g, \widehat{x}_k) = (0, -1, 0, u_k'(\widehat{x}_k))$ und $\nabla g_2(\widehat{p}_g, \widehat{p}_k, \widehat{x}_g, \widehat{x}_k) = (-1, 1, u_g'(\widehat{x}_g), -u_g'(\widehat{x}_k))$ offenbar linear unabhängig sind, liefert Satz 4.11 sofort die Gültigkeit von CQ. Der zulässige Punkt $(\widehat{p}_g, \widehat{p}_k, \widehat{x}_g, \widehat{x}_k)$ erfüllt also in der Tat die oben hergeleiteten notwendigen Bedingungen und stellt eine mögliche Lösung dar. Weitaus problematischer ist die Frage, ob überhaupt eine Lösung des Optimierungsproblems (4.2.44)-(4.2.49) *existiert.* Da der zulässige Bereich $\mathcal{B} := \{\mathbf{y} \in \mathbb{R}^4 : g(\mathbf{y}) \geq \mathbf{0}\}$ nicht notwendig kompakt oder konvex ist, kann die Existenz nicht mit den „üblichen" Sätzen gesichert werden. Es ist beispielsweise unklar, ob (4.2.63) überhaupt eine Lösung $x_k \in \mathbb{R}_+$ besitzt. Ist etwa bei zu hohen Stückkosten c die Ungleichung $u_k'(x) - c < 0$ für alle $x \in \mathbb{R}_+$ erfüllt, hat (4.2.63) wegen der Annahme $u_k'(x) < u_g'(x)$ für alle $x \in \mathbb{R}_+$ keine Lösung. Sehr wohl kann aber die eingangs diskutierte Randlösung in Frage kommen: Es werden ausschließlich die Geschäftskunden mit der höheren Zahlungsbereitschaft bedient. In der Literatur wird diese Existenzproblematik weitgehend ignoriert oder bestenfalls die Existenz einer Lösung *vorausgesetzt.* Dies ist aber insofern problematisch, als alle auf dieser Basis erhaltenen Ergebnisse im Falle der Nicht-Existenz keinerlei Aussagekraft besitzen und somit nutzlos sind.

Ebenso wie die Frage nach der Existenz einer Lösung wird in der Literatur häufig die Analyse *hinreichender* Optimalitätsbedingungen vernachlässigt. Die über die notwendigen Bedingungen charakterisierte „Lösung" könnte anstelle eines Gewinn-

---

[20]Der Nachweis sei dem Leser als Übungsaufgabe überlassen.

[21]Vgl. z.B. MAS-COLELL, WHINSTON, GREEN (1995), Abschnitt 14.C, insbesondere S. 504 ff. und VARIAN (1992), S. 244 ff.

maximums der Unternehmung genausogut ein Minimum oder einen Sattelpunkt liefern. Ebenso wäre es denkbar, daß ein zulässiger Punkt, welcher die Regularitätsbedingung CQ nicht erfüllt und somit auch nicht den Kuhn-Tucker-Bedingungen genügen muß, eine (globale) Lösung darstellt. Folglich muß mit Hilfe von Satz 4.13 oder Satz 4.14 gezeigt werden, daß die Kuhn-Tucker-Bedingungen auch hinreichend sind und die darüber charakterisierte Lösung ein Gewinnmaximum darstellt. Im Vergleich zu den früheren Beispielen fällt auf, daß die Nebenbedingungen (4.2.47) und (4.2.48) im (realistischen) Fall nichtlinearer Nutzenfunktionen (in der Regel) *nicht* konkav sind, so daß wir über Satz 4.14 keine globale Lösung gewährleisten können. Es ist dagegen möglich, über Satz 4.13 sicherzustellen, daß wir über die notwendigen Bedingungen zumindest eine *lokale* Lösung des Gewinnmaximierungsproblems ermitteln können. Hierzu müssen wir zeigen, daß die Hesse-Matrix der zu (4.2.44)-(4.2.49) gehörigen Lagrange-Funktion im betrachteten Punkt auf einer bestimmten Teilmenge des $\mathbb{R}^4$ negativ definit ist. Die Hesse-Matrix besitzt die Gestalt

$$\nabla^2_{\mathbf{y}} L(\mathbf{y}, \boldsymbol{\lambda}, \boldsymbol{\mu}) = \nabla^2 f(\mathbf{y}) + \sum_{i=1}^{3} \lambda_i \nabla^2 g_i(\mathbf{y}) + \sum_{j=1}^{4} \mu_j \nabla^2 h_j(\mathbf{y}), \tag{4.2.67}$$

wobei $\mathbf{y} = (p_g, p_k, x_g, x_k)'$, $\boldsymbol{\lambda} = (\lambda_1, \lambda_2, \lambda_3)'$, $\boldsymbol{\mu} = (\mu_1, \mu_2, \mu_3, \mu_4)'$ und $f(\mathbf{y}) = \gamma(p_g - cx_g) + (1-\gamma)(p_k - cx_k)$ ist. Die Funktionen g_i, $i = 1, 2, 3$, bzw. h_j, $j = 1, ..., 4$, sind durch die linken Seiten von (4.2.46)-(4.2.49) definiert. Wir haben gezeigt, daß $\lambda_3 = \mu_1 = \mu_2 = \mu_3 = \mu_4 = 0$ gilt, so daß sich (4.2.67) an der potentiellen Optimalstelle $\widehat{\mathbf{y}} = (\widehat{p}_g, \widehat{p}_k, \widehat{x}_g, \widehat{x}_k)'$ auf

$$\nabla^2_{\mathbf{y}} L(\widehat{\mathbf{y}}, \boldsymbol{\lambda}, \boldsymbol{\mu}) = \nabla^2 f(\widehat{\mathbf{y}}) + \lambda_1 \nabla^2 g_1(\widehat{\mathbf{y}}) + \lambda_2 \nabla^2 g_2(\widehat{\mathbf{y}}) \tag{4.2.68}$$

reduziert. Da die Zielfunktion f in allen Komponenten linear ist, gilt $\nabla^2 f(\widehat{\mathbf{y}}) = \mathbf{0} \in \mathbb{R}^{4\times4}$. Zudem rechnet man leicht nach, daß

$$\nabla^2 g_1(\widehat{\mathbf{y}}) = \begin{pmatrix} 0 & 0 & 0 & 0 \\ 0 & 0 & 0 & 0 \\ 0 & 0 & 0 & 0 \\ 0 & 0 & 0 & u_k''(\widehat{x}_k) \end{pmatrix} \text{ und } \nabla^2 g_2(\widehat{\mathbf{y}}) = \begin{pmatrix} 0 & 0 & 0 & 0 \\ 0 & 0 & 0 & 0 \\ 0 & 0 & u_g''(\widehat{x}_g) & 0 \\ 0 & 0 & 0 & -u_k''(\widehat{x}_k) \end{pmatrix} \tag{4.2.69}$$

gilt. Einsetzen in (4.2.68) liefert unter Berücksichtigung der im hier betrachteten Fall („echte“ Preisdifferenzierung mit Verkauf an beide Gruppen) relevanten Beziehungen $\lambda_1 = 1$ und $\lambda_2 = \gamma$ dann

$$\nabla^2_{\mathbf{y}} L(\widehat{\mathbf{y}}, \boldsymbol{\lambda}, \boldsymbol{\mu}) = \begin{pmatrix} 0 & 0 & 0 & 0 \\ 0 & 0 & 0 & 0 \\ 0 & 0 & \gamma u_g''(\widehat{x}_g) & 0 \\ 0 & 0 & 0 & (1-\gamma) u_k''(\widehat{x}_k) \end{pmatrix}. \tag{4.2.70}$$

Somit gilt für alle $\mathbf{z} = (z_1, z_2, z_3, z_4)' \in \mathbb{R}^4$, $\mathbf{z} \neq \mathbf{0}$, die Ungleichung

$$\mathbf{z}' \nabla^2_{\mathbf{y}} L(\widehat{\mathbf{y}}, \boldsymbol{\lambda}, \boldsymbol{\mu}) \mathbf{z} = \gamma \cdot u_g''(\widehat{x}_g) \cdot z_3^2 + (1-\gamma) \cdot u_k''(\widehat{x}_k) \cdot z_4^2 \leq 0, \tag{4.2.71}$$

da beide Nutzenfunktionen nach Voraussetzung streng konkav sind. Daraus folgt, daß $\nabla^2_{\mathbf{y}} L(\widehat{\mathbf{y}}, \boldsymbol{\lambda}, \boldsymbol{\mu})$ auf $\mathbb{R}^4$ negativ *semidefinit* ist. Als hinreichende Bedingung für ein lokales Maximum ist in Satz 4.13 gefordert, daß $\nabla^2_{\mathbf{y}} L(\widehat{\mathbf{y}}, \boldsymbol{\lambda}, \boldsymbol{\mu})$ auf der Menge $M' = \{\mathbf{z} \in \mathbb{R}^4 : \nabla g_i(\widehat{\mathbf{y}})\mathbf{z} = 0,\ i \in J_0(\widehat{\mathbf{y}})\}$ negativ *definit* ist. Wir müssen daher zunächst überlegen, welche Elemente $\mathbf{z} \in \mathbb{R}^4$ in M' enthalten sind. Die obige Analyse des hier betrachteten Falls hat gezeigt, daß lediglich die Restriktionen g_1 und g_2 aktiv und deren zugehörige Kuhn-Tucker-Multiplikatoren positiv sind. Folglich sind wegen $\nabla g_1(\widehat{p}_g, \widehat{p}_k, \widehat{x}_g, \widehat{x}_k) = (0, -1, 0, u'_k(\widehat{x}_k))$ und $\nabla g_2(\widehat{p}_g, \widehat{p}_k, \widehat{x}_g, \widehat{x}_k) = (-1, 1, u'_g(\widehat{x}_g), -u'_g(\widehat{x}_k))$ alle Vektoren $\mathbf{z} \in M'$ durch die Gleichungen

$$\begin{aligned} -z_2 + z_4 \cdot u'_k(\widehat{x}_k) &= 0, \\ -z_1 + z_2 + z_3 \cdot u'_g(\widehat{x}_g) - z_4 \cdot u'_g(\widehat{x}_k) &= 0 \end{aligned}$$

charakterisiert. Da $u'_k(x) > 0$ und $u'_g(x) > 0\ \forall x > 0$ gilt, gibt es offensichtlich kein $\mathbf{z} \neq \mathbf{0}$ in M', für das $z_3 = z_4 = 0$ gilt. Daraus ergibt sich aber unmittelbar, daß (4.2.71) für alle $\mathbf{z} \in M'$, $\mathbf{z} \neq \mathbf{0}$, mit strikter Ungleichung erfüllt ist. Somit ist $\nabla^2_{\mathbf{y}} L(\widehat{\mathbf{y}}, \boldsymbol{\lambda}, \boldsymbol{\mu})$ auf M' negativ definit, und die Kuhn-Tucker-Bedingungen sind auch hinreichend für ein lokales Gewinnmaximum der Unternehmung. □

Das Beispiel des preisdifferenzierenden Monopolisten wurde bewußt sehr ausführlich behandelt, da auf diese Weise zwei wesentliche Aspekte verdeutlicht werden konnten. Zum einen haben wir einmal mehr aufgezeigt, wie die Methoden der Optimierungstheorie dazu genutzt werden können, aussagekräftige und sinnvoll interpretierbare Lösungen für in der Wirtschaftstheorie auftretende Optimierungsprobleme zu ermitteln und zu charakterisieren, wobei sich mathematische und ökonomische Argumente häufig intuitiv ergänzen. Zum anderen sollte verdeutlicht werden, daß ein allzu sorgloser Umgang mit den mathematischen Problemen leicht zu falschen Schlüssen führen kann. Es ist sowohl bei der *Formulierung* des Optimierungsproblems als auch bei der *Anwendung* der jeweiligen Sätze größte Sorgfalt nötig. Dies bezieht sich insbesondere auf die Frage der Existenz einer Lösung und die Überprüfung der hinreichenden Bedingungen.

4.3 Gemischte Restriktionen

Im Rahmen der bisherigen Analyse haben wir Gleichungs- und Ungleichungsrestriktionen stets getrennt voneinander betrachtet. Wie die Beispiele aus Kapitel 2 gezeigt haben, treten in Anwendungen häufig jedoch sowohl Gleichungen als auch Ungleichungen als relevante Restriktionen auf. Es ist daher nötig, auch für diesen Fall gemischter Restriktionen entsprechende Optimalitätsbedingungen herzuleiten. Dazu betrachten wir in diesem gesamten Abschnitt das statische Optimierungsproblem 7 (**SOP7**)

$$f(\mathbf{x}) \to \max_{\mathbf{x} \in \mathcal{D}}! \tag{4.3.1}$$

unter den Nebenbedingungen

$$\mathbf{g}(\mathbf{x}) \geq \mathbf{0}, \quad (4.3.2)$$

$$\mathbf{h}(\mathbf{x}) = \mathbf{0}, \quad (4.3.3)$$

wobei $\mathcal{D} \subset \mathbb{R}^n$ eine offene Menge sowie $f : \mathcal{D} \to \mathbb{R}$, $\mathbf{g} : \mathcal{D} \to \mathbb{R}^r$ und $\mathbf{h} : \mathcal{D} \to \mathbb{R}^m$ gegebene Funktionen sind. Ferner setzen wir voraus, daß die Restriktionsmenge $\mathcal{B} := \{\mathbf{x} \in \mathcal{D} : \mathbf{g}(\mathbf{x}) \geq \mathbf{0}, \mathbf{h}(\mathbf{x}) = \mathbf{0}\}$ nichtleer ist.

Ein erster naheliegender Ansatz zur Herleitung von notwendigen und hinreichenden Optimalitätsbedingungen für (SOP7) bestünde darin, das gemischte Problem unter Ausnutzung der Äquivalenz

$$\mathbf{h}(\mathbf{x}) = \mathbf{0} \Leftrightarrow \mathbf{h}(\mathbf{x}) \geq \mathbf{0} \text{ und } \mathbf{h}(\mathbf{x}) \leq \mathbf{0} \quad (4.3.4)$$

in ein zu (SOP6) analoges Problem zu überführen, das ausschließlich Ungleichungsrestriktionen enthält. Dieser Ansatz erweist sich jedoch im Hinblick auf eine diesbezügliche Erweiterung des Satzes von Kuhn-Tucker als ungeeignet, da die Transformation (4.3.4) in der Regel zu einer Verletzung der Regularitätsbedingung CQ führt. Dies kann man sich leicht mit Hilfe von Satz 4.11 verdeutlichen: Wegen $\mathbf{h}(\mathbf{x}) > \mathbf{0} \Leftrightarrow -\mathbf{h}(\mathbf{x}) < \mathbf{0}$ kann es keine inneren Punkte von $\mathcal{B}$ geben, so daß die Slater-Bedingungen nicht erfüllt sind. Ebenso geht die lineare Unabhängigkeit der Gradienten verloren, da $\nabla\mathbf{h}(\mathbf{x})$ und $-\nabla\mathbf{h}(\mathbf{x})$ stets linear abhängig sind. Lediglich im Falle *linearer* Restriktionen kann man mit Satz 4.11 auf die Gültigkeit von CQ schließen, und der oben angedeutete „Umweg" über (SOP6) liefert die gesuchten Optimalitätsbedingungen für (SOP7). Für den allgemeinen Fall nichtlinearer Restriktionen ist es hingegen sinnvoller, (SOP7) in der zuvor formulierten Gestalt zu belassen und dann die für Gleichungs- und Ungleichungsrestriktionen separat hergeleiteten Bedingungen in geeigneter Weise zu kombinieren. Die resultierenden Sätze über notwendige und hinreichende Optimalitätsbedingungen sind formal vollkommen analog zu den früher bewiesenen Sätzen (und enthalten diese als Spezialfälle!), so daß wir in diesem Abschnitt vollständig auf Beweise verzichten. Wir konzentrieren uns zudem auf die Kuhn-Tucker-Bedingungen, obwohl entsprechende Aussagen auch mit dem Satz von John möglich sind. Aufgrund der großen Ähnlichkeit der Resultate (vgl. Satz 4.9 und Satz 4.10), würde eine vollständige Auflistung aller Varianten eher verwirren. Falls benötigt, stellt eine Erweiterung der nachfolgenden Aussagen auf die John-Bedingungen unter Berücksichtigung der Unterschiede in Satz 4.9 und Satz 4.10 kein Problem dar, vgl. ggf. BAZARAA, SHERALI, SHETTY (1993), S. 158, Satz 4.3.2.

Wie zuvor beginnen wir mit der Angabe notwendiger Optimalitätsbedingungen 1. Ordnung. Zur Vereinfachung der Notation bietet sich jedoch die folgende Definition an.

Definition 4.8 *Sei $\widehat{\mathbf{x}} \in \mathcal{B}$ ein Vektor, der die Restriktionen $\mathbf{h}(\mathbf{x}) = \mathbf{0}$ und $\mathbf{g}(\mathbf{x}) \geq \mathbf{0}$ von (SOP7) einhält. Dann heißt $\widehat{\mathbf{x}}$* regulärer Punkt *von $\mathcal{B}$, wenn die Gradienten $\nabla h_j(\widehat{\mathbf{x}})$, $j = 1, ..., m$, und $\nabla g_i(\widehat{\mathbf{x}})$, $i \in I_0(\widehat{\mathbf{x}})$ linear unabhängig sind.*

Es gilt nun

Satz 4.19 *Sei $\mathcal{D} \subset \mathbb{R}^n$ eine offene Menge, und seien $f \in \mathcal{C}^1(\mathcal{D})$, $\mathbf{g} \in \mathcal{C}_r^1(\mathcal{D})$ sowie $\mathbf{h} \in \mathcal{C}_m^1(\mathcal{D})$ gegebene Funktionen. Ferner sei $\widehat{\mathbf{x}} \in \mathcal{B}$ ein regulärer Punkt von $\mathcal{B}$, der eine lokale Lösung von (SOP7) darstellt. Dann existieren Vektoren $\boldsymbol{\lambda} \in \mathbb{R}^m$ und $\boldsymbol{\mu} \in \mathbb{R}^r$ mit*

$$\begin{array}{ll} (G1) & \nabla f(\widehat{\mathbf{x}}) - \boldsymbol{\lambda}'\nabla \mathbf{h}(\widehat{\mathbf{x}}) + \boldsymbol{\mu}'\nabla \mathbf{g}(\widehat{\mathbf{x}}) = \mathbf{0}, \\ (G2) & \boldsymbol{\mu}'\mathbf{g}(\widehat{\mathbf{x}}) = 0, \\ (G3) & \boldsymbol{\mu} \geq \mathbf{0}. \end{array}$$

Beweis: Vgl. BAZARAA, SHERALI, SHETTY (1993), S. 162, Satz 4.3.7 oder LUENBERGER (1984), S. 314 f. ■

Es lohnt sich, die Voraussetzungen und Aussagen von Satz 4.19 kurz mit denen von Satz 3.5 (Lagrange) und Satz 4.10 (Kuhn-Tucker) zu vergleichen. Die lineare Unabhängigkeit der Gradienten $\nabla h_j(\widehat{\mathbf{x}})$ ist auch in Satz 3.5 gefordert, jene der Gradienten $\nabla g_i(\widehat{\mathbf{x}})$ gewährleistet nach Satz 4.11 die Erfüllung der Regularitätsbedingung CQ in Satz 4.10, so daß Satz 4.19 diesbezüglich keine zusätzlichen Voraussetzungen enthält. In diesem Zusammenhang sei nochmals hervorgehoben, daß die lineare Unabhängigkeit der $\nabla g_i(\widehat{\mathbf{x}})$ nur für die *aktiven* Restriktionen nötig ist. Die Aussagen (G1)-(G3) von Satz 4.19 lassen sich ebenfalls als einfache Zusammenführung der zuvor hergeleiteten Bedingungen ansehen. Man beachte aber, daß nicht (3.2.3) *und* (KT1) gemeinsam, sondern lediglich die kombinierte Bedingung (G1) im Optimum erfüllt sein muß. Außerdem muß *nur* der Vektor $\boldsymbol{\mu}$ nichtnegativ sein, wogegen der Vektor $\boldsymbol{\lambda}$ nicht vorzeichenbeschränkt ist. Die Sätze 3.5 und 4.10 ergeben sich darüber hinaus für $r = 0$ bzw. $m = 0$ als Spezialfall von Satz 4.19.

Die notwendigen Optimalitätsbedingungen 2. Ordnung lassen sich nun vollkommen analog durch direkte Kombination von Satz 3.6 und Satz 4.12 herleiten.

Satz 4.20 *Sei $\mathcal{D} \subset \mathbb{R}^n$ eine offene Menge, und seien $f \in \mathcal{C}^2(\mathcal{D})$, $\mathbf{g} \in \mathcal{C}_r^2(\mathcal{D})$ sowie $\mathbf{h} \in \mathcal{C}_m^2(\mathcal{D})$ gegebene Funktionen. Ferner sei $\widehat{\mathbf{x}}$ ein regulärer Punkt von $\mathcal{B}$, der eine lokale Lösung von (SOP7) darstellt. Dann existieren Vektoren $\boldsymbol{\lambda} \in \mathbb{R}^m$ und $\boldsymbol{\mu} \in \mathbb{R}^r$, so daß die Bedingungen (G1)-(G3) aus Satz 4.19 erfüllt sind und die Hesse-Matrix $\nabla^2_{\mathbf{x}} L(\widehat{\mathbf{x}}, \boldsymbol{\lambda}, \boldsymbol{\mu})$ der Lagrange-Funktion $L(\mathbf{x}, \boldsymbol{\lambda}, \boldsymbol{\mu}) = f(\mathbf{x}) - \boldsymbol{\lambda}'\mathbf{h}(\mathbf{x}) + \boldsymbol{\mu}'\mathbf{g}(\mathbf{x})$ auf der Menge $M := \{\mathbf{y} \in \mathbb{R}^n : \nabla h_j(\widehat{\mathbf{x}})\mathbf{y} = 0,\ j = 1, ..., m,\ \nabla g_i(\widehat{\mathbf{x}})\mathbf{y} = 0,\ i \in I_0(\widehat{\mathbf{x}})\}$ negativ semidefinit ist.*

Beweis: Vgl. LUENBERGER (1984), S. 316. ■

Auf die gleiche Weise erhält man durch Kombination von Satz 3.7 und Satz 4.13 hinreichende Bedingungen für eine lokale Lösung von (SOP7).

Satz 4.21 *Sei $\mathcal{D} \subset \mathbb{R}^n$ eine offene Menge, und seien $f \in \mathcal{C}^2(\mathcal{D})$, $\mathbf{g} \in \mathcal{C}_r^2(\mathcal{D})$ sowie $\mathbf{h} \in \mathcal{C}_m^2(\mathcal{D})$ gegebene Funktionen. Zu einem $\widehat{\mathbf{x}} \in \mathcal{B}$ gebe es Vektoren $\boldsymbol{\lambda} \in \mathbb{R}^m$ und $\boldsymbol{\mu} \in \mathbb{R}^r$, so daß die Bedingungen (G1)-(G3) aus Satz 4.19 erfüllt sind. Ferner sei* *für* $J_0(\widehat{\mathbf{x}}) = \{j : g_j(\widehat{\mathbf{x}}) = 0,\ \mu_j > 0\}$ *die Hesse-Matrix* $\nabla^2_{\mathbf{x}} L(\widehat{\mathbf{x}}, \boldsymbol{\lambda}, \boldsymbol{\mu})$ *der Lagrange-Funktion* $L(\mathbf{x}, \boldsymbol{\lambda}, \boldsymbol{\mu}) = f(\mathbf{x}) - \boldsymbol{\lambda}'\mathbf{h}(\mathbf{x}) + \boldsymbol{\mu}'\mathbf{g}(\mathbf{x})$ *auf der Menge* $M' := \{\mathbf{y} \in \mathbb{R}^n : \nabla h_j(\widehat{\mathbf{x}})\mathbf{y} = 0,\ j = 1, ..., m,\ \nabla g_i(\widehat{\mathbf{x}})\mathbf{y} = 0,\ i \in J_0(\widehat{\mathbf{x}})\}$ *negativ definit.*

Dann ist $\widehat{\mathbf{x}}$ *eine lokale Lösung von (SOP7).*

Beweis: Vgl. LUENBERGER (1984), S. 316 f. ■

Es sei an dieser Stelle auf die bereits in Satz 4.13 aufgetretene Besonderheit hingewiesen, daß die für die negative Definitheit relevante Menge M' gegenüber der zuvor auftretenden Menge M dahingehend vergrößert wurde, daß $\nabla g_i(\widehat{\mathbf{x}})\mathbf{y} = 0$ nur für alle $i \in J_0(\widehat{\mathbf{x}}) \subset I_0(\widehat{\mathbf{x}})$ gelten muß. Man beschränkt sich also auf die Betrachtung der nicht degenerierten bindenden Restriktionen.

Zuletzt gelangen wir in Erweiterung von Satz 3.8 und Satz 4.14 schließlich zu hinreichenden Bedingungen für ein globales Maximum von (SOP7). Hierfür sind wie üblich gewisse Konkavitäts- bzw. Konvexitätsannahmen für die Funktionen $f, \mathbf{g}$ und $\mathbf{h}$ zu treffen.

Satz 4.22 *Gegeben seien eine offene und konvexe Menge* $\mathcal{D} \subset \mathbb{R}^n$ *sowie Funktionen* $f \in \mathcal{C}^1(\mathcal{D})$, $\mathbf{g} \in \mathcal{C}^1_r(\mathcal{D})$ *und* $\mathbf{h} \in \mathcal{C}^1_m(\mathcal{D})$. *Es gebe ein* $\widehat{\mathbf{x}} \in \mathcal{B}$ *sowie Vektoren* $\widehat{\boldsymbol{\lambda}} \in \mathbb{R}^m$ *und* $\widehat{\boldsymbol{\mu}} \in \mathbb{R}^r$, *so daß die Bedingungen (G1)-(G3) aus Satz 4.19 erfüllt sind. Ferner seien die Funktionen* $f, g_1, ..., g_m$ *konkav sowie* h_i *konvex* $\forall i \in J = \{i : \widehat{\lambda}_i > 0\}$ *und* h_i *konkav* $\forall i \in K = \{i : \widehat{\lambda}_i < 0\}$. *Dann ist* $\widehat{\mathbf{x}}$ *eine globale Lösung von (SOP7).*

Ist f *sogar streng konkav, stellt* $\widehat{\mathbf{x}}$ *die eindeutige globale Lösung von (SOP7) dar.*

Beweis: Vgl. BAZARAA, SHERALI, SHETTY (1993), S. 164 f. ■

Wir wollen nicht unerwähnt lassen, daß auch die komparativ-statischen Ergebnisse (Sensitivitätstheoreme) aus Satz 3.9 und Satz 4.18 exakt erhalten bleiben, so daß wir an dieser Stelle auf eine erneute Formulierung dieser Aussagen verzichten.

Zur Illustration der in diesem Abschnitt aufgeführten Resultate behandeln wir abschließend zwei Varianten eines einfachen ökonomischen Beispiels.

Beispiel 4.8 Wir greifen zunächst das in Beispiel 3.7 aus Abschnitt 3.2 analysierte Kostenminimierungsproblem eines Unternehmens auf, wobei wir uns der Einfachheit halber auf den Fall zweier Produktionsfaktoren beschränken. Darüber hinaus legen wir jetzt nicht die Cobb-Douglas-Funktion, sondern eine leicht modifizierte Version dieses Funktionstyps zugrunde. Es sei die Produktionsfunktion $g : \mathcal{D} \to \mathbb{R}$ durch

$$g(\mathbf{x}) = (x_1 + c_1)^{\alpha_1}(x_2 + c_2)^{\alpha_2} - c_1{}^{\alpha_1}c_2{}^{\alpha_2} \tag{4.3.5}$$

definiert, wobei $\alpha_i > 0$ und $c_i > 0$, $i = 1, 2$, gegebene Parameter sind und der Definitionsbereich $\mathcal{D} := \{\mathbf{x} \in \mathbb{R}^2 \mid x_i > -c_i,\ i = 1, 2\}$ als eine offene Menge des $\mathbb{R}^2$ festgelegt sei. Der ökonomisch relevante Bereich ist natürlich nach wie vor durch die Nichtnegativitätsbedingung $\mathbf{x} \geq \mathbf{0}$ gegeben, die wir jetzt explizit berücksichtigen wollen. Man beachte zunächst, daß g auf $\mathcal{D}$ eine stetig differenzierbare Funktion ist,

$g(\mathbf{0}) = 0$ gilt und für alle $\mathbf{x} \in \mathcal{D}$ und $i, j = 1, 2$, $i \neq j$,

$$\frac{\partial g}{\partial x_i}(\mathbf{x}) = \alpha_i (x_i + c_i)^{\alpha_i - 1} (x_j + c_j)^{\alpha_j} > 0 \tag{4.3.6}$$

ist, g also in x_i, $i = 1, 2$, monoton wachsend ist. Im Unterschied zur Produktionsfunktion aus Beispiel 3.7 sind beide Produktionsfaktoren nun *vollständig* substituierbar, d.h., eine vorgegebene positive Menge $\overline{y}$ des Gutes kann möglicherweise auch mit nur einem Produktionsfaktor erzeugt werden. Da aus $g(\mathbf{x}) = \overline{y} > 0$ nicht mehr wie im Beispiel 3.7 $x_1 > 0$ *und* $x_2 > 0$ folgt, müssen wir jetzt die möglichen Randlösungen $\widehat{x}_1 = 0$, $\widehat{x}_2 > 0$ bzw. $\widehat{x}_1 > 0$, $\widehat{x}_2 = 0$ in Betracht ziehen. Nach wie vor dürfen wir allerdings die Restriktion $g(\mathbf{x}) = \overline{y}$ in der logarithmischen Form

$$\ln Y - \sum_{i=1}^{2} \alpha_i \ln(x_i + c_i) = 0 \tag{4.3.7}$$

betrachten, da für alle $\mathbf{x} \in \mathcal{D}$ die Ungleichung $x_i + c_i > 0$, $i = 1, 2$, gilt. Dabei wurde in (4.3.7) zur Vereinfachung der Notation

$$Y := \overline{y} + c_1{}^{\alpha_1} c_2{}^{\alpha_2} > 0 \tag{4.3.8}$$

gesetzt.

Unser Optimierungsproblem lautet also

$$f(\mathbf{x}) = -\sum_{i=1}^{2} w_i x_i \longrightarrow \max_{\mathbf{x} \in \mathcal{D}}! \tag{4.3.9}$$

unter den Nebenbedingungen

$$\ln Y - \sum_{i=1}^{2} \alpha_i \ln(x_i + c_i) = 0 \tag{4.3.10}$$

und

$$x_i \geq 0, \quad i = 1, 2. \tag{4.3.11}$$

Wir stellen zunächst fest, daß eine Lösung des Optimierungsproblems (4.3.9)-(4.3.11) existiert. Dies folgt sofort aus dem Satz von Weierstraß, da die Zielfunktion stetig und die Restriktionsmenge $\mathcal{B} := \{\mathbf{x} \in \mathcal{D} \mid g(\mathbf{x}) = \overline{y} \text{ und } \mathbf{x} \geq \mathbf{0}\}$ nichtleer und kompakt ist. Für das weitere Vorgehen bilden wir die Lagrange-Funktion

$$L(\mathbf{x}, \lambda, \boldsymbol{\mu}) = -\sum_{i=1}^{2} w_i x_i - \lambda \left(\ln Y - \sum_{i=1}^{2} \alpha_i \ln(x_i + c_i) \right) + \mu_1 x_1 + \mu_2 x_2. \tag{4.3.12}$$

Die Optimalitätsbedingungen (G1)-(G3) lauten

$$\begin{aligned} -w_i + \lambda \alpha_i \frac{1}{x_i + c_i} + \mu_i &= 0, \quad i = 1, 2, && (4.3.13) \\ \mu_1 x_1 + \mu_2 x_2 &= 0, && (4.3.14) \\ \mu_i &\geq 0, \quad i = 1, 2. && (4.3.15) \end{aligned}$$

Man beachte, daß jeder zulässige Punkt $\mathbf{x} \in \mathcal{B}$ den Regularitätsbedingungen von Satz 4.19 genügt. Wegen $\overline{y} > 0$ muß nämlich mindestens einer der beiden Faktoren mit einer strikt positiven Menge eingesetzt werden, so daß höchstens eine der Nichtnegativitätsbedingungen bindend sein kann. Der Gradient der zugehörigen Restriktionsfunktion ist ein (transponierter) Einheitsvektor des $\mathbb{R}^2$. Dieser ist offenbar linear unabhängig vom Gradienten der Produktionsfunktion, welcher stets zwei positive Komponenten enthält (vgl. (4.3.6)). Sei also $\widehat{\mathbf{x}} \in \mathcal{B}$ eine Lösung des Kostenminimierungsproblems. Dann sind drei Fälle zu betrachten:

1. $\widehat{x}_1 > 0,\ \widehat{x}_2 > 0$,
2. $\widehat{x}_1 > 0,\ \widehat{x}_2 = 0$,
3. $\widehat{x}_1 = 0,\ \widehat{x}_2 > 0$.

Fall 1: Es folgt aus (4.3.14) und (4.3.15), daß $\mu_1 = \mu_2 = 0$ ist. Somit liefert (4.3.13)

$$x_i + c_i = \frac{\lambda \alpha_i}{w_i}, \quad i = 1, 2. \tag{4.3.16}$$

Dies in die Nebenbedingung (4.3.10) eingesetzt ergibt

$$-\sum_{i=1}^{2} \alpha_i (\ln \lambda + \ln \alpha_i - \ln w_i) + \ln Y = 0, \tag{4.3.17}$$

woraus (wie in Beispiel 3.7) mit $r = \alpha_1 + \alpha_2$

$$\lambda = \left(\frac{w_1}{\alpha_1}\right)^{\alpha_1/r} \left(\frac{w_2}{\alpha_2}\right)^{\alpha_2/r} Y^{1/r} \tag{4.3.18}$$

folgt. Daher lautet die explizite Lösung für Fall 1:

$$\widehat{x}_1 = \left(\frac{w_1}{\alpha_1}\right)^{\alpha_1/r-1} \left(\frac{w_2}{\alpha_2}\right)^{\alpha_2/r} Y^{1/r} - c_1, \tag{4.3.19}$$

$$\widehat{x}_2 = \left(\frac{w_1}{\alpha_1}\right)^{\alpha_1/r} \left(\frac{w_2}{\alpha_2}\right)^{\alpha_2/r-1} Y^{1/r} - c_2. \tag{4.3.20}$$

Fall 2: Hier ist $\mu_1 = 0$, aber zunächst nur $\mu_2 \geq 0$. Aus (4.3.13) folgt

$$x_1 + c_1 = \frac{\lambda \alpha_1}{w_1} \tag{4.3.21}$$

und ($x_2 = 0$)

$$\mu_2 = w_2 - \lambda \alpha_2 \frac{1}{c_2}. \tag{4.3.22}$$

Setzt man (4.3.21) in die Nebenbedingung (4.3.10) ein und beachtet $x_2 = 0$, erhält man

$$-\alpha_1 (\ln \lambda + \ln \alpha_1 - \ln w_1) - \alpha_2 \ln c_2 + \ln Y = 0, \tag{4.3.23}$$

woraus

$$\ln \lambda = \frac{1}{\alpha_1}(\ln Y - \alpha_2 \ln c_2) + \ln w_1 - \ln \alpha_1 \tag{4.3.24}$$

bzw.

$$\lambda = \frac{w_1}{\alpha_1} c_2^{-\alpha_2/\alpha_1} Y^{1/\alpha_1} \tag{4.3.25}$$

folgt. Einsetzen von (4.3.25) in (4.3.21) liefert

$$\begin{aligned} \widehat{x}_1 &= \frac{w_1}{\alpha_1} c_2^{-\alpha_2/\alpha_1} Y^{1/\alpha_1} \frac{\alpha_1}{w_1} - c_1 \\ &= c_2^{-\alpha_2/\alpha_1} Y^{1/\alpha_1} - c_1. \end{aligned} \tag{4.3.26}$$

Man beachte nun, daß die Beziehung $\mu_2 \geq 0$ gelten muß. Somit folgt aus (4.3.22) und (4.3.25) die Ungleichung

$$w_2 \geq \frac{w_1}{\alpha_1} c_2^{-\alpha_2/\alpha_1} Y^{1/\alpha_1} \frac{\alpha_2}{c_2}. \tag{4.3.27}$$

Fall 3: Dieser Fall ist „symmetrisch" zum eben betrachteten Fall 2, so daß man als einzigen Lösungskandidaten $\widehat{x}_1 = 0$ und $\widehat{x}_2 > 0$ gemäß

$$\widehat{x}_2 = c_1^{-\alpha_1/\alpha_2} Y^{1/\alpha_2} - c_2 \tag{4.3.28}$$

erhält. Darüber hinaus muß wegen $\mu_1 \geq 0$ notwendigerweise die Ungleichung

$$w_1 \geq \frac{w_2}{\alpha_2} c_1^{-\alpha_1/\alpha_2} Y^{1/\alpha_2} \frac{\alpha_1}{c_1} \tag{4.3.29}$$

gelten.

Es ist nun zu überlegen, welcher der obigen drei Fälle bei jeweils gegebenen Parameterkonstellationen (d.h. dem Verhältnis der Produktionselastizitäten α_i, der Preise w_i, der Ausbringungsmenge $\overline{y}$ und der Parameter c_i zueinander) den relevanten Lösungskandidaten darstellt. Angenommen, es gilt

$$w_2 < \frac{w_1}{\alpha_1} c_2^{-\alpha_2/\alpha_1} Y^{1/\alpha_1} \frac{\alpha_2}{c_2} \tag{4.3.30}$$

und

$$w_1 < \frac{w_2}{\alpha_2} c_1^{-\alpha_1/\alpha_2} Y^{1/\alpha_2} \frac{\alpha_1}{c_1}. \tag{4.3.31}$$

Dann sind die in den Fällen 2 und 3 relevanten Ungleichungen (4.3.27) bzw. (4.3.29) nicht erfüllt. Darüber hinaus läßt sich zeigen, daß bei Gültigkeit von (4.3.30) und (4.3.31) für die möglichen Lösungen (4.3.19) und (4.3.20) aus Fall 1 in der Tat $\widehat{x}_1 > 0$ und $\widehat{x}_2 > 0$ gilt. Diese stellen somit den einzigen Lösungskandidaten bei einer Parameterkonstellation der Form (4.3.30)-(4.3.31) dar. Es läßt sich sogar auf dem gleichen Wege wie in Beispiel 3.7 zeigen, daß die hinreichenden Bedingungen für eine globales Maximum aus Satz 4.22 erfüllt sind, so daß (4.3.19) und (4.3.20) für diese Parameterkonstellation die eindeutige globale Lösung darstellen.

Sei statt dessen angenommen, daß die relevante Parameterkonstellation durch

$$w_2 < \frac{w_1}{\alpha_1} c_2^{-\alpha_2/\alpha_1} Y^{1/\alpha_1} \frac{\alpha_2}{c_2} \tag{4.3.32}$$

und

$$w_1 \geq \frac{w_2}{\alpha_2} c_1^{-\alpha_1/\alpha_2} Y^{1/\alpha_2} \frac{\alpha_1}{c_1} \tag{4.3.33}$$

gegeben ist. Hierfür lassen sich die Fälle 1 und 2 ausschließen (im Fall 1 wäre $\widehat{x}_1 \leq 0$), wogegen alle notwendigen Optimalitätsbedingungen aus Fall 3 erfüllt sind.[22] Folglich liefert dieser den eindeutigen Lösungskandidaten, und man zeigt wieder wie in Beispiel 3.7, daß es sich hierbei sogar um die globale Lösung handelt. Analog dazu liefert Fall 2 die globale Lösung des Optimierungsproblems, wenn die Parameterkonstellation den Ungleichungen

$$w_2 \geq \frac{w_1}{\alpha_1} c_2^{-\alpha_2/\alpha_1} Y^{1/\alpha_1} \frac{\alpha_2}{c_2} \tag{4.3.34}$$

und

$$w_1 < \frac{w_2}{\alpha_2} c_1^{-\alpha_1/\alpha_2} Y^{1/\alpha_2} \frac{\alpha_1}{c_1} \tag{4.3.35}$$

genügt.

Als letzte mögliche Parameterkonstellation wäre noch

$$w_2 \geq \frac{w_1}{\alpha_1} c_2^{-\alpha_2/\alpha_1} Y^{1/\alpha_1} \frac{\alpha_2}{c_2} \tag{4.3.36}$$

und

$$w_1 \geq \frac{w_2}{\alpha_2} c_1^{-\alpha_1/\alpha_2} Y^{1/\alpha_2} \frac{\alpha_1}{c_1} \tag{4.3.37}$$

denkbar. Durch Einsetzen von (4.3.36) in (4.3.37) folgt jedoch, daß in diesem Fall notwendigerweise auch die Beziehung $Y \leq c_1^{\alpha_1} c_2^{\alpha_2}$ gelten muß. Wegen $Y = \overline{y} + c_1{}^{\alpha_1} c_2{}^{\alpha_2}$ und $\overline{y} > 0$ kann diese Ungleichung niemals erfüllt sein, so daß die durch (4.3.36) und (4.3.37) beschriebene Parameterkonstellation irrelevant ist (bzw. unter unseren Annahmen nicht auftreten kann). Folglich haben wir alle möglichen Fälle behandelt und die Lösung des Optimierungsproblems vollständig beschrieben. Im Hinblick auf die ökonomische Interpretation liefert das Beispiel eine wesentliche Modifikation im Vergleich zu Beispiel 3.7. Während im Fall 1 die optimalen Faktoreinsatzmengen von den Faktorpreisen abhängen, ist der Faktorpreis in den Bestimmungsgleichungen der optimalen Mengen in den Fällen 2 und 3 nicht enthalten. Das bedeutet, daß, solange nur die Parameterkonstellationen für den Fall 2 oder 3 erfüllt sind, Veränderungen der Faktorpreise keine Veränderungen der Einsatzmengen bewirken, obwohl es sich um eine substitutionale Produktionsfunktion handelt. □

Beispiel 4.9 Wir betrachten nun eine Variante des im vorangegangenen Beispiel analysierten Kostenminimierungsproblems für $n \geq 2$ Produktionsfaktoren sowie eine lineare Produktionsfunktion der Gestalt

$$g(\mathbf{x}) = \mathbf{k}'\mathbf{x} \tag{4.3.38}$$

[22] Man beachte, daß die Bedingung $\widehat{x}_2 > 0$ für $\widehat{x}_2$ aus (4.3.28) äquivalent zu $Y > c_1^{\alpha_1} c_2^{\alpha_2}$ ist, was wegen $\overline{y} > 0$ stets erfüllt ist.

mit einem gegebenen Vektor $\mathbf{k} \in \mathbb{R}^n_{++}$ und einer erwünschten Produktionsmenge $\overline{y} \in \mathbb{R}$ mit $\overline{y} > 0$. Die Interpretation der Koeffizienten k_i, $i = 1, ..., n$, läßt sich am einfachsten für den eindimensionalen Fall verdeutlichen. Dort gilt (mit y als Outputmenge) offenbar $k_i = y/x_i$, so daß k_i als durchschnittliche Produktivität des Faktors i angesehen werden kann. In einer äquivalenten Darstellung ist darüber hinaus $\frac{1}{k_i}y = x_i$, wobei $1/k_i$ den Inputkoeffizienten des i-ten Produktionsfaktors bezeichnet. Folglich gibt $1/k_i$ an, wieviel vom Faktor i für die Produktion einer Mengeneinheit des Gutes ($y = 1$) benötigt wird. Zunächst stellen wir fest, daß die Zielfunktion $Z(\mathbf{x}) := -\mathbf{w}'\mathbf{x}$ stetig und die Restriktionsmenge $\mathcal{B} := \{\mathbf{x} \mid \mathbf{k}'\mathbf{x} = \overline{y}$ und $\mathbf{x} \geq \mathbf{0}\}$ nichtleer und kompakt ist. Folglich existiert nach dem Satz von Weierstraß eine Lösung des Optimierungsproblems.

$$-\mathbf{w}'\mathbf{x} \to \max_{\mathbf{x} \in \mathbb{R}^n}! \tag{4.3.39}$$

unter den Nebenbedingungen

$$\begin{aligned} \mathbf{x} &\geq \mathbf{0}, & (4.3.40) \\ g(\mathbf{x}) - \overline{y} &= 0. & (4.3.41) \end{aligned}$$

Wir bilden zunächst die zu (4.3.39)-(4.3.41) gehörige Lagrange-Funktion

$$L(\mathbf{x}, \lambda, \boldsymbol{\mu}) = -\mathbf{w}'\mathbf{x} - \lambda(g(\mathbf{x}) - \overline{y}) + \boldsymbol{\mu}'\mathbf{x}.$$

Die Optimalitätsbedingungen (G1)-(G3) lauten

$$\begin{aligned} -\mathbf{w}' - \lambda\mathbf{k}' + \boldsymbol{\mu}' &= \mathbf{0}, \\ \boldsymbol{\mu}'\mathbf{x} &= 0, \\ \boldsymbol{\mu} &\geq \mathbf{0} \end{aligned}$$

bzw.

$$\begin{aligned} -w_i - \lambda k_i + \mu_i &= 0 \quad \forall i = 1, ..., n, & (4.3.42) \\ \sum_{i=1}^{n} \mu_i x_i &= 0, & (4.3.43) \\ \mu_i &\geq 0 \quad \forall i = 1, ..., n. & (4.3.44) \end{aligned}$$

Wir stellen fest, daß wegen $g(\mathbf{0}) = 0$ und $\overline{y} > 0$ im Optimum nicht *alle* Ungleichungsrestriktionen aktiv sein können, d.h., es gibt ein i mit $\widehat{x}_i > 0$. Da die zu den Ungleichungsrestriktionen gehörigen Gradienten die transponierten Einheitsvektoren des $\mathbb{R}^n$ sind und darüber hinaus $\nabla g(\mathbf{x})' = \mathbf{k} \in \mathbb{R}^n_{++}$ gilt, sind alle Gradienten der aktiven Ungleichungsrestriktionen und der Gleichungsrestriktion *stets* (d.h. für alle zulässigen Punkte $\mathbf{x} \in \mathcal{B}$) linear unabhängig, so daß die Voraussetzungen von Satz 4.19 erfüllt sind. Nehmen wir an, im Optimum würden *alle* Faktoren mit positiver Menge eingesetzt. Aus (4.3.43) und (4.3.44) folgt dann $\mu_i = 0$ $\forall i = 1, ..., n$, und (4.3.42) liefert

$$\lambda = -\frac{w_i}{k_i} \quad \forall i = 1, ..., n. \tag{4.3.45}$$

Da k_i die Produktivität bzw. $1/k_i$ den Inputkoeffizienten eines jeden Faktors angibt, lassen sich die Größen w_i/k_i als die Faktorkosten (bzw. den Preis) des Faktors i pro Mengeneinheit des Gutes y interpretieren. Somit besagt (4.3.45), daß alle Faktorkosten pro Outputeinheit notwendigerweise identisch sein müssen, wenn im Optimum der Firma alle Faktoren eingesetzt werden. Es ist nun noch der Fall zu analysieren, bei dem einige Faktoren mit positiver Menge, andere hingegen gar nicht in der Produktion eingesetzt werden. Dazu betrachten wir zwei beliebige aber feste Faktoren i und j mit $\widehat{x}_i > 0$ und $\widehat{x}_j = 0$. Aus $\widehat{x}_i > 0$ folgt wie üblich mit (4.3.43) und (4.3.44) $\mu_i = 0$, so daß die zugehörigen Gleichungen gemäß (4.3.42)

$$-w_i - \lambda k_i = 0, \tag{4.3.46}$$

$$-w_j - \lambda k_j + \mu_j = 0 \tag{4.3.47}$$

lauten. Aus (4.3.46) folgt

$$\lambda = -\frac{w_i}{k_i},$$

woraus sich mit (4.3.47)

$$w_j = \frac{w_i}{k_i} \cdot k_j + \mu_j$$

ergibt. Wegen $\mu_j \geq 0$ erhält man daraus die Ungleichung

$$\frac{w_j}{k_j} \geq \frac{w_i}{k_i}. \tag{4.3.48}$$

Diese besagt, daß ein im Optimum nicht eingesetzter Faktor notwendigerweise einen höheren (oder gleichen) Preis pro Outputeinheit besitzen muß als ein Faktor, der mit positiver Menge eingesetzt wird. Damit sind wir nun in der Lage, den (von $\mathbf{w}$, $\mathbf{k}$ und $\overline{y}$ abhängigen) Kandidaten für eine Lösung des Kostenminimierungsproblems zu bestimmen. Sind die exogenen Faktorpreise und die Produktionskoeffizienten derart gegeben, daß $w_i/k_i = w_j/k_j \; \forall i,j = 1,...,n$ gilt, sind die jeweiligen Faktoreinsatzmengen *unbestimmt*, da keine der beiden soeben betrachteten Konstellationen von Einsatzmengen über (4.3.45) oder (4.3.48) zum Widerspruch führt. Es kann ein beliebiger Vektor $\mathbf{x} \in \mathbb{R}^n_+$, $\mathbf{x} \neq \mathbf{0}$, mit $\mathbf{k}'\mathbf{x} = \overline{y}$ gewählt werden. Gibt es hingegen einen Faktor j, dessen Preis pro Outputeinheit w_j/k_j niedriger als alle anderen Preise pro Outputeinheit ist, d.h. $w_j/k_j < w_i/k_i \; \forall i \neq j$, so wird *ausschließlich* dieser Faktor in der Produktion eingesetzt. In jedem anderen Fall würde nämlich eine der Bedingungen (4.3.45) oder (4.3.48) einen Widerspruch zu $w_j/k_j < w_i/k_i$ implizieren. Wegen (4.3.41) und (4.3.38) gilt also $x_j = \overline{y}/k_j$.[23] Abschließend ist noch anzumerken, daß aufgrund der Linearität aller im Optimierungsproblem auftretenden Funktionen die Voraussetzungen von Satz 4.22 erfüllt sind und wir demzufolge ein globales Optimum ermittelt haben. □

[23]Es kann selbstverständlich auch der Fall eintreten, daß zwei oder mehrere Faktoren über „den niedrigsten" Preis pro Outputeinheit verfügen. In diesem Fall wird von den teureren Faktoren nichts eingesetzt, während die Einsatzmengen der „billigen" Faktoren unbestimmt sind.

4.4 Anhang: Beweis des Farkas-Lemmas und von Gordan's Theorem

In diesem Anhang wollen wir die Beweise des Farkas-Lemmas (Lemma 4.2) sowie von Gordan's Theorem (Lemma 4.5) nachliefern. Dazu benötigen wir zunächst zwei weitere grundlegende mathematische Resultate als Hilfsmittel. Für den gesamten Anhang bezeichne $\|\cdot\| : \mathbb{R}^n \to \mathbb{R}_+$ die euklidische Norm auf dem $\mathbb{R}^n$.

Satz 4.23 (Projektionssatz) *Gegeben seien eine nichtleere, abgeschlossene und konvexe Menge $\mathcal{B} \subset \mathbb{R}^n$ sowie ein Punkt $\mathbf{y} \notin \mathcal{B}$. Dann existiert ein $\widehat{\mathbf{x}} \in \mathcal{B}$ mit $\|\widehat{\mathbf{x}} - \mathbf{y}\| = \min_{\mathbf{x}\in\mathcal{B}} \|\mathbf{x} - \mathbf{y}\|$, und es gilt für alle $\mathbf{x} \in \mathcal{B}$ die Variationsungleichung*

$$(\mathbf{y} - \widehat{\mathbf{x}})'(\mathbf{x} - \widehat{\mathbf{x}}) \leq 0. \tag{4.4.1}$$

Darüber hinaus ist $\widehat{\mathbf{x}}$ eindeutig bestimmt.

Beweis: Da $\mathcal{B}$ nichtleer ist, existiert ein $\mathbf{x}_0 \in \mathcal{B}$. Wir betrachten die Menge $\mathcal{S} := \{\mathbf{x} \in \mathcal{B} : \|\mathbf{x} - \mathbf{y}\| \leq \|\mathbf{x}_0 - \mathbf{y}\|\}$. Diese Menge ist nichtleer, abgeschlossen und beschränkt, also kompakt. Wegen der Stetigkeit der Norm existiert somit nach dem Satz von Weierstraß ein $\widehat{\mathbf{x}} \in \mathcal{S}$ mit $\|\widehat{\mathbf{x}} - \mathbf{y}\| = \min_{\mathbf{x}\in\mathcal{S}} \|\mathbf{x} - \mathbf{y}\|$. Weil für alle $\mathbf{x} \in \mathcal{B}\backslash\mathcal{S}$ die Ungleichung $\|\mathbf{x} - \mathbf{y}\| > \|\mathbf{x}_0 - \mathbf{y}\| \geq \|\widehat{\mathbf{x}} - \mathbf{y}\|$ erfüllt ist, gilt folglich auch $\|\widehat{\mathbf{x}} - \mathbf{y}\| = \min_{\mathbf{x}\in\mathcal{B}} \|\mathbf{x} - \mathbf{y}\|$. Da $\mathbf{y} \notin \mathcal{B}$ gilt, ist die durch $f(\mathbf{x}) := \|\mathbf{x} - \mathbf{y}\| = \sqrt{(\mathbf{x} - \mathbf{y})'(\mathbf{x} - \mathbf{y})}$ für alle $\mathbf{x} \in \mathcal{B}$ definierte Funktion f an der Stelle $\mathbf{x} = \widehat{\mathbf{x}}$ differenzierbar mit

$$\nabla_{\mathbf{x}} f(\mathbf{x}) = \frac{1}{\|\mathbf{x} - \mathbf{y}\|}(\mathbf{x} - \mathbf{y})'.$$

Die Menge $\mathcal{B}$ ist konvex, und $\mathbf{x} = \widehat{\mathbf{x}}$ maximiert die konkave Funktion $-f(\mathbf{x}) = -\|\mathbf{x} - \mathbf{y}\|$ auf $\mathcal{B}$. Somit folgt nach Satz 4.3 für alle $\mathbf{x} \in \mathcal{B}$

$$-\nabla_{\mathbf{x}} f(\widehat{\mathbf{x}})(\mathbf{x} - \widehat{\mathbf{x}}) = -\frac{1}{\|\widehat{\mathbf{x}} - \mathbf{y}\|}(\widehat{\mathbf{x}} - \mathbf{y})'(\mathbf{x} - \widehat{\mathbf{x}}) \leq 0. \tag{4.4.2}$$

Aus (4.4.2) folgt unmittelbar (4.4.1). Sei schließlich $\widetilde{\mathbf{x}} \in \mathcal{B}$ mit $\widetilde{\mathbf{x}} \neq \widehat{\mathbf{x}}$ ein weiterer Minimalpunkt. Dann ergibt sich wegen (4.4.1) und $\|\widetilde{\mathbf{x}} - \widehat{\mathbf{x}}\| \neq 0$ die Beziehung

$$\begin{aligned}
\|\widetilde{\mathbf{x}} - \mathbf{y}\|^2 &= \|\widetilde{\mathbf{x}} - \widehat{\mathbf{x}} + \widehat{\mathbf{x}} - \mathbf{y}\|^2 \\
&= \|\widetilde{\mathbf{x}} - \widehat{\mathbf{x}}\|^2 + 2(\widetilde{\mathbf{x}} - \widehat{\mathbf{x}})'(\widehat{\mathbf{x}} - \mathbf{y}) + \|\widehat{\mathbf{x}} - \mathbf{y}\|^2 \\
&\geq \|\widetilde{\mathbf{x}} - \widehat{\mathbf{x}}\|^2 + \|\widehat{\mathbf{x}} - \mathbf{y}\|^2 \\
&> \|\widehat{\mathbf{x}} - \mathbf{y}\|^2,
\end{aligned}$$

und wir erhalten einen Widerspruch. Also ist $\widehat{\mathbf{x}}$ eindeutig bestimmt. ■

Bemerkung 4.11 **(i)** Die Eindeutigkeit folgt letztendlich aus der strengen Konvexität der Norm.

(ii) Die Ungleichung (4.4.1) kann auch ohne Differentiation bewiesen werden. □

Satz 4.24 (Trennungssatz für konvexe Mengen) *Gegeben seien eine nichtleere, abgeschlossene und konvexe Menge $\mathcal{B} \subset \mathbb{R}^n$ sowie ein Punkt $\mathbf{y} \notin \mathcal{B}$. Dann existieren ein $\mathbf{p} \in \mathbb{R}^n$ mit $\mathbf{p} \neq \mathbf{0}$ und ein $\alpha \in \mathbb{R}$, so daß für alle $\mathbf{x} \in \mathcal{B}$ die Ungleichungen*

$$\mathbf{p}'\mathbf{x} \leq \alpha \tag{4.4.3}$$

und

$$\mathbf{p}'\mathbf{y} > \alpha \tag{4.4.4}$$

gelten.

Beweis: Nach dem Projektionssatz existiert ein $\widehat{\mathbf{x}} \in \mathcal{B}$ mit $(\mathbf{y} - \widehat{\mathbf{x}})'(\mathbf{x} - \widehat{\mathbf{x}}) \leq 0$ für alle $\mathbf{x} \in \mathcal{B}$. Wir setzen $\mathbf{p} = (\mathbf{y} - \widehat{\mathbf{x}}) \neq \mathbf{0}$ und $\alpha = \mathbf{p}'\widehat{\mathbf{x}} = (\mathbf{y} - \widehat{\mathbf{x}})'\widehat{\mathbf{x}}$. Dann gelten für alle $\mathbf{x} \in \mathcal{B}$ die Beziehungen $\mathbf{p}'\mathbf{x} \leq \alpha$ sowie $\mathbf{p}'\mathbf{y} - \alpha = (\mathbf{y} - \widehat{\mathbf{x}})'(\mathbf{y} - \widehat{\mathbf{x}}) > 0$. ■

Damit sind wir nun in der Lage, sowohl das Farkas-Lemma als auch Gordan's Theorem zu beweisen. Beide Resultate sollen der Vollständigkeit halber nochmals aufgeführt werden.

Satz 4.25 (Farkas-Lemma) *Gegeben seien eine Matrix $\mathbf{A} \in \mathbb{R}^{m\times n}$ und ein Vektor $\mathbf{c} \in \mathbb{R}^n$. Dann hat* genau eines *der Ungleichungssysteme*

$$(F1) \qquad \mathbf{A}\mathbf{x} \leq \mathbf{0} \ \textit{und}\ \mathbf{c}'\mathbf{x} > \mathbf{0}, \ \ \mathbf{x} \in \mathbb{R}^n,$$
$$(F2) \qquad \mathbf{A}'\mathbf{y} = \mathbf{c} \ \textit{und}\ \mathbf{y} \geq \mathbf{0}, \ \ \mathbf{y} \in \mathbb{R}^m$$

eine Lösung $\widehat{\mathbf{x}} \in \mathbb{R}^n$ bzw. $\widehat{\mathbf{y}} \in \mathbb{R}^m$.

Beweis: (i) Das Ungleichungssystem (F2) besitze eine Lösung $\widehat{\mathbf{y}} \in \mathbb{R}^m$. Sei $\mathbf{x} \in \mathbb{R}^n$ mit $\mathbf{A}\mathbf{x} \leq \mathbf{0}$ gegeben. Dann folgt $\mathbf{c}'\mathbf{x} = \widehat{\mathbf{y}}'\mathbf{A}\mathbf{x} \leq 0$. Somit hat das Ungleichungssystem (F1) keine Lösung.

(ii) Das Ungleichungssystem (F2) besitze keine Lösung. Wir betrachten die Menge $\mathcal{S} := \{\mathbf{x} \in \mathbb{R}^n \mid \exists\ \mathbf{y} \in \mathbb{R}^m \text{ mit } \mathbf{x} = \mathbf{A}'\mathbf{y}, \mathbf{y} \geq \mathbf{0}\}$. Diese ist nichtleer, abgeschlossen und konvex, und es gilt $\mathbf{c} \notin \mathcal{S}$. Nach dem Trennungssatz (Satz 4.24) existieren also ein $\mathbf{p} \in \mathbb{R}^n$ mit $\mathbf{p} \neq \mathbf{0}$ und ein $\alpha \in \mathbb{R}$, so daß für alle $\mathbf{x} \in \mathcal{S}$ gilt:

$$\mathbf{p}'\mathbf{x} \leq \alpha \text{ und } \mathbf{p}'\mathbf{c} > \alpha. \tag{4.4.5}$$

Da $\mathbf{0} \in \mathcal{S}$ gilt, folgt daraus $\alpha \geq 0$ und $\mathbf{p}'\mathbf{c} > 0$. Ferner gilt für alle $\mathbf{y} \in \mathbb{R}^m$ mit $\mathbf{y} \geq \mathbf{0}$

$$\mathbf{y}'\mathbf{A}\mathbf{p} = \mathbf{p}'\mathbf{A}'\mathbf{y} = \mathbf{p}'\mathbf{x} \leq \alpha. \tag{4.4.6}$$

Da jede Komponente von $\mathbf{y}$ beliebig groß gewählt werden kann, folgt

$$\mathbf{A}\mathbf{p} \leq \mathbf{0}. \tag{4.4.7}$$

Somit haben wir mit $\widehat{\mathbf{x}} = \mathbf{p}$ eine Lösung von (F1) konstruiert. ■

Satz 4.26 (Gordan's Theorem) *Sei* $\mathbf{A} \in \mathbb{R}^{m \times n}$ *eine gegebene Matrix. Dann hat entweder das Ungleichungssystem*

$$(GT1) \qquad \mathbf{Ax} < \mathbf{0}, \quad \mathbf{x} \in \mathbb{R}^n,$$

oder das Ungleichungssystem

$$(GT2) \qquad \mathbf{A'y} = \mathbf{0}, \ \mathbf{y} \geq \mathbf{0}, \quad \mathbf{y} \in \mathbb{R}^m \backslash \{\mathbf{0}\},$$

eine Lösung.

Beweis: Das Ungleichungssystem (GT1) kann in der äquivalenten Form

$$\mathbf{Ax} + s\mathbf{e} \leq \mathbf{0}, \quad \mathbf{x} \in \mathbb{R}^n \quad \text{und} \quad s > 0, \ s \in \mathbb{R}, \tag{4.4.8}$$

geschrieben werden, wobei $\mathbf{e} = (1, ..., 1)' \in \mathbb{R}^n$ ist. Dies wiederum schreiben wir als

$$(\mathbf{A}, \mathbf{e}) \begin{pmatrix} \mathbf{x} \\ s \end{pmatrix} \leq \mathbf{0} \text{ und } (0, ..., 0, 1) \begin{pmatrix} \mathbf{x} \\ s \end{pmatrix} > 0. \tag{4.4.9}$$

Analog schreiben wir für das Ungleichungssystem (GT2)

$$\begin{pmatrix} \mathbf{A'} \\ \mathbf{e'} \end{pmatrix} \mathbf{y} = \begin{pmatrix} 0 \\ \vdots \\ 0 \\ 1 \end{pmatrix}, \quad \mathbf{y} \geq \mathbf{0}, \tag{4.4.10}$$

da das Ungleichungssystem $\mathbf{A'y} = \mathbf{0}$, $\mathbf{y} \geq \mathbf{0}$ ohne Beschränkung der Allgemeinheit um die Bedingung $\mathbf{e'y} = 1$ ergänzt werden darf (beachte dazu, daß in (GT2) $\mathbf{y} \neq \mathbf{0}$ ist). Daher folgt die Aussage des Satzes mit (4.4.9) und (4.4.10) aus dem Farkas-Lemma. ■

Literaturhinweise

Es ist in den meisten Abhandlungen zur Optimierungstheorie üblich, alle Klassen von statischen Optimierungsproblemen (unrestringierte, gleichungsrestringierte und ungleichungsrestringierte Probleme) vollständig zu behandeln. Dementsprechend können wir an dieser Stelle auf die Literaturhinweise zu Kapitel 3 verweisen, da alle dort aufgeführten Bücher auch unsere Darstellung der ungleichungsrestringierten Probleme geprägt haben. Der Ansatz über zulässige Richtungen sowie die Diskussion des Satzes von John bei nicht erfüllten Regularitätsbedingungen wird vor allem in BAZARAA, SHERALI, SHETTY (1993) ausführlich behandelt. Den Satz von Kuhn-Tucker findet man auch in allen übrigen Werken mehr oder weniger intensiv diskutiert.

Teil II

Dynamische Optimierung

Kapitel 5

Ökonomische Problemstellungen

In vielen Bereichen der Ökonomik ist man nicht nur an einer Beantwortung der Frage interessiert, wie sich Wirtschaftssubjekte unter gewissen Rahmenbedingungen zu einem bestimmten Zeitpunkt optimal verhalten sollten. Statt dessen ist wirtschaftliches Handeln in der Regel durch ein planvolles, in die Zukunft gerichtetes Vorgehen gekennzeichnet, bei dem berücksichtigt wird, daß „heutige“ Entscheidungen Auswirkungen auf den Entscheidungsspielraum und den Erfolg in kommenden Perioden haben. Es steht also häufig im Mittelpunkt des Interesses, wie sich die einzelnen Wirtschaftssubjekte über einen längeren Zeitraum optimal zu verhalten haben und wie sich ökonomische Größen im Zeitablauf entwickeln. Die formale Behandlung derartiger Fragestellungen führt einen unmittelbar auf dynamische Optimierungsprobleme. Wie bereits angedeutet, besteht die Besonderheit derartiger Probleme im Vergleich zu den statischen Aufgaben aus Kapitel 2 darin, daß die Entscheidungen in einzelnen Perioden nicht unabhängig voneinander sind, sondern sich im Zeitablauf gegenseitig beeinflussen. So hängt der jetzige Zustand einer vom Entscheider zu beeinflussenden Variablen (z.B. ein Lagerbestand) von seinen früheren Handlungen ab (z.B. zurückliegende Bestellungen), und die daraufhin gewählte neue Entscheidung (z.B. die nächste Bestellung) hat wiederum Auswirkungen auf spätere Zustände und Entscheidungen. Dementsprechend möchte man auch ein Lösungsverfahren zur Verfügung haben, das diese Interdependenzen berücksichtigt und ggf. vorteilhaft ausnutzt. Dies ist durch die in Teil I des Buches behandelten statischen Ansätze nur unzureichend gewährleistet, so daß wir in den nachfolgenden Kapiteln diesbezüglich geeignetere Verfahren präsentieren werden. Vorab werden wir genau wie im ersten Teil des Buches jedoch exemplarisch einige ausgewählte ökonomische Modelle und die darin auftretenden dynamischen Optimierungsprobleme vorstellen, welche dann später mit den verschiedenen mathematischen Methoden gelöst werden.

Die Besonderheit der in den Abschnitten 5.1 bis 5.4 betrachteten ökonomischen Problemstellungen besteht darin, daß sie in stetiger Zeit, d.h. für $t \in \mathbb{R}_+$, modelliert sind. Dort hat man dementsprechend von t abhängige *Funktionen* zu wählen, die in jedem Zeitpunkt $t \in \mathbb{R}_+$ den optimalen Wert der Entscheidungsvariablen angeben. Vielfach kann es jedoch auch sinnvoll sein, ökonomische Probleme in diskreter Zeit, d.h. für $t \in \mathbb{N}_0$, zu modellieren. In diesem Fall ist nur zu festen Zeitpunkten eine

Entscheidung zu treffen (z.B. täglich, monatlich), welche dann für die jeweilige Periode festliegt und erst zum nächsten Zeitpunkt revidiert bzw. korrigiert werden kann. Derartige Modelle sollen in den letzten beiden Abschnitten vorgestellt werden.

5.1 Produktion und Lagerhaltung

Wir wollen als erstes Beispiel für eine Entscheidungsaufgabe dynamischer Natur ein einfaches Produktions- und Lagerhaltungsproblem betrachten. Eine Unternehmung erhält zum Zeitpunkt $t = 0$ den Auftrag, nach genau T Zeiteinheiten B Mengeneinheiten des von ihr hergestellten Produktes an einen Kunden zu liefern. Die Produktion des Gutes werde zu jedem Zeitpunkt t der Planungsperiode $[0, T]$ über die nichtnegative Produktionsrate $u(t)$ gesteuert, wobei die hergestellte Gütermenge unmittelbar auf Lager gelegt wird. Hat die Firma aus diesem Lager heraus keine weitere Nachfrage zu bedienen, so ist die Veränderungsrate des mit $x(t)$ bezeichneten Lagerbestandes zum Zeitpunkt t durch die Differentialgleichung

$$\dot{x}(t) = u(t) \tag{5.1.1}$$

festgelegt. Nehmen wir ferner an, daß das Lager zum Zeitpunkt des Auftragseinganges leer ist, daß also $x(0) = 0$ gilt, so ist der aktuelle Lagerbestand durch die akkumulierten Produktionsmengen der Vergangenheit gegeben:

$$x(t) = \int_0^t u(s)ds. \tag{5.1.2}$$

Bei der Aufstellung des Produktionsplanes[1] $u(t)$, $t \in [0, T]$, hat das Unternehmen zu jedem Zeitpunkt t neben den durch die quadratische Funktion

$$\rho : \mathbb{R}_+ \to \mathbb{R}_+,\ \rho(u) := c_1 \cdot u^2,\ c_1 > 0, \tag{5.1.3}$$

repräsentierten direkten Produktionskosten auch die aus dem Betreiben des Lagers resultierenden laufenden Ausgaben (zurückzuführen bspw. auf Gebäudemiete oder Kühlung der Produkte) zu berücksichtigen. Letztere werden durch die lineare Funktion

$$\psi : \mathbb{R}_+ \to \mathbb{R}_+,\ \psi(x) := c_2 \cdot x,\ c_2 > 0, \tag{5.1.4}$$

charakterisiert. Ziel der Firma ist es nun, den Produktionsprozeß derart zu gestalten, daß unter termingerechter Einhaltung der eingegangenen Lieferverpflichtung im Umfang von B Mengeneinheiten des nachgefragten Gutes die Gesamtkosten im

[1] Wir werden im folgenden zur sprachlichen Vereinfachung nicht zwischen einer Stromgröße und der Wachstumsrate des jeweiligen Bestandes unterscheiden. So stellt die *Bestandsgröße* $x(t)$ den Lagerstock, d.h. gemäß (5.1.1) die akkumulierte Produktion, zum Zeitpunkt t dar. Die *Stromgröße* „Produkion im Zeitintervall $[t, t+h]$" ist somit durch $\int_t^{t+h} \dot{x}(s)ds$ gegeben. Die *Veränderungsrate* $\dot{x}(t) = u(t)$ besitzt die Dimension $\frac{ME}{Zeit}$, ist streng genommen also nicht die zeitstetige Entsprechung der Stromgröße Produktion.

Planungsintervall $[0,T]$ so gering wie möglich sind. Es ist somit das Optimierungsproblem

$$\int_0^T (\rho(u(t)) + \psi(x(t)))\,dt = \int_0^T \big(c_1 u(t)^2 + c_2 x(t)\big)\,dt \to \min_{u(t),\, t\in[0,T]}! \tag{5.1.5}$$

unter den Nebenbedingungen

$$\begin{aligned} \dot{x}(t) &= u(t), \quad t \in [0,T], && (5.1.6)\\ x(0) &= 0,\ x(T) = B, && (5.1.7)\\ u(t) &\geq 0, \quad t \in [0,T], && (5.1.8) \end{aligned}$$

zu lösen. Der dynamische Charakter des Problems manifestiert sich dabei zum einen in der Wahl des Gütemaßes in (5.1.5), welches die zeitliche Entwicklung des Produktions- und Lagerhaltungsprozesses im gesamten Planungszeitraum $[0,T]$ und nicht nur dessen Endzustand bewertet, zum anderen aber auch in der Transformationsgleichung (5.1.6), nach der das Unternehmen die Wachstumsrate des Lagerbestandes steuern kann. Bspw. hat demnach ein verhaltener Produktionsbeginn einen anfänglich geringen Lageraufbau (auf niedrigem Niveau) zur Folge, bedingt aber vor dem Hintergrund der Lieferverpflichtungen gleichzeitig eine erhöhte Produktionsintensität verbunden mit einem entsprechend beschleunigten Anstieg des Lagerstocks zum Ende des Planungszeitraums. Den zunächst geringen Produktions- und Lagerhaltungskosten wirken dabei die aufgrund der quadratischen Produktionskostenfunktion mit der Produktionsintensität überproportional steigenden Kosten der Herstellung zum Ende des Planungsintervalls entgegen.

Mit der Annahme, daß der Zeitpunkt T lediglich eine Lieferfrist darstellt, zu der die Lieferung spätestens beim Kunden eingegangen sein muß, erhalten wir eine interessante Variante des oben formulierten Optimierungsproblems. Das Unternehmen steht dann vor der Aufgabe die optimale Produktionspolitik und das optimale Lieferdatum simultan zu bestimmen, d.h., es muß das Problem

$$\int_0^{t_1} \big(c_1 u(t)^2 + c_2 x(t)\big)\,dt \to \min_{u(t),\, t\in[0,t_1]}! \tag{5.1.9}$$

unter den Nebenbedingungen

$$\begin{aligned} \dot{x}(t) &= u(t), \quad t \in [0,t_1], && (5.1.10)\\ x(0) &= 0,\ x(t_1) = B, && (5.1.11)\\ u(t) &\geq 0, \quad t \in [0,t_1], && (5.1.12) \end{aligned}$$

$$t_1 \text{ beliebig mit } t_1 \leq T, \tag{5.1.13}$$

lösen.

Es soll abschließend auf die Möglichkeit hingewiesen werden, das Produktions- und Lagerhaltungsproblem ohne explizite Berücksichtigung der Produktionsrate $u(t)$ als Optimierungsaufgabe in der Variablen $x(t)$, $t \in [0,T]$, zu formulieren. Hierfür ersetze man $u(t)$ entsprechend der Transformationsgleichung (5.1.1) durch die Veränderungsrate des Lagerstocks $\dot{x}(t)$ und eliminiere die damit überflüssig gewordene Nebenbedingung (5.1.6). Für den Fall der Variante mit festem Lieferdatum führt dies auf das zu (5.1.5)-(5.1.8) äquivalente Problem

$$\int_0^T \left(c_1\dot{x}(t)^2 + c_2 x(t)\right) dt \to \min_{x(t),\ t\in[0,T]}! \tag{5.1.14}$$

unter den Nebenbedingungen

$$x(0) = 0, \quad x(T) = B, \tag{5.1.15}$$

$$\dot{x}(t) \geq 0, \quad t \in [0,T]. \tag{5.1.16}$$

Wir suchen also eine Abbildung $x : [0,T] \to \mathbb{R}_+$ welche das Integral in (5.1.14) unter Beachtung der Anfangs- und Endbedingungen (5.1.15) sowie der Pfadrestriktion (5.1.16) minimiert. Eine derartige Formulierung ermöglicht uns die Behandlung der Produktions- und Lagerhaltungsproblematik mit den in Kapitel 6 bereitzustellenden Methoden der klassischen Variationsrechnung.

5.2 Gesamtwirtschaftliche Kapitalakkumulation

Mit einer einfachen Variante des neoklassischen Wachstumsmodells von RAMSEY (1928) werden wir in diesem Abschnitt einen frühen Vertreter eines der zentralen ökonomischen Anwendungsgebiete der dynamischen Optimierungstheorie vorstellen. Wir betrachten eine (zentral gesteuerte) Volkswirtschaft, in der mit Hilfe des einzigen Produktionsfaktors Kapital ein homogenes Gut produziert wird. Die Höhe des Outputs $Y(t)$ werde dabei von der Kapitaleinsatzmenge $K(t)$ zu jedem Zeitpunkt t über die gesamtwirtschaftliche Produktionsfunktion

$$\psi : \mathbb{R}_+ \to \mathbb{R}_+, \; K \mapsto \psi(K), \tag{5.2.1}$$

bestimmt. Diese wird als zweimal stetig differenzierbar, streng monoton wachsend und konkav angenommen. Da wir eine geschlossene Volkswirtschaft ohne wirtschaftliche Aktivitäten des Staates zugrundelegen, Ex- und Importe sowie Staatsausgaben also vernachlässigen wollen, kann das mit dem Output $Y(t)$ übereinstimmende erwirtschaftete Volkseinkommen nur konsumiert und/oder investiert werden. Es gilt damit

$$Y(t) = \psi(K(t)) = C(t) + I(t), \tag{5.2.2}$$

wobei $C(t)$ die realen Konsum- und $I(t)$ die realen Investitionsausgaben (pro Zeiteinheit dt) zum Betrachtungszeitpunkt t bezeichnen.[2] Der Konsum stiftet der Ge-

[2] Es handelt sich bei $C(t)$ streng genommen um die Konsum*rate*. Der tatsächliche Konsum in einem Zeitintervall $[t, t+h]$ ist durch das Integral $\int_t^{t+h} C(s)ds$ gegeben. Entsprechendes gilt für die übrigen Variablen, also die Investitionen $I(t)$ und den Output $Y(t)$. Wie in dem vorangegangenen Beispiel werden wir zur sprachlichen Vereinfachung jedoch auf eine Unterscheidung zwischen einer Stromgröße und der Wachstumsrate des zugehörigen Bestandes verzichten, vgl. auch Fußnote 1.

sellschaft einen unmittelbaren Nutzen, welcher durch eine zweimal stetig differenzierbare, streng monoton wachsende und streng konkave Funktion

$$U : \mathbb{R}_+ \to \mathbb{R},\ C \mapsto U(C), \tag{5.2.3}$$

gemessen werden soll. Sieht man aus Gründen der Vereinfachung vom Ausscheiden alter Kapitalgüter aus dem Produktionsprozeß ab, so ziehen die Investitionen eine Veränderung des Kapitalstocks in gleicher Höhe nach sich, d.h., es ist

$$\dot{K}(t) = I(t). \tag{5.2.4}$$

Während durch den gegenwärtigen Konsum also ein sofortiger Nutzen erwächst, bewirken die Investitionen über die Zunahme des Kapitalbestandes einen Anstieg des zukünftigen Einkommens und damit auch eine Erhöhung der zukünftigen Konsummöglichkeiten.

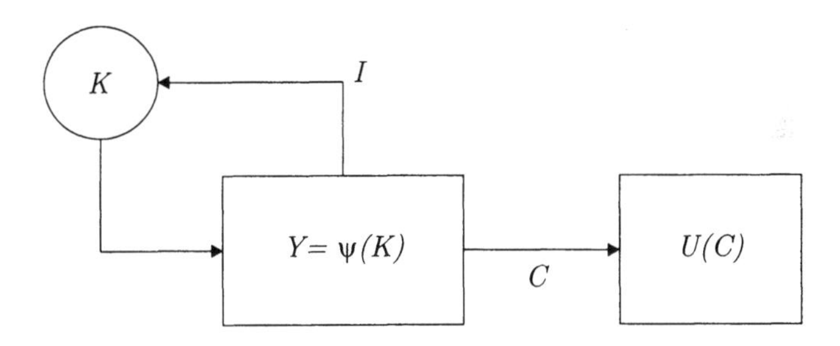

Abbildung 5.1: Gesamtwirtschaftliche Kapitalakkumulation

Vor dem Hintergrund der in Abbildung 5.1 veranschaulichten kausalen Struktur in der Volkswirtschaft hat eine für den Zeitraum $[0, T]$ im Amt befindliche zentrale Planungsbehörde nun durch Wahl eines geeigneten Konsumpfades $C(t)$, $t \in [0, T]$, die Einkommensverwendung im Zeitablauf „bestmöglich" zu steuern bzw. zu koordinieren. Als Maßstab für ihr Handeln dient der Behörde der mit der konstanten Zeitpräferenzrate $\rho \in (0, 1)$ auf den Zeitpunkt Null diskontierte aggregierte Nutzenstrom. Die Diskontierung mit der Rate ρ bringt dabei die Minderschätzung des zukünftigen gegenüber dem sofortigen Konsum zum Ausdruck. Gehen wir schließlich davon aus, daß die Anfangskapitalausstattung $K(0) = K_0$ aufgrund historischer Entwicklungen gegeben ist und daß auch der Kapitalbestand zum Ende der Planungsperiode $K(T) = K_T$ z.B. auf Basis eines Generationenvertrages festgelegt wurde, so stellt sich der Planungsbehörde das Optimierungsproblem

$$\int_0^T \exp(-\rho t) U(C(t)) dt \to \max_{C(t),\ t \in [0,T]} ! \tag{5.2.5}$$

unter den Nebenbedingungen

$$\begin{aligned} \dot{K}(t) &= \psi(K(t)) - C(t), \quad t \in [0,T], & (5.2.6) \\ K(0) &= K_0, \ K(T) = K_T, & (5.2.7) \\ K(t) &\geq 0, \ C(t) \geq 0, \quad t \in [0,T]. & (5.2.8) \end{aligned}$$

Während die Nebenbedingung (5.2.6) aus der Kombination von (5.2.2) und (5.2.4) resultiert, bringen die Restriktionen (5.2.8) die ökonomisch unmittelbar einleuchtende Forderung zum Ausdruck, daß der Konsum $C(t)$ und der Kapitalbestand $K(t)$ zu keinem Zeitpunkt negativ sein dürfen.[3] Es ist ferner zu beachten, daß die Planungsbehörde durch die Wahl eines konkreten Konsumpfades gemäß (5.2.2) und (5.2.4) auch die Investitionstätigkeit im Planungsintervall eindeutig festgelegt hat, weshalb man auch vom Problem der optimalen Kapitalakkumulation bzw. des optimalen Wachstums der betrachteten Volkswirtschaft spricht.

Um das vorliegende Wachstumsmodell einer Behandlung mit den Mitteln der in Kapitel 6 einzuführenden Variationsrechnung zugänglich zu machen, ist eine alternative Formulierung des betrachteten Optimierungsproblems erforderlich. In Analogie zum Vorgehen im vorangegangenen Abschnitt ersetzen wir hierfür den Konsum $C(t)$ entsprechend der Transformationsgleichung (5.2.6) durch $\psi(K(t)) - \dot{K}(t)$ und eliminieren die überflüssig gewordene Nebenbedingung. Auf diese Weise erhalten wir das zu (5.2.5)-(5.2.8) äquivalente Problem

$$\int_0^T \exp(-\rho t) U\left(\psi(K(t)) - \dot{K}(t)\right) dt \rightarrow \max_{K(t),\ t \in [0,T]}! \qquad (5.2.9)$$

unter den Nebenbedingungen

$$\begin{aligned} &K(0) = K_0, \ K(T) = K_T, & (5.2.10) \\ &K(t) \geq 0, \quad t \in [0,T], & (5.2.11) \\ &\psi(K(t)) - \dot{K}(t) \geq 0, \quad t \in [0,T]. & (5.2.12) \end{aligned}$$

Wir suchen also eine Funktion $K : [0,T] \rightarrow \mathbb{R}$, welche das Integral in (5.2.9) unter Beachtung der Anfangs- und Endwertbedingungen (5.2.10) sowie der Pfadrestriktionen (5.2.11) und (5.2.12) maximiert.

Im Verlauf der folgenden Darstellung der dynamischen Optimierungstheorie werden verschiedene Varianten des soeben eingeführten Problems der optimalen Kapitalakkumulation in einer Volkswirtschaft untersucht. So werden wir u.a. die etwas willkürlich erscheinende Annahme eines vollständig festgelegten Endkapitalbestandes der Höhe K_T verwerfen. Vor dem Hintergrund der Tatsache, daß der betrachtete

[3] Man beachte allerdings, daß hiermit keinesfalls ausgeschlossen ist, daß die Konsumausgaben $C(t)$ den produzierten Output $Y(t)$ übersteigen. Die Möglichkeit hiermit verbundener negativer Investitionen ist durchaus kritisch zu betrachten, kann allerdings mit der unterstellten Homogenität des produzierten Gutes begründet werden, welche den möglichen Konsum vorhandenener Kapitalgüter nicht ganz unplausibel erscheinen läßt. Es sei allerdings an dieser Stelle darauf hingewiesen, daß wir in Abschnitt 7.4 die Problemformulierung um die Annahme $I(t) \geq 0$ erweitern werden.

Wachstumsprozeß kein bekanntes bzw. vorgegebenes natürliches Ende besitzt, werden wir ferner fiktiv einen unendlichen Planungshorizont $T = \infty$ zugrundelegen. Da wir uns nicht nur mit der Ableitung qualitativer Eigenschaften der optimalen Strategien zufrieden stellen, sondern die Lösungen vielmehr auch in expliziter Form ermitteln möchten, werden wir schließlich auch spezielle funktionale Formen für die beteiligten Abbildungen unterstellen. So werden wir das Problem der optimalen Kapitalakkumulation u.a. anhand von linearen Produktions- und logarithmischen Konsumnutzenfunktionen analysieren.

5.3 Regionale Allokation von Investitionsmitteln

Ein weiteres Beispiel für die dynamische Optimierung ist das im vorliegenden Abschnitt betrachtete Modell der optimalen regionalen Allokation von Investitionsmitteln. Gegeben sei dabei eine Volkswirtschaft, die aus zwei unterschiedlichen Regionen zusammengesetzt ist, in denen jedoch dasselbe homogene Gut produziert wird. Der produktionstechnische Zusammenhang zwischen der jeweils eingesetzten Menge des einzigen Produktionsfaktors Kapital und dem Produktionsergebnis werde in beiden Regionen durch (allerdings verschiedene) lineare Produktionsfunktionen beschrieben. Bezeichnet $K_i(t)$ den Kapitalbestand und $Y_i(t)$ den auf seiner Basis produzierten Output in der Region i, $i = 1, 2$, zum Betrachtungszeitpunkt t, so gilt damit

$$Y_i(t) = b_i K_i(t), \tag{5.3.1}$$

wobei sich die im Zeitablauf konstanten, die jeweiligen Produktionsabläufe repräsentierenden Kapitalproduktivitäten $b_i > 0$ durchaus unterscheiden können. Das so erwirtschaftete Einkommen verwenden die privaten Haushalte zu einem im Zeitablauf konstanten Teil $(1 - s_i)$ für den Konsum

$$C_i(t) = (1 - s_i)Y_i(t) \tag{5.3.2}$$

und zum verbleibenden Teil s_i als Ersparnis

$$S_i(t) = s_i Y_i(t), \tag{5.3.3}$$

wobei die regionalen Sparneigungen, verkörpert durch die Sparquoten $s_i \in (0, 1)$, i.allg. voneinander abweichen.[4] Die Ersparnisse in den beiden Wirtschaftsgebieten stehen nun jedoch nicht als regionale Investitionsmittel zur unmittelbaren Erhöhung des jeweiligen Kapitalstocks zur Verfügung, sie werden statt dessen in einem zentral verwalteten, gemeinsamen Investitionsfonds gesammelt. Die Planungsbehörde hat dann zu jedem Zeitpunkt t ihrer Amtsperiode $[t_0, t_1]$ über die genaue Aufteilung der gegenwärtig zur Verfügung stehenden Investitionsmittel

$$I_{ges}(t) = S_1(t) + S_2(t) = s_1 Y_1(t) + s_2 Y_2(t) \tag{5.3.4}$$

[4] Zur sprachlichen Vereinfachung wird von einer Unterscheidung zwischen Stromgrößen und den Wachstumsraten der jeweiligen Bestandsgrößen wieder abgesehen, vgl. die Fußnoten 1 und 2.

auf die beiden Regionen zu entscheiden. Das Investitionsvolumen (5.3.4) kann dabei unter Verwendung der Konstanten $g_i = s_i b_i$ gemäß (5.3.1) auch folgendermaßen dargestellt werden:

$$I_{ges}(t) = g_1 K_1(t) + g_2 K_2(t). \tag{5.3.5}$$

Wird nun der ersten Region der Teil $\beta(t) \in [0, 1]$ und damit dem zweiten Gebiet der Teil $(1 - \beta(t))$ der aktuell vorhandenen Investitionsmittel zugewiesen, so verändern sich die Kapitalbestände in den beiden Wirtschaftsräumen wie folgt:[5]

$$\dot{K}_1(t) = \beta(t)(g_1 K_1(t) + g_2 K_2(t)), \tag{5.3.6}$$
$$\dot{K}_2(t) = (1 - \beta(t))(g_1 K_1(t) + g_2 K_2(t)). \tag{5.3.7}$$

Die beschriebenen Wirkungszusammenhänge in der betrachteten Volkswirtschaft werden in Abbildung 5.2 veranschaulicht.

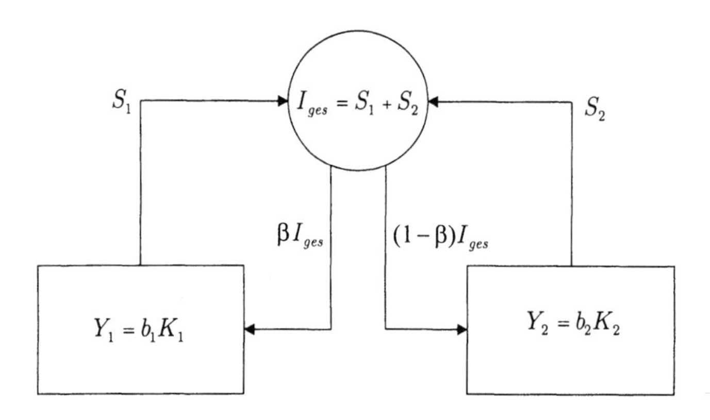

Abbildung 5.2: Regionale Allokation von Investitionsmitteln

Vor dem Hintergrund der kausalen Struktur des Modells sind nun die unterschiedlichsten Kriterien denkbar, an denen die Planungsbehörde ihr Handeln ausrichten sollte. So könnte sie bspw. wie im Wachstumsmodell aus Abschnitt 5.2 versuchen, den der Gesellschaft aus dem Konsum entstehenden akkumulierten Nutzen zu maximieren. Wir wollen jedoch der Vorgehensweise von RAHMAN (1963, 1966) folgend annehmen, daß die Planungsbehörde das Ziel verfolgt, durch geeignete Steuerung der Investitionstätigkeit die Gesamtproduktion in der Volkswirtschaft zum Ende ihrer Amtsperiode, $Y_1(t_1) + Y_2(t_1)$, zu maximieren. Geht man davon aus, daß die Anfangskapitalbestände in beiden Regionen aufgrund historischer Entwicklungen gegeben sind, so stellt sich damit das folgende Optimierungsproblem:

$$Y_1(t_1) + Y_2(t_1) = b_1 K_1(t_1) + b_2 K_2(t_1) \to \max_{\beta(t),\, t \in [t_0, t_1]}! \tag{5.3.8}$$

[5] Aus Gründen der Vereinfachung werden mögliche Abnutzungen bestehender Kapitalgüter im Produktionsprozeß ignoriert.

unter den Nebenbedingungen

$$\dot{K}_1(t) = \beta(t)(g_1K_1(t) + g_2K_2(t)), \quad t \in [t_0, t_1], \tag{5.3.9}$$

$$\dot{K}_2(t) = (1-\beta(t))(g_1K_1(t) + g_2K_2(t)), \quad t \in [t_0, t_1], \tag{5.3.10}$$

$$K_i(t_0) = K_i^0 > 0, \; i = 1, 2, \tag{5.3.11}$$

$$\beta(t) \in [0,1], \quad t \in [t_0, t_1]. \tag{5.3.12}$$

Wir werden dieses dynamische Entscheidungsproblem mit den Methoden der Kontrolltheorie in Kapitel 7 lösen.

5.4 Instandhaltung und Ersatz maschineller Produktionsanlagen

Eine wichtige Aufgabe der Produktions- und Kostentheorie ist die simultane Ermittlung der optimalen Instandhaltungsstrategie sowie der optimalen Einsatzdauer maschineller Produktionsanlagen. Vorbeugende Instandhaltungsaktivitäten verursachen zwar auf der einen Seite laufende Kosten, wirken aber andererseits einer Verschlechterung des Maschinenzustandes in Folge der Abnutzung im Produktionsprozeß sowie der technischen Obsoleszenz entgegen, was sich wiederum positiv auf die zukünftigen Produktionserträge und die Lebensdauer der Maschine auswirkt. Eine vorzeitige Veräußerung der Anlage trägt dem abnehmenden Wiederverkaufswert Rechnung, bedeutet jedoch gleichsam einen Verzicht auf zukünftige Profite.

Es sei t das Alter und T der frei wählbare Ersatz- bzw. Verkaufszeitpunkt der betrachteten Maschine. Die mit zunehmenden Alter fortschreitende Verschlechterung des durch den Wiederverkaufswert $x(t)$ gemessenen Maschinenzustandes hat grundsätzlich zweierlei Ursachen. Zum einen führt der Einsatz der Anlage im Produktionsprozeß zu einem sukzessiven Verschleiß der Maschine. Dieser nutzungsbedingte Wertverlust sei hier durch die im Zeitablauf konstante Abnutzungsrate $\delta \in (0,1)$ charakterisiert. Zum anderen werden im Zuge des technischen Fortschritts am Markt ständig modernere und leistungsfähigere Produktionsanlagen angeboten. Das hierdurch verursachte technische Veralten der verwendeten Maschine habe eine Abnahme ihres Marktwertes um den Betrag $\gamma > 0$ zur Folge. Die fortschreitende Verschlechterung des Maschinenzustandes kann nun aber durch vorbeugende Wartungsaktivitäten verzögert werden. Dabei werden die aktuellen Instandhaltungsaufwendungen $u(t)$ jedoch nur zu einem im Zeitablauf konstanten Teil $g \in (0,1)$ auch tatsächlich wirksam.[6] Die Veränderung des Wiederverkaufswertes der Maschine wird

[6] Bei der Größe $u(t)$ handelt es sich um eine Instandhaltungsrate, sie besitzt die Dimension $\frac{GE}{Zeit}$. Die Aufwendungen für die Instandhaltung im Zeitintervall $[t, t+h]$ sind demnach durch $\int_t^{t+h} u(s)ds$ definiert. Wie in den vorangegangenen Beispielen wird im folgenden zur sprachlichen Vereinfachung jedoch nicht zwischen einer Stromgröße und der Wachstumsrate des jeweiligen Bestandes unterschieden, vgl. die Fußnoten 1, 2 und 4.

damit durch die Differentialgleichung

$$\dot{x}(t) = -\gamma - \delta x(t) + gu(t) \tag{5.4.1}$$

beschrieben. Es sei dabei unterstellt, daß die potentiellen Instandhaltungsausgaben zu jedem Zeitpunkt t begrenzt sind, d.h., wir fordern

$$u(t) \in [0, u_{\max}]. \tag{5.4.2}$$

Außerdem soll die vorbeugende Wartung der Produktionsanlage wegen der technischen Obsoleszenz ihren Verkaufswert niemals erhöhen können:

$$-\gamma + gu_{\max} \leq 0. \tag{5.4.3}$$

Den Instandhaltungsaufwendungen $u(t)$ stehen nun die mit der Maschine erwirtschafteten Produktionserträge gegenüber. Es wird diesbezüglich vereinfachend angenommen, daß eine im Zustand $x(t)$ befindliche Anlage durch den Verkauf der mit ihr hergestellten Güter $\pi x(t)$ Geldeinheiten Gewinn (Produktionserlöse abzüglich Produktionskosten) abwirft, wobei π die positive, im Zeitablauf konstante Profitrate bezeichnet. Darüber hinaus fallen zum Ersatzzeitpunkt der Maschine noch Einnahmen in Höhe des Verkaufspreises an. Legt man nun als Entscheidungskriterium den Barwert der Produktionsanlage zugrunde, welcher sich aus den mit konstantem Zinssatz $r \in (0,1)$ diskontierten akkumulierten Einnahmeüberschüssen ergibt, so stellt sich bei einem Anschaffungswert von x_0 Geldeinheiten schließlich das folgende Optimierungsproblem:

$$\int_0^T \exp(-rt)[\pi x(t) - u(t)]dt + \exp(-rT)x(T) \rightarrow \max_{u(t),\ t\in[0,T]}! \tag{5.4.4}$$

unter den Nebenbedingungen

$$\begin{aligned}
\dot{x}(t) &= -\gamma - \delta x(t) + gu(t), \quad t \in [0,T], & (5.4.5)\\
x(0) &= x_0, & (5.4.6)\\
u(t) &\in [0, u_{\max}], \quad t \in [0,T], & (5.4.7)\\
T &> 0 \text{ beliebig.} & (5.4.8)
\end{aligned}$$

Die bisherigen Annahmen über die Modellparameter sollen dabei abschließend durch die Voraussetzung

$$\pi > r + \delta \tag{5.4.9}$$

ergänzt werden, welche die sinnvolle Forderung zum Ausdruck bringt, daß der mit der Anlage erwirtschaftete Profit den Verlust durch Diskontierung und Verschleiß stets überwiegt, sich der Betrieb der Produktionsanlage in diesem Sinne also stets auszahlt.

5.5 Lagerhaltung und Bestellung

Wir betrachten einen Händler, der ein einziges Produkt von einem Produzenten bezieht und an seine Kunden weiterverkauft. Es wird angenommen, daß der Händler nur N, $N \in \mathbb{N}_0$, Perioden (z.B. Monate) tätig ist, wobei der Startzeitpunkt auf $n = 0$ normiert wird. Aufgrund bestehender Verträge mit dem Produzenten kann der Händler lediglich zu Beginn jeder Periode k, $k = 0, 1, ..., N-1$, eine Bestellung tätigen und dabei die von ihm gewünschte Menge von u_k Einheiten des Produktes ordern, welche annahmegemäß sofort, d.h. ohne Zeitverzögerung, geliefert wird. Dem Händler ist die von den Kunden in der Periode k nachgefragte Menge d_k, $k = 0, 1, ..., N-1$, zu jedem Zeitpunkt mit Sicherheit bekannt, er kann sie jedoch erst im Laufe der jeweiligen Periode, d.h. nach seiner Bestellung, erfüllen. Daher betreibt der Händler ein Lager, aus dessen Bestand er die Nachfrage bedient. Der Lagerbestand zu Beginn jeder Periode werde mit x_k, $k = 0, 1, ..., N-1$, bezeichnet, wobei der Anfangsbestand x_0 fest vorgegeben sei. Somit steht dem Händler in jeder Periode k die Menge $x_k + u_k$ zur Erfüllung der Nachfrage zur Verfügung. Für den Fall, daß die Nachfrage den Lagerbestand in einer Periode übersteigt ($d_k > x_k + u_k$), wird angenommen, daß diese Überschußnachfrage vorgemerkt und in späteren Perioden bedient werden kann, so daß auch „negative" Lagerbestände zu Beginn einer Periode zulässig sind.

Wir wollen die mit dem Kauf und Verkauf des Produktes verbundenen Erlöse und Kosten des Händlers im folgenden ausklammern und uns statt dessen alleine auf sein Lagerhaltungsproblem konzentrieren. Die Betreibung des Lagers verursacht ihm dabei verschiedene Kosten: Ist der Lagerbestand am *Ende* einer Periode positiv, fallen diverse Arten von Lagerkosten an (z.B. Kühlung, Aufsicht); ist er hingegen negativ, sind gewisse Fehlmengenkosten an die Kunden zu entrichten (z.B. Verzugsgebühren, Zusatzrabatte). Diese Lager- und Fehlmengenkosten werden *gemeinsam* durch die Kostenfunktion $r_k : \mathbb{R} \to \mathbb{R}_+$ repräsentiert und können sowohl von der Nachfrage d_k (im Hinblick auf Fehlmengen und Überschüsse) abhängen als auch einen gewissen Fixkostenbestandteil (im Hinblick auf Lagerkosten) umfassen. Wir setzen voraus, daß r_k $\forall k = 1, ..., N$ differenzierbar und konvex ist sowie darüber hinaus die Eigenschaft $\lim_{y \to -\infty} r_k(y) = \lim_{y \to \infty} r_k(y) = \infty$ besitzt. Letztere stellt sicher, daß sowohl sehr hohe Lagerbestände als auch sehr hohe Fehlmengen prohibitiv sind. Häufig verwendete funktionale Formen für r_k sind beispielsweise

$$r_k(x_k + u_k) = p \max(0, -x_k - u_k + d_k) + q \max(0, x_k + u_k - d_k) \tag{5.5.1}$$

mit positiven Konstanten p und q oder

$$r_k(x_k + u_k) = (x_k + u_k - d_k)^2. \tag{5.5.2}$$

Darüber hinaus sind für jede bestellte Einheit u_k des Produktes Bestellkosten in Höhe von $c > 0$ zu zahlen. Dabei treffen wir die zusätzliche Annahme $|\lim_{y \to -\infty} r'_k(y)| > c$, da andernfalls zumindest gegen Ende des Betrachtungszeitraumes hohe Fehlmengen attraktiv würden.[7] Während diese Bedingung von der Kostenfunktion (5.5.2) trivialerweise erfüllt wird, muß bei Verwendung von (5.5.1) zusätzlich $p > c$ angenommen werden. Man beachte, daß die Annahme $|\lim_{y \to -\infty} r'_k(y)| > c$ die Beziehung $\lim_{y \to -\infty}(r_k(y)+cy) = \infty$ impliziert. Von fixen Bestellkosten $K > 0$, welche mit jeder getätigten Bestellung zu entrichten wären, wird zur Vereinfachung abgesehen.

Wir unterstellen, daß der Händler die aus der Lagerhaltung (und den möglichen Fehlmengen) in allen N Perioden resultierenden Kosten minimieren möchte. Dies führt auf das folgende mathematische Optimierungsproblem:

$$\sum_{k=0}^{N-1} (cu_k + r_k(x_k + u_k)) \to \min_{u_0,\dots,u_{N-1}} ! \tag{5.5.3}$$

unter den Nebenbedingungen

$$x_{k+1} = x_k + u_k - d_k, \quad k = 0, 1, ..., N-1, \tag{5.5.4}$$

$$x_k \in \mathbb{R}, \quad k = 0, 1, ..., N, \quad x_0 \text{ fest}, \tag{5.5.5}$$

$$u_k \in \mathbb{R}_+, \quad k = 0, 1, ..., N-1. \tag{5.5.6}$$

In (5.5.3)-(5.5.6) beschreibt die Nebenbedingung (5.5.4) die oben formulierte Entwicklung des Lagerbestandes im Zeitablauf, wonach sich der Bestand zu Beginn der Periode $k+1$ aus dem vorherigen Bestand zuzüglich der Bestellmenge und abzüglich der Nachfrage der Vorperiode ergibt. Man beachte zudem, daß der Lagerbestand x_N am Ende der Tätigkeit des Händlers nicht mehr in dessen Zielfunktion eingeht. Es wird hier also vereinfachend vorausgesetzt, daß am Ende verbleibende Überschüsse oder Fehlmengen keinerlei Kosten mehr verursachen.[8]

Im oben dargestellten Lagerhaltungsproblem des Händlers wird von einem endlichen Planungshorizont N ausgegangen. Dieser wird in der Regel jedoch nicht vorab bekannt sein, da es schwer zu begründen ist, warum der Händler seine Aktivitäten nach genau N Perioden einstellen sollte. Daher wird häufig vereinfachend von einem zeitlich unbegrenzten Engagement des Händlers ausgegangen und das Problem für $N = \infty$ modelliert. Dabei wird zusätzlich ein Diskontierungsfaktor β, $0 < \beta < 1$, eingefügt, mit dem die Kosten zukünftiger Perioden abgezinst werden. Man unterstellt in diesem Zusammenhang also, daß sehr weit in der Zukunft anfallende Kosten die jetzige Entscheidung nur unwesentlich beeinflussen. Des weiteren wird die Funktion r, welche die Lager- und Fehlmengenkosten repräsentiert, in der Regel vereinfachend als zeitunabhängig angenommen. Dies führt auf das Optimierungsproblem

$$\sum_{k=0}^{\infty} \beta^k \cdot (cu_k + r(x_k + u_k)) \to \min_{\{u_k\}}! \tag{5.5.7}$$

---

[7] Für sehr große Fehlmengen ($y \to -\infty$) gibt $|\lim_{y \to -\infty} r'_k(y)|$ die zusätzlichen Kosten aus einer weiteren Erhöhung der Fehlmenge um eine (marginale) Einheit an, während c die Bestellkosten für eine Einheit sind. Wären diese höher als die zusätzlichen Fehlmengenkosten, hätte der Händler (zumindest kurz vor dem Ende seiner Tätigkeit) keinen Anreiz, die Fehlmenge durch neue Bestellungen zu reduzieren bzw. deren Anwachsen zu verhindern.

[8] Alternativ könnte man in (5.5.3) noch einen Term $r_N(x_N)$ für derartige Kosten integrieren.

unter den Nebenbedingungen

$$x_{k+1} = x_k + u_k - d_k, \quad k \in \mathbb{N}_0, \tag{5.5.8}$$

$$x_k \in \mathbb{R}, \quad k \in \mathbb{N}_0, \quad x_0 \text{ fest}, \tag{5.5.9}$$

$$u_k \in \mathbb{R}_+, \quad k \in \mathbb{N}_0. \tag{5.5.10}$$

Um derartige unendlichstufige Probleme zu lösen, werden ebenfalls in Kapitel 8 weitere Verfahren vorgestellt.

5.6 Intertemporale Konsum-Spar-Entscheidung

Wir betrachten ein Individuum, das mit einer (sicheren) Lebensdauer von N Perioden (z.B. Jahre) rechnet. In jeder Periode erhalte das Individuum ein Einkommen y_k, $k = 1, ..., N$, das konsumiert oder gespart werden kann. Es wird unterstellt, daß die Präferenzen des Individuums durch eine Nutzenfunktion $u : \mathbb{R}_+ \to \mathbb{R}$ beschrieben werden können, welche den ausschließlich von der Höhe des Konsums c_k abhängigen Nutzen in jeder Periode k, $k = 1, ..., N$, angibt. Der Gesamtnutzen aus dem Konsum aller Perioden setze sich additiv aus diesen Einzelnutzen zusammen[9], wobei zukünftige Nutzen mit dem Faktor $1/(1 + \theta)$ abgezinst werden. Analog zu Beispiel 5.2 bezeichnet der Parameter $\theta \geq 0$ dabei die Zeitpräferenzrate, mit der eine Gewichtung der Nutzenniveaus verschiedener Perioden erfolgt. Die Ersparnis kann zum gegebenen und sicheren Zins $r > 0$ am Kapitalmarkt angelegt werden. Der mit A_k bezeichnete Vermögensbestand des Individuums am Ende der Periode k, $k = 1, ..., N$, ergibt sich als Summe des verzinsten Vermögens der Vorperiode und des Einkommens abzüglich des in dieser Periode getätigten Konsums. Das Anfangsvermögen $A_0 \in \mathbb{R}$, bei dem es sich z.B. um eine Erbschaft oder um ein vor Beginn der Planungsperiode angespartes Kapital handeln kann, sei fest vorgegeben. Darüber hinaus fordern wir für das Vermögen A_N am Ende der Lebensdauer eines Individuums der Einfachheit halber $A_N = 0$. Dies schließt zum einen aus, daß der Konsum mit Hilfe von Krediten über das Lebenseinkommen hinaus ausgedehnt wird und die daraus resultierenden Schulden am Lebensende nicht zurückgezahlt werden können. Zum anderen impliziert diese Annahme, daß das Individuum seinerseits keine Erbschaften hinterläßt. Unterstellt man die Verhaltenshypothese der Nutzenmaximierung, hat das Individuum somit das Optimierungsproblem

$$\sum_{k=1}^{N} \left(\frac{1}{1+\theta} \right)^{k-1} u(c_k) \to \max_{c_1,...,c_N} ! \tag{5.6.1}$$

unter den Nebenbedingungen

$$A_k = (1+r)A_{k-1} + y_k - c_k, \quad k = 1, ..., N, \tag{5.6.2}$$

$$A_k \in \mathbb{R}, \quad k = 0, ..., N, \quad A_0 \text{ fest}, A_N = 0, \tag{5.6.3}$$

$$c_k \in \mathbb{R}_+, \quad k = 1, ..., N, \tag{5.6.4}$$

[9] Man spricht in diesem Zusammenhang von einer additiv separablen Nutzenfunktion.

zu lösen. Dieses Optimierungsproblem ist formal identisch mit (5.5.3)-(5.5.6) und wird dementsprechend ebenfalls mit den in Kapitel 8 bereitzustellenden Methoden lösbar sein. Möchte man dabei explizite Lösungen für den Konsum der einzelnen Perioden ermitteln, ist eine genauere Spezifikation der Nutzenfunktion nötig. Im Rahmen deterministischer Lebenszyklusmodelle, zu denen der obige Ansatz gehört, ist dabei die der Cobb-Douglas-Funktion ähnliche Abbildung $u(c) = \frac{1}{1-\rho}c^{1-\rho}$ üblich. Bei der im Rahmen dieses Buches nicht betrachteten stochastischen Variante von (5.6.1)-(5.6.4) erweist sich diese Funktion jedoch als ungeeignet, so daß wir im Hinblick auf eine bessere Vergleichbarkeit mit den stochastischen Lebenszyklusmodellen auch im deterministischen Modell die exponentielle Nutzenfunktion der Gestalt

$$u(c) = -\frac{1}{\gamma}\exp(-\gamma c) \quad \forall c \in \mathbb{R}_+ \tag{5.6.5}$$

verwenden, wobei $\gamma > 0$ einen festen Parameter bezeichnet.[10]

In vielen Fällen möchte man den obigen Ansatz zur Modellierung des Haushaltssektors in ein makroökonomisches Wachstumsmodell integrieren. Dabei erweist sich die Annahme eines endlichen Zeithorizonts N als ungeeignet, da die Lebensdauer bzw. das „Ende" der zugrundeliegenden Modellökonomie nicht bekannt ist. Analog zum Lagerhaltungsproblem wird in diesem Fall die Annahme $N = \infty$ getroffen[11], welche folglich auf das Optimierungsproblem

$$\sum_{k=1}^{\infty}\left(\frac{1}{1+\theta}\right)^{k-1} u(c_k) \to \max_{\{c_k\}}! \tag{5.6.6}$$

unter den Nebenbedingungen

$$\begin{aligned} A_k &= (1+r)A_{k-1} + y_k - c_k, \quad k \in \mathbb{N}, & (5.6.7)\\ A_k &\in \mathbb{R}, \quad k \in \mathbb{N}_0, \quad A_0 \text{ fest}, \lim_{N\to\infty}\left(\frac{1}{1+r}\right)^N A_N = 0, & (5.6.8)\\ c_k &\in \mathbb{R}_+, \quad k \in \mathbb{N}, & (5.6.9) \end{aligned}$$

führt. Die Forderung $\lim_{N\to\infty}\left(\frac{1}{1+r}\right)^N A_N = 0$ stellt dabei eine natürliche Verallgemeinerung der entsprechenden Bedingung $A_N = 0$ im endlichstufigen Modell dar. Sie schließt ein sog. „Ponzi-Verhalten" aus, bei dem der Konsum stets durch neue Kredite finanziert wird, deren Rückzahlung immer weiter ins Unendliche verschoben wird und somit letztendlich gar nicht erfolgt.[12] Auch hier ist die formale Analogie zu

[10] Hierbei handelt es sich um den sog. Parameter der konstanten absoluten Risikoaversion, weshalb die Nutzenfunktion (5.6.5) häufig auch als CARA-Nutzenfunktion (*c*onstant *a*bsolute *r*isk *a*version) bezeichnet wird.

[11] Da Individuen mit unendlicher Lebensdauer natürlich unrealistisch sind, interpretiert man den Entscheider in der Regel als repräsentatives Mitglied einer ganzen Dynastie bzw. als Repräsentanten des gesamten Haushaltssektors.

[12] Die Bezeichnung als „Ponzi-Verhalten" geht auf Charles Ponzi zurück, der um 1920 in Boston in großem Stil auf ähnliche Weise vorgegangen ist.

(5.5.7)-(5.5.10) augenscheinlich, so daß beide Probleme prinzipiell mit den gleichen Verfahren lösbar sein werden. Es wird sich allerdings später zeigen, daß die scheinbar geringfügigen Unterschiede in den Eigenschaften der jeweiligen Zielfunktion zu erheblichen Unterschieden in der Handhabbarkeit der Modelle führen, vgl. Kapitel 8.

Literaturhinweise

Die in diesem Kapitel zur Motivation eingeführten Problemstellungen zählen zu den Standardbeispielen der dynamischen Optimierung. Sie werden in einer Vielzahl von Büchern und Aufsätzen behandelt. Wir werden uns diesbezüglich wiederum nur auf die Angabe derjenigen Werke beschränken, die unsere Darstellung am stärksten beeinflußt haben. Die Behandlung von Produktions- und Lagerhaltungsmodellen mit den Methoden der dynamischen Optimierungstheorie (speziell mit der Variationsrechnung) geht auf HOLT ET AL. (1960) zurück. Die in Abschnitt 5.1 eingeführte Variante wird in ähnlicher Form u.a. von KAMIEN, SCHWARTZ (1998) und KOSMOL (1991) analysiert. Eine detaillierte Untersuchung weiterer Modelle der optimalen Produktionsplanung findet sich in FEICHTINGER, HARTL (1986). Neoklassische Wachstumsmodelle zählen zu den frühen und zentralen Anwendungsgebieten der dynamischen Optimierung. Bei dem in Abschnitt 5.2 betrachteten Problem handelt es sich um eine einfache Variante des Modells von RAMSEY (1928). Es wird u.a. in HADLEY, KEMP (1971), SEIERSTAD, SYDSÆTER (1987) und KAMIEN, SCHWARTZ (1998) analysiert. FEICHTINGER, HARTL (1986) geben einen umfassenden Überblick über weitere Modelle der optimalen Kapitalakkumulation. Das in Abschnitt 5.3 vorgestellte Problem der optimalen regionalen Allokation von Investitionsmitteln geht auf RAHMAN (1963, 1966) zurück. Es wurde in den 60er Jahren von verschiedenen Autoren aufgegriffen und in unterschiedlichen Versionen mit Hilfe verschiedener Techniken der dynamischen Optimierungstheorie analysiert und gelöst. Wir orientieren uns an der Darstellung in TAKAYAMA (1985). Die Untersuchung von Instandhaltungsmodellen mit Hilfe der Methoden der dynamischen Optimierungstheorie, speziell der Kontrolltheorie, wurde von NÄSLUND (1966) und THOMPSON (1968) eingeleitet. Wir betrachten eine einfache Variante der linearen Version des Thompson-Modells aus FEICHTINGER, HARTL (1986). Die Analyse des Lagerhaltungsproblems ist ein Klassiker unter den Anwendungsgebieten der dynamischen Programmierung. Erste wesentliche Arbeiten zu diesem Themenkomplex stammen von ARROW, HARRIS, MARSCHACK (1951), ARROW, KARLIN, SCARF (1958) und IGLEHART (1963). Unsere Darstellung orientiert sich an BERTSEKAS (1995a,b). Das Konsum-Ersparnis-Problem wurde in zahlreichen verschiedenen Varianten in den achtziger und neunziger Jahren sehr intensiv analysiert. Einen Überblick hierüber geben CARROLL, SAMWICK (1995), vgl. auch DEATON (1992). Die hier gewählte Modellvariante kommt dem in CABALLERO (1990, 1991) betrachteten Modellrahmen am nächsten, auch wenn es sich dort um eine stochastische Variante handelt.

Kapitel 6

Variationsrechnung

Die Frage nach dem optimalen Verhalten eines Wirtschaftssubjektes im Zeitablauf führte uns im vorangegangenen Kapitel in einigen Fällen auf das mathematische Problem, eine *Funktion* x zu bestimmen, die das Integral einer vorgegebenen, von x abhängigen Zielfunktion über dem jeweils betrachteten Zeitintervall maximiert oder minimiert (vgl. insbesondere die Abschnitte 5.1 und 5.2). Mit der bereits im 18. Jahrhundert in ihren Grundzügen entwickelten Variationsrechnung soll im folgenden das klassische Instrument zur Lösung derartiger Problemtypen bereitgestellt werden. Diese Technik ist als Vorläufer der in Kapitel 7 behandelten Kontrolltheorie anzusehen und könnte als Spezialfall unmittelbar aus dieser abgeleitet werden. Zum besseren Verständnis der allgemeineren Theorie und aufgrund ihrer Relevanz in vielen ökonomischen Problemstellungen empfiehlt es sich dennoch, die Betrachtung der Variationsrechnung voranzustellen. Wir wollen uns dabei in den ersten Abschnitten dieses Kapitels mit dem Problem der Variationsrechnung in seiner einfachsten Form[1] beschäftigen und später Modifikationen dieses fundamentalen Problems hinsichtlich der Dimensionalität sowie der Gestalt der Randbedingungen, die an die zulässigen Funktionen gestellt werden, untersuchen. Im Mittelpunkt steht wie üblich die Angabe notwendiger und hinreichender Bedingungen zur Charakterisierung von Lösungen der jeweils betrachteten Optimierungsprobleme.

6.1 Das fundamentale Problem der Variationsrechnung

Wir betrachten ein Zeitintervall $[t_0, t_1]$ mit $t_0, t_1 \in \mathbb{R}$ und $t_0 < t_1$. Gegeben seien ferner ein Anfangswert x_0 sowie ein Endwert x_1. Das sog. fundamentale Problem der Variationsrechnung besteht darin, aus einer gewissen Klasse von Funktionen $x : [t_0, t_1] \to \mathbb{R}$, welche die Randbedingungen $x(t_0) = x_0$ und $x(t_1) = x_1$ erfüllen, diejenige auszuwählen, die das Integral

[1] In der englischsprachigen Literatur wird diese Optimierungsaufgabe als *simplest problem* bezeichnet.

$$F(x) := \int_{t_0}^{t_1} f(t, x(t), \dot{x}(t))dt \tag{6.1.1}$$

einer vorgegebenen Funktion $f : [t_0, t_1] \times \mathbb{R}^2 \to \mathbb{R}$ maximiert. Es wird hierbei vorausgesetzt, daß der als momentane Zielfunktion (engl.: instantaneous objective function) bezeichnete Integrand f stetig in allen drei Argumenten t, x und $\dot{x}$ ist und stetige partielle Ableitungen bzgl. des zweiten und dritten Argumentes besitzt.[2] Es existieren also $f_x = \partial f / \partial x$ sowie $f_{\dot{x}} = \partial f / \partial \dot{x}$, und es gelte

$$f, f_x, f_{\dot{x}} \in \mathcal{C}([t_0, t_1] \times \mathbb{R}^2). \tag{6.1.2}$$

Zur Vervollständigung der Problemformulierung ist es notwendig, die Klasse von Funktionen, innerhalb derer wir ein Maximum von (6.1.1) suchen, hinsichtlich ihrer Regularitätseigenschaften genau festzulegen. So wollen wir im folgenden ausschließlich stetig differenzierbare Funktionen x zur Konkurrenz zulassen, womit u.a. gewährleistet ist, daß das Zielfunktional F für alle berücksichtigten Funktionen definiert und endlich ist. Das in den ersten Abschnitten dieses Kapitels betrachtete fundamentale Variationsproblem (**VP1**) besitzt damit die folgende Gestalt:

$$F(x) = \int_{t_0}^{t_1} f(t, x(t), \dot{x}(t))dt \to \max_{x \in \mathcal{C}^1[t_0, t_1]}! \tag{6.1.3}$$

unter den Nebenbedingungen

$$x(t_0) = x_0, \;\; x(t_1) = x_1. \tag{6.1.4}$$

Bezeichnet $\mathcal{A} := \{x \in \mathcal{C}^1[t_0, t_1] \mid x(t_0) = x_0, \;\; x(t_1) = x_1\}$ die aus obigen Festlegungen resultierende Menge der zulässigen Funktionen, so können wir (VP1) auch wie folgt zusammenfassen:

$$F(x) = \int_{t_0}^{t_1} f(t, x(t), \dot{x}(t))dt \to \max_{x \in \mathcal{A}}! \tag{6.1.5}$$

Eine geometrische Veranschaulichung dieses fundamentalen Problems liefert Abbildung 6.1. Hierzu betrachten wir die beiden vorgegebenen Punkte $A = (t_0, x_0)$ und $B = (t_1, x_1)$ in der t-x-Ebene. Für jede glatte, die Punkte A und B verbindende Kurve x besitzt das Zielfunktional einen endlichen Wert $F(x)$.[3] Gesucht ist nun diejenige Kurve, welche den zugehörigen Integralwert maximiert.

[2] Es reicht aus, als Definitionsbereich der momentanen Zielfunktion ein Gebiet Ω des $\mathbb{R}^3$ zu wählen und die Gültigkeit der Regularitätseigenschaften lediglich auf dieser Menge Ω zu fordern. Natürlich müßte dann immer $(t, x(t), \dot{x}(t)) \in \Omega$ gelten. Zum Begriff des Gebietes vergleiche man Definition B.2 in Anhang B.

[3] Eine Kurve wird als glatt bezeichnet, wenn sie keine Sprünge und Kanten besitzt. Jede stetig differenzierbare Funktion erzeugt also glatte Kurven.

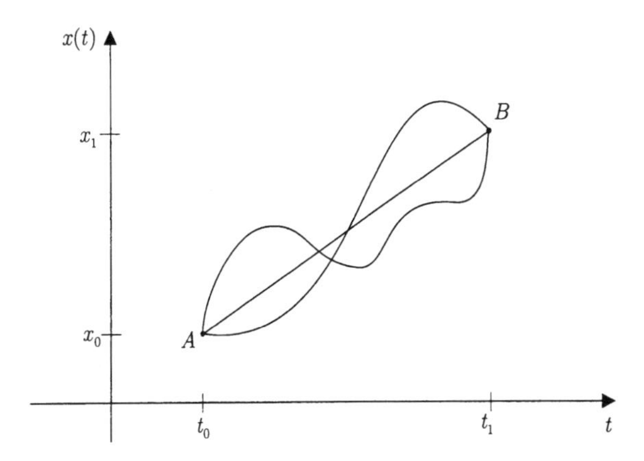

Abbildung 6.1: Das fundamentale Variationsproblem

Wie im Falle der klassischen statischen Optimierung stellt die Konzentration auf das Maximierungsproblem keine Einschränkung dar. Weil die Minimierung des Intergrals von $f(\cdot, x(\cdot), \dot{x}(\cdot))$ über dem Zeitintervall $[t_0, t_1]$ der Maximierung des Integrals der Funktion $-f(\cdot, x(\cdot), \dot{x}(\cdot))$ über $[t_0, t_1]$ entspricht, lassen sich sämtliche im folgenden für das Maximierungsproblem abgeleiteten Ergebnisse auf den Minimierungsfall übertragen.

Zum Abschluß der Problemeinführung sei ausdrücklich darauf hingeweisen, daß eine sorgfältige Spezifizierung der Menge zulässiger Funktionen für die Problembehandlung von großer Bedeutung ist. Würden wir die oben vorgenommenen Einschränkungen z.B. ein wenig abschwächen und auch stückweise stetig differenzierbare Funktionen berücksichtigen, so hätte dies eine Vergrößerung der zulässigen Menge und damit u.U. eine Veränderung der Lösungsmenge und des maximalen Zielfunktionalwertes des untersuchten Problems zur Folge.[4]

Wir wollen nun die Analyse des Variationsproblems (VP1) der üblichen Verfahrensweise entsprechend mit der Entwicklung notwendiger Optimalitätsbedingungen beginnen.

[4]Zur Behandlung von Variationsproblemen mit stückweise stetig differenzierbaren Funktionen vgl. HADLEY, KEMP (1971).

6.2 Notwendige Optimalitätsbedingungen: Die Eulersche Gleichung und die Bedingung von Legendre

Um den zur Herleitung notwendiger Optimalitätsbedingungen für das Problem (VP1) verwendeten Ansatz der Variationsrechnung zu motivieren, sei zunächst an die Vorgehensweise in der statischen Optimierungstheorie erinnert. Zur Entwicklung charakteristischer Eigenschaften für eine unrestringierte Maximalstelle $\mathbf{x}^* \in \mathbb{R}^n$ der Zielfunktion $f : \mathbb{R}^n \to \mathbb{R}$ reichte es aus, $\mathbf{x}^*$ in Richtung eines Störvektors $\mathbf{h} \in \mathbb{R}^n$ zu variieren und den Funktionswert $f(\mathbf{x}^* + s \cdot \mathbf{h})$ mit dem Optimalwert $f(\mathbf{x}^*)$ zu vergleichen (vgl. hierzu die Beweise der Sätze 3.1 und 3.2). Auf ähnliche Weise wurde bei der Behandlung ungleichungsrestringierter Optimierungsprobleme in Abschnitt 4.2 verfahren. Das dort verwendete Konzept der zulässigen Richtungen (vgl. Abschnitt 4.2.1) basiert auf der geometrischen Vorstellung, daß von einem Maximum ausgehend eine zulässige Richtung niemals zu einem Punkt mit höherem Zielfunktionswert führen kann. Diese grundlegende Idee wird nun auf das vorliegende Problem der Variationsrechnung übertragen.

Nehmen wir also an, daß ein $x^* \in C^1[t_0, t_1]$ existiert, welches das Zielfunktional F aus (6.1.1) auf $\mathcal{A}$ maximiert, d.h., es gelte

$$F(x^*) \geq F(x) \quad \forall x \in \mathcal{A}. \tag{6.2.1}$$

Zur Konstruktion geeigneter Vergleichsfunktionen empfiehlt es sich, zunächst eine beliebige stetig differenzierbare Funktion $h : [t_0, t_1] \to \mathbb{R}$ auszuwählen, welche die Randbedingungen $h(t_0) = 0$ und $h(t_1) = 0$ erfüllt. Derartige Abbildungen h, die wir in der Menge

$$\mathcal{H} := \{h \in C^1[t_0, t_1] \mid h(t_0) = 0,\ h(t_1) = 0\} \tag{6.2.2}$$

zusammenfassen wollen, übernehmen im folgenden die Rolle der zulässigen Richtungen aus der statischen Optimierungstheorie. Sie werden künftig auch als zulässige Variationen bezeichnet. Für jede reelle Zahl α erhalten wir nämlich mit Hilfe der Transformation

$$x_\alpha(t) = x^*(t) + \alpha \cdot h(t) \tag{6.2.3}$$

eine neue zulässige Funktion x_α (vgl. hierzu Abbildung 6.2).

Weil der zu x_α gehörige Wert des Zielfunktionals $F(x_\alpha) = F(x^* + \alpha \cdot h)$ bei festem h ausschließlich von der Wahl des Koeffizienten α abhängt, führen wir sodann die Hilfs*funktion*

$$J(\alpha) := F(x^* + \alpha \cdot h) = \int_{t_0}^{t_1} f(t, x^*(t) + \alpha \cdot h(t), \dot{x}^*(t) + \alpha \cdot \dot{h}(t))dt, \ \alpha \in \mathbb{R}, \tag{6.2.4}$$

ein. Diese Funktion ist für alle $\alpha \in \mathbb{R}$ definiert und differenzierbar, wobei sich die Ableitung nach Anwendung der Kettenregel auf den Integranden aus der Regel von

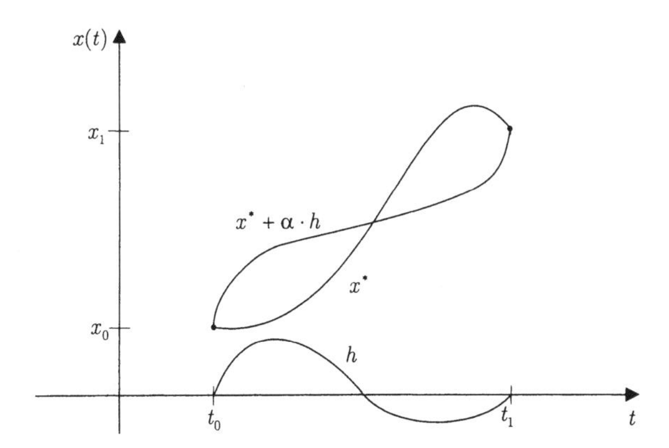

Abbildung 6.2: Konstruktion einer zulässigen Vergleichsfunktion

Leibniz (vgl. Satz A.5 im Anhang A) ergibt:[5]

$$J'(\alpha) = \frac{dJ(\alpha)}{d\alpha} = \int_{t_0}^{t_1} \left[f_x(t, x^* + \alpha h, \dot{x}^* + \alpha \dot{h}) \cdot h + f_{\dot{x}}(t, x^* + \alpha h, \dot{x}^* + \alpha \dot{h}) \cdot \dot{h} \right] dt. \tag{6.2.5}$$

Aus der Optimalität von x^* folgt nun für alle $\alpha \in \mathbb{R}$ unmittelbar

$$J(0) = F(x^*) \geq F(x^* + \alpha \cdot h) = J(\alpha), \tag{6.2.6}$$

d.h., die Hilfsfunktion J besitzt an der Stelle $\alpha = 0$ ein (globales) Maximum. Damit muß aber notwendigerweise die Bedingung

$$J'(0) = \int_{t_0}^{t_1} \left[f_x(t, x^*, \dot{x}^*) \cdot h + f_{\dot{x}}(t, x^*, \dot{x}^*) \cdot \dot{h} \right] dt = 0 \tag{6.2.7}$$

erfüllt sein. Da h beliebig aus der Menge aller stetig differenzierbaren, den Randbedingungen $h(t_0) = h(t_1) = 0$ genügenden Funktionen gewählt werden kann, erhalten wir das folgende Zwischenresultat:

Satz 6.1 *Es sei $x^* \in C^1[t_0, t_1]$ eine Lösung des Variationsproblems (VP1). Dann gilt für alle Funktionen $h \in \mathcal{H}$ die Beziehung*

$$\int_{t_0}^{t_1} \left[f_x(t, x^*(t), \dot{x}^*(t)) \cdot h(t) + f_{\dot{x}}(t, x^*(t), \dot{x}^*(t)) \cdot \dot{h}(t) \right] dt = 0. \tag{6.2.8}$$

[5] Zur besseren Übersicht wird im weiteren Verlauf die Variable t als Argument zeitabhängiger Funktionen (wie x^* oder h) an manchen Stellen unterdrückt.

Mit Gleichung (6.2.8) haben wir eine erste charakteristische Eigenschaft für eine Lösung x^* von (VP1) gefunden. Aufgrund des Auftretens der beliebig wählbaren Variation h ist diese notwendige Bedingung allerdings wenig praktikabel. Wir wollen daher die Abhängigkeit von der Funktion h beseitigen und (6.2.8) auf diese Weise in eine operationale Form überführen. Die nun aufgeführten Lemmata sind hierbei von zentraler Bedeutung.

Lemma 6.1 (Lemma von du Bois-Reymond) *Es sei $v : [t_0, t_1] \to \mathbb{R}$ eine stetige Funktion. Gilt für alle Funktionen $h \in \mathcal{H}$*

$$\int_{t_0}^{t_1} v(t) \cdot \dot{h}(t) dt = 0, \tag{6.2.9}$$

so ist v auf dem Intervall $[t_0, t_1]$ konstant.

Beweis: Es sei $c := \frac{1}{t_1 - t_0} \int_{t_0}^{t_1} v(t)dt$ der durchschnittliche Wert von v auf dem Intervall $[t_0, t_1]$. Dann besitzt die durch $h(t) := \int_{t_0}^{t} (v(\tau) - c)d\tau$, $t \in [t_0, t_1]$, festgelegte Funktion h die folgenden Eigenschaften:

- $h \in \mathcal{C}^1[t_0, t_1]$ mit $\dot{h}(t) = v(t) - c$,
- $h(t_0) = 0$ und $h(t_1) = \int_{t_0}^{t_1} v(\tau)d\tau - c \int_{t_0}^{t_1} d\tau = (t_1 - t_0)c - (t_1 - t_0)c = 0.$

Es ist also $h \in \mathcal{H}$. Wir erhalten somit die folgende Gleichungskette:

$$\int_{t_0}^{t_1} (v(\tau) - c)^2 d\tau = \int_{t_0}^{t_1} (v(\tau) - c) \cdot \dot{h}(\tau) d\tau = \int_{t_0}^{t_1} v(\tau) \cdot \dot{h}(\tau) d\tau - c \cdot h(t)|_{t_0}^{t_1} = 0. \tag{6.2.10}$$

Weil v aber als stetig vorausgesetzt wurde, folgt hieraus unmittelbar $v(t) \equiv c$ auf $[t_0, t_1]$. ■

Das Lemma von du Bois-Reymond kann wie folgt verallgemeinert werden:

Lemma 6.2 *Es seien $y, v : [t_0, t_1] \to \mathbb{R}$ stetige Funktionen. Gilt für alle Funktionen $h \in \mathcal{H}$*

$$\int_{t_0}^{t_1} \left[y(t) \cdot h(t) + v(t) \cdot \dot{h}(t) \right] dt = 0, \tag{6.2.11}$$

so ist $v \in \mathcal{C}^1[t_0, t_1]$ und $\dot{v}(t) = y(t)$ für alle $t \in [t_0, t_1]$.

Beweis: Wir definieren $Y(t) = \int_{t_0}^{t} y(\tau)d\tau$ für alle $t \in [t_0, t_1]$. Dann ist Y auf $[t_0, t_1]$ stetig differenzierbar mit $\dot{Y}(t) = y(t)$. Integrieren wir den ersten Term des Klammerausdrucks aus (6.2.11) partiell, so ergibt sich hiermit für alle $h \in \mathcal{H}$ die Beziehung

$$\int_{t_0}^{t_1} y(t) \cdot h(t) dt = Y(t) \cdot h(t)|_{t_0}^{t_1} - \int_{t_0}^{t_1} Y(t) \cdot \dot{h}(t) dt = -\int_{t_0}^{t_1} Y(t) \cdot \dot{h}(t) dt. \tag{6.2.12}$$

Einsetzen in Gleichung (6.2.11) liefert

$$\int_{t_0}^{t_1} [v(t) - Y(t)] \cdot \dot{h}(t) dt = 0, \tag{6.2.13}$$

woraus durch Anwendung von Lemma 6.1 für eine gewisse Konstante c

$$v(t) = Y(t) + c, \ t \in [t_0, t_1], \tag{6.2.14}$$

gefolgert werden kann. Mit Y ist somit auch v stetig differenzierbar, wobei $\dot{v}(t) = \dot{Y}(t) = y(t)$ gilt. ∎

Setzen wir nun in Beziehung (6.2.8) aus Satz 6.1 $y(t) = f_x(t, x^*(t), \dot{x}^*(t))$ und $v(t) = f_{\dot{x}}(t, x^*(t), \dot{x}^*(t))$, so erhalten wir mit Hilfe von Lemma 6.2 unmittelbar das im folgenden Satz zusammengefaßte zentrale Resultat der Variationsrechnung:

Satz 6.2 (Eulersche Gleichung) *Die Funktion $x^* \in C^1[t_0, t_1]$ löse das fundamentale Variationsproblem (VP1), d.h., sie maximiere das Funktional F aus (6.1.1) auf*

$$\mathcal{A} := \left\{ x \in C^1[t_0, t_1] \mid x(t_0) = x_0, x(t_1) = x_1 \right\}.$$

Ferner genüge die momentane Zielfunktion f den Regularitätsbedingungen (6.1.2). Dann ist die durch $v(t) = f_{\dot{x}}(t, x^*(t), \dot{x}^*(t))$ definierte Funktion $v : [t_0, t_1] \to \mathbb{R}$ stetig differenzierbar, und es gilt für alle $t \in [t_0, t_1]$

$$\frac{d}{dt} f_{\dot{x}}(t, x^*(t), \dot{x}^*(t)) - f_x(t, x^*(t), \dot{x}^*(t)) = 0. \tag{6.2.15}$$

Bemerkung 6.1 Die Aussagen von Satz 6.2, insbesondere Beziehung (6.2.15), gelten in *unveränderter* Form auch für Minimierungsprobleme. □

Bei der Differentialgleichung (6.2.15) handelt es sich um die vom Schweizer Mathematiker Leonhard Euler bereits im Jahre 1744 entwickelte *Eulersche Gleichung.*[6] Diese Beziehung stellt als notwendige Bedingung erster Ordnung noch heute das wichtigste Instrument zum Auffinden der Lösungen von Variationsproblemen dar. Sie ist im Gegensatz zu (6.2.8) frei von beliebig wählbaren Ausdrücken und damit wesentlich praktikabler. Nehmen wir an, daß sogar $f \in C^2([t_0, t_1] \times \mathbb{R}^2)$ und

[6] Man bezeichnet (6.2.15) auch als Eulersche Gleichung in Lagrangescher Form. Integration liefert für eine gewisse Konstante c die Eulersche Gleichung in der du Bois-Reymondschen Form (vgl. auch Beziehung (6.2.14)):

$$f_{\dot{x}}(t, x^*, \dot{x}^*) = \int_{t_0}^{t} f_x(\tau, x^*, \dot{x}^*) d\tau + c.$$

$x^* \in \mathcal{C}^2[t_0, t_1]$ ist, so können wir die Eulersche Gleichung unter Vernachlässigung der Argumente $(t, x^*(t), \dot{x}^*(t))$ auch in der Form[7]

$$\frac{\partial^2 f}{\partial \dot{x} \partial t} + \frac{\partial^2 f}{\partial \dot{x} \partial x}\dot{x}^* + \frac{\partial^2 f}{\partial \dot{x} \partial \dot{x}}\ddot{x}^* - \frac{\partial f}{\partial x} = 0 \tag{6.2.16}$$

bzw. abkürzend

$$f_{\dot{x}t} + f_{\dot{x}x}\dot{x}^* + f_{\dot{x}\dot{x}}\ddot{x}^* - f_x = 0 \tag{6.2.17}$$

schreiben. Dies ist eine gewöhnliche Differentialgleichung zweiter Ordnung, deren Lösung in der Regel von zwei Konstanten abhängt. Letztere können i. allg. mit Hilfe der beiden Randbedingungen $x^*(t_0) = x_0$ und $x^*(t_1) = x_1$ bestimmt werden.[8] Die zur Darstellung (6.2.17) erforderliche Eigenschaft $x^* \in \mathcal{C}^2[t_0, t_1]$ der Lösung von (VP1) läßt sich bei Gültigkeit einer zusätzlichen Regularitätsbedingung bereits aus der Annahme $f \in \mathcal{C}^2([t_0, t_1] \times \mathbb{R}^2)$ *folgern.* Es gilt sogar

Satz 6.3 *Die momentane Zielfunktion f genüge der Annahme $f \in \mathcal{C}^k([t_0, t_1] \times \mathbb{R}^2)$, $k \geq 2$. Ferner löse die Abbildung x^* das Variationsproblem (VP1), und es gelte für alle $t \in [t_0, t_1]$*

$$f_{\dot{x}\dot{x}}(t, x^*(t), \dot{x}^*(t)) \neq 0. \tag{6.2.18}$$

Dann ist x^* ebenfalls k-mal stetig differenzierbar, also $x^* \in \mathcal{C}^k[t_0, t_1]$.

Beweis: Vgl. HESTENES (1966), S 60 f. ∎

Bevor wir uns nun der Anwendung der Eulerschen Gleichung auf einige ökonomische Problemstellungen zuwenden, wollen wir noch auf eine bisher verschwiegene, aber dennoch sehr wichtige Eigenschaft dieser notwendigen Bedingung hinweisen. Wir stellen diesbezüglich zunächst einmal fest, daß das fundamentale Problem der Variationsrechnung in Abschnitt 6.1 als *globale* Optimierungsaufgabe formuliert wurde: Wir suchen unter *allen* zulässigen Funktionen $x \in \mathcal{A}$ diejenige, die das Zielfunktional F maximiert. Rufen wir uns jedoch nochmals die Herleitung der Eulerschen Gleichung in Erinnerung, so ist festzustellen, daß in entscheidender Weise von der Bedingung $J'(0) = 0$ Gebrauch gemacht wurde, vgl. Beziehung (6.2.7). Diese Bedingung stellt aber ein notwendiges Kriterium dafür dar, daß die Funktion J im Punkt $\alpha = 0$ ein *lokales* Extremum besitzt. Letztendlich vergleichen wir den Wert des Zielfunktionals F im Optimum x^* also nur mit den Funktionalwerten solcher Abbildungen $x^* + \alpha \cdot h$, deren Parameter α betragsmäßig hinreichend klein ist. Für kleine α-Werte befinden sich die Vergleichsfunktionen x_α aber in gewisser Weise in der „Nähe" von x^*. Dies bedeutet, daß auch die Eulersche Gleichung lokalen Charakter besitzt, also nicht nur eine notwendige Bedingung für die globale, sondern auch für die „lokale" Optimalität des Zielfunktionalwertes $F(x)$ darstellt. Zur Konkretisierung der vorangegangenen Aussagen, insbesondere zur Klärung der Frage, was formal unter einem lokalen Maximum eines Funktionals zu verstehen ist, sei auf den Anhang dieses Kapitels verwiesen.

[7] Zur Ermittlung der Ableitung $\frac{d}{dt} f_{\dot{x}}(t, x^*(t), \dot{x}^*(t))$ wende man einfach die Kettenregel an.

[8] Vgl. hierzu Anhang B.3.

Beispiel 6.1 Wir wollen uns nun dem in Abschnitt 5.1 diskutierten Problem der optimalen Produktionsplanung eines Unternehmens widmen, welches zu einem bestimmten Zeitpunkt T einer Lieferverpflichtung im Umfang von B Mengeneinheiten nachkommen muß und dabei die aus der Produktion und Lagerhaltung entstehenden Gesamtkosten minimieren will. Um eine Behandlung mit den bisher bereitgestellten Methoden der Variationsrechnung zu ermöglichen, betrachten wir die zugrundeliegende Optimierungsaufgabe in der Form

$$\int_0^T \left[c_1 \cdot (\dot{x}(t))^2 + c_2 \cdot x(t)\right] dt \to \min_{x(t),\, t\in[0,T]}! \tag{6.2.19}$$

unter den Nebenbedingungen

$$x(0) = 0, \quad x(T) = B \tag{6.2.20}$$

sowie

$$\dot{x}(t) \geq 0 \qquad \forall t \in [0,T] \tag{6.2.21}$$

mit positiven Konstanten c_1 und c_2. Dabei müssen wir von der die Entwicklung des Lagerbestandes beschreibenden Funktion $x : [0,T] \to \mathbb{R}_+$ zusätzlich die stetige Differenzierbarkeit fordern. Abgesehen von der *Minimierung* des Zielfunktionals und der Existenz der Nichtnegativitätsbedingung (6.2.21) weist dieses Problem die Form der fundamentalen Variationsaufgabe (VP1) auf, wobei im vorliegenden Fall die momentane Zielfunktion

$$f(t,x,\dot{x}) = f(x,\dot{x}) := c_1 \cdot \dot{x}^2 + c_2 \cdot x \tag{6.2.22}$$

nicht unmittelbar von t abhängig ist. Wir wollen im folgenden zunächst einmal davon ausgehen, daß die Restriktion $\dot{x}(t) \geq 0$ im Optimum zu keinem Zeitpunkt $t \in [0,T]$ bindend ist, was uns die Anwendung von Satz 6.2 (in Verbindung mit Bemerkung 6.1) ermöglicht.

Man beachte hierbei, daß die momentane Zielfunktion f zweimal stetig differenzierbar ist und die partiellen Ableitungen

$$f_x = c_2, \quad f_{\dot{x}} = 2c_1\dot{x}, \quad f_{\dot{x}t} = f_{\dot{x}x} = 0, \quad f_{\dot{x}\dot{x}} = 2c_1$$

besitzt. Wegen $c_1 > 0$ gilt damit insbesondere $f_{\dot{x}\dot{x}} \neq 0$, so daß nach Satz 6.3 auch die gesuchte Lösung des Problems (6.2.19)-(6.2.20) zweimal stetig differenzierbar ist. Die Eulersche Gleichung für das betrachtete Variationsproblem ergibt sich somit durch Einsetzen der partiellen Ableitungen von f in Beziehung (6.2.17). Sie lautet

$$2c_1\ddot{x}(t) - c_2 = 0. \tag{6.2.23}$$

Diese Differentialgleichung zweiter Ordnung gilt es im folgenden unter Berücksichtigung der Randbedingungen $x(0) = 0$ und $x(T) = B$ zu lösen. Hierzu integrieren wir (6.2.23) zweimal und erhalten

$$2c_1x(t) - \frac{c_2}{2}t^2 + \alpha t + \beta = 0, \tag{6.2.24}$$

wobei α und β die jeweiligen Integrationskonstanten bezeichnen. Auflösen dieser Gleichung nach x liefert

$$x(t) = \frac{1}{2c_1}\left(\frac{c_2}{2}t^2 - \alpha t - \beta\right). \tag{6.2.25}$$

Zur Bestimmung der Integrationskonstanten können nun die oben aufgeführten Randbedingungen herangezogen werden:

$$x(0) = -\frac{\beta}{2c_1} \stackrel{!}{=} 0, \qquad x(T) = \frac{1}{2c_1}\left(\frac{c_2}{2}T^2 - \alpha T - \beta\right) \stackrel{!}{=} B. \tag{6.2.26}$$

Hieraus ergibt sich

$$\beta = 0, \qquad \alpha = \frac{c_2}{2}T - 2c_1\frac{B}{T}, \tag{6.2.27}$$

so daß die eindeutige Lösung der Eulerschen Gleichung (6.2.23) zu den Randbedingungen (6.2.20) wie folgt lautet:

$$x(t) = \frac{c_2}{4c_1}(t-T)\,t + \frac{B}{T}t. \tag{6.2.28}$$

Wir haben schließlich noch zu überprüfen, ob diese Funktion tatsächlich zulässig ist, d.h., ob sie der Nichtnegativitätsbedingung $\dot{x}(t) \geq 0$ für alle $t \in [0,T]$ genügt.

Aus Beziehung (6.2.23) ergibt sich unmittelbar $\ddot{x} > 0$, d.h., $\dot{x}$ steigt streng monoton in t. Die Nichtnegativitätsbedingung für $\dot{x}$ ist also genau dann erfüllt, wenn $\dot{x}(0) \geq 0$ ist. Letzteres ist wegen $\dot{x}(0) = \frac{B}{T} - \frac{c_2}{4c_1}T$ aber gleichbedeutend mit der Bedingung

$$4\frac{B}{T^2} \geq \frac{c_2}{c_1}. \tag{6.2.29}$$

Ist also die zu liefernde Gesamtmenge des Produktes B im Vergleich zum Zeithorizont T hinreichend groß bzw. sind die Lagerhaltungskosten c_2 im Vergleich zu den Stückkosten der Produktion c_1 hinreichend gering, so ist die in (6.2.28) definierte Funktion x auf $[0,T]$ nichtnegativ und stellt damit einen Lösungs*kandidaten* für das Problem der optimalen Produktionsplanung (6.2.19)-(6.2.21) dar. Existiert eine Lösung der allgemeineren Variationsaufgabe (6.2.19)-(6.2.20) ohne Nichtnegativitätsbedingung, so handelt es sich hierbei bereits um den gesuchten kostenminimalen Produktionsplan. Dies folgt unmittelbar aus der *Eindeutigkeit* von x als Lösung der Eulerschen Gleichung bezüglich der Randbedingungen (6.2.20): Weil einerseits jede Lösung des Variationsproblems (6.2.19)-(6.2.20) notwendigerweise der Eulerschen Gleichung genügen muß, es andererseits aber lediglich eine stetig differenzierbare Funktion gibt, welche diese charakteristische Gleichung zusammen mit den Randbedingungen (6.2.20) erfüllt, muß es sich hierbei - Existenz vorausgesetzt - bereits um das Optimum für (6.2.19)-(6.2.20) handeln. Weil die so ermittelte Funktion aber auch der zusätzlichen Nichtnegativitätsbedingung (6.2.21) genügt, löst sie auch das uns interessierende speziellere Problem der optimalen Produktionsplanung (6.2.19)-(6.2.21). Es sei nochmals betont, daß die Gültigkeit der Eulerschen Gleichung lediglich eine *notwendige* Bedingung darstellt. Die Optimalität der Funktion

x kann letzlich nur durch Überprüfung einer noch zu entwickelnden hinreichenden Bedingung (vgl. Abschnitt 6.3) oder gemäß der obigen Argumentation durch den Nachweis der Existenz eines optimalen Produktionsplanes für die Variationsaufgabe (6.2.19)-(6.2.20) bestätigt werden.

Ist Bedingung (6.2.29) nicht erfüllt, so scheint eine Verschiebung des Produktionsbeginns für die betrachtete Firma angebracht zu sein. Diese Vermutung werden wir mit Hilfe der Methoden aus der Kontrolltheorie im folgenden Kapitel bestätigen können.[9]

Zum Abschluß dieses Beispiels wollen wir noch eine interessante Interpretationsmöglichkeit der Eulerschen Gleichung aufzeigen. Da (6.2.23) bei Anwendung des optimalen Produktionsplanes für alle $t \in [0, T]$ gültig ist, erhalten wir aus der Integration über ein hinreichend kurzes Zeitintervall der Länge Δ

$$\int_t^{t+\Delta} 2c_1\ddot{x}(s)ds = \int_t^{t+\Delta} c_2 ds \tag{6.2.30}$$

und damit

$$2c_1\left[\dot{x}(t+\Delta) - \dot{x}(t)\right] = c_2\Delta. \tag{6.2.31}$$

Hieraus ergibt sich nach Umordnen unmittelbar

$$2c_1\dot{x}(t) + c_2\Delta = 2c_1\dot{x}(t+\Delta). \tag{6.2.32}$$

Während der erste Term auf der linken Seite von (6.2.32), $2c_1\dot{x}(t)$, die Grenzkosten der Produktion zum Zeitpunkt t angibt, entspricht der zweite Term, $c_2\Delta$, den Lagerhaltungskosten einer Einheit für einen Zeitraum Δ. Die Summe aus den durch eine Produktionsausweitung um eine marginale Einheit verursachten Zusatzkosten zum Zeitpunkt t und den Lagerhaltungskosten dieser marginalen Einheit für einen Zeitraum von Δ muß demnach den zusätzlichen Produktionskosten einer marginalen Einheit zum Zeitpunkt $t + \Delta$ gleichen. Eine Kostenreduktion durch eine zeitliche Umstrukturierung des Produktionsplanes ist im Optimum demnach nicht mehr möglich. □

Beispiel 6.2 Wir wollen nun der in Abschnitt 5.2 aufgeworfenen Frage nach dem optimalen Wachstum einer Volkswirtschaft nachgehen. Das zugehörige Optimierungsproblem hatten wir dort bereits als Variationsaufgabe formuliert:

$$\int_0^T \exp(-\rho t)U\left(\psi(K(t)) - \dot{K}(t)\right)dt \rightarrow \max_{K(t),\, t\in[0,T]}! \tag{6.2.33}$$

unter den Nebenbedingungen

$$K(0) = K_0, \;\; K(T) = K_T, \tag{6.2.34}$$

[9] Vgl. hierzu Beispiel 7.4 in Abschnitt 7.2.3.

sowie

$$K(t) \geq 0, \quad t \in [0,T], \tag{6.2.35}$$
$$C(t) = \psi(K(t)) - \dot{K}(t) \geq 0, \quad t \in [0,T]. \tag{6.2.36}$$

Zur Konkurrenz sind dabei im folgenden natürlich ausschließlich stetig differenzierbare Kapitalbestandsfunktionen $K : [0,T] \to \mathbb{R}$ zugelassen.

Entsprechend der Vorgehensweise im vorangegangenen Beispiel wollen wir die Nichtnegativitätsbedingungen bzgl. des Kapitals K und des Konsums C zunächst wieder ignorieren. Die durch

$$f(t,K,\dot{K}) = e^{-\rho t}U(\psi(K) - \dot{K}) \tag{6.2.37}$$

definierte momentane Zielfunktion ist zweimal stetig differenzierbar mit den partiellen Ableitungen[10]

$$f_K = e^{-\rho t}U'\psi', \quad f_{\dot{K}} = -e^{-\rho t}U',$$
$$f_{\dot{K}K} = -e^{-\rho t}U''\psi', \quad f_{\dot{K}\dot{K}} = e^{-\rho t}U'', \quad f_{\dot{K}t} = e^{-\rho t}\rho U'.$$

Aufgrund der *strengen* Konkavität der Konsumnutzenfunktion gilt insbesondere $f_{\dot{K}\dot{K}}(t,K,\dot{K}) \neq 0$, so daß nach Satz 6.3 auch die Lösung des vorliegenden Variationsproblems zweimal stetig differenzierbar ist. Die Eulersche Gleichung besitzt gemäß Beziehung (6.2.17) somit die folgende Gestalt:

$$e^{-\rho t}\rho U' - e^{-\rho t}U''\psi'\dot{K} + e^{-\rho t}U''\ddot{K} - e^{-\rho t}U'\psi' = 0. \tag{6.2.38}$$

Wegen $U'' < 0$ dürfen wir (6.2.38) durch $(e^{-\rho t}U'')$ dividieren und erhalten

$$\ddot{K} - \psi'\dot{K} + \frac{U'}{U''}(\rho - \psi') = 0. \tag{6.2.39}$$

Dies ist i. allg. eine relativ komplizierte Differentialgleichung zweiter Ordnung, deren Lösungen abgesehen von Spezialfällen (s.u.) nicht in expliziter Form angegeben werden können. Dennoch kann aus (6.2.39) eine interessante Eigenschaft einer (inneren) Lösung des Problems (6.2.33)-(6.2.36) abgeleitet werden. Wegen $C = \psi(K) - \dot{K}$ gilt nämlich $\dot{C} = \psi'(K) \cdot \dot{K} - \ddot{K}$, und wir erhalten durch Einsetzen in (6.2.39) die Beziehung

$$\dot{C} = \frac{U'}{U''}(\rho - \psi'). \tag{6.2.40}$$

Ist also $K \in \mathcal{C}^1[0,T]$ eine innere Lösung des betrachteten Variationsproblems, d.h. sind die Nichtnegativitätsbedingungen (6.2.35) und (6.2.36) zu keinem Zeitpunkt bindend, so gilt für den zugehörigen optimalen Konsumplan

$$\frac{\dot{C}}{C} = \frac{U'(C)}{CU''(C)}(\rho - \psi'(K)). \tag{6.2.41}$$

[10] Zur besseren Lesbarkeit werden im weiteren Verlauf sowohl die Argumente der verschiedenen Funktionen als auch der Zeitindex an manchen Stellen weggelassen.

Da annahmegemäß $U' > 0$ und $U'' < 0$ gilt, ist die Wachstumsrate des Konsums demnach genau dann größer als Null, wenn die Grenzproduktivität des Kapitals $\psi'(K)$ zum Betrachtungszeitpunkt den Zeitpräferenzfaktor ρ übersteigt. Ein solches Verhalten ist unmittelbar einsichtig, da bei vergleichsweise hoher Grenzproduktivität und kleiner Diskontierungsrate ρ der Konsum in der Gegenwart eingeschränkt und statt dessen mehr investiert werden sollte. Hiermit verbunden ist ein stärkerer Konsum in der unmittelbaren Zukunft und damit eine positive Wachstumsrate des Konsums.

Mit dem speziellen Beispiel einer logarithmischen Nutzen- sowie einer linearen Produktionsfunktion wollen wir nun abschließend einen derjenigen Fälle näher untersuchen, in denen die Eulersche Gleichung (6.2.39) explizit gelöst werden kann. Es sei also

$$U(C) = \ln(C) \tag{6.2.42}$$

sowie

$$\psi(K) = \alpha K, \qquad \alpha > 0. \tag{6.2.43}$$

Weiterhin seien sowohl die Anfangs- und Endkapitalausstattungen K_0 und K_T als auch die Zeitpräferenzrate ρ strikt positiv. Schließlich wollen wir die Nichtnegativitätsbedingung (6.2.36) für den Konsum ein wenig verschärfen und sogar

$$C(t) > 0, \ t \in [0, T], \tag{6.2.44}$$

fordern. Der Fall $C(t) = 0$ ist einerseits schon aus rein formalen Gründen auszuschließen, weil $U(C) = \ln(C)$ im Punkt $C = 0$ nicht definiert ist. Zum anderen ist der Nullkonsum aber auch aus ökonomischer Sicht sinnlos, da $\ln(C) \to -\infty$ für $C \to 0$ gilt, vgl. Abbildung 6.3.[11]

Die Eulersche Gleichung (6.2.39) besitzt für den vorliegenden Spezialfall die folgende Form:

$$\ddot{K} - \alpha\dot{K} + C(\alpha - \rho) = 0. \tag{6.2.45}$$

Führen wir die Konstante $\beta := \alpha - \rho$ ein, so erhalten wir aus (6.2.45) unter Berücksichtigung der Identität $C = \psi(K) - \dot{K} = \alpha K - \dot{K}$ die Beziehung

$$\ddot{K} - (\alpha + \beta)\dot{K} + \alpha\beta K = 0. \tag{6.2.46}$$

Die Lösungen dieser linearen Differentialgleichung zweiter Ordnung erhalten wir durch Anwendung von Satz B.15. Demnach sind zunächst einmal die Nullstellen des charakteristischen Polynoms

$$x^2 - (\alpha + \beta)x + \alpha\beta$$

zu bestimmen. Wie unschwer nachzurechnen ist, sind diese durch

$$\lambda_1 = \alpha \text{ und } \lambda_2 = \beta$$

[11] Man beachte, daß die zuvor bereitgestellten Sätze trotz des eingeschränkten Definitionsbereiches der momentanen Zielfunktion unverändert gültig bleiben. Vgl. hierzu auch Fußnote 2.

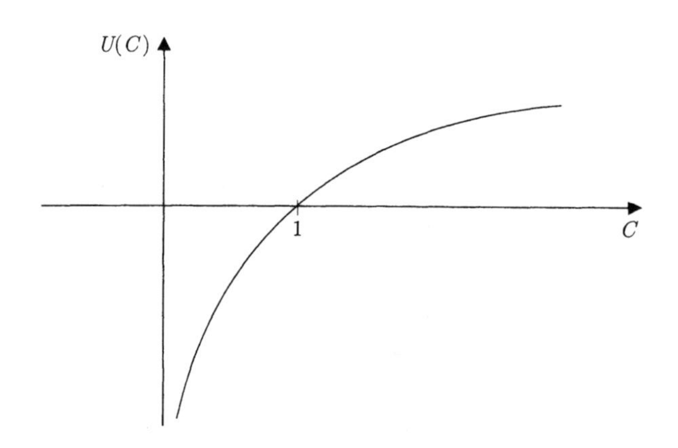

Abbildung 6.3: Logarithmische Nutzenfunktion

gegeben. Damit bilden $\varphi_1(t) := e^{\alpha t}$ und $\varphi_2(t) := e^{\beta t}$ eine Basis der Lösungsmenge der Differentialgleichung (6.2.46). Deren Lösungen besitzen also (vgl. hierzu auch Bemerkung B.5) die Form

$$K(t) = Ae^{\alpha t} + Be^{\beta t}. \tag{6.2.47}$$

Dies kann man durch Einsetzen der ersten und zweiten Ableitung,

$$\dot{K}(t) = A\alpha e^{\alpha t} + B\beta e^{\beta t} \tag{6.2.48}$$

sowie

$$\ddot{K}(t) = A\alpha^2 e^{\alpha t} + B\beta^2 e^{\beta t}, \tag{6.2.49}$$

in (6.2.46) nochmals leicht verifizieren. Die Werte der noch unbestimmten Konstanten A und B ergeben sich dabei zwingend aus den Randbedingungen (6.2.34), d.h. als Lösungen des linearen Gleichungssystems

$$K(0) = A + B \stackrel{!}{=} K_0, \tag{6.2.50}$$

$$K(T) = Ae^{\alpha T} + Be^{\beta T} \stackrel{!}{=} K_T. \tag{6.2.51}$$

Sie lauten

$$A = \frac{K_T - K_0 e^{\beta T}}{e^{\alpha T} - e^{\beta T}}, \qquad B = \frac{K_0 e^{\alpha T} - K_T}{e^{\alpha T} - e^{\beta T}}. \tag{6.2.52}$$

Ist die soeben ermittelte eindeutige Lösung der Eulerschen Gleichung bzgl. der Randbedingungen (6.2.34) tatsächlich zulässig, genügt sie also auch den Nebenbedingungen (6.2.35) und (6.2.44), so haben wir bereits eine Lösung des Problems der optimalen Kapitalakkumulation mit logarithmischer Nutzen- und linearer Produktionsfunktion gefunden, sofern nur die zugehörige (etwas allgemeinere) Variationsaufgabe (6.2.33)-(6.2.34) eine Lösung besitzt.[12]

[12]Vgl. hierzu die entsprechende Argumentation für das vorangegangene Beispiel der optimalen Produktionsplanung.

Wir wollen zunächst überprüfen, ob der Konsum wie in (6.2.44) gefordert im gesamten Planungsintervall strikt positiv ist. Die Wachstumsrate $\dot{C}$ betreffend erhalten wir für den hier betrachteten Spezialfall gemäß Gleichung (6.2.40)

$$\dot{C} = (\alpha - \rho)C = \beta C. \tag{6.2.53}$$

Die Konsumfunktion lautet demnach (vgl. Satz B.4)

$$C(t) = C(0) \cdot e^{\beta t}, \quad t \in [0, T], \tag{6.2.54}$$

so daß die Restriktion bzgl. C genau dann erfüllt ist, wenn der Anfangskonsum $C(0)$ positiv ist. Letzteres ist wegen

$$\begin{aligned} C(0) &= \alpha K_0 - \dot{K}(0) \\ &= \alpha(A + B) - (A\alpha + B\beta) \\ &= \rho B \end{aligned} \tag{6.2.55}$$

aber gleichbedeutend mit $B > 0$ und damit (vgl. (6.2.52)) äquivalent zur Bedingung

$$K_T < K_0 e^{\alpha T}. \tag{6.2.56}$$

Dies ist eine unmittelbar einsichtige Forderung an die Anfangs- und Endkapitalausstattung. Wäre nämlich $K_T \geq K_0 e^{\alpha T}$, so könnte das Anfangskapital K_0 im Zeitraum $[0, T]$ gar nicht bzw. (im Falle der Gleichheit) nur bei permanentem Nullkonsum, d.h. bei andauernder Verwendung sämtlicher Ressourcen zu Investitionszwecken, in Endkapital der Höhe K_T transformiert werden. Die Menge zulässiger Funktionen wäre damit leer, bzw. sie bestünde nur aus der Nullfunktion. Die obige Problemformulierung wäre damit aber sinnlos. Wir wollen (6.2.56) deshalb als eine grundsätzlich erfüllte Voraussetzung betrachten.

Wenden wir uns schließlich der zweiten noch zu überprüfenden Restriktion (6.2.35) zu. Einsetzen der Konstanten A und B aus (6.2.52) in (6.2.47) liefert nach Zusammenfassen diverser Terme

$$\begin{aligned} K(t) &= \frac{1}{e^{\alpha T} - e^{\beta T}} \left[K_T(e^{\alpha t} - e^{\beta t}) + K_0(e^{\alpha T} e^{\beta t} - e^{\beta T} e^{\alpha t}) \right] \\ &= \frac{1}{e^{\alpha T} - e^{\beta T}} \left[K_T(e^{\alpha t} - e^{\beta t}) + K_0(e^{\alpha(T+t) - \rho t} - e^{\alpha(T+t) - \rho T}) \right] \\ &> 0, \end{aligned} \tag{6.2.57}$$

da $\alpha > \beta$ und die Exponentialfunktion streng monoton wachsend ist. Der Kapitalstock bleibt demnach im gesamten Planungszeitraum $[0, T]$ positiv.

Wir erhalten somit das folgende Ergebnis: Besitzt das Problem der optimalen Kapitalakkumulation für den Spezialfall der logarithmischen Nutzenfunktion (6.2.42) sowie der linearen Produktionsfunktion (6.2.43) eine innere, d.h. die Nichtnegativitätsbedingungen für Konsum *und* Kapital strikt erfüllende Lösung, so ist diese durch die in (6.2.47) und (6.2.52) definierte Funktion K gegeben. □

Es ist möglich, neben der Eulerschen Gleichung weitere notwendige Bedingungen für eine Lösung des fundamentalen Variationsproblems (VP1) zu entwickeln. Wir wollen im folgenden stellvertretend die häufig verwendete *Bedingung von Legendre* einführen, die als Analogon zur notwendigen Bedingung zweiter Ordnung aus der statischen Optimierungstheorie angesehen werden kann.[13] Diese Bedingung zeichnet sich vor allem durch ihre extreme Einfachheit und die hiermit verbundene hohe Operationalität aus. Ihre Auswertung setzt nämlich lediglich die Kenntnis des Vorzeichens der partiellen Ableitung $f_{\dot{x}\dot{x}} = \frac{\partial^2 f}{\partial \dot{x} \partial \dot{x}}$ voraus. Die Herleitung der Legendre-Bedingung basiert dabei wiederum auf der Optimalität der in (6.2.4) definierten Hilfsfunktion J an der Stelle $\alpha = 0$. Haben wir im Zusammenhang mit der Entwicklung der Eulerschen Gleichung in entscheidender Weise von der notwendigen Bedingung erster Ordnung für ein lokales Maximum von J Gebrauch gemacht, so verwenden wir nun die notwendige Bedingung zweiter Ordnung für ein derartiges Extremum, d.h. die Beziehung $J''(0) \leq 0$. Wir benötigen hierfür jedoch zunächst noch das folgende Hilfsresultat.

Lemma 6.3 *Es seien $p, q : [t_0, t_1] \to \mathbb{R}$ stetige Funktionen. Weiterhin sei das quadratische Funktional*

$$\int_{t_0}^{t_1} \left[p(t)(h(t))^2 + q(t)(\dot{h}(t))^2 \right] dt \tag{6.2.58}$$

für alle Funktionen $h \in \mathcal{H}$ definiert und nichtpositiv. Dann ist notwendigerweise $q(t) \leq 0$ für alle $t \in [t_0, t_1]$.

Beweis: Siehe z.B. KAMIEN, SCHWARTZ (1998), S. 44 f. ■

Wir sind nun in der Lage, die notwendige Bedingung zweiter Ordnung für eine Lösung des fundamentalen Variationsproblems zu formulieren.

Satz 6.4 (Bedingung von Legendre) *Es sei $f \in C^3([t_0,t_1] \times \mathbb{R}^2)$. Die Funktion $x^* \in C^1[t_0, t_1]$ löse (VP1), d.h., sie maximiere das Funktional F aus (6.1.1) auf*

$$\mathcal{A} := \left\{ x \in C^1[t_0, t_1] \mid x(t_0) = x_0,\ x(t_1) = x_1 \right\}.$$

Dann gilt für alle $t \in [t_0, t_1]$

$$f_{\dot{x}\dot{x}}(t, x^*(t), \dot{x}^*(t)) \leq 0. \tag{6.2.59}$$

Beweis: Wir betrachten wiederum die durch

$$J(\alpha) = F(x^* + \alpha \cdot h) = \int_{t_0}^{t_1} f(t, x^* + \alpha \cdot h, \dot{x}^* + \alpha \cdot \dot{h}) dt,\ \alpha \in \mathbb{R}, \tag{6.2.60}$$

[13] Die Herleitung und Diskussion weiterer notwendiger Bedingungen findet man u.a. in HADLEY, KEMP (1971), Abschnitt 2.15, oder IOFFE, TICHOMIROV (1979), Abschnitt 2.2.

definierte Hilfsfunktion J für eine beliebige, aber feste Variation $h \in \mathcal{H}$. Diese Funktion ist zweimal stetig differenzierbar und besitzt an der Stelle $\alpha = 0$ ein Maximum. Demnach gilt notwendigerweise

$$J''(0) = \int_{t_0}^{t_1} \left[f_{xx}(t, x^*, \dot{x}^*) h^2 + 2 f_{x\dot{x}}(t, x^*, \dot{x}^*) h \dot{h} + f_{\dot{x}\dot{x}}(t, x^*, \dot{x}^*) \dot{h}^2 \right] dt \leq 0. \quad (6.2.61)$$

Die zweite Ableitung von J ergibt sich dabei aus (6.2.5) wiederum mit Hilfe der Regel von Leibniz durch Anwendung der Kettenregel auf den Integranden. Nun ist aber wegen $h(t_0) = h(t_1) = 0$

$$\begin{aligned} 0 &= f_{x\dot{x}}(t, x^*, \dot{x}^*) h^2 \Big|_{t_0}^{t_1} \\ &= \int_{t_0}^{t_1} \frac{d}{dt} (f_{x\dot{x}}(t, x^*, \dot{x}^*) h^2) dt \\ &= \int_{t_0}^{t_1} \left[2 f_{x\dot{x}}(t, x^*, \dot{x}^*) h \dot{h} + (\frac{d}{dt} f_{x\dot{x}}(t, x^*, \dot{x}^*)) h^2 \right] dt. \end{aligned} \quad (6.2.62)$$

Unter Berücksichtigung dieser Beziehung ergibt sich aus (6.2.61) die für alle $h \in \mathcal{H}$ gültige Ungleichung

$$\int_{t_0}^{t_1} \left[\left(f_{xx}(t, x^*, \dot{x}^*) - \frac{d}{dt} f_{x\dot{x}}(t, x^*, \dot{x}^*) \right) h^2 + f_{\dot{x}\dot{x}}(t, x^*, \dot{x}^*) \dot{h}^2 \right] dt \leq 0. \quad (6.2.63)$$

Setzen wir schließlich

$$p(t) = f_{xx}(t, x^*, \dot{x}^*) - \frac{d}{dt} f_{x\dot{x}}(t, x^*, \dot{x}^*), \quad q(t) = f_{\dot{x}\dot{x}}(t, x^*, \dot{x}^*), \quad (6.2.64)$$

so erhalten wir aus der Anwendung von Lemma 6.3 das Ergebnis

$$f_{\dot{x}\dot{x}}(t, x^*, \dot{x}^*) \leq 0,$$

womit die Behautung bewiesen ist. ■

Bemerkung 6.2 Satz 6.4 bleibt auch dann gültig, wenn wir nur $f \in C^2([t_0, t_1] \times \mathbb{R}^2)$ fordern. Die restriktivere Voraussetzung dient lediglich der Vereinfachung der Beweisführung. So haben wir diesbezüglich zum einen von der *Existenz* der Ableitung $\frac{d}{dt} f_{x\dot{x}}$ Gebrauch gemacht und zum anderen bei der Anwendung von Lemma 6.3 auf die in (6.2.64) definierten Funktionen p und q auch deren *Stetigkeit* benutzt. □

Bemerkung 6.3 *Minimiert* $x^* \in C^1[t_0, t_1]$ das Funktional F auf $\mathcal{A}$, so lautet die Bedingung von Legendre

$$f_{\dot{x}\dot{x}}(t, x^*(t), \dot{x}^*(t)) \geq 0 \quad \forall t \in [t_0, t_1]. \quad (6.2.65)$$

□

Bemerkung 6.4 Man beachte: Die Ungleichung $J''(0) < 0$ ist in Verbindung mit $J'(0) = 0$ zwar hinreichendes Kriterium dafür, daß die Funktion J an der Stelle $\alpha = 0$ ein lokales Maximum besitzt. Die Gültigkeit der entsprechenden Beziehung $f_{\dot{x}\dot{x}} < 0$ stellt aber (auch in Verbindung mit der Eulerschen Gleichung) *keine* hinreichende Bedingung für eine Lösung des entsprechenden Variationsproblems dar. □

Am Ende dieses Abschnitts wollen wir die Gültigkeit der Bedingung von Legendre nun für die oben diskutierten ökonomischen Problemstellungen überprüfen.

Beispiel 6.3 Wir greifen zunächst das Problem der optimalen Produktionsplanung aus Beispiel 6.1 auf. Es ist hier $f(t, x, \dot{x}) = c_1 \cdot \dot{x}^2 + c_2 \cdot x$ und damit $f_{\dot{x}\dot{x}} = 2c_1$. Da annahmegemäß $c_1 > 0$ gilt, ist die Bedingung von Legendre für ein *Minimum* in jedem Fall erfüllt. Wir können somit ausschließen, daß es sich bei der durch (6.2.28) definierten Lösung der maßgeblichen Eulerschen Gleichung um einen kostenmaximierenden Produktionsplan handelt. □

Beispiel 6.4 Das Problem des optimalen Wirtschaftswachstums aus Beispiel 6.2 betreffend gilt $f(t, K, \dot{K}) = e^{-\rho t}U(\psi(K) - \dot{K})$ und damit $f_{\dot{K}\dot{K}} = e^{-\rho t}U''$. Aufgrund der strengen Konkavität der Nutzenfunktion U ist $f_{\dot{K}\dot{K}} < 0$, d.h., die Bedingung von Legendre für ein Maximum ist erfüllt. Wir können uns also auch hier sicher sein, mit der Lösung der Eulerschen Gleichung nicht irrtümlich ein nutzen*minimierenden* Kapitalplan ermittelt zu haben. □

6.3 Eine hinreichende Optimalitätsbedingung

Ist uns aus Vorüberlegungen heraus bekannt, daß eine Lösung des betrachteten Variationsproblems existiert, so haben wir mit der Lösung der Eulerschen Gleichung *im Falle ihrer Eindeutigkeit* bereits die gesuchte optimale Funktion gefunden. Oftmals kann die Lösbarkeit des vorliegenden Optimierungsproblems jedoch nicht im Vorwege gesichert werden, und/oder es liegen mehrere Funktionen vor, die der Eulerschen Gleichung genügen. In diesen Fällen ermöglicht uns letztere als notwendige Bedingung lediglich eine negative Auslese aus der Menge der zulässigen Funktionen: Jede Funktion $x \in \mathcal{A}$, welche die Eulersche Gleichung nicht erfüllt, kann das Zielfunktional auch nicht maximieren (bzw. minimieren). Wir wollen nun der Frage nachgehen, wann eine Lösung der Eulerschen Gleichung (abgesehen vom oben angesprochenen Spezialfall) auch eine Lösung des behandelten Variationsproblems darstellt, wann die Gültigkeit dieser charakteristischen Gleichung also ein hinreichendes Optimalitätskriterium verkörpert.

Zur Beantwortung dieser Frage lohnt es sich, zunächst die entsprechende Problematik aus der statischen Optimierungstheorie in Erinnerung zu rufen. Wie wir an verschiedenen Stellen in Teil I dieses Buches festgestellt haben, ist die *Konkavität* der Zielfunktion (neben der Konvexität der Definitions- bzw. Restriktionsmenge) wesentliches Kriterium dafür, daß die notwendige Bedingung 1. Ordnung für eine Lösung des jeweils betrachteten Maximierungsproblems zugleich hinreichend ist. Ein ähnliches Resultat kann auch in der Variationsrechnung bewiesen werden. Es gilt diesbezüglich

Satz 6.5 *Gegeben sei das fundamentale Variationsproblem (VP1). Die momentane Zielfunktion* $f : [t_0, t_1] \times \mathbb{R}^2 \to \mathbb{R}, (t, x, \dot{x}) \mapsto f(t, x, \dot{x})$ *erfülle die Regularitätsbedingungen (6.1.2) und sei konkav bzgl.* $(x, \dot{x})$. *Ferner genüge* $x^* \in C^1[t_0, t_1]$ *der Eulerschen Gleichung*

$$\frac{d}{dt} f_{\dot{x}}(t, x^*(t), \dot{x}^*(t)) - f_x(t, x^*(t), \dot{x}^*(t)) = 0 \ \forall t \in [t_0, t_1] \tag{6.3.1}$$

sowie den Randbedingungen $x^*(t_0) = x_0$ *und* $x^*(t_1) = x_1$. *Dann ist* x^* *eine Lösung von (VP1). Ist* f *sogar streng konkav bzgl.* $(x, \dot{x})$, *liefert* x^* *zugleich die eindeutige Lösung von (VP1).*

Beweis: Es sei $x \in \mathcal{A}$ beliebig. Definieren wir die Funktion $h : [t_0, t_1] \to \mathbb{R}$ durch $h(t) := x(t) - x^*(t)$, so gilt aufgrund der Konkavität von f für alle $t \in [t_0, t_1]$ die Gradientenungleichung (vgl. Satz 1.2)

$$f(t, x(t), \dot{x}(t)) - f(t, x^*(t), \dot{x}^*(t)) \le f_x(t, x^*(t), \dot{x}^*(t)) \cdot h(t) + f_{\dot{x}}(t, x^*(t), \dot{x}^*(t)) \cdot \dot{h}(t). \tag{6.3.2}$$

Es ergibt sich hiermit

$$\begin{aligned} F(x) - F(x^*) &\le \int_{t_0}^{t_1} \left[f_x(t, x^*, \dot{x}^*) \cdot h + f_{\dot{x}}(t, x^*, \dot{x}^*) \cdot \dot{h} \right] dt \\ &= \int_{t_0}^{t_1} \left[\left(\frac{d}{dt} f_{\dot{x}}(t, x^*, \dot{x}^*)\right) \cdot h + f_{\dot{x}}(t, x^*, \dot{x}^*) \cdot \dot{h} \right] dt \\ &= \int_{t_0}^{t_1} \frac{d}{dt} \left[f_{\dot{x}}(t, x^*, \dot{x}^*) \cdot h \right] dt \\ &= f_{\dot{x}}(t, x^*, \dot{x}^*) \cdot h\Big|_{t_0}^{t_1}, \end{aligned} \tag{6.3.3}$$

wobei die zweite Zeile aus der Gültigkeit der Eulerschen Gleichung für x^* und die dritte Zeile aus der Anwendung der Produktregel folgt. Wegen $h(t_0) = h(t_1) = 0$ erhalten wir aus (6.3.3) schließlich $F(x) \le F(x^*) \ \forall x \in \mathcal{A}$, so daß x^* das Zielfunktional F tatsächlich auf $\mathcal{A}$ maximiert und damit das Variationsproblem (VP1) löst.

Falls f sogar streng konkav bzgl. $(x, \dot{x})$ ist, gilt in (6.3.2) für $x(t) \ne x^*(t)$ die strikte Ungleichung und damit $F(x) < F(x^*) \ \forall x \in \mathcal{A}$, $x \ne x^*$, d.h., x^* ist die eindeutige Lösung von (VP1). ■

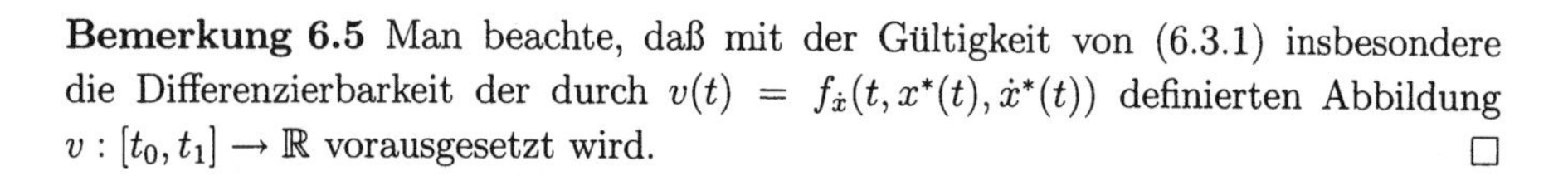
Bemerkung 6.5 Man beachte, daß mit der Gültigkeit von (6.3.1) insbesondere die Differenzierbarkeit der durch $v(t) = f_{\dot{x}}(t, x^*(t), \dot{x}^*(t))$ definierten Abbildung $v : [t_0, t_1] \to \mathbb{R}$ vorausgesetzt wird. □

Bemerkung 6.6 Fordern wir in Satz 6.5 die *Konvexität* der momentanen Zielfunktion $f : [t_0, t_1] \times \mathbb{R}^2$ bzgl. $(x, \dot{x})$, so erhalten wir eine hinreichende Bedingung für ein *Minimum* des Zielfunktionals F. □

Bemerkung 6.7 Im Gegensatz zu den im vorangegangenen Abschnitt erarbeiteten Resultaten besitzt Satz 6.5 *globalen* Charakter. Ist die momentane Zielfunktion $f : [t_0, t_1] \times \mathbb{R}^2$ konkav bzgl. des zweiten und dritten Argumentes, so besitzt die den entsprechenden Randbedingungen genügende Lösung der Eulerschen Gleichung unter *allen* Funktionen $x \in \mathcal{A}$ (und nicht nur in einer gewissen Umgebung) den größten Zielfunktionalwert. □

Die Konkavität (bzw. im Minimierungsfall die Konvexität) der momentanen Zielfunktion f bzgl. $(x, \dot{x})$ erleichtert uns also die Suche nach einer Lösung des fundamentalen Variationsproblems erheblich. Man hat „lediglich" nachzuprüfen, ob es eine Funktion $x \in C^1[t_0, t_1]$ gibt, die der Eulerschen Gleichung genügt und die Randbedingungen $x(t_0) = x_0$ und $x(t_1) = x_1$ erfüllt. Dies liefert bereits eine im Falle der *strengen* Konkavität/Konvexität *eindeutige* Lösung des betrachteten Optimierungsproblems. Zwar beschränkt die Forderung der Konkavität der momentanen Zielfunktion f die Klasse von Funktionen, auf die Satz 6.5 anwendbar ist, beträchtlich. Jedoch gilt wie im statischen Fall, daß gerade bei ökonomischen Problemstellungen eine derartige Annahme oftmals aus Vorüberlegungen heraus gesichert werden kann, so daß Satz 6.5 hierfür tatsächlich von immenser Bedeutung ist. Dies läßt sich anhand der im vorangegangenen Abschnitt behandelten Probleme bestätigen.

Beispiel 6.5 Wir wollen zunächst das Beispiel 6.1 der optimalen Produktionsplanung fortsetzen und fragen, ob die dort ermittelte eindeutige Lösung der Eulerschen Gleichung zu den relevanten Randbedingungen tatsächlich die Gesamtkosten der betrachteten Unternehmung minimiert. Mit den bisher zur Verfügung stehenden Mitteln konnten wir dies nur für den Fall positiv beantworten, daß das vorliegende Variationsproblem auch wirklich eine Lösung besitzt. Es gibt jedoch keine offensichtlichen Argumente, die eine solche Existenzannahme vorab rechtfertigen könnten. Wir wollen daher versuchen, die Anwendbarkeit von Satz 6.5 auf das untersuchte Problem nachzuweisen, um auf diesem Wege die Optimalität der Lösung der Eulerschen Gleichung zu bestätigen.

Hierfür sei nochmals das Zielfunktional F betrachtet, welches die Summe aus Produktions- und Lagerhaltungskosten bis zum Lieferzeitpunkt T wiedergibt:

$$F(x) = \int_0^T \left[c_1(\dot{x}(t))^2 + c_2 x(t) \right] dt. \tag{6.3.4}$$

Die Integrandenfunktion $f(x, \dot{x}) = c_1\dot{x}^2 + c_2 x$ ist demnach von t unabhängig und aufgrund der positiven Semidefinitheit der Hesse-Matrix

$$\nabla^2 f := \begin{pmatrix} f_{xx} & f_{x\dot{x}} \\ f_{\dot{x}x} & f_{\dot{x}\dot{x}} \end{pmatrix} = \begin{pmatrix} 0 & 0 \\ 0 & 2c_1 \end{pmatrix}$$

konvex. Aus Satz 6.5 ergibt sich somit in Verbindung mit Bemerkung 6.6, daß die durch

$$x(t) = \frac{c_2}{4c_1}(t - T)\,t + \frac{B}{T}t \tag{6.3.5}$$

definierte Funktion x als (eindeutige) Lösung der Eulerschen Gleichung $2c_1\ddot{x}(t) = c_2$ zu den Randbedingungen $x(0) = 0$ und $x(T) = B$ das Zielfunktional F aus (6.3.4) auf $\mathcal{A} := \{x \in C^1[0,T] : x(0) = 0,\ x(T) = B\}$ minimiert. Setzen wir voraus, daß die Bedingung

$$4\frac{B}{T^2} \geq \frac{c_2}{c_1}$$

erfüllt ist, welche uns die Nichtnegativität der Produktionszuwächse $\dot{x}(t)$, $t \in [0, T]$, sichert, so haben wir damit tatsächlich den optimalen Produktionsplan gefunden. □

Beispiel 6.6 Wir wollen uns nun dem in Beispiel 6.2 eingehend diskutierten Problem des optimalen Wachstums einer Volkswirtschaft zuwenden, welches durch das Zielfunktional

$$F(x) = \int_0^T \exp(-\rho t) U\left(\psi(K(t)) - \dot{K}(t)\right) dt \tag{6.3.6}$$

charakterisiert ist. Die Produktionsfunktion ψ ist dabei annahmegemäß konkav. Folglich ist die durch $g(K, \dot{K}) := \psi(K) - \dot{K}$ definierte Funktion konkav bzgl. $(K, \dot{K})$. Ferner ist die momentane Nutzenfunktion U streng monoton steigend und konkav. Hieraus können wir bereits schließen, daß der Integrand $e^{-\rho t}U(\psi(K) - \dot{K})$ konkav bzgl. $(K, \dot{K})$ ist.[14] Nach Satz 6.5 maximiert damit jede Lösung der Eulerschen Gleichung zu den Randbedingungen $K(0) = K_0$ und $K(T) = K_T$ den Gesamtnutzen $F(x)$ auf $\mathcal{A} := \{K \in C^1[0,T] : K(0) = K_0,\quad K(T) = K_T\}$. Für den Spezialfall einer logarithmischen Nutzen- und einer linearen Produktionsfunktion haben wir mit der durch (6.2.47) und (6.2.52) definierten Abbildung K die einzige Funktion, die diesen Bedingungen genügt, explizit berechnet. Sie stellt also tatsächlich die (eindeutige) Lösung des betrachteten Variationsproblems dar, d.h., sie gibt den optimalen Pfad des Kapitalstocks der betreffenden Volkswirtschaft an. □

Zum Abschluß dieses Teilabschnitts wollen wir darauf hinweisen, daß es sehr wohl auch hinreichende Optimalitätsbedingungen gibt, die nicht auf der Konkavität der momentanen Zielfunktion f basieren. Weil die Entwicklung derartiger, auch als klassisch bezeichneter Bedingungen jedoch ausgesprochen aufwendig und ihre

[14] Man beachte diesbezüglich das folgende allgemeingültige Resultat: Ist $g : \mathbb{R}^n \to \mathbb{R}$ konkav und $f : \mathbb{R} \to \mathbb{R}$ streng monoton steigend und konkav, dann ist auch die Verknüpfung $h = (f \circ g) : \mathbb{R}^n \to \mathbb{R}$ konkav.

Relevanz für ökonomische Problemstellungen nur sehr gering ist, wollen wir an dieser Stelle auf ihre Darstellung verzichten. Statt dessen verweisen wir diesbezüglich auf die einschlägige Literatur wie z.B. HADLEY, KEMP (1971), speziell Abschnitt 2.18, oder IOFFE, TICHOMIROV (1979), Abschnitt 7.4.

6.4 Allgemeine Endbedingungen

Ein charakteristisches Merkmal des fundamentalen Variationsproblems (VP1) ist die Beschränkung der Menge zulässiger Funktionen auf solche Abbildungen x, die den Randbedingungen $x(t_0) = x_0$ und $x(t_1) = x_1$ genügen. Sowohl Anfangs- und Endzeitpunkt des Optimierungsproblems als auch Anfangs- und Endwert der Entscheidungsvariablen sind fest vorgegeben. Während diese Vorgehensweise bei ökonomischen Problemstellungen für den Anfangspunkt aufgrund gegebener historischer Entwicklungen noch geeignet ist, erscheint es für den Endpunkt angebracht zu sein, allgemeinere Randbedingungen zu betrachten. Es können diesbezüglich prinzipiell drei verschiedene Fälle identifiziert werden. Zunächst einmal ist es möglich, daß der Endzeitpunkt fest, der Endwert aber bis zu einem gewissen Grade frei wählbar ist. Des weiteren kann das gegensätzliche Problem mit festem Endwert und (bedingt) variablem Endzeitpunkt betrachtet werden. Schließlich sind Kombinationen der beiden ersten Fälle denkbar. Wir wollen im folgenden die interessantesten Ausprägungen dieser drei Problemklassen vorstellen und dabei prüfen, ob und wie die Optimalitätsbedingungen für das fundamentale Problem anzupassen bzw. zu modifizieren sind.

6.4.1 Probleme mit festem Endzeitpunkt und variablem Endwert

Wir beginnen mit der Untersuchung des ersten der soeben aufgeführten Fälle allgemeiner Endbedingungen. Zwar ist der Endzeitpunkt t_1 des Optimierungsproblems wie bisher fest vorgegeben, im Unterschied zum fundamentalen Variationsproblem stellen wir nun aber keinerlei Bedingungen an den Wert der Funktion x in $t = t_1$. Das resultierende Problem (**VP2**) läßt sich wie folgt formulieren:

$$F(x) = \int_{t_0}^{t_1} f(t, x(t), \dot{x}(t))dt \rightarrow \max_{x \in C^1[t_0, t_1]}! \tag{6.4.1}$$

unter der Nebenbedingung

$$x(t_0) = x_0. \tag{6.4.2}$$

Während das Zielfunktional im Vergleich zum fundamentalen Problem also unverändert geblieben ist, vergrößert sich die zulässige Menge auf all jene auf $[t_0, t_1]$ stetig differenzierbaren Funktionen, die nur der Bedingung $x(t_0) = x_0$ genügen. Zur

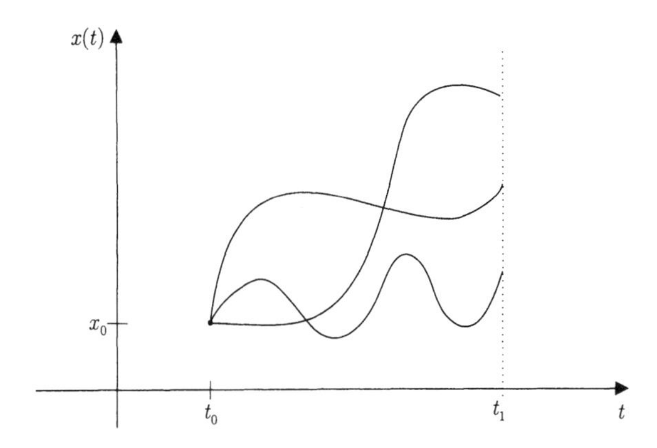

Abbildung 6.4: Zulässige Funktionen für (VP2)

Veranschaulichung betrachte man hierzu Abbildung 6.4, in der die Graphen dreier ausgewählter zulässiger Funktionen dargestellt sind.

Wir wollen zunächst nach notwendigen Optimalitätsbedingungen für das modifizierte Variationsproblem (VP2) suchen. Hierfür stellen wir fest, daß eine Lösung x^* dieses Problems zum Zeitpunkt $t = t_1$ einen bestimmten endlichen Wert $x_1^* := x^*(t_1)$ annimmt. Weil die Funktion x^* das Zielfunktional F bereits unter allen stetig differenzierbaren Funktionen x maximiert, die nur der Anfangsbedingung $x(t_0) = x_0$ genügen, bleibt ihre Optimalitätseigenschaft auch dann erhalten, wenn all jene Funktionen von der Betrachtung ausgeschlossen werden, die nicht auch die Endbedingung $x(t_1) = x_1^*$ erfüllen. Dies bedeutet, daß x^* auch das fundamentale Variationsproblem mit den Randbedingungen $x(t_0) = x_0$ und $x(t_1) = x_1^*$ löst und damit gemäß Satz 6.2 der Eulerschen Gleichung $\frac{d}{dt} f_{\dot{x}}(t, x^*, \dot{x}^*) - f_x(t, x^*, \dot{x}^*) = 0$ sowie nach Satz 6.4 (im Falle $f \in \mathcal{C}^2([t_0, t_1] \times \mathbb{R}^2)$) der Bedingung von Legendre $f_{\dot{x}\dot{x}}(t, x^*, \dot{x}^*) \leq 0$ genügt. Diese Beziehungen stellen also nach wie vor notwendige Optimalitätsbedingungen dar und können zur Ermittlung einer Lösung des Variationsproblems verwendet werden. Es sei jedoch daran erinnert, daß die allgemeine Lösung der Eulerschen Gleichung in der Regel von zwei Konstanten abhängt. Zur Bestimmung dieser beiden Konstanten steht uns im vorliegenden Fall mit der Anfangsbedingung $x(t_0) = x_0$ jedoch nur ein einziges Instrument zur Verfügung. Wir benötigen daher eine weitere Bedingung, welche die fehlende Endbedingung ersetzt und uns Aufschluß darüber gibt, welchen Wert die optimale Funktion x^* zum Zeitpunkt t_1 annimmt. Diese sog. *Transversalitätsbedingung* soll im folgenden unter Verwendung der aus Abschnitt 6.2 bekannten Methodik hergeleitet werden.

Es sei also $x^* \in \mathcal{C}^1[t_0, t_1]$ eine Lösung des Variationsproblems (VP2). Wie gewohnt betrachten wir zu Vergleichszwecken Funktionen der Form $x^* + \alpha \cdot h$, wobei wir für die zulässigen Variationen $h \in \mathcal{C}^1[t_0, t_1]$ aufgrund der Variabilität des Endwertes lediglich $h(t_0) = 0$ zu fordern haben, während $h(t_1)$ beliebig gewählt werden kann. Für ein beliebiges aber festes $h \in \mathcal{H}' := \{h \in C^1[t_0, t_1] \mid h(t_0) = 0\}$ führen wir dann wie in Abschnitt 6.2 die Hilfsfunktion $J : \mathbb{R} \to \mathbb{R}$ durch die Vorschrift $J(\alpha) = F(x^* + \alpha \cdot h)$ ein. Diese besitzt an der Stelle $\alpha = 0$ nach wie vor ein Maximum, weshalb notwendigerweise die Beziehung

$$J'(0) = \int_{t_0}^{t_1} \left[f_x(t, x^*, \dot{x}^*) \cdot h + f_{\dot{x}}(t, x^*, \dot{x}^*) \cdot \dot{h} \right] dt = 0 \tag{6.4.3}$$

gelten muß. Partielle Integration des zweiten Terms in Klammern liefert unter Berücksichtigung von $h(t_0) = 0$ die Gleichungskette

$$\begin{aligned} \int_{t_0}^{t_1} f_{\dot{x}}(t, x^*, \dot{x}^*) \cdot \dot{h} dt &= f_{\dot{x}}(t, x^*, \dot{x}^*) \cdot h|_{t_0}^{t_1} - \int_{t_0}^{t_1} (\frac{d}{dt} f_{\dot{x}}(t, x^*, \dot{x}^*)) \cdot h dt \\ &= f_{\dot{x}}(t_1, x^*, \dot{x}^*) \cdot h(t_1) - \int_{t_0}^{t_1} (\frac{d}{dt} f_{\dot{x}}(t, x^*, \dot{x}^*)) \cdot h dt. \end{aligned} \tag{6.4.4}$$

Aufgrund der Gültigkeit der Eulerschen Gleichung erhalten wir nach Einsetzen von (6.4.4) in (6.4.3)

$$f_{\dot{x}}(t_1, x^*, \dot{x}^*) \cdot h(t_1) = 0. \tag{6.4.5}$$

Diese Beziehung muß nun aber für jeden beliebigen Wert von $h(t_1)$, insbesondere für $h(t_1) \neq 0$, gelten. Somit ergibt sich aus (6.4.5) unmittelbar

$$f_{\dot{x}}(t_1, x^*(t_1), \dot{x}^*(t_1)) = 0.$$

Hierbei handelt es sich um die gesuchte Transversalitätsbedingung, welche die Endbedingung des fundamentalen Variationsproblems ersetzt und neben der Anfangsbedingung zur Bestimmung der Konstanten einer Lösung der Eulerschen Gleichung verwendet werden kann. Die bisherigen Ergebnisse dieses Teilabschnitts werden nun in dem folgenden Satz zusammengefaßt.

Satz 6.6 *Die Funktion $x^* \in C^1[t_0, t_1]$ sei Lösung des Variationsproblems (VP2), d.h., sie maximiere das Funktional F auf*

$$\mathcal{A}' := \left\{ x \in C^1[t_0, t_1] \mid x(t_0) = x_0 \right\}. \tag{6.4.6}$$

Ferner genüge die momentane Zielfunktion f den Regularitätsbedingungen (6.1.2). Dann gilt

(i) $\frac{d}{dt} f_{\dot{x}}(t, x^*(t), \dot{x}^*(t)) - f_x(t, x^*(t), \dot{x}^*(t)) = 0 \ \forall t \in [t_0, t_1]$,

(ii) $f_{\dot{x}}(t_1, x^*(t_1), \dot{x}^*(t_1)) = 0$.

Ist sogar $f \in C^2([t_0, t_1] \times \mathbb{R}^2)$, so gilt zusätzlich

(iii) $f_{\dot{x}\dot{x}}(t, x^*(t), \dot{x}^*(t)) \leq 0 \ \forall t \in [t_0, t_1]$.

Bemerkung 6.8 Minimiert x^* das Zielfunktional auf $\mathcal{A}'$, so bleibt neben (i) auch die Transversalitätsbedingung (ii) in unveränderter Form gültig, während in (iii) wieder „$\leq$" durch „$\geq$" ersetzt werden muß. □

Bemerkung 6.9 Satz 6.3 gilt auch für das vorliegende Variationsproblem mit freiem Endwert. Ist die momentane Zielfunktion f also k-mal stetig differenzierbar, $k \geq 2$, so ist im Falle $f_{\dot{x}\dot{x}}(t, x^*(t), \dot{x}^*(t)) \neq 0 \; \forall t \in [t_0, t_1]$ auch $x^* \in \mathcal{C}^k[t_0, t_1]$. □

Es bleibt somit schließlich nur noch die Frage offen, ob neben den notwendigen Optimalitätskriterien auch die in Abschnitt 6.3 für das fundamentale Variationsproblem entwickelte hinreichende Bedingung unverändert auf das hier betrachtete modifizierte Problem übertragen werden kann. Diesbezüglich gilt

Satz 6.7 *Gegeben sei das Variationsproblem (VP2). Die momentane Zielfunktion $f : [t_0, t_1] \times \mathbb{R}^2 \to \mathbb{R}, (t, x, \dot{x}) \mapsto f(t, x, \dot{x})$ erfülle die Regularitätsbedingungen (6.1.2) und sei konkav bzgl. $(x, \dot{x})$. Ferner genüge $x^* \in \mathcal{C}^1[t_0, t_1]$ der Eulerschen Gleichung*

$$\frac{d}{dt} f_{\dot{x}}(t, x^*(t), \dot{x}^*(t)) - f_x(t, x^*(t), \dot{x}^*(t)) = 0 \; \forall t \in [t_0, t_1] \tag{6.4.7}$$

sowie der Randbedingung $x^*(t_0) = x_0$ und der Transversalitätsbedingung

$$f_{\dot{x}}(t_1, x^*(t_1), \dot{x}^*(t_1)) = 0. \tag{6.4.8}$$

Dann ist x^* eine Lösung von (VP2). Ist f sogar streng konkav bzgl. $(x, \dot{x})$, liefert x^* zugleich die eindeutige Lösung von (VP2).

Beweis: Der Beweis von Satz 6.5 ist nur an einer Stelle abzuändern: Statt der nun nicht mehr gültigen Gleichung $h(t_1) = 0$ verwende man in der letzten Zeile von Beziehung (6.3.3) neben $h(t_0) = 0$ die Transversalitätsbedingung $f_{\dot{x}}(t_1, x^*, \dot{x}^*) = 0$. ■

Die Eulersche Gleichung stellt (zusammen mit der Anfangs- und der Transversalitätsbedingung) im Falle der Konkavität der Integrandenfunktion f bzgl. des zweiten und dritten Argumentes also auch für das Variationsproblem (VP2) bereits ein hinreichendes Optimalitätskriterium dar. Damit haben wir alle wesentlichen Ergebnisse zur Charakterisierung der Lösungen dieses modifizierten Variationsproblems bereitgestellt.

Wir wollen zum Abschluß der Betrachtung des vorliegenden Spezialfalls allgemeiner Endbedingungen die Anwendung der Transversalitätsbedingung anhand der entsprechenden Variante des Problems der optimalen Kapitalakkumulation einer Volkswirtschaft demonstrieren. Das Beispiel soll insbesondere nochmals verdeutlichen, daß eine sorgfältige mathematische Formulierung ökonomischer Problemstellungen für die Ermittlung plausibler Lösungen von entscheidender Bedeutung ist.

Beispiel 6.7 Wir widmen uns also der in diesem Kapitel mehrmals diskutierten Frage nach dem optimalen Wachstum einer Volkswirtschaft, ignorieren aber die

Nichtnegativitätsbedingungen bzgl. des Konsums und des Kapitals und verzichten zusätzlich auf die Annahme, daß der Endkapitalbestand der Volkswirtschaft vorbestimmt ist. Wir wollen also das Variationsproblem

$$\int_0^T \exp(-\rho t) U\left(\psi(K(t)) - \dot{K}(t)\right) dt \to \max_{K \in C^1[0,T]}! \tag{6.4.9}$$

unter der Nebenbedingung

$$K(0) = K_0 \tag{6.4.10}$$

betrachten. Gemäß Satz 6.6 muß eine Lösung dieses Problems neben der Eulerschen Gleichung sowie der Nebenbedingung (6.4.10) auch der Transversalitätsbedingung $f_{\dot{K}}(T, K^*(T), \dot{K}^*(T)) = 0$ genügen. Wegen $f_{\dot{K}} = -U'(C)e^{-\rho t}$ haben wir also $U'(C)e^{-\rho T} = 0$ und damit $U'(C) = 0$ zu fordern. Da jedoch annahmegemäß $U'(C) > 0$ gilt, ist diese Bedingung nicht zu erfüllen. Das Variationsproblem (6.4.9)-(6.4.10) besitzt daher keine Lösung. Dieses Resultat ist unmittelbar einleuchtend: Da der Kapitalstock zum Zeitpunkt T frei wählbar, das Wohlbefinden zukünftiger Generationen also nicht von Interesse ist, ist es sinnvoll, den Kapitalbestand *unmittelbar* vor dem Ende des Planungszeitraums, d.h. so spät wie möglich, *abrupt* auf Null zu verringern. Auf diese Weise würden keinerlei Ressourcen verschwendet. Ein solches Verhalten ist aufgrund der geforderten Stetigkeit von K jedoch nicht zulässig und dementsprechend mit unseren Methoden nicht darstellbar. □

Wir wollen uns für den Rest dieses Teilabschnitts dem wie folgt formulierten Variationsproblem (**VP3**) zuwenden:

$$F(x) = \int_{t_0}^{t_1} f(t, x(t), \dot{x}(t))dt \to \max_{x \in C^1[t_0,t_1]}! \tag{6.4.11}$$

unter den Nebenbedingungen

$$x(t_0) = x_0, \quad x(t_1) \geq x_1. \tag{6.4.12}$$

Kennzeichnendes Merkmal ist hier die Forderung an die zulässigen Funktionen, zum nach wie vor *festen* Endzeitpunkt t_1 einen vorgegebenen Mindestwert x_1 zu überschreiten. Derartige Randbedingungen sind in ökonomischen Problemstellungen relativ häufig anzutreffen. Abbildung 6.5 zeigt zur Illustration wiederum drei ausgewählte Vertreter der zulässigen Menge.

Auch für die vorliegende Variante eines Variationsproblems können die wesentlichen Ergebnisse des fundamentalen Falls aus den ersten Abschnitten dieses Kapitels bestätigt werden. Die notwendigen Optimalitätsbedingungen betreffend gilt

Satz 6.8 *Die Funktion $x^* \in C^1[t_0, t_1]$ sei Lösung des Variationsproblems (VP3), d.h., sie maximiere das Funktional F auf*

$$\mathcal{A}'' := \left\{x \in C^1[t_0, t_1] \mid x(t_0) = x_0,\ x(t_1) \geq x_1\right\}. \tag{6.4.13}$$

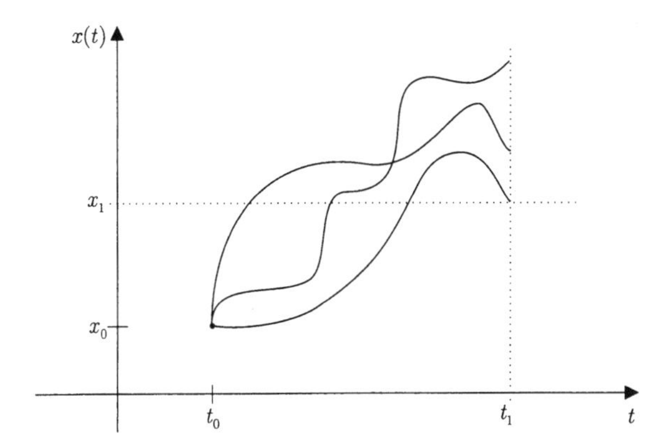

Abbildung 6.5: Zulässige Funktionen für (VP3)

Ferner genüge die momentane Zielfunktion f den Regularitätsbedingungen (6.1.2). Dann gilt

$$(i) \quad \frac{d}{dt} f_{\dot{x}}(t, x^*(t), \dot{x}^*(t)) - f_x(t, x^*(t), \dot{x}^*(t)) = 0 \ \forall t \in [t_0, t_1],$$

$$(ii) \quad f_{\dot{x}}(t_1, x^*(t_1), \dot{x}^*(t_1)) \begin{cases} \leq 0, & \text{wenn } x^*(t_1) = x_1, \\ = 0, & \text{wenn } x^*(t_1) > x_1. \end{cases}$$

Ist sogar $f \in C^2([t_0, t_1] \times \mathbb{R}^2)$, so gilt zusätzlich

$$(iii) \quad f_{\dot{x}\dot{x}}(t, x^*(t), \dot{x}^*(t)) \leq 0 \ \forall t \in [t_0, t_1].$$

Beweis: Es sei x^* Lösung des Variationsproblems (VP3). Wir stellen zunächst einmal fest, daß x^* als Maximalstelle von F auf $\mathcal{A}''$ natürlich auch das fundamentale Variationsproblem mit den Randbedingungen $x(t_0) = x_0$ und $x(t_1) = x_1^* := x^*(t_1)$ löst. Die optimale Funktion x^* genügt damit notwendigerweise nach wie vor der Eulerschen Gleichung und (im Fall $f \in C^2([t_0, t_1] \times \mathbb{R}^2)$) der Bedingung von Legendre. Wir vergleichen nun wie üblich den Optimalwert $F(x^*)$ mit dem Wert des Zielfunktionals für Vergleichsfunktionen der Form $x^* + \alpha \cdot h$. Neben der Bedingung $h(t_0) = 0$ ist dabei nun $x^*(t_1) + \alpha \cdot h(t_1) \geq x_1$ zu fordern. Es sind diesbezüglich zwei Fälle zu unterscheiden:

1. Fall: $x^*(t_1) > x_1$

Wir definieren zunächst

$$\varepsilon := x^*(t_1) - x_1.$$

Es sei nun $h \in C^1[t_0, t_1]$ eine beliebige aber feste Funktion mit $h(t_0) = 0$. Dann gibt es ein δ_h, so daß für alle $\alpha \in (-\delta_h, \delta_h)$ die Ungleichung

$$|h(t_1)|\,|\alpha| < \varepsilon$$

gilt und damit die Bedingung

$$x^*(t_1) + \alpha \cdot h(t_1) \geq x_1$$

(sogar strikt) erfüllt ist. Die auf $(-\delta_h, \delta_h)$ wie gewohnt durch die Vorschrift $J(\alpha) := F(x^* + \alpha \cdot h)$ definierte Hilfsfunktion J besitzt somit an der Stelle $\alpha = 0$ wiederum ein lokales Maximum, d.h., es gilt notwendigerweise $J'(0) = 0$. Analog zur Herleitung von Satz 6.6 kann hieraus wieder $f_{\dot{x}}(t_1, x^*, \dot{x}^*)h(t_1) = 0$ geschlossen werden. Da $h(t_1) \neq 0$ gewählt werden kann, erhalten wir schließlich $f_{\dot{x}}(t_1, x^*, \dot{x}^*) = 0$.

2. Fall: $x^*(t_1) = x_1$

Wählen wir eine Funktion $h \in \mathcal{C}^1[t_0, t_1]$ mit $h(t_0) = 0$ und $h(t_1) > 0$, so ist die Vergleichsfunktion $x^* + \alpha \cdot h$ für alle $\alpha \geq 0$ zulässig. Damit gilt aber

$$J(0) = F(x^*) \geq F(x^* + \alpha \cdot h) = J(\alpha)$$

für alle $\alpha \geq 0$. Aus der Untersuchung statischer Optimierungsprobleme mit Nichtnegativitätsbedingungen ist uns aber bekannt (vgl. Satz 4.1), daß die notwendige Bedingung hierfür

$$J'(0) \leq 0$$

lautet, wobei

$$J'(0) = f_{\dot{x}}(t_1, x^*, \dot{x}^*) \cdot h(t_1)$$

ist, vgl. die Beziehungen (6.4.3)-(6.4.5). Da annahmegemäß $h(t_1) > 0$ ist, folgern wir hieraus schließlich $f_{\dot{x}}(t_1, x^*, \dot{x}^*) \leq 0$, womit sämtliche Aussagen des Satzes bewiesen sind. ■

Bemerkung 6.10 Minimiert x^* das Zielfunktional F auf $\mathcal{A}''$, so ist Bedingung (ii) aus Satz 6.8 durch

$$\text{(ii)}' \; f_{\dot{x}}(t_1, x^*(t_1), \dot{x}^*(t_1)) \begin{cases} \geq 0, & \text{wenn } x^*(t_1) = x_1 \\ = 0, & \text{wenn } x^*(t_1) > x_1 \end{cases}$$

zu ersetzen. In der Bedingung von Legendre verändert sich wieder das Vorzeichen. □

Bemerkung 6.11 Satz 6.3 kann unverändert auch auf das Problem (VP3) übertragen werden. □

Die Eulersche Gleichung und die Bedingung von Legendre charakterisieren also auch die Lösung des vorliegenden Variationsproblems (VP3). Im Vergleich zu der zuvor diskutierten Variante (VP2) verändert sich allerdings die Gestalt der Transversalitätsbedingung. Zur Bestimmung der Konstanten einer allgemeinen Lösung der Eulerschen Gleichung können nun neben der Anfangsbedingung $x(t_0) = x_0$ die

Endbedingung $x(t_1) \geq x_1$ *und* die Transversalitätsbedingung $f_{\dot{x}}(t_1, x, \dot{x}) \leq 0$ (= 0, wenn $x(t_1) > x_1$) herangezogen werden.

Wie zuvor erleichtert die Konkavität der momentanen Zielfunktion bzgl. $(x, \dot{x})$ die Suche nach dem Optimum erheblich. In diesem Fall ist die Gültigkeit der Eulerschen Gleichung zusammen mit der Transversalitätsbedingung (sowie der Anfangs- und Endbedingung) wieder hinreichendes Optimalitätskriterium.

Satz 6.9 *Gegeben sei das Variationsproblem (VP3). Die momentane Zielfunktion* $f : [t_0, t_1] \times \mathbb{R}^2 \to \mathbb{R}, (t, x, \dot{x}) \mapsto f(t, x, \dot{x})$ *erfülle die Regularitätsbedingungen (6.1.2) und sei konkav bzgl.* $(x, \dot{x})$. *Ferner genüge* $x^* \in C^1[t_0, t_1]$ *der Eulerschen Gleichung*

$$\frac{d}{dt} f_{\dot{x}}(t, x^*(t), \dot{x}^*(t)) - f_x(t, x^*(t), \dot{x}^*(t)) = 0 \ \forall t \in [t_0, t_1], \tag{6.4.14}$$

den Randbedingungen $x^*(t_0) = x_0$ *und* $x^*(t_1) \geq x_1$ *sowie der Transversalitätsbedingung*

$$f_{\dot{x}}(t_1, x^*(t_1), \dot{x}^*(t_1)) \begin{cases} \leq 0, & \text{wenn } x^*(t_1) = x_1, \\ = 0, & \text{wenn } x^*(t_1) > x_1. \end{cases} \tag{6.4.15}$$

Dann ist x^* *eine Lösung von (VP3). Ist* f *sogar streng konkav bzgl.* $(x, \dot{x})$, *liefert* x^* *zugleich die eindeutige Lösung von (VP3).*

Beweis: Es sei $x \in \mathcal{A}''$ beliebig. Wie im Beweis von Satz 6.5 kann man wiederum

$$F(x) - F(x^*) \leq f_{\dot{x}}(t, x^*, \dot{x}^*) \cdot h|_{t_0}^{t_1} \tag{6.4.16}$$

zeigen, wobei $h(t) = x(t) - x^*(t)$ ist. Ist nun $x^*(t_1) > x_1$, so folgt aus der Transversaltitätsbedingung (6.4.15) zunächst $f_{\dot{x}}(t_1, x^*, \dot{x}^*) = 0$. Zusammen mit $h(t_0) = 0$ ergibt sich aus (6.4.16) unmittelbar $F(x) \leq F(x^*)$. Gilt dagegen $x^*(t_1) = x_1$, so liefert die Transversalitätsbedingung (6.4.15) $f_{\dot{x}}(t_1, x^*, \dot{x}^*) \leq 0$. Ferner ist in diesem Fall

$$h(t_1) = x(t_1) - x^*(t_1) = x(t_1) - x_1 \geq 0,$$

so daß $f_{\dot{x}}(t_1, x^*, \dot{x}^*) h(t_1) \leq 0$ gilt. In Verbindung mit $h(t_0) = 0$ erhalten wir aus (6.4.16) wiederum $F(x) \leq F(x^*)$. Die Funktion x^* maximiert demnach F auf $\mathcal{A}''$, ist also Lösung von (VP3). Im Falle der strengen Konkavität gilt in (6.4.16) für $x \neq x^*$ nun wieder die strikte Ungleichung, so daß x^* sogar die eindeutige Lösung darstellt. ■

Zum Abschluß dieses Teilabschnitts wollen wir nun zu Illustrationszwecken erneut das bekannte Wachstumsproblem einer Volkswirtschaft aufgreifen.

Beispiel 6.8 Wir betrachten die folgende Variante des Problems der Bestimmung eines optimalen Pfades des Kapitalstocks:

$$\int_0^T \exp(-\rho t) U\Big(\psi(K(t)) - \dot{K}(t)\Big)\, dt \to \max_{K \in C^1[0,T]}! \tag{6.4.17}$$

unter den Nebenbedingungen

$$K(0) = K_0, \quad K(T) \geq K_T \tag{6.4.18}$$

sowie

$$K(t) \geq 0, \quad t \in [0,T], \tag{6.4.19}$$
$$C(t) = \psi(K(t)) - \dot{K}(t) \geq 0, \quad t \in [0,T]. \tag{6.4.20}$$

Wir nehmen wie gewohnt an, daß die Nebenbedingungen (6.4.19) und (6.4.20) im Optimum zu keinem Zeitpunkt bindend sind, was uns die Anwendung von Satz 6.8 erlaubt. Da die momentane Nutzenfunktion U streng monoton steigend ist, gilt

$$f_{\dot{K}}(T, K^*, \dot{K}^*) = -e^{-\rho T} U'(C) < 0.$$

Gemäß Bedingung (ii) aus Satz 6.8 ist damit aber $K^*(T) = K_T$, so daß sich das vorliegende Wachstumsproblem auf die in Beispiel 6.2 behandelte grundlegende Variante mit festem Endwert reduziert.[15] Auch dieses Ergebnis ist ökonomisch plausibel. Übersteigt der Endkapitalbestand die vorgegebene Mindesthöhe strikt, so würden unnötigerweise Ressourcen verbraucht, die zu Konsumzwecken nutzensteigernd hätten verwendet werden können. □

6.4.2 Probleme mit gleichungsrestringierten Endpunkten

In dem vorangegangenen Teilabschnitt haben wir Variationsprobleme behandelt, bei denen zwar der Endzeitpunkt vorbestimmt, der Endwert der Entscheidungsvariablen aber (nahezu) frei wählbar war. Es empfiehlt sich, der Betrachtung der entgegengesetzten Problemklasse mit festem Endwert und variablem Endzeitpunkt die Analyse eines allgemeineren Mischfalls voranzustellen. Wir wollen uns daher im folgenden mit dem Variationsproblem (**VP4**)

$$F(x) = \int_{t_0}^{t_1} f(t, x(t), \dot{x}(t))dt \to \max_{x \in C^1[t_0, t_1]}! \tag{6.4.21}$$

unter den Nebenbedingungen

$$x(t_0) = x_0, \quad x(t_1) = g(t_1), \ t_1 \text{ beliebig mit } t_1 > t_0, \tag{6.4.22}$$

befassen, wobei $g : (t_0, \infty) \to \mathbb{R}$ eine vorgegebene stetig differenzierbare Funktion darstellt. Der Endwert von x ist hier also weder fest vorgegeben, noch vollkommen frei zu wählen. Statt dessen sind geometrisch ausgedrückt all jene Funktionen zur Konkurrenz zugelassen, deren Graphen ausgehend vom Punkt (t_0, x_0) in *irgendeinem*

[15] Man beachte: Wäre die Nutzenfunktion nur monoton, aber nicht streng monoton wachsend, so könnten wir mit Hilfe von Bedingung (ii) aus Satz 6.8 nicht $K^*(T) > K_T$ ausschließen.

Punkt auf die zur Funktion g gehörende Kurve treffen. Die Funktion g könnte in einem ökonomischen Kontext bspw. das natürliche Niveau der Inflationsrate oder den gleichgewichtigen Wachstumspfad einer Volkswirtschaft charakterisieren. Zur Veranschaulichung der behandelten Problemklasse betrachte man Abbildung 6.6. Weil der Endzeitpunkt in (VP4) variabel ist, dehnen wir den Definitionsbereich der momentanen Zielfunktion f der Vollständigkeit halber schließlich noch auf $[t_0, \infty) \times \mathbb{R}^2 \to \mathbb{R}$ aus und passen die Regularitätseigenschaften aus Abschnitt 6.1 entsprechend an. Es gelte also

$$f, f_x, f_{\dot{x}} \in \mathcal{C}([t_0, \infty) \times \mathbb{R}^2), \tag{6.4.23}$$

d.h., die Abbildung $f : [t_0, \infty) \times \mathbb{R}^2 \to \mathbb{R}$ sei stetig in allen drei Argumenten t, x und $\dot{x}$ und besitze stetige partielle Ableitungen bzgl. des zweiten und dritten Argumentes.

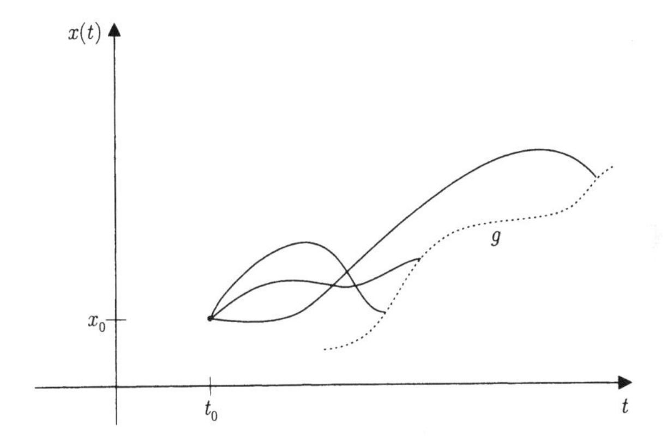

Abbildung 6.6: Zulässige Funktionen für (VP4)

Der aus dem vorigen Teilabschnitt bekannten Argumentation folgend läßt sich für das Variationsproblem (VP4) zunächst einmal wieder die Notwendigkeit der Eulerschen Gleichung sowie (im Falle $f \in \mathcal{C}^2([t_0, \infty) \times \mathbb{R}^2)$) der Bedingung von Legendre für eine Lösung x^* aufzeigen: Bezeichnet t_1^* den optimalen Endzeitpunkt des Problems, so löst x^* nämlich auch das fundamentale Variationsproblem mit *festem* Horizont t_1^* und den Randbedingungen $x(t_0) = x_0$ sowie $x(t_1^*) = x_1^* := g(t_1^*)$. Wie jedoch zu erwarten ist, verändert sich mit der Art der Endbedingung auch die Gestalt der Transversalitätsbedingung. Diese soll uns im vorliegenden Fall Aufschluß darüber geben, wann und mit welchem Funktionswert das Problem optimalerweise beendet werden sollte. Bei der nun folgenden Herleitung werden wir zugunsten der Anschauung auf einige formale Details verzichten.

Nehmen wir also an, x^* sei Lösung des Variationsproblems (VP4) und t_1^* der zugehörige optimale Endzeitpunkt. Wir setzen nun ohne Beschränkung der Allgemeinheit voraus, daß es sich hierbei um das kleinste $t \geq t_0$ handelt, für das $x^*(t) = g(t)$ gilt. Um die Zulässigkeit der Vergleichsfunktionen $x^* + \alpha \cdot h$ zumindest für alle α aus einem Intervall $(-\delta_h, \delta_h)$ mit $\delta_h > 0$ zu gewährleisten, fordern wir für die stetig differenzierbaren Variationen h, daß zum einen $h(t_0) = 0$ ist und zum anderen für alle $\alpha \in (-\delta_h, \delta_h)$ ein Zeitpunkt $t \geq t_0$ existiert mit

$$x^*(t) + \alpha \cdot h(t) = g(t), \tag{6.4.24}$$

vgl. Abbildung 6.7. Wir halten nun h fest und bezeichnen das kleinste t, welches dieser letzten Gleichung genügt aufgrund seiner Abhängigkeit vom Parameter α mit $t_1(\alpha)$. Es gilt damit insbesondere $t_1(0) = t_1^*$.[16] Bevor wir fortfahren ist noch zu bemerken, daß bisher stillschweigend vorausgesetzt wurde, daß die optimale Funktion x^* auch außerhalb des Intervalls $[t_0, t_1^*]$ erklärt ist. Sollte dies nicht der Fall sein, so können wir statt dessen den Definitionsbereich künstlich erweitern, indem wir x^* im Punkt t_1^* durch ihre Tangente fortsetzen, d.h. wir definieren dann für alle $t \geq t_1^*$

$$x^*(t) = x^*(t_1^*) + \dot{x}(t_1^*)(t - t_1^*). \tag{6.4.25}$$

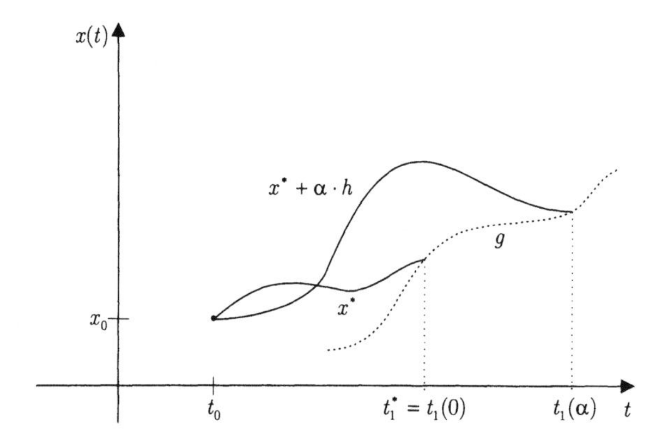

Abbildung 6.7: Endzeitpunkt der Vergleichskurve für (VP4)

Wir führen nun in Analogie zur gewohnten Vorgehensweise auf $(-\delta_h, \delta_h)$ die Hilfsfunktion J durch die Vorschrift

$$J(\alpha) := F(x^* + \alpha \cdot h) = \int_{t_0}^{t_1(\alpha)} f(t, x^*(t) + \alpha \cdot h(t), \dot{x}^*(t) + \alpha \cdot \dot{h}(t))dt \tag{6.4.26}$$

ein, wobei im Unterschied zu den bisher diskutierten Fällen die obere Integrationsgrenze nicht fest, sondern vom Parameter α abhängig ist. Diese Funktion besitzt im

[16] Stimmt der optimale Endzeitpunkt entgegen der eingangs gemachten Annahme nicht mit dem kleinsten $t \geq t_0$, für das $x^*(t) = g(t)$ gilt, überein, so ist für $t_1(\alpha)$ der mit t_1^* *benachbarte* Schnittpunkt der Vergleichskurve $x^* + \alpha \cdot h$ mit der Kurve g zu wählen.

Punkt $\alpha = 0$ ein lokales Maximum, so daß auch jetzt wieder $J'(0) = 0$ gelten muß. Unter der Voraussetzung, daß t_1 als Funktion von α differenzierbar ist, erhalten wir damit unter Verwendung der Regel von Leibniz (vgl. Satz A.5)

$$J'(0) = \int_{t_0}^{t_1^*} \left[f_x(t, x^*, \dot{x}^*) \cdot h(t) + f_{\dot{x}}(t, x^*, \dot{x}^*) \cdot \dot{h}(t) \right] dt + f(t_1^*, x^*, \dot{x}^*) \cdot t_1'(0) = 0. \tag{6.4.27}$$

Partielle Integration des zweiten Terms in der rechteckigen Klammer liefert

$$\int_{t_0}^{t_1^*} \left[f_x(t, x^*, \dot{x}^*) - \frac{d}{dt} f_{\dot{x}}(t, x^*, \dot{x}^*) \right] h(t) dt + f_{\dot{x}}(t, x^*, \dot{x}^*) h(t)|_{t_0}^{t_1^*} + f(t_1^*, x^*, \dot{x}^*) t_1'(0) = 0, \tag{6.4.28}$$

woraus unter Berücksichtigung der Gültigkeit der Eulerschen Gleichung sowie der Bedingung $h(t_0) = 0$ unmittelbar

$$f_{\dot{x}}(t_1^*, x^*, \dot{x}^*) \cdot h(t_1^*) + f(t_1^*, x^*, \dot{x}^*) \cdot t_1'(0) = 0 \tag{6.4.29}$$

folgt. Um die Abhängigkeit dieser Gleichung von der Funktion h zu beseitigen, differenzieren wir zunächst die Definitionsgleichung für $t_1(\alpha)$, d.h. die Beziehung

$$x^*(t_1(\alpha)) + \alpha \cdot h(t_1(\alpha)) = g(t_1(\alpha)), \tag{6.4.30}$$

nach α und erhalten

$$\dot{x}^*(t_1(\alpha)) \cdot t_1'(\alpha) + h(t_1(\alpha)) + \alpha \cdot \dot{h}(t_1(\alpha)) \cdot t_1'(\alpha) = \dot{g}(t_1(\alpha)) \cdot t_1'(\alpha). \tag{6.4.31}$$

Speziell für $\alpha = 0$ ergibt sich hieraus

$$h(t_1^*) = [\dot{g}(t_1^*) - \dot{x}^*(t_1^*)] \cdot t_1'(0). \tag{6.4.32}$$

Einsetzen dieser Gleichung in (6.4.29) liefert sodann

$$[f(t_1^*, x^*, \dot{x}^*) + (\dot{g}(t_1^*) - \dot{x}^*(t_1^*)) \, f_{\dot{x}}(t_1^*, x^*, \dot{x}^*)] \cdot t_1'(0) = 0. \tag{6.4.33}$$

Wählen wir nunmehr eine zulässige Variation mit $h(t_1^*) \neq 0$, so folgt aus (6.4.32) aber auch $t_1'(0) \neq 0$, und wir erhalten aus (6.4.33) schließlich die gesuchte Transversalitätsbedingung:

$$f(t_1^*, x^*, \dot{x}^*) + [\dot{g}(t_1^*) - \dot{x}^*(t_1^*)] \cdot f_{\dot{x}}(t_1^*, x^*, \dot{x}^*) = 0. \tag{6.4.34}$$

Zuammenfassend ergibt sich für die vorliegende Variante eines Variationsproblems

Satz 6.10 *Die Funktion x^* sei Lösung des Variationsproblems (VP4) mit t_1^* als optimalem Endzeitpunkt. Ferner genüge die momentane Zielfunktion f den Regularitätsbedingungen (6.4.23). Dann gilt*

(i) $\frac{d}{dt} f_{\dot{x}}(t, x^*(t), \dot{x}^*(t)) - f_x(t, x^*(t), \dot{x}^*(t)) = 0 \;\forall t \in [t_0, t_1^*]$,

(ii) $f(t_1^*, x^*(t_1^*), \dot{x}^*(t_1^*)) + [\dot{g}(t_1^*) - \dot{x}^*(t_1^*)] \cdot f_{\dot{x}}(t_1^*, x^*(t_1^*), \dot{x}^*(t_1^*)) = 0.$

Ist sogar $f \in C^2([t_0, t_1^*] \times \mathbb{R}^2)$, so gilt zusätzlich

(iii) $f_{\dot{x}\dot{x}}(t, x^*(t), \dot{x}^*(t)) \leq 0 \ \forall t \in [t_0, t_1^*]$.

Bemerkung 6.12 Die Bedingungen (i) und (ii) gelten auch für das entsprechende Minimierungsproblem. Dagegen ist in der Bedingung von Legendre wieder „$\leq$ “ durch „$\geq$ “ zu ersetzen. □

Bemerkung 6.13 Satz 6.3 kann unverändert auch auf das Problem (VP4) übertragen werden. □

Zum Abschluß dieses Teilabschnitts wollen wir mit Nachdruck darauf hinweisen, daß sich die hinreichende Optimalitätsbedingung aus Satz 6.5 im Gegensatz zu den bisher diskutierten Fällen *nicht* auf das Variationsproblem (VP4) übertragen läßt. Selbst im Falle der Konkavität der momentanen Zielfunktion f bzgl. des zweiten und dritten Argumentes muß eine den Randbedingungen (6.4.22) und der Transversalitätsbedingung (6.4.34) genügende Lösung der Eulerschen Gleichung also noch keine Lösung des betreffenden Variationsproblems sein. Die Angabe von hinreichenden Bedingungen ist für die vorliegende Problemklasse überhaupt nur in Spezialfällen möglich. Weil diese Bedingungen für die Anwendung auf praktische Probleme darüber hinaus zumeist ungeeignet sind, wollen wir auf eine weitergehende Untersuchung an dieser Stelle verzichten und verweisen wiederum auf die einschlägige Literatur wie z.B. HADLEY, KEMP (1971).

6.4.3 Probleme mit festem Endwert und variablem Endzeitpunkt

Die Überlegungen aus dem vorangegangenen Teilabschnitt 6.4.2 ermöglichen uns einen schnellen Zugang zu dem uns interessierenden Variationsproblem mit einem fest vorgegebenen Endwert x_1, aber frei wählbarem Endzeitpunkt t_1. Dieses durch die Endbedingung

$$x(t_1) = x_1, \ t_1 \text{ beliebig mit } t_1 > t_0, \tag{6.4.35}$$

charakterisierte Problem (**VP5**) ergibt sich, wie unschwer zu erkennen ist, sofort als Spezialfall der zuvor behandelten Variante (VP4), indem wir in Gleichung (6.4.22) als Restriktionsfunktion g die Konstante x_1 wählen. Für alle $t \in (t_0, \infty)$ ist also $g(t) = x_1$ zu setzen. Satz 6.10 ist demnach auch für das Variationsproblem mit festem Endwert und variablem Endzeitpunkt relevant, wobei sich die Transversalitätsbedingung (ii) für diesen Fall wegen $\dot{g}(t) \equiv 0$ zu

$$f(t_1^*, x^*, \dot{x}^*) - \dot{x}^*(t_1^*) \cdot f_{\dot{x}}(t_1^*, x^*, \dot{x}^*) = 0 \tag{6.4.36}$$

vereinfacht.

Auch für den Fall, daß die zulässigen Funktionen zum frei wählbaren Endzeitpunkt lediglich eine vorgegebene Mindesthöhe von x_1 zu überschreiten haben, die obige Endbedingung also zu

$$x(t_1) \geq x_1,\ t_1 \text{ beliebig mit } t_1 > t_0,$$

verändert wird, können die notwendigen Optimalitätsbedingungen sofort angegeben werden. So muß eine Lösung x^* des resultierenden Variationsproblems (**VP6**) mit optimalem Endzeitpunkt t_1^* neben Bedingung (6.4.36) auch der aus Abschnitt 6.4.1 bekannten Transversalitätsbedingung

$$f_{\dot{x}}(t_1^*, x^*(t_1^*), \dot{x}^*(t_1^*)) \begin{cases} \leq 0, & \text{wenn } x^*(t_1^*) = x_1, \\ = 0, & \text{wenn } x^*(t_1^*) > x_1, \end{cases} \tag{6.4.37}$$

genügen. Diese Aussage läßt sich wie folgt belegen: Zunächst einmal löst x^* auch das Problem mit variablem Endzeitpunkt und festem Endwert $x^*(t_1^*)$, weshalb notwendigerweise die Transversalitätsbedingung (6.4.36) erfüllt ist. Zum anderen ist x^* aber auch Lösung des Variationsproblems mit fest vorgegebenem Endzeitpunkt $t_1 = t_1^*$ und der Endbedingung $x(t_1) \geq x_1$, so daß nach Satz 6.8 auch Bedingung (6.4.37) gelten muß.

Bemerkung 6.14 Die Transversalitätsbedingungen (6.4.36) und (6.4.37) können in gewohnter Weise auf die korrespondierenden Minimierungsprobleme übertragen werden (vgl. hierzu die Bemerkungen 6.10 und 6.12). □

Wir beschließen diesen Abschnitt mit der Betrachtung des durch die Endbedingung

$$x(t_1) = x_1,\ t_1 \text{ beliebig mit } t_0 < t_1 \leq T, \tag{6.4.38}$$

charakterisierten Variationsproblems (**VP7**). Während also der Endwert x_1 vorbestimmt ist, ist der Endzeitpunkt nun durch eine bekannte Schranke T nach oben begrenzt (vgl. Abbildung 6.8).

Die Transversalitätsbedingung besitzt für diesen Fall die folgende Gestalt:

$$[f(t_1^*, x^*(t_1^*), \dot{x}^*(t_1^*)) - \dot{x}^*(t_1^*) \cdot f_{\dot{x}}(t_1^*, x^*(t_1^*), \dot{x}^*(t_1^*))] \begin{cases} \geq 0, & \text{wenn } t_1^* = T, \\ = 0, & \text{wenn } t_1^* < T. \end{cases} \tag{6.4.39}$$

Zum Nachweis dieses Resultats empfiehlt es sich, eine Fallunterscheidung vorzunehmen. Gilt $t_1^* < T$, so ist die Restriktion bzgl. des Endzeitpunktes im Optimum nicht bindend, und die Transversalitätsbedingung lautet gemäß der Ausführungen zu Beginn dieses Teilabschnitts[17]

$$(f - \dot{x}^* \cdot f_{\dot{x}})_{t=t_1^*} = 0.$$

Es sei nun $t_1^* = T$. In diesem Fall verwenden wir zur Konstruktion geeigneter Vergleichsfunktionen Variationen h mit $h(t_0) = 0$ und $h(T) \geq 0$. Die Funktion $x^* + \alpha \cdot h$ ist dann für alle $\alpha \geq 0$ zulässig, wobei für den zugehörigen Endzeitpunkt $t_1(\alpha) \leq T$ gilt. Die vorliegende Situation wird in Abbildung 6.9 veranschaulicht.

[17] Man vergegenwärtige sich diesbezüglich anhand der Herleitung zu Satz 6.10 den lokalen Charakter der Transversalitätsbedingung.

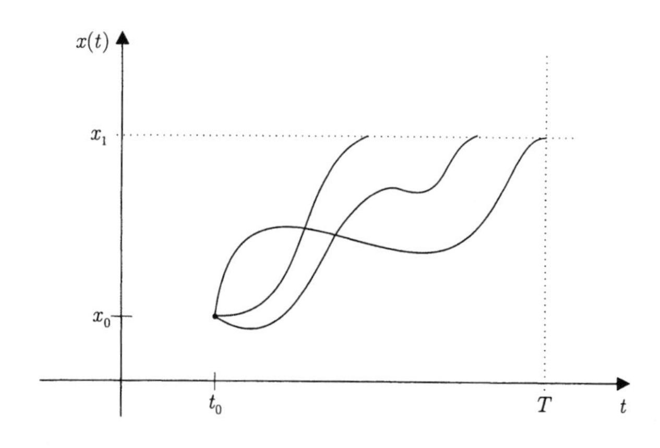

Abbildung 6.8: Zulässige Funktionen für (VP7)

Wir definieren nun wie üblich die Hilfsfunktion J und schließen aus der Optimalität von x^* für alle $\alpha \geq 0$ die Ungleichung $J(0) \geq J(\alpha)$ und damit $J'(0) \leq 0$ (vgl. hierzu Fall 2 aus dem Beweis von Satz 6.8). Aus der Diskussion des Problems mit gleichungsrestringiertem Endpunkt ist uns bekannt (vgl. die Herleitung von Beziehung (6.4.33)), daß letzteres gleichbedeutend mit

$$[f(t_1^*, x^*, \dot{x}^*) - \dot{x}^*(t_1^*) \cdot f_{\dot{x}}(t_1^*, x^*, \dot{x}^*)] \cdot t_1'(0) \leq 0 \tag{6.4.40}$$

ist. Wie bereits erwähnt, gilt nun aber $t_1(\alpha) \leq t_1(0) = t_1^* = T$, weshalb notwendigerweise $t_1'(0) \leq 0$ sein muß. Hiermit folgt aus (6.4.40) unmittelbar

$$(f - \dot{x}^* \cdot f_{\dot{x}})_{t=t_1^*} \geq 0.$$

Fassen wir schließlich beide Fälle zusammen, so erhalten wir die Transversalitätsbedingung (6.4.39).

Bemerkung 6.15 Die Transversalitätsbedingung (6.4.39) ist für das entsprechende Minimierungsproblem wie folgt zu verändern:

$$[f(t_1^*, x^*(t_1^*), \dot{x}^*(t_1^*)) - \dot{x}^*(t_1^*) \cdot f_{\dot{x}}(t_1^*, x^*(t_1^*), \dot{x}^*(t_1^*))] \begin{cases} \leq 0, & \text{wenn } t_1^* = T, \\ = 0, & \text{wenn } t_1^* < T. \end{cases} \tag{6.4.41}$$

□

Bemerkung 6.16 Satz 6.3 läßt sich auf alle in diesem Abschnitt betrachteten Variationsprobleme übertragen. □

Beispiel 6.9 Als Beispiel für den zuletzt behandelten Problemtyp betrachten wir eine entsprechende Variante des Problems der optimalen Produktionsplanung eines Unternehmens, das einen Auftrag über B Mengeneinheiten des von ihm hergestellten

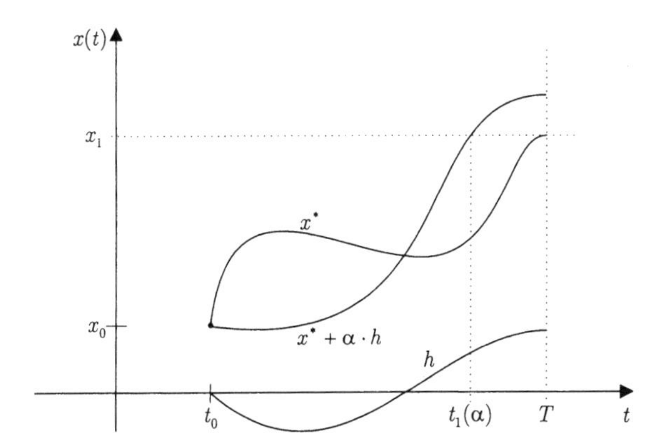

Abbildung 6.9: Konstruktion zulässiger Vergleichsfunktionen für (VP7)

Gutes zu erfüllen hat. Im Gegensatz zu den bisherigen Annahmen sei nun vertraglich festgelegt, daß der Kunde das nachgefragte Gut *spätestens* zum vorgegebenen Zeitpunkt T erhalten muß, so daß der tatsächliche Lieferzeitpunkt unter Einhaltung dieser Frist von der Unternehmung frei bestimmt werden kann. Das resultierende Variationsproblem hatten wir wie folgt formuliert:

$$\int_0^{t_1} \left[c_1 \cdot (\dot{x}(t))^2 + c_2 \cdot x(t)\right] dt \longrightarrow \min_{x \in C^1[0,t_1]}! \tag{6.4.42}$$

unter den Nebenbedingungen

$$x(0) = 0, \quad x(t_1) = B, \quad t_1 \text{ beliebig mit } t_1 \leq T, \tag{6.4.43}$$

$$\dot{x}(t) \geq 0 \quad \forall t \in [0, T]. \tag{6.4.44}$$

Aus Beispiel 6.1 ist uns bereits bekannt, daß die allgemeine Lösung der Eulerschen Gleichung dieses Problems durch

$$x(t) = \frac{1}{2c_1}\left(\frac{c_2}{2}t^2 - \alpha t - \beta\right) \tag{6.4.45}$$

gegeben ist.

Wir wollen nun zunächst einmal die Nichtnegativitätsbedingung (6.4.44) wieder ignorieren und darüber hinaus annehmen, daß die Restriktion bzgl. des Lieferzeitpunktes im Optimum nicht bindend ist. Gemäß Beziehung (6.4.41) muß dann notwendigerweise die Transversalitätsbedingung $(f - \dot{x} \cdot f_{\dot{x}})_{t=t_1} = 0$ erfüllt sein, woraus wir für die momentane Zielfunktion aus (6.4.42)

$$c_1 \cdot (\dot{x}(t_1))^2 = c_2 \cdot x(t_1) \tag{6.4.46}$$

erhalten. Zusammen mit den Randbedingungen (6.4.43) wird diese Bedingung im folgenden dazu verwendet, die Konstanten α und β sowie den optimalen Lieferzeitpunkt t_1^* zu bestimmen. Aus $x(0) = 0$ ergibt sich dabei zunächst $\beta = 0$, womit wir nach Einsetzen von (6.4.45) in (6.4.46)

$$c_1 \cdot \left(\frac{c_2}{2c_1} t_1 - \frac{1}{2c_1}\alpha\right)^2 = \frac{c_2}{2c_1}\left(\frac{c_2}{2} t_1^2 - \alpha t_1\right) \tag{6.4.47}$$

erhalten. Auswerten der linken Seite dieser Gleichung und Zusammenfassen entsprechender Terme liefert sodann $\alpha^2 = 0$, woraus sofort $\alpha = 0$ folgt. Nach Einsetzen der soeben ermittelten Konstanten erhalten wir aus (6.4.45) schließlich

$$x(t) = \frac{c_2}{4c_1} t^2, \tag{6.4.48}$$

wobei der zugehörige Lieferzeitpunkt mit Hilfe der Randbedingung $x(t_1) = B$ ermittelt werden kann:

$$t_1 = 2\sqrt{\frac{c_1}{c_2} B}. \tag{6.4.49}$$

Wir haben nun noch zu prüfen, ob bzw. wann, wie eingangs angenommen, $t_1 < T$ gilt. Aufschluß hierüber gibt uns die wegen (6.4.49) hierzu äquivalente Bedingung

$$4\frac{B}{T^2} < \frac{c_2}{c_1}. \tag{6.4.50}$$

Sind also die Lagerhaltungskosten c_2 im Vergleich zu den Stückkosten der Produktion c_1 hinreichend groß und ist die nachgefragte Menge B hinreichend klein im Vergleich zur Lieferfrist T, so ist der optimale Produktionsplan *im Falle der Existenz* einer Lösung von (6.4.42)-(6.4.43) durch Beziehung (6.4.48) definiert.[18] Insbesondere lohnt es sich für die Unternehmung, die bestellte Menge strikt vor Ablauf der Frist zu liefern.

Ist Bedingung (6.4.50) dagegen nicht erfüllt, gilt also

$$4\frac{B}{T^2} \geq \frac{c_2}{c_1}, \tag{6.4.51}$$

so gelangen wir unmittelbar zu dem Fall, daß die Restriktion bzgl. des Lieferzeitpunktes im Optimum aktiv ist: Wie wir aus Beispiel 6.1 wissen, ist die durch

$$x(t) = \frac{c_2}{4c_1}(t - T)\,t + \frac{B}{T} t \tag{6.4.52}$$

definierte eindeutige Lösung der Eulerschen Gleichung zu den Randbedingungen $x(0) = 0$ und $x(T) = B$ bei Gültigkeit von (6.4.51) zulässig. Wegen $t_1 = T$ ist in diesem Fall gemäß Bemerkung 6.15 die Transversalitätsbedingung $(f - \dot{x} \cdot f_{\dot{x}})_{t=t_1} \leq 0$, d.h.

$$c_1 \cdot (\dot{x}(t_1))^2 \geq c_2 \cdot x(t_1), \tag{6.4.53}$$

[18] Man beachte, daß gemäß (6.4.48) insbesondere $\dot{x}(t) \geq 0$ gilt, x also tatsächlich auch zulässig für das Problem der optimalen Produktionsplanung ist.

nachzuprüfen. Es erweist sich diesbezüglich als sinnvoll, wie in (6.4.47) $x(t_1)$ bzw. $\dot{x}(t_1)$ in Abhängigkeit der Integrationskonstanten α einzusetzen. Wir erhalten auf diese Weise die zu (6.4.53) äquivalente Bedingung

$$\alpha^2 \geq 0,$$

welche trivialerweise erfüllt ist. Ist also Beziehung (6.4.51) gültig, d.h., sind die Lagerhaltungskosten c_2 hinreichend gering im Vergleich zu den Stückkosten der Produktion c_1 und die Liefermenge B im Verhältnis zur Lieferfrist T hinreichend groß, so ist der optimale Produktionsplan *im Falle der Existenz* einer Lösung von (6.4.42)-(6.4.43) durch Beziehung (6.4.52) gegeben. In diesem Fall ist es für die Unternehmung angebracht, die vereinbarte Menge zum spätestmöglichen Zeitpunkt T zu liefern. □

6.5 Mehrdimensionale Variationsprobleme

Wir haben uns bisher auf die Betrachtung von Variationsproblemen mit nur einer einzigen unbekannten Funktion beschränkt. Gerade in ökonomischen Problemstellungen können die jeweiligen Akteure jedoch oftmals Kontrolle über verschiedene Entscheidungsvariablen ausüben, so daß es angebracht ist, zum Abschluß dieses Kapitels die Untersuchung auf solche Variationsprobleme auszuweiten, bei denen n reellwertige Funktionen in optimaler Weise zu bestimmen sind. Wir wollen uns dabei auf den Fall mit festem Endzeitpunkt konzentrieren, betrachten diesen jedoch sogleich in seiner allgemeinsten Form. Das im folgenden analysierte Variationsproblem (**VP8**) lautet

$$F(x_1, x_2, ..., x_n) := \int_{t_0}^{t_1} f(t, x_1(t), ..., x_n(t), \dot{x}_1(t)..., \dot{x}_n(t))dt \rightarrow \max_{x_i \in C^1[t_0,t_1],\ i=1,...,n} ! \tag{6.5.1}$$

unter den Nebenbedingungen

$$x_i(t_0) = x_i^0, \quad i = 1, ..., n, \tag{6.5.2}$$

sowie

$$x_i(t_1) = x_i^1, \quad i = 1, ..., l, \tag{6.5.3}$$

$$x_i(t_1) \geq x_i^1, \quad i = l+1, ..., m, \tag{6.5.4}$$

$$x_i(t_1) \text{ beliebig}, \quad i = m+1, ..., n. \tag{6.5.5}$$

Dabei sind der Anfangs- und der Endzeitpunkt, die Anfangswerte $\mathbf{x}^0 := (x_1^0, ..., x_n^0)'$ sowie die z.T. nur Mindestgrößen darstellenden Endwerte $(x_1^1, ..., x_m^1)'$ fest vorgegeben. Weiterhin wird angenommen, daß die momentane Zielfunktion

$$f : [t_0, t_1] \times \mathbb{R}^{2n} \rightarrow \mathbb{R} \tag{6.5.6}$$

stetig bzgl. des ersten und stetig differenzierbar bzgl. der letzten $2n$ Argumente ist. Für $i = 1, ..., n$ existieren also $f_{x_i} = \partial f / \partial x_i$ sowie $f_{\dot{x}_i} = \partial f / \partial \dot{x}_i$, und es gelte

$$f, f_{x_i}, f_{\dot{x}_i} \in \mathcal{C}([t_0, t_1] \times \mathbb{R}^{2n}). \tag{6.5.7}$$

Wir bezeichnen eine Abbildung

$$\mathbf{x} := (x_1, ..., x_n)' : [t_0, t_1] \to \mathbb{R}^n \tag{6.5.8}$$

als zulässig für das vorliegende Variationsproblem, wenn jede der Komponentenfunktionen x_i stetig differenzierbar ist und $\mathbf{x}$ die Anfangs- und Endbedingungen (6.5.2)-(6.5.5) erfüllt. Diese zulässigen Funktionen werden schließlich zur Menge $\mathcal{A}^n$ zusammengefaßt.

Zur Ermittlung notwendiger Bedingungen für eine Lösung $\mathbf{x}^* := (x_1^*, ..., x_n^*)'$ von (VP8) empfiehlt es sich, dieses mehrdimensionale Problem durch Variation ausschließlich einer der gesuchten Funktionen und Festhalten der übrigen auf den bekannten eindimensionalen Fall zurückzuführen. Wir wählen dazu einen beliebigen aber festen Index $i \in \{1, ..., n\}$ und vergleichen $\mathbf{x}^*$ nur mit solchen zulässigen Abbildungen $\mathbf{y} \in \mathcal{A}^n$, die sich lediglich in der i-ten Komponente von der Lösung unterscheiden. Wir fordern also für alle $t \in [t_0, t_1]$

$$\mathbf{y}(t) = (x_1^*(t), ..., x_{i-1}^*(t), x_i(t), x_{i+1}^*(t), ..., x_n^*(t)), \tag{6.5.9}$$

wobei $x_i : [t_0, t_1] \to \mathbb{R}$ stetig differenzierbar sei und der Anfangsbedingung $x_i(t_0) = x_i^0$ sowie der i-ten Endbedingung genüge. Definieren wir nun die Funktion $g : [t_0, t_1] \times \mathbb{R}^2 \to \mathbb{R}$ durch

$$g(t, x_i(t), \dot{x}_i(t)) := f(t, \mathbf{y}(t), \dot{\mathbf{y}}(t)) \tag{6.5.10}$$

und hiermit das Funktional $G : \mathcal{C}^1[t_0, t_1] \to \mathbb{R}$ durch

$$G(x_i) := \int_{t_0}^{t_1} g(t, x_i(t), \dot{x}_i(t)) dt, \tag{6.5.11}$$

so erhalten wir für alle im obigen Sinne zulässigen Funktionen x_i aus der Optimalität von $\mathbf{x}^*$ unmittelbar $G(x_i^*) \geq G(x_i)$. Damit muß x_i^* aber die Eulersche Gleichung für g sowie die mit der i-ten Endbedingung korrespondierende Transversalitätsbedingung erfüllen. Weil i beliebig gewählt wurde, erhalten wir das folgende Resultat:

Satz 6.11 **(Eulersche Gleichung und Transversalitätsbedingungen)** *Die Abbildung* $\mathbf{x}^* := (x_1^*, ..., x_n^*)' \in \mathcal{C}^1[t_0, t_1]$ *sei Lösung des Variationsproblems (VP8), d.h., sie maximiere* F *auf* $\mathcal{A}^n$. *Ferner genüge die momentane Zielfunktion* f *den Regula-*

ritätsbedingungen (6.5.7). Dann gilt

(i) $\frac{d}{dt} f_{\dot{x}_i}(t, \mathbf{x}^*(t), \dot{\mathbf{x}}^*(t)) - f_{x_i}(t, \mathbf{x}^*(t), \dot{\mathbf{x}}^*(t)) = 0 \ \forall t \in [t_0, t_1], \ i = 1, ..., n,$

(ii) $x_i^*(t_1) = x_i^1, i = 1, ..., l,$

(iii) $f_{\dot{x}_i}(t_1, \mathbf{x}^*(t_1), \dot{\mathbf{x}}^*(t_1)) \begin{cases} \leq 0, & \text{wenn } x_i^*(t_1) = x_i^1 \\ = 0, & \text{wenn } x_i^*(t_1) > x_i^1 \end{cases}, \ i = l+1, ..., m,$

(iv) $f_{\dot{x}_i}(t_1, \mathbf{x}^*(t_1), \dot{\mathbf{x}}^*(t_1)) = 0, \ i = m+1, ..., n.$

Bemerkung 6.17 Nimmt F in $\mathbf{x}^* \in \mathcal{A}^n$ ein Minimum an, so ist der erste Teil von Bedingung (iii) durch $f_{\dot{x}_i}(t_1^*, \mathbf{x}^*(t_1), \dot{\mathbf{x}}^*(t_1)) \geq 0$ zu ersetzen. Alle anderen Bedingungen können unverändert übertragen werden. □

Für das eindimensionale Variationsproblem hatten wir in Abschnitt 6.2 mit der Bedingung von Legendre eine notwendige Bedingung 2. Ordnung entwickelt. Im folgenden liefern wir ein ähnliches Resultat für die mehrdimensionale Problemvariante, wobei wir auf einen Beweis der Aussage verzichten wollen.

Satz 6.12 (Bedingung von Legendre) *Es sei $f \in C^2([t_0, t_1] \times \mathbb{R}^{2n})$. Die Abbildung $\mathbf{x}^* : [t_0, t_1] \to \mathbb{R}^n$ sei Lösung des Variationsproblems (VP8), d.h., sie maximiere F auf $\mathcal{A}^n$. Dann gilt für alle $t \in [t_0, t_1]$ und für beliebige reellen Zahlen h_i, h_j, $i, j = 1, ..., n$, die Ungleichung*

$$\sum_{i=1}^{n} \sum_{j=1}^{n} f_{\dot{x}_i \dot{x}_j}(t, \mathbf{x}^*(t), \dot{\mathbf{x}}^*(t)) h_i h_j \leq 0. \tag{6.5.12}$$

Stellt $\mathbf{x}^*$ ein Minimum von F auf $\mathcal{A}^n$ dar, so ist in Beziehung (6.5.12) „$\leq$" durch „$\geq$" zu ersetzen.

Beweis: Siehe z.B. HADLEY, KEMP (1971), Abschnitt 2.15. ■

Bemerkung 6.18 **(i)** Bezeichnet $f_{\dot{\mathbf{x}}\dot{\mathbf{x}}} := (f_{\dot{x}_i \dot{x}_j})_{i,j=1,...,n}$ die $(n \times n)$-Matrix der partiellen Ableitungen zweiter Ordnung von f bzgl. $\dot{\mathbf{x}}(t) := (\dot{x}_1(t), ..., \dot{x}_n(t))'$, so können wir die Bedingung von Legendre auch wie folgt formulieren:

$$\mathbf{h}' f_{\dot{\mathbf{x}}\dot{\mathbf{x}}}(t, \mathbf{x}^*(t), \dot{\mathbf{x}}^*(t)) \mathbf{h} \leq 0 \quad \forall t \in [t_0, t_1] \ \forall \mathbf{h} \in \mathbb{R}^n. \tag{6.5.13}$$

Das bedeutet, daß die Matrix $f_{\dot{\mathbf{x}}\dot{\mathbf{x}}}(t, \mathbf{x}^*(t), \dot{\mathbf{x}}^*(t))$ zu jedem Zeitpunkt $t \in [t_0, t_1]$ negativ semidefinit sein muß.

(ii) Man beachte, daß sich Beziehung (6.5.12) für $n = 1$ tatsächlich auf die Bedingung von Legendre für das eindimensionale Variationsproblem reduziert. □

Für eindimensionale Variationsprobleme wurde in Abschnitt 6.2 ein nützliches Resultat über den Grad der (stetigen) Differenzierbarkeit der Lösung x^* in Abhängigkeit von den Eigenschaften der momentanen Zielfunktion angegeben. Dieses Ergebnis kann wie folgt auf die hier betrachtete mehrdimensionale Variante verallgemeinert werden:

Satz 6.13 *Die momentane Zielfunktion f genüge der Annahme $f \in C^k([t_0, t_1] \times \mathbb{R}^{2n})$, $k \geq 2$. Ferner löse die Abbildung $\mathbf{x}^*$ das Variationsproblem (VP8), und es gelte für alle $t \in [t_0, t_1]$*

$$\det [f_{\dot{\mathbf{x}}\dot{\mathbf{x}}}(t, \mathbf{x}^*(t), \dot{\mathbf{x}}^*(t))] \neq 0. \tag{6.5.14}$$

Dann ist $\mathbf{x}^*$ ebenfalls k-mal stetig differenzierbar, also $\mathbf{x}^* \in C^k[t_0, t_1]$.

Beweis: Vgl. HESTENES (1966), S. 60 f. ■

Auch für das mehrdimensionale Variationsproblem stellt die Konkavität der momentanen Zielfunktion die entscheidende Voraussetzung dafür dar, daß die Eulersche Gleichung zusammen mit den entsprechenden Transversalitätsbedingungen bereits hinreichend für die Optimalität einer zulässigen Abbildung $\mathbf{x}^*$ ist. Der Beweis dieser Aussage ergibt sich dabei als direkte Verallgemeinerung der Beweise der entsprechenden Sätze für die verschiedenen eindimensionalen Variationsprobleme (vgl. Satz 6.5).

Satz 6.14 *Gegeben sei das mehrdimensionale Variationsproblem (VP8). Die momentane Zielfunktion $f : [t_0, t_1] \times \mathbb{R}^{2n} \to \mathbb{R}, (t, \mathbf{x}, \dot{\mathbf{x}}) \mapsto f(t, \mathbf{x}, \dot{\mathbf{x}})$ erfülle die Regularitätsbedingungen (6.5.7) und sei konkav bzgl. $(\mathbf{x}, \dot{\mathbf{x}})$. Ferner genüge die stetig differenzierbare Abbildung $\mathbf{x}^* : [t_0, t_1] \to \mathbb{R}^n$ den Anfangs- und Endbedingungen (6.5.2)-(6.5.5) sowie den Eulerschen Gleichungen (i) und den Transversalitätsbedingungen (iii)-(iv) aus Satz 6.11. Dann ist $\mathbf{x}^*$ Lösung des Variationsproblems (VP8). Ist f sogar streng konkav, so liefert $\mathbf{x}^*$ zugleich die eindeutige Lösung von (VP8).*

Bemerkung 6.19 Setzen wir in Satz 6.14 f als (streng) *konvex* bzgl. $(\mathbf{x}, \dot{\mathbf{x}})$ voraus, so erhalten wir eine hinreichende Bedingung für ein (eindeutiges) *Minimum* des Zielfunktionals F auf $\mathcal{A}^n$. □

Zum Abschluß dieses Abschnittes soll zur Veranschaulichung der Ergebnisse ein (nichtökonomisches) Beispiel für ein mehrdimensionales Variationsproblem der Form (VP8) betrachtet werden.

Beispiel 6.10 Wir wollen im folgenden versuchen, Lösungen des Variationsproblems

$$\int_0^{\pi/2} (\dot{x}_1(t)^2 + \dot{x}_2(t)^2 + 2x_1(t)x_2(t))dt \to \min_{x_i \in C^1[0,\pi/2],\ i=1,2} ! \tag{6.5.15}$$

unter den Nebenbedingungen

$$x_1(0) = 0, \ x_2(0) = 0, \tag{6.5.16}$$

$$x_1(\pi/2) = 1, \quad x_2(\pi/2) \text{ beliebig}, \tag{6.5.17}$$

zu finden. Die durch

$$f(x_1, x_2, \dot{x}_1, \dot{x}_2) := \dot{x}_1{}^2 + \dot{x}_2{}^2 + 2x_1x_2 \tag{6.5.18}$$

definierte momentane Zielfunktion f ist beliebig oft stetig differenzierbar. Wegen

$$\det\left[f_{\dot{\mathbf{x}}\dot{\mathbf{x}}}(\mathbf{x},\dot{\mathbf{x}})\right] = \det\begin{pmatrix} 2 & 0 \\ 0 & 2 \end{pmatrix} = 4$$

überträgt sich diese Eigenschaft gemäß Satz 6.13 auf die Lösung der betrachteten Variationsaufgabe. Die Eulerschen Gleichungen besitzen somit folgende Gestalt:

$$\frac{d}{dt} f_{\dot{x}_1} - f_{x_1} = 2\ddot{x}_1 - 2x_2 = 0, \tag{6.5.19}$$

$$\frac{d}{dt} f_{\dot{x}_2} - f_{x_2} = 2\ddot{x}_2 - 2x_1 = 0. \tag{6.5.20}$$

Zur Bestimmung einer Lösung dieses Differentialgleichungssystems differenzieren wir (6.5.19) zweimal bzgl. t und erhalten unter Berücksichtigung von (6.5.20)

$$\frac{d^4 x_1}{dt^4} = x_1. \tag{6.5.21}$$

Satz B.15 zeigt auf, wie die Lösungen dieser homogenen linearen Differentialgleichung 4. Ordnung zu ermitteln sind. So haben wir zunächst die Nullstellen ihrer charakteristischen Gleichung $Y^4 = 1$ zu bestimmen. Wie leicht zu zeigen ist, lauten diese $\lambda_{1,2} = \pm 1$ und $\lambda_{3,4} = \pm i$, bestehen zum Teil also aus komplexen Zahlen. Gemäß Bemerkung B.7 bilden die Funktionen

$$\varphi_1(t) = e^{\lambda_1 t} = e^t, \; \varphi_2(t) = e^{\lambda_2 t} = e^{-t}$$

und (für die komplexen Nullstellen)

$$\varphi_3(t) = \sin t, \; \varphi_4(t) = \cos t$$

somit ein Fundamentalsystem (d.h. eine Basis der Lösungsmenge) der betrachteten Differentialgleichung (6.5.21). Ihre allgemeine Lösung ist daher durch

$$x_1(t) = c_1 e^t + c_2 e^{-t} + c_3 \sin t + c_4 \cos t \tag{6.5.22}$$

gegeben. Wegen $x_2 = \ddot{x}_1$ ergibt sich außerdem

$$x_2(t) = c_1 e^t + c_2 e^{-t} - c_3 \sin\, t - c_4 \cos\, t. \tag{6.5.23}$$

Aus den Anfangsbedingungen $x_1(0) = 0$ und $x_2(0) = 0$ sowie der Endbedingung $x_1(\frac{\pi}{2}) = 1$ erhalten wir

$$c_1 + c_2 + c_4 = 0, \tag{6.5.24}$$

$$c_1 + c_2 - c_4 = 0 \tag{6.5.25}$$

und

$$c_1 e^{\pi/2} + c_2 e^{-\pi/2} + c_3 = 1. \tag{6.5.26}$$

Zur Ermittlung der vier Konstanten c_i, $i = 1, ..., 4$, stehen uns damit erst drei Gleichungen zur Verfügung. Die letzte noch benötigte Beziehung ergibt sich aus der mit der Endbedingung „$x_2(\frac{\pi}{2})$ beliebig" korrespondierenden Transversalitätsbedingung (vgl. Bedingung (iv) aus Satz 6.11)

$$f_{\dot{x}_2}(\mathbf{x}, \dot{\mathbf{x}}) = 2\dot{x}_2(\pi/2) = 2(c_1 e^{\pi/2} - c_2 e^{-\pi/2} + c_4) = 0. \tag{6.5.27}$$

Damit sind wir in der Lage, die gesuchten Konstanten zu bestimmen. Sie lauten $c_1 = c_2 = c_4 = 0$ sowie $c_3 = 1$. Einsetzen in (6.5.22) und (6.5.23) liefert schließlich

$$x_1(t) = \sin t,\; x_2(t) = -\sin t. \tag{6.5.28}$$

Besitzt das Problem (6.5.15)-(6.5.17) eine Lösung, so ist diese durch das Funktionenpaar (6.5.28) gegeben.

Weil die Matrix

$$f_{\dot{\mathbf{x}}\dot{\mathbf{x}}}(\mathbf{x}, \dot{\mathbf{x}}) = \begin{pmatrix} 2 & 0 \\ 0 & 2 \end{pmatrix} \tag{6.5.29}$$

positiv definit ist, ist zudem die notwendige Bedingung zweiter Ordnung von Legendre für ein Minimum erfüllt. Wir können damit ausschließen, daß die Funktionen aus (6.5.28) das Zielfunktional F maximieren. Leider ist die momentane Zielfunktion, wie leicht nachzuprüfen ist, nicht konvex, so daß Satz 6.14 bzw. Bemerkung 6.19 auf das vorliegende Variationsproblem nicht anzuwenden sind. Mit den uns zur Verfügung stehenden Mitteln können wir somit nicht mit letzter Sicherheit beurteilen, ob das Funktionenpaar (6.5.28) tatsächlich eine Lösung von (6.5.15)-(6.5.17) darstellt. □

6.6 Anhang: Lokale Maxima von Funktionalen

Wir haben in Abschnitt 6.2 den lokalen Charakter der Eulerschen Gleichung herausgestellt, dabei allerdings auf eine allzu formale Argumentation verzichtet. Wir wollen im folgenden diesen Mangel an formaler Strenge beseitigen und insbesondere klären, was unter der *Umgebung* einer Funktion x sowie unter einem *lokalen* Maximum eines Funktionals F zu verstehen ist.

Zunächst müssen wir den Raum $C^1[t_0, t_1]$ aller stetig differenzierbaren Funktionen auf $[t_0, t_1]$ mit einer geeigneten Norm versehen. Als natürliche Verallgemeinerung der Maximumnorm aus dem $\mathbb{R}^n$ bietet sich hierbei die Norm

$$\|x\|_0 = \max_{t_0 \leq t \leq t_1} |x(t)| \tag{6.6.1}$$

an. Alternativ wäre aber auch die Norm

$$\|x\|_1 = \max_{t_0 \leq t \leq t_1} |x(t)| + \max_{t_0 \leq t \leq t_1} |\dot{x}(t)| \tag{6.6.2}$$

denkbar, für welche neben den Funktionswerten selbst auch die Werte der Ableitung der stetig differenzierbaren Funktion $x : [t_0, t_1] \to \mathbb{R}$ relevant sind. In $C[t_0,t_1]$ würde die Festlegung (6.6.2) natürlich keinen Sinn machen.

Wir sind damit in der Lage, den topologischen Begriff der ε-*Umgebung* einer Funktion x (in Abhängigkeit der gewählten Norm) einzuführen.

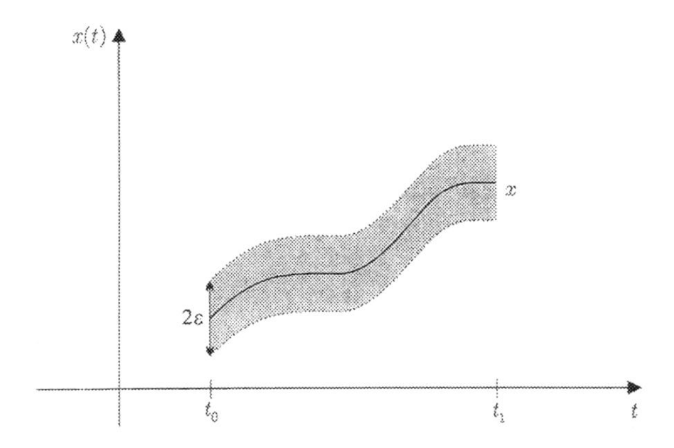

Abbildung 6.10: ε-Umgebung von $x \in C^1[t_0, t_1]$ bzgl. der Norm $\|\cdot\|_0$

Definition 6.1 *Eine ε-Umgebung von $x \in C^1[t_0, t_1]$ bzgl. der Norm $\|\cdot\|_i$, $i = 0, 1$, ist definiert als die offene Kugel mit Mittelpunkt x und dem Radius ε, d.h. als die Menge*

$$U_i(x, \varepsilon) := \left\{ y \in C^1[t_0, t_1] : \|x - y\|_i < \varepsilon \right\}, \ i = 0, 1. \tag{6.6.3}$$

Zur Veranschaulichung dieser Begriffsbildung betrachte man die Abbildungen 6.10 und 6.11. Letztere stellt den sog. *erweiterten Phasenraum* dar. Jedem Zeitpunkt $t \in [t_0, t_1]$ wird dabei sowohl der Funktionswert $x(t)$ als auch die Ableitung $\dot{x}(t)$ zugeordnet. Die so erzeugte Menge von Punkten stellt eine Kurve im dreidimensionalen Euklidischen Raum dar und wird als Graph der Funktion x im erweiterten Phasenraum bezeichnet. Die ε-Umgebung von x kann dann durch den „Schlauch" mit Radius ε um diesen Graphen charakterisiert werden werden.

Mit Hilfe der vorangegangenen Definition einer ε-Umgebung kann ein lokales Maximum des Ziel*funktionals* F jetzt völlig analog zum bekannten Fall eines lokalen Extremums einer *Funktion* $f : M \to \mathbb{R}$, $M \subset \mathbb{R}^n$ erklärt werden. Je nach verwendeter Norm unterscheidet man dabei zwischen einem starken und einem schwachen lokalen Maximum. Man beachte diesbezüglich, daß die ε-Umgebung $U_1(x, \varepsilon)$ als echte Teilmenge in der Kugel $U_0(x, \varepsilon)$ enthalten ist.

Definition 6.2 *(i) Eine Funktion $x^* \in \mathcal{A} \subset C^1[t_0, t_1]$ heißt starkes lokales Maximum des Funktionals $F : C^1[t_0, t_1] \to \mathbb{R}$ auf $\mathcal{A}$, wenn es eine ε-Umgebung $U_0(x^*, \varepsilon)$ von x^* gibt, so daß gilt:*

$$F(x^*) \geq F(x) \qquad \forall x \in \mathcal{A} \cap U_0(x^*, \varepsilon). \tag{6.6.4}$$

(ii) Existiert dagegen lediglich eine ε-Umgebung $U_1(x^*, \varepsilon)$ von x^* mit

$$F(x^*) \geq F(x) \qquad \forall x \in \mathcal{A} \cap U_1(x^*, \varepsilon), \tag{6.6.5}$$

so spricht man von einem schwachen lokalen Maximum von F auf $\mathcal{A}$.

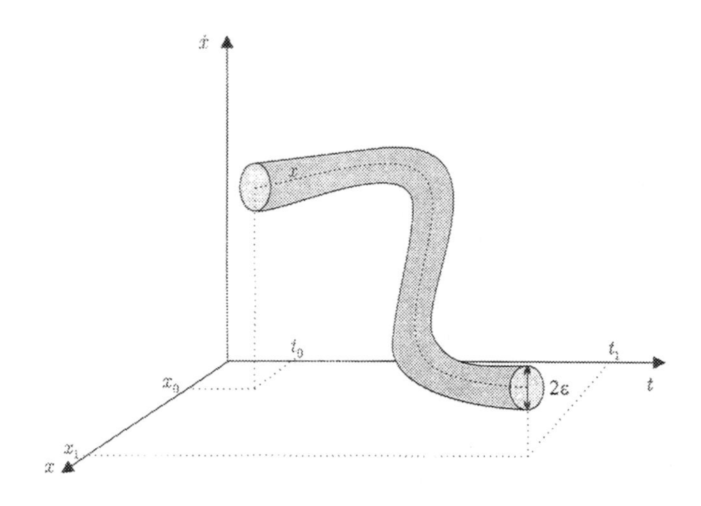

Abbildung 6.11: ε-Umgebung von $x \in \mathcal{C}^1[t_0, t_1]$ bzgl. der Norm $\|\cdot\|_1$

Wir wollen abschließend zeigen, daß Satz 6.2 nicht nur globale Maxima charakterisiert sondern tatsächlich auch bei *lokalen* Maxima anwendbar ist. Hierzu greifen wir die Herleitung der Eulerschen Gleichung in Abschnitt 6.2 auf, betrachten jedoch statt eines globalen ein lokales Maximum x^* des Funktionals F auf $\mathcal{A}$, d.h., wir ersetzen Beziehung (6.2.1) durch Beziehung (6.6.4) oder (6.6.5). Wird der Parameter $\alpha \in \mathbb{R}$ betragsmäßig hinreichend klein gewählt ($0 < |\alpha| < \alpha_0$), so liegen die in (6.2.3) definierten Vergleichsfunktionen x_α innerhalb der maßgeblichen ε-Umgebung $U_i(x^*, \varepsilon)$ von x^*. Damit gilt Ungleichung (6.2.6) nun lediglich für alle α, die der Bedingung $|\alpha| < \alpha_0$ genügen. Der Punkt $\alpha = 0$ stellt zwar nur noch ein *lokales* Maximum der Hilfsfunktion J dar, die notwendige Bedingung (6.2.7) ist aber nach wie vor erfüllt. Von dieser Beziehung ausgehend läßt sich die Eulersche Gleichung dann auf bekannte Weise über das Lemma von du Bois-Reymond ableiten.

Literaturhinweise

Die Literatur zur Variationsrechnung ist außerordentlich umfangreich. Die meisten Monographien und Lehrbücher beschränken sich dabei nicht auf die isolierte Darstellung dieses ältesten Zweiges der dynamischen Optimierung, sondern behandeln darauf aufbauend auch die Kontrolltheorie und zum Teil auch die dynamische Programmierung. Wir werden im folgenden nur diejenigen Werke aufführen, die den Aufbau und Inhalt des vorliegenden Kapitels am stärksten beeinflußt haben.

Zu unterscheiden sind hierbei die für Wirtschaftswissenschaftler geschriebenen, anwendungsorientierten Lehrbücher auf der einen und die mathematisch-formal ausgerichteten Darstellungen der Variationsrechnung (bzw. dynamischen Optimierung) auf der anderen Seite. Zur ersten Klasse zählen HADLEY, KEMP (1971), SEIERSTAD, SYDSÆTER (1987), CHIANG (1992) und KAMIEN, SCHWARTZ (1998). Das erstgenannte Werk bietet dabei die umfassendste zugleich aber auch mathematisch anspruchsvollste Behandlung der Variationsrechnung. Es widmet sich dabei ausführlich ihrer Anwendung auf ökonomische Wachstumsmodelle. Auch die übrigen Bücher, in denen eher die Darstellung der Kontrolltheorie im Vordergrund steht, finden einen sinnvollen Kompromiß zwischen der notwendigen mathematischen Exaktheit und einer für den Anwender nachvollziehbaren Analyse der Thematik. Diesbezüglich zeichnet sich vor allem die mathematisch saubere und dennoch gut lesbare Darstellung in SEIERSTAD, SYDSÆTER (1987) aus, welche den Charakter unserer Einführung in die Variationsrechnung wohl am stärksten geprägt hat.

Mathematisch fundierte für den Anwender z.T. aber schwerer verständliche Abhandlungen der Variationsrechnung findet man u.a. in HESTENES (1966), IOFFE, TICHOMIROV (1979), TROUTMAN (1983) und KOSMOL (1991). Neben dem Werk von HADLEY, KEMP (1971) bieten gerade die drei erstgenannten Bücher einen umfassenden und detaillierten Überblick über alle wesentlichen Fragestellungen und Themen der Variationsrechnung. Sie eignen sich daher für ein vertiefendes Studium dieses Theoriezweiges, vor allem zum Kennenlernen weiterer notwendiger und hinreichender Optimalitätsbedingungen sowie zur Auseinandersetzung mit der Existenzproblematik. Das Buch von KOSMOL (1991) behandelt die Variationsrechnung im allgemeinen Rahmen der mathematischen Optimierung zwar nur sehr knapp, hatte aber insbesondere auf die Herleitung der Eulerschen Gleichung in Abschnitt 6.2 sowie den Anhang über lokale Lösungen eines Variationsproblems großen Einfluß.

Abschließend sei noch auf den Ursprung der in diesem Kapitel betrachteten Beispiele hingewiesen. Die Behandlung des Problems der optimalen Produktion und Lagerhaltung mit den Methoden der Variationsrechnung folgt der Darstellung in KAMIEN, SCHWARTZ (1998), aus dem auch das nichtökonomische Beispiel 6.10 für ein mehrdimensionales Variationsproblem stammt. Das Beispiel der optimalen gesamtwirtschaftlichen Kapitalakkumulation wird ähnlich auch in HADLEY, KEMP (1971) und SEIERSTAD, SYDSÆTER (1987) untersucht.

Kapitel 7

Kontrolltheorie

Im vorangegangenen Kapitel haben wir mit der Variationsrechnung einen ersten Ansatz zur Lösung dynamischer Entscheidungsprobleme kennengelernt. Eine Vielzahl interessanter ökonomischer Problemstellungen weist allerdings Eigenschaften auf, die im engen strukturellen Rahmen dieser klassischen Theorie nur sehr schwer zu berücksichtigen sind. Wir wollen daher in diesem Kapitel die auf einer allgemeineren Formulierung intertemporaler Entscheidungsprobleme basierende moderne Kontrolltheorie vorstellen, welche in den 50er Jahren von einer Gruppe um den russischen Mathematiker Pontrjagin begründet wurde. Die Kontrolltheorie beschäftigt sich mit dynamischen Systemen ökonomischer, biologischer oder technischer Art, welche sich im Zeitablauf unter dem Einfluß von Aktionen eines Entscheidungsträgers fortentwickeln. Die Steuerung derartiger Systeme soll in „optimaler" Weise erfolgen, wobei sich der Entscheidungsträger bei der Auswahl seiner Aktionen gewissen Restriktionen gegenübersieht.

Die nun folgende elementare Darstellung der Kontrolltheorie beginnt mit einer Einführung in die hier ausschließlich betrachteten zeitkontinuierlichen Kontrollprobleme. In Abschnitt 7.2 stellen wir dann mit dem Maximumprinzip von Pontrjagin bereits das zentrale Resultat dieses Zweiges der dynamischen Optimierung vor. Der Formulierung und Illustration dieses Systems notwendiger Bedingungen in Teilabschnitt 7.2.1 schließt sich dabei ein ausführlicher Beweis für einen wichtigen Spezialfall an, bevor im Teilabschnitt 7.2.3 die vorhandenen Zusammenhänge zu den notwendigen Bedingungen aus der Variationsrechnung aufgezeigt werden sollen. Während wir uns in Abschnitt 7.3 der Frage widmen, wann die notwendigen Bedingungen des Maximumprinzips auch hinreichend sind, sollen im abschließenden Abschnitt 7.4 diverse Verallgemeinerungen des zuvor betrachteten Standard-Kontrollproblems untersucht werden.

7.1 Problemformulierung

In diesem ersten Abschnitt wollen wir uns eingehend mit dem kontrolltheoretischen Basismodell eines dynamischen Entscheidungsproblems befassen. Wie bereits in der

Einleitung erwähnt, besteht die Aufgabe in der Kontrolltheorie allgemein gesprochen darin, die zeitliche Entwicklung eines realen oder fiktiven dynamischen *Systems* „bestmöglich" zu steuern. Es wird dabei angenommen, daß der Zustand, in dem sich das betrachtete System zu einem beliebigen Zeitpunkt t innerhalb des zunächst als fix und endlich vorausgesetzten Planungsintervalls $[t_0, t_1]$ befindet, durch n reelle Größen $x_1(t), ..., x_n(t)$, den sog. *Zustandsvariablen*, beschrieben werden kann. Durch Festlegung der Werte von r *Kontrollvariablen* $u_1(t), ..., u_r(t)$ ist der Entscheidungsträger in der Lage, in das Systemgeschehen einzugreifen und die Weiterentwicklung der Zustandsvariablen bis zu einem gewissen Grade zu beeinflussen. In einem ökonomischen Kontext könnte es sich bei den Zustandsvariablen beispielsweise um die Kapitalbestände einer Volkswirtschaft mit n Sektoren oder um das aktuelle Vermögen eines Wertpapieranlegers handeln. Als zugehörige Steuerungsinstrumente wären dann die Investitionsquoten in verschiedenen Wirtschaftssektoren oder die in verschiedene Aktien investierten Vermögensanteile des Anlegers denkbar.

Der Zusammenhang zwischen Zustands- und Kontrollvariablen wird durch ein System von n gewöhnlichen Differentialgleichungen,

$$\dot{x}_i(t) = g_i(x_1(t), ..., x_n(t), u_1(t), ..., u_r(t), t), \quad i = 1, ..., n, \; t \in [t_0, t_1], \tag{7.1.1}$$

beschrieben, wobei die Transformationsfunktionen $g_i : \mathbb{R}^n \times \mathbb{R}^r \times [t_0, t_1] \to \mathbb{R}$, $i = 1, ..., n$, dem Anwender bekannt sind. Setzen wir

$$\mathbf{x}(t) := (x_1(t), ..., x_n(t))', \quad \mathbf{u}(t) := (u_1(t), ..., u_r(t))', \quad \mathbf{g}(\cdot) := (g_1(\cdot), ..., g_n(\cdot))', \tag{7.1.2}$$

so kann diese, die Systemdynamik kennzeichnende Beziehung in kompakter Form auch wie folgt dargestellt werden:

$$\dot{\mathbf{x}}(t) = \mathbf{g}(\mathbf{x}(t), \mathbf{u}(t), t), \; t \in [t_0, t_1]. \tag{7.1.3}$$

Der Systemzustand zum Zeitpunkt t bestimmt also zusammen mit der vom Entscheidungsträger gewählten Steuerung in t über die vektorwertige Funktion $\mathbf{g}(\cdot, \cdot, t)$ die zeitliche Veränderungsrate der Zustandsgrößen. Die zukünftige Entwicklung des betrachteten Systems hängt von seiner Vorgeschichte somit ausschließlich über die gegenwärtigen Realisationen der Zustandsvariablen ab. Insofern enthalten die Zustandsgrößen sämtliche Informationen über die bisherige Entwicklung des Systems, welche notwendig sind, um sich vom jeweiligen Betrachtungszeitpunkt an optimal zu verhalten. Die obige Eigenschaft eines dynamischen Objektes wird in Anlehnung an ihre stochastische Variante auch als Markov-Eigenschaft bezeichnet. Die explizite Abhängigkeit der Transformationsfunktion $\mathbf{g}$ vom Zeitparameter t eröffnet dabei die Möglichkeit, Veränderungen des „Bewegungsgesetzes", in ökonomischen Anwendungen hervorgerufen z.B. durch technologischen Fortschritt oder Bevölkerungswachstum, Rechnung zu tragen. Gehen wir nun davon aus, daß der Startzustand des Systems aufgrund historischer Entwicklungen vorgegeben ist, d.h. daß etwa

$$\mathbf{x}(t_0) = \mathbf{x}^0 \tag{7.1.4}$$

mit $\mathbf{x}^0 \in \mathbb{R}^n$ gilt, so erhalten wir *in der Regel* zu jeder Wahl eines Kontrollpfades $\mathbf{u}(t)$, $t \in [t_0, t_1]$, eine (eindeutig) korrespondierende Zustandstrajektorie $\mathbf{x}(t)$, $t \in [t_0, t_1]$, als Lösung des Differentialgleichungssystems (7.1.3). Abbildung 7.1 zeigt zur Veranschaulichung die Zustandstrajektorien zu drei unterschiedlichen Kontrollpfaden.

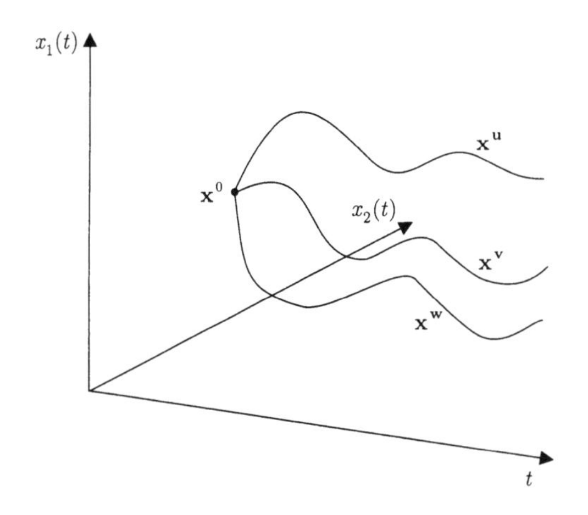

Abbildung 7.1: Zustandstrajektorien zu den Kontrollpfaden **u**, **v** und **w**

Mögliche Restriktionen, denen sich der Entscheidungsträger bei der Auswahl seiner Aktionen gegenübersieht, werden wir zunächst durch die Forderung

$$\mathbf{u}(t) \in U, \; t \in [t_0, t_1], \tag{7.1.5}$$

berücksichtigen, wobei $U \subset \mathbb{R}^r$ auch als Kontrollregion oder zulässiger Steuerungsbereich bezeichnet wird. Die Menge U darf hierbei sehr wohl abgeschlossen (insbesondere auch kompakt) sein, d.h., es sind z.B. Ungleichungsbeschränkungen der Form

$$a_j \leq u_j(t) \leq b_j, \quad j = 1, ..., r, \; t \in [t_0, t_1], \tag{7.1.6}$$

ausdrücklich zugelassen. Dies ist ein äußerst bemerkenswerter Aspekt der Kontrolltheorie, da derartige, für ökonomische Fragestellungen typische Nebenbedingungen im Rahmen der Variationsrechnung nur sehr schwer zu verarbeiten sind. Die Zustandsvariablen betreffend hat der Entscheidungsträger schließlich zu beachten, daß diese neben der Anfangsbedingung (7.1.4) den Endbedingungen

$$x_i(t_1) = x_i^1, \quad i = 1, ..., l, \tag{7.1.7}$$

$$x_i(t_1) \geq x_i^1, \quad i = l+1, ..., m, \tag{7.1.8}$$

$$x_i(t_1) \text{ beliebig}, \quad i = m+1, ..., n, \tag{7.1.9}$$

unterliegen, wobei die x_i^1, $i = 1, ..., m$, vorgegeben sind.

Natürlich sind nicht alle möglichen Entwicklungen des betrachteten Systems gleich wünschenswert. Statt dessen unterstellen wir im folgenden, daß der Entscheidungsträger zum einen ein möglichst vorteilhaftes Übergangsverhalten des Systems vom vorgegebenen Anfangszustand in den gewünschten Endzustand anstrebt, zum anderen aber auch die Endwerte des Prozesses selbst bewertungsrelevant sind. Die Effektivität einer bestimmten Kontrolle $\mathbf{u}(t)$, $t \in [t_0, t_1]$, mit zugehörigem Zustandspfad $\mathbf{x}(t)$, $t \in [t_0, t_1]$, wird demzufolge mit Hilfe eines Zielfunktionals der Form

$$\int_{t_0}^{t_1} f(\mathbf{x}(t), \mathbf{u}(t), t)dt + h(\mathbf{x}(t_1)) \tag{7.1.10}$$

gemessen. Hierbei wird über die wie in der Variationsrechnung als momentane Zielfunktion bezeichnete Abbildung $f : \mathbb{R}^n \times \mathbb{R}^r \times [t_0, t_1] \to \mathbb{R}$ in jedem Zeitpunkt t neben dem jeweiligen Zustand $\mathbf{x}(t)$ auch die gewählte Aktion $\mathbf{u}(t)$ des Entscheidungsträgers bewertet, so daß $f(\mathbf{x}(t), \mathbf{u}(t), t)$ also den augenblicklichen oder unmittelbaren „Erfolg“ bzw. „Nutzen“ der Steuerung angibt. Der dem realisierten Endzustand des Systems $\mathbf{x}(t_1)$ zugeordnete Restwert wird dagegen durch die als Terminal- oder Restwertfunktion bezeichnete Abbildung $h : \mathbb{R}^n \to \mathbb{R}$ bestimmt. Die fundamentale Aufgabe in der Kontrolltheorie besteht nun darin, den Wert des Gütemaßes (7.1.10) unter Beachtung der Bewegungsgleichungen (7.1.3), der Anfangs- und Endbedingungen (7.1.4) und (7.1.7)-(7.1.9) sowie der Restriktionen (7.1.5) durch Auswahl eines geeigneten Kontrollpfades $\mathbf{u}(t)$, $t \in [t_0, t_1]$, zu maximieren.

Bemerkung 7.1 Den hier verwendeten Leistungsmaßstab (7.1.10) bezeichnet man auch als *Bolza'sches Gütemaß*, das resultierende Kontrollproblem folglich als *Bolza-Aufgabe*. Setzt man $h(\mathbf{x}) \equiv 0$, betrachtet man also den aus der Variationsrechnung bekannten Fall des reinen Integralfunktionals, so spricht man von einer *Lagrange-Aufgabe*. Ist in (7.1.10) schließlich $f(\mathbf{x}, \mathbf{u}, t) \equiv 0$, also lediglich der Endzustand bewertungsrelevant, so handelt es sich um eine sog. *Mayer-Aufgabe*. Man könnte nun vermuten, daß die Bolza-Aufgabe allgemeiner als die beiden anderen Problemtypen ist, da sie letztere offensichtlich als Spezialfälle enthält. Tatsächlich kann man jedoch zeigen, daß die drei Problemformulierungen zumindest unter gewissen zusätzlichen Regularitätsvoraussetzungen ineinander überführt werden können, im wesentlichen also äquivalent sind. Eine Bolza-Aufgabe kann bspw. wie folgt in eine Mayer-Aufgabe umgewandelt werden. Es wird zunächst eine neue Zustandsvariable x_{n+1} eingeführt, so daß $\mathbf{x}'_{neu} = (\mathbf{x}', x_{n+1})$ ist. Wird dann das Differentialgleichungssystem (7.1.3) um die Beziehung

$$\dot{x}_{n+1}(t) = f(\mathbf{x}(t), \mathbf{u}(t), t) \tag{7.1.11}$$

sowie die Anfangsbedingungen (7.1.4) um die Forderung $x_{n+1}(t_0) = 0$ erweitert, kann das ursprüngliche Zielfunktional (7.1.10) auch wie folgt geschrieben werden:

$$\int_{t_0}^{t_1} f(\mathbf{x}(t), \mathbf{u}(t), t)dt + h(\mathbf{x}(t_1)) = x_{n+1}(t_1) - x_{n+1}(t_0) + h(\mathbf{x}(t_1)) = x_{n+1}(t_1) + h(\mathbf{x}(t_1)). \tag{7.1.12}$$

Man erhält somit unmittelbar eine Aufgabe vom Mayer-Typ mit Terminalfunktion

$$\tilde{h}(\mathbf{x}_{neu}(t_1)) := x_{n+1}(t_1) + h(\mathbf{x}(t_1)). \tag{7.1.13}$$

□

Zur formalen Vervollständigung der Problemformulierung haben wir nun abschließend noch die **Regularitätseigenschaften** der beteiligten Funktionen festzulegen. Wir wollen diesbezüglich annehmen, daß die Terminalfunktion $h : \mathbb{R}^n \to \mathbb{R}$ stetig differenzierbar ist und daß die momentane Zielfunktion $f : \mathbb{R}^n \times \mathbb{R}^r \times [t_0, t_1] \to \mathbb{R}$ sowie die Transformationsfunktionen $g_i : \mathbb{R}^n \times \mathbb{R}^r \times [t_0, t_1] \to \mathbb{R}$, $i = 1, ..., n$, stetig in allen $(n + r + 1)$ Argumenten sowie stetig partiell differenzierbar bezüglich der ersten n Argumente sind.[1, 2] Zur Vereinfachung der Notation werden wir diese Regularitätseigenschaften im weiteren Verlauf kurz mit (**R1**) bezeichnen.

Wir haben nun noch zu klären, welche Eigenschaften die zulässigen Kontrollfunktionen $\mathbf{u} : [t_0, t_1] \to \mathbb{R}^r$ besitzen sollen. Es erweist sich als zweckmäßig, diesbezüglich die Klasse der stückweise stetigen Funktionen $\mathcal{S}[t_0, t_1]$ zugrunde zu legen. Wir betrachten also ausschließlich solche Steuerungen $\mathbf{u}$, die für alle Zeitpunkte $t \in [t_0, t_1]$ mit Ausnahme von endlich vielen Stellen stetig sind, wobei in den Unstetigkeitspunkten τ die links- und rechtsseitigen Grenzwerte

$$\mathbf{u}(\tau - 0) := \lim_{t \uparrow \tau} \mathbf{u}(t), \quad \mathbf{u}(\tau + 0) := \lim_{t \downarrow \tau} \mathbf{u}(t) \tag{7.1.14}$$

existieren mögen und endlich seien.[3] Man beachte, daß wir mit der Annahme der Endlichkeit lediglich sog. Unstetigkeiten erster Art zulassen und die Kontrollfunktionen auf $[t_0, t_1]$ damit insbesondere beschränkt sind. Zwar spielen die Werte einer

[1] Die Wahl des Definitionsbereiches der beteiligten Funktionen ist unnötig restriktiv. Es reicht aus, daß f und g_i, $i = 1, ..., n$, mit den angesprochenen Regularitätseigenschaften lediglich auf einem *Gebiet* $\Omega = \Omega_1 \times \Omega_2 \times \Omega_3$ des $\mathbb{R}^n \times \mathbb{R}^r \times \mathbb{R}$ definiert sind (vgl. hierzu Definition B.2). Natürlich muß dann $\mathbf{x}(t)$ auf dem gesamten Planungsinteravall in der Menge Ω_1 liegen und $U \subset \Omega_2$ sowie $[t_0, t_1] \subset \Omega_3$ sein. Entsprechendes gilt für den Definitionsbereich der Terminalfunktion h.

[2] Man beachte, daß insbesondere die stetige Differenzierbarkeit von f und $\mathbf{g}$ bzgl. der Kontrollvariablen u_j, $j = 1, ..., r$, zunächst *nicht* vorausgesetzt wird. Zum Vergleich rufe man sich nochmals die Regularitätsannahmen bzgl. der momentanen Zielfunktion des fundamentalen Variationsproblems aus Abschnitt 6.1 in Erinnerung.

[3] Damit sind insbesondere sog. Bang-Bang-Steuerungen der Form

$$u(t) := \begin{cases} a, & t_0 \le t < \tau, \\ b & \tau \le t \le t_1, \end{cases}$$

erlaubt.

stückweise stetigen Kontrolle $\mathbf{u}$ in den Unstetigkeitsstellen selbst im folgenden keine wesentliche Rolle, durch die Forderung der rechtsseitigen Stetigkeit von $\mathbf{u}$ im Intervall $[t_0, t_1)$ und der linksseitigen Stetigkeit im Endpunkt t_1 wollen wir diese um der Eindeutigkeit willen dennoch festlegen.[4] In allen Unstetigkeitspunkten τ gelte damit

$$\mathbf{u}(\tau) = \mathbf{u}(\tau + 0). \tag{7.1.15}$$

Man betrachte diesbezüglich Abbildung 7.2.

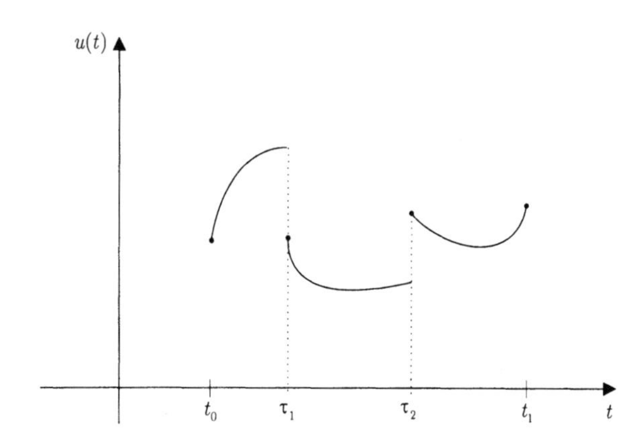

Abbildung 7.2: Zulässige Kontrollfunktion

Es ist nun allerdings mit Nachdruck darauf hinzuweisen, daß trotz obiger Regularitätsannahmen für eine Steuerung $\mathbf{u}$ die Existenz und Eindeutigkeit eines Lösungspfades $\mathbf{x}$ des Differentialgleichungssystems (7.1.3) mit Anfangsbedingung (7.1.4) gemäß des Satzes von Cauchy-Peano (vgl. Satz B.9 in Anhang B.2) lediglich *lokal* gewährleistet werden kann. Es ist also durchaus möglich, daß es zu einer vorgegebenen stückweise stetigen Steuerung $\mathbf{u}$ keine eindeutige Zustandstrajektorie $\mathbf{x}(t)$ gibt, welche der Bewegungsgleichung auf dem *gesamten* Planungsintervall $[t_0, t_1]$ genügt. Zur Illustration der Existenzproblematik betrachte man das folgende Beispiel:

Beispiel 7.1 Gegeben sei die Differentialgleichung

$$\dot{x}(t) = x(t)^2 + u(t) \tag{7.1.16}$$

mit Anfangsbedingung $x(0) = 1$. Wie man leicht zeigen kann (vgl. FORSTER (1984), S. 113 f.), ist ihre (einzige) Lösung zur Steuerung $u(t) \equiv 0$ durch

$$x(t) = \frac{1}{1 - t} \tag{7.1.17}$$

[4] Eine Änderung der Werte der Steuerung in den Sprungstellen beeinflußt das Integral in (7.1.10) nicht, hat also keinen Einfluß auf die Lösung des betrachteten Problems.

gegeben. Allerdings ist diese Abbildung im Punkt $t = 1$ wegen $\lim_{t\uparrow 1} x(t) = \infty$ (und $\lim_{t\downarrow 1} x(t) = -\infty$) nicht definiert (vgl. Abbildung 7.3). Eine Lösung existiert also nur im halboffenen Intervall $[0, 1)$. Bei einem Planungshorizont von z.B. $t_1 = 2$ gäbe es also für die durch $u(t) = 0, t \in [0, 2]$, definierte stetige Kontrolle u keinen (stetigen) Zustandspfad $x(t)$, $t \in [0, 2]$, mit Anfangswert $x(0) = 1$, welcher der Zustandsdifferentialgleichung (7.1.16) genügt. □

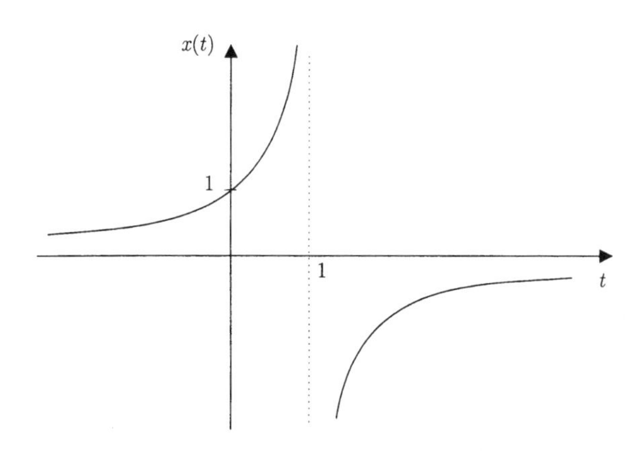

Abbildung 7.3: Graph der Abbildung $x(t) = \frac{1}{1-t}$

Der in praktischen Anwendungen häufig als irrelevant erachteten Existenz- und Eindeutigkeitsproblematik wird im folgenden der formalen Korrektheit wegen Rechnung getragen, indem wir auch dem Zustandspfad $\mathbf{x}(t)$ gewisse Regularitätsbedingungen auferlegen und das Kontrollproblem als bestmögliche Wahl des *Paares* $(\mathbf{x}(t), \mathbf{u}(t)), t \in [t_0, t_1]$, formulieren. Im Detail lassen wir für die Zustandsfunktion $\mathbf{x} : [t_0, t_1] \to \mathbb{R}^n$ nur stetige und stückweise stetig differenzierbare Funktionen zu, d.h., wir fordern $\mathbf{x} \in \mathcal{S}^1[t_0, t_1]$. Wir betrachten also stetige Funktionen $\mathbf{x} : [t_0, t_1] \to \mathbb{R}^n$, für die eine Zerlegung $t_0 = \tau_0 < \tau_1 < ... < \tau_m = t_1$ des Intervalls $[t_0, t_1]$ existiert, so daß $\mathbf{x}$ auf allen Teilintervallen (τ_{i-1}, τ_i) stetig differenzierbar ist. Zur Vermeidung von Mißverständnissen setzen wir ferner voraus, daß der Wert der Ableitung in den nicht differenzierbaren Stellen in $[t_0, t_1)$ gleich der rechtsseitigen Ableitung ist und daß im Punkt t_1 linksseitige Differenzierbarkeit vorliegt. Für alle τ_i, $i = 0, 1, ..., m-1$, definieren wir also

$$\dot{x}_j(\tau_i) = \lim_{t\downarrow\tau_i} \frac{x_j(t) - x_j(\tau_i)}{t - \tau_i}, \quad j = 1, 2, ..., n,$$

während in $t_1 = \tau_m$

$$\dot{x}_j(t_1) = \lim_{t\uparrow t_1} \frac{x_j(t) - x_j(t_1)}{t - t_1}, \quad j = 1, 2, ..., n,$$

gelte. Man betrachte diesbezüglich Abbildung 7.4. Fassen wir nun alle Paare $(\mathbf{x}, \mathbf{u})$ bestehend aus einer stetigen und stückweise stetig differenzierbaren Zustandsfunktion $\mathbf{x} : [t_0, t_1] \to \mathbb{R}^n$ sowie einer stückweise stetigen Steuerung $\mathbf{u} : [t_0, t_1] \to \mathbb{R}^r$ zur Menge $\mathcal{A}$ zusammen, definieren wir also

$$\mathcal{A} := \left\{(\mathbf{x}, \mathbf{u}) : [t_0, t_1] \to \mathbb{R}^n \times \mathbb{R}^r \mid \mathbf{x} \in \mathcal{S}^1[t_0, t_1], \mathbf{u} \in \mathcal{S}[t_0, t_1]\right\},$$

so kann das grundlegende Kontrollproblem (**KP1**) schließlich wie folgt geschrieben werden:

$$F(\mathbf{x}, \mathbf{u}) := \int_{t_0}^{t_1} f(\mathbf{x}(t), \mathbf{u}(t), t)dt + h(\mathbf{x}(t_1)) \to \max_{(\mathbf{x},\mathbf{u})\in\mathcal{A}}! \tag{7.1.18}$$

unter den Nebenbedingungen

$$\dot{\mathbf{x}}(t) = \mathbf{g}(\mathbf{x}(t), \mathbf{u}(t), t), \ t \in [t_0, t_1], \tag{7.1.19}$$

$$\mathbf{x}(t_0) = \mathbf{x}^0, \tag{7.1.20}$$

$$x_i(t_1) = x_i^1, \quad i = 1, ..., l, \tag{7.1.21}$$

$$x_i(t_1) \geq x_i^1, \quad i = l+1, ..., m, \tag{7.1.22}$$

$$x_i(t_1) \text{ beliebig}, \quad i = m+1, ..., n, \tag{7.1.23}$$

$$\mathbf{u}(t) \in U, \ t \in [t_0, t_1]. \tag{7.1.24}$$

Ein Minimierungsproblem läßt sich dabei wieder auf die Maximierung von $-F(\mathbf{x}, \mathbf{u})$ zurückführen. Wir werden im Verlauf dieses Kapitels diverse Erweiterungen bzw. Modifikationen der fundamentalen Steuerungsaufgabe (KP1) betrachten. So werden wir Kontrollprobleme mit unendlichem und variablem Planungshorizont t_1 untersuchen (Abschnitte 7.4.1 und 7.4.2) sowie allgemeinere Restriktionen bzgl. der Zustands- und Kontrollvariablen zulassen (Abschnitt 7.4.3). Zunächst widmen wir uns jedoch der Bereitstellung notwendiger und hinreichender Optimalitätskriterien für das grundlegende Kontrollproblem (KP1).

7.2 Notwendige Optimalitätsbedingungen: Das Pontrjaginsche Maximumprinzip

Mit dem auf den russischen Mathematiker L.S. Pontrjagin zurückgehenden Maximumprinzip stellen wir im folgenden bereits das zentrale Resultat der Kontrolltheorie vor. Der erste Teilabschnitt ist dabei der Formulierung und Diskussion dieser grundlegenden notwendigen Optimalitätsbedingung sowie einer Illustration ihrer Anwendung anhand einiger ausgewählter ökonomischer Problemstellungen gewidmet. Ein Beweis für den Spezialfall eines Lagrange-Problems mit freiem rechten Endpunkt erfolgt dann in Teilabschnitt 7.2.2. Schließlich wollen wir in 7.2.3 die Zusammenhänge zwischen dem Maximumprinzip und den notwendigen Optimalitätsbedingungen der klassischen Variationsrechnung erörtern. Wie bereits erwähnt,

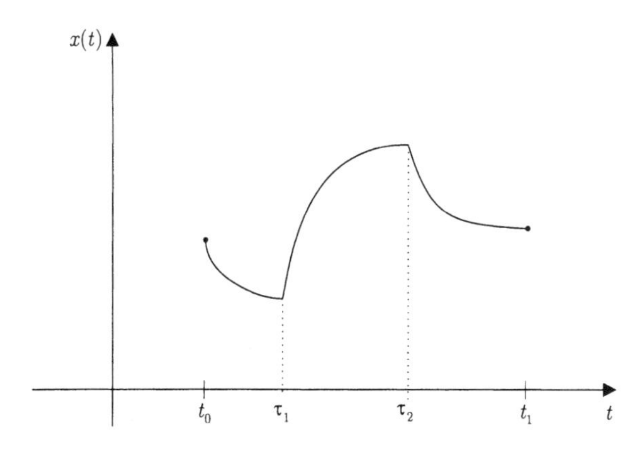

Abbildung 7.4: Zulässige Zustandsfunktion

konzentrieren wir uns dabei in dem gesamten vorliegenden Abschnitt auf das grundlegende Kontrollproblem (KP1) und verschieben die Behandlung allgemeinerer Aufgaben auf den Abschnitt 7.4.

7.2.1 Formulierung des Maximumprinzips

Die enorme praktische Bedeutung des Maximumprinzips ergibt sich aus seiner Einfachheit. Es besagt im wesentlichen, daß man das dynamische Entscheidungsproblem (KP1) in eine Familie statischer Optimierungsaufgaben zerlegen darf. Von zentraler Bedeutung ist dabei die für $\lambda_0 \in \mathbb{R}$, $\boldsymbol{\lambda} = (\lambda_1, ..., \lambda_n)' \in \mathbb{R}^n$ sowie $\mathbf{x} \in \mathbb{R}^n, \mathbf{u} \in \mathbb{R}^r$ und $t \in [t_0, t_1]$ durch die Vorschrift

$$\begin{aligned} H(\mathbf{x}, \mathbf{u}, \lambda_0, \boldsymbol{\lambda}, t) &:= \lambda_0 \cdot f(\mathbf{x}, \mathbf{u}, t) + \boldsymbol{\lambda}' \mathbf{g}(\mathbf{x}, \mathbf{u}, t) \\ &= \lambda_0 \cdot f(\mathbf{x}, \mathbf{u}, t) + \sum_{i=1}^{n} \lambda_i \cdot g_i(\mathbf{x}, \mathbf{u}, t) \end{aligned} \tag{7.2.1}$$

definierte Hilfsfunktion H, deren formale Ähnlichkeit zur Lagrange-Funktion bei statischen Optimierungsproblemen unmittelbar ins Auge fallen sollte.[5] Auch die als *Hamilton-Funktion* bezeichnete Abbildung H ist aus der (momentanen) Zielfunktion, den Nebenbedingungen (in Gestalt der Transformationsfunktion $\mathbf{g}$) sowie entsprechenden Multiplikatoren aufgebaut. Das Maximumprinzip transformiert nun das intertemporale Problem der Ermittlung einer stückweise stetigen *Funktion* $\mathbf{u} : [t_0, t_1] \to \mathbb{R}^r$, mit $\mathbf{u}(t) \in U$, welche das Funktional aus (7.1.18) bzgl. der Nebenbedingungen (7.1.19)-(7.1.24) maximiert, in das statische Problem, in jedem Zeitpunkt t des Planungsintervalls $[t_0, t_1]$ die Hamilton-Funktion H (für festes $\mathbf{x} = \mathbf{x}^*(t)$) bzgl.

[5] Bei der Definition (7.2.1) erfolgte die übliche notationelle Vereinfachung, die Argumente von H mit den gleichen Buchstaben wie die entsprechenden Funktionen auf $[t_0, t_1]$ zu bezeichnen.

eines $(r \times 1)$- *Vektors* $\mathbf{u} \in U$ zu maximieren. Dem dynamischen Charakter des vorliegenden Entscheidungsproblems wird dabei durch die Tatsache Rechnung getragen, daß die Multiplikatoren im Zeitablauf variieren dürfen, es sich also um Multiplikator*funktionen* handelt. Im Detail lautet das Maximumprinzip wie folgt:

Satz 7.1 (Maximumprinzip von Pontrjagin) *Das Funktionenpaar* $(\mathbf{x}^*, \mathbf{u}^*) \in \mathcal{A}$ *sei Lösung des grundlegenden Kontrollproblems (KP1), wobei die Regularitätsbedingungen (R1) aus Abschnitt 7.1 erfüllt seien. Dann existieren eine Konstante* λ_0 *und eine stetige und stückweise stetig differenzierbare Vektorfunktion* $\boldsymbol{\lambda} = (\lambda_1, ..., \lambda_n)' : [t_0, t_1] \to \mathbb{R}^n$ *mit*

$$(\lambda_0, \lambda_1(t), ..., \lambda_n(t)) \neq (0, 0, ..., 0), \; t \in [t_0, t_1], \tag{7.2.2}$$

derart, daß

(i) für die Konstante entweder $\lambda_0 = 0$ *oder* $\lambda_0 = 1$ *gilt,*

(ii) die Vektorfunktion $\boldsymbol{\lambda}$ *abgesehen von den Unstetigkeitsstellen von* $\mathbf{u}^*$ *für alle* $t \in [t_0, t_1]$ *der sog. adjungierten Gleichung*

$$\dot{\boldsymbol{\lambda}}(t) = -H_{\mathbf{x}}(\mathbf{x}^*(t), \mathbf{u}^*(t), \lambda_0, \boldsymbol{\lambda}(t), t) \tag{7.2.3}$$

sowie im Endzeitpunkt den Transversalitätsbedingungen

$$\lambda_i(t_1) \text{ frei}, \; i = 1, ..., l, \tag{7.2.4}$$

$$\lambda_i(t_1) \begin{cases} \geq \lambda_0 h_{x_i}(\mathbf{x}^*(t_1)), & \text{wenn } x_i^*(t_1) = x_i^1 \\ = \lambda_0 h_{x_i}(\mathbf{x}^*(t_1)), & \text{wenn } x_i^*(t_1) > x_i^1 \end{cases}, \; i = l+1, ..., m, \tag{7.2.5}$$

$$\lambda_i(t_1) = \lambda_0 h_{x_i}(\mathbf{x}^*(t_1)), \; i = m+1, ..., n, \tag{7.2.6}$$

genügt sowie

(iii) für alle $t \in [t_0, t_1]$ *die Beziehung*

$$H(\mathbf{x}^*(t), \mathbf{u}^*(t), \lambda_0, \boldsymbol{\lambda}(t), t) \geq H(\mathbf{x}^*(t), \mathbf{u}, \lambda_0, \boldsymbol{\lambda}(t), t) \quad \forall \mathbf{u} \in U \tag{7.2.7}$$

gilt, d.h. $\mathbf{u}^*(t)$ *die Funktion* $H(\mathbf{x}^*(t), \cdot, \lambda_0, \boldsymbol{\lambda}(t), t) : \mathbb{R}^r \to \mathbb{R}$ *auf* U *maximiert.*

Beweis: Da ein elementarer Beweis des Satzes für das grundlegende Kontrollproblem (KP1) einen erheblichen technischen Aufwand erfordert, andererseits aber nur wenig zum Verständnis des Maximumprinzips beiträgt, wollen wir auf eine Herleitung dieser notwendigen Bedingungen an dieser Stelle verzichten. Wir verweisen diesbezüglich auf die einschlägige Literatur wie z.B. HESTENES (1966), PONTRJAGIN ET AL. (1967) oder IOFFE, TICHOMIROV (1979). Statt dessen werden wir in Abschnitt 7.2.2 die vorangegangenen Aussagen für den Spezialfall einer Lagrange-Aufgabe mit freiem rechten Endpunkt beweisen. ■

Bevor wir erörtern, inwieweit und auf welche Weise das Pontrjaginsche Maximumprinzip zum Auffinden einer Lösung bzw. möglicher Lösungskandidaten ausgenutzt werden kann, sind noch verschiedene Bemerkungen angebracht.[6]

Bemerkung 7.2 Ist der Aktionenraum U konvex und H streng konkav in $\mathbf{u}$, so ist die optimale Kontrollfunktion $\mathbf{u}^*$ stetig. □

Bemerkung 7.3 Man kann zeigen, daß die durch $H^*(t) = H(\mathbf{x}^*(t), \mathbf{u}^*(t), \lambda_0, \boldsymbol{\lambda}(t), t)$ definierte Funktion $H^* : [t_0, t_1] \to \mathbb{R}$ stetig ist. □

Bemerkung 7.4 Wie die adjungierte Gleichung läßt sich auch die Zustandsdifferentialgleichung mittels der Hamilton-Funktion ausdrücken. Wegen

$$H_{\boldsymbol{\lambda}}(\mathbf{x}, \mathbf{u}, \lambda_0, \boldsymbol{\lambda}, t) = \frac{\partial H}{\partial \boldsymbol{\lambda}}(\mathbf{x}, \mathbf{u}, \lambda_0, \boldsymbol{\lambda}, t) = \mathbf{g}(\mathbf{x}, \mathbf{u}, t)$$

gilt nämlich

$$\dot{\mathbf{x}}(t) = \mathbf{g}(\mathbf{x}(t), \mathbf{u}(t), t) = H_{\boldsymbol{\lambda}}(\mathbf{x}(t), \mathbf{u}(t), \lambda_0, \boldsymbol{\lambda}(t), t).$$

Man bezeichnet die adjungierte Gleichung und die Transformationsgleichung zusammen auch als *kanonische Differentialgleichungen*. Die Multiplikatoren $\boldsymbol{\lambda}$ werden im übrigen auch *Kozustands-* oder *adjungierte Variablen* genannt. □

Bemerkung 7.5 Falls alle Endpunkte frei sind, d.h., falls im Grundproblem (KP1) $m = 0$ ist, liefert die Transversalitätsbedingung (7.2.6), daß $\lambda_i(t_1) = \lambda_0 h_{x_i}(\mathbf{x}^*(t_1))$, $i = 1, ..., n$, gilt. Aus (7.2.2) folgt dann aber in Verbindung mit Teil (i) sofort $\lambda_0 = 1$. Wir erhalten damit die folgende Implikation:

$$x_i(t_1) \text{ frei}, \; i = 1, ..., n \Rightarrow \lambda_0 = 1.$$

In vielen Anwendungen und sogar in einigen Lehrbüchern wird häufig stillschweigend und ohne weitere Begründung $\lambda_0 = 1$ gesetzt und die Hamilton-Funktion durch $H(\mathbf{x}, \mathbf{u}, \boldsymbol{\lambda}, t) := f(\mathbf{x}, \mathbf{u}, t) + \boldsymbol{\lambda}'\mathbf{g}(\mathbf{x}, \mathbf{u}, t)$ definiert. Bei Vorliegen von Endbedingungen kann der Fall $\lambda_0 = 0$ jedoch a priori nicht ausgeschlossen werden! Kontrollprobleme mit $\lambda_0 = 0$ werden dabei auch als abnormal oder entartet bezeichnet, da in diesem Fall ein Ersetzen der momentanen Zielfunktion f durch irgendeine andere Funktion $\tilde{f}$ keine Auswirkungen auf die Gestalt der notwendigen Bedingungen des Maximumprinzips hätte. Derartige Probleme sind für die praktischen Anwendungen jedoch ohne große Bedeutung. Bei sinnvoller Problemformulierung sollte immer $\lambda_0 \neq 0$ bzw. nach Normierung der Multiplikatoren $\lambda_0 = 1$ sein. Zu dem eben angesprochenen Aspekt rufe man sich auch die entsprechende Problematik aus der statischen Optimierungstheorie in Erinnerung (vgl. Abschnitt 4.2.2), bei der die sog. constraint qualification benutzt werden müssen, um aus den allgemein gültigen John-Bedingungen die Kuhn-Tucker-Bedingungen abzuleiten. □

---

[6] Vgl. hierzu auch SEIERSTAD, SYDSÆTER (1987), S. 86 f.

Bemerkung 7.6 Man beachte, daß die Ungleichung (7.2.7) auch in allen Unstetigkeitsstellen τ_i von $\mathbf{u}^*$ erfüllt ist. Dies ist auf die Festlegung der Funktionswerte der Steuervariablen in den τ_i gemäß Beziehung (7.1.15) zurückzuführen. Statt der rechtsseitigen Stetigkeit könnte man hierbei genausogut auch die linksseitige Stetigkeit der zulässigen Kontrollfunktionen fordern. Eine hiervon abweichende Festsetzung der Funktionswerte würde allerdings nicht ausreichen, um die Gültigkeit von (7.2.7) auch in den Unstetigkeitsstellen zu gewährleisten. □

Wir wollen nun der Frage nachgehen, welches grundsätzliche methodische Vorgehen zur Ermittlung möglicher Lösungskandidaten aus Satz 7.1 abgeleitet werden kann. Hierbei werden wir uns auf den gutartigen Fall $\lambda_0 = 1$ beschränken.[7]

Ausgangspunkt der Überlegungen ist die Maximumbedingung (7.2.7) in Teil (iii) aus Satz 7.1. Diese scheint uns vor die schwierige Aufgabe zu stellen, eine „unendliche Schar“ verschiedener statischer Maximierungsprobleme zu lösen, nämlich für jedes $t \in [t_0, t_1]$ ein Problem der Form

$$H(\mathbf{x}^*(t), \mathbf{u}, \boldsymbol{\lambda}(t), t) \to \max_{\mathbf{u} \in U}!,$$

wobei erschwerend hinzu kommt, daß diese Probleme auch von den gerade zu bestimmenden Größen $\mathbf{x}^*(t)$ und $\boldsymbol{\lambda}(t)$ abhängen. Bei näherer Betrachtung sieht man jedoch schnell ein, daß im Gegenteil die Maximumbedingung (7.2.7) die Suche nach einer optimalen Kontrolle erheblich vereinfacht. Ermitteln wir nämlich für *jede* beliebige Kombination[8] $(\mathbf{x}, \boldsymbol{\lambda}, t) \in \mathbb{R}^n \times \mathbb{R}^n \times [t_0, t_1]$ das Maximum von $\tilde{H}(\mathbf{u}) = H(\mathbf{x}, \mathbf{u}, \boldsymbol{\lambda}, t)$ bzgl. $\mathbf{u} \in U$, so erhalten wir, Existenz und Eindeutigkeit einer Lösung vorausgesetzt, eine vektorwertige Lösungsfunktion

$$\tilde{\mathbf{u}} : \mathbb{R}^n \times \mathbb{R}^n \times [t_0, t_1] \to \mathbb{R}^r, \ (\mathbf{x}, \boldsymbol{\lambda}, t) \mapsto \tilde{\mathbf{u}}(\mathbf{x}, \boldsymbol{\lambda}, t). \tag{7.2.8}$$

Mit Hilfe der Maximumbedingung (7.2.7) kommen wir also unmittelbar zu dem Ergebnis, daß die optimale Kontrollfunktion $\mathbf{u}^*$ für alle $t \in [t_0, t_1]$ der Beziehung

$$\mathbf{u}^*(t) = \tilde{\mathbf{u}}(\mathbf{x}^*(t), \boldsymbol{\lambda}^*(t), t) \tag{7.2.9}$$

genügen muß, wobei wir die noch zu bestimmende „wahre“ Multiplikatorfunktion zur besseren Unterscheidung mit $\boldsymbol{\lambda}^*$ bezeichnen.

Dieses Resultat können wir nun (zusammen mit den übrigen Informationen aus Satz 7.1) verwenden, um die kanonischen Differentialgleichungen, bestehend aus der Zustandsdifferentialgleichung $\dot{\mathbf{x}}(t) = \mathbf{g}(\mathbf{x}(t), \mathbf{u}(t), t)$ sowie der adjungierten Gleichung $\dot{\boldsymbol{\lambda}}(t) = -H_{\mathbf{x}}(\mathbf{x}(t), \mathbf{u}(t), \boldsymbol{\lambda}(t), t)$, zu lösen. Hierfür setzen wir zunächst die Lösungsfunktion $\tilde{\mathbf{u}}$ in die angesprochenen Beziehungen ein (d.h. $\mathbf{u}(t) = \tilde{\mathbf{u}}(\mathbf{x}(t), \boldsymbol{\lambda}(t), t)$) und erhalten ein von der Kontrollfunktion $\mathbf{u}$ unabhängiges System von $2n$ gewöhnlichen Differentialgleichungen 1. Ordnung für $\mathbf{x}$ und $\boldsymbol{\lambda}$.

[7] Vgl. hierzu auch SEIERSTAD, SYDSÆTER (1987), S. 88.

[8] Man beachte, daß hierbei keine *Funktionen* $\mathbf{x}$ und $\boldsymbol{\lambda}$ betrachtet und an der Stelle t ausgewertet, sondern statt dessen beliebige *Vektoren* $(\mathbf{x}, \boldsymbol{\lambda}, t) \in \mathbb{R}^n \times \mathbb{R}^n \times [t_0, t_1]$ gewählt werden. Es wird hier also keineswegs nur der Zeitindex unterdrückt. Vgl. auch Fußnote 5.

Im nächsten Schritt gilt es dann, dieses System bzgl. der Anfangsbedingungen $\mathbf{x}(t_0) = \mathbf{x}^0$ und $\boldsymbol{\lambda}(t_0) = \boldsymbol{\lambda}^0$ zu lösen. Hierbei ist zu beachten, daß $\boldsymbol{\lambda}^0$ ein (vorerst) unbekannter $(n \times 1)$-Vektor ist, so daß die Lösung zunächst die parametrisierte Form

$$\mathbf{x} = \mathbf{x}(t; \boldsymbol{\lambda}^0), \ \boldsymbol{\lambda} = \boldsymbol{\lambda}(t; \boldsymbol{\lambda}^0), \tag{7.2.10}$$

aufweist.

Zur Beseitigung der Abhängigkeit von den Koeffizienten in $\boldsymbol{\lambda}^0$ wird diese Lösung nun an die Endwertbedingungen (7.1.21)-(7.1.22) sowie die Transversalitätsbedingungen (7.2.4)-(7.2.6) angepaßt. Diesbezüglich müssen zunächst einmal die folgenden Gleichungen erfüllt sein:

$$x_i(t_1; \boldsymbol{\lambda}^0) = x_i^1, \ i = 1, ..., l, \tag{7.2.11}$$

$$\lambda_i(t_1; \boldsymbol{\lambda}^0) = h_{x_i}(\mathbf{x}(t_1)), \ i = m+1, ..., n. \tag{7.2.12}$$

Darüber hinaus schreiben die Beziehungen (7.1.22) und (7.2.5) vor, daß für $i = l+1, ..., m$ entweder $x_i(t_1; \boldsymbol{\lambda}^0) = x_i^1$ oder aber $\lambda_i(t_1; \boldsymbol{\lambda}^0) = h_{x_i}(\mathbf{x}(t_1))$ und damit

$$(x_i(t_1; \boldsymbol{\lambda}^0) - x_i^1) \cdot (\lambda_i(t_1; \boldsymbol{\lambda}^0) - h_{x_i}(\mathbf{x}(t_1))) = 0, \ i = l+1, ..., m, \tag{7.2.13}$$

gelten muß. Zur Bestimmung der Parameter $\lambda_1^0, ..., \lambda_n^0$ stehen damit genau n Gleichungen zur Verfügung.

Im letzten Schritt setzt man die Lösungen $\boldsymbol{\lambda}^0$ dieses Gleichungssystems in (7.2.10) und die hieraus resultierenden Funktionen schließlich in (7.2.9) ein und erhält auf diese Weise ein Tripel $(\mathbf{u}^*, \mathbf{x}^*, \boldsymbol{\lambda}^*)$, welches sämtlichen notwendigen Bedingungen aus Satz 7.1 genügt. Hiermit ist ein Lösungs*kandidat* für das vorliegende optimale Kontrollproblem gefunden.

Im folgenden Beispiel sollen die soeben skizzierte grundsätzliche Vorgehensweise an einer einfachen nichtökonomischen Aufgabe illustriert und insbesondere die vorangegangenen sehr allgemeinen Ausführungen konkretisiert und verdeutlicht werden.

Beispiel 7.2 Wir betrachten das Kontrollproblem der Maximierung des Integrals

$$F(x, u) := \int_0^T - \left(\frac{1}{2} x(t)^2 + \frac{3}{2} u(t)^2 \right) dt \tag{7.2.14}$$

unter den Nebenbedingungen

$$\dot{x}(t) = -x(t) + 3u(t), \quad t \in [0, T], \tag{7.2.15}$$

sowie

$$x(0) = -30. \tag{7.2.16}$$

Es handelt sich hierbei um eine Lagrange-Aufgabe mit jeweils nur einer Zustands- und Kontrollgröße, wobei der Endpunkt $x(T)$ frei und die Steuervariable $u(t)$ unrestringiert ist ($U = \mathbb{R}$). Zur Konkurrenz zugelassen sind damit alle auf $[0, T]$ stückweise stetigen reellwertigen Funktionen u.

Wir überlegen uns zunächst, ob dieses Problem sinnvoll formuliert ist. Es entspricht offenbar der Aufgabe, das Funktional $-F(x, u)$ zu minimieren. Es kommt also darauf an, die Zustandsvariable $x(t)$ durch die Kontrollgröße $u(t)$ so zu steuern, daß $x(t)^2$ im Zeitablauf „möglichst klein" ausfällt, die Kosten der Steuerung, gemessen durch $u(t)^2$, aber gleichzeitig nicht zu groß werden. Der Erfolg einer solchen Politik wird über den gesamten Planungszeitraum $[0, T]$ durch das Integral $F(x, u)$ gemessen.[9] Man beachte dabei, daß stets $-F(x, u) \geq 0$ bzw. $F(x, u) \leq 0$ ist. Daher kann man sich im Vorwege überlegen, ob $F(x, u)$ auch den Wert Null annehmen kann. Würde anstelle von (7.2.16) die Anfangsbedingung $x(0) = 0$ gelten, so könnte man in der Tat $u(t) = 0$ für alle $t \in [0, T]$ wählen, was dann gemäß der Zustandsdifferentialgleichung (7.2.15) $\dot{x}(t) = 0$ und damit $x(t) = 0$ sowie $F(x, u) = 0$ liefern würde. Eine solche triviale Lösung des Problems scheidet aufgrund der Startbedingung (7.2.16) allerdings aus. Man muß daher versuchen, die Zustandsgröße von $x(0) = -30$ innerhalb des Intervalls $[0, T]$ möglichst „auf Null zu regeln". Zwar erkennt man anhand der Systemgleichung (7.2.15), daß $x(t)$ auch ohne äußere Eingriffe (d.h. $u(t) = 0$ für alle $t \in [0, T]$) gegen Null strebt, es besteht aber u.U. die Möglichkeit, daß sich dieser Prozeß unter Inkaufnahme gewisser „Kosten" ($u(t)^2 > 0$) beschleunigen läßt. Offensichtlich führt dabei nur die Wahl $u(t) > 0$ zu einer schnelleren Anpassung von $x(t)$ an den gewünschten Zustand $x = 0$. Nach diesen Vorbemerkungen scheint klar zu sein, daß das vorliegende Optimierungsproblem vernünftig gestellt ist. Wir zeigen nun, wie man mit Hilfe von Satz 7.1 nach möglichen Lösungskandidaten sucht.

Wir beginnen mit der Konstruktion der Hamilton-Funktion. Diesbezüglich ist zunächst festzustellen, daß aufgrund der Variabilität des Endwertes $x(T)$ der Multiplikator λ_0 gleich Eins ist (vgl. Bemerkung 7.5). Da zudem weder die momentane Zielfunktion noch die Transformationfunktion unmittelbar vom Zeitparameter t abhängen, ist die Hamilton-Funktion im vorliegenden Fall durch die Vorschrift

$$H(x, u, \lambda) := -(\frac{1}{2}x^2 + \frac{3}{2}u^2) + \lambda(-x + 3u) \tag{7.2.17}$$

erklärt. Im ersten Schritt des oben beschriebenen prinzipiellen Lösungsweges ist nun für jede beliebige Kombination $(x, \lambda) \in \mathbb{R}^2$ derjenige Wert $u \in \mathbb{R}$ zu bestimmen, der $H(x, u, \lambda)$ maximiert. Die notwendige und wegen der Konkavität der Hamilton-Funktion in u zugleich auch hinreichende Bedingung hierfür lautet

$$H_u(x, u, \lambda) = -3u + 3\lambda \stackrel{!}{=} 0, \tag{7.2.18}$$

woraus sofort $u = \lambda$ folgt. Aus der Maximumbedingung (7.2.7) ergibt sich somit unmittelbar, daß die optimale Kontrollfunktion für alle $t \in [0, T]$ der Beziehung $u^*(t) = \lambda^*(t)$ genügen muß.

[9] Vor diesem Hintergrund können wir dem vorliegenden Problem auch eine ökonomische Interpretation geben. Man stelle sich hierzu etwa ein makroökonomisches Modell vor, in dem $x(t)$ die Abweichung des realen Volkseinkommens vom Produktionspotential mißt und die Kontrollvariable $u(t)$ den Budgetsaldo darstellt. In dem Zielfunktional kommt dann zum Ausdruck, welches Gewicht die Politiker dem Vollbeschäftigungsziel ($x(t) = 0$) und dem finanzwirtschaftlichen Ziel ($u(t) = 0$) beimessen.

Unter Berücksichtigung dieser Beziehung nimmt die Zustandsdifferentialgleichung (7.2.15) die folgende Form an:

$$\dot{x}(t) = -x(t) + 3\lambda(t). \tag{7.2.19}$$

Zusammen mit der adjungierten Differentialgleichung $\dot{\lambda} = -H_x(x, u, \lambda)$, die für unser Beispiel von der einfachen Gestalt

$$\dot{\lambda}(t) = x(t) + \lambda(t) \tag{7.2.20}$$

ist, erhalten wir hiermit durch Übergang zur Matrixschreibweise das homogene lineare kanonische Differentialgleichungssystem

$$\dot{\mathbf{y}}(t) = \mathbf{A} \cdot \mathbf{y}(t) \tag{7.2.21}$$

mit $\mathbf{y}(t) := \begin{pmatrix} x(t) \\ \lambda(t) \end{pmatrix}$ und $\mathbf{A} := \begin{pmatrix} -1 & 3 \\ 1 & 1 \end{pmatrix}$. Die allgemeine Lösung von (7.2.21) kann mit Hilfe von Satz B.14 bestimmt werden. Sie lautet

$$\mathbf{y}(t) = \begin{pmatrix} x(t) \\ \lambda(t) \end{pmatrix} = c_1 e^{2t} \begin{pmatrix} 1 \\ 1 \end{pmatrix} + c_2 e^{-2t} \begin{pmatrix} -3 \\ 1 \end{pmatrix}, \tag{7.2.22}$$

wobei c_1 und c_2 beliebige reelle Konstanten sind.[10] Passen wir diese Lösung nun an die Anfangswertbedingung $x(0) = -30$ und an die Transversalitätsbedingung $\lambda(T) = 0$ an, so ergibt sich nach wenigen einfachen Umformungen

$$c_1 = \frac{-30}{1 + 3e^{4T}} \text{ und } c_2 = \frac{30e^{4T}}{1 + 3e^{4T}}. \tag{7.2.23}$$

Einsetzen in (7.2.22) liefert

$$x^*(t) = \frac{-30e^{2t}}{1 + 3e^{4T}} \left(1 + 3e^{4(T-t)}\right) \tag{7.2.24}$$

sowie

$$\lambda^*(t) = \frac{-30e^{2t}}{1 + 3e^{4T}} \left(1 - e^{4(T-t)}\right). \tag{7.2.25}$$

Da für die optimale Kontrollfunktion wie oben erläutert $u^*(t) = \lambda^*(t)$ gelten muß, haben wir insgesamt ein Tripel (x^*, u^*, λ^*) errechnet, welches sämtliche notwendigen Bedingungen aus Satz 7.1 erfüllt. Da im vorliegenden Beispiel nur eine einzige Steuerfunktion dem Maximumprinzip genügt, wissen wir immerhin, daß diese optimal ist, sofern das Problem überhaupt eine Lösung besitzt.

[10] Aus den Nullstellen des charakteristischen Polynoms von A,

$$\det(\rho I - A) = (\rho + 1)(\rho - 1) - 3 \stackrel{!}{=} 0,$$

ergeben sich als Eigenwerte $\rho_1 = 2$ und $\rho_2 = -2$. Unter Verwendung der Eigenwertgleichung $(\rho_i I - A)\mathbf{z}_i = 0$, $\mathbf{z}_i \neq \mathbf{0}$, $i = 1, 2$, erhält man mit $\mathbf{z}_1 = (1, 1)'$ und $\mathbf{z}_2 = (-3, 1)'$ zwei zugehörige Eigenvektoren, welche offensichtlich linear unabhängig sind. Die allgemeine Lösung von (7.2.21) ergibt sich dann unmittelbar aus der Anwendung von Satz B.14.

Anhand von (7.2.25) sieht man, daß $u^*(t) > 0$ ist für alle $t \in [0, T)$. Dies hatten wir bereits eingangs vermutet. Im Endzeitpunkt gilt natürlich $u^*(T) = 0$. Es ist aufschlußreich, den Systemendzustand zu berechnen, der sich bei einer optimalen Politik einstellt:

$$x^*(T) = \frac{-120e^{2T}}{1 + 3e^{4T}}.$$

Umfaßt der Planungshorizont bspw. $T = 1$ Perioden, ergibt sich $x^*(T) \approx -5.38$, d.h., der durch die Größe $(x(0) - x(T))/x(0)$ gemessene Zielerreichungsgrad ist 82%. Im Vergleich dazu erhält man bei Verzicht auf eine Steuerung ($u(t) = 0$ für alle t) den Verlauf $x(t) = -30e^{-t}$ und folglich $x^*(T) \approx -11.04$, was einem Zielerreichungsgrad von nur 63% entspricht. Die Annäherung an den Zielwert ($x = 0$) wird also beschleunigt, aber nicht so stark, daß das Ziel innerhalb der Planungsperiode erreicht wird. Dies liegt daran, daß die Kontrolle des Prozesses gemäß der unterstellten Zielfunktion (7.2.14) Kosten verursacht, was eine begrenzte Dosierung von $u(t)$ erzwingt.

□

Die geradlinige und erfolgreiche Anwendung des Maximumprinzips im vorangegangenen Beispiel soll nicht darüber hinwegtäuschen, daß eine konkrete Begehung des aus Satz 7.1 abgeleiteten grundsätzlichen Lösungsweges auf wenige Einzelfälle beschränkt bleibt. Zumeist werden weder die mit der Maximumbedingung (7.2.7) verbundenen restringierten Optimierungsprobleme noch die kanonischen Differentialgleichungen bzgl. der relevanten Anfangswert-, Endwert- und Transversalitätsbedingungen explizit und in geschlossener Form lösbar sein. In praxisrelevanten Modellen wird man daher auf numerische Lösungsverfahren zurückgreifen müssen. Trotz dieser Schwierigkeiten besitzt das Maximumprinzip gerade für theoretische ökonomische Problemstellungen eine große Relevanz, da mit seiner Hilfe oftmals interessante qualitative Eigenschaften der Lösungen abgeleitet werden können.

Zum Abschluß dieses Teilabschnitts wollen wir uns nun dem in Abschnitt 5.3 eingeführten Problem der optimalen regionalen Allokation von Investitionsmitteln zuwenden.

Beispiel 7.3 Rufen wir uns zunächst einmal die genaue Problemstellung in Erinnerung. In der aus zwei unterschiedlichen Regionen zusammengesetzten Volkswirtschaft entscheidet eine zentrale Planungsbehörde zu jedem Zeitpunkt $t \in [t_0, t_1]$ über die Aufteilung der vorhandenen Investitionsmittel. Sie verfolgt das Ziel, die Gesamtproduktion zum Endzeitpunkt t_1 zu maximieren und hat hierbei die folgenden Wirkungszusammenhänge zu berücksichtigen: Die Investitionen in der Region i, $i = 1, 2$, erhöhen in gleichem Maße den dortigen Kapitalstock K_i, welcher bei konstanter Kapitalproduktivität b_i bereits das Ausmaß der Produktion Y_i in dem jeweiligen Wirtschaftsraum bestimmt. Das durch diese Produktion entstandene Einkommen wird dann zu einem Teil s_i gespart und zum verbleibenden Teil $(1 - s_i)$ konsumiert, wobei die Summe der Ersparnisse aus den beiden Regionen schließlich das Investitionsvolumen der „nächsten Periode" darstellt.

Wir hatten in Abschnitt 5.3 den der Region 1 zugewiesenen Anteil der Investitionen zum Zeitpunkt t mit $\beta(t)$ bezeichnet und das Entscheidungsproblem des zentralen Planers unter Verwendung der Parameter $g_i = s_i b_i$, $i = 1, 2$, wie folgt formuliert:

$$h(K_1(t_1), K_2(t_1)) := b_1 K_1(t_1) + b_2 K_2(t_1) \to \max_{\beta \in S[t_0,t_1]} ! \tag{7.2.26}$$

unter den Nebenbedingungen

$$\dot{K}_1(t) = \beta(t) \left(g_1 K_1(t) + g_2 K_2(t)\right), \quad t \in [t_0, t_1], \tag{7.2.27}$$

$$\dot{K}_2(t) = (1 - \beta(t)) \left(g_1 K_1(t) + g_2 K_2(t)\right), \quad t \in [t_0, t_1], \tag{7.2.28}$$

$$K_1(t_0) = K_1^0 > 0, \; K_2(t_0) = K_2^0 > 0, \tag{7.2.29}$$

$$0 \leq \beta(t) \leq 1, \quad t \in [t_0, t_1]. \tag{7.2.30}$$

Es handelt sich hierbei um eine nichtentartete[11] Steuerungsaufgabe vom Mayerschen Typ ($f(\mathbf{x}, \mathbf{u}, t) \equiv 0$) in den Zustandsvariablen K_1 und K_2 sowie der eindimensionalen Kontrollgröße β. Wir werden im folgenden versuchen, dieses Problem mit Hilfe des Pontrjagischen Maximumprinzips zu lösen.

Dazu stellen wir zunächst die Hamilton-Funktion auf. Sie ist im vorliegenden Fall durch die Vorschrift

$$\begin{aligned} H(K_1, K_2, \beta, \lambda_1, \lambda_2) &= \lambda_1 \beta \left(g_1 K_1 + g_2 K_2\right) + \lambda_2 (1 - \beta) \left(g_1 K_1 + g_2 K_2\right) \\ &= \left(g_1 K_1 + g_2 K_2\right) \left(\beta(\lambda_1 - \lambda_2) + \lambda_2\right) \end{aligned} \tag{7.2.31}$$

definiert. Setzen wir nun die Existenz einer Lösung $\beta^* : [t_0, t_1] \to [0, 1]$ von (7.2.26)-(7.2.30) mit zugehörigen Zustandsfunktionen $K_1^* : [t_0, t_1] \to \mathbb{R}_+$ und $K_2^* : [t_0, t_1] \to \mathbb{R}_+$ voraus, so gibt es gemäß Satz 7.1 eine stetige und stückweise stetig differenzierbare Funktion $\boldsymbol{\lambda} = (\lambda_1, \lambda_2)' : [t_0, t_1] \to \mathbb{R}^2$, welche mit Ausnahme der Unstetigkeitsstellen von β^* für alle $t \in [t_0, t_1]$ dem adjungierten Gleichungssystem[12]

$$\dot{\lambda}_i(t) = -H^*_{K_i}(t) := -g_i \left[\beta^*(\lambda_1(t) - \lambda_2(t)) + \lambda_2(t)\right], \quad i = 1, 2, \tag{7.2.32}$$

sowie im Endzeitpunkt den Transversalitätsbedingungen

$$\lambda_i(t_1) = b_i, \quad i = 1, 2, \tag{7.2.33}$$

genügt und welche für alle Zeitpunkte $t \in [t_0, t_1]$ die Maximumbedingung

$$H(K_1^*(t), K_2^*(t), \beta^*(t), \boldsymbol{\lambda}(t)) \geq H(K_1^*(t), K_2^*(t), \beta, \boldsymbol{\lambda}(t)) \quad \forall \beta \in [0, 1] \tag{7.2.34}$$

erfüllt.

[11] Vgl. hierzu Bemerkung 7.5.

[12] Hierbei steht $H^*_{K_i}(t)$ abkürzend für $H_{K_i}(K_1^*(t), K_2^*(t), \beta^*(t), \boldsymbol{\lambda}(t))$. Diese notationelle Vereinfachung werden wir im weiteren Verlauf dieses Kapitels ohne gesonderte Kommentierung an manchen Stellen übernehmen. Sind Mißverständnisse ausgeschlossen, werden wir also die Auswertung der Hamilton-Funktion an der Stelle $(\mathbf{x}^*(t), \mathbf{u}^*(t), \lambda_0, \boldsymbol{\lambda}(t), t)$ kurz mit $H^*(t)$ bezeichnen. Entsprechendes gilt für ihre Ableitungen.

Aus der Maximumbedingung (7.2.34) erhalten wir unter Berücksichtigung der Linearität der Hamilton-Funktion sofort die folgenden Implikationen für den optimalen Allokationsparameter:

$$\lambda_1(t) > \lambda_2(t) \quad \Rightarrow \quad \beta^*(t) = 1, \tag{7.2.35}$$

$$\lambda_1(t) < \lambda_2(t) \quad \Rightarrow \quad \beta^*(t) = 0. \tag{7.2.36}$$

Der gesellschaftliche Planer sollte demnach im Falle $\lambda_1(t) \neq \lambda_2(t)$ sämtliche Investitionsmittel entweder der Region 1 oder aber der Region 2 zuweisen, eine Aufteilung im Sinne von $\beta^*(t) \in (0,1)$ ist nicht optimal.[13] Zur Beantwortung der Frage, welches der beiden Gebiete in einem beliebigen Betrachtungszeitpunkt unterstützt werden sollte, ist eine genaue Untersuchung der Kozustandsfunktionen erforderlich.

Diesbezüglich beachte man zunächst einmal, daß im Falle $\lambda_1(t) > \lambda_2(t)$, und damit gemäß (7.2.35) $\beta^*(t) = 1$, das adjungierte Differentialgleichungssystem (7.2.32) die Gestalt

$$\dot{\lambda}_1(t) = -g_1\lambda_1(t), \tag{7.2.37}$$

$$\dot{\lambda}_2(t) = -g_2\lambda_1(t) \tag{7.2.38}$$

besitzt, während es sowohl für $\lambda_1(t) < \lambda_2(t)$, d.h. nach (7.2.36) $\beta^*(t) = 0$, als auch für $\lambda_1(t) = \lambda_2(t)$ wie folgt lautet:

$$\dot{\lambda}_1(t) = -g_1\lambda_2(t), \tag{7.2.39}$$

$$\dot{\lambda}_2(t) = -g_2\lambda_2(t). \tag{7.2.40}$$

Aus den Beziehungen (7.2.37)-(7.2.40) ergibt sich in Verbindung mit den Transversalitätsbedingungen (7.2.33), daß die Kozustandsfunktionen λ_1 und λ_2 streng monoton fallend sind.[14] Insbesondere gilt damit

$$\lambda_i(t) > b_i > 0, \ t \in [t_0, t_1), i = 1, 2. \tag{7.2.41}$$

Darüber hinaus gilt gemäß (7.2.32) in allen Stetigkeitspunkten der optimalen Steuerung

$$\dot{\lambda}_1(t) = \frac{g_1}{g_2}\dot{\lambda}_2(t), \tag{7.2.42}$$

woraus sich unter Berücksichtigung der Transversalitätsbedingungen sofort

$$\begin{aligned} \lambda_1(t) &= \frac{g_1}{g_2}\lambda_2(t) + b_1 - \frac{g_1}{g_2}b_2 \\ &= \frac{g_1}{g_2}\lambda_2(t) + \frac{b_1 b_2}{g_2}(s_2 - s_1) \end{aligned} \tag{7.2.43}$$

ergibt. Man beachte hierbei, daß (7.2.43) wegen der Stetigkeit von λ_1 und λ_2 für *alle* Zeitpunkte $t \in [t_0, t_1]$ gilt.

---

[13] Im Fall $\lambda_1(t) = \lambda_2(t)$ erfüllt jedes $\beta \in [0, 1]$ die Maximumbedingung!

[14] Die Gültigkeit dieser Aussage kann unter Beachtung der Stetigkeit der Kozustandsfunktionen rückwärtsinduktiv beginnend im Planungshorizont t_1 nachgewiesen werden.

Mit Hilfe der soeben abgeleiteten Eigenschaften der Kozustandsfunktionen sind wir nun in der Lage, die optimale Investitionsstrategie für die verschiedenen Parameterkonstellationen explizit zu bestimmen. Es sind hierbei prinzipiell vier verschiedene Fälle zu unterscheiden:

1. Fall: $b_1 > b_2,\ s_1 > s_2$

Bei dieser Parameterkonstellation liegt die optimale Investitionsstrategie auf der Hand. Da sowohl die Sparquote als auch die Kapitalproduktivität in Region 1 größer als in Region 2 ist, sollte die zentrale Planungsbehörde im gesamten Zeitintervall $[t_0, t_1]$ sämtliche Investitionsmittel ausschließlich dem ersten Gebiet zuweisen. Die Optimalität dieser ökonomisch unmittelbar einleuchtenden Entscheidung wird durch die bisherigen Resultate auch formal bestätigt: Zum einen gilt für den hier betrachteten Fall $b_1 > b_2$ gemäß der Transversalitätsbedingungen (7.2.33)

$$\lambda_1(t_1) > \lambda_2(t_1).$$

Zum anderen sind die Kozustandsfunktionen aber monoton fallend, wobei man (für alle Stetigkeitsstellen von β^*) aus (7.2.42) wegen $g_1 > g_2$ unmittelbar

$$\dot{\lambda}_1(t) < \dot{\lambda}_2(t) < 0 \tag{7.2.44}$$

erhält. Es folgt hiermit sofort

$$\lambda_1(t) > \lambda_2(t),\ t \in [t_0, t_1],$$

und damit nach (7.2.35) $\beta^*(t) \equiv 1$.[15] In Abbildung 7.5 ist die vorliegende Situation graphisch veranschaulicht.

2. Fall: $b_1 < b_2,\ s_1 < s_2$

Weist Region 1 sowohl eine geringere Sparquote als auch eine geringere Kapitalproduktivität als Region 2 auf, so ergibt sich in Analogie zum 1. Fall plausiblerweise die optimale Investitionspolitik $\beta^*(t) \equiv 0$, was gleichbedeutend mit einer permanenten Unterstützung des zweiten Gebietes ist.[16]

3. Fall $b_1 > b_2,\ s_1 < s_2$

Die Behandlung dieser Parameterkonstellationen erfordert eine etwas differenziertere Analyse als zuvor. Es erweist sich dabei als sinnvoll, diesen Fall in zwei weitere Spezialfälle zu untergliedern:

[15] Diese Strategie bleibt natürlich auch in den Grenzfällen $(b_1 = b_2,\ s_1 > s_2)$ und $(b_1 > b_2,\ s_1 = s_2)$ optimal.

[16] Zum selben Ergebnis gelangt man wiederum auch in den Grenzfällen $(b_1 = b_2,\ s_1 < s_2)$ sowie $(b_1 < b_2,\ s_1 = s_2)$.

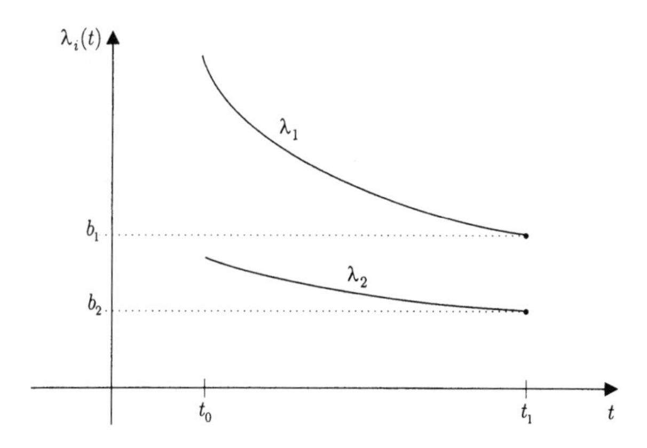

Abbildung 7.5: Kozustandsfunktionen im Fall 1

(a) Ist zwar die Sparqoute in Region 2 größer als in Region 1, die Kapitalproduktivität im ersten Gebiet jedoch so hoch, daß $g_1 \geq g_2$ gilt, so ist gemäß (7.2.43) auch $\lambda_1(t) > \lambda_2(t), t \in [t_0, t_1]$, und wir erhalten aus (7.2.35) sofort $\beta^*(t) \equiv 1$. Der zentrale Planer sollte im vorliegenden Spezialfall demnach im gesamten Planungszeitraum sämtliche Investitionsmittel ausschließlich der 1. Region zuweisen.

(b) Betrachten wir nun den Fall $g_1 < g_2$. Wegen $b_1 > b_2$ gilt gemäß der Transversalitätsbedingungen (7.2.33) zunächst einmal

$$\lambda_1(t_1) > \lambda_2(t_1). \tag{7.2.45}$$

Weil bei der hier unterstellten Parameterkonstellation Beziehung (7.2.42) zu Folge in den Stetigkeitsstellen von β^* darüber hinaus

$$\dot{\lambda}_2(t) < \dot{\lambda}_1(t) < 0 \tag{7.2.46}$$

ist, sind prinzipiell zwei unterschiedliche Verläufe von λ_1 und λ_2 verbunden mit zwei unterschiedlichen optimalen Investitionsstrategien denkbar. Zum einen könnte λ_1 während des gesamten Planungsintervalls größer als λ_2 bleiben, weshalb gemäß (7.2.35) $\beta^*(t) \equiv 1$ und damit eine permanente Zuweisung aller Investitionsmittel an Region 1 optimal wäre (vgl. Abbildung 7.6).

Zum anderen ist aber auch die Existenz eines Zeitpunktes $t^* \in [t_0, t_1]$ mit $\lambda_1(t^*) = \lambda_2(t^*)$ und

$$\begin{aligned} \lambda_1(t) &< \lambda_2(t) \text{ für alle } t < t^*, \\ \lambda_1(t) &> \lambda_2(t) \text{ für alle } t > t^* \end{aligned} \tag{7.2.47}$$

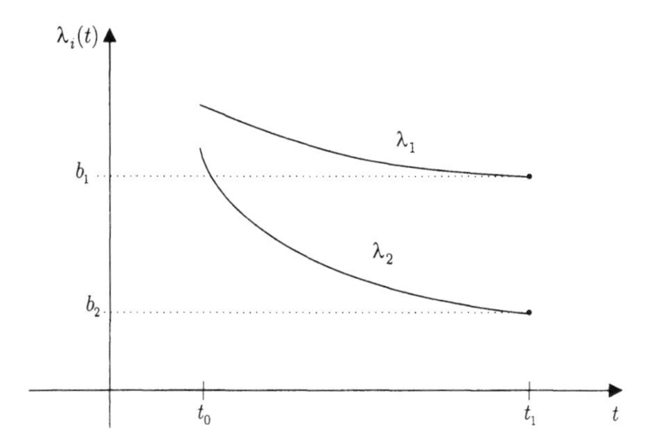

Abbildung 7.6: Kozustandsfunktionen im Fall 3 (b) (Möglichkeit 1)

möglich, vgl. Abbildung 7.7. In Verbindung mit den Implikationen (7.2.35) und (7.2.36) erweist sich dann die folgende Investitionsstrategie als optimal:[17]

$$\beta^*(t) = \begin{cases} 0, & t_0 \leq t < t^*, \\ 1, & t^* \leq t \leq t_1. \end{cases} \tag{7.2.48}$$

Es wäre für den gesellschaftlichen Planer also angebracht, zunächst ausschließlich Region 2 zu unterstützen und ab einem gewissen kritischen Zeitpunkt für den Rest des Planungszeitraums sämtliche Investitionen dem 1. Gebiet zuzuteilen.

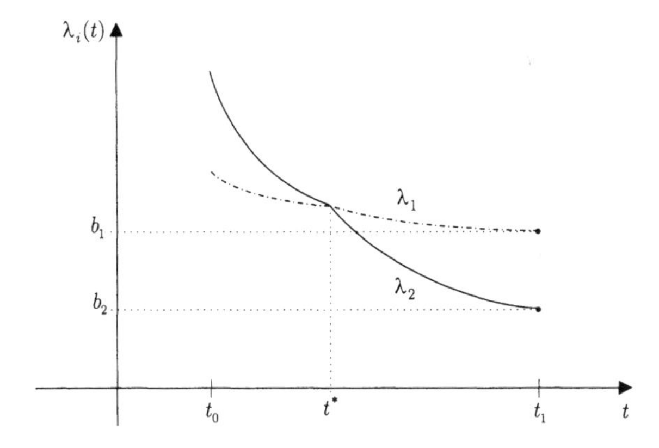

Abbildung 7.7: Kozustandsfunktionen im Fall 3 (b) (Möglichkeit 2)

[17] Der Wert des Allokationsparameters im kritischen Zeitpunkt selbst, $\beta(t^*) = 1$, ergibt sich aus der generell geforderten rechtsseitigen Stetigkeit einer zulässigen Kontrollfunktion.

Um beurteilen zu können, welche der beiden soeben beschriebenen Situationen für vorgegebene Parameterwerte nun tatsächlich relevant ist, setzen wir in (7.2.43) zunächst einmal $\lambda_2(t) = \lambda_1(t)$ und erhalten

$$\lambda_1(t^*) =: \lambda_1^* = \frac{s_1 - s_2}{g_1 - g_2} b_1 b_2. \tag{7.2.49}$$

Nun bestimmen wir die Lösung der adjungierten Differentialgleichung für λ_1 im Fall $\beta^* = 1$ (vgl. Beziehung (7.2.37)) zur zugehörigen Transversalitätsbedingungen $\lambda(t_1) = b_1$. Sie lautet

$$\lambda_1(t) = b_1 e^{g_1(t_1 - t)}. \tag{7.2.50}$$

Setzen wir nun $\lambda_1(t) = \lambda_1^*$ mit λ_1^* aus (7.2.49), so ergibt sich nach wenigen Umformungen der kritischen Zeitpunkt

$$t^* = t_1 - \frac{1}{g_1} \ln \left(\frac{s_1 - s_2}{g_1 - g_2} b_2 \right). \tag{7.2.51}$$

Gilt nun $t^* < t_0$, so tritt die erstgenannte Situation ein, d.h., es sollte ausschließlich Region 1 unterstützt werden. Ist dagegen $t^* \geq t_0$, so ist der zweite Fall relevant, d.h., es ist optimal, bis zum kritischen Zeitpunkt sämtliche Investitionsmittel Region 2 zuzuführen und für den Rest des Planungszeitraumes Region 1 zu unterstützen.

Weil sich die Lösung im verbleibenden **4. Fall** ($b_1 < b_2, s_1 > s_2$) aufgrund der Symmetrie des Modells ganz analog zum Vorgehen für Fall 3 ergibt, haben wir die optimale Investitionsstrategie für alle möglichen Parameterkonstellationen bestimmt. Bevor wir nun abschließend die Ergebnisse zur besseren Übersicht tabellarisch zusammenfassen werden, sei daran erinnert, daß die Optimalität der für die verschiedenen Parameterkonstellationen als *eindeutige* Lösung des Maximumprinzips ermittelten Steuerungsfunktionen β^* nur deshalb gewährleistet ist, weil wir die *Existenz* einer Lösung des betrachteten Kontrollproblems zu Beginn unserer Ausführungen (allerdings ohne weitere Begründung) vorausgesetzt haben. Eine auch formal vollständige, nicht auf der Existenzannahme basierende Bestätigung der Optimalität können und werden wir erst mit Hilfe von hinreichenden Bedingungen in Abschnitt 7.3 leisten.

<table>
<tr><th></th><th>$b_1 > b_2$</th><th>$b_1 < b_2$</th></tr>
<tr><td rowspan="2">$s_1 > s_2$</td><td rowspan="2">$\beta^*(t) \equiv 1$</td><td>$g_1 < g_2$
$\beta^*(t) \equiv 0$</td></tr>
<tr><td>$g_1 > g_2$
$\beta^*(t) = \begin{cases} 1, & t < t^*, \\ 0, & t^* \leq t \end{cases}$</td></tr>
<tr><td rowspan="2">$s_1 < s_2$</td><td>$g_1 < g_2$
$\beta^*(t) = \begin{cases} 0, & t < t^*, \\ 1, & t^* \leq t \end{cases}$</td><td rowspan="2">$\beta^*(t) \equiv 0$</td></tr>
<tr><td>$g_1 > g_2$
$\beta^*(t) \equiv 1$</td></tr>
</table>

□

7.2.2 Beweis des Maximumprinzips für das Lagrange-Problem mit freiem rechten Endpunkt

Da ein exakter Beweis des Maximumprinzips für das grundlegende Kontrollproblem (KP1) einen erheblichen technischen Aufwand erfordert, wollen wir uns hier mit der Herleitung dieser notwendigen Bedingungen für die Aufgabe vom Lagrange'schen Typ ($h(\mathbf{x}) \equiv 0$) mit freiem rechten Endpunkt begnügen.[18] Weil die folgende Darstellung zum einen trotz dieser Einschränkung mathematisch sehr anspruchsvoll, zum anderen für den weiteren Verlauf aber nur von geringer Bedeutung ist, wird dem theoretisch weniger interessierten Leser empfohlen, den vorliegenden Abschnitt zu überspringen und sich sogleich dem in Abschnitt 7.2.3 vorgenommenen Vergleich zwischen der Variationsrechnung und der Kontrolltheorie zuzuwenden.

Wir konzentrieren uns im vorliegenden Teilabschnitt also auf die Betrachtung des Steuerungsproblems

$$F(\mathbf{x},\mathbf{u}) := \int_{t_0}^{t_1} f(\mathbf{x}(t),\mathbf{u}(t),t)dt \to \max_{(\mathbf{x},\mathbf{u})\in\mathcal{A}} ! \tag{7.2.52}$$

unter den Nebenbedingungen

$$\dot{\mathbf{x}}(t) = \mathbf{g}(\mathbf{x}(t),\mathbf{u}(t),t), \;\; t \in [t_0,t_1], \tag{7.2.53}$$

$$\mathbf{x}(t_0) = \mathbf{x}^0, \tag{7.2.54}$$

$$\mathbf{u}(t) \in U, \;\; t \in [t_0,t_1]. \tag{7.2.55}$$

[18] Unsere Ausführungen orientieren sich dabei stark an dem Beweis dieses Spezialfalls von IOFFE, TICHOMIROV (1979), S. 131-134. Dort findet sich auch eine Herleitung der notwendigen Optimalitätsbedingungen für das allgemeine Kontrollproblem.

Zunächst einmal soll geklärt werden, was für diesen Spezialfall im einzelnen zu zeigen ist. Es bezeichne wie gewohnt $\mathbf{u}^* \in S[t_0, t_1]$ die optimale Kontrollfunktion und $\mathbf{x}^* \in S^1[t_0, t_1]$ die zugehörige Zustandsfunktion. Vor dem Hintergrund von Bemerkung 7.5 genügt es für den vorliegenden Spezialfall, die Gültigkeit der Bedingungen aus Satz 7.1 mit $\lambda_0 = 1$ zu zeigen. Es ist daher die Existenz einer stetigen und stückweise stetig differenzierbaren Vektorfunktion $\boldsymbol{\lambda} : [t_0, t_1] \to \mathbb{R}^n$ nachzuweisen, für die folgendes gilt:

(a) Mit Ausnahme der Unstetigkeitsstellen von $\mathbf{u}^*$ genügt $\boldsymbol{\lambda}$ auf $[t_0, t_1]$ der adjungierten Differentialgleichung

$$\dot{\boldsymbol{\lambda}}(t) = -f_{\mathbf{x}}(\mathbf{x}^*(t), \mathbf{u}^*(t), t) - \mathbf{g}_{\mathbf{x}}(\mathbf{x}^*(t), \mathbf{u}^*(t), t)\boldsymbol{\lambda}(t) \tag{7.2.56}$$

mit der Endbedingung $\boldsymbol{\lambda}(t_1) = \mathbf{0}$.

(b) Zu jedem Zeitpunkt $t \in [t_0, t_1]$ gilt $\forall \mathbf{u} \in U$

$$f(\mathbf{x}^*(t), \mathbf{u}^*(t), t) + \boldsymbol{\lambda}(t)'\mathbf{g}(\mathbf{x}^*(t), \mathbf{u}^*(t), t) \geq f(\mathbf{x}^*(t), \mathbf{u}, t) + \boldsymbol{\lambda}(t)'\mathbf{g}(\mathbf{x}^*(t), \mathbf{u}, t). \tag{7.2.57}$$

Mit Hilfe von Satz B.11 kann zunächst einmal die Existenz einer stetigen und stückweise stetig differenzierbaren Lösung der linearen Differentialgleichung (7.2.56) zur Endbedingung $\boldsymbol{\lambda}(t_1) = \mathbf{0}$ nachgewiesen werden. Besitzt die optimale Steuerung $\mathbf{u}^*$ im Intervall $[t_0, t_1]$ die Unstetigkeitsstellen $\tau_1, \tau_2, ..., \tau_k$, so betrachte man diesbezüglich (7.2.56) zunächst einmal im Teilintervall $[\tau_k, t_1]$. Hierfür sind sämtliche Voraussetzungen aus Satz B.11 (mit $\mathbf{b}(t) = -f_{\mathbf{x}}(\mathbf{x}^*, \mathbf{u}^*, t)$ und $\mathbf{A}(t) = -\mathbf{g}_{\mathbf{x}}(\mathbf{x}^*, \mathbf{u}^*, t)$) erfüllt, weshalb Existenz und Eindeutigkeit einer Lösung zur Endwertbedingung $\boldsymbol{\lambda}(t_1) = 0$ in $[\tau_k, t_1]$ garantiert sind. Nunmehr betrachte man die adjungierte Differentialgleichung im Teilintervall $[\tau_{k-1}, \tau_k]$ und nehme als Endwert gerade denjenigen Wert, den die zuvor ermittelte Lösung des letzten Teilstücks im Punkte τ_k annimmt. Wiederum stellt Satz B.11 die Existenz und Eindeutigkeit einer Lösung sicher. Fährt man sukzessive fort, so erhält man durch Zusammenfügen der Teillösungen eine insbesondere in den Nahtstellen τ_i stetige sowie stückweise stetig differenzierbare Lösung $\boldsymbol{\lambda} : [t_0, t_1] \to \mathbb{R}^n$ des adjungierten Differentialgleichungssystems (7.2.56) zur Endwertbedingung $\boldsymbol{\lambda}(t_1) = 0$ für das gesamte Intervall $[t_0, t_1]$.

Im zweiten Schritt haben wir für die soeben ermittelte Vektorfunktion $\boldsymbol{\lambda}$ die Gültigkeit der Maximumbedingung (7.2.57) nachzuweisen. Hierfür reicht es ähnlich wie in der Variationsrechnung aus, die optimale Steuerung mit geeignet gewählten „benachbarten" Kontrollfunktionen zu vergleichen. Hierbei sind jedoch grundsätzlich zwei Unterschiede zum klassischen Kontext zu beachten. Zum einen treten mit den Zustandsvariablen nun Größen auf, die nicht unabhängig von den Kontrollvariablen verändert werden können, deren Verhalten statt dessen mit der Wahl einer Steuerungsfunktion bereits festgelegt ist. Zum anderen sind die Kontrollpfade nicht mehr notwendig stetig, sondern können vielmehr (endlich viele) Sprünge aufweisen. Vor diesem Hintergrund erweist sich die folgende Konstruktion einer alternativen

Kontrollfunktion als sinnvoll. Wir wählen zunächst eine beliebige Stetigkeitsstelle $\tau \in (t_0, t_1)$ der optimalen Steuerung $\mathbf{u}^*$ sowie eine hinreichend kleine positive Zahl $\varepsilon > 0$ und bezeichnen das halboffene Intervall $[\tau - \varepsilon, \tau)$ mit I. Nun halten wir einen gewissen Punkt $\mathbf{v}$ aus dem zulässigen Steuerungsbereich U fest und ersetzen die optimale Steuerung $\mathbf{u}^*(t)$ auf dem Intervall I durch die konstante Steuerung $\mathbf{v}$. Bleibt die optimale Kontrolle $\mathbf{u}^*$ außerhalb von I unverändert, so erhalten wir die durch die Vorschrift

$$\mathbf{u}(t;\tau,\varepsilon) := \mathbf{u}_\varepsilon(t) = \begin{cases} \mathbf{u}^*(t), & t \notin [\tau - \varepsilon, \tau) \\ \mathbf{v}, & t \in [\tau - \varepsilon, \tau) \end{cases} \tag{7.2.58}$$

definierte *zulässige* Kontrollfunktion $\mathbf{u}_\varepsilon$, welche auch *Nadelvariation* der optimalen Steuerung genannt wird, vgl. Abbildung 7.8. Die zugehörige Zustandsfunktion, d.h. die Lösung der Differentialgleichung $\dot{\mathbf{x}} = \mathbf{g}(\mathbf{x}, \mathbf{u}_\varepsilon, t)$ mit der Anfangsbedingung $\mathbf{x}(t_0) = \mathbf{x}^0$, werden wir mit $\mathbf{x}_\varepsilon = \mathbf{x}(\cdot\,;\tau,\varepsilon)$ bezeichnen. Die Existenz dieser Lösung werden wir im Zuge der folgenden Ausführungen unter Verwendung bekannter Sätze aus der Theorie der gewöhnlichen Differentialgleichungen verifizieren.

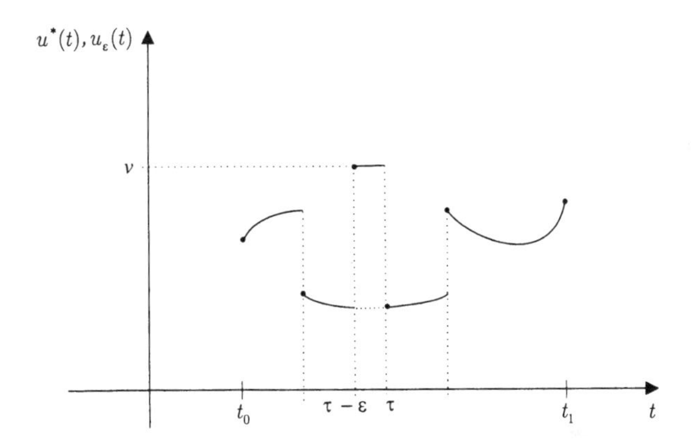

Abbildung 7.8: Nadelvariation

Wir wollen zunächst versuchen, die Auswirkungen eines Übergangs von der Steuerung $\mathbf{u}^*$ zur Steuerung $\mathbf{u}_\varepsilon$ auf die Werte der Zustandsvariablen analytisch zu charakterisieren. Für $t_0 \leq t < \tau - \varepsilon$ stimmen $\mathbf{u}^*(t)$ und $\mathbf{u}_\varepsilon(t)$ und damit auch $\mathbf{x}^*(t)$ und $\mathbf{x}_\varepsilon(t)$ überein, so daß insbesondere

$$\mathbf{x}^*(\tau - \varepsilon) = \mathbf{x}_\varepsilon(\tau - \varepsilon) \tag{7.2.59}$$

gilt. Die Kombination der Sätze B.9 (Cauchy-Peano) und B.10 stellt darüber hinaus die Lösbarkeit des Differentialgleichungssystems $\dot{\mathbf{x}} = \mathbf{g}(\mathbf{x}, \mathbf{v}, t)$ in einer gewissen Umgebung des Punktes $(\tau, \mathbf{x}^*(\tau))$ sicher. Damit existiert für hinreichend kleines ε zumindest lokal eine Lösung des Anfangswertproblems

$$\dot{\mathbf{x}} = \mathbf{g}(\mathbf{x}, \mathbf{v}, t), \; \mathbf{x}(\tau - \varepsilon) = \mathbf{x}^*(\tau - \varepsilon), \tag{7.2.60}$$

so daß die Funktion $\mathbf{x}_\varepsilon$ auch auf dem Intervall $[\tau-\varepsilon,\tau]$ definiert ist. Aus der Stetigkeit sowie der stückweise stetigen Differenzierbarkeit von $\mathbf{x}$ und $\mathbf{x}_\varepsilon$ ergibt sich dann, wiederum für genügend kleines ε, die folgende Darstellung für die Werte der Zustandsgrößen zum Zeitpunkt τ:

$$\begin{aligned}\mathbf{x}^*(\tau) &= \mathbf{x}^*(\tau-\varepsilon)+\varepsilon\cdot\dot{\mathbf{x}}^*(\tau-\varepsilon)+\mathbf{o}(\varepsilon)\\ &= \mathbf{x}^*(\tau-\varepsilon)+\varepsilon\cdot\mathbf{g}(\mathbf{x}^*(\tau-\varepsilon),\mathbf{u}^*(\tau-\varepsilon),\tau-\varepsilon)+\mathbf{o}(\varepsilon) \qquad (7.2.61)\end{aligned}$$

sowie

$$\begin{aligned}\mathbf{x}_\varepsilon(\tau) &= \mathbf{x}_\varepsilon(\tau-\varepsilon)+\varepsilon\cdot\dot{\mathbf{x}}_\varepsilon(\tau-\varepsilon)+\mathbf{o}(\varepsilon)\\ &= \mathbf{x}_\varepsilon(\tau-\varepsilon)+\varepsilon\cdot\mathbf{g}(\mathbf{x}^*(\tau-\varepsilon),\mathbf{v},\tau-\varepsilon)+\mathbf{o}(\varepsilon). \qquad (7.2.62)\end{aligned}$$

Hierbei steht $\mathbf{o}(\varepsilon)$ jeweils als Abkürzung für (unterschiedliche) Vektorfunktionen $\boldsymbol{\rho}$ mit $\boldsymbol{\rho}(0)=0$ und $\lim_{\varepsilon\downarrow 0,\varepsilon\neq 0}\boldsymbol{\rho}(\varepsilon)/\varepsilon=0$. In Verbindung mit (7.2.59) folgt aus (7.2.61) und (7.2.62), daß der Grenzwertvektor

$$\mathbf{y}(\tau) := \lim_{\varepsilon\downarrow 0}\frac{\mathbf{x}_\varepsilon(\tau)-\mathbf{x}^*(\tau)}{\varepsilon} \qquad (7.2.63)$$

existiert und den Wert

$$\mathbf{y}(\tau)=\mathbf{g}(\mathbf{x}^*(\tau),\mathbf{v},\tau)-\mathbf{g}(\mathbf{x}^*(\tau),\mathbf{u}^*(\tau),\tau) \qquad (7.2.64)$$

annimmt. Bei Beziehung (7.2.64) ist zu beachten, daß τ eine Stetigkeitsstelle der optimalen Steuerung $\mathbf{u}^*$ ist. Der Grenzwert (7.2.63) kann wegen $\mathbf{x}^*=\mathbf{x}_\varepsilon$ für $\varepsilon=0$ als Ableitung $d\mathbf{x}_\varepsilon(\tau)/d\varepsilon|_{\varepsilon=0}$ interpretiert werden, charakterisiert also die durch einen Übergang von $\mathbf{u}^*$ zu $\mathbf{u}_\varepsilon$ hervorgerufenen Veränderungen in den Zustandsvariablen zum Zeitpunkt τ, wenn das Zeitintervall der Variation „unendlich klein" gewählt wird. Wir haben schließlich die Auswirkungen der Abänderung der optimalen Steuerung auf die Zustandsgrößen im Intervall $[\tau,t_1]$ zu untersuchen. Hier gilt wiederum $\mathbf{u}^*(t)\equiv\mathbf{u}_\varepsilon(t)$, so daß sowohl $\mathbf{x}^*(t)$ als auch $\mathbf{x}_\varepsilon(t)$ der Differentialgleichung

$$\dot{\mathbf{x}}(t)=\mathbf{g}(\mathbf{x}(t),\mathbf{u}^*(t),t) \qquad (7.2.65)$$

genügen müssen. Aus Satz B.10 über die Stetigkeit und Differenzierbarkeit der Lösung einer Differentialgleichung in Abhängigkeit von ihren Anfangswerten ergibt sich, daß für genügend kleine $\varepsilon>0$ (und damit $\mathbf{x}_\varepsilon(\tau)$ hinreichend „nahe" an $\mathbf{x}^*(\tau)$) die Vektorfunktionen $\mathbf{x}_\varepsilon$ auch tatsächlich auf $[\tau,t_1]$ definiert sind, daß sie gleichmäßig gegen die optimale Zustandsfunktion konvergieren und daß der Grenzwertvektor

$$\mathbf{y}(t) := \lim_{\varepsilon\downarrow 0}\frac{\mathbf{x}_\varepsilon(t)-\mathbf{x}^*(t)}{\varepsilon}$$

für alle $t\in[\tau,t_1]$ existiert. Letzterer beschreibt anschaulich formuliert die Auswirkungen einer Variation von $\mathbf{u}^*$ auf die Zustandsgrößen zum Zeitpunkt t, wenn die Abänderung der optimalen Steuerung für einen infinitesimalen Zeitraum erfolgt. Zur

Ermittlung dieses Grenzwertes beachte man zunächst, daß aufgrund der Gültigkeit der Differentialgleichung (7.2.65) für alle $t > \tau$

$$\mathbf{x}_\varepsilon(t) = \mathbf{x}_\varepsilon(\tau) + \int_\tau^t \mathbf{g}(\mathbf{x}_\varepsilon(s), \mathbf{u}^*(s), s)ds \tag{7.2.66}$$

sowie

$$\mathbf{x}^*(t) = \mathbf{x}^*(\tau) + \int_\tau^t \mathbf{g}(\mathbf{x}^*(s), \mathbf{u}^*(s), s)ds \tag{7.2.67}$$

gilt, woraus man unmittelbar die Beziehung

$$\frac{\mathbf{x}_\varepsilon(t) - \mathbf{x}^*(t)}{\varepsilon} = \frac{\mathbf{x}_\varepsilon(\tau) - \mathbf{x}^*(\tau)}{\varepsilon} + \int_\tau^t \frac{\mathbf{g}(\mathbf{x}_\varepsilon(s), \mathbf{u}^*(s), s) - \mathbf{g}(\mathbf{x}^*(s), \mathbf{u}^*(s), s)}{\varepsilon} ds \tag{7.2.68}$$

erhält. Bilden wir nun den Grenzwert $\varepsilon \downarrow 0$, so ergibt sich

$$\mathbf{y}(t) = \mathbf{y}(\tau) + \int_\tau^t \mathbf{g}_\mathbf{x}(\mathbf{x}^*(s), \mathbf{u}^*(s), s) \cdot \mathbf{y}(s)ds, \tag{7.2.69}$$

wobei eine Ausführung des Grenzübergangs unter dem Integral aufgrund der stetigen Differenzierbarkeit der Transformationsfunktion $\mathbf{g}$ bzgl. $\mathbf{x}$ und der Beschränktheit von $\mathbf{u}^*$ zulässig ist. In Verbindung mit Beziehung (7.2.64) erhalten wir damit, daß $\mathbf{y}(t)$ auf $[\tau, t_1]$ gerade die Lösung der linearen Differentialgleichung

$$\dot{\mathbf{y}}(t) = \mathbf{g}_\mathbf{x}(\mathbf{x}^*(t), \mathbf{u}^*(t), t) \cdot \mathbf{y}(t) \tag{7.2.70}$$

zur Anfangsbedingung

$$\mathbf{y}(\tau) = \mathbf{g}(\mathbf{x}^*(\tau), \mathbf{v}, \tau) - \mathbf{g}(\mathbf{x}^*(\tau), \mathbf{u}^*(\tau), \tau) \tag{7.2.71}$$

darstellt, womit wie gewünscht die Konzequenzen des Übergangs von der Kontrolle $\mathbf{u}^*$ zu $\mathbf{u}_\varepsilon$ für die Werte der Zustandsvariablen auf dem gesamten Planungsintervall charakterisiert sind.

Mit Hilfe der soeben hergeleiteten Beziehungen (7.2.70) und (7.2.71) werden wir jetzt zeigen, daß die Lösung $\boldsymbol{\lambda} : [t_0, t_1] \to \mathbb{R}^n$ der adjungierten Differentialgleichung (7.2.56) der Ungleichung (7.2.57) für die ausgewählte Stetigkeitsstelle τ sowie für den festen Punkt $\mathbf{v} \in U$ genügt. Für $t \geq \tau$ gilt zunächst einmal

$$\begin{aligned} \frac{d}{dt}\boldsymbol{\lambda}(t)'\mathbf{y}(t) &= \dot{\boldsymbol{\lambda}}(t)'\mathbf{y}(t) + \boldsymbol{\lambda}(t)'\dot{\mathbf{y}}(t) \\ &= -f_\mathbf{x}(\mathbf{x}^*, \mathbf{u}^*, t)'\mathbf{y}(t) - \boldsymbol{\lambda}(t)'\mathbf{g}_\mathbf{x}(\mathbf{x}^*, \mathbf{u}^*, t)\mathbf{y}(t) + \boldsymbol{\lambda}(t)'\mathbf{g}_\mathbf{x}(\mathbf{x}^*, \mathbf{u}^*, t)\mathbf{y}(t) \\ &= -f_\mathbf{x}(\mathbf{x}^*, \mathbf{u}^*, t)'\mathbf{y}(t), \end{aligned} \tag{7.2.72}$$

und wir erhalten wegen $\boldsymbol{\lambda}(t_1) = 0$ die Beziehung

$$\boldsymbol{\lambda}(t)'\mathbf{y}(t) = \int_t^{t_1} f_{\mathbf{x}}(\mathbf{x}^*, \mathbf{u}^*, s)'\mathbf{y}(s)ds. \tag{7.2.73}$$

Für $t = \tau$ ergibt sich zusammen mit (7.2.71)

$$\begin{aligned} \boldsymbol{\lambda}(\tau)'\mathbf{y}(\tau) &= \boldsymbol{\lambda}(\tau)'\left[\mathbf{g}(\mathbf{x}^*(\tau), \mathbf{v}, \tau) - \mathbf{g}(\mathbf{x}^*(\tau), \mathbf{u}^*(\tau), \tau)\right] \\ &= \int_\tau^{t_1} f_{\mathbf{x}}(\mathbf{x}^*, \mathbf{u}^*, t)'\mathbf{y}(t)dt. \end{aligned} \tag{7.2.74}$$

Aus der Optimalität der Steuerung $\mathbf{u}^*$ folgt darüber hinaus unmittelbar

$$z := \lim_{\varepsilon \downarrow 0} \frac{1}{\varepsilon}[F(\mathbf{x}^*, \mathbf{u}^*) - F(\mathbf{x}_\varepsilon, \mathbf{u}_\varepsilon)] \geq 0, \tag{7.2.75}$$

wobei sich der Grenzwert z auf der linken Seite dieser Ungleichung auch wie folgt schreiben läßt:

$$\begin{aligned} z &= \lim_{\varepsilon \downarrow 0} \frac{1}{\varepsilon} \int_{\tau-\varepsilon}^{\tau} [f(\mathbf{x}^*(t), \mathbf{u}^*(t), t) - f(\mathbf{x}_\varepsilon(t), \mathbf{v}, t)]dt \\ &\quad + \lim_{\varepsilon \downarrow 0} \frac{1}{\varepsilon} \int_{\tau}^{t_1} [f(\mathbf{x}^*(t), \mathbf{u}^*(t), t) - f(\mathbf{x}_\varepsilon(t), \mathbf{u}^*(t), t)]dt. \end{aligned} \tag{7.2.76}$$

Unter Verwendung der Regel von de l'Hospital sowie der Regel von Leibniz erhält man für den ersten Teil in (7.2.76) die Beziehung

$$\lim_{\varepsilon \downarrow 0} \frac{1}{\varepsilon} \int_{\tau-\varepsilon}^{\tau} [f(\mathbf{x}^*(t), \mathbf{u}^*(t), t) - f(\mathbf{x}_\varepsilon(t), \mathbf{v}, t)]dt = f(\mathbf{x}^*(\tau), \mathbf{u}^*(\tau), \tau) - f(\mathbf{x}^*(\tau), \mathbf{v}, \tau). \tag{7.2.77}$$

Den zweiten Teil von (7.2.76) betreffend dürfen wir den Grenzübergang unter dem Integral ausführen und erhalten auf diese Weise

$$\lim_{\varepsilon \downarrow 0} \frac{1}{\varepsilon} \int_{\tau}^{t_1} [f(\mathbf{x}^*, \mathbf{u}^*, t) - f(\mathbf{x}_\varepsilon, \mathbf{u}^*, t)]dt = -\int_{\tau}^{t_1} f_{\mathbf{x}}(\mathbf{x}^*, \mathbf{u}^*, t)'\mathbf{y}(t)dt. \tag{7.2.78}$$

Kombination von (7.2.77) und (7.2.78) führt gemäß (7.2.75) zur Ungleichung

$$f(\mathbf{x}^*(\tau), \mathbf{u}^*(\tau), \tau) - f(\mathbf{x}^*(\tau), \mathbf{v}, \tau) - \int_{\tau}^{t_1} f_{\mathbf{x}}(\mathbf{x}^*, \mathbf{u}^*, t)'\mathbf{y}(t)dt \geq 0, \tag{7.2.79}$$

woraus wir unter Berücksichtigung von Beziehung (7.2.71) und (7.2.74) schließlich

$$f(\mathbf{x}^*(\tau), \mathbf{u}^*(\tau), \tau) + \boldsymbol{\lambda}(\tau)'\mathbf{g}(\mathbf{x}^*(\tau), \mathbf{u}^*(\tau), \tau) \geq \boldsymbol{\lambda}(\tau)'\mathbf{g}(\mathbf{x}^*(\tau), \mathbf{v}, \tau) + f(\mathbf{x}^*(\tau), \mathbf{v}, \tau) \tag{7.2.80}$$

erhalten. Die Ungleichung (7.2.57) ist für den Zeitpunkt τ und die Stelle $\mathbf{v} \in U$ also tatsächlich erfüllt. Weil τ ein beliebiger Stetigkeitspunkt der optimalen Kontrollfunktion und $\mathbf{v}$ ein beliebiger Punkt aus dem zulässigen Steuerungsbereich ist, haben wir die Gültigkeit der Maximumbedingung auf dem Intervall $[t_0, t_1]$ mit Ausnahme der Sprungstellen von $\mathbf{u}^*$ bewiesen. Die Ungleichung (7.2.57) ist aber auch in allen Unstetigkeitsstellen τ_i der optimalen Steuerung erfüllt. Dies folgt unmittelbar aus der rechtsseitigen Stetigkeit von $\mathbf{u}^*$ in Verbindung mit der Stetigkeit der momentanen Zielfunktion f und der Transformationsfunktionen g_i.[19] Die Lösung der adjungierten Differentialgleichung (7.2.56) zur Endbedingung $\boldsymbol{\lambda}(t_1) = \mathbf{0}$ genügt demnach auf dem gesamten Planungsintervall $[t_0, t_1]$ der Beziehung (7.2.57), womit wir die Notwendigkeit der Bedingungen des Pontrjaginschen Maximumprinzips für den Fall des Steuerungsproblems mit festem rechten Endpunkt nachgewiesen haben.

7.2.3 Zusammenhang zwischen dem Maximumprinzip und der Variationsrechnung

Mit ihrer sehr allgemeinen Formulierung eines dynamischen Entscheidungsproblems läßt die Kontrolltheorie auch eine Behandlung der in Kapitel 6 betrachteten Variationsaufgaben zu, kann insofern also als eine Erweiterung der klassischen Theorie angesehen werden. Wir wollen in diesem Teilabschnitt darstellen, wie ein Variationsproblem formal zu einer Aufgabe der optimalen Steuerung gemacht werden kann und aufzeigen, daß die notwendigen Optimalitätsbedingungen der Variationsrechnung, d.h. die Eulersche Gleichung sowie die Bedingung von Legendre, aus dem Pontrjaginschen Maximumprinzip gefolgert werden können.

Rufen wir uns zunächst einmal das mehrdimensionale Variationsproblem (VP8) mit festem Endzeitpunkt und allgemeinen Endwertbedingungen in Erinnerung, welches in Abschnitt 6.5 ausführlich behandelt wurde. Gesucht war eine stetig differenzierbare vektorwertige Funktion $\mathbf{x} : [t_0, t_1] \to \mathbb{R}^n$, welche das Integral

$$F(\mathbf{x}) := \int_{t_0}^{t_1} f(\mathbf{x}(t), \dot{\mathbf{x}}(t), t)dt \tag{7.2.81}$$

unter Beachtung der Anfangsbedingung

$$\mathbf{x}(t_0) = \mathbf{x}^0 \tag{7.2.82}$$

sowie der Endbedingungen

$$x_i(t_1) = x_i^1, \quad i = 1, ..., l, \tag{7.2.83}$$

$$x_i(t_1) \geq x_i^1, \quad i = l+1, ..., m, \tag{7.2.84}$$

$$x_i(t_1) \text{ beliebig}, \quad i = m+1, ..., n, \tag{7.2.85}$$

[19] Man bilde hierfür einfach den rechtsseitigen Grenzwert von (7.2.80) im Punkt τ_i.

maximiert. Es wurde dabei angenommen, daß die momentane Zielfunktion

$$f : [t_0, t_1] \times \mathbb{R}^{2n} \to \mathbb{R} \tag{7.2.86}$$

stetig bzgl. des ersten und stetig differenzierbar bzgl. der letzten $2n$ Argumente, also $(\mathbf{x}, \dot{\mathbf{x}})$, ist. Diese Aufgabe kann nun in ein Kontrollproblem in der Lagrange-Form umgeschrieben werden, indem man die Ableitung $\dot{\mathbf{x}}$ der gesuchten Funktion $\mathbf{x}$ als Steuerungsfunktion $\mathbf{u}$ interpretiert, also einfach $\dot{\mathbf{x}}(t) = \mathbf{u}(t)$ setzt. Wir erhalten auf diese Weise das Problem (**KP1′**)

$$F(\mathbf{x}, \mathbf{u}) := \int_{t_0}^{t_1} f(\mathbf{x}(t), \mathbf{u}(t), t)dt \to \max_{(\mathbf{x},\mathbf{u})}! \tag{7.2.87}$$

unter den Nebenbedingungen

$$\dot{\mathbf{x}}(t) = \mathbf{u}(t), \ \ t \in [t_0, t_1], \tag{7.2.88}$$

$$\mathbf{x}(t_0) = \mathbf{x}^0, \tag{7.2.89}$$

$$x_i(t_1) = x_i^1, \ \ i = 1, ..., l, \tag{7.2.90}$$

$$x_i(t_1) \geq x_i^1, \ \ i = l+1, ..., m, \tag{7.2.91}$$

$$x_i(t_1) \text{ beliebig}, \ \ i = m+1, ..., n. \tag{7.2.92}$$

Die Formulierung einer Variationsaufgabe als Steuerungsproblem bietet dabei im Vergleich zur klassischen Schreibweise zum einen den Vorteil, daß Restriktionen der Form $\dot{\mathbf{x}}(t) \in U$ mit $U \subset \mathbb{R}^n$ explizit berücksichtigt werden können. Darüber hinaus wird von der gesuchten Funktion $\mathbf{x}$ im Rahmen der Kontrolltheorie neben der Stetigkeit lediglich die stückweise stetige Differenzierbarkeit verlangt, wohingegen die klassische Variationsrechnung nur stetig differenzierbare Funktionen zur Konkurrenz zuläßt.

Wir werden jetzt zeigen, wie man aus der Anwendung des Maximumprinzips die notwendige Bedingung erster Ordnung in der Variationsrechnung, d.h. die Eulersche Gleichung, gewinnen kann. Hierfür nehmen wir zunächst einmal an, daß die stetig differenzierbare Funktion $\mathbf{x}^*$ die Variationsaufgabe (VP8) und damit die stetige Funktion $\mathbf{u}^* = \dot{\mathbf{x}}^*$ das Steuerungsproblem (KP1′) löst. Dann besitzt die durch die Vorschrift

$$H(\mathbf{x}, \mathbf{u}, \lambda_0, \boldsymbol{\lambda}, t) = \lambda_0 \cdot f(\mathbf{x}, \mathbf{u}, t) + \boldsymbol{\lambda}'\mathbf{u} \tag{7.2.93}$$

definierte Hamilton-Funktion H gemäß Satz 7.1 (für festes $\mathbf{x} = \mathbf{x}^*(t)$ und $\boldsymbol{\lambda} = \boldsymbol{\lambda}(t)$) zu jedem Zeitpunkt $t \in [t_0, t_1]$ im Punkt $\mathbf{u}^*(t)$ ein Maximum. Da im vorliegenden Fall keinerlei Beschränkungen für $\mathbf{u}(t)$ vorgeschrieben sind, also $U = \mathbb{R}^n$ gilt, und H wegen der Regularitätseigenschaften der momentanen Zielfunktion f bzgl. $\mathbf{u}$ differenzierbar ist, folgt hieraus für alle $t \in [t_0, t_1]$

$$H_{\mathbf{u}}(\mathbf{x}^*(t), \mathbf{u}^*(t), \lambda_0, \boldsymbol{\lambda}(t), t) = \lambda_0 \cdot f_{\mathbf{u}}(\mathbf{x}^*(t), \mathbf{u}^*(t), t) + \boldsymbol{\lambda}(t) = \mathbf{0}. \tag{7.2.94}$$

Wäre nun $\lambda_0 = 0$, so würde offensichtlich auch $\boldsymbol{\lambda}(t)$ auf $[t_0, t_1]$ verschwinden, was gemäß Bedingung (7.2.2) aus Satz 7.1 nicht möglich ist. Also gilt $\lambda_0 = 1$, d.h., es handelt sich bei der Steuerungsaufgabe (KP1′) um ein nichtentartetes Problem. Die adjungierte Differentialgleichung für die aufgrund der Stetigkeit von $\mathbf{u}^*$ sogar stetig differenzierbare Kozustandsfunktion $\boldsymbol{\lambda} : [t_0, t_1] \to \mathbb{R}^n$ besitzt dann die einfache Gestalt

$$\dot{\boldsymbol{\lambda}}(t) = -H_{\mathbf{x}}(\mathbf{x}^*(t), \mathbf{u}^*(t), \lambda_0, \boldsymbol{\lambda}(t), t) = -f_{\mathbf{x}}(\mathbf{x}^*(t), \mathbf{u}^*(t), t), \ t \in [t_0, t_1]. \tag{7.2.95}$$

Aus der Differentiation von Gleichung (7.2.94) ergibt sich für die Ableitung von $\boldsymbol{\lambda}$ aber außerdem die Beziehung

$$\dot{\boldsymbol{\lambda}}(t) = -\frac{d}{dt} f_{\mathbf{u}}(\mathbf{x}^*(t), \mathbf{u}^*(t), t). \tag{7.2.96}$$

Kombination von (7.2.95) und (7.2.96) liefert

$$\frac{d}{dt} f_{\mathbf{u}}(\mathbf{x}^*(t), \mathbf{u}^*(t), t) - f_{\mathbf{x}}(\mathbf{x}^*(t), \mathbf{u}^*(t), t) = \mathbf{0}, \ t \in [t_0, t_1]. \tag{7.2.97}$$

Ersetzen wir hierin wieder $\mathbf{u}^*(t)$ durch $\dot{\mathbf{x}}^*(t)$, so gelangen wir schließlich zur bekannten notwendigen Optimalitätsbedingung erster Ordnung für eine Variationsaufgabe der Form (VP8), der Eulerschen Gleichung (vgl. Satz 6.11). Man beachte in diesem Zusammenhang auch, daß die Transversalitätsbedingungen des Variationsproblems, d.h. die Beziehungen (iii)-(iv) aus Satz 6.11, wegen (7.2.94) und $h \equiv 0$ sinnvollerweise mit denen des äquivalenten Kontrollproblems, dies sind die Beziehungen (7.2.5)-(7.2.6), identisch sind.

Aus dem Maximumprinzip läßt sich darüber hinaus ohne großen Aufwand auch das notwendige Optimalitätskriterium zweiter Ordnung, die Bedingung von Legendre, folgern. Nehmen wir (wie in Satz 6.12) an, daß die momentane Zielfunktion f zweimal stetig differenzierbar ist, so ergibt sich unter Berücksichtigung von $\lambda_0 = 1$ durch zweimalige Differentiation von H nach $\mathbf{u}$ zunächst die Beziehung

$$H_{u_i u_j} = f_{u_i u_j}, \ i, j = 1, ..., n. \tag{7.2.98}$$

Da nun aber die optimale Steuerung $\mathbf{u}^*(t)$ gemäß Teil (iii) aus Satz 7.1 die Funktion $H(\mathbf{x}^*(t), \cdot, \boldsymbol{\lambda}(t), t)$ für alle $t \in [t_0, t_1]$ maximiert, muß für beliebige reelle Zahlen h_i, h_j, $i, j = 1, ..., n$, gemäß Satz 3.2 außerdem die Ungleichung

$$\sum_{i=1}^{n} \sum_{j=1}^{n} H_{u_i u_j}(\mathbf{x}^*(t), \mathbf{u}^*(t), \boldsymbol{\lambda}(t), t) h_i h_j \le 0 \tag{7.2.99}$$

erfüllt sein. Kombination von (7.2.98) und (7.2.99) führt nach Ersetzen von $\mathbf{u}^*(t)$ durch $\dot{\mathbf{x}}^*(t)$ unmittelbar zur Bedingung von Legendre aus Satz 6.12. Damit ist bewiesen, daß die notwendigen Optimalitätsbedingungen der Variationsrechnung im Pontrjaginschen Maximumprinzip enthalten sind.

Um die Überlegenheit der Kontrolltheorie gegenüber der Variationsrechnung zu demonstrieren, wollen wir zum Abschluß dieses Teilabschnitts erneut das in Abschnitt 5.1 eingeführte Problem der optimalen Produktionsplanung eines Unternehmens aufgreifen, welches im Rahmen der klassischen Theorie nur zum Teil gelöst werden konnte.

Beispiel 7.4 Rufen wir uns zunächst die Problemstellung in Erinnerung. Das betrachtete Unternehmen hat zu einem vorgegebenen Zeitpunkt T eine Lieferung im Umfang von B Einheiten des von ihm hergestellten Gutes zu leisten und versucht dabei, die hiermit verbundenen Gesamtkosten bestehend aus Produktions- und Lagerhaltungskosten so gering wie möglich zu halten. Mit den Bezeichnungen $u(t)$ für die Produktionsrate und $x(t)$ für den Lagerbestand zum Zeitpunkt t hatten wir dieses dynamische Optimierungsproblem wie folgt formuliert:

$$\int_0^T - \left[c_1 \cdot (u(t))^2 + c_2 \cdot x(t)\right] dt \to \max_{u(t),\ t\in[0,T]}! \tag{7.2.100}$$

unter den Nebenbedingungen

$$\begin{aligned} \dot{x}(t) &= u(t), \quad t \in [0,T], && (7.2.101)\\ x(0) &= 0, \quad x(T) = B, && (7.2.102)\\ u(t) &\geq 0, \quad t \in [0,T]. && (7.2.103) \end{aligned}$$

Man beachte hierbei, daß wir zur Anwendung von Satz 7.1 die ursprüngliche Aufgabe in ein Maximierungsproblem umgeschrieben haben. Für den Fall, daß $B \geq c_2 T^2 \big/ 4c_1$ ist, hatten wir in Abschnitt 6.2 den optimalen Produktionsplan mit Hilfe der Eulerschen Gleichung bereits bestimmt. Die Gültigkeit dieser Bedingung sicherte uns dabei gerade die Nichtnegativität der zugehörigen Produktionszuwächse. Da eine explizite Beachtung der Restriktion (7.2.103) im Rahmen der Variationsrechnung jedoch nicht möglich ist, konnte das Optimierungsproblem für den Fall $B < c_2 T^2 \big/ 4c_1$ nicht gelöst werden. Aufgrund der wesentlich allgemeineren Formulierung des dynamischen Entscheidungsproblems innerhalb der Kontrolltheorie verspricht die nun folgende Anwendung des Maximumprinzips diesbezüglich mehr Erfolg.

Wir definieren zunächst einmal die Hamilton-Funktion H des Problems durch

$$H(x, u, \lambda_0, \lambda, t) = -\lambda_0 \cdot \left[c_1 \cdot u^2 + c_2 \cdot x\right] + \lambda u \tag{7.2.104}$$

und setzen voraus, daß eine stückweise stetige Lösung u^* des Kontrollproblems (7.2.100)-(7.2.103) existiert, wobei die zugehörige stetige und stückweise stetig differenzierbare Zustandsfunktion wie gewohnt mit x^* bezeichnet wird. Gemäß Satz 7.1 existieren dann eine Konstante $\lambda_0 \in \{0, 1\}$ und eine stetige und stückweise stetig differenzierbare Funktion $\lambda : [t_0, t_1] \to \mathbb{R}$ mit $(\lambda_0, \lambda(t)) \neq (0, 0)$, welche mit Ausnahme der Unstetigkeitsstellen von u^* auf $[0, T]$ der adjungierten Differentialgleichung

(a) $\dot{\lambda}(t) = -H_x^*(t) = \lambda_0 \cdot c_2$

sowie für alle $t \in [0, T]$ der Maximumbedingung

(b) $H(x^*(t), u^*(t), \lambda_0, \lambda(t), t) \geq H(x^*(t), u, \lambda_0, \lambda(t), t) \quad \forall u \geq 0$

genügt.

Die Maximumbedingung (b) betreffend können wir Satz 4.1 in Verbindung mit Satz 4.2 aus der statischen Optimierungstheorie anwenden. Zu jedem Zeitpunkt $t \in [0, T]$ genügt $u^*(t)$ demnach den notwendigen und aufgrund der Konkavität von H bzgl. u auch hinreichenden Optimalitätsbedingungen

$$H_u(x^*(t), u^*(t), \lambda_0, \lambda(t), t) = -2\lambda_0 c_1 u^*(t) + \lambda(t) \leq 0 \tag{7.2.105}$$

sowie

$$H_u(x^*(t), u^*(t), \lambda_0, \lambda(t), t) \cdot u^*(t) = (-2\lambda_0 c_1 u^*(t) + \lambda(t)) \cdot u^*(t) = 0. \tag{7.2.106}$$

Wir können hiermit zunächst einmal nachweisen, daß es sich bei der Steuerungsaufgabe (7.2.100)-(7.2.103) um ein nichtentartetes Problem handelt. Wäre nämlich $\lambda_0 = 0$, so müßte für alle $t \in [0, T]$ die adjungierte Variable $\lambda(t) \neq 0$ sein, weil λ_0 und $\lambda(t)$ nach dem Maximumprinzip zu *keinem* Zeitpunkt gemeinsam verschwinden dürfen. Damit würde aus (7.2.106) aber $u^*(t) \equiv 0$ folgen, weshalb wegen

$$x^*(T) = x^*(0) + \int_0^T \dot{x}^*(t)dt = \int_0^T u^*(t)dt = 0$$

die Endwertbedingung $x^*(T) = B > 0$ nicht erfüllt und daher die Kontrolle u^* im Gegensatz zur eingangs gemachten Voraussetzung gar nicht zulässig wäre. Wir können im weiteren Verlauf somit $\lambda_0 = 1$ setzen, haben es also tatsächlich mit einem nichtentarteten Kontrollproblem zu tun.

Aus $\lambda_0 = 1$ folgt nun insbesondere $H_{uu} = -2c_1 < 0$, d.h., die Hamilton-Funktion ist streng konkav in u. In Verbindung mit der Konvexität des zulässigen Steuerungsbereiches $U = \mathbb{R}_+$ ergibt sich damit gemäß Bemerkung 7.2, daß die optimale Kontrollfunktion stetig ist. Die Kozustandsfunktion ist demnach stetig differenzierbar und die adjungierte Gleichung (a) sogar für alle $t \in [0, T]$ erfüllt. Durch Integration von (a) folgt damit unmittelbar

$$\lambda(t) = \alpha + c_2 t, \tag{7.2.107}$$

wobei α eine noch zu bestimmende reelle Konstante bezeichnet. Einsetzen von (7.2.107) in (7.2.105) und (7.2.106) liefert die für das Ausgangsproblem (7.2.100)-(7.2.103) notwendigen Optimalitätsbedingungen

$$u^*(t) \geq \frac{\alpha + c_2 t}{2c_1} \tag{7.2.108}$$

und

$$u^*(t)^2 = \frac{\alpha + c_2 t}{2c_1} u^*(t). \tag{7.2.109}$$

Bevor wir mit der Ermittlung der Lösung fortfahren, sei daran erinnert, daß wir bereits im Zuge der Behandlung des vorliegenden Problems im Rahmen der Variationsrechnung die Vermutung geäußert hatten, daß im uns hier ausschließlich interessierenden Fall $B < c_2T^2 \big/ 4c_1$ ein Aufschieben des Produktionsbeginns angebracht zu sein scheint. Wir wollen daher im weiteren Verlauf annehmen, daß die gesuchte Funktion von der Gestalt

$$u^*(t) = 0, \quad 0 \leq t \leq \tau, \tag{7.2.110}$$

$$u^*(t) > 0, \quad \tau < t \leq T, \tag{7.2.111}$$

ist. Wie wir gleich zeigen werden, existiert tatsächlich eine Funktion dieser Gestalt, welche den Bedingungen (7.2.108)-(7.2.109) und damit dem Maximumprinzip genügt.

Für das Teilintervall $(\tau, T]$, in dem $u^*(t) > 0$ vorausgesetzt wurde, ergibt sich aus Gleichung (7.2.109) mittels Division durch die optimale Produktionsrate sofort

$$u^*(t) = \frac{\alpha + c_2 t}{2c_1}. \tag{7.2.112}$$

Man beachte hierbei, daß die optimale Kontrollfunktion in $(\tau, T]$ wegen $c_2 > 0$ genau dann positiv ist, wenn

$$\alpha + c_2\tau \geq 0 \tag{7.2.113}$$

gilt. Für das Intervall $[0, \tau]$ haben wir $u^*(t) = 0$ angenommen, womit aus Beziehung (7.2.108) unmittelbar

$$\alpha + c_2 t \leq 0 \tag{7.2.114}$$

folgt. Insbesondere gilt (7.2.114) im Umschaltzeitpunkt τ, woraus sich in Verbindung mit (7.2.113) die Integrationskonstante

$$\alpha = -c_2\tau. \tag{7.2.115}$$

ergibt. Hiermit erhalten wir gemäß (7.2.112) sowie (7.2.110) und (7.2.111) bereits

$$u^*(t) = \begin{cases} 0, & 0 \leq t < \tau, \\ \frac{c_2}{2c_1}(t - \tau), & \tau \leq t \leq T, \end{cases} \tag{7.2.116}$$

woraus wegen $\dot{x}^*(t) = u^*(t)$ unter Berücksichtigung der Anfangsbedingung $x^*(0) = 0$ durch Integration

$$x^*(t) = \begin{cases} 0, & 0 \leq t < \tau, \\ \frac{c_2}{4c_1}(t - \tau)^2, & \tau \leq t \leq T, \end{cases} \tag{7.2.117}$$

folgt. Der alleine noch unbekannte kritische Zeitpunkt τ ergibt sich schließlich durch Anpassung von (7.2.117) an die Endwertbedingung $x^*(T) = B$. Er lautet

$$\tau = T - 2\sqrt{\frac{c_1}{c_2}B}. \tag{7.2.118}$$

Man beachte dabei, daß bei Gültigkeit der Ungleichung $B < c_2T^2 / 4c_1$ der Produktionsbeginn τ strikt positiv ist und die in (7.2.116) und (7.2.117) erklärten Funktionen u^* und x^* damit sinnvoll definiert sind. Da letztere zusammen mit der in (7.2.107) und (7.2.115) definierten Multiplikatorfunktion λ darüber hinaus sämtlichen Bedingungen des Maximumprinzips genügen[20], haben wir mit u^* aus (7.2.116), Existenz einer Lösung des dynamischen Entscheidungsproblems vorausgesetzt, den optimalen Produktionsplan der betrachteten Unternehmung für den im Rahmen der Variationsrechnung nicht zu berücksichtigenden Fall $B < c_2T^2 / 4c_1$ gefunden. Die effektive optimale Produktionsdauer $T - \tau$ steigt dabei mit der zu liefernden Menge B und dem die Produktionskosten charakterisierenden Parameter c_1 an, wohingegen sie mit wachsenden Stückkosten der Lagerhaltung c_2 sinkt.[21] Abschließend sei bemerkt, daß wir die eben mit der Annahme der Existenz einer Lösung vorerst noch unterstellte Optimalität von u^* im folgenden Abschnitt durch die Überprüfung entsprechender hinreichender Bedingungen bestätigen werden. □

7.3 Hinlänglichkeit des Pontrjaginschen Maximumprinzips

Das im vorangegangenen Abschnitt vorgestellte Pontrjaginsche Maximumprinzip kann als *notwendige* Optimalitätsbedingung i. allg. nur zur Ermittlung von Lösungs*kandidaten* für die Steuerungsaufgabe (KP1) herangezogen werden. Ein zulässiges Funktionenpaar $(\mathbf{x}^*, \mathbf{u}^*)$, welches (zusammen mit einer Konstanten λ_0 und einer stetigen und stückweise stetig differenzierbaren Funktion $\boldsymbol{\lambda}$) dem adjungierten Differentialgleichungssystem (7.2.3) und den Transversalitätsbedingungen (7.2.4)-(7.2.6) genügt sowie für alle $t \in [t_0, t_1]$ die Maximumsforderung

$$H(\mathbf{x}^*(t), \mathbf{u}, \lambda_0, \boldsymbol{\lambda}(t), t) \to \max_{\mathbf{u} \in U}! \tag{7.3.1}$$

erfüllt, muß demnach nicht in jedem Fall Lösung des betrachteten Optimierungsproblems sein, d.h. das Funktional

$$\int_{t_0}^{t_1} f(\mathbf{x}(t), \mathbf{u}(t), t)dt + h(\mathbf{x}(t_1)) \tag{7.3.2}$$

maximieren. Eine Ausnahme hiervon stellen wie üblich all jene Situationen dar, in denen zum einen im Vorwege die Existenz einer Lösung des Kontrollproblems gesichert wurde und zum anderen gezeigt werden kann, daß nur das vorliegende

[20] Insbesondere sind u^* und x^* zulässig.

[21] Wie ein Blick auf Gleichung (6.4.49) aus Beispiel 6.9 zeigt, stimmt $(T - \tau)$ gerade mit dem optimalen Lieferdatum im Produktionsplanungsproblem mit frei wählbarem Lieferzeitpunkt aber unmittelbarem Produktionsbeginn überein (solange die Restriktion $t_1 \leq T$ dort nicht wirksam ist, d.h. $B < c_2T^2 / 4c_1$ gilt).

Funktionenpaar den notwendigen Kriterien des Maximumprinzips genügt. Wir wollen diesen Sonderfall und die hiermit verbundene Diskussion der Existenzproblematik im folgenden vernachlässigen und uns in diesem Teilabschnitt statt dessen der Frage widmen, welche zusätzlichen Voraussetzungen erforderlich sind, damit das Maximumprinzip auch eine hinreichende Optimalitätsbedingung darstellt. Zur Beantwortung dieser Frage werden wir mit dem Satz von Mangasarian sowie dem Satz von Arrow zwei verschiedene Resultate formulieren. Wie die Analogie zur entsprechenden Problematik aus der statischen Optimierung und der Variationsrechnung vermuten läßt, spielt die Konkavität der beteiligten Funktionen dabei in beiden Fällen eine entscheidende Rolle.

Zum Nachweis der Hinlänglichkeit des Maximumprinzips in dem zunächst vorgestellten Satz von Mangasarian benötigen wir noch die aus der statischen Optimierung bekannte Charakterisierung des Maximums einer konkaven Funktion auf einer konvexen Menge (vgl. Satz 4.3):

Lemma 7.1 *Es sei $\mathcal{D} \subset \mathbb{R}^m$ eine offene Menge und $f : \mathcal{D} \to \mathbb{R}$ eine stetig differenzierbare Funktion. Weiterhin sei $\mathcal{B}$ eine konvexe Teilmenge von $\mathcal{D}$. Ist $\mathbf{x}^* \in \mathcal{B}$ globales Maximum von f auf $\mathcal{B}$, d.h. ist*

$$f(\mathbf{x}^*) \geq f(\mathbf{x}) \ \forall \mathbf{x} \in \mathcal{B}, \tag{7.3.3}$$

so gilt

$$\nabla f(\mathbf{x}^*)(\mathbf{x}^* - \mathbf{x}) \geq 0 \ \forall \mathbf{x} \in \mathcal{B}. \tag{7.3.4}$$

Ist f auf $\mathcal{B}$ konkav, so gilt auch die Umkehrung dieser Aussage.

Beweis: Das vorliegende Resultat ergibt sich unmittelbar aus Satz 4.3. Hierfür beachte man, daß die Konkavität der Funktion f ausschließlich zum Nachweis der Implikation „$(ii) \Rightarrow (i)$“ benötigt wird. ■

Mit Hilfe von Lemma 7.1 erhalten wir das erste Ergebnis zur Hinlänglichkeit des Maximumprinzips:

Satz 7.2 (**Hinreichende Optimalitätsbedingungen nach Mangasarian**) *Gegeben sei das Kontrollproblem (KP1) mit den Regularitätsbedingungen (R1) aus Abschnitt 7.1. Der zulässige Steuerungsbereich U sei konvex, die Restwertfunktion $h : \mathbb{R}^n \to \mathbb{R}$ konkav, und die momentane Zielfunktion $f : \mathbb{R}^n \times \mathbb{R}^r \times [t_0, t_1] \to \mathbb{R}$ sowie die Transformationsfunktionen $g_i : \mathbb{R}^n \times \mathbb{R}^r \times [t_0, t_1] \to \mathbb{R}$, $i = 1, ..., n$, seien stetig partiell differenzierbar bzgl. der Kontrollvariablen u_j, $j = 1, ..., r$. Ferner sei das Paar $(\mathbf{x}^*, \mathbf{u}^*)$ bestehend aus einer stetigen und stückweise stetig differenzierbaren Zustandsfunktion $\mathbf{x}^* : [t_0, t_1] \to \mathbb{R}^n$ sowie einer stückweise stetigen Steuerung $\mathbf{u}^* : [t_0, t_1] \to \mathbb{R}^r$ zulässig für das betrachtete Kontrollproblem, d.h., es genüge der Zustandsdifferentialgleichung (7.1.19), den Anfangs- und Endwertbedingungen (7.1.20)-(7.1.23) sowie den Kontrollrestriktionen (7.1.24). Weiterhin existiere eine stetige und stückweise stetig differenzierbare Funktion $\boldsymbol{\lambda} = (\lambda_1, ..., \lambda_n)' : [t_0, t_1] \to$*

$\mathbb{R}^n$, für welche die Bedingungen des Maximumprinzips (Satz 7.1) mit $\lambda_0 = 1$ erfüllt sind, welche also in den Stetigkeitspunkten von $\mathbf{u}^*$ der adjungierten Gleichung

$$\dot{\boldsymbol{\lambda}}(t) = -H_{\mathbf{x}}(\mathbf{x}^*(t), \mathbf{u}^*(t), \boldsymbol{\lambda}(t), t), \tag{7.3.5}$$

im Endpunkt den Transversalitätsbedingungen

$$\lambda_i(t_1) \text{ frei}, \; i = 1, ..., l, \tag{7.3.6}$$

$$\lambda_i(t_1) \begin{cases} \geq h_{x_i}(\mathbf{x}^*(t_1)), & \text{wenn } x_i^*(t_1) = x_i^1 \\ = h_{x_i}(\mathbf{x}^*(t_1)), & \text{wenn } x_i^*(t_1) > x_i^1 \end{cases}, \; i = l+1, ..., m, \tag{7.3.7}$$

$$\lambda_i(t_1) = h_{x_i}(\mathbf{x}^*(t_1)), \; i = m+1, ..., n, \tag{7.3.8}$$

sowie für alle $t \in [t_0, t_1]$ der Maximumbedingung

$$H(\mathbf{x}^*(t), \mathbf{u}^*(t), \boldsymbol{\lambda}(t), t) \geq H(\mathbf{x}^*(t), \mathbf{u}, \boldsymbol{\lambda}(t), t) \quad \forall \mathbf{u} \in U \tag{7.3.9}$$

genügt. Ist schließlich die durch $H^{\boldsymbol{\lambda}}(\mathbf{x}, \mathbf{u}, t) := H(\mathbf{x}, \mathbf{u}, \boldsymbol{\lambda}(t), t)$ definierte Funktion $H^{\boldsymbol{\lambda}} : \mathbb{R}^n \times \mathbb{R}^r \times [t_0, t_1] \to \mathbb{R}$ (streng) konkav bezüglich $(\mathbf{x}, \mathbf{u})$, so ist $(\mathbf{x}^*, \mathbf{u}^*)$ (eindeutige) Lösung von (KP1).

Beweis: Wir betrachten ein beliebiges zulässiges Funktionenpaar $(\mathbf{x}, \mathbf{u})$. Die Behauptung des Satzes ist bewiesen, falls wir

$$\Delta F := F(\mathbf{x}^*, \mathbf{u}^*) - F(\mathbf{x}, \mathbf{u}) \geq 0 \tag{7.3.10}$$

zeigen können. Mit Hilfe der wegen $\lambda_0 = 1$ durch

$$H(\mathbf{x}, \mathbf{u}, \boldsymbol{\lambda}, t) = f(\mathbf{x}, \mathbf{u}, t) + \boldsymbol{\lambda}'\mathbf{g}(\mathbf{x}, \mathbf{u}, t) \tag{7.3.11}$$

definierten Hamilton-Funktion sowie der Zustandsdifferentialgleichung $\dot{\mathbf{x}} = \mathbf{g}(\mathbf{x}, \mathbf{u}, t)$ können wir die Differenz der Zielfunktionalwerte auch wie folgt ausdrücken:

$$\begin{aligned} \Delta F &= \int_{t_0}^{t_1} [f(\mathbf{x}^*(t), \mathbf{u}^*(t), t) - f(\mathbf{x}(t), \mathbf{u}(t), t)]\, dt + h(\mathbf{x}^*(t_1)) - h(\mathbf{x}(t_1)) \\ &= \int_{t_0}^{t_1} [H(\mathbf{x}^*(t), \mathbf{u}^*(t), \boldsymbol{\lambda}(t), t) - H(\mathbf{x}(t), \mathbf{u}(t), \boldsymbol{\lambda}(t), t)]\, dt \\ &\quad - \int_{t_0}^{t_1} \boldsymbol{\lambda}(t)'(\dot{\mathbf{x}}^*(t) - \dot{\mathbf{x}}(t))dt + h(\mathbf{x}^*(t_1)) - h(\mathbf{x}(t_1)). \end{aligned} \tag{7.3.12}$$

Wegen der Konkavität von h (bzgl. $\mathbf{x}$) sowie der Konkavität von $H^{\boldsymbol{\lambda}}$ bzgl. $(\mathbf{x}, \mathbf{u})$ gelten gemäß Satz 1.2 hierbei die Gradientenungleichungen

$$h(\mathbf{x}(t_1)) - h(\mathbf{x}^*(t_1)) \leq h_{\mathbf{x}}(\mathbf{x}^*(t_1))'(\mathbf{x}(t_1) - \mathbf{x}^*(t_1)) \tag{7.3.13}$$

sowie

$$H(t) - H^*(t) \leq H_{\mathbf{x}}^*(t)'(\mathbf{x}(t) - \mathbf{x}^*(t)) + H_{\mathbf{u}}^*(t)'(\mathbf{u}(t) - \mathbf{u}^*(t)), \tag{7.3.14}$$

wobei wir zur Vereinfachung der Notation wie üblich $H(\mathbf{x}(t), \mathbf{u}(t), \boldsymbol{\lambda}(t), t)$ mit $H(t)$ und $H(\mathbf{x}^*(t), \mathbf{u}^*(t), \boldsymbol{\lambda}(t), t)$ mit $H^*(t)$ abgekürzt haben. Behalten wir diese Kurzschreibweise bei und setzen (7.3.13) und (7.3.14) in (7.3.12) ein, so erhalten wir unter Beachtung der adjungierten Differentialgleichung $\dot{\boldsymbol{\lambda}}(t) = -H_{\mathbf{x}}^*(t)$ die Abschätzung

$$\begin{aligned} \Delta F \geq & \int_{t_0}^{t_1} \left[\dot{\boldsymbol{\lambda}}(t)'(\mathbf{x}(t) - \mathbf{x}^*(t)) + \boldsymbol{\lambda}(t)'(\dot{\mathbf{x}}(t) - \dot{\mathbf{x}}^*(t))\right] dt \\ & + \int_{t_0}^{t_1} H_{\mathbf{u}}^*(t)'(\mathbf{u}^*(t) - \mathbf{u}(t))dt + h_{\mathbf{x}}(\mathbf{x}^*(t_1))'(\mathbf{x}^*(t_1) - \mathbf{x}(t_1)). \end{aligned} \tag{7.3.15}$$

Während für den ersten Integranden auf der rechten Seite von (7.3.15)

$$\dot{\boldsymbol{\lambda}}(t)'(\mathbf{x}(t) - \mathbf{x}^*(t)) + \boldsymbol{\lambda}(t)'(\dot{\mathbf{x}}(t) - \dot{\mathbf{x}}^*(t)) = \frac{d}{dt}\left[\boldsymbol{\lambda}(t)'(\mathbf{x}(t) - \mathbf{x}^*(t))\right] \tag{7.3.16}$$

gilt, können wir auf den zweiten Integranden das Lemma 7.1 anwenden. Weil $\mathbf{u}^*$ gemäß (7.3.9) die Funktion $H(\mathbf{x}^*(t), \cdot, \boldsymbol{\lambda}(t), t)$ auf dem nach Voraussetzung konvexen Steuerungsbereich U maximiert, erhalten wir hiermit die Ungleichung

$$H_{\mathbf{u}}^*(t)'(\mathbf{u}^*(t) - \mathbf{u}(t)) \geq 0. \tag{7.3.17}$$

Unter Berücksichtigung der Tatsache, daß gemäß der Anfangswertbedingung $\mathbf{x}(t_0) = \mathbf{x}^*(t_0)$ gilt, ergibt sich nun mit (7.3.16) und (7.3.17) aus (7.3.15) zunächst

$$\begin{aligned} \Delta F & \geq \int_{t_0}^{t_1} \frac{d}{dt}\left[\boldsymbol{\lambda}(t)'(\mathbf{x}(t) - \mathbf{x}^*(t))\right] dt + h_{\mathbf{x}}(\mathbf{x}^*(t_1))'(\mathbf{x}^*(t_1) - \mathbf{x}(t_1)) \\ & = \boldsymbol{\lambda}(t)'(\mathbf{x}(t) - \mathbf{x}^*(t))\Big|_{t_0}^{t_1} + h_{\mathbf{x}}(\mathbf{x}^*(t_1))'(\mathbf{x}^*(t_1) - \mathbf{x}(t_1)) \\ & = (\boldsymbol{\lambda}(t_1) - h_{\mathbf{x}}(\mathbf{x}^*(t_1)))'(\mathbf{x}(t_1) - \mathbf{x}^*(t_1)). \end{aligned} \tag{7.3.18}$$

Da aus dem Zusammenspiel der Transversalitäts- und Endwertbedingungen aber

$$(\boldsymbol{\lambda}(t_1) - h_{\mathbf{x}}(\mathbf{x}^*(t_1)))'(\mathbf{x}(t_1) - \mathbf{x}^*(t_1)) = 0 \tag{7.3.19}$$

folgt, erhalten wir schließlich das Resultat $\Delta F \geq 0$, d.h., $(\mathbf{x}^*, \mathbf{u}^*)$ löst das Kontrollproblem (KP1).

Ist $H^{\boldsymbol{\lambda}}$ sogar streng konkav in $(\mathbf{x}, \mathbf{u})$, so gilt in (7.3.14) die strikte Ungleichung, sofern $\mathbf{x}(t) \neq \mathbf{x}^*(t)$ oder $\mathbf{u}(t) \neq \mathbf{u}^*(t)$. Unterscheiden sich daher $\mathbf{x}$ und $\mathbf{x}^*$ oder $\mathbf{u}$ und $\mathbf{u}^*$ auf einem Intervall positiver Länge, so ist $F(\mathbf{x}, \mathbf{u}) > F(\mathbf{x}^*, \mathbf{u}^*)$ und das Funktionenpaar $(\mathbf{x}^*, \mathbf{u}^*)$ damit eindeutige Lösung des betrachteten Kontrollproblems. ■

Die Aussagen des Satzes von Mangasarian lassen sich zur besseren Einprägsamkeit wie folgt zusammenfassen: Die notwendigen Optimalitätsbedingungen des Maximumprinzips sind (im Falle $\lambda_0 = 1$) auch hinreichend, falls (i) der zulässige Steuerungsbereich konvex, (ii) die Terminalfunktion konkav sowie die momentane Zielfunktion und die Transformationsfunktionen stetig partiell differenzierbar bzgl. der Kontrollvariablen sind und (iii) die Hamilton-Funktion (präziser die hieraus abgeleitete Abbildung $H^{\boldsymbol{\lambda}}$) konkav bzgl. $(\mathbf{x}, \mathbf{u})$ ist. Wir wollen nun versuchen, die Gültigkeit der zusätzlichen Voraussetzungen (i) – (iii) für die im vorangegangenen Abschnitt in den Beispielen 7.2-7.4 behandelten Kontrollprobleme nachzuweisen, um so die Optimalität der dort mit Hilfe des Maximumprinzips ermittelten Lösungskandidaten zu bestätigen. Zuvor sind jedoch noch verschiedene Bemerkungen zum Satz von Mangasarian angebracht.[22]

Bemerkung 7.7 Man kann die Konkavität der Funktion $H^{\boldsymbol{\lambda}}$ auf die Konkavität der momentanen Zielfunktion f sowie der Transformationsfunktionen $g_i, i = 1, ..., n$, zurückführen. Unter der Voraussetzung, daß die adjungierten Variablen $\lambda_i(t), i = 1, ..., n$, für alle Zeitpunkte $t \in [0, 1]$ nichtnegativ sind, gilt nämlich: Sind f und $g_i, i = 1, ..., n$, konkav in $(\mathbf{x}, \mathbf{u})$, so ist auch $H^{\boldsymbol{\lambda}}$ konkav in $(\mathbf{x}, \mathbf{u})$.

Ist die momentane Zielfunktion f konkav und sind die Transformationsfunktionen g_i, $i = 1, ..., n$, sogar linear in $(\mathbf{x}, \mathbf{u})$, so folgt die Konkavität der Hamilton-Funktion bzgl. $(\mathbf{x}, \mathbf{u})$ auch ohne die zusätzliche Nichtnegativitätsbedingung an die Kozustandsvariablen. □

Bemerkung 7.8 Angenommen, wir haben ein Funktionentripel $(\mathbf{x}^*, \mathbf{u}^*, \boldsymbol{\lambda})$ gefunden, welches sämtlichen Bedingungen aus Satz 7.2 genügt. Dann ist $(\mathbf{x}^*, \mathbf{u}^*)$ zwar Lösung des betrachteten Kontrollproblems, als solche jedoch nicht notwendigerweise eindeutig, sofern die Konkavitätsvoraussetzung bzgl. $H^{\boldsymbol{\lambda}}$ nur schwach erfüllt ist. Man kann jedoch zeigen, daß jedes weitere optimale Paar $(\mathbf{x}^{**}, \mathbf{u}^{**})$ die hinreichenden Bedingungen von Mangasarian für dieselbe Kozustandsfunktion $\boldsymbol{\lambda}$ erfüllt. Diese Eigenschaft kann oftmals zum Nachweis der Eindeutigkeit einer ermittelten Lösung ausgenutzt werden. □

Bemerkung 7.9 Sind in Erweiterung zu den Annahmen des Standard-Kontrollproblems die Zustandsvariablen durch die Forderung

$$\mathbf{x}(t) \in A(t) \tag{7.3.20}$$

mit *konvexer* Menge $A(t) \subset \mathbb{R}^n$ restringiert, so bleibt Satz 7.2 (wie leicht nachzuprüfen ist) uneingeschränkt gültig, wobei die Abbildung $H^{\boldsymbol{\lambda}}$ lediglich auf der Menge $A(t) \times U$ konkav sein muß. □

Beispiel 7.5 Wir wollen als erstes versuchen, den Satz von Mangasarian auf die nichtentartete ($\lambda_0 = 1$) Langrange'sche Steuerungsaufgabe aus Beispiel 7.2 anzu-

[22]Vgl. hierzu auch SEIERSTAD, SYDSÆTER (1987), S. 106 f.

wenden. Diesbezüglich ist zunächst einmal festzustellen, daß der zulässige Steuerungsbereich $U = \mathbb{R}$ trivialerweise konvex und die durch

$$f(x,u) = -(\frac{1}{2}x^2 + \frac{3}{2}u^2) \tag{7.3.21}$$

gegebene momentane Zielfunktion $f : \mathbb{R}^2 \to \mathbb{R}$ genauso wie die durch

$$g(x,u) = -x + 3u \tag{7.3.22}$$

definierte Transformationsfunktion $g : \mathbb{R}^2 \to \mathbb{R}$ stetig partiell differenzierbar bzgl. u ist. Darüber hinaus ist die durch

$$H(x,u,\lambda) := -(\frac{1}{2}x^2 + \frac{3}{2}u^2) + \lambda(-x + 3u) \tag{7.3.23}$$

erklärte Hamilton-Funktion H des Problems unabhängig von λ streng konkav in (x,u), was mit Satz 1.6 unmittelbar aus der negativen Definitheit ihrer Hesse-Matrix

$$\begin{pmatrix} H_{xx} & H_{xu} \\ H_{ux} & H_{uu} \end{pmatrix} = \begin{pmatrix} -1 & 0 \\ 0 & -3 \end{pmatrix} \tag{7.3.24}$$

folgt (vgl. Satz 1.4). Da somit sämtliche Zusatzvoraussetzungen aus dem Satz von Mangasarian erfüllt sind, handelt es sich bei dem in Beispiel 7.2 mit Hilfe des Maximumprinzips ermittelten Funktionenpaar (x^*, u^*) bereits um die (eindeutige) Lösung des Kontrollproblems (7.2.14)-(7.2.16). □

Beispiel 7.6 Wir wollen nun die Hinlänglichkeit des Maximumprinzips für das u.a. in Beispiel 7.4 behandelte Lagrange-Problem der optimalen Produktionsplanung eines Unternehmens überprüfen, wobei wir uns auch jetzt wieder auf die Betrachtung des im Rahmen der Variationsrechnung nicht lösbaren Falles $B < c_2T^2 / 4c_1$ beschränken werden. Man beachte hierfür zunächst, daß der zulässige Steuerungsbereich $U = \mathbb{R}_+$ konvex ist. Weiterhin besitzen die momentane Zielfunktion $f : \mathbb{R}^2 \to \mathbb{R}$ sowie die Transformationsfunktion $g : \mathbb{R}^2 \to \mathbb{R}$, im vorliegenden Fall durch

$$f(x,u) = -(c_1 \cdot u^2 + c_2 \cdot x) \tag{7.3.25}$$

sowie

$$g(x,u) = u \tag{7.3.26}$$

gegeben, stetige partielle Ableitungen bzgl. u. Weil schließlich die durch die Vorschrift

$$H(x,u,\lambda) = -\left[c_1 \cdot u^2 + c_2 \cdot x\right] + \lambda u \tag{7.3.27}$$

definierte zeitunabhängige Hamilton-Funktion dieses nichtentarteten Problems ($\lambda_0 = 1$) die negativ semidefinite Hesse-Matrix

$$\begin{pmatrix} H_{xx} & H_{xu} \\ H_{ux} & H_{uu} \end{pmatrix} = \begin{pmatrix} 0 & 0 \\ 0 & -2c_1 \end{pmatrix} \tag{7.3.28}$$

besitzt und damit unabhängig von λ konkav in (x,u) ist, sind sämtliche erforderlichen Zusatzvoraussetzungen erfüllt. Der in Beispiel 7.4 mit dem Maximumprinzip ermittelte Lösungskandidat ist somit tatsächlich optimal. □

Beispiel 7.7 Wir wollen schließlich versuchen, den Satz von Mangasarian auch auf das Problem der optimalen regionalen Allokation von Investitionsmitteln anzuwenden. Hierfür sei daran erinnert, daß es sich um eine Aufgabe vom Mayerschen Typ handelt, wobei das Intervall $[0,1]$ den zulässigen Steuerungsbereich darstellt, die Terminalfunktion $h : \mathbb{R}^2 \to \mathbb{R}$ durch die Vorschrift

$$h(K_1, K_2) = b_1 K_1 + b_2 K_2 \tag{7.3.29}$$

definiert ist und die Transformationsfunktionen $g_i : \mathbb{R}^3 \to \mathbb{R}, i = 1, 2$, durch

$$\begin{aligned} g_1(K_1, K_2, \beta) &= \beta\,(g_1 K_1 + g_2 K_2)\,, &(7.3.30)\\ g_2(K_1, K_2, \beta) &= (1-\beta)\,(g_1 K_1 + g_2 K_2) &(7.3.31)\end{aligned}$$

gegeben sind. Wie unschwer zu erkennen ist, sind die ersten beiden der für die Hinlänglichkeit des Maximumprinzips erforderlichen Zusatzvoraussetzungen, nämlich die Konvexität des Steuerungsbereiches U sowie die Konkavität der Restwertfunktion h und die stetige partielle Differenzierbarkeit der Transformationsfunktionen g_i bzgl. der Kontrollvariablen β, erfüllt. Zum Nachweis der Optimalität der in Beispiel 7.3 für die verschiedenen Parameterkonstellationen ermittelten Tripel (K_1^*, K_2^*, β^*) bleibt daher die Konkavität der aus der Hamilton-Funktion H für die zugehörige adjungierte Funktion $\boldsymbol{\lambda}$ abgeleiteten Abbildung $H^{\boldsymbol{\lambda}}$ bzgl. (K_1, K_2, β) nachzuprüfen. Letztere ist im vorliegenden Fall (vgl. Beziehung (7.2.31)) durch die Vorschrift

$$H^{\boldsymbol{\lambda}}(K_1, K_2, \beta, t) = (g_1 K_1 + g_2 K_2)\,(\beta(\lambda_1(t) - \lambda_2(t)) + \lambda_2(t)) \tag{7.3.32}$$

definiert. Wir bestimmen (für alle $t \in [t_0, t_1]$) zunächst einmal die Eigenwerte der Hesse-Matrix

$$\nabla^2 H^{\boldsymbol{\lambda}} = \begin{pmatrix} H^{\boldsymbol{\lambda}}_{K_1K_1} & H^{\boldsymbol{\lambda}}_{K_1K_2} & H^{\boldsymbol{\lambda}}_{K_1\beta} \\ H^{\boldsymbol{\lambda}}_{K_2K_1} & H^{\boldsymbol{\lambda}}_{K_2K_2} & H^{\boldsymbol{\lambda}}_{K_2\beta} \\ H^{\boldsymbol{\lambda}}_{\beta K_1} & H^{\boldsymbol{\lambda}}_{\beta K_2} & H^{\boldsymbol{\lambda}}_{\beta\beta} \end{pmatrix} = (\lambda_1(t) - \lambda_2(t)) \begin{pmatrix} 0 & 0 & g_1 \\ 0 & 0 & g_2 \\ g_1 & g_2 & 0 \end{pmatrix} \tag{7.3.33}$$

als Nullstellen ihres charakteristischen Polynoms

$$\det(\mu I - \nabla^2 H^{\boldsymbol{\lambda}}) = \mu^3 - (\lambda_1(t) - \lambda_2(t))^2 (g_1^2 + g_2^2)\mu. \tag{7.3.34}$$

Wie leicht nachzuprüfen ist, lauten diese

$$\mu_1 = 0, \quad \mu_{2/3} = \pm(\lambda_1(t) - \lambda_2(t))\sqrt{(g_1^2 + g_2^2)}. \tag{7.3.35}$$

Weil die Matrix $\nabla^2 H^{\boldsymbol{\lambda}}$ demnach sowohl einen positiven als auch einen negativen Eigenwert besitzt, ist sie nach Satz 1.3 indefinit. Die Abbildung $H^{\boldsymbol{\lambda}}$ ist damit aber gemäß Satz 1.6 nicht global (d.h. auf dem gesamten $\mathbb{R}^3$) konkav bzgl. (K_1, K_2, β).[23]

[23] Eine Ausnahme bildet der Fall, daß für alle $t \in [t_0, t_1]$ gerade $\lambda_1(t) = \lambda_2(t)$ gilt. Die Funktion $H^{\boldsymbol{\lambda}}$ ist dann unabhängig von β sowie linear in (K_1, K_2) und damit konkav bzgl. (K_1, K_2, β). Gemäß der Ausführungen in Beispiel 7.3 kommt dieser Fall allerdings nur bei Gleichheit sowohl der beiden Kapitalproduktivitäten als auch der beiden Sparneigungen zum Tragen. Die beiden Regionen wären dann aber identisch, die Aufteilung der Investitionsmittel also unerheblich, so daß wir diesen Fall von der weiteren Betrachtung ausschließen wollen.

Demzufolge ist die Anwendung des Satzes von Mangasarian im vorliegenden Problem *nicht* erlaubt, weshalb wir auf diesem Wege keine Bestätigung der vermuteten Optimalität unserer mit Hilfe des Maximumprinzips ermittelten Lösungskandidaten erfahren.[24] □

Eine angenehme Eigenschaft des Satzes von Mangasarian ist, daß die Konkavität der Hamilton-Funktion insbesondere vor dem Hintergrund von Bemerkung 7.7 zumeist leicht nachzuprüfen ist. Das vorangegangene Beispiel der optimalen Allokation von Investitionsmitteln deutet jedoch an, daß es durchaus interessante ökonomische Fragestellungen gibt, in denen die Konkavität nicht gewährleistet und die Anwendung dieses Resultats somit nicht gestattet ist. Wir wollen aus diesem Grunde mit dem Satz von Arrow ein zweites Ergebnis zur Hinlänglichkeit des Maximumprinzips formulieren, welches auf wesentlich allgemeineren, dafür aber schwieriger zu überprüfenden Voraussetzungen basiert. Hiefür benötigen wir

Lemma 7.2 *Gegeben sei eine offene und konvexe Menge $\Omega \subset \mathbb{R}^n$ und eine in den ersten n Argumenten stetig differenzierbare Funktion $\phi : \mathbb{R}^n \times \mathbb{R}^r \to \mathbb{R}$. Für alle $\mathbf{x} \in \Omega$ existiere das (globale) Maximum von $\phi(\mathbf{x}, \cdot)$ auf der Menge $U \subset \mathbb{R}^r$. Die durch*

$$\hat{\phi}(\mathbf{x}) := \max_{\mathbf{u} \in U} \phi(\mathbf{x}, \mathbf{u}) \tag{7.3.36}$$

definerte Abbildung $\hat{\phi} : \Omega \to \mathbb{R}$ sei dabei konkav. Dann gilt für beliebige $\mathbf{x}, \mathbf{y} \in \Omega$ die Ungleichung

$$\hat{\phi}(\mathbf{y}) - \hat{\phi}(\mathbf{x}) \leq \phi_{\mathbf{x}}(\mathbf{x}, \mathbf{u}^*(\mathbf{x}))'(\mathbf{y} - \mathbf{x}), \tag{7.3.37}$$

wobei

$$\mathbf{u}^*(\mathbf{x}) \in \arg\max_{\mathbf{u} \in U} \phi(\mathbf{x}, \mathbf{u}) \tag{7.3.38}$$

ist. Bei strenger Konkavität von $\hat{\phi}$ gilt die Ungleichung (7.3.37) für $\mathbf{y} \neq \mathbf{x}$ strikt.[25]

Beweis: Sei $\mathbf{x} \in \Omega$ beliebig, aber fest vorgegeben. Da nach Voraussetzung die Abbildung $\hat{\phi}$ konkav und die Menge Ω offen und konvex ist, besitzt $\hat{\phi}$ gemäß Satz A.6 im Punkt $\mathbf{x}$ einen Supergradienten, d.h., es existiert ein Vektor $\mathbf{q} \in \mathbb{R}^n$ mit

$$\hat{\phi}(\mathbf{y}) - \hat{\phi}(\mathbf{x}) \leq \mathbf{q}'(\mathbf{y} - \mathbf{x}) \ \forall \mathbf{y} \in \Omega. \tag{7.3.39}$$

---

[24] Da zum einen $\beta \in [0, 1]$ sein muß, zum anderen die Kapitalstöcke bei Transformationsfunktionen der Gestalt (7.3.30) und (7.3.31) in jedem Fall, d.h. unabhängig von der gewählten Strategie, im gesamten Intervall $[t_0, t_1]$ positiv bleiben, würde es gemäß Bemerkung 7.9 ausreichen, die Konkavität von $H^{\boldsymbol{\lambda}}$ bzgl. (K_1, K_2, β) lediglich auf der Menge $\mathbb{R}^2_+ \times [0, 1]$ sicherzustellen. Da auch dies, wie durch direkte Überprüfung der Definition einer negativ definiten Matrix leicht nachzuprüfen ist, nur für diejenigen Parameterkonstellationen gelingt, für welche im *gesamten* Planungszeitraum $\lambda_1(t) \leq \lambda_2(t)$ gilt, bleibt Satz 7.2 zur Bestätigung der Optimalität unserer Lösungskandidaten größtenteils ungeeignet.

[25] Lemma 7.2 stellt im wesentlichen eine Kombination aus der Gradientenungleichung (vgl. Satz 1.2) und dem Umhüllendensatz (vgl. Satz A.4) dar. Man beachte allerdings, daß die globale Maximalstelle von $\phi(\mathbf{x}, \cdot)$ auf U nicht eindeutig sein muß. Die Aussage des Lemmas gilt grundsätzlich für *jede* von möglicherweise mehreren Maximalstellen.

Betrachten wir nun die durch

$$l(\mathbf{y}) := \phi(\mathbf{y}, \mathbf{u}^*(\mathbf{x})) - \phi(\mathbf{x}, \mathbf{u}^*(\mathbf{x})) - \mathbf{q}'(\mathbf{y} - \mathbf{x}) \tag{7.3.40}$$

auf der Menge Ω erklärte Hilfsfunktion l. Wegen $\hat{\phi}(\mathbf{x}) = \phi(\mathbf{x}, \mathbf{u}^*(\mathbf{x}))$ und $\hat{\phi}(\mathbf{y}) \geq \phi(\mathbf{y}, \mathbf{u}^*(\mathbf{x}))$ erhalten wir aus (7.3.39) und (7.3.40) für alle $\mathbf{y} \in \Omega$ Ungleichung

$$l(\mathbf{y}) \leq 0. \tag{7.3.41}$$

Weil andererseits $l(\mathbf{x}) = 0$ gilt, nimmt die Hilfsfunktion l im Punkt $\mathbf{x}$ ihr Maximum auf Ω an. Weil Ω offen ist, gilt folglich

$$\frac{\partial l}{\partial \mathbf{y}}(\mathbf{x}) = \phi_{\mathbf{x}}(\mathbf{x}, \mathbf{u}^*(\mathbf{x})) - \mathbf{q} = \mathbf{0}. \tag{7.3.42}$$

Somit können wir in (7.3.39) $\mathbf{q}$ durch $\phi_{\mathbf{x}}(\mathbf{x}, \mathbf{u}^*(\mathbf{x}))$ ersetzen, womit wir schließlich Beziehung (7.3.37) erhalten. Ist $\hat{\phi}$ streng konkav, so gilt die Ungleichung (7.3.39) und damit auch (7.3.37) für $\mathbf{y} \neq \mathbf{x}$ strikt. ■

Satz 7.3 (**Hinreichende Optimalitätsbedingungen nach Arrow**) *Gegeben sei das Kontrollproblem (KP1) mit den Regularitätsbedingungen (R1) aus Abschnitt 7.1. Das Paar* $(\mathbf{x}^*, \mathbf{u}^*)$ *bestehend aus einer stetigen und stückweise stetig differenzierbaren Zustandsfunktion* $\mathbf{x}^* : [t_0, t_1] \to \mathbb{R}^n$ *sowie einer stückweise stetigen Steuerung* $\mathbf{u}^* : [t_0, t_1] \to \mathbb{R}^r$ *sei zulässig für das Kontrollproblem (7.1.18)-(7.1.24), d.h., es genüge der Zustandsdifferentialgleichung (7.1.19), den Anfangs- und Endwertbedingungen (7.1.20)-(7.1.23) sowie den Kontrollrestriktionen (7.1.24). Ferner gebe es eine stetige und stückweise stetig differenzierbare Funktion* $\boldsymbol{\lambda} = (\lambda_1, ..., \lambda_n)' : [t_0, t_1] \to \mathbb{R}^n$, *für welche sämtliche Bedingungen des Maximumprinzips (Satz 7.1) mit* $\lambda_0 = 1$ *erfüllt sind, d.h., die Abbildung* $\boldsymbol{\lambda}$ *genüge in den Stetigkeitsstellen von* $\mathbf{u}^*$ *der adjungierten Gleichung*

$$\dot{\boldsymbol{\lambda}}(t) = -H_{\mathbf{x}}(\mathbf{x}^*(t), \mathbf{u}^*(t), \boldsymbol{\lambda}(t), t), \tag{7.3.43}$$

im Endpunkt den Transversalitätsbedingungen

$$\lambda_i(t_1) \text{ frei, } i = 1, ..., l, \tag{7.3.44}$$

$$\lambda_i(t_1) \begin{cases} \geq h_{x_i}(\mathbf{x}^*(t_1)), & \text{wenn } x_i^*(t_1) = x_i^1 \\ = h_{x_i}(\mathbf{x}^*(t_1)), & \text{wenn } x_i^*(t_1) > x_i^1 \end{cases}, \quad i = l+1, ..., m, \tag{7.3.45}$$

$$\lambda_i(t_1) = h_{x_i}(\mathbf{x}^*(t_1)), \ i = m+1, ..., n, \tag{7.3.46}$$

sowie für alle $t \in [t_0, t_1]$ *der Maximumbedingung*

$$H(\mathbf{x}^*(t), \mathbf{u}^*(t), \boldsymbol{\lambda}(t), t) \geq H(\mathbf{x}^*(t), \mathbf{u}, \boldsymbol{\lambda}(t), t) \ \forall \mathbf{u} \in U. \tag{7.3.47}$$

Falls zusätzlich

$$\hat{H}^{\boldsymbol{\lambda}}(\mathbf{x}, t) := \max_{\mathbf{u} \in U} H^{\boldsymbol{\lambda}}(\mathbf{x}, \mathbf{u}, t) = \max_{\mathbf{u} \in U} H(\mathbf{x}, \mathbf{u}, \boldsymbol{\lambda}(t), t) \tag{7.3.48}$$

für alle $\mathbf{x} \in \mathbb{R}^n$ *und für alle* $t \in [t_0, t_1]$ *existiert und die so definierte maximierte Hamilton-Funktion*[26] $\hat{H}^{\boldsymbol{\lambda}} : \mathbb{R}^n \times [t_0, t_1] \to \mathbb{R}$ *wie auch die Restwertfunktion* h *konkav in* $\mathbf{x}$ *ist, dann ist* $(\mathbf{x}^*, \mathbf{u}^*)$ *Lösung von (KP1). Ist* $\hat{H}^{\boldsymbol{\lambda}}$ *sogar streng konkav, so ist die optimale Zustandsfunktion* $\mathbf{x}^*$ *(jedoch nicht notwendigerweise auch die Kontrollfunktion* $\mathbf{u}^*$*) eindeutig.*

Beweis: Wir betrachten ein beliebiges zulässiges Funktionenpaar $(\mathbf{x}, \mathbf{u})$. Wie im Beweis des Satzes von Mangasarian gelten auch hier die Beziehungen (7.3.12) und (7.3.13), d.h.

$$\begin{aligned} \Delta F &= \int_{t_0}^{t_1} [H(\mathbf{x}^*(t), \mathbf{u}^*(t), \boldsymbol{\lambda}(t), t) - H(\mathbf{x}(t), \mathbf{u}(t), \boldsymbol{\lambda}(t), t)]\, dt \\ &\quad - \int_{t_0}^{t_1} \boldsymbol{\lambda}(t)'(\dot{\mathbf{x}}^*(t) - \dot{\mathbf{x}}(t))dt + h(\mathbf{x}^*(t_1)) - h(\mathbf{x}(t_1)) \end{aligned} \tag{7.3.49}$$

und

$$h(\mathbf{x}(t_1)) - h(\mathbf{x}^*(t_1)) \leq h_{\mathbf{x}}(\mathbf{x}^*(t_1))'(\mathbf{x}(t_1) - \mathbf{x}^*(t_1)). \tag{7.3.50}$$

Wir zeigen nun, daß für alle $t \in [t_0, t_1]$ die Ungleichung

$$H(\mathbf{x}^*(t), \mathbf{u}^*(t), \boldsymbol{\lambda}(t), t) - H(\mathbf{x}(t), \mathbf{u}(t), \boldsymbol{\lambda}(t), t) \geq \dot{\boldsymbol{\lambda}}(t)'(\mathbf{x}(t) - \mathbf{x}^*(t)) \tag{7.3.51}$$

erfüllt ist. In Verbindung mit (7.3.49) und (7.3.50) erhalten wir hiermit

$$\Delta F \geq \int_{t_0}^{t_1} \left[\dot{\boldsymbol{\lambda}}(t)'(\mathbf{x}(t) - \mathbf{x}^*(t)) + \boldsymbol{\lambda}(t)'(\dot{\mathbf{x}}(t) - \dot{\mathbf{x}}^*(t))\right] dt + h_{\mathbf{x}}(\mathbf{x}^*(t_1))'(\mathbf{x}^*(t_1) - \mathbf{x}(t_1)), \tag{7.3.52}$$

woraus analog zum Beweis von Satz 7.2 (vgl. die Beziehungen (7.3.15) bis (7.3.19))

$$\Delta F = F(\mathbf{x}^*, \mathbf{u}^*) - F(\mathbf{x}, \mathbf{u}) \geq 0 \tag{7.3.53}$$

gefolgert werden kann und die Optimalität von $(\mathbf{x}^*, \mathbf{u}^*)$ bewiesen wäre.

Den Nachweis von (7.3.51) betreffend ist zunächst einmal festzustellen, daß aus der Definition der maximierten Hamilton-Funktion $\hat{H}^{\boldsymbol{\lambda}}$ unmittelbar

$$H(\mathbf{x}^*(t), \mathbf{u}^*(t), \boldsymbol{\lambda}(t), t) = \hat{H}^{\boldsymbol{\lambda}}(\mathbf{x}^*(t), t) \tag{7.3.54}$$

sowie

$$H(\mathbf{x}(t), \mathbf{u}(t), \boldsymbol{\lambda}(t), t) \leq \hat{H}^{\boldsymbol{\lambda}}(\mathbf{x}(t), t) \tag{7.3.55}$$

folgt. Hiermit ergibt sich sofort

$$H(\mathbf{x}^*(t), \mathbf{u}^*(t), \boldsymbol{\lambda}(t), t) - H(\mathbf{x}(t), \mathbf{u}(t), \boldsymbol{\lambda}(t), t) \geq \hat{H}^{\boldsymbol{\lambda}}(\mathbf{x}^*(t), t) - \hat{H}^{\boldsymbol{\lambda}}(\mathbf{x}(t), t). \tag{7.3.56}$$

[26] In einigen (älteren) mathematischen Lehrbüchern zur Kontrolltheorie wird erst die maximierte Version von H als Hamilton-Funktion bezeichnet. Die in (7.2.1) definierte Abbildung H selbst trägt dann den Namen *Pontrjaginsche Funktion*.

Da die maximierte Hamilton-Funktion $\hat{H}^{\boldsymbol{\lambda}}$ nach Voraussetzung konkav in $\mathbf{x}$ ist, können wir Lemma 7.2 mit $\Omega = \mathbb{R}^n$ auf die rechte Seite von (7.3.56) anwenden und erhalten in Verbindung mit der Maximumbedingung (7.3.47) die Ungleichung

$$\hat{H}^{\boldsymbol{\lambda}}(\mathbf{x}^*(t), t) - \hat{H}^{\boldsymbol{\lambda}}(\mathbf{x}(t), t) \geq H_{\mathbf{x}}(\mathbf{x}^*(t), \mathbf{u}^*(t), \boldsymbol{\lambda}(t), t)'(\mathbf{x}^*(t) - \mathbf{x}(t)). \tag{7.3.57}$$

Unter Beachtung der adjungierten Differentialgleichungen $\dot{\boldsymbol{\lambda}}(t) = -H^*_{\mathbf{x}}(t)$ ergibt sich aus (7.3.56) und (7.3.57) schließlich wie gewünscht Beziehung (7.3.51).

Bei strenger Konkavität von $\hat{H}^{\boldsymbol{\lambda}}$ gilt die Ungleichung (7.3.57) für $\mathbf{x}(t) \neq \mathbf{x}^*(t)$ sogar strikt. Unterscheiden sich also $\mathbf{x}$ und $\mathbf{x}^*$ auf einem Intervall positiver Länge, so ist $F(\mathbf{x}^*, \mathbf{u}^*) > F(\mathbf{x}, \mathbf{u})$, die optimale Zustandsfunktion $\mathbf{x}^*$ damit eindeutig. ■

Bemerkung 7.10 Liegt für die Zustandsvariablen die zusätzliche Nebenbedingung

$$\mathbf{x}(t) \in A(t) \tag{7.3.58}$$

mit *konvexer* Menge $A(t) \subset \mathbb{R}^n$ vor, so bleibt Satz 7.3 gültig, sofern für alle Zeitpunkte t des Planungsintervalls $\mathbf{x}^*(t)$ ein innerer Punkt von $A(t)$ ist. Die Konkavität der maximierten Hamilton-Funktion ist in diesem Fall darüber hinaus nur auf der Menge $A(t)$ zu fordern.[27] □

Der Satz von Arrow besagt kurz formuliert, daß die notwendigen Bedingungen des Pontrjaginschen Maximumprinzips auch hinreichend, die mit seiner Hilfe ermittelten Lösungskandidaten also bereits optimal sind, falls die Terminalfunktion h wie auch die maximierte Hamilton-Funktion $\hat{H}^{\boldsymbol{\lambda}}$ konkav in $\mathbf{x}$ sind. Man beachte hierbei, daß sich die Konkavität der maximierten Hamilton-Funktion bzgl. $\mathbf{x}$ aus der Konkavität der Hamilton-Funktion selbst bzgl. $(\mathbf{x}, \mathbf{u})$ folgern läßt (nicht jedoch umgekehrt), die Voraussetzungen des Satzes von Arrow insofern tatsächlich allgemeiner als diejenigen des Satzes von Mangasarian sind. Um dies einzusehen, betrachte man das folgende allgemeingültige Resultat.

Lemma 7.3 *Gegeben seien die konvexen Mengen $\Omega \subset \mathbb{R}^n$ und $U \subset \mathbb{R}^r$. Die Abbildung $\phi : \mathbb{R}^n \times \mathbb{R}^r \to \mathbb{R}$ sei auf $\Omega \times U$ konkav. Ferner existiere für alle $\mathbf{x} \in \Omega$*

$$\hat{\phi}(\mathbf{x}) := \max_{\mathbf{u} \in U} \phi(\mathbf{x}, \mathbf{u}). \tag{7.3.59}$$

Dann ist die durch (7.3.59) definierte Funktion $\hat{\phi} : \Omega \to \mathbb{R}$ konkav.

Beweis: Es seien $\mathbf{x}, \mathbf{y} \in \Omega$ beliebig, aber fest. Sind $\mathbf{u}^*(\mathbf{x})$ und $\mathbf{u}^*(\mathbf{y})$ wie in Lemma 7.2 durch die Beziehungen

$$\mathbf{u}^*(\mathbf{x}) \in \arg\max_{\mathbf{u} \in U} \phi(\mathbf{x}, \mathbf{u}), \quad \mathbf{u}^*(\mathbf{y}) \in \arg\max_{\mathbf{u} \in U} \phi(\mathbf{y}, \mathbf{u}) \tag{7.3.60}$$

[27] Vgl. hierzu auch SEIERSTAD, SYDSÆTER (1987), S. 109 f.

gegeben, so gilt für $\varepsilon \in [0,1]$ die Ungleichungskette

$$\begin{aligned}\hat{\phi}(\varepsilon\mathbf{x}+(1-\varepsilon)\mathbf{y}) &= \max_{\mathbf{u}\in U} \phi(\varepsilon\mathbf{x}+(1-\varepsilon)\mathbf{y},\mathbf{u}) && (7.3.61)\\ &\geq \phi(\varepsilon\mathbf{x}+(1-\varepsilon)\mathbf{y},\varepsilon\mathbf{u}^*(\mathbf{x})+(1-\varepsilon)\mathbf{u}^*(\mathbf{y})) && (7.3.62)\\ &\geq \varepsilon\phi(\mathbf{x},\mathbf{u}^*(\mathbf{x}))+(1-\varepsilon)\phi(\mathbf{y},\mathbf{u}^*(\mathbf{y})) && (7.3.63)\\ &= \varepsilon\hat{\phi}(\mathbf{x})+(1-\varepsilon)\hat{\phi}(\mathbf{y}). && (7.3.64)\end{aligned}$$

Damit ist $\hat{\phi}:\Omega\to\mathbb{R}$ konkav. ■

Vor dem Hintergrund der vorangegangenen Überlegungen wollen wir nun zum Abschluß dieses Abschnitts versuchen, mit Hilfe des Satzes von Arrow die Hinlänglichkeit des Maximumprinzips für das Problem der optimalen regionalen Allokation von Investitionsmitteln zu beweisen und damit die Optimalität der in Beispiel 7.3 ermittelten Lösungskandidaten bestätigen.

Beispiel 7.8 Die maximierte Hamilton-Funktion ist im vorliegenden Fall wie folgt definiert:

$$\begin{aligned}\hat{H}^{\lambda}(K_1,K_2,t) &:= \max_{\beta\in[0,1]} H(K_1,K_2,\beta,\lambda_1(t),\lambda_2(t))\\ &= \max_{\beta\in[0,1]} (g_1K_1+g_2K_2)\left(\beta(\lambda_1(t)-\lambda_2(t))+\lambda_2(t)\right)\\ &= \begin{cases}(g_1K_1+g_2K_2)\,\lambda_1(t), & \text{sofern } \lambda_1(t)>\lambda_2(t),\\ (g_1K_1+g_2K_2)\,\lambda_2(t), & \text{sofern } \lambda_1(t)\leq\lambda_2(t).\end{cases}\end{aligned}$$

Sie ist linear und demnach auch konkav in K_1 und K_2. Weil gleiches auch für die durch

$$h(K_1,K_2)=b_1K_1+b_2K_2$$

gegebene Restwertfunktion $h:\mathbb{R}^2\to\mathbb{R}$ gilt, sind sämtliche Zusatzvoraussetzung aus dem Satz von Arrow tatsächlich erfüllt. Die notwendigen Bedingungen des Maximumprinzips sind also auch hinreichend und die ermittelten Lösungskandidaten optimal. □

7.4 Erweiterungen des Standardmodells

Zwar besitzt das in den vorangegangenen Abschnitten ausführlich behandelte grundlegende Kontrollproblem (KP1) im Hinblick auf die Dimensionalität sowie die Form der Endwertbedingungen bereits einen relativ allgemeinen Charakter, eine Reihe von interessanten ökonomischen Problemstellungen lassen sich in seinem Rahmen aber dennoch nicht behandeln. Aus diesem Grunde wollen wir im folgenden verschiedene Erweiterungen des Standardmodells untersuchen, wobei wir mit der Betrachtung der Steuerungsaufgabe mit unendlichem Planungshorizont beginnen. Während Abschnitt 7.4.2 eine Analyse des Kontrollproblems mit frei wählbarem Endzeitpunkt enthält, sollen im abschließenden Teil noch Aufgaben mit allgemeineren Kontrollrestriktionen behandelt werden.

7.4.1 Probleme mit unendlichem Planungshorizont

In den vorangegangenen Abschnitten dieses Kapitels haben wir uns ausschließlich mit solchen Kontrollproblemen beschäftigt, bei denen der Endzeitpunkt endlich ist. Viele interessante ökonomische Modelle unterstellen jedoch fiktiv einen unendlichen Planungshorizont, was u.a. dadurch motiviert ist, daß der zu steuernde dynamische Prozeß kein naturgegebenes oder kein bekanntes Ende besitzt. Als typisches Beispiel hierfür sei die Kapitalakkumulation einer Volkswirtschaft in wachstumstheoretischen Anwendungen genannt. Es soll daher im vorliegenden Teilabschnitt versucht werden, das Pontrjaginsche Maximumprizip sowie die hinreichenden Bedingungen von Arrow und Mangasarian für Probleme mit endlichem Planungsintervall auf Steuerungsaufgaben mit unendlichem Zeithorizont zu erweitern.

Wir betrachten also im folgenden ein dynamisches System, dessen zeitliche Entwicklung für alle $t \geq t_0$ wie gewohnt durch eine Zustandsdifferentialgleichung der Form

$$\dot{\mathbf{x}}(t) = \mathbf{g}(\mathbf{x}(t), \mathbf{u}(t), t) \tag{7.4.1}$$

mit der Anfangsbedingung

$$\mathbf{x}(t_0) = \mathbf{x}^0 \tag{7.4.2}$$

charakterisiert ist, wobei die Wahl der Kontrollgrößen unverändert durch die Forderung

$$\mathbf{u}(t) \in U \subset \mathbb{R}^r \tag{7.4.3}$$

restringiert sei und die Zustandsfunktion $\mathbf{x} : [t_0, \infty) \to \mathbb{R}^n$ wie auch die Kontrollfunktion $\mathbf{u} : [t_0, \infty) \to \mathbb{R}^r$ den bekannten Regularitätsannahmen genügen mögen, d.h., es sei

$$\mathcal{A}^\infty := \left\{ (\mathbf{x}, \mathbf{u}) : [t_0, \infty) \to \mathbb{R}^n \times \mathbb{R}^r \,\middle|\, \mathbf{x} \in S^1[t_0, \infty), \mathbf{u} \in S[t_0, \infty) \right\}.$$

In Verallgemeinerung der Endbedingungen (7.1.7)-(7.1.9) verlangen wir hinsichtlich des Verhaltens der Zustandsvariablen im Unendlichen die Gültigkeit folgender Beziehungen:

$$\lim_{t \to \infty} x_i(t) = x_i^1, \quad i = 1, ..., l, \tag{7.4.4}$$

$$\liminf_{t \to \infty} x_i(t) \geq x_i^1, \quad i = l+1, ..., m, \tag{7.4.5}$$

$$x_i(t) \text{ frei für } t \to \infty, \quad i = m+1, ..., n. \tag{7.4.6}$$

Hierbei ist zu beachten, daß die Gültigkeit von Bedingung (7.4.4) zum einen die Existenz der betreffenden Grenzwerte und zum anderen deren Übereinstimmung mit den vorgegebenen Werten erfordert. Die Verwendung des „limes inferior" in (7.4.5) trägt darüber hinaus der Tatsache Rechnung, daß die Forderung $\lim_{t \to \infty} x_i(t) \geq x_i^1$ u.a. all jene Zustandsfunktionen als unzulässig von der Betrachtung ausschließen würde, deren Komponenten $i = l+1, ..., m$ zum Teil ein ungedämpftes zyklisches Verhalten oberhalb des verlangten Niveaus x_i^1 aufweisen und damit nicht konvergieren. Auch Zustandsfunktionen mit Komponenten, die im Zeitablauf gegen Unendlich streben wären andernfalls nicht erlaubt. Definitionsgemäß gilt $\liminf_{t\to\infty} x_i(t) \geq x_i^1$ genau dann, wenn es zu jedem $\varepsilon > 0$ ein τ gibt, so daß $x_i(t) \geq x_i^1 - \varepsilon$ ist für alle $t \geq \tau$ (vgl. Abbildung 7.9).

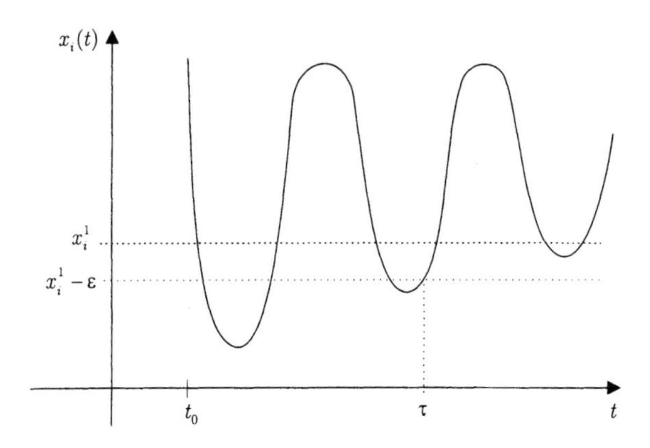

Abbildung 7.9: Veranschaulichung des „limes inferior"

Bei der Festlegung des Zielfunktionals ist zunächst einmal zu beachten, daß aufgrund des unendlichen Planungshorizontes der Restwertterm $h(\mathbf{x}(t_1))$ verschwindet. Darüber hinaus haben wir den Definitionsbereich der momentanen Zielfunktion f (und der Transformationsfunktionen g_i) auf $\mathbb{R}^n \times \mathbb{R}^r \times [t_0, \infty)$ zu erweitern und die Regularitätseigenschaften (R1) entsprechend anzupassen. Man könnte nun geneigt sein, in (7.1.18) den Endzeitpunkt $t_1 = \infty$ zu setzen und als Optimalitätskriterium

$$F(\mathbf{x},\mathbf{u}) := \int_{t_0}^{\infty} f(\mathbf{x}(t),\mathbf{u}(t),t)dt \to \max_{(\mathbf{x},\mathbf{u})\in\mathcal{A}^\infty}! \tag{7.4.7}$$

zugrundezulegen. Bei einer solchen Formulierung ist allerdings Vorsicht geboten, setzt sie doch voraus, daß das uneigentliche Integral $F(\mathbf{x},\mathbf{u})$ für *alle* zulässigen Paare $(\mathbf{x},\mathbf{u})$ existiert.[28] Ist dies nicht der Fall, kann die Existenz des Integrals in (7.4.7) also nicht generell gewährleistet werden, so ist die Verwendung einer allgemeineren Optimalitätsdefinition geboten:

Definition 7.1 *Ein zulässiges, d.h. den Bedingungen (7.4.1)-(7.4.6) genügendes Paar $(\mathbf{x}^*,\mathbf{u}^*) \in \mathcal{A}^\infty$ heißt optimal bezüglich*

[28] Die Existenz des Integrals ist bspw. sichergestellt, wenn die momentane Zielfunktion die Form $f(\mathbf{x},\mathbf{u},t) := \tilde{f}(\mathbf{x},\mathbf{u})\exp(-\alpha t)$ mit einer positiven Konstanten α besitzt und die Abbildung $\tilde{f}$: $\mathbb{R}^n \times \mathbb{R}^r \to \mathbb{R}$ beschränkt ist. Letzteres bedingt die Existenz einer Konstanten M mit $\left|\tilde{f}(\mathbf{x},\mathbf{u})\right| \leq M$ $\forall(\mathbf{x},\mathbf{u}) \in \mathbb{R}^n \times \mathbb{R}^r$.

Kriterium 1 (overtaking criterion nach von Weizsäcker), *wenn zu jedem zulässigen Vergleichspaar* $(\mathbf{x}, \mathbf{u})$ *ein* $\tau \geq t_0$ *existiert, so daß für alle* $t_1 \geq \tau$

$$\Delta(t_1) := \int_{t_0}^{t_1} f(\mathbf{x}^*(t), \mathbf{u}^*(t), t)dt - \int_{t_0}^{t_1} f(\mathbf{x}(t), \mathbf{u}(t), t)dt \geq 0 \tag{7.4.8}$$

gilt.

Kriterium 2 (catching up criterion von Gale), *wenn für jedes zulässige Vergleichspaar* $(\mathbf{x}, \mathbf{u})$

$$\liminf_{t \to \infty} \Delta(t) \geq 0 \tag{7.4.9}$$

gilt. (Beziehung (7.4.9) ist definitionsgemäß erfüllt, wenn es zu jedem $\varepsilon > 0$ *ein* τ *gibt, so daß* $\Delta(t_1) + \varepsilon \geq 0$ *für alle* $t_1 \geq \tau$ *gilt.)*

Kriterium 3 (sporadically catching up criterion von Halkin), *wenn für jedes zulässige Vergleichspaar* $(\mathbf{x}, \mathbf{u})$

$$\limsup_{t \to \infty} \Delta(t) \geq 0 \tag{7.4.10}$$

gilt. (Beziehung (7.4.10) ist definitionsgemäß erfüllt, wenn für jedes $\varepsilon > 0$ *und jedes* τ *ein* $t_1 \geq \tau$ *existiert, so daß* $\Delta(t_1) + \varepsilon \geq 0$ *gilt.)*

Kriterium 4 (piecewise optimality), *wenn für alle* $t_1 \geq t_0$ *die Beschränkung von* $(\mathbf{x}^*, \mathbf{u}^*)$ *auf das Intervall* $[t_0, t_1]$ *die korrespondierende Steuerungsaufgabe mit festem Planungshorizont und Endwertbedingung* $\mathbf{x}(t_1) = \mathbf{x}^*(t_1)$ *löst.*

Bemerkung 7.11 Ist die Existenz des Integrals in (7.4.7) für alle zulässigen Paare $(\mathbf{x}, \mathbf{u})$ gesichert, so ist das hiermit verbundene herkömmliche Optimalitätskriterium äquivalent zu den Kriterien 2 und 3 (wohingegen Kriterium 1 hieraus nicht folgt). In diesem Fall gilt nämlich

$$\liminf_{t \to \infty} \Delta(t) = \limsup_{t \to \infty} \Delta(t) = \lim_{t \to \infty} \Delta(t). \tag{7.4.11}$$

□

Kriterium 1 besagt anschaulich formuliert, daß der Zielfunktionalwert jedes zulässigen Paares $(\mathbf{x}, \mathbf{u})$ von der Lösung $(\mathbf{x}^*, \mathbf{u}^*)$ übertroffen (bzw. zumindest eingeholt) wird. Ist ein Paar $(\mathbf{x}^*, \mathbf{u}^*)$ optimal bzgl. Kriterium 2, so muß der zugehörige Zielfunktionalwert den eines anderen zulässigen Paares $(\mathbf{x}, \mathbf{u})$ nicht mehr zwangsläufig übertreffen. Es reicht dann aus, wenn er ihm nach gewisser Zeit dauerhaft beliebig nahe kommt. Im Falle der Optimalität im Sinne von Kriterium 3 ist es sogar nur noch erforderlich, den Zielfunktionalwert eines zulässigen Paares temporär, d.h. nicht notwendigerweise beständig, sondern „immer mal wieder", beliebig anzunähern. Die konkrete Wahl des Optimalitätskriteriums sollte natürlich von den spezifischen Anforderungen abhängen, die an eine Lösung des jeweils betrachteten

Kontrollproblems gestellt werden. Dabei ist zu beachten, daß die Kriterien in Definition 7.1 ihrer Strenge nach geordnet sind. Die Optimalität eines zulässigen Paares $(\mathbf{x}^*, \mathbf{u}^*)$ bzgl. Kriterium i hat demnach auch dessen Optimalität bzgl. Kriterium j, $j > i$ zur Folge. Aus dieser Tatsache ergibt sich nun aber unmittelbar, daß notwendige Bedingungen für die Optimalität bzgl. Kriterium 4 auch von den Lösungen der auf den alternativen Kriterien 1 bis 3 basierenden Steuerungsaufgaben erfüllt sein müssen. Vor diesem Hintergrund erhalten wir unter Rückgriff auf die bekannten Resultate für Kontrollprobleme mit endlichem Planungshorizont sofort

Satz 7.4 (**Pontrjaginsches Maximumprinzip für unendlichen Zeithorizont**) *Die Regularitätsbedingungen (R1) aus Abschnitt 7.1 seien erfüllt.*[29] *Ist das zulässige, d.h. den Bedingungen (7.4.1)-(7.4.6) genügende Funktionenpaar* $(\mathbf{x}^*, \mathbf{u}^*) \in \mathcal{A}^\infty$ *optimal bezüglich Kriterium* i $(i = 1, ..., 4)$, *so müssen sämtliche Bedingungen des Maximumprinzips für endlichen Horizont (Satz 7.1) mit Ausnahme der Transversalitätsbedingungen (7.2.5) und (7.2.6) auf dem Zeitintervall* $[t_0, \infty)$ *erfüllt sein.*

Abgesehen von den Transversalitätsbedingungen kann das Pontrjaginsche Maximumprinzip also unverändert auf Steuerungsprobleme mit unendlichem Planungshorizont übertragen werden. In diesem Zusammenhang sei ausdrücklich darauf hingewiesen, daß, anders als man zunächst vermuten könnte, auch die zu (7.2.5) bzw. (7.2.6) analogen Grenztransversalitätsbedingungen

$$\lim_{t\to\infty} \lambda_i(t) \begin{cases} \geq 0, & \text{wenn } \liminf\limits_{t\to\infty} x_i^*(t_1) = x_i^1 \\ = 0, & \text{wenn } \liminf\limits_{t\to\infty} x_i^*(t_1) > x_i^1 \end{cases}, i = l+1, ..., m, \quad (7.4.12)$$

$$\lim_{t\to\infty} \lambda_i(t) = 0, i = m+1, ..., n, \quad (7.4.13)$$

im allgemeinen[30] *keine* notwendigen Optimalitätsbedingungen darstellen. Das Auffinden von Lösungskandidaten mit Hilfe des Maximumprinzips, etwa durch Beschreiten des in Abschnitt 7.2.1 beschriebenen grundsätzlichen Lösungsweges, ist damit aber nur für den Fall uneingeschränkt möglich, daß ausschließlich Endwertbedingungen der Form (7.4.4) vorliegen, also $l = n$ gilt. Ist das Verhalten der Zustandsvariablen dagegen zum Teil durch Endbedingungen der Form (7.4.5) oder (7.4.6) festgelegt, so stellt Satz 7.4 nicht genügend Informationen zur Ermittlung konkreter potentieller Lösungen bereit; letztere können dann allenfalls in parametrisierter Form bestimmt werden (vgl. hierzu die Beziehungen (7.2.10)-(7.2.13) in Abschnitt 7.2.1).

[29] Weil der Restwertterm $h(\mathbf{x}(t_1))$ für das Problem mit unendlichem Planungshorizont verschwindet, sind diesbezüglich natürlich nur die Annahmen für die momentane Zielfunktion f und die Transformationsfunktionen $g_i, i = 1, ..., n$, von Belang. Diese gelten dann wie eingangs erwähnt auf dem erweiterten Definitionsbereich $\mathbb{R}^n \times \mathbb{R}^r \times [t_0, \infty)$.

[30] Für eine eingeschränkte Modellklasse zeigt MICHEL (1982), daß im Falle der Existenz des Integrals in (7.4.7) Beziehung (7.4.12) doch eine notwendige Bedingung verkörpert. Sind gewisse Wachstumsbedingungen erfüllt, so gilt letzteres nach SEIERSTAD, SYDSÆTER (1987), Abschnitt 3.9, sogar für ein allgemeines Problem.

Im Gegensatz zum Pontrjaginschen Maximumprinzip können die auf ihm basierenden hinreichenden Bedingungen von Mangasarian und Arrow zumindest für die Optimalitätskriterien 1 bis 3 in vollem Umfang, d.h. unter Einschluß entsprechend modifizierter Transversalitätsbedingungen, auf die hier betrachtete Problemklasse erweitert werden. Wir beginnen mit der Formulierung des Satzes von Mangasarian:

Satz 7.5 (**Hinreichende Bedingungen nach Mangasarian für unendlichen Horizont**) *Gegeben sei das dynamische System (7.4.1)-(7.4.2) mit den Kontrollbeschränkungen (7.4.3) sowie den Endbedingungen (7.4.4)-(7.4.6). Der zulässige Steuerungsbereich* U *sei konvex. Ferner mögen die Transformationsfunktionen* $g_i : \mathbb{R}^n \times \mathbb{R}^r \times [t_0, \infty) \to \mathbb{R}$, $i = 1, ..., n$, *sowie die momentane Zielfunktion* $f : \mathbb{R}^n \times \mathbb{R}^r \times [t_0, \infty) \to \mathbb{R}$ *den Regularitätsbedingungen (R1) aus Abschnitt 7.1 genügen und darüber hinaus stetig partiell differenzierbar bzgl. der Kontrollvariablen* u_j, $j = 1, ..., r$, *sein. Sei nun* $(\mathbf{x}^*, \mathbf{u}^*) \in \mathcal{A}^\infty$ *ein zulässiges, d.h. den Beziehungen (7.4.1)-(7.4.6) genügendes Funktionenpaar, für das eine stetige und stückweise stetig differenzierbare Funktion* $\boldsymbol{\lambda} = (\lambda_1, ..., \lambda_n)' : [t_0, \infty) \to \mathbb{R}^n$ *existiert, welche in den Stetigkeitspunkten von* $\mathbf{u}^*$ *die adjungierte Gleichung*

$$\dot{\boldsymbol{\lambda}}(t) = -H_{\mathbf{x}}(\mathbf{x}^*(t), \mathbf{u}^*(t), \boldsymbol{\lambda}(t), t) \tag{7.4.14}$$

sowie für alle $t \geq t_0$ *die Maximumbedingung*

$$H(\mathbf{x}^*(t), \mathbf{u}^*(t), \boldsymbol{\lambda}(t), t) \geq H(\mathbf{x}^*(t), \mathbf{u}, \boldsymbol{\lambda}(t), t) \ \forall \mathbf{u} \in U \tag{7.4.15}$$

erfüllt und für welche die durch $H^{\boldsymbol{\lambda}}(\mathbf{x}, \mathbf{u}, t) := H(\mathbf{x}, \mathbf{u}, \boldsymbol{\lambda}(t), t)$ *definierte Funktion* $H^{\boldsymbol{\lambda}} : \mathbb{R}^n \times \mathbb{R}^r \times [t_0, \infty) \to \mathbb{R}$ *konkav in* $(\mathbf{x}, \mathbf{u})$ *ist. Dann ist* $(\mathbf{x}^*, \mathbf{u}^*)$ *optimal bezüglich*

Kriterium 1, *wenn für jedes zulässige* $\mathbf{x} : [t_0, \infty) \to \mathbb{R}^n$ *ein* $\tau \geq t_0$ *existiert, so daß*

$$\boldsymbol{\lambda}(t)'(\mathbf{x}(t) - \mathbf{x}^*(t)) \geq 0 \tag{7.4.16}$$

für alle $t \geq \tau$ *gilt,*

Kriterium 2, *wenn für jedes zulässige* $\mathbf{x} : [t_0, \infty) \to \mathbb{R}^n$ *die Grenztransversalitätsbedingung*

$$\liminf_{t \to \infty} \boldsymbol{\lambda}(t)'(\mathbf{x}(t) - \mathbf{x}^*(t)) \geq 0 \tag{7.4.17}$$

erfüllt ist,

Kriterium 3, *wenn für jedes zulässige* $\mathbf{x} : [t_0, \infty) \to \mathbb{R}^n$ *die Grenztransversalitätsbedingung*

$$\limsup_{t \to \infty} \boldsymbol{\lambda}(t)'(\mathbf{x}(t) - \mathbf{x}^*(t)) \geq 0 \tag{7.4.18}$$

erfüllt ist.

Ist $H^{\boldsymbol{\lambda}}$ *sogar streng konkav, so ist* $(\mathbf{x}^*, \mathbf{u}^*)$ *als Lösung des jeweiligen Optimierungsproblems eindeutig.*

Beweis: Zum Nachweis der Hinlänglichkeit der Bedingungen von Mangasarian bei endlichem Horizont in Satz 7.2 hatten wir die Differenz der Zielfunktionalwerte

$$\Delta F = F(\mathbf{x}^*, \mathbf{u}^*) - F(\mathbf{x}, \mathbf{u}) \tag{7.4.19}$$

durch

$$(\boldsymbol{\lambda}(t_1) - h_{\mathbf{x}}(\mathbf{x}^*(t_1)))'(\mathbf{x}(t_1) - \mathbf{x}^*(t_1)) \tag{7.4.20}$$

nach unten abgeschätzt (vgl. Beziehung (7.3.18)). Mit $h(\mathbf{x}) \equiv 0$ erhält man hieraus für $\Delta(t_1)$ gemäß (7.4.8) unmittelbar

$$\Delta(t_1) \geq \boldsymbol{\lambda}(t_1)'(\mathbf{x}(t_1) - \mathbf{x}^*(t_1)). \tag{7.4.21}$$

In Anbetracht von Definition 7.1 folgt aus der Gültigkeit von Bedingung (7.4.16), (7.4.17) bzw. (7.4.18) damit aber bereits die Optimalität im Sinne von Kriterium 1, 2 bzw. 3. ■

Wir wollen schließlich auch das auf allgemeineren, dafür aber schwerer zu überprüfenden Bedingungen basierende Resultat von Arrow auf Steuerungsaufgaben mit unendlichem Planungshorizont verallgemeinern:

Satz 7.6 (Hinreichende Optimalitätsbedingungen nach Arrow für unendlichen Horizont) *Gegeben sei das dynamische System (7.4.1)-(7.4.2) mit den Kontrollbeschränkungen (7.4.3) sowie den Endbedingungen (7.4.4)-(7.4.6). Die Transformationsfunktionen* $g_i : \mathbb{R}^n \times \mathbb{R}^r \times [t_0, \infty) \to \mathbb{R}$, $i = 1, ..., n$, *sowie die momentane Zielfunktion* $f : \mathbb{R}^n \times \mathbb{R}^r \times [t_0, \infty) \to \mathbb{R}$ *genügen den Regularitätsbedingungen (R1) aus Abschnitt 7.1. Sei ferner* $(\mathbf{x}^*, \mathbf{u}^*) \in \mathcal{A}^\infty$ *ein zulässiges, d.h. den Beziehungen (7.4.1)-(7.4.6) genügendes Funktionenpaar, für das eine stetige und stückweise stetig differenzierbare Funktion* $\boldsymbol{\lambda} = (\lambda_1, ..., \lambda_n)' : [t_0, \infty) \to \mathbb{R}^n$ *existiert, welche die Bedingungen (7.4.14) und (7.4.15) aus Satz 7.5 erfüllt und für welche zusätzlich die durch die Vorschrift*

$$\hat{H}^{\boldsymbol{\lambda}}(\mathbf{x}, t) := \max_{\mathbf{u} \in U} H^{\boldsymbol{\lambda}}(\mathbf{x}, \mathbf{u}, t) = \max_{\mathbf{u} \in U} H(\mathbf{x}, \mathbf{u}, \boldsymbol{\lambda}(t), t) \tag{7.4.22}$$

gegebene maximierte Hamilton-Funktion $\hat{H}^{\boldsymbol{\lambda}} : \mathbb{R}^n \times [t_0, \infty) \to \mathbb{R}$ *wohldefiniert und konkav in* $\mathbf{x}$ *ist. Dann ist* $(\mathbf{x}^*, \mathbf{u}^*)$ *optimal bezüglich*

Kriterium 1, *wenn für jedes zulässige* $\mathbf{x} : [t_0, \infty) \to \mathbb{R}^n$ *ein* τ *existiert, so daß*

$$\boldsymbol{\lambda}(t)'(\mathbf{x}(t) - \mathbf{x}^*(t)) \geq 0 \tag{7.4.23}$$

für alle $t \geq \tau$ *gilt,*

Kriterium 2, *wenn für jedes zulässige* $\mathbf{x} : [t_0, \infty) \to \mathbb{R}^n$ *die Beziehung*

$$\liminf_{t \to \infty} \boldsymbol{\lambda}(t)'(\mathbf{x}(t) - \mathbf{x}^*(t)) \geq 0 \tag{7.4.24}$$

erfüllt ist,

Kriterium 3, *wenn für jedes zulässige* $\mathbf{x} : [t_0, \infty) \to \mathbb{R}^n$ *die Beziehung*

$$\limsup_{t\to\infty} \boldsymbol{\lambda}(t)'(\mathbf{x}(t) - \mathbf{x}^*(t)) \geq 0 \tag{7.4.25}$$

erfüllt ist.

Beweis: Auch der Beweis des Resultats von Arrow bei endlichem Horizont (Satz 7.3) basierte auf der Abschätzung der Zielfunktionalwerte durch (7.4.20). Damit ergibt sich die Optimalität im Sinne von Kriterium 1, 2 bzw. 3 wie in Satz 7.5 unmittelbar aus den Bedingungen (7.4.23), (7.4.24) bzw. (7.4.25). ■

Bemerkung 7.12 Die Aussagen aus den Bemerkungen 7.9 und 7.10 zur Problematik restringierter Zustandsvariablen lassen sich uneingeschränkt auf das vorliegende Problem mit unendlichem Horizont übertragen. Für den Fall der hinreichenden Bedingungen von Arrow bedeutet dies bspw.: Haben die Zustandsvariablen der zusätzlichen Voraussetzung $\mathbf{x}(t) \in A(t)$, $t \geq t_0$, mit einer konvexen Menge $A(t) \subset \mathbb{R}^n$ zu genügen, so bleibt Satz 7.6 gültig, sofern $\mathbf{x}^*(t)$ für alle $t \geq t_0$ innerer Punkt von $A(t)$ ist. Die maximierte Hamilton-Funktion aus (7.4.22) muß dann auch lediglich auf der Menge $A(t)$ konkav sein. □

Zur Illustration der Ergebnisse für Kontrollprobleme mit unendlichem Planungshorizont wollen wir zum Abschluß dieses Teilabschnitts eine entsprechende Variante des in Abschnitt 5.2 eingeführten Wachstumsmodells einer Volkswirtschaft betrachten.

Beispiel 7.9 Wir haben das Problem der optimalen Kapitalakkumulation in einer Volkswirtschaft in Kapitel 6 bei vorgegebenem endlichen Planungshorizont mit den Mitteln der Variationsrechnung bereits detailliert analysiert und für den Fall einer logarithmischen Nutzen- sowie einer linearen Produktionsfunktion explizit gelöst. Die Annahme eines festen und endlichen Endzeitpunktes ist allerdings mit zweierlei Problemen verbunden. Zum einen steht man vor der schwierigen Aufgabe, die Höhe des Kapitalstocks, welcher der nachfolgenden Generation zum Ende der Planungsperiode „vererbt" wird, zumindest durch Vorgabe einer unteren Schranke festzulegen. Zum anderen ist die konkrete Wahl des Planungshorizonts selbst willkürlich, da der dynamische Prozeß der Kapitalakkumulation in der betrachteten Volkswirtschaft in absehbarer Zeit kein natürlich vorgegebenes bzw. bekanntes Ende besitzt. Aus diesen Gründen ist es angebracht, fiktiv eine unendlich lang andauernde Planungsperiode zu unterstellen, wobei mit dieser Annahme eine immer geringer werdende Gewichtung der in ferner Zukunft realisierten Nutzenwerte einhergehen sollte.

Wir werden uns im folgenden auf die Untersuchung des eingangs angesprochenen Spezialfalls beschränken, betrachten also das Modell mit logarithmischer Nutzenfunktion U sowie linearer Produktionsfunktion ψ, d.h., es sei

$$U(C) = \ln(C), \ \psi(K) = \alpha K. \tag{7.4.26}$$

Damit ist die momentane Zielfunktion bei einer Zeitpräferenzrate von $\rho \in (0,1)$ durch die Vorschrift

$$f(K,C,t) := \exp(-\rho t)\ln(C) \tag{7.4.27}$$

gegeben und die Entwicklung des Kapitalstocks, der einzigen Zustandsvariablen des Modells, zusammen mit dem Anfangskapitalbestand

$$K(0) = K_0 > 0 \tag{7.4.28}$$

durch die Differentialgleichung

$$\dot{K}(t) = \alpha K(t) - C(t) \tag{7.4.29}$$

charakterisiert. Der Kapitalstock sollte dabei zu keinem endlichen Zeitpunkt negativ sein, d.h., für alle $t \in [0,\infty)$ gelte

$$K(t) \geq 0. \tag{7.4.30}$$

Entsprechend genüge er im Unendlichen der Bedingung

$$\liminf_{t\to\infty} K(t) \geq 0. \tag{7.4.31}$$

Der Konsum $C(t)$ als einzige Kontrollvariable des Modells sei für den vorliegenden Spezialfall einer logarithmischen Nutzenfunktion schließlich wieder durch die Bedingung

$$C(t) > 0 \tag{7.4.32}$$

restringiert, der zulässige Steuerungsbereich somit durch die Menge $\mathbb{R}_{++}$ gegeben.[31] Wir wollen nun versuchen, mit Hilfe der hinreichenden Bedingungen aus Satz 7.6 ein optimales Paar aus Kapital- und Konsumstrategie $(K(t), C(t))$, $t \in [0,\infty)$, zu finden, wobei wir das in ökonomischen Problemstellungen häufig verwendete *Kriterium 2* als Maßstab zugrundelegen werden.

Hierfür formulieren wir für $\lambda_0 = 1$ zunächst einmal die Hamilton-Funktion des Problems:

$$H(K,C,\lambda,t) = \ln(C)\exp(-\rho t) + \lambda(\alpha K - C). \tag{7.4.33}$$

Gemäß (7.4.14) soll die Kozustandsvariable λ in den Stetigkeitspunkten der optimalen Konsumfunktion C^* der adjungierten Differentialgleichung

$$\dot{\lambda}(t) = -H_K(K^*(t), C^*(t), \lambda(t), t) = -\alpha\lambda(t) \tag{7.4.34}$$

genügen, woraus gemäß Satz B.4 unmittelbar

$$\lambda(t) = A\exp(-\alpha t) \tag{7.4.35}$$

[31] Die Verschärfung der Nichtnegativitätsbedingung ist formal auf die Tatsache zurückzuführen, daß ln (C) im Punkt $C = 0$ nicht definiert ist. Wegen $\ln(C) \to -\infty$ für $C \to 0$ macht der Fall des Nullkonsums im übrigen auch ökonomisch keinen Sinn. Vgl. hierzu die Diskussion des betrachteten Spezialfalls im Rahmen der Variationsrechnung in Beispiel 6.2 aus Abschnitt 6.2.

mit einer noch zu bestimmenden Integrationskonstanten A folgt.[32] Da H konkav in C ist und gemäß (7.4.15) durch $C^*(t)$ auf $\mathbb{R}_{++}$ maximiert werden soll, erhalten wir ferner

$$H_C(K^*(t), C^*(t), \lambda(t), t) = \frac{1}{C^*(t)} \exp(-\rho t) - \lambda = 0. \tag{7.4.36}$$

In Verbindung mit (7.4.35) liefert (7.4.36) sofort

$$C^*(t) = \frac{1}{A} \exp((\alpha - \rho)t) = \frac{1}{A} \exp(\beta t), \tag{7.4.37}$$

wobei wegen $C^*(t) > 0$ auch $A > 0$ sein muß. Man beachte, daß aufgrund der Unabhängigkeit des Konsums $C^*(t)$ von $K(t)$ die durch

$$\hat{H}^\lambda(K,t) := \max_{C \in \mathbb{R}_{++}} H(K, C, \lambda(t), t) \tag{7.4.38}$$

erklärte maximierte Hamilton-Funktion $\hat{H}^\lambda$ gemäß (7.4.33) in jedem Fall linear und damit insbesondere konkav in K ist, womit eine entscheidende Voraussetzung zur Anwendung der hinreichenden Bedingungen von Arrow erfüllt ist.

Zur Ermittlung der mit der Konsumstrategie (7.4.37) korrespondierenden Entwicklung des Kapitalstocks setzen wir diese in (7.4.29) ein und erhalten

$$\dot{K}(t) = \alpha K(t) - \frac{1}{A} \exp(\beta t).$$

Unter Berücksichtigung der Anfangsbedingung $K(0) = K_0$ ergibt sich durch Anwendung der allgemeinen Lösungsformel für lineare Differentialgleichungen 1. Ordnung aus Satz B.5 zunächst

$$K^*(t) = \exp\left(\int_0^t \alpha ds\right) \cdot \left[K_0 - \int_0^t \frac{1}{A} \exp(\beta s) \cdot \exp\left(-\int_0^s \alpha dr\right) ds\right], \tag{7.4.39}$$

woraus nach wenigen einfachen Umformungen

$$K^*(t) = \frac{1}{A\rho} \left[\exp(\beta t) - \exp(\alpha t)\right] + K_0 \exp(\alpha t) \tag{7.4.40}$$

folgt. Um die Zulässigkeit von K^* aus (7.4.40), d.h. die Nichtnegativität von $K^*(t)$ im gesamten Planungszeitraum $[0, \infty)$ zu gewährleisten, müssen wir für die Integrationskonstante

$$A \geq \frac{1}{\rho K_0} \tag{7.4.41}$$

[32] Besitzt die noch zu bestimmende optimale Konsumfunktion C^* in $[0,T]$ die Unstetigkeitsstellen $\tau_1, ..., \tau_k$, so betrachte man die adjungierte Gleichung (7.4.34) zunächst einmal auf dem ersten Teilintervall $[0, \tau_1)$. Die Anwendung von Satz B.4 liefert hierfür unmittelbar (7.4.35) mit der Integrationskonstanten A als eindeutige Lösung. Nunmehr betrachte man die adjungierte Gleichung auf dem Intervall $[\tau_1, \tau_2)$ und wähle als Startwert aufgrund der Stetigkeit der Kozustandsfunktion gerade denjenigen Wert, den die durch (7.4.35) gegebene Abbildung im Punkt τ_1 annimmt, also $\lambda(\tau_1) = A\exp(-\alpha\tau_1)$. Durch die Anwendung von Satz B.4 ergibt sich dann auch für den Zeitraum $[\tau_1, \tau_2)$ die Lösung (7.4.35). Fährt man sukzessive fort, so erhält man auf diese Weise die Gültigkeit von (7.4.35) auf dem *gesamten* Planungsintervall $[0, T]$.

fordern. Zur vollständigen Bestimmung von A ziehen wir die für die Optimalität bzgl. Kriterium 2 maßgebliche Grenztransversalitätsbedingung (7.4.24) heran. Gemäß Bemerkung 7.12 muß demnach für alle *zulässigen* Kapitalpfade $K(t), t \in [0, \infty)$,

$$\liminf_{t \to \infty} \lambda(t)(K(t) - K^*(t)) \geq 0 \tag{7.4.42}$$

sein. Einsetzen von (7.4.35) und (7.4.40) liefert die äquivalente Beziehung

$$\liminf_{t \to \infty} \left(Ae^{-\alpha t}K(t) - \frac{1}{\rho}\left[e^{-\rho t} - 1\right] - AK_0 \right) \geq 0. \tag{7.4.43}$$

Weil aufgrund der Nichtnegativität von A und $K(t)$ in jedem Fall

$$\liminf_{t \to \infty} Ae^{-\alpha t}K(t) \geq 0 \tag{7.4.44}$$

gilt, ist (7.4.43) für alle Konstanten A mit

$$A \leq \frac{1}{\rho K_0} \tag{7.4.45}$$

erfüllt. Durch Kombination der Beziehungen (7.4.41) und (7.4.45) erhalten wir

$$A = \frac{1}{\rho K_0}. \tag{7.4.46}$$

Einsetzen in (7.4.37) und (7.4.40) liefert schließlich

$$C^*(t) = \rho K_0 \exp(\beta t) > 0 \tag{7.4.47}$$

sowie

$$K^*(t) = K_0 \exp(\beta t) > 0. \tag{7.4.48}$$

Wir erhalten damit folgendes Ergebnis: Die durch (7.4.47) definierte Konsumstrategie mit zugehörigem Kapitalpfad (7.4.48) genügt zusammen mit der adjungierten Funktion λ aus (7.4.35) konstruktionsbedingt sämtlichen hinreichenden Optimalitätsbedingungen von Arrow. Es handelt sich hierbei also um die im Sinne von Kriterium 2 optimale Politik. □

7.4.2 Probleme mit freiem Endhorizont

Im bisherigen Verlauf unserer Darstellung der Kontrolltheorie haben wir uns auf die Betrachtung solcher Steuerungsaufgaben beschränkt, bei denen das zugrundeliegende Planungsintervall fest vorgegeben ist. Bei einer Reihe von interessanten ökonomischen Problemstellungen besitzt der Entscheidungsträger jedoch die Möglichkeit, neben der konkreten Kontrolltrajektorie auch den Endzeitpunkt selbst zu bestimmen. Ein typisches Beispiel hierfür ist die simultane Ermittlung der optimalen Instandhaltungs- und/oder Betriebsintensität einer maschinellen Produktionsanlage sowie ihres optimalen Verkaufs-/Ersatzzeitpunktes (vgl. Abschnitt 5.4). Um auch derartige Problemstellungen behandeln zu können, wollen wir im vorliegenden Abschnitt Optimalitätsbedingungen für Steuerungsaufgaben mit (z.T. bedingt) variablem Endzeitpunkt formulieren, wobei wir uns auf die Bereitstellung notwendiger Kriterien konzentrieren wollen.

Betrachten wir also das im folgenden mit (**KP2**) bezeichnete Kontrollproblem mit $t_1 \in (t_0, \infty)$ als zusätzlicher Entscheidungsvariable: Unter allen stückweise stetigen Funktionen $\mathbf{u}$, welche das durch die Differentialgleichung

$$\dot{\mathbf{x}}(t) = \mathbf{g}(\mathbf{x}(t), \mathbf{u}(t), t) \tag{7.4.49}$$

charakterisierte System ausgehend vom Anfangszustand $\mathbf{x}^0$ innerhalb eines *bzgl. der oberen Grenze beliebigen* Zeitintervalls $[t_0, t_1]$ unter Beachtung der Nebenbedingung

$$\mathbf{u}(t) \in U \tag{7.4.50}$$

in einen den Bedingungen

$$x_i(t_1) = x_i^1, \quad i = 1, ..., l, \tag{7.4.51}$$

$$x_i(t_1) \geq x_i^1, \quad i = l+1, ..., m, \tag{7.4.52}$$

$$x_i(t_1) \text{ beliebig}, \quad i = m+1, ..., n, \tag{7.4.53}$$

genügenden Endzustand überführen, soll diejenige gefunden werden, für welche das durch

$$F(\mathbf{x}, \mathbf{u}) := \int_{t_0}^{t_1} f(\mathbf{x}(t), \mathbf{u}(t), t)dt + h(\mathbf{x}(t_1), t_1) \tag{7.4.54}$$

definierte Zielfunktional den größten Wert annimmt. Angesichts der Variabilität des Planungshorizontes lassen wir dabei zu, daß der Restwert nicht nur vom End*wert*, sondern auch (unmittelbar) vom End*zeitpunkt* abhängt. Wie im vorangegangenen Teilabschnitt erweitern wir darüber hinaus den Definitionsbereich der momentanen Zielfunktion f und der Transformationsfunktionen g_i auf $\mathbb{R}^n \times \mathbb{R}^r \times [t_0, \infty)$. Schließlich passen wir die Regularitätseigenschaften (R1) entsprechend an, setzen also voraus, daß $h : \mathbb{R}^n \times [t_0, \infty) \to \mathbb{R}$ stetig differenzierbar ist und $f : \mathbb{R}^n \times \mathbb{R}^r \times [t_0, \infty) \to \mathbb{R}$ sowie $\mathbf{g} : \mathbb{R}^n \times \mathbb{R}^r \times [t_0, \infty) \to \mathbb{R}^n$ stetig in allen Argumenten und stetig partiell differenzierbar bezüglich der ersten n Argumente sind. Wir bezeichnen all diese Eigenschaften im folgenden mit (**R2**).

Es sollte unmittelbar einleuchten, daß die gesuchte Steuerung $\mathbf{u}^*$ zusammen mit der zugehörigen Zustandsfunktion $\mathbf{x}^*$ die in Satz 7.1 formulierten notwendigen Bedingungen des Maximumprinzips für das Kontrollproblem mit fixem Planungsintervall erfüllen muß: Bezeichnet t_1^* den optimalen Endzeitpunkt, so löst $(\mathbf{x}^*, \mathbf{u}^*)$ nämlich auch die Steuerungsaufgabe mit festem Horizont $t_1 = t_1^*$. Wie der folgende Satz offenbart, wird das Maximumprinzip im vorliegenden Fall darüber hinaus um eine Bedingung erweitert, die zur Bestimmung der zusätzlichen Unbekannten t_1^* genutzt werden kann.

Satz 7.7 *Gegeben sei das Kontrollproblem (KP2) mit frei wählbarem Endzeitpunkt* $t_1 \in (t_0, \infty)$. *Es seien* $t_1^* > t_0$ *der optimale Planungshorizont und* $\mathbf{u}^* \in \mathcal{S}[t_0, t_1^*]$ *die optimale Kontrollfunktion mit zugehöriger Zustandsfunktion* $\mathbf{x}^* \in \mathcal{S}^1[t_0, t_1^*]$. *Ferner mögen die Regularitätsvoraussetzungen (R2) gelten. Dann sind auf* $[t_0, t_1^*]$ *alle Bedingungen aus Satz 7.1 erfüllt, und es gilt außerdem die Transversalitätsbedingung für den optimalen Endzeitpunkt*

$$H(\mathbf{x}^*(t_1^*), \mathbf{u}^*(t_1^*), \lambda_0, \boldsymbol{\lambda}(t_1^*), t_1^*) = -\lambda_0 h_t(\mathbf{x}^*(t_1^*), t_1^*). \tag{7.4.55}$$

Beweis: Dieser erfolgt in der Literatur üblicherweise zusammen mit den übrigen Bedingungen des Maximumprinzips. Der Darstellung in FEICHTINGER, HARTL (1986), S. 44-45, folgend können wir die Notwendigkeit von (7.4.55) zumindest für den Spezialfall des Problems mit freiem Endwert der Zustandsvariablen jedoch auch isoliert durch einfache Anwendung der Differential- und Integralrechnung sowie mit Hilfe der zugehörigen Transversalitätsbedingung (7.2.6) nachweisen.

Es sei also t_1^* der optimale Horizont, $\mathbf{u}^*$ die optimale Kontrollfunktion und $\mathbf{x}^*$ die zugehörige Zustandsfunktion. Sofern notwendig, setzen wir zunächst $\mathbf{u}^*$ für $t > t_1^*$ stetig fort, etwa durch die Vorschrift $\mathbf{u}^*(t) = \mathbf{u}^*(t_1^*)$. Aufgrund der vorausgesetzten Variabilität des Endwertes der Zustandsvariablen ist die resultierende Steuerung auch für alle Endzeitpunkte $t_1 \in (t_1^* - \varepsilon, t_1^* + \varepsilon)$, $\varepsilon > 0$, zulässig, wobei der mit der Anwendung dieser für den Zeitraum $[t_0, t_1^*]$ optimalen Kontrolle bis zum Zeitpunkt t_1 verbundene Wert des Zielfunktionals durch

$$J(t_1) := \int_{t_0}^{t_1} f(\mathbf{x}^*(t), \mathbf{u}^*(t), t)dt + h(\mathbf{x}^*(t_1), t_1) \tag{7.4.56}$$

gegeben ist. Weil die so definierte Funktion $J : (t_1^* - \varepsilon, t_1^* + \varepsilon) \to \mathbb{R}$ im optimalen Endzeitpunkt t_1^* ein lokales Maximum besitzt, muß notwendigerweise die Beziehung

$$\frac{dJ}{dt_1}(t_1^*) = f(\mathbf{x}^*(t_1^*), \mathbf{u}^*(t_1^*), t_1^*) + h_{\mathbf{x}}(\mathbf{x}^*(t_1^*), t_1^*)'\dot{\mathbf{x}}^*(t_1^*) + h_t(\mathbf{x}^*(t_1^*), t_1^*) = 0 \tag{7.4.57}$$

erfüllt sein. Man beachte diesbezüglich, daß aufgrund der Stetigkeit der Kontrollfunktion $\mathbf{u}^*$ im Punkt t_1^* die Zustandsfunktion $\mathbf{x}^*$ und folglich auch J in t_1^* stetig differenzierbar sind. Unter Berücksichtigung der für das Problem mit festem Endhorizont und variablem Endwert maßgeblichen Transversalitätsbedingung $\boldsymbol{\lambda}(t_1^*) = \lambda_0 h_{\mathbf{x}}(\mathbf{x}^*(t_1^*), t_1^*)$ erhalten wir aus (7.4.57) für den Wert der Hamilton-Funktion im Optimum nun aber die Gleichungskette

$$\begin{aligned} H(\mathbf{x}^*(t_1^*), \mathbf{u}^*(t_1^*), \lambda_0, \boldsymbol{\lambda}(t_1^*), t_1^*) &= \lambda_0 f(\mathbf{x}^*(t_1^*), \mathbf{u}^*(t_1^*), t_1^*) + \boldsymbol{\lambda}(t_1^*)'\mathbf{g}(\mathbf{x}^*(t_1^*), \mathbf{u}^*(t_1^*), t_1^*) \\ &= -\lambda_0 h_t(\mathbf{x}^*(t_1^*), t_1), \end{aligned} \tag{7.4.58}$$

womit die Notwendigkeit der Zusatzbedingung (7.4.55) für den hier betrachteten Spezialfall eines freien Endwertes bereits bewiesen ist. ■

Bemerkung 7.13 Kann der Endzeitpunkt t_1 nicht vollständig beliebig, sondern nur aus einem vorgegebenen Bereich $[T_1, T_2]$ mit $t_0 \leq T_1 < T_2$ gewählt werden, so ist in Satz 7.7 Beziehung (7.4.55) durch

$$H(\mathbf{x}^*(t_1^*), \mathbf{u}^*(t_1^*), \lambda_0, \boldsymbol{\lambda}(t_1^*), t_1^*) + \lambda_0 h_t(\mathbf{x}^*(t_1^*), t_1) \begin{cases} \leq 0 & \text{für } t_0 < t_1^* = T_1, \\ = 0 & \text{für } T_1 < t_1^* < T_2, \\ \geq 0 & \text{für } t_1^* = T_2, \end{cases} \quad (7.4.59)$$

zu ersetzen.[33] □

Vor dem Hintergrund der vorangegangenen Resultate bietet sich nun prinzipiell das folgende zweistufige Vorgehen zum Auffinden von Lösungskandidaten für das Kontrollproblem (KP2) mit frei wählbarem Endzeitpunkt an:

1. Schritt: Bestimme für jedes $t_1 > t_0$ (bzw. $t_1 \in [T_1, T_2]$) sämtliche den notwendigen Bedingungen des Maximumprinzips für die Steuerungsaufgabe mit festem Endhorizont t_1 genügenden Funktionenpaare $(\mathbf{x}^{t_1}, \mathbf{u}^{t_1})$.

2. Schritt: Schließe diejenigen der zuvor ermittelten Paare $(\mathbf{x}^{t_1}, \mathbf{u}^{t_1})$ von der Betrachtung aus, welche zusammen mit den korrespondierenden Multiplikatorfunktionen $(\lambda_0^{t_1}, \boldsymbol{\lambda}^{t_1})$ nicht auch die Bedingung

$$F(t_1) := H(\mathbf{x}^{t_1}(t_1), \mathbf{u}^{t_1}(t_1), \lambda_0^{t_1}, \boldsymbol{\lambda}^{t_1}(t_1), t_1) + \lambda_0^{t_1} h_t(\mathbf{x}^{t_1}(t_1), t_1) = 0 \quad (7.4.60)$$

bzw. im Falle eines restringierten Endzeitpunktes die Bedingung

$$F(t_1) \begin{cases} \leq 0 & \text{für } t_0 < t_1 = T_1 \\ = 0 & \text{für } T_1 < t_1 < T_2 \\ \geq 0 & \text{für } t_1 = T_2 \end{cases} \quad (7.4.61)$$

erfüllen.

Während also in der ersten Stufe der Planungshorizont t_1 als gegeben vorausgesetzt wird und die Lösungen bzw. Lösungskandidaten der entsprechenden Kontrollprobleme mit Hilfe der bekannten Resultate aus Abschnitt 7.2.1 ermittelt werden, dient die Zusatzbedingung (7.4.55) zur Festlegung der potentiellen optimalen Endzeitpunkte und damit der endgültigen Identifizierung der möglichen Lösungskandidaten $(\mathbf{x}^*, \mathbf{u}^*, t_1^*)$ für die Ausgangsaufgabe (KP2).

[33] Fordern wir für den variablen Endzeitpunkt generell lediglich $t_1 \geq t_0$ statt $t_1 > t_0$, könnte der Fall $t_0 = t_1^* = T_1$ eintreten. Satz 7.7 in Verbindung mit Bemerkung 7.13 ist dann nicht länger anwendbar. Die notwendigen Optimalitätsbedingungen lauten in diesem Fall statt dessen wie folgt: Es existieren eine Konstante $\lambda_0 \in \{0, 1\}$ und ein Vektor $\boldsymbol{\lambda}(t_1^*) = (\lambda_1(t_1^*), ..., \lambda_n(t_1^*))'$ mit $(\lambda_0, \boldsymbol{\lambda}(t_1^*)') \neq (0, \mathbf{0})$ derart, daß der Vektor $\boldsymbol{\lambda}(t_1^*)$ den Bedingungen (7.2.4)-(7.2.6) genügt und die Ungleichung

$$\sup_{\mathbf{u} \in U} H(\mathbf{x}^*(t_1), \mathbf{u}, \lambda_0, \boldsymbol{\lambda}(t_1^*), t_1^*) + \lambda_0 h_t(\mathbf{x}^*(t_1), t_1^*) \leq 0$$

gilt. Vgl. dazu SEIERSTAD, SYDSÆTER (1987), S. 143 f.

Da die in der Literatur diskutierten hinreichenden Bedingungen, welche zur Überprüfung der Optimalität der zuvor mit Hilfe von Satz 7.7 ermittelten Lösungskandidaten benötigt werden, nur wenig operational und zudem in den praktischen Anwendungen nur selten erfüllt sind, soll auf ihre Darstellung im Rahmen dieser Einführung in die Kontrolltheorie wie eingangs bereits erwähnt verzichtet werden. Wir verweisen diesbezüglich auf die einschlägigen Lehrbücher, wie z.B. SEIERSTAD, SYDSÆTER (1987) oder FEICHTINGER, HARTL (1986).

Statt dessen soll zum Abschluß dieses Teilabschnitts das Maximumprinzip für Steuerungsaufgaben mit freiem Endhorizont und die hiermit verbundene Lösungsstrategie anhand des Instandhaltungsmodells aus Abschnitt 5.4 illustriert werden.

Beispiel 7.10 Zur Erinnerung sei das betreffende Optimierungsproblem, den Gegenwartswert des Profitstromes einer maschinellen Produktionsanlage durch optimale Wahl der Instandhaltungsinvestitionen sowie des Verkaufszeitpunktes zu maximieren, zunächst nochmals aufgeführt:

$$\int_0^T \exp(-rt)\,[\pi x(t) - u(t)]\,dt + \exp(-rT)x(T) \rightarrow \max_{u(t),\ t\in[0,T]}! \tag{7.4.62}$$

unter den Nebenbedingungen

$$\begin{aligned}
\dot{x}(t) &= -\gamma - \delta x(t) + gu(t), \quad t \in [0,T], && (7.4.63)\\
x(0) &= x_0,\ x(T) \text{ frei}, && (7.4.64)\\
u(t) &\in [0, u_{\max}], \quad t \in [0,T], && (7.4.65)\\
T &> 0 \text{ beliebig}. && (7.4.66)
\end{aligned}$$

Das vorliegende Problem ist eine Steuerungsaufgabe mit freiem Endhorizont, wobei der Wiederverkaufswert $x(t)$ die Zustandsvariable des Systems verkörpert und die auf den zulässigen Aktionenraum $U = [0, u_{\max}]$ beschränkten Instandhaltungsausgaben $u(t)$ als Kontrollvariable fungieren. Während der unmittelbare Erfolg der getroffenen Maßnahmen durch den mit der Rate r auf den Zeitpunkt Null diskontierten Nettoerlös gemessen wird, ist der Terminalwert dieser Bolza-Aufgabe durch den entsprechend abdiskontierten Verkaufserlös $x(T)$ gegeben, d.h.

$$f(x,u,t) := \exp(-rt)(\pi x - u), \ h(x,T) := \exp(-rT)x. \tag{7.4.67}$$

Die Nebenbedingung (7.4.63) beschreibt als Zustandsdifferentialgleichung schließlich die Veränderung des Verkaufswertes in Abhängigkeit der technischen Obsoleszens in Höhe von γ, des Verschleißes $\delta x(t)$ sowie der tatsächlich wirksamen vorbeugenden Indstandhaltung $gu(t)$. Zum Abschluß dieser kurzen Wiederholung der Problemstellung seien nochmals die in Abschnitt 5.4 getroffenen Annahmen bzgl. der beteiligten Parameter aufgeführt:

$$\pi, \gamma > 0, \quad 0 < r, \delta, g < 1, \quad \pi > \beta := r + \delta, \quad (gu_{\max} - \gamma) \leq 0. \tag{7.4.68}$$

Mit Hilfe des Pontrjaginschen Maximumprinzips aus Satz 7.7 soll nun eine Lösung bzw. ein Lösungskandidat des vorliegenden Instandhaltungsproblems gefunden werden, wobei wir der oben formulierten Strategie folgend zunächst einen vorgegebenen Planungshorizont T unterstellen. Aufgrund der Variabilität des Endwertes ist das resultierende Problem nicht entartet, so daß die Hamilton-Funktion wie folgt definiert ist:

$$H(x,u,\lambda,t) := f(x,u,t) + \lambda g(x,u,t) = \exp(-rt)\left[\pi x - u\right] + \lambda\left[-\gamma - \delta x + gu\right]. \tag{7.4.69}$$

Aus der Linearität von H in u erhalten wir in Verbindung mit der Maximumbedingung

$$u^*(t) \in \operatorname*{arg\,max}_{u\in U} H(x^*(t),u,\lambda(t),t) \tag{7.4.70}$$

unmittelbar die folgende Charakterisierung der optimalen Instandhaltungspolitik:[34]

$$\lambda(t)g < \exp(-rt) \quad \Rightarrow \quad u^*(t) = 0, \tag{7.4.71}$$

$$\lambda(t)g > \exp(-rt) \quad \Rightarrow \quad u^*(t) = u_{\max}. \tag{7.4.72}$$

Abgesehen von dem Fall $\lambda g = \exp(-rt)$, für den u^* auf Basis der Maximumbedingung nicht eindeutig zu bestimmen ist, wird die Maschine also entweder gar nicht oder aber mit voller Intensität gewartet. Um eine detaillierte Beschreibung der optimalen Strategie zu ermöglichen, ist eine nähere Untersuchung der Kozustandsfunktion $\lambda : [0,T] \to \mathbb{R}$ erforderlich.

Diese muß in den Stetigkeitspunkten der optimalen Steuerung u^* bekanntermaßen der adjungierten Differentialgleichung

$$\dot\lambda(t) = -H_x^*(t) = \delta\lambda(t) - \exp(-rt)\pi \tag{7.4.73}$$

genügen und für den Endzeitpunkt T die Transversalitätsbedingung

$$\lambda(T) = h_x(x^*(T),T) = \exp(-rT) \tag{7.4.74}$$

erfüllen. Die Abwesenheit von u^* und x^* in (7.4.73) gestattet es uns, die Lösung dieser linearen Differentialgleichung zur Endbedingung (7.4.74) direkt, d.h. isoliert von der optimalen Steuerung sowie der zugehörigen Zustandsfunktion, durch Anwendung der allgemeinen Lösungsformel aus Satz B.5 zu ermitteln. Man erhält auf diese Weise[35]

$$\lambda(t) = \exp(-rT)\exp(-\delta(T-t)) + \int_t^T \exp(-rs)\pi\exp(-\delta(s-t))ds, \tag{7.4.75}$$

bzw. nach Auswertung des Integrals und Zusammenfassung diverser Terme

$$\lambda(t) = \exp(-rT)\exp(-\delta(T-t))\left[1-\frac{\pi}{\beta}\right] + \exp(-rt)\frac{\pi}{\beta}. \tag{7.4.76}$$

[34] Man beachte, daß die notwendigen Optimalitätsbedingungen des Pontrjaginschen Maximumprinzips für Probleme mit festem Endzeitpunkt (vgl. Satz 7.1) aufgrund der Linearität der Hamilton-Funktion gemäß Satz 7.3 hier auch hinreichend sind.

[35] Vgl. hierzu auch die Bemerkungen in Fußnote 32.

Die adjungierte Funktion liegt damit in geschlossener Form vor, so daß die optimale Maßnahme zu jedem Zeitpunkt t mit Hilfe der Implikationen (7.4.71) und (7.4.72) bestimmt werden könnte. Es erweist sich in diesem Zusammenhang als sinnvoll, die Abbildung

$$\begin{aligned} \tilde{\lambda}(t) &:= \exp(rt)\lambda(t) \\ &= \exp(\beta(t-T))\left[1-\frac{\pi}{\beta}\right]+\frac{\pi}{\beta} \end{aligned} \tag{7.4.77}$$

einzuführen, mit deren Hilfe sich (7.4.71) und (7.4.72) auch wie folgt darstellen lassen:

$$\tilde{\lambda}(t)g < 1 \quad \Rightarrow \quad u^*(t) = 0, \tag{7.4.78}$$

$$\tilde{\lambda}(t)g > 1 \quad \Rightarrow \quad u^*(t) = u_{\max}. \tag{7.4.79}$$

Für die Ableitung von $\tilde{\lambda}$ gilt wegen $\pi > \beta > 0$ die Ungleichung

$$\dot{\tilde{\lambda}}(t) = \beta \exp(\beta(t-T))\left[1-\frac{\pi}{\beta}\right] < 0, \tag{7.4.80}$$

d.h., die Hilfsfunktion $\tilde{\lambda}$ ist streng monoton fallend. Aufgrund der Tatsache, daß wegen (7.4.74) und (7.4.68) $\tilde{\lambda}(T)g = g < 1$ ist, erweist sich damit in Anbetracht von (7.4.78) und (7.4.79) eine Instandhaltungspolitik der Form

$$u^*(t) = \begin{cases} u_{\max}, & 0 \le t < \tau, \\ 0, & \tau \le t \le T \end{cases} \tag{7.4.81}$$

als optimal. Hierbei fällt der Umschaltzeitpunkt τ im Falle $\tilde{\lambda}(0)g < 1$ mit 0 zusammen, während er in allen übrigen Fällen durch die eindeutige Lösung der Gleichung $\tilde{\lambda}(\tau)g = 1$, d.h. durch

$$\tau = T + \frac{1}{\beta}\ln\left[\frac{\pi g - \beta}{(\pi-\beta)g}\right], \tag{7.4.82}$$

gegeben ist. Die mit (7.4.81) korrespondierende optimale Zustandsfunktion kann als Lösung der linearen Zustandsdifferentialgleichung (7.4.63) wiederum durch Anwendung der allgemeinen Lösungsformel aus Satz B.5 ermittelt werden. Unter Berücksichtigung der besonderen Struktur der optimalen Instandhaltungspolitik erhält man auf diese Weise[36]

$$x^*(t) = \begin{cases} \exp(-\delta t)x_0 + \dfrac{gu_{\max} - \gamma}{\delta}(1 - \exp(-\delta t)), & 0 \leq t < \tau, \\ \exp(-\delta t)\left[x_0 + \dfrac{\gamma - gu_{\max}}{\delta}\right] + \exp(-\delta(t-\tau))\dfrac{gu_{\max}}{\delta} - \dfrac{\gamma}{\delta}, & \tau \leq t \leq T. \end{cases} \tag{7.4.83}$$

Mit (u^*, x^*) gemäß (7.4.81) und (7.4.83) haben wir die Lösung des Instandhaltungsproblems mit *festem* Endzeitpunkt T vollständig bestimmt. Bevor wir nun mit Hilfe der Zusatzbedingung (7.4.55) versuchen werden, auch noch den optimalen Horizont T^* zu ermitteln, wollen wir die bisherigen Ergebnisse ökonomisch interpretieren. Kern dieser Interpretation ist die Deutung des Multiplikators als *Schattenpreis* des Wiederverkaufswertes. Betrachten wir hierzu die Beziehung (7.4.75). Die Darstellung des Restwertes $x(T)$ der Maschine in Abhängigkeit ihres Zustands zum Zeitpunkt t,

$$x(T) = \exp(-\delta(T-t))x_t + \int_t^T (gu(s) - \gamma)\exp(\delta(s-T))ds$$

verdeutlicht, daß der erste Summand in (7.4.75) gerade den Anstieg des Verkaufserlöses in T mißt, wenn der Wiederverkaufswert in t, also x_t, um eine Geldeinheit steigt. Durch den Faktor $\exp(-rT)$ erfolgt dabei eine Abdiskontierung auf den Zeitpunkt Null. Der zweite Summand in (7.4.75) dagegen gibt an, welchen Wert eine Zunahme des Maschinenwert in t um eine Geldeinheit für die Produktion im Zeitraum $[t, T]$ besitzt (wiederum bezogen auf den Zeitpunkt Null). Der Multiplikator $\lambda(t)$ stellt demnach gerade den monetären Wert einer zusätzlichen Einheit des Wiederverkaufswertes zum Zeitpunkt t gemessen am zukünftigen Profit (aus Produktion und Verkaufserlös) und bezogen auf den Zeitpunkt Null dar. Mit dieser Deutung der adjungierten Variablen als Schattenpreis des Maschinenwertes, liegt die ökonomische Interpretation der durch (7.4.78) und (7.4.79) charakterisierten optimalen Instandhaltungspolitik nun aber auf der Hand. Da der Parameter g die Wirksamkeit des jeweiligen Instandhaltungsaufwandes angibt, mißt $\tilde{\lambda}(t)g = \exp(rt)\lambda(t)g$ gerade den auf den *laufenden* Zeitpunkt t bezogenen Grenzertrag, d.h. den firmeninternen Wert einer zusätzlich in die Maschinenwartung investierten Geldeinheit. Solange dieser Grenzertrag größer ist als der äußere Wert dieser Geldeinheit selbst (nämlich 1), sich die Aufwendungen für die Instandhaltung aufgrund späterer Erlöse aus Produktion und Verkauf also auszahlen, wird die Maschine mit voller Intensität gewartet. Ist

[36] Weil die optimale Kontrolle u^* lediglich stückweise stetig ist, betrachte man die Zustandsdifferentialgleichung zunächst einmal nur bis zum Umschaltzeitpunkt τ. Die Anwendung von Satz B.5 liefert dann den ersten Teil der optimalen Zustandsfunktion (7.4.83). Nun betrachte man die Zustandsdifferentialgleichung (7.4.63) im Intervall $[\tau, T]$ und wähle als Anfangswert für x^* aus Stetigkeitsgründen gerade denjenigen Wert, den die zuvor ermittelte Lösung des ersten Teilstücks im Umschaltzeitpunkt τ annehmen würde. Mit der Lösungsformel aus Satz B.5 erhält man dann nach wenigen Rechenschritten auch den zweiten Teil von (7.4.83).

der innere Wert einer zusätzlich für die Wartung aufgewendeten Geldeinheit dagegen geringer als 1, amortisieren sich die Ausgaben also nicht mehr, so lohnt es sich auch nicht, weiter instandzuhalten.

Nachdem wir das Instandhaltungsproblem mit festem aber beliebigen Planungshorizont in eindeutiger Weise gelöst haben, gilt es nun gemäß Stufe 2 der allgemeinen Lösungsstrategie, für jeden Endzeitpunkt T die Zusatzbedingung

$$H(\mathbf{x}^*(T), \mathbf{u}^*(T), \lambda_0, \boldsymbol{\lambda}(T), T) = -h_t(\mathbf{x}^*(T), T) \tag{7.4.84}$$

aus (7.4.55) zu überprüfen, um *potentielle* Lösungstripel (u^*, x^*, T^*) für das Ausgangsroblem (7.4.62)-(7.4.66) mit variablem Endhorizont zu identifizieren. Bedingung (7.4.84) lautet im vorliegenden Fall konkret wie folgt:

$$\exp(-rT)\left(\pi x^*(T) - u^*(T) - \gamma - \delta x^*(T) + g u^*(T)\right) = r\exp(-rT)x^*(T). \tag{7.4.85}$$

Unter Berücksichtigung der Tatsache, daß in T nicht mehr instandgehalten wird, d.h. $u^*(T) = 0$ ist, erhalten wir hieraus nach wenigen Umformungen

$$x^*(T) = \frac{\gamma}{\pi - \beta}. \tag{7.4.86}$$

Wie durch Ableitung von $x^*(T)$ gemäß des zweiten Teils von (7.4.83) nach T unter Berücksichtigung der letzten Annahme aus (7.4.68) leicht zu zeigen ist, hängt der aus der Anwendung der optimalen Politik u^* resultierende Endzustand der Maschine nun aber in streng monoton fallender Weise vom Planungshorizont T ab. Im Falle

$$x_0 \leq \frac{\gamma}{\pi - \beta}$$

würde damit kein Zeitpunkt $T > 0$ existieren, welcher der Zusatzbedingung genügt. Gemäß Bemerkung 7.13 bzw. der Aussage in Fußnote 33 fällt der optimale Planungshorizont dann mit dem Startzeitpunkt $t_0 = 0$ zusammen. Die Produktion mit der betrachteten Maschine ist also nicht rentabel; vielmehr ist ihr sofortiger Verkauf angebracht. Gilt dagegen

$$x_0 > \frac{\gamma}{\pi - \beta}, \tag{7.4.87}$$

so ist der die Zusatzbedingung (7.4.55) erfüllende Endzeitpunkt T^* als Lösung von (7.4.86) eindeutig bestimmt. Mit (7.4.83) und (7.4.82) ergibt sich nach einigen Umformungen

$$T^* = -\frac{1}{\delta}\ln\left\{\left(\frac{\gamma}{\pi - \beta} + \frac{\gamma}{\delta} - \frac{g u_{\max}}{\delta}\left(\frac{\pi g - \beta}{(\pi - \beta) g}\right)^{\frac{\delta}{\beta}}\right)\left(x_0 + \frac{\gamma - g u_{\max}}{\delta}\right)^{-1}\right\}. \tag{7.4.88}$$

Besitzt das Instandhaltungsproblem (7.4.62)-(7.4.66) also eine Lösung, so ist diese durch die Wartungspolitik u^* aus (7.4.81) und (7.4.82), der resultierenden Entwicklung des Maschinenzustandes x^* gemäß (7.4.83) sowie dem Verkaufszeitpunkt T^* aus (7.4.88) gegeben. □

7.4.3 Zustandsabhängige Kontrollrestriktionen

Im Standard-Kontrollproblem (KP1) ist die Steuerungsvariable lediglich durch die Forderung

$$\mathbf{u}(t) \in U, \; t \in [t_0, t_1], \tag{7.4.89}$$

mit $U \subset \mathbb{R}^r$ restringiert. Eine solche zeitunabhängige und mögliche Abhängigkeiten vom aktuellen Systemzustand ignorierende Nebenbedingung ist in vielen wichtigen ökonomischen Modellen zur Beschreibung der tatsächlich vorgegebenen Steuerungsbeschränkungen ungeeignet. Man betrachte diesbezüglich bspw. das in Abschnitt 5.2 eingeführte Problem der optimalen Kapitalakkumulation einer Volkswirtschaft mit der durchaus plausiblen Zusatzvorraussetzung, daß neben Konsum und Kapitalstock auch die Investitionen zu keinem Zeitpunkt des jeweiligen Planungsintervalls einen negativen Wert annehmen dürfen. Wegen $I = \dot{K} = \psi(K) - C$ bedeutet dies, daß die als Kontrollvariable fungierenden Konsumausgaben $C(t)$ durch die aus dem aktuellen Kapitalstock resultierende laufende Höhe der Produktion nach oben beschränkt sind. Um auch derartige Restriktionen berücksichtigen zu können, wollen wir zum Abschluß unserer Einführung in die Kontrolltheorie die Nebenbedingung (7.4.89) durch Ungleichungsbeschränkungen der Form

$$k_i(\mathbf{x}(t), \mathbf{u}(t), t) \geq 0, \; i = 1, ..., s,$$

ersetzen, welche auch vom aktuellen Systemzustand $\mathbf{x}(t)$ (und von der Zeit) abhängen können.

Das im vorliegenden Abschnitt betrachtete Kontrollproblem (**KP3**) lautet damit:

$$F(\mathbf{x}, \mathbf{u}) := \int_{t_0}^{t_1} f(\mathbf{x}(t), \mathbf{u}(t), t)dt + h(\mathbf{x}(t_1)) \to \max_{(\mathbf{x},\mathbf{u}) \in \mathcal{A}}! \tag{7.4.90}$$

unter den Nebenbedingungen

$$\dot{\mathbf{x}}(t) = \mathbf{g}(\mathbf{x}(t), \mathbf{u}(t), t), \; t \in [t_0, t_1], \tag{7.4.91}$$

$$\mathbf{x}(t_0) = \mathbf{x}^0, \tag{7.4.92}$$

$$x_i(t_1) = x_i^1, \quad i = 1, ..., l, \tag{7.4.93}$$

$$x_i(t_1) \geq x_i^1, \quad i = l + 1, ..., m, \tag{7.4.94}$$

$$x_i(t_1) \text{ beliebig}, \quad i = m + 1, ..., n, \tag{7.4.95}$$

$$\mathbf{k}(\mathbf{x}(t), \mathbf{u}(t), t) \geq \mathbf{0}, \; t \in [t_0, t_1]. \tag{7.4.96}$$

Die bekannten Regularitätseigenschaften (R1) aus Abschnitt 7.1 werden dabei wie folgt erweitert: Die momentane Zielfunktion $f : \mathbb{R}^n \times \mathbb{R}^r \times [t_0, t_1] \to \mathbb{R}$ sowie die Transformationsfunktionen $g_i : \mathbb{R}^n \times \mathbb{R}^r \times [t_0, t_1] \to \mathbb{R}$, $i = 1, ..., n$, seien stetig in allen Argumenten und mögen stetige partielle Ableitungen bzgl. der ersten $(n + r)$ Argumente (d.h. bzgl. der Zustands- *und* der Kontrollvariablen) besitzen. Ferner möge die vektorwertige Restriktionsfunktion $\mathbf{k} := (k_1, k_2, ..., k_s)' : \mathbb{R}^n \times \mathbb{R}^r \times [t_0, t_1] \to \mathbb{R}^s$

stetig partiell differenzierbar (und damit auch stetig) in allen ihren Argumenten sein. Wie bisher sei darüber hinaus die Terminalfunktion $h : \mathbb{R}^n \to \mathbb{R}$ stetig differenzierbar. Die so erweiterten Regularitätseigenschaften der beteiligten Funktionen bezeichnen wir im folgenden kurz mit (**R3**).

Bemerkung 7.14 Man beachte, daß *sämtliche* Beschränkungen bzgl. $\mathbf{u}$ in der Form (7.4.96) vorliegen müssen, d.h., zusätzliche Restriktionen der Gestalt $\mathbf{u}(t) \in U$ sind nicht erlaubt. Diese Tatsache sollte allerdings keine allzu große Einschränkung der Allgemeinheit darstellen, da der zulässige Steuerungsbereich in der Mehrheit der interessanten ökonomischen Anwendungen durch Ungleichungen obiger Art charakterisiert werden kann. □

Weil das dynamische Kontrollproblem durch das Maximumprinzip im wesentlichen in eine Familie statischer Optimierungsaufgaben zerlegt werden kann, ist es nicht überraschend, daß bei Vorliegen von Ungleichungsrestriktionen die aus der nichtlinearen Optimierung bekannten Kuhn-Tucker-Bedingungen eine entscheidende Rolle spielen. Neben der unverändert durch

$$H(\mathbf{x}, \mathbf{u}, \lambda_0, \boldsymbol{\lambda}, t) := \lambda_0 \cdot f(\mathbf{x}, \mathbf{u}, t) + \boldsymbol{\lambda}'\mathbf{g}(\mathbf{x}, \mathbf{u}, t) \tag{7.4.97}$$

gegebenen Hamilton-Funktion H benötigen wir daher im weiteren Verlauf die wie folgt definierte Lagrange-Funktion L des Problems:

$$\begin{aligned} L(\mathbf{x}, \mathbf{u}, \lambda_0, \boldsymbol{\lambda}, \boldsymbol{\mu}, t) &:= \lambda_0 \cdot f(\mathbf{x}, \mathbf{u}, t) + \boldsymbol{\lambda}'\mathbf{g}(\mathbf{x}, \mathbf{u}, t) + \boldsymbol{\mu}'\mathbf{k}(\mathbf{x}, \mathbf{u}, t) \quad (7.4.98) \\ &= H(\mathbf{x}, \mathbf{u}, \lambda_0, \boldsymbol{\lambda}, t) + \boldsymbol{\mu}'\mathbf{k}(\mathbf{x}, \mathbf{u}, t) \end{aligned}$$

mit $\boldsymbol{\mu} = (\mu_1, \mu_2, ..., \mu_s)'$. Zur Formulierung notwendiger Optimalitätsbedingungen müssen wir in Analogie zur statischen Theorie darüber hinaus den Paaren $(\mathbf{x}, \mathbf{u})$ aus Zustands- und Kontrollfunktionen in Verbindung mit den Restriktionsfunktionen k_i gewisse Regularitätsbedingungen, die sog. constraint qualification, auferlegen.[37] Wie der folgenden Definition zu entnehmen ist, fordern wir dabei im wesentlichen, daß die Gradienten aller in $(\mathbf{x}(t), \mathbf{u}(t))$ aktiven Nebenbedingungen bzgl. $\mathbf{u}$ zu jedem Zeitpunkt $t \in [t_0, t_1]$ linear unabhängig sind.

Definition 7.2 *Ein Paar $(\mathbf{x}, \mathbf{u})$ bestehend aus einer stetigen und stückweise stetig differenzierbaren Funktion $\mathbf{x} : [t_0, t_1] \to \mathbb{R}^n$ sowie einer stückweise stetigen Funktion $\mathbf{u} : [t_0, t_1] \to \mathbb{R}^r$ genügt der Regularitätsbedingung $\boldsymbol{CQ}_{dyn}$, wenn*

(i) *für alle $t \in [t_0, t_1]$ die Äquivalenz*

$$\sum_{i \in I_0(t)} a_i \frac{\partial k_i}{\partial \mathbf{u}}(\mathbf{x}(t), \mathbf{u}(t), t) = 0 \Leftrightarrow a_i = 0 \;\forall i \in I_0(t) \tag{7.4.99}$$

gilt, wobei $I_0(t) := \{i \in \{1, ..., s\} \mid k_i(\mathbf{x}(t), \mathbf{u}(t), t) = 0\}$ die Menge der zum Zeitpunkt t in $(\mathbf{x}(t), \mathbf{u}(t))$ aktiven Restriktionen bezeichnet und

[37] Vgl. hierzu Abschnitt 4.2, insbesondere Satz 4.11.

(ii) *in den Unstetigkeitspunkten τ_j, $j = 1, 2, ..., m$, der Funktion* $\mathbf{u}$ *die Forderung (7.4.99) zusätzlich auch für den linksseitigen Grenzwert, d.h. die Indexmenge* $I_0^-(\tau_j) := \{i \in \{1, ..., s\} \mid k_i(\mathbf{x}(\tau_j), \mathbf{u}(\tau_j - 0), \tau_j) = 0\}$, *erfüllt ist.*[38]

Bemerkung 7.15 Die Regularität eines Funktionenpaares im Sinne von Definition 7.2 bedingt insbesondere, daß zu jedem Zeitpunkt t alle aktiven Kontrollrestriktionen zumindest eine der Steuerungsvariablen u_i als Argument enthalten. Andernfalls würde mindestens einer der Gradienten mit dem Nullvektor übereinstimmen, und Bedingung (7.4.99) wäre nicht erfüllt. Damit ist ausgeschlossen, daß es sich bei den wirksamen Nebenbedingungen um reine Zustandsbeschränkungen handeln kann. □

Nach diesen Vorbemerkungen sind wir bereits in der Lage, das Maximumprinzip von Pontrjagin auf das Kontrollproblem (KP3) zu erweitern:

Satz 7.8 *Es gelten die Regularitätsvoraussetzungen (R3). Ferner sei* $(\mathbf{x}^*, \mathbf{u}^*)$ *eine der Regularitätsbedingung* CQ_{dyn} *genügende Lösung der Steuerungsaufgabe (KP3). Dann existieren eine Konstante* λ_0, *eine stetige und stückweise stetig differenzierbare Vektorfunktion* $\boldsymbol{\lambda} = (\lambda_1, ..., \lambda_n)' : [t_0, t_1] \to \mathbb{R}^n$ *sowie eine stückweise stetige Vektorfunktion* $\boldsymbol{\mu} = (\mu_1, ..., \mu_s)' : [t_0, t_1] \to \mathbb{R}^s$ *derart, daß*

(i) der Vektor $(\lambda_0, \boldsymbol{\lambda}'(t))$ *zu keinem Zeitpunkt* t *verschwindet und für die Konstante entweder* $\lambda_0 = 0$ *oder* $\lambda_0 = 1$ *gilt,*

(ii) die Kozustandsfunktion $\boldsymbol{\lambda}$ *in den Stetigkeitspunkten von* $\mathbf{u}^*$ *der adjungierten Differentialgleichung*

$$\dot{\boldsymbol{\lambda}}(t) = -L_{\mathbf{x}}(\mathbf{x}^*(t), \mathbf{u}^*(t), \lambda_0, \boldsymbol{\lambda}(t), \boldsymbol{\mu}(t), t), \tag{7.4.100}$$

und im Endzeitpunkt t_1 *den Transversalitätsbedingungen*

$$\lambda_i(t_1) \text{ frei}, \; i = 1, ..., l, \tag{7.4.101}$$

$$\lambda_i(t_1) \begin{cases} \geq \lambda_0 h_{x_i}(\mathbf{x}^*(t_1)), & \text{wenn } x_i^*(t_1) = x_i^1 \\ = \lambda_0 h_{x_i}(\mathbf{x}^*(t_1)), & \text{wenn } x_i^*(t_1) > x_i^1 \end{cases}, \; i = l+1, ..., m, \tag{7.4.102}$$

$$\lambda_i(t_1) = \lambda_0 h_{x_i}(\mathbf{x}^*(t_1)), \; i = m+1, ..., n, \tag{7.4.103}$$

genügt,

(iii) die als Multiplikatorfunktion bezeichnete Abbildung $\boldsymbol{\mu}$ *zu jedem Zeitpunkt* $t \in [t_0, t_1]$ *die sog. komplementären Schlupfbedingungen*

$$\mu_i(t) \begin{cases} \geq 0, & \text{wenn } k_i(\mathbf{x}^*(t), \mathbf{u}^*(t), t) = 0, \\ = 0, & \text{wenn } k_i(\mathbf{x}^*(t), \mathbf{u}^*(t), t) > 0, \end{cases} \tag{7.4.104}$$

erfüllt sowie

---

[38] Man beachte in diesem Zusammenhang, daß wir den Funktionswert einer stückweise stetigen Kontrolle $\mathbf{u}$ in einer Unstetigkeitsstelle τ_j als *rechtsseitigen* Grenzwert $\mathbf{u}(\tau_j + 0)$ festgelegt haben.

(iv) zu jedem Zeitpunkt $t \in [t_0, t_1]$ *die Beziehungen*

$$L_{\mathbf{u}}(\mathbf{x}^*(t), \mathbf{u}^*(t), \lambda_0, \boldsymbol{\lambda}(t), \boldsymbol{\mu}(t), t) = \mathbf{0} \tag{7.4.105}$$

und

$$H(\mathbf{x}^*(t), \mathbf{u}^*(t), \lambda_0, \boldsymbol{\lambda}(t), t) \geq H(\mathbf{x}^*(t), \mathbf{u}, \lambda_0, \boldsymbol{\lambda}(t), t) \quad \forall \mathbf{u} \text{ mit } \mathbf{k}(\mathbf{x}^*(t), \mathbf{u}, t) > \mathbf{0} \tag{7.4.106}$$

gelten.

Bemerkung 7.16 Liegen anstelle von (7.4.96) Gleichungsrestriktionen der Form

$$\mathbf{k}(\mathbf{x}(t), \mathbf{u}(t), t) = \mathbf{0} \tag{7.4.107}$$

vor, so bleiben die Aussagen von Satz 7.8 gültig, sofern wir als constraint qualification fordern, daß zu jedem Zeitpunkt $t \in [t_0, t_1]$ die Gradienten $\partial k_i(\mathbf{x}^*(t), \mathbf{u}, t)/\partial \mathbf{u}$ für alle Vektoren $\mathbf{u}$ mit $\mathbf{k}(\mathbf{x}^*(t), \mathbf{u}, t) = \mathbf{0}$ linear unabhängig sind. Die Maximumbedingung (7.4.106) ist dabei wie folgt abzuändern:

$$H(\mathbf{x}^*(t), \mathbf{u}^*(t), \lambda_0, \boldsymbol{\lambda}(t), t) \geq H(\mathbf{x}^*(t), \mathbf{u}, \lambda_0, \boldsymbol{\lambda}(t), t) \; \forall \mathbf{u} \text{ mit } \mathbf{k}(\mathbf{x}^*(t), \mathbf{u}, t) = \mathbf{0}. \tag{7.4.108}$$

□

Will man das Maximumprinzip zum Auffinden potentieller Lösungskandidaten ausnutzen, so hat man zu beachten, daß die Gültigkeit der constraint qualification eine *Voraussetzung* zur Anwendung von Satz 7.8 und nicht selbst etwa eine notwendige Optimalitätsbedingung darstellt.[39] Das Kontrollproblem (7.4.90)-(7.4.96) kann grundsätzlich auch von einem nicht regulären Funktionenpaar gelöst werden! Um auf Basis von Satz 7.8 sämtliche (und nicht nur die regulären) Lösungskandidaten für die Steuerungsaufgabe (7.4.90)-(7.4.96) zu bestimmen, bietet sich daher generell die folgende Vorgehensweise an:

1. Ermittle sämtliche zulässigen Funktionenpaare $(\mathbf{x}, \mathbf{u})$, die den Regularitätsbedingungen $\mathrm{CQ}_{\mathrm{dyn}}$ nicht genügen.

2. Bestimme sämtliche zulässige Funktionenpaare, die sowohl die Regularitätsbedingungen $\mathrm{CQ}_{\mathrm{dyn}}$ als auch die notwendigen Optimalitätsbedingungen aus Satz 7.8 erfüllen.

[39] In Anbetracht von Bemerkung 7.15 ist das obige Resultat somit vollkommen ungeeignet zur Behandlung von Problemen mit (tatsächlich wirksamen) reinen Zustandsbeschränkungen. Weil der Zustand $\mathbf{x}(t)$ nur indirekt über die Kontrolle $\mathbf{u}(t)$ beeinflußbar ist, gestaltet sich eine theoretische Analyse von reinen Zustandsnebenbedingungen wesentlich schwieriger als die Untersuchung von (zustandsabhängigen) Steuerungsbeschränkungen. Wir werden auf eine Betrachtung von Kontrollproblemen mit reinen Zustandsrestriktionen im Rahmen dieser Einführung verzichten und verweisen statt dessen auf die einschlägige Fachliteratur, wie z.B. FEICHTINGER, HARTL (1986) oder SEIERSTAD, SYDSÆTER (1987).

Den zweiten Teil des zweiten Schrittes betreffend beachte man hierbei, daß die Bedingungen (7.4.104) und (7.4.105) gerade die Kuhn-Tucker-Bedingungen des ungleichungsrestringierten statischen Optimierungsproblems

$$H(\mathbf{x}^*(t), \mathbf{u}, \lambda_0, \boldsymbol{\lambda}(t), t) \to \max_{\mathbf{u} \in U(\mathbf{x}^*(t),t)} ! \qquad (7.4.109)$$

mit $U(\mathbf{x}^*(t), t) = \{\mathbf{u} \in \mathbb{R}^r \mid \mathbf{k}(\mathbf{x}^*(t), \mathbf{u}, t) \geq \mathbf{0}\}$ darstellen, welches nur geringfügig allgemeiner als die mit Beziehung (7.4.106) korrespondierende Maximierungsaufgabe ist. Sind diese Kuhn-Tucker-Bedingungen sogar hinreichend, so ergibt sich Beziehung (7.4.106) als unmittelbare Konsequenz aus den Bedingungen (7.4.104) und (7.4.105). In der Regel wird man die Maximumforderung (7.4.106) daher ignorieren können und zur Bestimmung der Lösungskandidaten in Schritt 2 ausschließlich die Beziehungen (7.4.100)-(7.4.105) heranziehen. Daß diese Bedingungen tatsächlich genügend Informationsgehalt besitzen, zeigt der im folgenden in Analogie zur prinzipiellen Anwendungsweise des gewöhnlichen Maximumprinzips (vgl. Abschnitt 7.2.1) formulierte grundsätzliche Weg zum Auffinden potentieller Lösungen (für den Fall $\lambda_0 = 1$). Diesbezüglich ermittle man zunächst einmal für jede beliebige Kombination[40] $(\mathbf{x}, \boldsymbol{\lambda}, t) \in \mathbb{R}^n \times \mathbb{R}^n \times [t_0, t_1]$ die den notwendigen Kuhn-Tucker-Bedingungen $L_{\mathbf{u}}(\mathbf{x}, \mathbf{u}, \boldsymbol{\lambda}, \boldsymbol{\mu}, t) = 0$ und $\boldsymbol{\mu}'\mathbf{k}(\mathbf{x}, \mathbf{u}, t) = 0$ genügenden Vektoren $\mathbf{u} \in U(\mathbf{x}, t)$ und $\boldsymbol{\mu} \geq \mathbf{0}$. Existenz und Eindeutigkeit vorausgesetzt erhält man auf diese Weise vektorwertige Abbildungen $\tilde{\mathbf{u}}$ und $\tilde{\boldsymbol{\mu}}$, welche jedem Tripel $(\mathbf{x}, \boldsymbol{\lambda}, t)$ die entsprechenden Lösungen der Kuhn-Tucker-Bedingungen zuordnen. Letztere werden dann in die kanonischen Differentialgleichungen, bestehend aus der Zustandsdifferentialgleichung $\dot{\mathbf{x}} = \mathbf{g}(\mathbf{x}, \mathbf{u}, t)$ sowie der adjungierten Gleichung $\dot{\boldsymbol{\lambda}} = -L_{\mathbf{x}}(\mathbf{x}, \mathbf{u}, \boldsymbol{\lambda}, \boldsymbol{\mu}, t)$, eingesetzt. Das resultierende System von $2n$ gewöhnlichen Differentialgleichungen gilt es dann im nächsten Schritt bzgl. der Anfangsbedingungen $\mathbf{x}(t_0) = \mathbf{x}^0$ und $\boldsymbol{\lambda}(t_0) = \boldsymbol{\lambda}^0$ zu lösen. Zur Beseitigung der Abhängigkeit vom noch unbekannten $(n \times 1)$-Vektor $\boldsymbol{\lambda}^0$ werden diese Lösungen an die sich aus den Endwertbedingungen (7.4.93)-(7.4.95) sowie den Transversalitätsbedingungen (7.4.101)-(7.4.103) ergebenden insgesamt n Randbedingungen angepaßt. Die resultierenden *Abbildungen* $\mathbf{x}$ und $\boldsymbol{\lambda}$ werden schließlich in die anfangs ermittelten Lösungsfunktionen $\tilde{\mathbf{u}}$ und $\tilde{\boldsymbol{\mu}}$ eingesetzt. Die notwendigen Bedingungen (7.4.100)-(7.4.105) aus Satz 7.8 stellen zur Bestimmung von möglichen Lösungskandidaten also in der Tat ausreichend Informationen zur Verfügung. Man sei sich aber der Tatsache bewußt, daß die konkrete Begehung des soeben vorgestellten prinzipiellen Lösungsweges wie im Falle des gewöhnliche Maximumprinzips auch auf wenige Einzelfälle beschränkt bleibt.

Wir wollen nun auch noch hinreichende Optimalitätsbedingungen für die vorliegende Steuerungsaufgabe mit zustandsabhängigen Kontrollrestriktionen formulie-

[40]Man beachte, daß es sich bei $\mathbf{x}$ und $\boldsymbol{\lambda}$ wieder um beliebige *Vektoren* handelt. Der üblichen Vereinfachung der Notation folgend wurden diese mit den gleichen Buchstaben bezeichnet wie die entsprechenden Zustands- und Kozustandsfunktionen.

ren, wobei wir uns allerdings auf eine Verallgemeinerung der entsprechenden Resultate von Mangasarian beschränken werden. Für eine Erweiterung der hinreichenden Bedingungen von Arrow auf das Kontrollproblem (KP3) vgl. man z.B. SEIERSTAD, SYDSÆTER (1987), Abschnitt 5.3 und Abschnitt 6.7.

Satz 7.9 *Gegeben sei das Kontrollproblem (KP3) mit den Regularitätseigenschaften (R3). Ferner seien die Restwertfunktion* $h : \mathbb{R}^n \to \mathbb{R}$ *konkav und die Restriktionsfunktionen* $k_i : \mathbb{R}^n \times \mathbb{R}^r \times [t_0, t_1] \to \mathbb{R}$, $i = 1, ..., s$, *quasi-konkav in* $(\mathbf{x}, \mathbf{u})$.[41] *Das Paar* $(\mathbf{x}^*, \mathbf{u}^*)$ *bestehend aus einer stetigen und stückweise stetig differenzierbaren Zustandsfunktion* $\mathbf{x}^* : [t_0, t_1] \to \mathbb{R}^n$ *sowie einer stückweise stetigen Steuerung* $\mathbf{u}^* : [t_0, t_1] \to \mathbb{R}^r$ *sei zulässig für das betrachtete Kontrollproblem, d.h., es genüge der Zustandsdifferentialgleichung (7.4.91), den Anfangs- und Endwertbedingungen (7.4.92)-(7.4.95) sowie den Kontrollrestriktionen (7.4.96). Existieren eine stetige und stückweise stetig differenzierbare Funktion* $\boldsymbol{\lambda} = (\lambda_1, ..., \lambda_n)' : [t_0, t_1] \to \mathbb{R}^n$ *sowie eine stückweise stetige Funktion* $\boldsymbol{\mu} = (\mu_1, ..., \mu_s)' : [t_0, t_1] \to \mathbb{R}^s$, *für welche zum einen die Bedingungen (7.4.100)-(7.4.105) aus Satz 7.8 mit* $\lambda_0 = 1$ *erfüllt sind, und für welche zum anderen die durch* $H^{\boldsymbol{\lambda}}(\mathbf{x}, \mathbf{u}, t) := H(\mathbf{x}, \mathbf{u}, \boldsymbol{\lambda}(t), t)$ *definierte Funktion* $H^{\boldsymbol{\lambda}} : \mathbb{R}^n \times \mathbb{R}^r \times [t_0, t_1] \to \mathbb{R}$ *(streng) konkav bezüglich* $(\mathbf{x}, \mathbf{u})$ *ist, so ist* $(\mathbf{x}^*, \mathbf{u}^*)$ *(eindeutige) Lösung von (KP3).*

Beweis: Das hier betrachtete Kontrollproblem (KP3) ist ein Spezialfall der in SEIERSTAD, SYDSÆTER (1987), Abschnitt 6.7, behandelten Steuerungsaufgabe mit allgemeinen Randbedingungen, reinen Zustandbeschränkungen und zustandsabhängigen Kontrollrestriktionen. Das vorliegende Resultat ergibt sich insofern aus den dort in Satz 13 formulierten hinreichenden Bedingungen für diese sehr allgemeine Aufgabe. Das Ergebnis kann aber auch direkt nach dem aus dem Beweis des Satzes von Mangasarian für das Standardproblem bekannten Prinzip hergeleitet werden.

■

Abschließend soll zur Illustration der Resultate dieses Teilabschnitts eine entsprechende Variante des Problems der optimalen Kapitalakkumulation behandelt werden.

Beispiel 7.11 Wir wollen das neoklassische Wachstumsmodell wie in der Einleitung dieses Teilabschnittes angeregt um die Forderung erweitern, daß die aktuellen Konsumausgaben durch den gegenwärtig produzierten Output des Gutes nach oben begrenzt sind. Wir beschränken uns dabei auf die Untersuchung des einfachen Spezialfalls, daß der gesellschaftliche Nutzen einer Periode bereits durch die momentanen Konsumausgaben selbst gemessen werden kann und daß der produktionstechnische Zusammenhang zwischen Kapitaleinsatz und Output durch eine lineare Produkti-

[41] Eine zeitabhängige Funktion $(\mathbf{x}, \mathbf{u}, t) \mapsto f(\mathbf{x}, \mathbf{u}, t)$ heißt quasi-konkav genau dann, wenn die durch die Vorschrift $g_t(\mathbf{x}, \mathbf{u}) := f(\mathbf{x}, \mathbf{u}, t)$ definierte Funktion g_t für alle $t \in [t_0, t_1]$ quasi-konkav ist. Die Quasi-Konkavität der Restriktionsfunktionen k_i sichert dabei gerade die Konvexität der durch $k_i(\mathbf{x}(t), \mathbf{u}(t), t) \geq 0$, $i = 1, ..., s$, definierten Restriktionsmenge.

onsfunktion beschrieben wird. Es sei also[42]

$$\psi(K) = \alpha K, \; U(C) = C. \tag{7.4.110}$$

Nehmen wir im Gegensatz zur ursprünglichen Problemformulierung außerdem an, daß der Kapitalbestand zum Ende des Planungszeitraumes nicht festgelegt ist, so stellt sich der zentralen Planungsbehörde damit das Optimierungsproblem

$$\int_0^T \exp(-\rho t) C(t) dt \to \max_{C(t),\, t \in [0,T]} ! \tag{7.4.111}$$

unter den Nebenbedingungen

$$\begin{aligned} \dot{K}(t) &= \alpha K(t) - C(t), \quad t \in [0,T], & (7.4.112) \\ K(0) &= K_0 > 0, & (7.4.113) \\ C(t) &\geq 0, \quad t \in [0,T], & (7.4.114) \\ \alpha K(t) - C(t) &\geq 0, \quad t \in [0,T]. & (7.4.115) \end{aligned}$$

Hierbei sei außerdem noch $\alpha > \rho$ vorausgesetzt.

Zunächst einmal ist festzustellen, daß die Steuerungsbeschränkungen von der in (7.4.96) geforderten Gestalt sind, wobei die Restriktionsfunktionen in unserem Beispiel durch

$$\begin{aligned} k_1(K,C) &:= C, & (7.4.116) \\ k_2(K,C) &:= \alpha K - C, & (7.4.117) \end{aligned}$$

erklärt sind. Definieren wir nun die Hamilton- und die Lagrange-Funktion des vorliegenden Problems:

$$\begin{aligned} H(K,C,\lambda) &:= \exp(-\rho t) C + \lambda[\alpha K - C], & (7.4.118) \\ L(K,C,\lambda,\mu_1,\mu_2) &:= H(K,C,\lambda) + \mu_1 C + \mu_2[\alpha K - C]. & (7.4.119) \end{aligned}$$

Da sowohl die Hamilton-Funktion H als auch die Restriktionsfunktionen k_1 und k_2 für jedes λ linear und damit konkav bzw. quasikonkav in (K,C) sind, ist eine Anwendung von Satz 7.9 grundsätzlich erlaubt. Gelingt es uns also, eine Konsum- und Kapitalstrategie $(C(t), K(t))$, $t \in [0,T]$, zu ermitteln, welche zusammen mit einer stetigen und stückweise stetig differenzierbaren Funktionen $\lambda : [0,T] \to \mathbb{R}$ sowie einer stückweise stetigen Funktion $\boldsymbol{\mu} = (\mu_1, \mu_2)' : [0,T] \to \mathbb{R}^2$ den Bedingungen (7.4.100)-(7.4.105) aus Satz 7.8 mit $\lambda_0 = 1$ genügt, so haben wir bereits eine Lösung der betrachteten Steuerungsaufgabe (7.4.111)-(7.4.115) gefunden. Die maßgeblichen Bedingungen besitzen im vorliegenden Fall die folgende Gestalt:

$$\begin{aligned} L_C(t) &= \exp(-\rho t) - \lambda(t) + \mu_1(t) - \mu_2(t) \stackrel{!}{=} 0, & (7.4.120) \\ \dot{\lambda}(t) &= -\alpha\lambda(t) - \alpha\mu_2(t), & (7.4.121) \\ \lambda(T) &= 0, & (7.4.122) \\ \mu_1(t) &\geq 0, \quad \mu_1(t) C(t) = 0, & (7.4.123) \\ \mu_2(t) &\geq 0, \quad \mu_2(t)[\alpha K(t) - C(t)] = 0. & (7.4.124) \end{aligned}$$

[42]Man beachte, daß wir hiermit von der im Zuge der Problemformulierung in Abschnitt 5.2 gemachten Voraussetzung der *strengen* Konkavität der Konsumnutzenfunktion abweichen.

Die Ermittlung einer Lösung vereinfacht sich erheblich, wenn anstatt der eigentlichen Kozustands- und Multiplikatorvariablen $\lambda(t)$ und $\mu_1(t)$ sowie $\mu_2(t)$ deren Transformationen

$$\tilde{\lambda}(t) := \exp(\rho t)\lambda(t), \qquad (7.4.125)$$

$$\tilde{\mu}_i(t) := \exp(\rho t)\mu_i(t), \; i = 1, 2, \qquad (7.4.126)$$

betrachtet werden. Während sich die Transversalitäts- und Schlupfbedingungen (7.4.122) bis (7.4.124) hierfür uneingeschränkt übertragen lassen, verändern sich die Kuhn-Tucker-Bedingung (7.4.120) und die adjungierte Gleichung (7.4.121) wie folgt:[43]

$$0 = 1 - \tilde{\lambda}(t) + \tilde{\mu}_1(t) - \tilde{\mu}_2(t), \qquad (7.4.127)$$

$$\dot{\tilde{\lambda}}(t) = (\rho - \alpha)\tilde{\lambda}(t) - \alpha\tilde{\mu}_2(t). \qquad (7.4.128)$$

Aus den Beziehungen (7.4.123) und (7.4.124) erhalten wir nun zunächst einmal, daß jederzeit zumindest einer der beiden (transformierten) Multiplikatoren $\tilde{\mu}_1(t)$ oder $\tilde{\mu}_2(t)$ gleich Null sein muß. Andernfalls müßte sowohl $C(t) = 0$ als auch $C(t) = \alpha K(t) > 0$ gelten, was nicht möglich ist. Vor diesem Hintergrund erweist es sich als sinnvoll, für den transformierten Kozustand $\tilde{\lambda}$ zwei Fälle zu unterscheiden. Ist nämlich $\tilde{\lambda}(t) < 1$ und damit gemäß (7.4.127)

$$\tilde{\mu}_2(t) - \tilde{\mu}_1(t) = 1 - \tilde{\lambda}(t) > 0, \qquad (7.4.129)$$

so folgt aus den vorangegangenen Bemerkungen zusammen mit der Nichtnegativität der Multiplikatoren zunächst

$$\tilde{\mu}_1(t) = 0, \; \tilde{\mu}_2(t) = 1 - \tilde{\lambda}(t) > 0. \qquad (7.4.130)$$

Aus der Schlupfbedingung in (7.4.124) ergibt sich hiermit unmittelbar, daß das erwirtschaftete Volkseinkommen im betrachteten Fall ausschließlich für Konsumzwecke verwendet werden sollte:

$$C^*(t) = \alpha K^*(t) = Y^*(t). \qquad (7.4.131)$$

Gilt umgekehrt $\tilde{\lambda}(t) > 1$, so ist wegen (7.4.127)

$$\tilde{\mu}_1(t) - \tilde{\mu}_2(t) = \tilde{\lambda}(t) - 1 > 0 \qquad (7.4.132)$$

und damit

$$\tilde{\mu}_2(t) = 0, \; \tilde{\mu}_1(t) = \tilde{\lambda}(t) - 1 > 0. \qquad (7.4.133)$$

Aus der Schlupfbedingung in (7.4.123) erhalten wir dann, daß die Konsumausgaben auf Null reduziert, der produzierte Output also in vollem Umfang wieder investiert werden sollte:

$$C^*(t) = 0. \qquad (7.4.134)$$

[43] Beziehung (7.4.128) ergibt sich unmittelbar aus der Anwendung der Produktregel auf (7.4.125).

Die konkrete Struktur der optimalen Strategie kann nun auf Basis der bisherigen Informationen ausgehend vom Endzeitpunkt T leicht bestimmt werden. Aufgrund der geforderten Stetigkeit der Kozustandsfunktion muß wegen $\tilde{\lambda}(T) = 0$ in einem gewissen Zeitintervall $(T-\varepsilon, T]$ die Beziehung $\tilde{\lambda}(t) < 1$ gelten, woraus gemäß der vorangegangenen Ausführungen das optimale Konsumverhalten $C^*(t) = \alpha K^*(t)$ folgt. Unter Berücksichtigung der in diesem Fall relevanten Beziehungen (7.4.130) lautet die modifizierte adjungierte Gleichung (7.4.128) für diesen Zeitraum dann

$$\dot{\tilde{\lambda}}(t) = \rho\tilde{\lambda}(t) - \alpha. \tag{7.4.135}$$

Die Lösung dieser linearen Differentialgleichung zur Endbedingung $\tilde{\lambda}(T) = 0$ läßt sich wie üblich mit Hilfe von Satz B.5 ermitteln. Sie lautet

$$\tilde{\lambda}(t) = \frac{\alpha}{\rho}[1 - \exp(-\rho(T - t))]. \tag{7.4.136}$$

Es handelt sich hierbei um eine streng monoton fallende Funktion, die im Punkt

$$\tau = T - \frac{1}{\rho}\ln(\frac{\alpha}{\alpha - \rho}) \tag{7.4.137}$$

den Wert 1 annimmt.[44] Falls nun $\tau < 0$ ist, bleibt (7.4.131) auf dem ganzen Planungsintervall $[0, T]$ optimal, d.h., das erwirtschaftete Einkommen sollte zu jeder Zeit ausschließlich konsumiert werden.

Angenommen, es ist dagegen $\tau > 0$. Auf dem Intervall $[\tau, T]$ ist nach den vorangegangenen Ausführungen $C^*(t) = \alpha K^*(t)$ optimal. Bei einer Beibehaltung dieser Strategie auch für $t < \tau$ würde für die Multiplikatoren weiterhin Beziehung (7.4.130) gelten. Insbesondere wäre $\tilde{\mu}_2(t) > 0$ und damit $\tilde{\lambda}(t) < 1$. Andererseits würde die transformierte Kozustandsfunktion nach wie vor durch (7.4.136) gegeben sein, aufgrund der negativen Steigung also Werte größer als Eins annehmen, womit sich ein Widerspruch ergibt. Somit muß zumindest in einem gewissen Intervall $(\tau - \theta, \tau)$ also $C^*(t) < \alpha K^*(t)$ sein. Gemäß der Schlupfbedingung in (7.4.124) muß dann $\tilde{\mu}_2(t) = 0$ gelten, so daß die modifizierte adjungierte Gleichung (7.4.128) die Form

$$\dot{\tilde{\lambda}}(t) = (\rho - \alpha)\tilde{\lambda}(t) \tag{7.4.138}$$

besitzt. Zusammen mit der eingangs gemachten Voraussetzung liefert dies $\dot{\tilde{\lambda}}(t) < 0$, und wegen $\tilde{\lambda}(\tau) = 1$ erhalten wir $\tilde{\lambda}(t) > 1$ für $t < \tau$. In diesem Fall ist aber wie oben festgestellt $C^*(t) = 0$, d.h., das erwirtschaftete Einkommen sollte ausschließlich Investitionszwecken dienen. Insgesamt ergibt sich damit die optimale Konsumstrategie

$$C^*(t) = \begin{cases} 0, & 0 \leq t < \tau, \\ \alpha K^*(t), & \tau \leq t \leq T, \end{cases} \tag{7.4.139}$$

[44] Man beachte, daß gemäß der eingangs gemachten Voraussetzung $\alpha > \rho$ der Logarithmus in (7.4.137) definiert und positiv ist. Damit gilt insbesondere $\tau < T$.

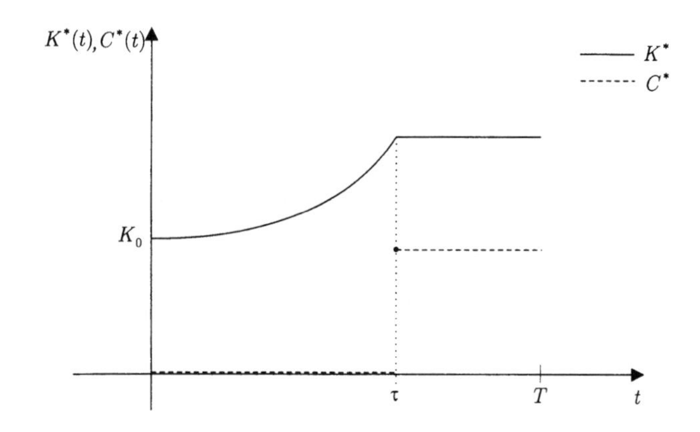

Abbildung 7.10: Optimaler Verlauf von Konsum und Kapitalstock

wobei im Falle der Negativität von (7.4.137) $\tau = 0$ zu setzen ist. Die korrespondierende Entwicklung des Kapitalstocks lautet gemäß (7.4.112)

$$K^*(t) = \begin{cases} K_0 \exp(\alpha t), & 0 \leq t < \tau, \\ K_0 \exp(\alpha \tau), & \tau \leq t \leq T, \end{cases} \tag{7.4.140}$$

d.h., der resultierende Kapitalbestand steigt zunächst mit der konstanten Rate α an und verharrt dann ab dem Zeitpunkt τ auf dem Niveau $K_0 \exp(\alpha\tau)$. Man beachte diesbezüglich, daß aufgrund der Linearität der Produktionsfunktion das Verhalten des Outputs mit dem des Kapitalstocks im Zeitablauf übereinstimmt. Außerdem ergibt sich aus (7.4.140), daß auch die Konsumausgaben auf dem Intervall $[\tau, T]$ konstant sind, es sich bei der optimalen Stategie also um eine sog. Bang-Bang-Steuerung handelt. Die optimalen Trajektorien des Konsums und des Kapitals sind in Abbildung 7.10 veranschaulicht. □

Literaturhinweise

Wie bereits mehrfach erwähnt, stellt die Variationsrechnung gewissermaßen den Vorläufer der Kontrolltheorie dar. Es ist daher nicht verwunderlich, daß diese beiden Zweige der dynamischen Optimierung in den meisten Lehrbüchern und Monographien (zum Teil noch mit der dynamischen Programmierung) *gemeinsam* behandelt werden. Ein Großteil der Literatur, welche die vorangegangene Einführung in die Theorie der optimalen Steuerung geprägt hat, findet sich daher bereits im entsprechenden Verzeichnis zur Variationsrechnung wieder, auf das wir hiermit verweisen. Aufgrund des starken Einflusses auf den Aufbau und den Inhalt unserer Darstellung der Kontrolltheorie seien hier nochmals SEIERSTAD, SYDSÆTER (1987) als eher anwendungsorientiertes Buch sowie die mathematisch-formal ausgerichtete Abhandlung in IOFFE, TICHOMIROV (1979) genannt. Letztere steht u.a. Pate für den Beweis des Maximumprinzips für das Lagrange-Problem mit freiem rechten Endpunkt in Abschnitt 7.2.2. Neben den im Literaturverzeichnis zur Variationsrechnung aufgeführten Werken wurde die vorangegangene Analyse der Kontrolltheorie noch von PONTRJAGIN ET. AL. (1967), FÖLLINGER (1988) und vor allem von FEICHTINGER, HARTL (1986) beeinflusst. Letzteres bietet nicht nur eine sehr gründliche und mathematisch fundierte Darstellung der Thematik, sondern widmet sich vor allem einer ausführlichen Untersuchung und Diskussion vieler relevanter ökonomischer Problemstellungen. So werden u.a. auch die von uns betrachteten Modelle zur Produktion und Lagerhaltung, zur Instandhaltung und zum Ersatz maschineller Produktionsanlagen sowie zur Kapitalakkumulation in vielen Varianten detailliert analysiert. Abschließend sei noch bemerkt, daß sich unsere Behandlung des auf RAHMAN (1963, 1966) zurüchgehenden Problems der optimalen regionalen Allokation von Investitionsmitteln stark an der Darstellung in TAKAYAMA (1985) orientiert.

Kapitel 8

Dynamische Programmierung

In den beiden vorangegangenen Kapiteln wurden mit der Variationsrechnung und der Kontrolltheorie zwei eng miteinander verwandte Ansätze zur Lösung dynamischer Optimierungsprobleme vorgestellt. Diese zeichnen sich zum einen durch eine große formale Ähnlichkeit zum statischen Lagrange-Ansatz aus und sind zum anderen insbesondere für Probleme in stetiger Zeit ($t \in \mathbb{R}_+$) prädestiniert. In diesem Kapitel wollen wir hingegen ein Verfahren vorstellen, das sich vor allem für die Behandlung zeitdiskreter Optimierungsprobleme ($t \in \mathbb{N}_0$) eignet und darüber hinaus keinerlei Ähnlichkeiten zu den bisher dominierenden Lagrange-Verfahren besitzt.[1] Die dynamische Programmierung basiert auf dem erstmals von BELLMAN (1957) formulierten *Optimalitätsprinzip* und weist als Hauptcharakteristikum eine *rekursive* Lösung des Optimierungsproblems auf. Dadurch gelingt es, das komplexere Ausgangsproblem in verhältnismäßig einfache Teilprobleme zu zerlegen, welche in der Regel mit statischen Optimierungsmethoden gelöst werden können.

Im Rahmen der Problemformulierung werden wir zunächst eine bestimmte Klasse von Optimierungsproblemen präsentieren, bei der die dynamische Programmierung am häufigsten zum Einsatz kommt und an der sich die zentrale Idee dieses Verfahrens am besten demonstrieren läßt. Anschließend erfolgen die Formulierung des Optimalitätsprinzips sowie die formale Herleitung und Erläuterung der sog. Bellman-Funktionalgleichungen, mit deren Hilfe die Lösungen der Optimierungsprobleme bestimmt werden können. Dies wird in den Abschnitten 8.2 und 8.3 für den Fall eines endlichen bzw. eines unendlichen Planungszeitraumes durchgeführt und jeweils anhand ausgewählter ökonomischer Beispiele veranschaulicht. Abschließend wird aufgezeigt, inwieweit sich die dynamische Programmierung sogar als Lösungsverfahren für allgemeine Optimierungsprobleme eignet, welche nicht die zuvor behandelte spezielle Struktur aufweisen, und wie die einzelnen Ansätze auf zeitstetige Probleme übertragen werden können.

---

[1] Als kennzeichnendes Element aller Lagrange-Ansätze kann dabei die Existenz bzw. Verwendung gewisser Multiplikatoren aufgefaßt werden, die sowohl in den statischen (Lagrange, Kuhn-Tucker) als auch innerhalb der dynamischen Methoden (Hamilton) von Bedeutung sind, bei der dynamischen Programmierung jedoch nicht explizit auftreten.

Es sei bereits an dieser Stelle hervorgehoben, daß die dynamische Programmierung eigentlich erst dann ihr wahres Potential zur Geltung bringt, wenn zum Zeitpunkt der Entscheidung eine gewisse *Unsicherheit* über zukünftige, für die Entscheidung relevante Aspekte besteht, z.B. in einem stochastischen Modellrahmen. Allerdings haben wir die Behandlung von Optimierungsproblemen bei Unsicherheit vollständig ausgeklammert, da die hierfür benötigten Grundkenntnisse der Stochastik in der Regel nicht als bekannt vorausgesetzt werden können und deren zusätzliche Bereitstellung den Rahmen dieses Buches gesprengt hätte. Die nachfolgende Darstellung der dynamischen Programmierung ist jedoch so konzipiert, daß man sie bei entsprechenden Kenntnissen der Stochastik relativ mühelos auf den stochastischen Fall übertragen kann, so daß sich dieses Kapitel als Ausgangspunkt für eine intensivere Beschäftigung mit der stochastischen dynamischen Programmierung eignet.[2]

8.1 Problemformulierung

Das Ziel dieses Abschnitts ist die Formulierung zeitdiskreter, sequentieller Entscheidungsprobleme, die bei der bisherigen Analyse noch nicht von Bedeutung waren. Zugleich werden einige wichtige Begriffe und Notationen eingeführt. Wie bereits eingangs angedeutet, kann die Methode der dynamischen Programmierung auf nahezu alle statischen und dynamischen Optimierungsprobleme angewendet werden. Es erscheint jedoch aus zwei Gründen sinnvoll, sich in diesem einführenden Kapitel auf eine bestimmte Klasse dynamischer Optimierungsprobleme zu beschränken. Zum einen ist es möglich, für diese Klasse die wesentliche Idee des Optimalitätsprinzips und der daraus abgeleiteten Funktionalgleichungen auf intuitiv einleuchtende Weise zu motivieren und zu demonstrieren, ohne daß die verwendete Notation oder die zu führenden Beweise unübersichtlich werden. Zum anderen stellt die nachfolgend präsentierte Klasse von Optimierungsproblemen insbesondere im Rahmen der Wirtschaftstheorie das häufigste Anwendungsgebiet der dynamischen Programmierung dar, so daß die hierfür hergeleiteten Resultate unmittelbar zum Verständnis der relevanten Literatur beitragen. Darüber hinaus können die wesentlichen Ergebnisse relativ unproblematisch auf allgemeinere Optimierungsprobleme übertragen werden, vgl. auch Abschnitt 8.4.

Wir betrachten daher im folgenden zunächst nur das spezielle dynamische Optimierungsproblem 1 (**DOP1**)

$$F_N(\mathbf{x}, \mathbf{u}) := \sum_{n=0}^{N-1} f_n(\mathbf{x}_n, \mathbf{u}_n) + f_N(\mathbf{x}_N) \to \max_{\mathbf{u}_0, \ldots, \mathbf{u}_{N-1}} ! \qquad (8.1.1)$$

[2]Dies gilt in erster Linie für ein detailliertes, auf die eigene Anwendung der Methoden gerichtetes Studium. Es sollte jedoch bereits mit den hier vermittelten Kenntnissen möglich sein, die Vorgehensweise der stochastischen dynamischen Programmierung bei gegebenen Problemstellungen nachzuvollziehen.

unter den Nebenbedingungen

$$\begin{aligned}\mathbf{x}_{n+1} &= \mathbf{g}_n(\mathbf{x}_n, \mathbf{u}_n), \quad n = 0, 1, ..., N-1, &(8.1.2)\\ \mathbf{x}_n &\in X_n \subset \mathbb{R}^k, \quad n = 0, 1, ..., N, \ \mathbf{x}_0 \text{ fest}, &(8.1.3)\\ \mathbf{u}_n &\in A_n \subset \mathbb{R}^l, \quad n = 0, 1, ..., N-1, &(8.1.4)\end{aligned}$$

wobei $f_n : X_n \times A_n \to \mathbb{R}$, $n = 0, 1, ..., N-1$, $f_N : X_N \to \mathbb{R}$ und $\mathbf{g}_n : X_n \times A_n \to X_{n+1}$, $n = 0, 1, ..., N-1$, vorgegebene Abbildungen bezeichnen sowie zur Vereinfachung $\mathbf{x} := (\mathbf{x}_0, ..., \mathbf{x}_N)$ und $\mathbf{u} := (\mathbf{u}_0, ..., \mathbf{u}_{N-1})$ gesetzt wurde. Die Maximierungsaufgabe (DOP1) kann als dynamisches Problem aufgefaßt werden, wenn n als Zeitindex interpretiert wird. Da $n \in \mathbb{N}_0$ gilt, wird das Problem als *diskret* und jeder Zeitpunkt n als *Stufe* bezeichnet. Die Maximierung der Zielfunktion erfolgt zwischen den Zeitpunkten 0 und N, wobei der Parameter $N \in \mathbb{N}$ den *Horizont* des Optimierungsproblems angibt. Wir beschränken uns anfangs auf den Fall eines endlichen Horizonts ($N < \infty$) und betrachten eine etwas modifizierte Variante von (DOP1) mit unendlichem Horizont ($N = \infty$) am Ende dieses Abschnitts.

Wir wollen zunächst die einzelnen Komponenten von (DOP1) näher erläutern und interpretieren.[3] Durch die Nebenbedingungen in (8.1.2)-(8.1.4) wird analog zu Abschnitt 7.1 ein dynamisches System beschrieben, dessen jeweiliger „Status" durch die *Zustandsvariablen* $\mathbf{x}_n$ repräsentiert wird. Dabei kennzeichnet ein *Zustand* $\mathbf{x}_n \in X_n$ alle zum Zeitpunkt n relevanten Aspekte des dynamischen Systems (z.B. Lagerbestände, Portfolioanteile). Alle im Zeitablauf möglichen Zustände werden durch die *Zustandsräume* X_n, $n = 0, 1, ..., N$, vorgegeben. Die dynamische Entwicklung des Systems kann in jeder Periode durch *Aktions-* oder *Kontrollvariablen* $\mathbf{u}_n \in A_n$ beeinflußt werden, wobei A_n die Menge aller im Zeitpunkt n *möglichen* Aktionen bezeichnet.[4] Es ist aber zu beachten, daß nicht in jedem Zustand $\mathbf{x}_n$ alle möglichen Aktionen auch *zulässig* sind.[5] Daher wird mit $U_n(\mathbf{x}_n) \subset A_n$ die Menge aller im Zeitpunkt n bei Eintritt von $\mathbf{x}_n$ *zulässigen* Aktionen betrachtet. Im folgenden bezeichnen wir $U_n(\mathbf{x}_n)$ kurz als die Menge aller in $\mathbf{x}_n$ zulässigen Aktionen. Damit (DOP1) ein sinnvoll formuliertes Optimierungsproblem darstellt, sollte die Menge der zulässigen Aktionen stets nichtleer sein, also für alle $n = 0, 1, ..., N-1$ und für

[3] Die meisten der nachfolgend aufgeführten Bezeichnungen sind identisch mit jenen des zeitstetigen Kontrollproblems aus Abschnitt 7.1. Dies ist naheliegend und sinnvoll, da sich die relevanten dynamischen Systeme abgesehen vom stetigen bzw. diskreten Zeitindex (d.h. $t \in \mathbb{R}_+$ bzw. $t \in \mathbb{N}_0$) nur geringfügig unterscheiden. Bei der diskreten Formulierung ergeben sich jedoch teilweise etwas veränderte Interpretationen, so daß wir die Bezeichnungen zum besseren Verständnis und der Vollständigkeit halber nochmals angeben.

[4] Die Mengen X_n und A_n wurden lediglich im Hinblick auf ökonomische Anwendungen als Teilmengen des $\mathbb{R}^k$ bzw. des $\mathbb{R}^l$ vorausgesetzt. Die in den Abschnitten 8.2 und 8.3 bewiesenen Sätze gelten auch für weitaus allgemeinere Zustands- und Aktionenräume.

[5] Es ist beispielsweise *möglich*, an jedem Tag eines Monats einen (im Prinzip) beliebigen Teil seines Monatseinkommens auszugeben. Hat man jedoch zur Monatsmitte bereits 3/4 des Einkommens verbraucht, ist es (bei fehlender Ersparnis und Kreditaufnahme) *nicht zulässig*, am nächsten Tag die Hälfte des Einkommens auszugeben. Hätte man hingegen zur Monatsmitte erst 1/4 des Einkommens verbraucht, wäre diese Aktion noch *zulässig*.

alle $\mathbf{x}_n \in X_n$ die Beziehung $U_n(\mathbf{x}_n) \neq \emptyset$ gelten. Diese Forderung ist zwar analog zur entsprechenden Annahme einer nichtleeren Restriktionsmenge $\mathcal{B}$ im Rahmen der statischen Optimierung, ihre praktische Überprüfung kann im hier gegebenen dynamischen Modellrahmen jedoch ein schwieriges Problem darstellen. Schließlich muß $U_n(\mathbf{x}_n) \neq \emptyset$ auf *jeder* Stufe für *alle* möglichen Zustände gesichert sein.[6] Die eigentliche Fortentwicklung des Systems wird durch die *Transformationsfunktionen* $\mathbf{g}_n : X_n \times A_n \to X_{n+1}$ beschrieben. Zu gegebenem Zustand $\mathbf{x}_n$ und gegebener Aktion $\mathbf{u}_n$ bestimmen diese Funktionen den Zustand $\mathbf{x}_{n+1}$ der Folgeperiode. Ziel ist es nun, das dynamische System durch Wahl der Aktionen $\mathbf{u}_0, ..., \mathbf{u}_{N-1}$ so zu beeinflussen, daß die N-stufige Zielfunktion $F_N : (\times_{n=0}^{N} X_n) \times (\times_{n=0}^{N-1} A_n) \to \mathbb{R}$ maximiert wird. Diese setzt sich annahmegemäß *additiv* aus den sog. *einstufigen Nutzenfunktionen* $f_n : X_n \times A_n \to \mathbb{R}$, $n = 0, 1, ..., N-1$, sowie der durch $f_N : X_N \to \mathbb{R}$ gegebenen *Endauszahlung* zusammen. Die Bezeichnung als „Nutzenfunktion" ist hier sehr allgemein aufzufassen und soll lediglich zum Ausdruck bringen, daß sie für die Beurteilung der Aktionen und Zustände relevant ist. In der Literatur sind auch die Begriffe Gewinn-, Auszahlungs- und Kostenfunktion (bei Minimierungsproblemen) gebräuchlich, und wir werden diese z.T. ebenfalls synonym zur Nutzenfunktion verwenden. Man beachte, daß die Auszahlung bzw. der Nutzen in allen „Zwischenperioden" sowohl vom jeweiligen Zustand als auch von der gewählten Aktion abhängt, während am Ende $(n = N)$ keine Aktion mehr gewählt wird und lediglich der Endzustand noch einen Einfluß auf den Wert der Zielfunktion besitzt.

Anders als in allen bisherigen Kapiteln benötigen wir im Rahmen der dynamischen Programmierung zunächst keine Regularitätsbedingungen (z.B. Stetigkeit oder Differenzierbarkeit) für die Funktionen $\mathbf{g}_n$, f_n und f_N. Viele wesentliche Aussagen gelten insbesondere im endlichstufigen Modell auch für (im Prinzip) beliebige Abbildungen, so daß wir ggf. erforderliche Zusatzannahmen erst an den entsprechenden Stellen aufführen, an denen sie benötigt werden. Beispielsweise ist die Stetigkeit der Funktionen nur wichtig, um die Existenz von Lösungen nachzuweisen, vgl. Abschnitt 8.5.

Bemerkung 8.1 Es ist besonders zu beachten, daß wir bei der Formulierung von (DOP1) bereits zwei wesentliche Aspekte berücksichtigt haben, welche die rekursive Bestimmung einer Lösung mittels der sog. Bellman-Funktionalgleichungen ermöglichen werden. Dabei handelt es sich zum einen um die Additivität der Zielfunktion. Diese stellt sicher, daß sich das Entscheidungsproblem auf jeder Stufe n so zerlegen läßt, daß der Einfluß zukünftiger Entscheidungen und der in Periode n zu wählenden Aktion getrennt betrachtet werden kann. Definiert man nämlich $G_n(\mathbf{x}_n, ..., \mathbf{x}_N, \mathbf{u}_n, ..., \mathbf{u}_{N-1}) := \sum_{k=n}^{N-1} f_k(\mathbf{x}_k, \mathbf{u}_k) + f_N(\mathbf{x}_N)$, erhält man einerseits $G_0 = F_N$ und andererseits die rekursive Beziehung $G_n = f_n + G_{n+1}$ für die partiellen Entscheidungsprobleme ab Stufe n. Dies verdeutlicht darüber hinaus, daß man bei

[6] Alternativ könnte man die etwas schwächere Minimalforderung stellen, daß auf jeder Stufe zumindest ein Zustand $\mathbf{x}_n \in X_n$ existiert, für den $U_n(\mathbf{x}_n)$ nichtleer ist. Zur Vereinfachung der Darstellung wählen wir jedoch die im Text genannte restriktivere Annahme.

einer sukzessiven Vorgehensweise auf jeder Stufe ein formal identisches Problem zu lösen hätte. Eine derartige Separierbarkeit der Zielfunktion ist auch für andere funktionale Formen gegeben, der additive Fall ist jedoch der einsichtigste und zudem der gebräuchlichste. Allerdings läßt sich die grundsätzliche *Idee* der dynamischen Programmierung sogar auf Zielfunktionen anwenden, die nicht über diese Eigenschaft verfügen, vgl. Abschnitt 8.4.1.

Die zweite entscheidende Eigenschaft von (DOP1) besteht genau wie im Kontollproblem aus Abschnitt 7.1 darin, daß der Zustand $\mathbf{x}_{n+1}$ der nächsten Periode neben der Aktion $\mathbf{u}_n$ lediglich vom derzeitigen Zustand $\mathbf{x}_n$, nicht jedoch von dessen Vorgeschichte abhängt. In Anlehnung an die stochastische Variante von (DOP1) wird dies erneut als *Markov-Eigenschaft* des dynamischen Systems bezeichnet. Es stellt sich zudem heraus, daß eine Betrachtung von dynamischen Systemen, die der Markov-Eigenschaft genügen, ausreichend ist, da Systeme ohne diese Eigenschaft durch geeignete Umdefinitionen der Zustands- und Aktionenräume in äquivalente Probleme mit Markov-Eigenschaft transformiert werden können.[7] □

Wir wollen voraussetzen, daß ein Anfangszustand $\mathbf{x}_0 \in X_0$ des dynamischen Systems fest vorgegeben ist und erste Überlegungen anstellen, wie man zu einer Lösung von (DOP1) gelangen kann. Zunächst muß man sich verdeutlichen, daß die in Bemerkung 8.1 angesprochene Separierbarkeit der Zielfunktion nicht dahingehend ausgenutzt werden kann, einfach in jeder Periode die einstufige Nutzenfunktion f_n zu maximieren. Aufgrund des dynamischen Charakters des Entscheidungsproblems hängt die Entscheidung in jeder Periode n nämlich einerseits von allen vorher getroffenen Entscheidungen ab und beeinflußt andererseits selbst wieder die in folgenden Perioden zulässigen Aktionen. Diese Interdependenz muß bei der Bestimmung einer Lösung berücksichtigt werden, so daß im Grunde nur zwei mögliche Vorgehensweisen verbleiben. Die erste besteht darin, (DOP1) als statisches Problem aufzufassen und alle Aktionen $\mathbf{u}_0, ..., \mathbf{u}_{N-1}$ *simultan* im Zeitpunkt 0 zu bestimmen. Diese sog. *open-loop* Optimierung besitzt allerdings den Nachteil, daß im Zeitablauf nicht mehr auf die jeweiligen Zustände des Systems reagiert, sondern lediglich „stur" an den früher bestimmten Aktionen festgehalten wird. Naheliegender ist hingegen, daß ein Entscheider mit der konkreten Auswahl einer Aktion $\mathbf{u}_n$ solange wartet, bis der tatsächliche Zustand $\mathbf{x}_n$ eingetreten ist, um so auf die jeweilige Entwicklung des dynamischen Systems reagieren zu können. Vor diesem Hintergrund wären also zum Zeitpunkt 0 keine konkreten Aktionen, sondern vielmehr *Entscheidungsregeln* zu bestimmen, welche die jeweils optimale Aktion $\mathbf{u}_n$ als *Funktion* des (zum Planungszeit-

[7] Es sei daran erinnert, daß hierbei nicht davon ausgegangen wird, die Vergangenheit vor Periode n sei vollkommen irrelevant. Vielmehr impliziert die Markov-Eigenschaft, daß alle aus der Vergangenheit *relevanten* Informationen durch den Zustand $\mathbf{x}_n$ repräsentiert werden und daß auf dessen Basis eine optimale Entscheidung für die Folgeperioden möglich ist.

In manchen Anwendungen kann es vorkommen, daß auch zurückliegende Werte der „Zustandsgröße" für das weitere Vorgehen bedeutsam sind (z.B. Tageskurse von Aktien). In diesem Fall ist es möglich, eine „neue" Zustandsvariable zu definieren, deren Komponenten auch die relevanten Vergangenheitswerte enthalten. Die Markov-Eigenschaft des Systems wird dadurch *nicht* verletzt.

punkt noch unbekannten) Zustandes $\mathbf{x}_n$, $n \geq 1$, angeben. Die Bestimmung derartiger *feed-back* Regeln wird auch als *closed-loop* Optimierung bezeichnet, und sie ist der zentrale Inhalt der dynamischen Programmierung. Allerdings muß einschränkend gesagt werden, daß die Unterscheidung zwischen open-loop und closed-loop Optimierung bei *deterministischen* Problemen etwas künstlich ist, da beide Ansätze in diesem Fall äquivalent sind. Bei festem Anfangszustand sind nämlich alle späteren Zustände durch die Entscheidungsregeln bereits festgelegt, so daß die resultierenden optimalen Aktionen (im Falle ihrer Eindeutigkeit) mit jenen einer open-loop Optimierung übereinstimmen müssen. Ein signifikanter Unterschied ergibt sich erst in der *stochastischen* Variante von (DOP1), bei der die Entwicklung des dynamischen Systems im Zeitablauf durch die Realisation von Zufallsvariablen beeinflußt wird. Somit sind die späteren Zustände durch die zu Beginn gewählten Aktionen noch nicht festgelegt. Darüber hinaus liefern die Realisationen der Zufallsvariablen sukzessive *zusätzliche* Informationen, die bei einem optimalen Verhalten berücksichtigt werden sollten. Folglich bringt die closed-loop Optimierung hier wirklich einen Vorteil, da in jeder Periode letztendlich erst auf Basis des beobachteten Zustandes dieser Periode eine konkrete Aktion ausgewählt wird. Obwohl die dynamische Programmierung somit erst im stochastischen Modellrahmen ihre entscheidenden Vorteile zur Geltung bringt, ist die ausführliche Behandlung der deterministischen Ansätze durchaus gerechtfertigt. Zum einen lassen sich die wesentliche Idee und die konkreten Methoden ohne Berücksichtigung der in der Stochastik auftretenden maßtheoretischen Probleme gut aufzeigen und können später direkt auf den stochastischen Fall übertragen werden. Zum anderen erhält man für das deterministische Problem ein intuitiv einleuchtendes, alternatives Verfahren, das häufig leichter bestimmbare und besser interpretierbare Lösungen liefert als die simultane Lösung des Optimierungsproblems. Darüber hinaus kann man im Falle optimaler feed-back Regeln auch Aussagen darüber machen, wie man sich im weiteren Verlauf optimalerweise verhalten sollte, wenn das dynamische System in einer späteren Periode von einem möglicherweise nicht optimalen Zustand aus gestartet wird. Dies wäre bei einer open-loop Optimierung nicht möglich.

Das Ziel einer Ermittlung optimaler Funktionen anstelle einzelner Aktionen macht die Einführung einiger neuer Begriffe sowie eine geringfügige Umformulierung von (DOP1) notwendig.

Definition 8.1

1. *Eine Abbildung* $\boldsymbol{\alpha}_n : X_n \to A_n$, $n = 0, 1, ..., N-1$, *heißt* Entscheidungsregel der n-ten Stufe. *Die Entscheidungsregel* $\boldsymbol{\alpha}_n$ *heißt* zulässig, *wenn* $\boldsymbol{\alpha}_n(\mathbf{x}_n) \in U_n(\mathbf{x}_n)$ *für alle* $\mathbf{x}_n \in X_n$ *gilt.*

2. *Das Tupel* $\boldsymbol{\pi} := (\boldsymbol{\alpha}_0, \boldsymbol{\alpha}_1, ..., \boldsymbol{\alpha}_{N-1})$ *heißt* N-stufige Politik.[8] *Die* N*-stufige Politik heißt zulässig, wenn alle Entscheidungsregeln* $\boldsymbol{\alpha}_0, ..., \boldsymbol{\alpha}_{N-1}$ *zulässig sind. Die Menge aller zulässigen* N*-stufigen Politiken werde mit* Π *bezeichnet.*

[8] In der Literatur wird häufig synonym der Begriff eines Plans oder einer Strategie verwendet.

Aus der oben gemachten Annahme, daß die Menge $U_n(\mathbf{x}_n)$ der in $\mathbf{x}_n$ zulässigen Aktionen für *alle* $\mathbf{x}_n \in X_n$ und für alle $n = 0, 1, ..., N-1$ nichtleer ist, folgt, daß auch die Menge Π nichtleer ist, es also auf jeden Fall eine zulässige Politik $\boldsymbol{\pi} \in \Pi$ gibt. Für jeden festen Zustand $\overline{\mathbf{x}}_n$ ist $\overline{\mathbf{u}}_n = \boldsymbol{\alpha}_n(\overline{\mathbf{x}}_n)$ eine Aktion, und die Politik $\overline{\boldsymbol{\pi}} := (\boldsymbol{\alpha}_0(\overline{\mathbf{x}}_0), ..., \boldsymbol{\alpha}_{N-1}(\overline{\mathbf{x}}_{N-1}))$ stellt eine bestimmte *Steuerung* des dynamischen Systems dar. Im Hinblick auf eine closed-loop Optimierung ist (DOP1) nun so umzuformulieren, daß die Maximierung eines von $\boldsymbol{\alpha}_0, ..., \boldsymbol{\alpha}_{N-1}$ abhängigen Ziel*funktionals* über alle Politiken erfolgt. Man erhält also das dynamische Optimierungsproblem 1′ (**DOP1′**)

$$V_{\boldsymbol{\pi}}(\mathbf{x}_0) := \sum_{n=0}^{N-1} f_n(\mathbf{x}_n, \boldsymbol{\alpha}_n(\mathbf{x}_n)) + f_N(\mathbf{x}_N) \to \max_{\boldsymbol{\pi} \in \Pi}! \tag{8.1.5}$$

unter den Nebenbedingungen

$$\mathbf{x}_{n+1} = \mathbf{g}_n(\mathbf{x}_n, \boldsymbol{\alpha}_n(\mathbf{x}_n)), \quad n = 0, 1, ..., N-1, \tag{8.1.6}$$

$$\mathbf{x}_n \in X_n \subset \mathbb{R}^k, \quad n = 0, 1, ..., N, \ \mathbf{x}_0 \text{ fest}, \tag{8.1.7}$$

$$\boldsymbol{\alpha}_n(\mathbf{x}_n) \in U_n(\mathbf{x}_n) \subset A_n \subset \mathbb{R}^l, \quad n = 0, 1, ..., N-1. \tag{8.1.8}$$

Das Optimierungsproblem und seine Lösung hängen von dem gegebenen Anfangszustand $\mathbf{x}_0$ ab, weshalb diese Abhängigkeit für das Zielfunktional in (8.1.5) explizit hervorgehoben wird. Alle späteren Zustände $\mathbf{x}_n$, $n = 1, ..., N$, sind als endogen zu betrachten. Dabei ist es wesentlich, daß der Zielwert $V_{\boldsymbol{\pi}}(\mathbf{x}_0)$ tatsächlich *nur* von $\mathbf{x}_0$ und $\boldsymbol{\pi}$ abhängt (bei gegebenen $\mathbf{g}_n$, f_n und f_N). Die in (8.1.5) enthaltenen Variablen $\mathbf{x}_n$, $n = 1, ..., N$, lassen sich nämlich über die Transformationsfunktionen $\mathbf{g}_n$ und die Entscheidungsregeln $\boldsymbol{\alpha}_n$ auf $\mathbf{x}_0$ zurückführen.[9] Das Ziel besteht darin, eine zulässige Politik $\boldsymbol{\pi}^*$ mit $V_{\boldsymbol{\pi}^*}(\mathbf{x}_0) \geq V_{\boldsymbol{\pi}}(\mathbf{x}_0)$ für alle $\boldsymbol{\pi} \in \Pi$ zu bestimmen. Dabei soll $\boldsymbol{\pi}^*$ für jeden Anfangszustand $\mathbf{x}_0 \in X_0$ den größten Wert des Zielfunktionals liefern. Dies führt zu folgender Definition:

Definition 8.2 *Eine zulässige Politik* $\boldsymbol{\pi}^* \in \Pi$ *heißt* optimal, *wenn für alle* $\mathbf{x}_0 \in X_0$

$$V_{\boldsymbol{\pi}^*}(\mathbf{x}_0) = \sup_{\boldsymbol{\pi} \in \Pi} V_{\boldsymbol{\pi}}(\mathbf{x}_0) \tag{8.1.9}$$

gilt. Die für alle $\mathbf{x}_0 \in X_0$ *durch*

$$V(\mathbf{x}_0) := \sup_{\boldsymbol{\pi} \in \Pi} V_{\boldsymbol{\pi}}(\mathbf{x}_0) \tag{8.1.10}$$

definierte Abbildung $V : X_0 \to \overline{\mathbb{R}}$ *wird als* Wertfunktion *bezeichnet.*

Die Wertfunktion ordnet jedem Anfangszustand $\mathbf{x}_0 \in X_0$ den zu erreichenden Optimalwert von (DOP1′) zu und liefert somit einen Teil der Lösung des Optimierungsproblems. Der entscheidende Teil der Lösung besteht jedoch darin, eine optimale Politik $\boldsymbol{\pi}^*$ zu finden, mit welcher der Optimalwert von (DOP1′) auch realisiert

[9] Für $N = 1$ besitzt $V_{\boldsymbol{\pi}}(\mathbf{x}_0)$ beispielsweise die Gestalt $V_{\boldsymbol{\pi}}(\mathbf{x}_0) = f_0(\mathbf{x}_0, \boldsymbol{\alpha}_0(\mathbf{x}_0)) + f_1(\mathbf{g}_0(\mathbf{x}_0, \boldsymbol{\alpha}_0(\mathbf{x}_0)))$.

wird. Es sei hier betont, daß die *Existenz* einer optimalen Politik durch die bisherigen Modellannahmen noch *nicht* gesichert ist, d.h., es muß keine Politik $\boldsymbol{\pi}$ geben, für die das Supremum in (8.1.9) tatsächlich angenommen wird. In diesem Fall kann man nur noch mit sog. ε-optimalen Politiken[10] arbeiten, wodurch die Definition der Wertfunktion jedoch unberührt bleibt. Diese existiert nämlich auch dann, wenn es keine optimale Politik im Sinne von Definition 8.2 gibt, d.h., wenn das Supremum in (8.1.9) nicht angenommen wird. Falls jedoch eine optimale Politik existiert, nimmt V nur Werte aus $\mathbb{R}$ an, ist also stets endlich, und das Supremum in (8.1.9) und (8.1.10) kann durch das Maximum ersetzt werden.

Am Ende dieses Abschnitts sollen die oben dargestellten Optimierungsprobleme und Begriffe auf den Fall eines unendlichen Horizonts übertragen werden. Wie die in Kapitel 5 aufgeführten Beispiele gezeigt haben, wird ein unendlicher Horizont in zahlreichen ökonomischen Modellen unterstellt, woraus sich bereits die Notwendigkeit ergibt, entsprechende Lösungsverfahren bereitzustellen. Darüber hinaus wird vor allem in ingenieurwissenschaftlich orientierten Lehrbüchern zur dynamischen Programmierung betont, daß die für $N = \infty$ ermittelten Lösungen in der Regel gute Approximationen für die manchmal schwieriger zu bestimmenden Lösungen endlichstufiger Probleme darstellen, so daß sich hiermit eine weitere Rechtfertigung für die Betrachtung dieses eigentlich unrealistischen Falles ergibt. Wir konzentrieren uns dabei auf sog. *stationäre* Probleme, bei denen die Zustands- und Aktionenräume X_n und $U_n(\mathbf{x}_n)$ (bzw. A_n) sowie die Transformations- und Nutzenfunktionen $\mathbf{g}_n$ und f_n *zeitunabhängig* sind. Es gibt also nur einen Zustandsraum $X \subset \mathbb{R}^k$, auf jeder Stufe identische Mengen zulässiger Aktionen $U(\mathbf{x}_n) \subset A \subset \mathbb{R}^l$, $n = 0, 1, ..., N-1$, eine Transformationsfunktion $\mathbf{g} : X \times A \to X$ und eine einstufige Nutzenfunktion $f : X \times A \to \mathbb{R}$. Analog zum endlichstufigen Fall setzen wir voraus, daß die Menge $U(\mathbf{x})$ für alle $\mathbf{x} \in X$ nichtleer ist. Die Endauszahlungsfunktion f_N entfällt, da bei unendlichem Horizont keine letzte Periode existiert. Zusätzlich zum endlichstufigen Problem wird hingegen ein *Diskontierungsfaktor* $0 < \beta \leq 1$ eingeführt, mit dem die Nutzenwerte späterer Perioden abgezinst werden, d.h., es gilt nun $f_n(\mathbf{x}_n, \mathbf{u}_n) = \beta^n f(\mathbf{x}_n, \mathbf{u}_n)$. Dieser Diskontierungsfaktor kann auch im Rahmen der Modelle mit endlichem Horizont betrachtet werden, da dort zeitabhängige einstufige Nutzenfunktionen zugelassen sind. Bei einem unendlichen Horizont ist die explizite Darstellung aufgrund der angestrebten Konvergenzeigenschaften jedoch zweckmäßig. Damit erhält man in Erweiterung von (DOP1′) das dynamische Optimierungsproblem 2 (**DOP2**)

$$V_{\pi^\infty}^{\infty}(\mathbf{x}_0) := \lim_{N\to\infty} \sum_{n=0}^{N-1} \beta^n f(\mathbf{x}_n, \boldsymbol{\alpha}_n(\mathbf{x}_n)) \to \max_{\pi^\infty \in \Pi^\infty} ! \tag{8.1.11}$$

unter den Nebenbedingungen

$$\mathbf{x}_{n+1} = \mathbf{g}(\mathbf{x}_n, \boldsymbol{\alpha}_n(\mathbf{x}_n)), \quad n \in \mathbb{N}_0, \tag{8.1.12}$$

[10] Vgl. dazu auch Bemerkung 8.5 in Abschnitt 8.2.

$$\mathbf{x}_n \in X \subset \mathbb{R}^k, \quad n \in \mathbb{N}_0, \ \mathbf{x}_0 \text{ fest}, \tag{8.1.13}$$

$$\boldsymbol{\alpha}_n(\mathbf{x}_n) \in U(\mathbf{x}_n) \subset A \subset \mathbb{R}^l, \quad n \in \mathbb{N}_0, \tag{8.1.14}$$

wobei $\boldsymbol{\pi}^\infty := (\boldsymbol{\alpha}_0, \boldsymbol{\alpha}_1, ...)$ eine unendlichstufige Politik und Π^∞ die Menge aller zulässigen unendlichstufigen Politiken bezeichnet. Unter den in den folgenden Abschnitten gemachten Voraussetzungen wird der Grenzwert in (DOP2) stets existieren, wobei die uneigentlichen Grenzwerte $+\infty$ und $-\infty$ zugelassen sind.[11]

Der Optimalwert von (DOP2) wird analog zum endlichstufigen Fall durch die Wertfunktion angegeben. Dabei handelt es sich um die für alle $\mathbf{x}_0 \in X$ durch

$$V^\infty(\mathbf{x}_0) := \sup_{\boldsymbol{\pi}^\infty \in \Pi^\infty} V^\infty_{\boldsymbol{\pi}^\infty}(\mathbf{x}_0) \tag{8.1.15}$$

definierte Abbildung $V^\infty : X \to \overline{\mathbb{R}}$. Ebenso ist eine optimale Politik $\boldsymbol{\pi}^{\infty,*}$ durch die Bedingung

$$V^\infty_{\boldsymbol{\pi}^{\infty,*}}(\mathbf{x}_0) = \sup_{\boldsymbol{\pi}^\infty \in \Pi^\infty} V^\infty_{\boldsymbol{\pi}^\infty}(\mathbf{x}_0) \quad \forall \mathbf{x}_0 \in X \tag{8.1.16}$$

charakterisiert. Eine Besonderheit der stationären Probleme mit unendlichem Horizont besteht darin, daß ihre Lösungen (im Falle der Existenz) häufig *stationäre* Politiken der Form $\boldsymbol{\pi}^\infty = (\boldsymbol{\alpha}, \boldsymbol{\alpha}, ...)$ sind. Es wird dabei also auf jeder Stufe des dynamischen Systems die *gleiche* Entscheidungsregel angewendet. Definiert man den zur stationären Politik $\boldsymbol{\pi}^\infty = (\boldsymbol{\alpha}, \boldsymbol{\alpha}, ...)$ gehörigen Gesamtnutzen $V^\infty_{\boldsymbol{\alpha}}(\mathbf{x}_0)$ durch

$$V^\infty_{\boldsymbol{\alpha}}(\mathbf{x}_0) := \sum_{n=0}^{\infty} \beta^n f(\mathbf{x}_n, \boldsymbol{\alpha}(\mathbf{x}_n)), \tag{8.1.17}$$

so ist eine stationäre Politik genau dann optimal, wenn $V^\infty_{\boldsymbol{\alpha}}(\mathbf{x}_0) = V^\infty(\mathbf{x}_0) \ \forall \mathbf{x}_0 \in X$ gilt.

Bemerkung 8.2 Bei dem in (DOP2) formulierten Optimierungsproblem handelt es sich um ein Problem der Maximierung des sog. *totalen* Gesamtnutzens. Dieses ist offenbar nur dann sinnvoll formuliert, wenn der dort auftretende Grenzwert zumindest für einige Anfangszustände und Politiken endlich ist. Es sind jedoch auch (realistische und praktisch relevante!) Konstellationen denkbar, in denen der Grenzwert für alle Anfangszustände und für alle Politiken den Wert ∞ annimmt. In diesen Fällen erweist es sich oftmals als sinnvoll, das Zielfunktional

$$J^\infty_{\boldsymbol{\pi}^\infty}(\mathbf{x}_0) := \lim_{N \to \infty} \frac{1}{N} \sum_{n=0}^{N-1} \beta^n f(\mathbf{x}_n, \boldsymbol{\alpha}(\mathbf{x}_n))$$

zu betrachten, das eine Maximierung des *durchschnittlichen* Nutzens beinhaltet. Wir werden diesen (komplizierteren) Fall jedoch nicht analysieren. □

Damit haben wir nunmehr alle benötigten Begriffe bereitgestellt und können im nächsten Abschnitt zur eigentlichen Herleitung der Lösungsverfahren übergehen.

[11] Der Grenzwert in (8.1.11) existiert also zumindest im Sinne der bestimmten Divergenz gegen $+\infty$ oder $-\infty$. Eine Folge $\{a_n\}_{n\in\mathbb{N}}$ von Zahlen heißt bestimmt divergent gegen $+\infty$ $(-\infty)$, wenn es zu jedem $k \in \mathbb{R}$ ein $N \in \mathbb{N}$ mit $a_n > k$ $(< k)$ für alle $n \geq N$ gibt, kurz $\lim_{n\to\infty} a_n = \infty$ $(-\infty)$.

8.2 Endlicher Horizont: Das Optimalitätsprinzip und die rekursive Lösung

Wir betrachten das in Abschnitt 8.1 angegebene Optimierungsproblem (DOP1′) mit endlichem Horizont, wobei alle dort aufgeführten Voraussetzungen und Bezeichnungen weiter Bestand haben. Eine Lösung von (DOP1′) besteht zum einen aus einer optimalen Politik $\boldsymbol{\pi}^*$ (im Sinne von Definition 8.2) und zum anderen aus der Wertfunktion V, die in Abhängigkeit des Anfangszustandes $\mathbf{x}_0 \in X_0$ den (maximal erreichbaren) Optimalwert des Problems angibt. Dabei stellt sich zunächst die Frage, unter welchen Bedingungen überhaupt eine optimale Politik *existiert*, d.h., wann es eine Politik $\boldsymbol{\pi}^*$ gibt, für die das Supremum in (8.1.10) angenommen wird und mit welcher somit tatsächlich der Optimalwert $V(\mathbf{x}_0)$ erreicht werden kann. Genau wie in allen bisherigen Kapiteln soll diese Existenzproblematik nicht im Mittelpunkt des Interesses stehen und daher zunächst ausgeklammert werden. Wir werden statt dessen an den entsprechenden Stellen einfach *annehmen*, daß eine optimale Politik existiert und erst im Anhang zu diesem Kapitel (Abschnitt 8.5) eine hinreichende Bedingung für die Existenz optimaler Politiken nachliefern. Diese stellt im wesentlichen eine Verallgemeinerung des Satzes von Weierstraß (vgl. Satz 1.10 in Kapitel 1) auf (DOP1′) dar, für den im Vergleich zu den ohnehin schon im Rahmen von (DOP1′) gemachten Annahmen lediglich einige weitere einschränkende Voraussetzungen an die Mengen X_n, A_n und $U_n(\mathbf{x}_n)$ sowie die Funktionen $\mathbf{g}_n$, f_n und f_N erforderlich sind. Im Hinblick auf ein besseres Verständnis des Verfahrens erscheint diese Vorgehensweise gerechtfertigt.

Die Lösung des Optimierungsproblems (DOP1′) mit Hilfe des *Optimalitätsprinzips* und den daraus ableitbaren *Bellman-Funktionalgleichungen* soll im folgenden zunächst auf eher heuristischem Wege erläutert werden, um ein intuitives Verständnis für diese allgemein anwendbare Methode zu entwickeln. Das Optimalitätsprinzip beinhaltet eine grundlegende Einsicht über die Struktur bzw. die Zusammensetzung optimaler Politiken. Es wurde von BELLMAN (1957), S. 83, wie folgt formuliert:

„Principal of Optimality“:

„An optimal policy has the property that whatever the initial state and initial decision are, the remaining decisions must constitute an optimal policy with regard to the state resulting from the first decision.“

Mit anderen Worten: Für ein optimales Verhalten ab einer gewissen Stufe n des dynamischen Systems darf nur der in n erreichte Zustand eine Rolle spielen, nicht jedoch, wie man durch frühere Entscheidungen in diesen Zustand gelangt ist. Diese Erkenntnis beinhaltet ein interessantes und wichtiges Ergebnis in bezug auf optimale Politiken. Angenommen, es wurden auf den ersten n Stufen jeweils die zu einer optimalen Politik gehörigen Entscheidungen ausgeführt und ein entsprechender Zustand erreicht. Dann muß eine optimale Politik für das „Restproblem“ ab Stufe n gerade mit dem letzten Teil der optimalen Politik des Gesamtproblems übereinstimmen, da andernfalls durch Kombination des ersten Teils dieser Politik und der „besseren" Restpolitik eine bessere Gesamtpolitik konstruiert werden könnte. Dies stünde jedoch im Widerspruch zur Optimalität der ursprünglichen Politik. Das Optimalitätsprinzip impliziert folglich, daß eine optimale Politik des N-stufigen Optimierungsproblems aus lauter optimalen Teilpolitiken für die „Restprobleme" ab jeder Stufe n zusammengesetzt sein muß. Tatsächlich geht das Optimalitätsprinzip sogar noch weiter: Selbst wenn man sich auf den ersten Stufen „unvorteilhaft" verhalten und einen entsprechend „schlechten" Zustand erreicht hat („whatever the initial state and decision are"), kann man dieses suboptimale Verhalten nicht etwa durch ein nochmaliges Abweichen von einer optimalen Gesamtpolitik ausgleichen, sondern sollte vielmehr die optimale Restpolitik ausführen, um noch einen möglichst hohen Gesamtnutzen zu realisieren. Man beachte dabei, daß Politiken stets aus Entscheidungs*regeln* zusammengesetzt sind, welche die optimale Entscheidung in Abhängigkeit aller möglichen Zustände angeben.

Die entscheidende mathematische Idee der dynamischen Programmierung besteht nun darin, das N-stufige Gesamtproblem in N einstufige Teilprobleme zu zerlegen und die Lösung unter Ausnutzung der eben hergeleiteten Eigenschaft optimaler Politiken im Rahmen einer Rückwärtsrechnung *rekursiv* zu bestimmen. Es wird also, beginnend mit $n = N - 1$, auf jeder Stufe n eine optimale Entscheidung ermittelt, bei der ein optimales Verhalten in allen nachfolgenden Perioden berücksichtigt ist. Aufgrund des Optimalitätsprinzips ergibt die Zusammensetzung der optimalen Einzelentscheidungen dann eine optimale Politik. Bei dieser Vorgehensweise ist zu beachten, daß die optimale Entscheidung jeder Stufe n von dem jeweiligen Zustand $\mathbf{x}_n$ abhängt, dessen optimaler (von den vorherigen optimalen Entscheidungen abhängiger) Wert während der Rekursion natürlich noch *unbekannt* ist. Wie im vorigen Abschnitt bereits angedeutet wurde, ist folglich auf jeder Stufe de facto eine Entscheidungs*regel* zu bestimmen, welche die optimale Entscheidung in Abhängigkeit *aller*, möglicherweise nicht optimaler Zustände angibt. Erst *nach* Beendigung der Rekursion ist es möglich, vom gegebenen Anfangszustand $\mathbf{x}_0$ ausgehend, mittels einer *Vorwärtsrechnung* alle optimalen Aktionen und Zustände und somit die eigentliche Lösung des Optimierungsproblems zu ermitteln.[12]

Im Hinblick auf eine praktische Nutzung des Optimalitätsprinzips ist es notwendig, die obigen Überlegungen so zu formalisieren, daß man ein konkretes Verfahren bzw. einen Algorithmus zur Bestimmung einer Lösung dynamischer Optimierungsprobleme erhält. Dabei spielen offensichtlich die Teilprobleme ab einer beliebigen Stufe n eine wesentliche Rolle, so daß wir die in Abschnitt 8.1 eingeführten Begriffe und Notationen hierauf übertragen müssen.

---

[12] Man beachte, daß diese Kombination aus Rückwärts- und Vorwärtsrechnung nur im Rahmen deterministischer Probleme möglich ist, da in diesem Fall bei gegebenem Anfangszustand der gesamte Ablauf des dynamischen Systems festliegt. Im stochastischen Modell wird der tatsächliche Verlauf noch vom Zufall beeinflußt, und man muß sich in der Tat mit optimalen Entscheidungsregeln zufriedengeben.

Definition 8.3 *Sei $0 \le n \le N-1$ und seien Entscheidungsregeln $\boldsymbol{\alpha}_0, ..., \boldsymbol{\alpha}_{N-1}$ gegeben. Dann bezeichnet $\boldsymbol{\pi}_n := (\boldsymbol{\alpha}_n, ..., \boldsymbol{\alpha}_{N-1})$ eine* Politik ab Stufe n. *Die Politik heißt* zulässig, *wenn $\boldsymbol{\alpha}_n, ..., \boldsymbol{\alpha}_{N-1}$ im Sinne von Definition 8.1 zulässig sind. Ferner sei Π_n die Menge aller zulässigen Politiken ab Stufe n. Weiter bezeichne*

$$V_{n\boldsymbol{\pi}_n}(\mathbf{x}_n) := \sum_{k=n}^{N-1} f_k(\mathbf{x}_k, \boldsymbol{\alpha}_k(\mathbf{x}_k)) + f_N(\mathbf{x}_N), \quad \mathbf{x}_n \in X_n, \tag{8.2.1}$$

den mit $\boldsymbol{\pi}_n$ erzielbaren Teilnutzen ab Stufe n und

$$V_n(\mathbf{x}_n) := \sup_{\boldsymbol{\pi}_n \in \Pi_n} V_{n\boldsymbol{\pi}_n}(\mathbf{x}_n), \quad \mathbf{x}_n \in X_n, \tag{8.2.2}$$

den ab Stufe n maximal erreichbaren Teilnutzen, wobei die Zustandsvariablen $\mathbf{x}_k$ in (8.2.1) über die Transformationsgleichung $\mathbf{x}_{k+1} = \mathbf{g}_k(\mathbf{x}_k, \boldsymbol{\alpha}_k(\mathbf{x}_k))$, $k \ge n$, miteinander verknüpft sind. Eine Politik $\boldsymbol{\pi}_n^*$ heißt optimal *für das Teilproblem ab Stufe n, wenn für alle $\mathbf{x}_n \in X_n$*

$$V_{n\boldsymbol{\pi}_n^*}(\mathbf{x}_n) = V_n(\mathbf{x}_n) \tag{8.2.3}$$

gilt.

Bemerkung 8.3 Für die in Definition 8.1 und 8.2 eingeführte Politik $\boldsymbol{\pi}$, das Zielfunktional $V_{\boldsymbol{\pi}}(\mathbf{x}_0)$ und die Wertfunktion V gilt $\boldsymbol{\pi}_0 = \boldsymbol{\pi}$, $V_{0\boldsymbol{\pi}_0}(\mathbf{x}_0) = V_{\boldsymbol{\pi}}(\mathbf{x}_0)$ und $V_0(\mathbf{x}_0) = V(\mathbf{x}_0)$, d.h., Definition 8.3 enthält die letztlich interessierenden Größen des Optimierungsproblems (DOP1′) als „Spezialfall" für die Stufe $n = 0$. □

Wir sind nunmehr in der Lage, die Bellman-Funktionalgleichungen herzuleiten, mit deren Hilfe die Durchführung der oben beschriebenen Rekursion erfolgen kann. Diese gelten bemerkenswerterweise auch dann, wenn keine optimale Politik existiert, so daß wir weiterhin mit dem Supremum arbeiten. Durch Kombination von (8.2.1) und (8.2.2) erhält man für alle $n = 0, 1, ..., N-1$

$$V_n(\mathbf{x}_n) = \sup_{\boldsymbol{\pi}_n \in \Pi_n} \left(\sum_{k=n}^{N-1} f_k(\mathbf{x}_k, \boldsymbol{\alpha}_k(\mathbf{x}_k)) + f_N(\mathbf{x}_N) \right),$$

wobei erneut die Beziehung $\mathbf{x}_{k+1} = \mathbf{g}_k(\mathbf{x}_k, \boldsymbol{\alpha}_k(\mathbf{x}_k))$ zu berücksichtigen ist. Mit der allgemein gültigen Eigenschaft

$$\sup_{\mathbf{a},\mathbf{b}} f(\mathbf{a}, \mathbf{b}) = \sup_{\mathbf{a}} (\sup_{\mathbf{b}} f(\mathbf{a}, \mathbf{b})) \tag{8.2.4}$$

sowie mit $\boldsymbol{\pi}_n = (\boldsymbol{\alpha}_n, ..., \boldsymbol{\alpha}_{N-1})$ ergibt sich dann zunächst für $n = 0, 1, ..., N-2$

$$\begin{aligned} V_n(\mathbf{x}_n) &= \sup_{\boldsymbol{\alpha}_n, ..., \boldsymbol{\alpha}_{N-1}} \left(\sum_{k=n}^{N-1} f_k(\mathbf{x}_k, \boldsymbol{\alpha}_k(\mathbf{x}_k)) + f_N(\mathbf{x}_N) \right) \\ &= \sup_{\boldsymbol{\alpha}_n} \left[\sup_{\boldsymbol{\alpha}_{n+1}, ..., \boldsymbol{\alpha}_{N-1}} \left(f_n(\mathbf{x}_n, \boldsymbol{\alpha}_n(\mathbf{x}_n)) + \sum_{k=n+1}^{N-1} f_k(\mathbf{x}_k, \boldsymbol{\alpha}_k(\mathbf{x}_k)) + f_N(\mathbf{x}_N) \right) \right] \end{aligned}$$

$$= \sup_{\boldsymbol{\alpha}_n} \left[f_n(\mathbf{x}_n, \boldsymbol{\alpha}_n(\mathbf{x}_n)) + \sup_{\boldsymbol{\alpha}_{n+1},\dots,\boldsymbol{\alpha}_{N-1}} \left(\sum_{k=n+1}^{N-1} f_k(\mathbf{x}_k, \boldsymbol{\alpha}_k(\mathbf{x}_k)) + f_N(\mathbf{x}_N) \right) \right]$$

$$= \sup_{\boldsymbol{\alpha}_n} \left[f_n(\mathbf{x}_n, \boldsymbol{\alpha}_n(\mathbf{x}_n)) + V_{n+1}(\mathbf{x}_{n+1}) \right]$$

$$= \sup_{\boldsymbol{\alpha}_n} \left[f_n(\mathbf{x}_n, \boldsymbol{\alpha}_n(\mathbf{x}_n)) + V_{n+1}\left(\mathbf{g}_n(\mathbf{x}_n, \boldsymbol{\alpha}_n(\mathbf{x}_n))\right) \right], \tag{8.2.5}$$

wobei die Supremumbildung stets über alle zulässigen Politiken bzw. Entscheidungsregeln erfolgt. Da im Einklang mit (8.2.1) und (8.2.2) zusätzlich $V_N(\mathbf{x}_N) := f_N(\mathbf{x}_N)$ gesetzt werden kann, gilt für $n = N-1$

$$V_{N-1}(\mathbf{x}_{N-1}) = \sup_{\boldsymbol{\alpha}_{N-1}} \left[f_{N-1}(\mathbf{x}_{N-1}, \boldsymbol{\alpha}_{N-1}(\mathbf{x}_{N-1})) + V_N(\mathbf{x}_N) \right],$$

d.h., (8.2.5) ist auch für $n = N-1$ gültig. Gleichung (8.2.5) besagt, daß sich der ab Stufe n maximal erreichbare Teilnutzen bei Maximierung über die Entscheidungsregel $\boldsymbol{\alpha}_n$ additiv aus dem einstufigen Nutzen $f_n(\mathbf{x}_n, \boldsymbol{\alpha}_n(\mathbf{x}_n))$ und dem bei *optimalem* Verhalten ab der folgenden Stufe zu erzielenden Teilnutzen zusammensetzt. Dabei wird in kompakter Weise sichtbar, wie die optimale Entscheidungsregel $\boldsymbol{\alpha}_n$ sowohl den augenblicklichen Nutzenwert $f_n(\mathbf{x}_n, \boldsymbol{\alpha}_n(\mathbf{x}_n))$ bestimmt, als auch über den Anfangswert $\mathbf{x}_{n+1} = \mathbf{g}_n(\mathbf{x}_n, \boldsymbol{\alpha}_n(\mathbf{x}_n))$ den optimalen Teilnutzen V_{n+1} des ab der Stufe $n+1$ zu lösenden „Restproblems" beeinflußt. Hierdurch wird die Verknüpfung zwischen „heute" und „morgen" und damit der Unterschied zur statischen Sichtweise besonders deutlich. Bei Gleichung (8.2.5) handelt es sich um eine Variante der bereits mehrfach erwähnten *Bellman-Funktionalgleichungen*, durch welche die maximal erreichbaren Nutzenwerte der Teilprobleme ab Stufe n miteinander verknüpft sind. Der letzte wesentliche Schritt basiert nun auf der Überlegung, daß es auf *jeder einzelnen Stufe* n unerheblich ist, ob die Maximierung in (8.2.5) über die *Funktionen* $\boldsymbol{\alpha}_n$ oder über die *Aktionen* $\mathbf{u}_n \in U_n(\mathbf{x}_n)$ für *alle möglichen* Zustände $\mathbf{x}_n \in X_n$ erfolgt. Dies ergibt sich unmittelbar aus der folgenden (nahezu trivialen) Eigenschaft: Es bezeichne $Z_n := \{\boldsymbol{\alpha}_n : X_n \to A_n \mid \boldsymbol{\alpha}_n(\mathbf{x}_n) \in U_n(\mathbf{x}_n) \ \forall \mathbf{x}_n \in X_n\}$ die Menge aller auf Stufe n zulässigen Entscheidungsregeln, und es sei $F : X_n \times A_n \to \mathbb{R}$ eine gegebene Funktion. Dann gilt für alle $\mathbf{x}_n \in X_n$ die Gleichung

$$\sup_{\boldsymbol{\alpha}_n \in Z_n} F(\mathbf{x}_n, \boldsymbol{\alpha}_n(\mathbf{x}_n)) = \sup_{\mathbf{u}_n \in U_n(\mathbf{x}_n)} F(\mathbf{x}_n, \mathbf{u}_n). \tag{8.2.6}$$

Durch Kombination von (8.2.5) und (8.2.6) erhält man demzufolge das Ergebnis, daß die Funktionen V_n, $n = 0, 1, \dots, N-1$, die sog. *Optimalitätsgleichungen*

$$V_n(\mathbf{x}_n) = \sup_{\mathbf{u}_n \in U_n(\mathbf{x}_n)} \left[f_n(\mathbf{x}_n, \mathbf{u}_n) + V_{n+1}\left(\mathbf{g}_n(\mathbf{x}_n, \mathbf{u}_n)\right) \right] \quad \forall \mathbf{x}_n \in X_n \tag{8.2.7}$$

erfüllen.[13] Ausgehend vom Startwert $V_N(\mathbf{x}_N)$ können dann mit Hilfe von (8.2.7) die optimalen Entscheidungsregeln $\boldsymbol{\alpha}_n^*$ wie folgt bestimmt werden: Zu jedem $\mathbf{x}_n \in X_n$

[13] In der Literatur wird überwiegend nur die unendlichstufige Variante von (8.2.7) als Bellman-Gleichung bezeichnet. Wir werden dies im folgenden ebenfalls übernehmen und daher im endlichstufigen Fall von der Optimalitätsgleichung sprechen.

wähle man genau ein $\mathbf{u}_n^* \in \arg\max_{\mathbf{u}_n \in U_n(\mathbf{x}_n)} (f_n(\mathbf{x}_n, \mathbf{u}_n) + V_{n+1}(\mathbf{g}_n(\mathbf{x}_n, \mathbf{u}_n)))$ und definiere $\boldsymbol{\alpha}_n^* : X_n \to A_n$ durch $\boldsymbol{\alpha}_n^*(\mathbf{x}_n) = \mathbf{u}_n^*$ für alle $\mathbf{x}_n \in X_n$. Dabei ist unterstellt, daß auf jeder Stufe n mindestens eine Maximalstelle $\mathbf{u}_n^* \in U_n(\mathbf{x}_n)$ existiert.[14] Aufgrund des Optimalitätsprinzips ist dann zu erwarten, daß durch $\boldsymbol{\pi}^* := (\boldsymbol{\alpha}_0^*, ..., \boldsymbol{\alpha}_{N-1}^*)$ eine optimale Politik definiert wird und daß der Endwert $V_0(\mathbf{x}_0)$ der Rekursion (8.2.7) den maximal erreichbaren Gesamtnutzen angibt. Der formale Nachweis dafür, daß V_0 mit der Wertfunktion V übereinstimmt, wurde de facto bereits in (8.2.5) geführt. Dagegen ist die (intuitiv einsichtige) Aussage, daß die Zusammensetzung der über (8.2.7) und $\mathbf{u}_n = \boldsymbol{\alpha}_n(\mathbf{x}_n)$ gewonnenen Entscheidungsregeln eine optimale Politik liefert, noch zu beweisen. Es zeigt sich jedoch, daß dies für den hier betrachteten Fall eines *deterministischen* Problems mit *endlichem* Horizont ohne jegliche Zusatzvoraussetzungen möglich ist. Wir gelangen somit zum zentralen Resultat dieses Abschnitts:

Satz 8.1 *Gegeben sei (DOP1′) mit allen in Abschnitt 8.1 gemachten Annahmen. Weiter bezeichne $V : X_0 \to \mathbb{R}$ die zugehörige Wertfunktion sowie $V_n : X_n \to \mathbb{R}$, $n = 0, 1, ..., N-1$, die optimalen Teilnutzen ab Stufe n, wobei $V = V_0$ ist. Dann gilt:*

1. *Die Funktionen V_n genügen für alle $n = 0, 1, ..., N-1$ den Optimalitätsgleichungen*

$$V_n(\mathbf{x}_n) = \sup_{\mathbf{u}_n \in U_n(\mathbf{x}_n)} (f_n(\mathbf{x}_n, \mathbf{u}_n) + V_{n+1}(\mathbf{g}_n(\mathbf{x}_n, \mathbf{u}_n))) \quad \forall \mathbf{x}_n \in X_n \tag{8.2.8}$$

   mit

$$V_N(\mathbf{x}_N) = f_N(\mathbf{x}_N) \quad \forall \mathbf{x}_N \in X_N. \tag{8.2.9}$$

   Insbesondere liefert der Endwert $V_0(\mathbf{x}_0)$ der Rekursion (8.2.8)-(8.2.9) die Wertfunktion von (DOP1′).

2. *Für gegebenes $\mathbf{x}_n \in X_n$ und alle $n = 0, 1, ..., N-1$ bezeichne $\mathbf{u}_n^*$ eine Maximalstelle von (8.2.8). Dann ist die aus den Entscheidungsregeln $\boldsymbol{\alpha}_n^*(\mathbf{x}_n) := \mathbf{u}_n^*$ gebildete Politik $\boldsymbol{\pi}^* = (\boldsymbol{\alpha}_0^*, ..., \boldsymbol{\alpha}_{N-1}^*)$ optimal.*

Beweis: zu 1. Die Gültigkeit der Rekursionsbeziehung (8.2.8) folgt unmittelbar aus (8.2.5) und (8.2.6).

zu 2. Die Aussage wird durch vollständige (Rückwärts-) Induktion bewiesen. Für $n = N-1$ (Induktionsanfang) bestimmt sich $\mathbf{u}_{N-1}^*$ gemäß (8.2.8) als Maximalstelle von $f_{N-1}(\mathbf{x}_{N-1}, \mathbf{u}_{N-1}) + V_N(\mathbf{g}_{N-1}(\mathbf{x}_{N-1}, \mathbf{u}_{N-1}))$. Wegen (8.2.9) ist $\boldsymbol{\alpha}_{N-1}^*$ gemäß

[14] Die hier gewählte notationelle Trennung zwischen der Aktion $\mathbf{u}_n^*$ und der Entscheidungsregel $\boldsymbol{\alpha}_n^*(\mathbf{x}_n)$ ist in der Literatur üblich, sie bedarf aber einer kurzen Erläuterung: Es wird zu jedem *fest* vorgegebenen $\mathbf{x}_n \in X_n$ über (8.2.7) eine *bestimmte* Aktion $\mathbf{u}_n^*$ ausgewählt, so daß die selbstverständlich vorhandene Abhängigkeit von $\mathbf{x}_n$ unterdrückt werden kann. Die *Funktion* $\boldsymbol{\alpha}_n^*$ gibt hingegen für *alle* $\mathbf{x}_n$ die zugehörige Aktion an, weshalb hier die Abhängigkeit von $\mathbf{x}_n$ explizit aufgeführt wird. Man beachte, daß der Wert der rechten Seite in (8.2.7) nicht davon abhängt, welches $\mathbf{u}_n^* \in \arg\max_{\mathbf{u}_n \in U_n(\mathbf{x}_n)} (f_n(\mathbf{x}_n, \mathbf{u}_n) + V_{n+1}(\mathbf{g}_n(\mathbf{x}_n, \mathbf{u}_n)))$ gewählt wird.

$\boldsymbol{\alpha}_{N-1}^*(\mathbf{x}_{N-1}) := \mathbf{u}_{N-1}^*$ dann trivialerweise eine optimale Politik für das Restproblem ab Stufe $N-1$, vgl. (8.2.1)-(8.2.3) in Definition 8.3. Für den Induktionsschritt sei nun angenommen, daß für ein beliebiges $n < N-1$ die Politik $\widetilde{\boldsymbol{\pi}}_{n+1}^* := (\boldsymbol{\alpha}_{n+1}^*, ..., \boldsymbol{\alpha}_{N-1}^*)$ optimal für das Restproblem ab Stufe $n+1$ ist. Weiter bezeichne $\mathbf{u}_n^*$ eine Maximalstelle der rechten Seite von (8.2.8), und es sei $\boldsymbol{\alpha}_n^*(\mathbf{x}_n) := \mathbf{u}_n^*$ für alle $\mathbf{x}_n \in X_n$. Dann ergibt sich für alle $\mathbf{x}_n \in X_n$:

$$\begin{aligned}
V_n(\mathbf{x}_n) &\overset{(1)}{=} \sup_{\mathbf{u}_n \in U_n(\mathbf{x}_n)} \left(f_n(\mathbf{x}_n, \mathbf{u}_n) + V_{n+1}\left(\mathbf{g}_n(\mathbf{x}_n, \mathbf{u}_n)\right)\right) \\
&\overset{(2)}{=} f_n(\mathbf{x}_n, \boldsymbol{\alpha}_n^*(\mathbf{x}_n)) + V_{n+1}\left(\mathbf{g}_n(\mathbf{x}_n, \boldsymbol{\alpha}_n^*(\mathbf{x}_n))\right) \\
&\overset{(3)}{=} f_n(\mathbf{x}_n, \boldsymbol{\alpha}_n^*(\mathbf{x}_n)) + V_{n+1,\widetilde{\boldsymbol{\pi}}_{n+1}^*}\left(\mathbf{g}_n(\mathbf{x}_n, \boldsymbol{\alpha}_n^*(\mathbf{x}_n))\right) \\
&\overset{(4)}{=} f_n(\mathbf{x}_n, \boldsymbol{\alpha}_n^*(\mathbf{x}_n)) + \sum_{k=n+1}^{N-1} f_k(\mathbf{x}_k, \boldsymbol{\alpha}_k^*(\mathbf{x}_k)) + f_N(\mathbf{x}_N) \\
&= \sum_{k=n}^{N-1} f_k(\mathbf{x}_k, \boldsymbol{\alpha}_k^*(\mathbf{x}_k)) + f_N(\mathbf{x}_N) \\
&\overset{(4)}{=} V_{n,\widetilde{\boldsymbol{\pi}}_n^*}(\mathbf{x}_n),
\end{aligned} \tag{8.2.10}$$

wobei $\widetilde{\boldsymbol{\pi}}_n^* := (\boldsymbol{\alpha}_n^*, \boldsymbol{\alpha}_{n+1}^*, ..., \boldsymbol{\alpha}_{N-1}^*)$ gesetzt wurde. In (8.2.10) gilt die Gleichung (1) aufgrund der Optimalitätsgleichung (8.2.8), während (2) daraus folgt, daß $\mathbf{u}_n^* = \boldsymbol{\alpha}_n^*(\mathbf{x}_n)$ annahmegemäß eine Maximalstelle von (8.2.8) darstellt. Der Übergang (3) ergibt sich aus der Induktionsvoraussetzung, und (4) folgt jeweils direkt aus der Definition in (8.2.1). Gleichung (8.2.10) zeigt, daß $\widetilde{\boldsymbol{\pi}}_n^*$ optimal für das Restproblem ab Stufe n ist. Somit ist der Induktionsschritt vollzogen. Für $n = 0$ ergibt sich die Behauptung, und der Satz ist bewiesen.[15] ■

Satz 8.1 zeigt, daß die auf dem Optimalitätsprinzip basierende Methode der dynamischen Programmierung die Bestimmung einer Lösung von (DOP1′) bzw. einer optimalen Politik (im Falle ihrer Existenz) über die zunächst *formal* einfache Rekursion (8.2.8)-(8.2.9) ermöglicht. Das intuitiv einsichtige Optimalitätsprinzip kann somit direkt und ohne großen mathematischen Aufwand in eine formale Darstellung umgesetzt und praktisch nutzbar gemacht werden. Dies gilt derart uneingeschränkt allerdings nur für das deterministische Problem mit endlichem Horizont. Sowohl in der stochastischen Variante von (DOP1′) als auch im Falle eines unendlichen Horizonts treten zahlreiche mathematische Schwierigkeiten auf. Diese sind jedoch weitgehend technischer Art und verändern weder die konzeptionelle Umsetzung des Optimalitätsprinzips noch die wesentliche Struktur in (8.2.8) entscheidend. Hierauf werden wir in späteren Abschnitten teilweise zurückkommen.

Wenn eine optimale Politik für das Optimierungsproblem (DOP1′) mit endlichem Horizont existiert, kann die Lösung gemäß Satz 8.1 nun über den folgenden Algo-

[15] Der Induktionsbeweis zeigt sogar, daß jede Restpolitik $(\boldsymbol{\alpha}_n^*, ..., \boldsymbol{\alpha}_{N-1}^*)$ für das Teilproblem ab Stufe n für alle $n > 0$ optimal ist. Wir haben also noch mehr bewiesen als in Teil 2 des Satzes behauptet wurde.

rithmus bestimmt werden:[16]

$$
\begin{aligned}
n = N: \quad & V_N(\mathbf{x}_N) = f_N(\mathbf{x}_N) \\
n = N-1, ..., 0: \quad & \boldsymbol{\alpha}_n^*(\mathbf{x}_n) \in \underset{\mathbf{u}_n \in U_n(\mathbf{x}_n)}{\arg\max} \left(f_n(\mathbf{x}_n, \mathbf{u}_n) + V_{n+1}(\mathbf{g}_n(\mathbf{x}_n, \mathbf{u}_n)) \right), \\
& V_n(\mathbf{x}_n) = \max_{\mathbf{u}_n \in U_n(\mathbf{x}_n)} \left(f_n(\mathbf{x}_n, \mathbf{u}_n) + V_{n+1}(\mathbf{g}_n(\mathbf{x}_n, \mathbf{u}_n)) \right),
\end{aligned}
\tag{8.2.11}
$$

wobei jeweils die zu (DOP1′) gehörigen Nebenbedingungen (8.1.7)-(8.1.8) zu beachten sind. Zu vorgegebenem $\mathbf{x}_0 \in X_0$ ist dann $V_0(\mathbf{x}_0)$ der Optimalwert und $\boldsymbol{\pi} = (\boldsymbol{\alpha}_0^*, ..., \boldsymbol{\alpha}_{N-1}^*)$ eine optimale Politik. Mit einer hieran anschließenden *Vorwärtsrechnung* kann aus den optimalen feed-back Regeln noch der spezielle *Lösungspfad* angegeben werden, welcher vom Anfangszustand $\mathbf{x}_0$ abhängt. Dafür berechnet man zunächst die beim Startwert $\mathbf{x}_0$ zu wählende Aktion $\overline{\mathbf{u}}_0 = \boldsymbol{\alpha}_0^*(\mathbf{x}_0)$. Aus $\mathbf{x}_0$ und $\overline{\mathbf{u}}_0$ ergibt sich dann mittels der Transformationsfunktion $\mathbf{g}_1$ der nächste Zustand $\overline{\mathbf{x}}_1 = \mathbf{g}_1(\mathbf{x}_0, \overline{\mathbf{u}}_0)$ und daraus die zugehörige Aktion $\overline{\mathbf{u}}_1 = \boldsymbol{\alpha}_1^*(\overline{\mathbf{x}}_1)$. Auf diese Weise lassen sich sukzessive alle *optimalen Aktionen* $\overline{\mathbf{u}}_0, ..., \overline{\mathbf{u}}_{N-1}$ und die zugehörigen *optimalen Zustände* $\overline{\mathbf{x}}_1, ..., \overline{\mathbf{x}}_N$ bestimmen. Wie bereits in Abschnitt 8.1 ausgeführt, ist diese Lösung (bzw. genauer dieser spezielle Lösungspfad) identisch mit *einer* Lösung von (DOP1′), die man mit Hilfe statischer Optimierungsmethoden erhält. Der Vorteil der obigen Kombination aus Rückwärts- und Vorwärtsrechnung besteht jedoch zum einen darin, daß die bei der Rekursion zu lösenden *einstufigen*, statischen Optimierungsprobleme häufig einfacher zu behandeln sind als das komplexe Ausgangsproblem (DOP1′). Zum anderen erhält man zwischenzeitlich mit den feed-back Entscheidungsregeln zusätzliche und gut interpretierbare Aussagen über das optimale Verhalten im Zeitablauf.[17]

Bevor wir den Algorithmus (8.2.11) der dynamischen Programmierung auf die in den Abschnitten 5.5 und 5.6 vorgestellten Probleme anwenden und die soeben hervorgehobenen rechentechnischen und interpretatorischen Vorzüge dieses Verfahrens demonstrieren, sind vorab einige wichtige Bemerkungen angebracht, die wir im Rahmen dieses einführenden Kapitels jedoch nicht vertiefen wollen.

Bemerkung 8.4 Man beachte, auf welche Weise die in Bemerkung 8.1 erwähnte Separabilität der Zielfunktion und die Markov-Eigenschaft des dynamischen Systems in (8.2.7) eingehen. Letztere stellt sicher, daß V_n lediglich als Funktion von $\mathbf{x}_n$ betrachtet werden muß, während die additive Separabilität die additive Gestalt der Funktionalgleichungen impliziert. Bei einer anderen Form der Separabilität erhält man entsprechend modifizierte funktionale Formen der Optimalitätsgleichungen. □

---

[16] Aufgrund der vorausgesetzten Existenz einer optimalen Politik dürfen wir in (8.2.11) das Maximum (max) anstelle des Supremums (sup) verwenden.

[17] Dies gilt um so mehr für stochastische Optimierungsprobleme, bei denen die Äquivalenz der open-loop und der closed-loop Lösungen verlorengeht und aufgrund des Zufallseinflusses *keine* Vorwärstrechnung an die Rekursion angeschlossen werden kann.

Bemerkung 8.5 Falls keine optimale Politik existiert, kann man zumindest die Existenz sog. ε-optimaler Politiken $\boldsymbol{\pi}_\varepsilon$ nachweisen, mit denen man den Optimalwert $V(\mathbf{x}_0)$ bis auf ein (möglicherweise sehr kleines) ε erreicht, d.h. $V_{\boldsymbol{\pi}_\varepsilon}(\mathbf{x}_0) \geq V(\mathbf{x}_0) - \varepsilon$. Da in nahezu allen ökonomischen Anwendungen die Existenz optimaler Politiken jedoch durch geeignete Voraussetzungen sichergestellt werden kann, wollen wir auf eine eingehendere Behandlung dieses Theoriezweiges verzichten. □

Bemerkung 8.6 Wir haben bereits mehrfach betont, daß der wohl entscheidende Vorteil der dynamischen Programmierung darin besteht, das N-stufige dynamische Optimierungsproblem in N statische (1-stufige) Probleme zu zerlegen, welche anschließend mit den in Teil I des Buches angegebenen Lösungsverfahren behandelt werden können. Dabei tritt jedoch die Schwierigkeit auf, daß alle dort aufgeführten Sätze zumindest die einmalige *Differenzierbarkeit* der Zielfunktion voraussetzen. Während wir die einstufigen Nutzenfunktionen f_n ohne weiteres als differenzierbar voraussetzen können, ist dies für die Wertfunktionen V_n der Teilprobleme *nicht* a priori möglich, so daß die auf jeder Stufe n relevante Zielfunktion $f_n + V_{n+1}$ (vgl. (8.2.11)) nicht notwendig differenzierbar ist. Falls die einzelnen Politik- und Wertfunktionen ab Stufe n wie in den folgenden Beispielen *explizit* berechnet werden können, ist dieses Problem noch von nachrangiger Bedeutung, da die Differenzierbarkeit von V_{n+1} jeweils konkret überprüft werden kann. Bei abstrakteren Problemstellungen, in denen die V_n möglicherweise nicht explizit vorliegen, muß die Differenzierbarkeit ggf. mit beträchtlichem Aufwand durch zusätzliche Voraussetzungen und/oder weiterführende mathematische Überlegungen gesichert werden. □

Bemerkung 8.7 Neben der Differenzierbarkeit lassen sich noch weitere qualitative Aussagen über die Wert- und Politikfunktionen herleiten, ohne daß diese in expliziter Form vorliegen müssen. Unter geeigneten Zusatzvoraussetzungen übertragen sich beispielsweise Stetigkeit, Monotonie und Konkavität von den einstufigen Nutzenfunktionen auch auf die Wertfunktion. Dies ist im Rahmen ökonomischer Modelle häufig ausreichend, um Schlußfolgerungen über das optimale Verhalten der Wirtschaftssubjekte zu ziehen. □

Bemerkung 8.8 Für das Verständnis des Optimalitätsprinzips ist es hilfreich, die oben hergeleiteten Optimalitätsgleichungen und den rekursiven Ansatz noch einmal aus einem anderen Blickwinkel zu betrachten. Durch die Anwendung des Optimalitätsprinzips ist es nämlich gelungen, das ursprüngliche Optimierungsproblem (DOP1′) in eine größere Klasse ähnlicher Probleme *einzubetten*. Wir haben gesehen, daß die jeweils ab Stufe n betrachteten Teilprobleme formal identisch sind und das Ausgangsproblem (DOP1′) für $n = 0$ und $\mathbf{x}_0 \in X_0$ lediglich einen *Spezialfall* aus dieser Klasse darstellt. Die einzelnen Mitglieder dieser Familie von Optimierungsproblemen sind über die Optimalitätsgleichungen miteinander verknüpft. Ein vielversprechender Lösungsansatz für (DOP1′) ergibt sich nun daraus, daß eines der Familienmitglieder, nämlich $n = N - 1$, verhältnismäßig leicht lösbar ist, da es ein statisches (einstufiges) Optimierungsproblem darstellt. Somit kann die Lösung des komplexen Ausgangsproblems (DOP1′) mittels der verknüpfenden Funktionalgleichungen aus dieser „einfachen" Lösung konstruiert bzw. bestimmt werden.[18] Ein nützlicher Nebeneffekt besteht zudem darin, daß über die Durchführung der Rekursion nicht nur das N-stufige Ausgangsproblem, sondern sogar alle n-stufigen Teilprobleme, d.h. die gesamte Familie, mitgelöst werden. □

Somit wollen wir nun zu den in Kapitel 5 angegebenen ökonomischen Beispielen zurückkehren und aufzeigen, wie sie mit Hilfe der dynamischen Programmierung gelöst werden können. Die Besonderheit beider Beispiele besteht darin, daß eine explizite Lösung analytisch zu bestimmen ist. In vielen ökonomischen Modellen ist dies nicht möglich, so daß man nur mit hohem mathematisch-technischen Aufwand qualitative Aussagen herleiten kann (vgl. hierzu Bemerkung 8.6 und 8.7) oder gar auf numerische Verfahren und Simulationen zurückgreifen muß. Für unsere Zwecke ist die Beschränkung auf analytisch lösbare Probleme zur Illustration der Verfahren jedoch sinnvoll und angemessen.[19]

Beispiel 8.1 Wir betrachten das in Abschnitt 5.5 formulierte Lagerhaltungsproblem, bei dem es sich gewissermaßen um einen „Klassiker" unter den Anwendungsgebieten der dynamischen Programmierung handelt. Während dieser Sachverhalt alleine schon eine Behandlung dieses Beispiels rechtfertigen würde, lassen sich darüber hinaus viele der oben angesprochenen Aspekte hieran auf sehr anschauliche Weise verdeutlichen. Zur Erinnerung geben wir das Optimierungsproblem (5.5.3)-(5.5.6) zur *Minimierung* der mit Lagerhaltung und Bestellung verbundenen Kosten bei einem endlichen Horizont N hier nochmals an:

$$\sum_{k=0}^{N-1} (cu_k + r_k(x_k + u_k)) \to \min_{u_0,\dots,u_{N-1}} ! \tag{8.2.12}$$

unter den Nebenbedingungen

$$x_{k+1} = x_k + u_k - d_k \quad \forall k = 0,1,...,N-1, \tag{8.2.13}$$
$$x_k \in \mathbb{R} \quad \forall k = 0,1,...,N, \quad x_0 \text{ fest}, \tag{8.2.14}$$
$$u_k \in \mathbb{R}_+ \quad \forall k = 0,1,...,N-1. \tag{8.2.15}$$

Dabei bezeichnet x_k den Lagerbestand, u_k die Bestellmenge und d_k die Nachfrage auf Stufe (in Periode) k. Die konvexen und differenzierbaren Funktionen $r_k : \mathbb{R} \to \mathbb{R}_+$ mit $\lim_{y\to-\infty} r_k(y) = \lim_{y\to\infty} r_k(y) = \infty$ und $|\lim_{y\to-\infty} r_k'(y)| > c$ geben die aus

[18] Es sei der Vollständigkeit halber erwähnt, daß auch bei der Verknüpfung der Teilprobleme über die Funktionalgleichungen jeweils wieder ein statisches Optimierungsproblem zu lösen ist. Dies spielt im Hinblick auf die hier betonte Eigenschaft der Einbettung jedoch eine eher untergeordnete Rolle.

[19] Es sei darauf hingewiesen, daß die Methode der dynamischen Programmierung auch unter numerischen Gesichtspunkten zu mancher Vereinfachung gegenüber dem Ausgangsproblem führt. Erhebliche Schwierigkeiten treten allerdings auf, wenn die Dimension des Zustandsraumes zu groß wird, da auf *jeder* Stufe für *jedes* $\mathbf{x}_n \in X_n$ ein Maximierungsproblem numerisch zu lösen ist.

dem Lagerbestand *nach* Bestellung resultierenden Lager- und Fehlmengenkosten an, während $c > 0$ die Kosten pro bestellter Einheit bezeichnet. Zunächst ist festzustellen, daß es sich bei (8.2.12)-(8.2.15) um ein Minimierungsproblem handelt, das jedoch durch Multiplikation der Zielfunktion mit -1 in ein äquivalentes Maximierungsproblem der Form (DOP1') überführt werden kann. Wir werden allerdings auf diese Umformulierung verzichten. Hingegen erweist sich eine andere Transformation für die Lösung von (8.2.12)-(8.2.15) mittels der Rekursion (8.2.11) als hilfreich. Dazu führen wir mit $y_k := x_k + u_k$ den Lagerbestand *nach* Bestellung, aber *vor* Bedienung der Nachfrage d_k als neue Variable ein. Auf diese Weise gelangen wir zu einer äquivalenten Formulierung des obigen Optimierungsproblems, bei der statt der Bestellmenge nun direkt der für den Verkauf zur Verfügung stehende Lagerbestand y_k gewählt wird und sich die Bestellmenge $u_k = y_k - x_k$ als Restgröße ergibt. Man erhält[20]

$$\sum_{k=0}^{N-1} (cy_k - cx_k + r_k(y_k)) \to \min_{y_0,\dots,y_{N-1}} ! \tag{8.2.16}$$

unter den Nebenbedingungen

$$\begin{aligned} x_{k+1} &= y_k - d_k \quad \forall k = 0, 1, ..., N-1, & (8.2.17)\\ x_k &\in \mathbb{R} \quad \forall k = 0, 1, ..., N, \quad x_0 \text{ fest}, & (8.2.18)\\ y_k &\in U_k(x_k) = \{y \in \mathbb{R} : y \geq x_k\} \quad \forall k = 0, 1, ..., N-1. & (8.2.19)\end{aligned}$$

Die Bestimmung einer Lösung von (8.2.16)-(8.2.19) erfolgt gemäß (8.2.11) rekursiv, beginnend mit der letzten Periode $k = N$. Da wir zur Vereinfachung von irgendwelchen „Strafkosten" am Ende des Betrachtungszeitraumes abgesehen haben, gilt $V_N(x_N) = 0 \; \forall x_N \in \mathbb{R}$. Wir können somit direkt zur vorletzten Stufe $k = N-1$ übergehen, für welche das einstufige Optimierungsproblem

$$cy_{N-1} - cx_{N-1} + r_{N-1}(y_{N-1}) + V_N(x_N) = cy_{N-1} + r_{N-1}(y_{N-1}) - cx_{N-1} \to \min_{y_{N-1}}! \tag{8.2.20}$$

unter der Nebenbedingung

$$y_{N-1} \geq x_{N-1} \tag{8.2.21}$$

zu lösen ist. Da x_{N-1} als fest vorgegeben betrachtet wird, ist der additive Term $-cx_{N-1}$ in (8.2.20) für die Minimalstelle irrelevant. Die durch

$$R_{N-1}(y_{N-1}) := cy_{N-1} + r_{N-1}(y_{N-1}) \tag{8.2.22}$$

definierte Funktion $R_{N-1} : \mathbb{R} \to \mathbb{R}$ ist aufgrund der entsprechenden Voraussetzungen an r_{N-1} differenzierbar, konvex und besitzt die Eigenschaft $\lim_{y\to-\infty} R_{N-1}(y) = \lim_{y\to\infty} R_{N-1}(y) = \infty$ (vgl. Abschnitt 5.5), so daß R_{N-1} ein globales Minimum

[20] Der Term $-cx_k$ in (8.2.16) läßt sich wie folgt interpretieren: Man bekommt am Ende jeder Periode die Bestellkosten für den Lagerbestand x_k zurück, muß diese aber sofort wieder ausgeben, um den neuen Lagerbestand y_k zu realisieren.

über $\mathbb{R}$ besitzt (vgl. auch Abbildung 8.1). Wir nehmen an, daß dieses eindeutig ist[21] und bezeichnen die zugehörige Minimalstelle mit S_{N-1}. Als globale Minimalstelle ist S_{N-1} dabei durch die Gleichung

$$R'_{N-1}(S_{N-1}) = r'_{N-1}(S_{N-1}) + c = 0 \tag{8.2.23}$$

bestimmt. Falls dieser Wert im Hinblick auf die Nebenbedingung (8.2.21) *zulässig* ist, d.h. wenn $S_{N-1} \geq x_{N-1}$ gilt, wird in (8.2.20)-(8.2.21) natürlich auch $y^*_{N-1} = S_{N-1}$ die Optimallösung darstellen.[22] Ist hingegen $S_{N-1} < x_{N-1}$, wird wegen der Restriktion $y_{N-1} \geq x_{N-1}$ sowie der genannten Eigenschaften von R_{N-1} offenbar $y^*_{N-1} = x_{N-1}$ gewählt.[23] Abbildung 8.1 veranschaulicht die möglichen Konstellationen bei der Wahl von y_{N-1} graphisch.

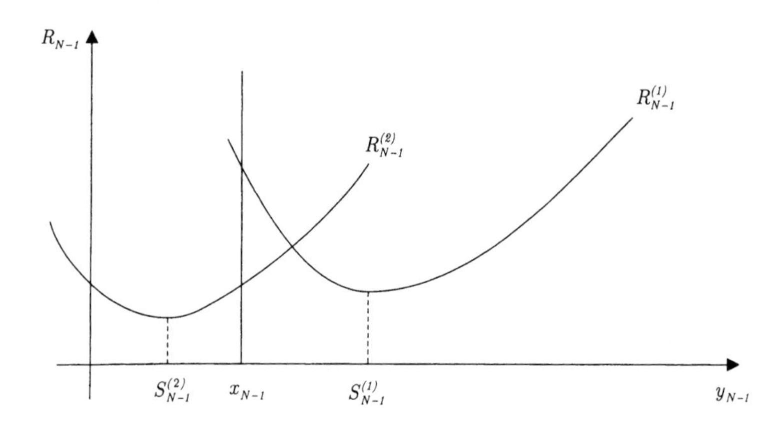

Abbildung 8.1: Globale Minima der Kostenfunktionen

Berücksichtigt man nun die Beziehung $u_{N-1} = y_{N-1} - x_{N-1}$, erhält man daraus für alle $x_{N-1} \in \mathbb{R}$ die (stetige) Entscheidungsfunktion[24]

$$\alpha^*_{N-1}(x_{N-1}) = \begin{cases} S_{N-1} - x_{N-1}, & \text{falls } x_{N-1} < S_{N-1}, \\ 0, & \text{falls } x_{N-1} \geq S_{N-1} \end{cases} \tag{8.2.24}$$

[21] Dies ist z.B. der Fall, wenn r_{N-1} und damit R_{N-1} *streng* konvex ist.

[22] Man beachte, daß wir im Modell negative Lagerbestände zugelassen haben, so daß es kein Problem darstellt, wenn die Minimalstelle S_{N-1} von R_{N-1} negativ und somit ein negativer Lagerbestand vor Bedienung der Nachfrage optimal ist.

[23] Bei dem Optimierungsproblem (8.2.20)-(8.2.21) handelt es sich um ein Analogon von (SOP4) mit oberen Schranken aus Teil I des Buches, vgl. dazu insbesondere Abbildung 4.2 in Abschnitt 4.1.1.

[24] Aufgrund der Stetigkeit von α^*_{N-1} ist es unerheblich, ob der Fall $x_{N-1} = S_{N-1}$ im oberen oder im unteren Teil dieser zusammengesetzten Funktion berücksichtigt wird.

für die optimale Bestellmenge auf Stufe $N-1$. Einsetzen von $u^*_{N-1} = \alpha^*_{N-1}(x_{N-1})$ in die Optimalitätsgleichung (bzw. von y^*_{N-1} in (8.2.20)) liefert dann den optimalen Teilnutzen ab Stufe $N-1$ gemäß

$$V_{N-1}(x_{N-1}) = \begin{cases} c \cdot (S_{N-1} - x_{N-1}) + r_{N-1}(S_{N-1}), & \text{falls } x_{N-1} < S_{N-1}, \\ r_{N-1}(x_{N-1}), & \text{falls } x_{N-1} \geq S_{N-1} \end{cases} \tag{8.2.25}$$

für alle $x_{N-1} \in \mathbb{R}$. Es bezeichne $T_{N-1} : \mathbb{R} \to \mathbb{R}$ die durch $T_{N-1}(x_{N-1}) = c \cdot (S_{N-1} - x_{N-1}) + r_{N-1}(S_{N-1})$ definierte Funktion, welche für den ersten Teil der zusammengesetzten Funktion V_{N-1} relevant ist. Als lineare Funktion ist T_{N-1} konvex und differenzierbar. Ferner gilt $T'_{N-1}(x_{N-1}) = -c$ und $\lim_{x_{N-1}\to-\infty} T_{N-1}(x_{N-1}) = \infty$. Die für den zweiten Teil von V_{N-1} relevante Funktion r_{N-1} is nach Voraussetzung ebenfalls konvex und differenzierbar, und es gilt $\lim_{x_{N-1}\to\infty} r_{N-1}(x_{N-1}) = \infty$. Darüber hinaus ist offensichtlich $T_{N-1}(S_{N-1}) = r_{N-1}(S_{N-1})$, und wir wissen aus der Optimalitätsbedingung (8.2.23) für S_{N-1}, daß $r'_{N-1}(S_{N-1}) = -c$ gilt. Demzufolge *tangiert* die lineare Funktion T_{N-1} die Kostenfunktion r_{N-1} an der Stelle S_{N-1}. Die zusammengesetzte Funktion V_{N-1} ist also auf ganz $\mathbb{R}$ differenzierbar und konvex. Wegen der entsprechenden Eigenschaften von T_{N-1} und r_{N-1} gilt außerdem $\lim_{x_{N-1}\to-\infty} V_{N-1}(x_{N-1}) = \lim_{x_{N-1}\to\infty} V_{N-1}(x_{N-1}) = \infty$, so daß V_{N-1} die gleichen Eigenschaften wie R_{N-1} besitzt; vgl. dazu auch Abbildung 8.2 zur Veranschaulichung.[25]

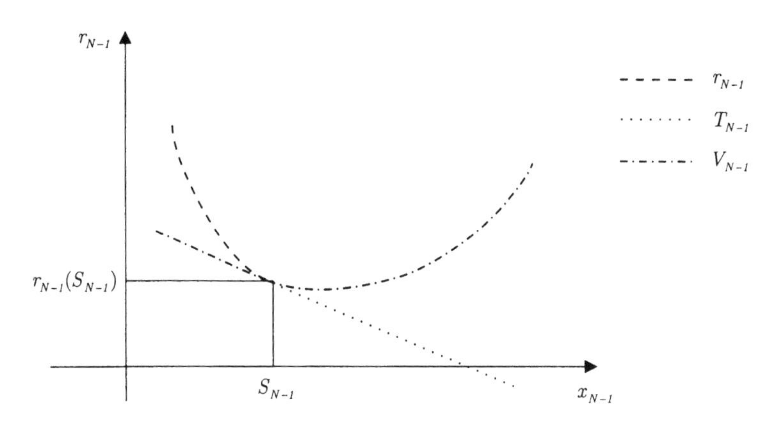

Abbildung 8.2: Optimaler Teilnutzen

Es soll nun induktiv gezeigt werden, daß sogar *alle* einstufigen Entscheidungsfunktionen α^*_k die Gestalt (8.2.24) und die Wertfunktionen V_k eine zu (8.2.25) analoge

[25] In dieser Abbildung ist zu beachten, daß die Funktion V_{N-1} eine „Mischung" der Funktionen r_{N-1} und T_{N-1} darstellt. Der Graph von T_{N-1} ist durch die *gesamte* Gerade, jener von r_{N-1} durch die *gesamte* Parabel gegeben. Links bzw. rechts von S_{N-1} stimmen diese dann mit dem Graphen von V_{N-1} überein.

Form besitzen (vgl. (8.2.30) und (8.2.31)). Darüber hinaus erfüllen alle Wertfunktionen ab Stufe k die oben genannten Eigenschaften von V_{N-1}. Sei also als Induktionsvoraussetzung angenommen, daß für ein $k < N$ die Wertfunktion V_{k+1} konvex und differenzierbar ist sowie $\lim_{x\to-\infty} V_{k+1}(x) = \lim_{x\to\infty} V_{k+1}(x) = \infty$ gilt. Auf der Stufe k ist nun gemäß der Rekursion (8.2.11) für alle $x_k \in \mathbb{R}$ das einstufige Optimierungsproblem

$$cy_k - cx_k + r_k(y_k) + V_{k+1}(x_{k+1}) = cy_k + r_k(y_k) + V_{k+1}(y_k - d_k) - cx_k \to \min_{y_k}! \quad (8.2.26)$$

unter der Nebenbedingung

$$y_k \geq x_k \quad (8.2.27)$$

zu lösen, wobei die Transformation (8.2.17) bereits in (8.2.26) integriert wurde. Zunächst können wir analog zu (8.2.22) die Funktion $R_k : \mathbb{R} \to \mathbb{R}$ gemäß

$$R_k(y_k) := cy_k + r_k(y_k) + V_{k+1}(y_k - d_k) \quad (8.2.28)$$

definieren, welche aufgrund der Induktionsvoraussetzung und der entsprechenden Eigenschaften von r_k ebenfalls konvex und differenzierbar ist sowie die Eigenschaft $\lim_{y\to-\infty} R_k(y) = \lim_{y\to\infty} R_k(y) = \infty$ besitzt. Wir nehmen an, daß die somit existierende globale Minimalstelle von R_k eindeutig ist und bezeichnen sie mit S_k. Analog zur Stufe $N-1$ (vgl. (8.2.23)) ist diese durch

$$r_k'(S_k) + V_{k+1}'(S_k - d_k) = -c \quad (8.2.29)$$

bestimmt. Mit exakt der gleichen Argumentation wie beim Induktionsanfang (Stufe $N-1$) zeigt sich, daß $y_k^* = S_k$ gewählt wird, falls $S_k \geq x_k$ gilt und andererseits $y_k^* = x_k$ optimal ist, falls $S_k < x_k$ gilt. Unter erneuter Berücksichtigung von $u_k = y_k - x_k$ erhält man somit die zu (8.2.24) analoge Entscheidungsregel

$$\alpha_k^*(x_k) = \begin{cases} S_k - x_k, & \text{falls } x_k < S_k, \\ 0, & \text{falls } x_k \geq S_k \end{cases} \quad (8.2.30)$$

für die Bestellmenge auf Stufe k. Wie zuvor liefert Einsetzen von $u_k^* = \alpha_k^*(x_k)$ in die Optimalitätsgleichung (bzw. von y_k^* in (8.2.26))

$$V_k(x_k) = \begin{cases} c \cdot (S_k - x_k) + r_k(S_k) + V_{k+1}(S_k - d_k), & \text{falls } x_k < S_k, \\ r_k(x_k) + V_{k+1}(x_k - d_k), & \text{falls } x_k \geq S_k. \end{cases} \quad (8.2.31)$$

Definiert man die für den oberen Teil von V_k relevante Funktion $T_k : \mathbb{R} \to \mathbb{R}$ gemäß $T_k(x_k) = c \cdot (S_k - x_k) + r_k(S_k) + V_{k+1}(S_k - d_k)$, läßt sich auf exakt dem gleichen Wege wie beim Induktionsanfang argumentieren, daß V_k konvex und differenzierbar ist und die Eigenschaft $\lim_{x_k\to-\infty} V_k(y) = \lim_{x_k\to\infty} V_k(y) = \infty$ besitzt.[26] Damit ist

[26] Im Unterschied zum Induktionsanfang ist hier lediglich (8.2.29) anstelle von (8.2.23) zu verwenden, und außer den Eigenschaften von r_k müssen auch noch jene von V_{k+1} (aus der Induktionsvoraussetzung) herangezogen werden.

der Induktionsschritt vollzogen, und wir wissen nach Satz 8.1, daß eine aus den Entscheidungsregeln (8.2.30) und (8.2.24) zusammengesetzte N-stufige Politik optimal ist.

Diese Politik wäre a priori vielleicht nicht unbedingt in dieser Form zu erwarten gewesen, sie besitzt jedoch eine plausible ökonomische Interpretation. Auf jeder Stufe des Entscheidungsprozesses (d.h. in jeder Periode) gibt es einen optimalen Lagerbestand S_k (nach Bestellung!), aus dem anschließend die Nachfrage bedient wird. Dieser Lagerbestand berücksichtigt dabei als Minimum der Funktion R_k sowohl Bestell-, Lager- und Fehlmengenkosten als auch (über V_{k+1}) den Zusammenhang zwischen den Lagerbeständen der einzelnen Perioden. Ist der aktuelle Lagerbestand x_k zu Beginn einer Periode größer als der optimale, wird nichts bestellt. Fällt der Lagerbestand hingegen unter den optimalen, $(x_k < S_k)$, wird gerade genug bestellt, um das Lager wieder auf den optimalen Bestand aufzufüllen. Auch wenn diese Interpretation einsichtig ist und interessante Erkenntnisse über das optimale Verhalten im Zeitablauf liefert, muß eingestanden werden, daß die feed-back Regeln (8.2.30) im Rahmen dieses *deterministischen* Problems beinahe zuviele Interpretationsmöglichkeiten eröffnen. Ausgehend von einem Startwert $x_0 \in \mathbb{R}$ kann man bei explizit spezifizierten Kostenfunktionen r_k alle optimalen Bestellmengen u_k und alle Lagerbestände x_k mittels einer Vorwärtsrechnung bestimmen. Da die Nachfrage d_k bereits zum Zeitpunkt $n = 0$ bekannt ist, wird diese Optimallösung typischerweise der Gestalt sein, daß $x_k = 0$ und $u_k = d_k \ \forall k$ gilt, d.h., es wird stets soviel bestellt wie anschließend verkauft werden kann, so daß weder überschüssige Lagerbestände noch Fehlmengen auftreten.[27] Bei genauerer Betrachtung der ökonomischen Problemstellung kann ein derartiges Resultat natürlich keinesfalls überraschen. Die Annahme einer bereits zu Beginn des Planungszeitraumes sicheren Nachfrage schließt aus, daß vorsorglich höhere Lagerbestände als nötig gehalten werden, wogegen Fehlmengen vermieden werden können, weil häufige Bestellungen (d.h. in jeder Periode) keine zusätzlichen Kosten verursachen.

Ihr wahres Potential zeigt die obige Lösung daher erst im Rahmen von zwei Modellerweiterungen. Bei der ersten handelt es sich um die stochastische Variante des Modells, bei der die Nachfragemengen d_k als Zufallsvariablen angenommen werden. Als Folge dieser Unsicherheit kann der Lagerbestand nicht exakt auf die zukünftige Nachfrage abgestimmt werden. Es besteht dabei einerseits ein Anreiz, höhere Lagermengen zu halten, um unerwartet hohe Nachfragen zu bedienen. Andererseits drohen dann aber auch hohe Lagerkosten, falls die Nachfrage unerwartet gering ausfällt. Die oben hergeleitete optimale Politik, die sich mit entsprechend modifizierten Werten von S_k auch im stochastischen Modell ergibt, berücksichtigt diese beiden Möglichkeiten auf geeignete Weise.[28] Die zweite Modellvariante besteht darin, innerhalb des

[27] Falls $x_0 > 0$ gilt, wird in der ersten Periode natürlich weniger bestellt. In unserem simplen Modellrahmen wird zudem die letzte Bestellung „zu gering“ ausfallen $(u_{N-1} < d_{N-1})$, da wir vereinfachend von Strafkosten am Ende abgesehen haben, so daß eventuell entstehende Fehlmengen in der Periode N keine Kosten mehr verursachen.

[28] Man beachte, daß d_k in Gleichung (8.2.29) dann eine Zufallsvariable ist.

deterministischen Modellrahmens eine geringfügige Modifikation der Kostenfunktion vorzunehmen. Unterstellt man neben den proportionalen Bestellkosten c noch einen gewissen Fixkostenbetrag $K > 0$, der bei jeder Bestellung zu entrichten ist, entsteht ein zusätzlicher Anreiz, seltener zu bestellen. Man wird dann auch bei deterministischer Nachfrage eher bereit sein, positive Lagerbestände oder Fehlmengen in Kauf zu nehmen und den Lagerbestand nicht in jeder Periode auf das optimale Niveau S_k aufstocken, wie in (8.2.30) vorgegeben. In diesem Falle ergeben sich statt dessen Entscheidungsregeln der Gestalt

$$\alpha_k^*(x_k) = \begin{cases} S_k - x_k, & \text{falls } x_k < s_k, \\ 0, & \text{falls } x_k \geq s_k, \end{cases} \tag{8.2.32}$$

mit einer gewissen Schranke s_k. Es wird also abgewartet, bis der Lagerbestand unter den Schwellenwert s_k fällt und erst dann eine Bestellung getätigt, mit welcher der optimale Lagerbestand S_k erreicht wird. Die in (8.2.32) angegebene Politik wird in der Literatur üblicherweise als (s, S)-Lagerhaltungspolitik bezeichnet und beinhaltet nun in der Tat einen wesentlichen Erkenntnisgewinn gegenüber der bloßen Ermittlung optimaler Aktionen und Zustände mittels einer direkten (simultanen) Behandlung des zugrundeliegenden Optimierungsproblems. Die Existenz des zweiten „kritischen Wertes“ s_k würde dort nämlich nicht zum Ausdruck kommen, so daß der aus den Fixkosten resultierende, ökonomisch relevante Effekt des „Abwartens“ und des *Reagierens* auf die dynamische Entwicklung im Zeitablauf nicht offenbar würde. Allerdings tritt in dieser Modellvariante das formale Problem auf, daß die Wertfunktionen V_k und die Funktionen R_k nicht mehr konvex sind. Die daraus resultierenden mathematischen Schwierigkeiten würden den Rahmen dieses Beispiels jedoch sprengen, so daß wir diesen Fall nicht mehr betrachten und es bei diesen kurzen, illustrativen Bemerkungen belassen. □

Beispiel 8.2 Abschließend wollen wir uns nun der in Abschnitt 5.6 gestellten Frage der optimalen Aufteilung des Konsums auf N Lebensperioden widmen, wofür wir das zugehörige Optimierungsproblem des Individuums zur Erinnerung erneut aufführen:

$$\sum_{k=0}^{N-1} \left(\frac{1}{1+\theta}\right)^k u(c_{k+1}) \to \max_{c_1,\ldots,c_N} ! \tag{8.2.33}$$

unter den Nebenbedingungen

$$\begin{aligned} A_{k+1} &= (1+r)A_k + y_{k+1} - c_{k+1} \quad \forall k = 0, ..., N-1, & (8.2.34) \\ A_k &\in \mathbb{R} \quad \forall k = 1, ..., N, \quad A_0 \in \mathbb{R} \text{ fest}, A_N = 0, & (8.2.35) \\ c_k &\in \mathbb{R}_+ \quad \forall k = 1, ..., N. & (8.2.36) \end{aligned}$$

Dabei bezeichnet c_k den Konsum, y_k das Einkommen, A_k das Vermögen, $\theta \geq 0$ die Zeitpräferenzrate, $r > 0$ den Zinssatz und $u : \mathbb{R}_+ \to \mathbb{R}$ die Nutzenfunktion (vgl. Abschnitt 5.6 zur Erläuterung). Im Vergleich zur dortigen Darstellung wurde allerdings die Indizierung in (8.2.33) und (8.2.34) angepaßt, um das Optimierungsproblem in die Standardform von (DOP1) zu transformieren. Es sind zunächst einige Anmerkung nötig, bevor wir Satz 8.1 anwenden können. Während die Zustandsvariablen A_k genauso in das Optimierungsproblem eingehen wie in (DOP1), sind die Kontrollvariablen c_k hier anders numeriert ($c_{k+1} \widehat{=} u_k$ aus (DOP1)), was für die Gültigkeit von Satz 8.1 aber offensichtlich nicht von Bedeutung ist. Bemerkenswert ist in (8.2.33)-(8.2.36), daß die einstufige Nutzenfunktion u unabhängig von der Stufe k ist und zudem nur durch den Wert der *Kontroll*variablen beeinflußt wird. Darüber hinaus besitzt die Transformationsfunktion (8.2.34) auf jeder Stufe die gleiche funktionale (lineare) Gestalt und unterscheidet sich jeweils nur durch die verschiedenen Werte des exogenen Einkommens y_{k+1}, das als Parameter dieser Funktion interpretiert werden kann. In der Zielfunktion (8.2.33) ist offenbar eine „Endauszahlung" in Höhe von $V_N(A_N) = 0$ als Startwert für die Rekursion enthalten. Um eine Verschuldung am Ende der Lebensdauer auszuschließen, hatten wir den Endwert der Zustandsvariablen auf $A_N = 0$ fixiert. Es erscheint sinnvoll anzunehmen, daß dieses „Endvermögen" keinerlei Einfluß mehr auf den Gesamtnutzen hat, so daß die Festlegung $V_N(A_N) = V_N(0) = 0$ ökonomisch plausibel ist. Somit bleibt nur noch zu klären, wie die Diskontierungsfaktoren $\left(\frac{1}{1+\theta}\right)^k$ die Aussagen von Satz 8.1 beeinflussen. Hierzu beachte man, daß die einstufigen Nutzenfunktionen in diesem Beispiel von der Gestalt $f_k = \beta^k f$ sind (wobei konkret $\beta = 1/(1+\theta)$ und $f = u$ zu setzen wäre) und daß keine Endauszahlung vorliegt ($f_N \equiv 0$). Es bezeichne wie üblich V_n den optimalen Teilnutzen ab Stufe n. Wir definieren nun einen transformierten Teilnutzen $\widetilde{V}_n$ durch $\widetilde{V}_n := \beta^{-n} V_n$. Dann gilt $\widetilde{V}_0 = V_0$, d.h., $\widetilde{V}_0$ stimmt mit der Wertfunktion überein, und die Optimalitätsgleichungen (8.2.8) liefern für die Folge der $\widetilde{V}_n$ die Rekursionsbeziehung $\widetilde{V}_n = \beta^{-n} V_n = \beta^{-n} \max\left(\beta^n f + V_{n+1}\right) = \max\left(f + \beta \widetilde{V}_{n+1}\right)$. Diese liefert auf jeder Stufe die gleiche optimale Entscheidungsregel wie die entsprechende Rekursion in den V_n, so daß die Bestimmung der Lösung des Optimierungsproblems über die (einfacheren) modifizierten Optimalitätsgleichungen $\widetilde{V}_n = \max\left(f + \beta \widetilde{V}_{n+1}\right)$ erfolgen kann. Zur Vereinfachung der Notation werden wir im folgenden jedoch nicht mehr zwischen $\widetilde{V}_n$ und V_n unterscheiden. Wesentlich ist alleine, daß auf der rechten Seite der Optimalitätsgleichungen nur die undiskontierte einstufige Nutzenfunktion auftritt und der jeweilige Teilnutzen zusätzlich den Diskontierungsfaktor $\beta = 1/(1+\theta)$ erhält.[29]

Wir wollen uns bei dem obigen Optimierungsproblem auf die Betrachtung der exponentielle Nutzenfunktion

$$u(c) = -\frac{1}{\gamma} \exp(-\gamma c), \quad \gamma > 0, \tag{8.2.37}$$

beschränken. Die Bestimmung einer allgemeinen Lösung von (8.2.33)-(8.2.36) ist aber selbst für diesen Spezialfall recht kompliziert und insbesondere im Hinblick auf die benötigte Notation sehr aufwendig. Wir werden uns daher auf den Fall $N = 3$,

[29] Alternativ können wir auch auf etwas allgemeinere Überlegungen verweisen, die im Rahmen der Betrachtung von Optimierungsproblemen mit unendlichem Horizont angestellt werden, vgl. (8.3.3)-(8.3.5) in Abschnitt 8.3.1.

$A_0 = 0$ und $r = \theta$ konzentrieren, für den mit vertretbarem Aufwand eine vollständige Lösung mit allen Entscheidungsregeln und Aktionen sowie der Wertfunktion ermittelt werden kann.[30] Zur weiteren Vereinfachung der nachfolgenden Betrachtungen werden wir zudem die Nichtnegativitätsrestriktionen für die Konsummengen ignorieren. Es wird sich anschließend herausstellen, daß dies aufgrund der Annahme $r = \theta$ gerechtfertigt ist, d.h., die optimalen Konsummengen sind in der Tat positiv. Wegen $V_3(A_3) = 0$ lautet die Optimalitätsgleichung für $k = 2$

$$V_2(A_2) = \max_{c_3} \left\{ -\frac{1}{\gamma} \exp(-\gamma c_3) \right\}, \tag{8.2.38}$$

wobei noch die Nebenbedingung (8.2.34) zu berücksichtigen ist. Da die (einstufige) Nutzenfunktion streng monoton wachsend ist, wird c_3 (im Rahmen der Restriktionen) natürlich so groß wie möglich gewählt. Aus $A_3 = 0$ und (8.2.34) folgt dabei, daß in dieser Periode die Gleichung

$$0 = A_3 = (1 + r)A_2 + y_3 - c_3$$

erfüllt sein muß, so daß sich unmittelbar

$$c_3^* = \alpha_3^*(A_2) = (1 + r)A_2 + y_3 \tag{8.2.39}$$

ergibt. Einsetzen von (8.2.39) in die Optimalitätsgleichung (8.2.38) liefert dann

$$V_2(A_2) = -\frac{1}{\gamma} \exp\left(-\gamma \left[(1 + r)A_2 + y_3\right]\right) \tag{8.2.40}$$

für die Wertfunktion ab Stufe $k = 2$. Der optimale Konsum der zweiten Periode ergibt sich anschließend aus der Optimalitätsgleichung für $k = 1$

$$V_1(A_1) = \max_{c_2} \left\{ -\frac{1}{\gamma} \exp(-\gamma c_2) + \frac{1}{1 + r} V_2(A_2) \right\}.$$

Einsetzen von (8.2.40) liefert unter Berücksichtigung von (8.2.34) für $k = 1$

$$\begin{aligned} V_1(A_1) &= \max_{c_2} \left\{ -\frac{1}{\gamma} \exp(-\gamma c_2) \right. \\ &\quad \left. - \frac{1}{1 + r} \frac{1}{\gamma} \exp\left(-\gamma \left[(1 + r)(y_2 - c_2 + (1 + r)A_1) + y_3\right]\right) \right\}. \end{aligned} \tag{8.2.41}$$

Die notwendige Optimalitätsbedingung für das Maximierungsproblem auf der rechten Seite von (8.2.41) verlangt, daß die erste Ableitung der Funktion in der geschweiften Klammer nach c_2 gleich Null ist[31], d.h.

$$\exp(-\gamma c_2) - \exp(\gamma(1 + r)c_2) \cdot \exp\left(-\gamma \left[(1 + r)(y_2 + (1 + r)A_1) + y_3\right]\right) = 0. \tag{8.2.42}$$

[30] Die Annahmen $A_0 = 0$ und $r = \theta$ sind auch in der Literatur üblich, vgl. z.B. CABALLERO (1991).

[31] Die hinreichende Bedingung ist wegen der strengen Konkavität der Zielfunktion ebenfalls erfüllt, so daß man tatsächlich eine Maximalstelle erhält.

Umstellung von (8.2.42), Anwendung der Logarithmusfunktion und anschließende Division durch $-\gamma$ ergibt

$$c_2 = -(1+r)c_2 + (1+r)(y_2 + (1+r)A_1) + y_3,$$

woraus man sofort

$$c_2^* = \alpha_2^*(A_1) = \frac{1}{1+(1+r)}\left((1+r)^2 A_1 + (1+r)y_2 + y_3\right) \tag{8.2.43}$$

erhält. Einsetzen von (8.2.43) in die Optimalitätsgleichung (8.2.41) liefert dann

$$\begin{aligned} V_1(A_1) &= -\frac{1}{\gamma}\exp\left(-\gamma\frac{1}{1+(1+r)}\left((1+r)^2A_1 + (1+r)y_2 + y_3\right)\right) \\ &\quad -\frac{1}{1+r}\frac{1}{\gamma}\exp\left(-\gamma\frac{1}{1+(1+r)}\left((1+r)^2A_1 + (1+r)y_2 + y_3\right)\right) \\ &= \left(1+\frac{1}{1+r}\right)\left(-\frac{1}{\gamma}\exp\left(-\gamma\frac{1}{1+(1+r)}\left((1+r)^2A_1 + (1+r)y_2 + y_3\right)\right)\right). \end{aligned} \tag{8.2.44}$$

Schließlich erhalten wir den Konsum der ersten Periode über die Optimalitätsgleichung

$$V_0(A_0) = \max_{c_1}\left\{-\frac{1}{\gamma}\exp(-\gamma c_1) + \frac{1}{1+r}V_1(A_1)\right\},$$

die mit (8.2.44) und (8.2.34) für $k=0$ die Gestalt

$$\begin{aligned} V_0(A_0) &= \max_{c_1}\left\{-\frac{1}{\gamma}\exp(-\gamma c_1) - \frac{1+(1+r)}{(1+r)^2}\frac{1}{\gamma}\exp\left(-\gamma\frac{1}{1+(1+r)}\right.\right. \\ &\quad \left.\left.\cdot\left((1+r)^2(y_1 - c_1 + (1+r)A_0) + (1+r)y_2 + y_3\right)\right)\right\} \end{aligned} \tag{8.2.45}$$

annimmt. Analog zu (8.2.42) lautet die (notwendige und hinreichende) Optimalitätsbedingung für die Maximierung der rechten Seite von (8.2.45)

$$\begin{aligned} 0 &= \exp(-\gamma c_1) - \frac{1+(1+r)}{(1+r)^2}\cdot\frac{(1+r)^2}{1+(1+r)}\exp\left(\gamma\frac{(1+r)^2}{1+(1+r)}c_1\right) \\ &\quad \cdot\exp\left(-\gamma\frac{1}{1+(1+r)}\left[(1+r)^3A_0 + (1+r)^2y_1 + (1+r)y_2 + y_3\right]\right). \end{aligned} \tag{8.2.46}$$

Umstellung, Anwendung der Logarithmusfunktion und Division durch $-\gamma$ liefert

$$c_1 = -\frac{(1+r)^2}{1+(1+r)}c_1 + \frac{1}{1+(1+r)}\left[(1+r)^3A_0 + (1+r)^2y_1 + (1+r)y_2 + y_3\right],$$

woraus sich unmittelbar

$$c_1^* = \alpha_1^*(A_0) = \frac{1}{1+(1+r)+(1+r)^2}\left[(1+r)^3A_0 + (1+r)^2y_1 + (1+r)y_2 + y_3\right] \tag{8.2.47}$$

ergibt. Durch Einsetzen in die Optimalitätsgleichung (8.2.45) erhält man dann abschließend den maximal erreichbaren Gesamtnutzen in Form der Wertfunktion

$$\begin{aligned} V_0(A_0) &= -\frac{1}{\gamma}\exp\left(-\gamma\frac{1}{R}\left[(1+r)^3A_0+(1+r)^2y_1+(1+r)y_2+y_3\right]\right) \\ &\quad -\frac{1+(1+r)}{(1+r)^2}\frac{1}{\gamma}\exp\left(-\gamma\frac{1}{R}\left[(1+r)^3A_0+(1+r)^2y_1+(1+r)y_2+y_3\right]\right) \\ &= \frac{R}{(1+r)^2}\left(-\frac{1}{\gamma}\exp\left(-\gamma\frac{1}{R}\left[(1+r)^3A_0+(1+r)^2y_1+(1+r)y_2+y_3\right]\right)\right), \end{aligned} \tag{8.2.48}$$

wobei abkürzend $R := 1 + (1+r) + (1+r)^2$ gesetzt wurde.

Damit ist die Rekursion abgeschlossen und die Lösung des Optimierungsproblems mit dem Optimalwert (8.2.48) sowie den Entscheidungsregeln (8.2.39), (8.2.43) und (8.2.47) vollständig beschrieben. Letztere zeigen auf, welchen Konsum das Individuum in jeder Periode bei gegebenem Vermögen A_k (d.h. der kumulierten Ersparnis) realisieren kann. Dabei überrascht es zunächst, daß der jeweilige Konsum auch von den *zukünftigen* Einkommen abhängt. Wenn diese jedoch zu jeder Zeit mit Sicherheit bekannt sind, ist es sinnvoll, von vornherein das gesamte *Lebenseinkommen* als relevant zu betrachten und den Konsum dementsprechend auf die verschiedenen Perioden zu verteilen. Um dies zu verdeutlichen, wollen wir auch noch die *Vorwärtsrechnung* anschließen. Von dem Anfangswert $A_0 = 0$ ausgehend, ergeben sich durch sukzessives Einsetzen in die optimalen Entscheidungsregeln (8.2.47), (8.2.43) und (8.2.39) sowie die Transformationsgleichung (8.2.34) die optimalen Konsummengen

$$c_1^* = c_2^* = c_3^* = \frac{1}{1+(1+r)+(1+r)^2}\left((1+r)^2y_1+(1+r)y_2+y_3\right) > 0. \tag{8.2.49}$$

Dieses überraschende Ergebnis ist selbstverständlich auf unsere einschränkende Annahme $r = \theta$ zurückzuführen, die a priori jeden Anreiz zur intertemporalen Substitution zwischen den Perioden ausschließt, so daß das abdiskontierte Lebenseinkommen einfach gleichmäßig auf alle Perioden verteilt wird. Das Beispiel zeigt jedoch auch auf, daß bei nicht mit Sicherheit bekannten zukünftigen Einkommen (was ja bei praktischen Anwendungen der Regelfall sein dürfte), *Erwartungen* über die zukünftige Einkommensentwicklung gebildet werden müssen. Im Rahmen deterministischer Modelle bleibt hier nur der Weg, in Gleichung (8.2.49) bestimmte, als „plausibel" anzusehende Einkommenswerte y_2^e und y_3^e einzusetzen. Eine theoretisch „saubere" Lösung würde dann einen stochastischen Modellrahmen erfordern.

Insgesamt sollten zwei wesentliche Aspekte anhand dieses Beispiels deutlich geworden sein: Einerseits erlaubt die Methode der dynamischen Programmierung in der Tat eine relativ direkte Lösung komplexer Ausgangsprobleme mittels vergleichsweise einfacher statischer Probleme. Andererseits ist die vollständige Durchführung der Rekursion trotz allem noch recht aufwendig, und die Ermittlung analytisch expliziter Lösungen erfordert in der Regel sehr restriktive Annahmen. Ob die direkte

Behandlung des Optimierungsproblems mit anderen Methoden oder der Einsatz numerischer Verfahren ggf. vorteilhafter ist, kann nicht pauschal beantwortet werden und muß jeweils für den konkreten Einzelfall abgeschätzt werden. □

8.3 Fixpunktlösungen bei unendlichem Horizont

In diesem Abschnitt betrachten wir ausschließlich das stationäre Optimierungsproblem (DOP2) mit unendlichem Horizont, für das wir alle in Abschnitt 8.1 aufgeführten Bezeichnungen und Voraussetzungen übernehmen. Dabei soll aufgezeigt werden, unter welchen zusätzlichen Annahmen und in welcher Form sich die im vorangegangenen Abschnitt hergeleiteten Resultate für das endlichstufige Problem (DOP1′) auf diesen Fall erweitern bzw. übertragen lassen. Hierzu werden wir vorab einige heuristische Überlegungen anstellen, welche die dabei zu erwartenden Ergebnisse motivieren sollen. Anschließend werden wir zwei verschiedene Fälle herausarbeiten, in denen sich diese Resultate (von einigen Sonderfällen abgesehen) formal nachweisen lassen. In beiden Fällen werden bestimmte Annahmen über die einstufige Nutzenfunktion f getroffen, welche zum einen leicht überprüfbar und zum anderen in zahlreichen ökonomischen Problemstellungen auch erfüllt sind. Wir werden dies abschließend anhand der bereits im vorigen Abschnitt behandelten Beispiele verdeutlichen und auf diese Weise zugleich eine Gegenüberstellung der jeweiligen Resultate durchführen können. Vorab sei noch darauf hingewiesen, daß wir die *Existenz* optimaler Politiken genau wie im endlichstufigen Fall zunächst nicht weiter problematisieren und erst im Anhang dieses Kapitels eine hinreichende Bedingung hierfür nachliefern werden. Diese Vorgehensweise folgt erneut dem Ziel, ein Verfahren zur *Bestimmung* der Lösung eines gegebenen Optimierungsproblems bereitzustellen, ohne sich mit der mühsamen Existenzproblematik auseinandersetzen zu müssen.

8.3.1 Vorüberlegungen

Wir betrachten das Optimierungsproblem (DOP2) mit unendlichem Horizont und wollen aufzeigen, inwiefern sich das Optimalitätsprinzip auf diesen Fall übertragen läßt. Zunächst stellt sich das offensichtliche Problem, daß der zuvor beschriebene rekursive Ansatz nicht durchführbar ist, da keine letzte Periode und somit auch kein der Endauszahlung entsprechender Startwert für eine Rekursion vorhanden ist. Man erkennt jedoch, daß (DOP2) gewissermaßen als „Grenzwert" eines endlichstufigen Problems (DOP1′) *ohne* Endauszahlung aufgefaßt werden kann. Daher versucht man, mit Hilfe geeigneter Genzwertbetrachtungen aus der Optimalitätsgleichung (8.2.7) eine entsprechende Version für das unendlichstufige Modell herzuleiten. Da hierbei Folgen von endlichstufigen Problemen mit unterschiedlichen Horizonten auftreten, erweist es sich als sinnvoll, die in den Definitionen 8.1 und 8.3 eingeführten Variablen zusätzlich mit dem jeweiligen Horizont N als zweiten Index zu versehen.

Für *jeden* endlichen Horizont N betrachten wir somit für alle $0 \leq n \leq N-1$

$$V^N_{n\pi^N_n}(\mathbf{x}_n) := \sum_{k=n}^{N-1} f_k(\mathbf{x}_k, \boldsymbol{\alpha}_k(\mathbf{x}_k)), \quad \mathbf{x}_n \in X, \tag{8.3.1}$$

$$V^N_n(\mathbf{x}_n) := \sup_{\boldsymbol{\pi}^N_n \in \Pi^N_n} V^N_{n\pi^N_n}(\mathbf{x}_n), \quad \mathbf{x}_n \in X, \tag{8.3.2}$$

wobei der untere Index (wie bisher) den Startpunkt des Teilproblems und der obere Index den Horizont N angibt. In (8.3.1) ist erneut zu beachten, daß die einzelnen Zustände über die Transformationsfunktion $\mathbf{g}$ miteinander verknüpft sind. Für $n = 0$ erhalten wir in Analogie zu Bemerkung 8.3 wieder die Größen für das ursprüngliche N-stufige Problem, bei denen wir den Index 0 in der Regel weglassen. Ferner bezeichnet $\boldsymbol{\pi}^N_n = (\boldsymbol{\alpha}_n, ..., \boldsymbol{\alpha}_{N-1})$ eine aus einstufigen Entscheidungsregeln $\boldsymbol{\alpha}_k$, $k = n, ..., N-1$, zusammengesetzte $(N-n)$-stufige Politik ab der Stufe n sowie Π^N_n die Menge aller zulässigen $(N-n)$-stufigen Politiken.

Man kann nun die Stationarität des Modells ausnutzen, um die in (8.3.1) und (8.3.2) definierten Größen für alle Anfangszeitpunkte n auf $V^{N-n}_{0\pi^{N-n}_0}$ bzw. V^{N-n}_0 zurückzuführen. Es ist dabei zu beachten, daß $f_k(\mathbf{x}_k, \mathbf{u}_k) = \beta^k f(\mathbf{x}_k, \mathbf{u}_k)$ für alle $0 \leq k \leq N-1$ sowie $f_N(\mathbf{x}_N) = 0$ gilt und die in (8.3.1) zu berücksichtigende Transformationsfunktion $\mathbf{g}$ ebenso wie die Räume X, A und U auf allen Stufen identisch sind. Man erhält

$$\begin{aligned}
V^N_{n\pi^N_n}(\mathbf{x}_n) &= \sum_{k=n}^{N-1} f_k(\mathbf{x}_k, \boldsymbol{\alpha}_k(\mathbf{x}_k)) \\
&= \sum_{k=0}^{N-n-1} f_{n+k}(\mathbf{x}_{n+k}, \boldsymbol{\alpha}_{n+k}(\mathbf{x}_{n+k})) \\
&= \sum_{k=0}^{N-n-1} \beta^{n+k} f(\mathbf{x}_{n+k}, \boldsymbol{\alpha}_{n+k}(\mathbf{x}_{n+k})) \\
&= \beta^n \sum_{k=0}^{N-n-1} f_k(\mathbf{x}_{n+k}, \boldsymbol{\alpha}_{n+k}(\mathbf{x}_{n+k})) \\
&\overset{(*)}{=} \beta^n \sum_{k=0}^{N-n-1} f_k(\mathbf{x}_k, \boldsymbol{\alpha}_k(\mathbf{x}_k)) \quad \text{für } \mathbf{x}_0 = \mathbf{x}_n \\
&= \beta^n V^{N-n}_{0\pi^{N-n}_0}(\mathbf{x}_0) \quad \text{für } \mathbf{x}_0 = \mathbf{x}_n.
\end{aligned} \tag{8.3.3}$$

Der wesentliche Übergang in der mit $(*)$ gekennzeichneten Gleichung ergibt sich dabei unmittelbar aus der Stationarität des Modells, da im Falle des gleichen Startwertes $\mathbf{x}_0 = \mathbf{x}_n$ die feed-back Regeln als identisch angenommen werden können, also $\boldsymbol{\pi}^N_n = \boldsymbol{\pi}^{N-n}_0$ gilt. Die Optimierung des Funktionals $V^N_{n\pi^N_n}(\mathbf{x}_n)$ ist für $\mathbf{x}_n = \mathbf{x}_0$ wegen der Stationaritätsannahme letztendlich dasselbe wie die Optimierung von

$V_{0\pi_0^{N-n}}^{N-n}(\mathbf{x}_0)$. Aus (8.3.3) ergibt sich für $\mathbf{x}_n = \mathbf{x}_0$ unmittelbar

$$\sup_{\pi_n^N} V_{n\pi_n^N}^N(\mathbf{x}_n) = \beta^n \cdot \sup_{\pi_0^{N-n}} V_{0\pi_0^{N-n}}^{N-n}(\mathbf{x}_0)$$

und somit

$$V_n^N(\mathbf{x}_n) = \beta^n V_0^{N-n}(\mathbf{x}_0) \quad \text{für } \mathbf{x}_0 = \mathbf{x}_n. \tag{8.3.4}$$

Unter Verwendung der modifizierten Notation läßt sich die Optimalitätsgleichung (8.2.7) für einen beliebigen endlichen Horizont N in der Form

$$V_n^N(\mathbf{x}_n) = \sup_{\mathbf{u}_n \in U(\mathbf{x}_n)} \left(f_n(\mathbf{x}_n, \mathbf{u}_n) + V_{n+1}^N(\mathbf{g}(\mathbf{x}_n, \mathbf{u}_n))\right), \quad n = 0, 1, ..., N-1,$$

darstellen, wobei der Startwert durch $V_N^N(\mathbf{x}_N) = 0$ gegeben ist. Mit (8.3.4) und $f_n(\mathbf{x}_n, \mathbf{u}_n) = \beta^n f(\mathbf{x}_n, \mathbf{u}_n)$ erhält man daraus

$$\beta^n V_0^{N-n}(\mathbf{x}_n) = \sup_{\mathbf{u}_n \in U(\mathbf{x}_n)} \left(\beta^n f(\mathbf{x}_n, \mathbf{u}_n) + \beta^{n+1} V_0^{N-n-1}(\mathbf{g}(\mathbf{x}_n, \mathbf{u}_n))\right), n = 0, 1, ..., N-1,$$

also wegen $\beta > 0$

$$V^{N-n}(\mathbf{x}_n) = \sup_{\mathbf{u}_n \in U(\mathbf{x}_n)} \left(f(\mathbf{x}_n, \mathbf{u}_n) + \beta V^{N-n-1}(\mathbf{g}(\mathbf{x}_n, \mathbf{u}_n))\right), \quad n = 0, 1, ..., N-1. \tag{8.3.5}$$

Wir haben das unendlichstufige Ausgangsproblem (DOP2) als „Grenzwert" der endlichstufigen Probleme (DOP1′) ohne Endauszahlung ($f_N \equiv 0$) aufgefaßt. Daher ist zu vermuten, daß auch die zugehörigen Wertfunktionen V^{N-n} für $N \to \infty$ (unter geeigneten Voraussetzungen!) gegen die in (8.1.15) definierte Wertfunktion V^∞ von (DOP2) konvergieren. In diesem Fall impliziert (8.3.5) bei zulässiger Vertauschung der Grenzwert- und Supremumsbildung

$$\begin{aligned}
\lim_{N\to\infty} V^{N-n}(\mathbf{x}_n) &= \lim_{N\to\infty} \sup_{\mathbf{u}_n \in U(\mathbf{x}_n)} \left(f(\mathbf{x}_n, \mathbf{u}_n) + \beta V^{N-n-1}(\mathbf{g}(\mathbf{x}_n, \mathbf{u}_n))\right) \\
&= \sup_{\mathbf{u}_n \in U(\mathbf{x}_n)} \left(f(\mathbf{x}_n, \mathbf{u}_n) + \lim_{N\to\infty} \beta V^{N-n-1}(\mathbf{g}(\mathbf{x}_n, \mathbf{u}_n))\right) \quad \forall \mathbf{x}_n \in X.
\end{aligned}$$

und somit

$$V^\infty(\mathbf{x}_n) = \sup_{\mathbf{u}_n \in U(\mathbf{x}_n)} \left(f(\mathbf{x}_n, \mathbf{u}_n) + \beta V^\infty(\mathbf{g}(\mathbf{x}_n, \mathbf{u}_n))\right) \quad \forall \mathbf{x}_n \in X.$$

Da $\mathbf{x}_n \in X$ und $\mathbf{u}_n \in U(\mathbf{x}_n)$ beliebig gewählt werden können, läßt sich diese Gleichung in der etwas kompakteren Form

$$V^\infty(\mathbf{x}) = \sup_{\mathbf{u} \in U(\mathbf{x})} \left(f(\mathbf{x}, \mathbf{u}) + \beta V^\infty(\mathbf{g}(\mathbf{x}, \mathbf{u}))\right) \quad \forall \mathbf{x} \in X \tag{8.3.6}$$

schreiben. Bei Gleichung (8.3.6) handelt es sich um die unendlichstufige Variante der *Bellman-Funktionalgleichung*, welche die Wertfunktion von (DOP2) charakterisiert. Es sollte bereits bei ihrer Herleitung deutlich geworden sein, daß die Gültigkeit von

(8.3.6) keinesfalls so selbstverständlich erscheint wie jene von (8.2.7) für den endlichen Horizont. Weder die Konvergenz von V^N gegen V^∞ noch der Übergang von (8.3.5) zu (8.3.6) wird ohne zusätzliche Voraussetzungen an die einzelnen Modellkomponenten gewährleistet sein, so daß die Behandlung unendlichstufiger Probleme sowohl einen restriktiveren Modellrahmen als auch eine tiefergehende mathematische Argumentation erfordert. Wir werden in den folgenden Teilabschnitten einige ausgewählte Konstellationen behandeln, in denen die Gültigkeit von (8.3.6) und die Konvergenz von V^N gegen V^∞ nachgewiesen werden können.

Ähnlich einschränkende Bemerkungen sind im Hinblick auf optimale Politiken erforderlich. Für einen endlichen Horizont haben wir oben angedeutet, daß die bei der rekursiven Lösung von (8.2.7) ermittelten Entscheidungsregeln üblicherweise zu einer optimalen N-stufigen Politik zusammengesetzt werden können. Im unendlichstufigen stationären Fall wird man hingegen nur *eine* Entscheidungsregel $\boldsymbol{\alpha}(\mathbf{x}) = \mathbf{u}$ erhalten, welche zu jedem $\mathbf{x} \in X$ eine Maximalstelle der rechten Seite von (8.3.6) bzgl. $\mathbf{u}$ angibt. Es stellt sich daher die Frage, ob die mit dieser Regel gebildete *stationäre* Politik $\boldsymbol{\pi}^\infty := (\boldsymbol{\alpha}, \boldsymbol{\alpha}, ...)$ optimal ist. Für die im folgenden betrachteten Fälle wird sich dies, von einer Ausnahme abgesehen, in der Tat bestätigen, so daß wir damit im Grunde eine vollständige Erweiterung des endlichstufigen Lösungsansatzes auf das unendlichstufige Optimierungsproblem erhalten.

Bemerkung 8.9 Auch für den Fall nichtstationärer unendlichstufiger Modelle läßt sich eine zu (8.3.6) analoge Funktionalgleichung herleiten, in welcher jedoch ähnlich wie in (8.2.7) der Startzeitpunkt n von Bedeutung ist. Unter den üblichen Voraussetzungen lassen sich hierüber auch optimale Politiken bestimmen, die erwartungsgemäß jedoch nicht stationär sind. □

Auch wenn die Ausführungen dieses Abschnitts in erster Linie veranschaulichenden Charakter besitzen, sind wir mit den oben angedeuteten drei wesentlichen Resultaten bereits zum Kern der unendlichstufigen dynamischen Programmierung vorgedrungen. Dabei handelt es sich um die Konvergenz der zu endlichen Horizonten gehörigen Wertfunktionen gegen jene von (DOP2), um die unendlichstufige Variante der Bellman-Funktionalgleichung (vgl. (8.3.6)) sowie um die Optimalität stationärer Politiken. In den folgenden Abschnitten verbleibt die Aufgabe, geeignete Voraussetzungen herauszuarbeiten, unter denen die Gültigkeit dieser Resultate mathematisch nachgewiesen werden kann. Erst im Anschluß daran werden wir deren Anwendung auf die in Kapitel 5 vorgestellten ökonomischen Probleme demonstrieren, da auf diese Weise zugleich die Bedeutung gewisser einschränkender Voraussetzungen sowie deren ökonomische Interpretation hervorgehoben werden kann.

8.3.2 Beschränkte Nutzenfunktionen und Diskontierung

Für die nachfolgende Analyse erweist es sich als sinnvoll, einige abkürzende Notationen einzuführen, die zu einer Vereinfachung und zu einem besseren Verständnis der Betrachtungen beitragen sollen. Dazu bezeichne $M_0 := \{V \mid V : X \to \overline{\mathbb{R}}\}$ die

Menge aller Abbildungen vom Zustandsraum in die erweiterten reellen Zahlen. Dann definiert $T(V) := TV \in M_0$ gemäß

$$TV(\mathbf{x}) := \sup_{\mathbf{u}\in U(\mathbf{x})} \left(f(\mathbf{x},\mathbf{u}) + \beta V(\mathbf{g}(\mathbf{x},\mathbf{u}))\right) \quad \forall \mathbf{x} \in X \tag{8.3.7}$$

einen Operator $T : M_0 \to M_0$, der jeder Abbildung $V \in M_0$ die durch (8.3.7) definierte Abbildung $TV \in M_0$ zuordnet.[32] Man beachte, daß das Supremum in (8.3.7) wegen unserer Generalvoraussetzung $U(\mathbf{x}) \neq \emptyset$ für alle $\mathbf{x} \in X$ niemals über der leeren Menge zu bilden ist. Des weiteren bezeichne T^k die k-fache Anwendung des Operators T auf eine Funktion $V \in M_0$. Diese ist für alle $V \in M_0$ rekursiv durch

$$T^0 V = V, \tag{8.3.8}$$

$$T^1 V = TV \tag{8.3.9}$$

sowie

$$T^{k+1}V := T(T^k V), \quad k = 1, 2, \ldots \tag{8.3.10}$$

definiert. Folglich ist die Abbildung $T^{k+1}V : X \to \overline{\mathbb{R}}$ für alle $\mathbf{x} \in X$ durch die Vorschrift

$$T^{k+1}V(\mathbf{x}) = \sup_{\mathbf{u}\in U(\mathbf{x})} \left(f(\mathbf{x},\mathbf{u}) + \beta \cdot T^k V(\mathbf{g}(\mathbf{x},\mathbf{u}))\right)$$

gegeben. Läßt man in (8.3.7) die Supremumbildung weg und ersetzt die Aktion $\mathbf{u}$ durch eine (beliebige) Entscheidungsregel $\boldsymbol{\alpha}$, erhält man den Operator $T_\alpha : M_0 \to M_0$ gemäß

$$T_{\boldsymbol{\alpha}} V(\mathbf{x}) := f(\mathbf{x}, \boldsymbol{\alpha}(\mathbf{x})) + \beta V(\mathbf{g}(\mathbf{x}, \boldsymbol{\alpha}(\mathbf{x}))) \quad \forall \mathbf{x} \in X. \tag{8.3.11}$$

Analog zu T^k ist die k-fache Anwendung $T^k_{\boldsymbol{\alpha}}$ von $T_{\boldsymbol{\alpha}}$ für alle $V \in M_0$ rekursiv durch

$$T^0_{\boldsymbol{\alpha}} V = V, \tag{8.3.12}$$

$$T^1_{\boldsymbol{\alpha}} V = TV \tag{8.3.13}$$

sowie

$$T^{k+1}_{\boldsymbol{\alpha}} V := T_{\boldsymbol{\alpha}}(T^k_{\boldsymbol{\alpha}} V), \quad k = 1, 2, \ldots \tag{8.3.14}$$

definiert.

Bemerkung 8.10 Die durch Anwendung des Operators T entstehenden Funktionen TV bzw. $T^k V$ erscheinen zunächst recht abstrakt, sie haben allerdings im Hinblick auf die *endlichstufigen* Varianten von (DOP2) jeweils eine sehr anschauliche Interpretation. Hierzu sei eine Abbildung $V \in M_0$ gegeben. Vor dem Hintergrund der Definition der Wertfunktion (Definition 8.2) und der Resultate aus Satz 8.1

[32] Letztendlich ist $T : M_0 \to M_0$ eine Funktion, die jedem $V \in M_0$ genau ein $T(V)$ zuordnet, wobei $T(V)(\mathbf{x})$ für alle $\mathbf{x} \in X$ durch die rechte Seite von (8.3.7) erklärt ist. Die Eindeutigkeit von $T(V)$ folgt dabei aus der Eindeutigkeit der Supremumbildung. Da die Werte $+\infty$ und $-\infty$ zugelassen sind, ist darüber hinaus $T(V)$ wieder ein Element aus M_0. Zur Vereinfachung der Notation schreiben wir im folgenden TV anstelle von $T(V)$.

(insbesondere der Gültigkeit der Optimalitätsgleichung (8.2.8)) ist es dann unmittelbar einsichtig, daß TV gemäß (8.3.7) die Wertfunktion eines *einstufigen* Problems mit Endauszahlung βV und einstufiger Nutzenfunktion f angibt. Analog dazu stellt $T^k V$ die Wertfunktion eines *k-stufigen* Problems mit einstufigen Nutzenfunktionen $f_n = \beta^n f$, $n = 0, 1, ..., k-1$, und einer Endauszahlung von $f_k = \beta^k V$ dar. Diese Behauptung läßt sich auf direktem Wege per vollständiger Induktion nachweisen. Der Induktionsanfang für $k = 1$ ergibt sich wie soeben begründet unmittelbar aus den Definitionen und Satz 8.1. Als Induktionsvoraussetzung sei also $T^k V$ die Wertfunktion eines k-stufigen Problems mit Endauszahlung $f_k = \beta^k V$ und einstufigen Nutzenfunktionen $f_n = \beta^n f$, $n = 0, 1, ..., k-1$. Es gilt dementsprechend $T^k V(\mathbf{x}) = V_0^k(\mathbf{x})$ für alle $\mathbf{x} \in X$, wobei für die Wertfunktion V_0^k die in Abschnitt 8.3.1 eingeführte Schreibweise verwendet wurde. Für den Induktionsschritt beachte man, daß nach Definition des Operators T für alle $\mathbf{x} \in X$ die Beziehung

$$T^{k+1}V(\mathbf{x}) = T(T^k V)(\mathbf{x}) = \sup_{\mathbf{u} \in U(\mathbf{x})} \left(f(\mathbf{x}, \mathbf{u}) + \beta \cdot T^k V(\mathbf{g}(\mathbf{x}, \mathbf{u})) \right) \tag{8.3.15}$$

gilt, woraus sich mit der Induktionsvoraussetzung

$$T^{k+1}V(\mathbf{x}) = \sup_{\mathbf{u} \in U(\mathbf{x})} \left(f(\mathbf{x}, \mathbf{u}) + \beta V_0^k(\mathbf{g}(\mathbf{x}, \mathbf{u})) \right) \tag{8.3.16}$$

ergibt. Die Wertfunktion V_0^k genügt nach Satz 8.1 der Optimalitätsgleichung (8.2.8), so daß man aus Gleichung (8.3.16)

$$\begin{aligned} T^{k+1}V(\mathbf{x}) &= \sup_{\mathbf{u} \in U(\mathbf{x})} \left(f(\mathbf{x}, \mathbf{u}) + \beta \sup_{\mathbf{u}_0 \in U(\mathbf{g}(\mathbf{x},\mathbf{u}))} \left(f(\mathbf{g}(\mathbf{x}, \mathbf{u}), \mathbf{u}_0) + V_1^k\left(\mathbf{g}(\mathbf{g}(\mathbf{x}, \mathbf{u}), \mathbf{u}_0)\right)\right)\right) \\ &= \sup_{\mathbf{u} \in U(\mathbf{x})} \left(f(\mathbf{x}, \mathbf{u}) + \sup_{\mathbf{u}_0 \in U(\mathbf{g}(\mathbf{x},\mathbf{u}))} \left(\beta f(\mathbf{g}(\mathbf{x}, \mathbf{u}), \mathbf{u}_0) + \beta V_1^k\left(\mathbf{g}(\mathbf{g}(\mathbf{x}, \mathbf{u}), \mathbf{u}_0)\right)\right)\right) \end{aligned} \tag{8.3.17}$$

erhält. Andererseits gelten in einem $(k+1)$-stufigen Optimierungsproblems mit einstufigen Nutzenfunktionen $f_n = \beta^n f$, $n = 0, 1, ..., k$, und Endauszahlung $f_{k+1} = \beta^{k+1} V$ ebenfalls die Optimalitätsgleichungen für alle optimalen Teilnutzen V_n^{k+1}, also insbesondere für $n = 1$

$$V_1^{k+1}(\mathbf{y}) = \sup_{\mathbf{u} \in U(\mathbf{y})} \left(\beta f(\mathbf{y}, \mathbf{u}) + V_2^{k+1}(\mathbf{g}(\mathbf{y}, \mathbf{u})) \right) \quad \forall \mathbf{y} \in X. \tag{8.3.18}$$

Nun ist zu beachten, daß sich für die hier betrachteten, formal nahezu identischen Modelle mit Horizont k bzw. $k+1$ aus der Definition der optimalen Teilnutzen (vgl. Definition 8.3) für alle $\mathbf{x} \in X$ die Beziehung

$$V_2^{k+1}(\mathbf{x}) = \beta V_1^k(\mathbf{x}) \tag{8.3.19}$$

ergibt. Die Kombination der Gleichungen (8.3.17)-(8.3.19) liefert für alle $\mathbf{x} \in X$ somit

$$\begin{aligned} T^{k+1}V(\mathbf{x}) &= \sup_{\mathbf{u} \in U(\mathbf{x})} \left(f(\mathbf{x}, \mathbf{u}) + V_1^{k+1}(\mathbf{g}(\mathbf{x}, \mathbf{u})) \right) \\ &= V_0^{k+1}(\mathbf{x}), \end{aligned}$$

wobei sich die letzte Gleichung aus der Optimalitätsgleichung für das $(k+1)$-stufige Modell ergibt. Also ist $T^{k+1}V$ in der Tat die Wertfunktion des $(k+1)$-stufigen Problems mit einstufigen Nutzenfunktionen $f_n = \beta^n f$, $n = 0, 1, ..., k$, und Endauszahlung $f_{k+1} = \beta^{k+1}V$.

Auf die gleiche Weise kann gezeigt werden, daß die mit dem Operator T_α gebildeten Funktionen $T_\alpha V$ und $T_\alpha^k V$ die in den entsprechenden Optimierungsproblemen mit einer Entscheidungsregel $\boldsymbol{\alpha}$ bzw. einer stationären Politik $\boldsymbol{\pi} = (\boldsymbol{\alpha}, ..., \boldsymbol{\alpha})$ zu erreichenden (nicht notwendigerweise maximalen) Gesamtnutzen darstellen. □

Die erste nennenswerte Vereinfachung durch die Operatorschreibweise ergibt sich bei der Bellman-Gleichung (8.3.6), welche sich nun in der einprägsamen Form

$$V^\infty(\mathbf{x}) = TV^\infty(\mathbf{x}) \quad \forall \mathbf{x} \in X \tag{8.3.20}$$

bzw.

$$V^\infty = TV^\infty \tag{8.3.21}$$

schreiben läßt. Im Falle der Gültigkeit dieser Funktionalgleichung stellt die Wertfunktion somit einen Fixpunkt des Operators T dar. Diese Erkenntnis eröffnet *einen* möglichen Weg, die in Abschnitt 8.3.1 geäußerten Vermutungen zu beweisen. Dabei bedient man sich einiger allgemeiner Sätze über Fixpunkte und sog. kontrahierende Abbildungen, welche die mathematische Basis für die wesentlichen Resultate dieses Abschnitts bilden. Wir werden diesen Weg jedoch nicht beschreiten und statt dessen intuitiv eingängigere, direkte Beweise verwenden, die nicht explizit auf diese mathematischen Sachverhalte zurückgreifen.[33] Dazu benötigen wir einige naheliegende, aber dennoch wesentliche Eigenschaften der Operatoren T^k und T_α^k.

Lemma 8.1 *Gegeben seien zwei Funktionen $V, W : X \to \overline{\mathbb{R}}$, eine zulässige einstufige Entscheidungsregel $\boldsymbol{\alpha} : X \to A$, $\boldsymbol{\alpha}(\mathbf{x}) \in U(\mathbf{x})\ \forall \mathbf{x} \in X$, und eine Zahl $m \in \mathbb{R}$. Dann gilt*

1. *Aus $V(\mathbf{x}) \leq W(\mathbf{x})\ \forall \mathbf{x} \in X$ folgt*

$$T^k V(\mathbf{x}) \leq T^k W(\mathbf{x}) \quad \forall \mathbf{x} \in X,\ \forall k = 1, 2, ..., \tag{8.3.22}$$

$$T_\alpha^k V(\mathbf{x}) \leq T_\alpha^k W(\mathbf{x}) \quad \forall \mathbf{x} \in X,\ \forall k = 1, 2, ... \tag{8.3.23}$$

2. *Es gilt*

$$T^k(V+m)(\mathbf{x}) = T^k V(\mathbf{x}) + \beta^k m \quad \forall \mathbf{x} \in X,\ \forall k = 1, 2, ..., \tag{8.3.24}$$

$$T_\alpha^k(V+m)(\mathbf{x}) = T_\alpha^k V(\mathbf{x}) + \beta^k m \quad \forall \mathbf{x} \in X,\ \forall k = 1, 2, ... , \tag{8.3.25}$$

wobei $V + m$ als Summe der Funktion $V \in M_0$ und der konstanten Funktion $m \in M_0$ aufzufassen ist.

[33] Die nachfolgende Darstellung orientiert sich vorwiegend an BERTSEKAS (1995b), Kapitel 1 und 3 sowie DYNKIN, YUSHKEVICH (1979), Kapitel 4 und 6. Dagegen wird in STOKEY, LUCAS (1989) konsequent der alternative Weg über kontrahierende Abbildungen verfolgt, bei dem die in Lemma 8.1 aufgeführten Eigenschaften der Operatoren im übrigen ebenfalls von zentraler Bedeutung sind.

Beweis: Die Aussagen ergeben sich aus den Definitionen (8.3.7)-(8.3.14) durch vollständige Induktion. ■

Als erstes wollen wir nun einen Fall betrachten, für den sich alle in Abschnitt 8.3.1 geäußerten Vermutungen uneingeschränkt nachweisen lassen. Hierzu setzen wir voraus, daß die einstufige Nutzenfunktion f beschränkt ist und daß eine „echte" Diskontierung zukünftiger Nutzen erfolgt. Es gebe also ein $K \in \mathbb{R}$ mit

$$|f(\mathbf{x}, \mathbf{u})| \leq K < \infty \quad \forall \mathbf{x} \in X, \ \forall \mathbf{u} \in U(\mathbf{x}), \tag{8.3.26}$$

und es gelte

$$0 < \beta < 1. \tag{8.3.27}$$

Wir wollen zunächst überlegen, warum die Gültigkeit der in Abschnitt 8.3.1 formulierten Vermutungen in diesem Fall plausibel erscheint. Dazu betrachten wir nochmals die dort hergeleitete Beziehung (8.3.5). Wenn man davon ausgehen kann, daß sich die Wertfunktionen V^{N-n} und V^{N-n-1} bei stets größer werdendem Horizont ($N \to \infty$, n fest) immer weniger unterscheiden, liegt die Gültigkeit der wesentlichen Gleichung (8.3.6) auf der Hand. Unter den Voraussetzungen (8.3.26) und (8.3.27) ist nun aber ersichtlich, daß bei einem großen Horizont N die erst gegen Ende des Betrachtungszeitraumes anfallenden Nutzenwerte wegen $\beta < 1$ sehr stark abdiskontiert werden ($f_n = \beta^n f$) und daher kaum Einfluß auf den erzielbaren Gesamtnutzen haben. Folglich werden sich V^{N-n} und V^{N-n-1} nur unwesentlich unterscheiden und sich bei wachsendem N immer stärker annähern. In der Tat erhält man aus dem folgenden Satz zunächst die vermutete Aussage über die Konvergenz der Wertfunktionen.

Satz 8.2 *Es sei $V : X \to \mathbb{R}$ eine beschränkte Funktion und V^∞ die zu (DOP2) gehörige Wertfunktion. Unter den Voraussetzungen (8.3.26) und (8.3.27) gilt dann*

$$V^\infty(\mathbf{x}) = \lim_{N\to\infty} T^N V(\mathbf{x}) \quad \forall \mathbf{x} \in X. \tag{8.3.28}$$

Beweis: Es seien ein beliebiger Anfangszustand $\mathbf{x}_0 \in X$ und eine (beliebige) zulässige unendlichstufige Politik $\boldsymbol{\pi}^\infty = (\boldsymbol{\alpha}_0, \boldsymbol{\alpha}_1, ...)$ gegeben. Dann gilt für ein beliebiges k, $0 < k < N-1$,

$$\begin{aligned} V^\infty_{\pi^\infty}(\mathbf{x}_0) &= \lim_{N\to\infty} \sum_{n=0}^{N-1} \beta^n f(\mathbf{x}_n, \boldsymbol{\alpha}_n(\mathbf{x}_n)) \\ &= \lim_{N\to\infty} \left[\sum_{n=0}^{k-1} \beta^n f(\mathbf{x}_n, \boldsymbol{\alpha}_n(\mathbf{x}_n)) + \sum_{n=k}^{N-1} \beta^n f(\mathbf{x}_n, \boldsymbol{\alpha}_n(\mathbf{x}_n)) \right] \\ &= \sum_{n=0}^{k-1} \beta^n f(\mathbf{x}_n, \boldsymbol{\alpha}_n(\mathbf{x}_n)) + \lim_{N\to\infty} \sum_{n=k}^{N-1} \beta^n f(\mathbf{x}_n, \boldsymbol{\alpha}_n(\mathbf{x}_n)). \end{aligned} \tag{8.3.29}$$

Der letzte Term in (8.3.29) läßt sich wie folgt abschätzen: Wegen (8.3.26) gilt zunächst

$$\begin{aligned}\left|\sum_{n=k}^{N-1}\beta^n f(\mathbf{x}_n,\boldsymbol{\alpha}_n(\mathbf{x}_n))\right| &\le \sum_{n=k}^{N-1}\beta^n \left|f(\mathbf{x}_n,\boldsymbol{\alpha}_n(\mathbf{x}_n))\right| \\ &\le \sum_{n=k}^{N-1}\beta^n K \\ &= K\cdot\sum_{n=0}^{N-1-k}\beta^{n+k}. \end{aligned} \qquad (8.3.30)$$

Hieraus ergibt sich dann mit (8.3.27) die Ungleichung[34]

$$\begin{aligned}\left|\lim_{N\to\infty}\sum_{n=k}^{N-1}\beta^n f(\mathbf{x}_n,\boldsymbol{\alpha}_n(\mathbf{x}_n))\right| &= \lim_{N\to\infty}\left|\sum_{n=k}^{N-1}\beta^n f(\mathbf{x}_n,\boldsymbol{\alpha}_n(\mathbf{x}_n))\right| \\ &\le K\cdot\lim_{N\to\infty}\sum_{n=0}^{N-1-k}\beta^{n+k} \\ &= K\cdot\beta^k\cdot\frac{1}{1-\beta},\end{aligned}$$

wobei im letzten Schritt die Summenformel für die geometrische Reihe verwendet wurde. Weil V eine beschränkte Funktion ist, existiert eine Konstante $M\in\mathbb{R}_{++}$, so daß für alle $\mathbf{x}_k\in X$

$$\left|\beta^k V(\mathbf{x}_k)\right| \le \beta^k\cdot\sup_{\mathbf{x}_k\in X}\left|V(\mathbf{x}_k)\right| \le \beta^k\cdot M \qquad (8.3.31)$$

gilt. Andererseits ergibt sich aus Gleichung (8.3.29) durch Umstellung und Addition von $\beta^k V(\mathbf{x}_k)$ auf beiden Seiten

$$\sum_{n=0}^{k-1}\beta^n f(\mathbf{x}_n,\boldsymbol{\alpha}_n(\mathbf{x}_n))+\beta^k V(\mathbf{x}_k)-V_{\pi^\infty}^\infty(\mathbf{x}_0) = -\lim_{N\to\infty}\sum_{n=k}^{N-1}\beta^n f(\mathbf{x}_n,\boldsymbol{\alpha}_n(\mathbf{x}_n))+\beta^k V(\mathbf{x}_k).$$

Daraus folgt unter Berücksichtigung von (8.3.30) und (8.3.31)

$$\begin{aligned}&\left|\sum_{n=0}^{k-1}\beta^n f(\mathbf{x}_n,\boldsymbol{\alpha}_n(\mathbf{x}_n))+\beta^k V(\mathbf{x}_k)-V_{\pi^\infty}^\infty(\mathbf{x}_0)\right| \\ &\quad= \left|-\lim_{N\to\infty}\sum_{n=k}^{N-1}\beta^n f(\mathbf{x}_n,\boldsymbol{\alpha}_n(\mathbf{x}_n))+\beta^k V(\mathbf{x}_k)\right| \\ &\quad\le \left|\lim_{N\to\infty}\sum_{n=k}^{N-1}\beta^n f(\mathbf{x}_n,\boldsymbol{\alpha}_n(\mathbf{x}_n))\right|+\left|\beta^k V(\mathbf{x}_k)\right| \\ &\quad\le K\cdot\frac{\beta^k}{1-\beta}+\beta^k\cdot M\end{aligned}$$

[34] Der limes darf vor die Betragsstriche gezogen werden, da alle Grenzwerte existieren und die Betragsfunktion stetig ist.

bzw.

$$\begin{aligned} V^{\infty}_{\pi^\infty}(\mathbf{x}_0) - K \cdot \frac{\beta^k}{1-\beta} - \beta^k \cdot M &\leq \sum_{n=0}^{k-1} \beta^n f(\mathbf{x}_n, \boldsymbol{\alpha}_n(\mathbf{x}_n)) + \beta^k V(\mathbf{x}_k) \\ &\leq V^{\infty}_{\pi^\infty}(\mathbf{x}_0) + K \cdot \frac{\beta^k}{1-\beta} + \beta^k \cdot M. \quad (8.3.32) \end{aligned}$$

Bildet man nun in (8.3.32) das Supremum über alle Politiken $\boldsymbol{\pi}^\infty \in \Pi^\infty$, erhält man

$$V^\infty(\mathbf{x}_0) - K \cdot \frac{\beta^k}{1-\beta} - \beta^k \cdot M \leq T^k V(\mathbf{x}_0) \leq V^\infty(\mathbf{x}_0) + K \cdot \frac{\beta^k}{1-\beta} + \beta^k \cdot M, \quad (8.3.33)$$

wobei sich der mittlere Term in (8.3.33) daraus ergibt, daß $T^k V$ die Wertfunktion eines k-stufigen Problems mit Endauszahlung $\beta^k V$ darstellt, vgl. Bemerkung 8.10. Für $k \to \infty$ liefert (8.3.33) wegen $\beta < 1$

$$V^\infty(\mathbf{x}_0) \leq \lim_{k\to\infty} T^k V(\mathbf{x}_0) \leq V^\infty(\mathbf{x}_0) \quad \forall \mathbf{x}_0 \in X$$

und damit die Behauptung. ■

Wählt man in Satz 8.2 $V \equiv 0$, bestätigt sich die in Abschnitt 8.3.1 formulierte Vermutung, daß die Wertfunktionen der aus (DOP2) abgeleiteten endlichstufigen Probleme (ohne Endauszahlung) unter den obigen Voraussetzungen gegen jene von (DOP2) konvergieren, weil $T^N 0$ nach Bemerkung 8.10 die Wertfunktion eines solchen endlichstufigen Modells ist. Da $T^N V$ die Wertfunktion eines Optimierungsproblems mit Horizont N und Endauszahlung $\beta^N V$ angibt, stellt Satz 8.2 diesbezüglich sogar noch eine Verallgemeinerung dar. Die Beziehung (8.3.28) wird aufgrund der Konvergenz der Wertfunktionen üblicherweise als *Wertiteration* bezeichnet.

Mit Hilfe der Wertiteration ist es nunmehr möglich, die Gültigkeit der Bellman-Funktionalgleichung $V^\infty = TV^\infty$ unter den Voraussetzungen (8.3.26) und (8.3.27) nachzuweisen.

Satz 8.3 *Es sei* $\mathcal{B} := \{V : X \to \mathbb{R} \mid \exists\, M < \infty, \sup_{\mathbf{x}\in X} |V(\mathbf{x})| \leq M\}$ *die Menge aller beschränkten Funktionen von* X *nach* $\mathbb{R}$. *Dann gilt unter den Voraussetzungen (8.3.26) und (8.3.27):*

Die Wertfunktion V^∞ *ist beschränkt und die* eindeutige *Lösung der Bellman-Funktionalgleichung* $V^\infty(\mathbf{x}) = TV^\infty(\mathbf{x})\ \forall \mathbf{x} \in X$ *bzw.*

$$V^\infty(\mathbf{x}) = \sup_{\mathbf{u}\in U(\mathbf{x})} \left(f(\mathbf{x},\mathbf{u}) + \beta V^\infty(\mathbf{g}(\mathbf{x},\mathbf{u}))\right) \quad \forall \mathbf{x} \in X \qquad (8.3.34)$$

in der Menge $\mathcal{B}$.

Beweis: Wir zeigen zunächst die Beschränktheit der Wertfunktion V^∞. Dazu beachte man, daß wegen (8.3.26) und (8.3.27) die Ungleichungskette

$$|V^\infty(\mathbf{x}_0)| \stackrel{(1)}{=} \left| \sup_{\boldsymbol{\pi}^\infty \in \Pi^\infty} V^{\infty}_{\boldsymbol{\pi}^\infty}(\mathbf{x}_0) \right|$$

$$
\begin{aligned}
&\leq \sup_{\pi^\infty \in \Pi^\infty} |V^\infty_{\pi^\infty}(\mathbf{x}_0)| \\
&\overset{(1)}{=} \sup_{\pi^\infty \in \Pi^\infty} \left| \sum_{k=0}^{\infty} \beta^n f(\mathbf{x}_n, \boldsymbol{\alpha}_n(\mathbf{x}_n)) \right| \\
&\leq \sup_{\pi^\infty \in \Pi^\infty} \sum_{k=0}^{\infty} \beta^n \cdot |f(\mathbf{x}_n, \boldsymbol{\alpha}_n(\mathbf{x}_n))| \\
&\overset{(2)}{\leq} \sup_{\pi^\infty \in \Pi^\infty} \sum_{k=0}^{\infty} \beta^n \cdot K \\
&\overset{(2)}{=} K \cdot \frac{1}{1-\beta} < \infty
\end{aligned}
$$

gilt, d.h. $V^\infty \in \mathcal{B}$. Dabei folgen die Übergänge in (1) jeweils aus der Definition von $V^\infty(\mathbf{x}_0)$ bzw. $V^\infty_{\pi^\infty}(\mathbf{x}_0)$, jene in (2) aus den Voraussetzungen (8.3.26) und (8.3.27) sowie der Summenformel für die geometrische Reihe. Die beiden anderen Ungleichungen sind offensichtlich.

Im nächsten Schritt zeigen wir, daß die Wertfunktion die Bellman-Funktionalgleichung (8.3.34) erfüllt. Dazu betrachten wir die im Beweis von Satz 8.2 verwendete Ungleichung (8.3.33) für die Nullfunktion $V \equiv 0$. Da in diesem Fall auch $M = 0$ gewählt werden kann, ergibt sich[35]

$$
V^\infty(\mathbf{x}_0) - K\frac{\beta^k}{1-\beta} \leq T^k 0(\mathbf{x}_0) \leq V^\infty(\mathbf{x}_0) + K\frac{\beta^k}{1-\beta} \quad \forall \mathbf{x}_0 \in X. \tag{8.3.35}
$$

Anwendung des Operators T auf (8.3.35) liefert unter Berücksichtigung der Aussagen von Lemma 8.1

$$
TV^\infty(\mathbf{x}_0) - K\frac{\beta^{k+1}}{1-\beta} \leq T^{k+1} 0(\mathbf{x}_0) \leq TV^\infty(\mathbf{x}_0) + K\frac{\beta^{k+1}}{1-\beta} \quad \forall \mathbf{x}_0 \in X. \tag{8.3.36}
$$

Für $k \to \infty$ ergibt sich daraus mit Satz 8.2 und $0 < \beta < 1$ unmittelbar

$$
TV^\infty(\mathbf{x}_0) \leq V^\infty(\mathbf{x}_0) \leq TV^\infty(\mathbf{x}_0)
$$

und damit (8.3.34). Sei nun eine (beliebige) andere beschränkte Funktion $V \in \mathcal{B}$ gegeben, welche der Funktionalgleichung $V = TV$ genügt. Sukzessive Anwendung des Operators T auf diese Gleichung liefert $V = TV = T^2V = \ldots = T^N V \; \forall N \in \mathbb{N}$ und somit auch $V = \lim_{N\to\infty} T^N V$. Da V beschränkt ist, gilt nach Satz 8.2 aber andererseits $V^\infty = \lim_{N\to\infty} T^N V$, so daß aus der Eindeutigkeit des Grenzwertes $V = V^\infty$ folgt. ■

Damit bestätigt Satz 8.3 die zweite in Abschnitt 8.3.1 formulierte Vermutung, d.h., die Wertfunktion V^∞ des unendlichstufigen Optimierungsproblems (DOP2) läßt sich unter den genannten Voraussetzungen als Lösung der Fixpunktgleichung

[35] Man beachte, daß $T^k 0 \neq 0$ gilt, da sich $V = 0$ lediglich auf die *Endauszahlung* des k-stufigen Optimierungsproblems bezieht, vgl. Bemerkung 8.10.

$V^\infty = TV^\infty$ bestimmen. Das entscheidende Argument besteht dabei genau wie in Satz 8.2 darin, daß aufgrund der beschränkten Nutzenfunktion und der „echten" Diskontierung alle weit in der Zukunft anfallenden Nutzenwerte nur einen verschwindend geringen Einfluß auf den Gesamtnutzen besitzen. Diese Eigenschaft führt dazu, daß die in Abschnitt 8.3.1 angedeuteten Grenzwertbetrachtungen in der Tat problemlos durchführbar sind und sich sowohl Wertfunktion als auch Bellman-Gleichung einfach als „Grenzwerte" der entsprechenden Resultate des zugehörigen endlichstufigen Problems ergeben.

Bemerkung 8.11 Genau wie im endlichstufigen Modell (vgl. Bemerkung 8.6 und 8.7) lassen sich auch hier unter gewissen Zusatzvoraussetzungen diverse Eigenschaften der Wertfunktion wie z.B. Stetigkeit, Monotonie, Konkavität oder Differenzierbarkeit nachweisen. □

Unter den Voraussetzungen (8.3.26) und (8.3.27) bleibt uns jetzt nur noch zu zeigen, daß die stationäre Politik $\boldsymbol{\pi} = (\boldsymbol{\alpha}, \boldsymbol{\alpha}, ...)$ mit einer aus der Bellman-Gleichung $V^\infty = TV^\infty$ resultierenden Entscheidungsregel $\boldsymbol{\alpha} : X \to \mathbb{R}$ optimal für (DOP2) ist. Hierfür benötigen wir zunächst eine Übertragung der für T formulierten Ergebnisse aus Satz 8.2 und Satz 8.3 auf den Operator $T_{\boldsymbol{\alpha}}$:

Korollar 8.1 *Gegeben seien eine beliebige zulässige Entscheidungsregel $\boldsymbol{\alpha}$ und eine daraus gebildete stationäre Politik $\boldsymbol{\pi}^\infty = (\boldsymbol{\alpha}, \boldsymbol{\alpha}, ...)$. Weiter bezeichne $V_{\boldsymbol{\alpha}}^\infty = \sum_{n=0}^{\infty} \beta^n f(\mathbf{x}_n, \boldsymbol{\alpha}(\mathbf{x}_n))$ den mit dieser Politik erzielbaren Gesamtnutzen (vgl. (8.1.17)) und $V \in \mathcal{B}$ eine beschränkte Funktion von X nach $\mathbb{R}$. Dann erhält man unter den Voraussetzungen (8.3.26) und (8.3.27):*

1. *Es gilt*
$$V_{\boldsymbol{\alpha}}^\infty(\mathbf{x}) = \lim_{N\to\infty} T_{\boldsymbol{\alpha}}^N V(\mathbf{x}) \quad \forall \mathbf{x} \in X. \tag{8.3.37}$$

2. *Die Funktion $V_{\boldsymbol{\alpha}}^\infty$ ist beschränkt und die eindeutige Lösung der Gleichung $V_{\boldsymbol{\alpha}}^\infty = T_{\boldsymbol{\alpha}} V_{\boldsymbol{\alpha}}^\infty$ bzw.*
$$V_{\boldsymbol{\alpha}}^\infty(\mathbf{x}) = f(\mathbf{x}, \boldsymbol{\alpha}(\mathbf{x})) + \beta V_{\boldsymbol{\alpha}}^\infty(\mathbf{g}(\mathbf{x}, \boldsymbol{\alpha}(\mathbf{x}))) \quad \forall \mathbf{x} \in X \tag{8.3.38}$$
in der Menge $\mathcal{B}$.

Beweis: Die Sätze 8.2 und 8.3 gelten auch für die spezielle Restriktionsmenge $U(\mathbf{x}) = \{\mathbf{u} \mid \mathbf{u} = \boldsymbol{\alpha}(\mathbf{x})\}\ \forall \mathbf{x} \in X$, d.h., in jedem Zustand besteht die Menge aller zulässigen Aktionen aus genau einem Element. In diesem Fall ist die Supremumbildung in allen obigen Gleichungen de facto überflüssig, so daß die Operatoren T und $T_{\boldsymbol{\alpha}}$ sowie die Funktionen V^∞ und $V_{\boldsymbol{\alpha}}^\infty$ identisch sind. Damit folgt das Korollar unmittelbar aus den Sätzen 8.2 und 8.3. ■

Wir haben nunmehr alle Hilfsmittel bereitgestellt, um auch die Optimalität stationärer Politiken nachzuweisen. Es sei aber nochmals daran erinnert, daß wir deren *Existenz* bisher nicht bewiesen haben, sondern stillschweigend *voraussetzen.*

Ist letztere nicht gesichert, gibt es in der Regel keine Maximalstelle der Bellman-Funktionalgleichung, und es existieren nur ε-optimale Politiken, vgl. Bemerkung 8.5. Wenn jedoch eine optimale stationäre Politik existiert, besitzt die Bellman-Funktionalgleichung eine Maximalstelle, und es gilt zudem $V^\infty < \infty$.[36] Für diesen Fall liefert der nachfolgende Satz eine vollständige Charakterisierung optimaler stationärer Politiken.

Satz 8.4 *Für das unendlichstufige dynamische Problem (DOP2) seien die Voraussetzungen (8.3.26) und (8.3.27) erfüllt. Eine stationäre Politik* $\boldsymbol{\pi}^\infty = (\boldsymbol{\alpha}, \boldsymbol{\alpha}, ...)$ *ist* genau dann *optimal für (DOP2), wenn die zugehörige Entscheidungsregel* $\boldsymbol{\alpha} : X \to \mathbb{R}$ *für alle Zustände* $\mathbf{x} \in X$ *eine Maximalstelle der Bellman-Gleichung angibt, d.h., wenn*[37]

$$TV^\infty(\mathbf{x}) = T_{\boldsymbol{\alpha}} V^\infty(\mathbf{x}) \quad \forall \mathbf{x} \in X. \tag{8.3.39}$$

Beweis: „$\Rightarrow$": Die stationäre Politik $\boldsymbol{\pi}^\infty$ sei optimal für (DOP2). Dann gilt per Definition $V^\infty = V_{\boldsymbol{\alpha}}^\infty$. Da nach Satz 8.3 die Bellman-Gleichung $V^\infty = TV^\infty$ und nach Korollar 8.1 auch $V_{\boldsymbol{\alpha}}^\infty = T_{\boldsymbol{\alpha}} V_{\boldsymbol{\alpha}}^\infty$ gilt, folgt $TV^\infty = T_{\boldsymbol{\alpha}} V_{\boldsymbol{\alpha}}^\infty$, woraus sich mit $V_{\boldsymbol{\alpha}}^\infty = V^\infty$ direkt (8.3.39) ergibt.

„$\Leftarrow$": Es gelte (8.3.39), d.h. $TV^\infty = T_{\boldsymbol{\alpha}} V^\infty$. Aus der Bellman-Gleichung folgt dann $V^\infty = T_{\boldsymbol{\alpha}} V^\infty$, und der zweite Teil von Korollar 8.1 liefert $V^\infty = V_{\boldsymbol{\alpha}}^\infty$, d.h., die stationäre Politik $\boldsymbol{\pi}^\infty = (\boldsymbol{\alpha}, \boldsymbol{\alpha}, ...)$ ist optimal. ■

Somit haben wir für den Fall beschränkter Nutzenfunktionen und echter Diskontierung alle wesentlichen Resultate des endlichstufigen Problems auf das Problem mit unendlichem Horizont übertragen können. Die Lösung von (DOP2) kann nun prinzipiell dadurch erfolgen, daß zunächst die Wertfunktion V^∞ als Fixpunkt der Bellman-Gleichung bestimmt wird. Die zu jedem Zustand $\mathbf{x} \in X$ gehörigen Maximalstellen von TV^∞ definieren dann die einstufige Entscheidungsregel $\boldsymbol{\alpha} : X \to \mathbb{R}$, welche ihrerseits eine optimale stationäre Politik generiert. Die entscheidende Schwierigkeit besteht dabei in der Bestimmung der Wertfunktion V^∞. Eine direkte Ermittlung als Fixpunkt der Bellman-Gleichung ist in der Regel nur durch „raten" möglich. Daher nutzt man häufig die Wertiteration aus Satz 8.2, indem man zunächst die Wertfunktion einiger endlichstufiger Probleme berechnet und dann zu einer Grenzwertbetrachtung übergeht. Dies soll u.a. im folgenden Beispiel verdeutlicht werden.

Beispiel 8.3 Wir betrachten die unendlichstufige Variante des in Abschnitt 5.6 vorgestellten Modells der intertemporalen Konsum-Spar-Entscheidung, dessen Lösung für den endlichen Horizont $N = 3$ wir in Beispiel 8.2 bestimmt haben. Mit der bereits

[36] Falls $V^\infty = \infty$ gilt, kann dieser Maximalwert mit keiner Politik jemals erreicht werden, d.h., das Supremum in der Bellman-Funktionalgleichung wird nicht angenommen.

[37] Gleichung (8.3.39) besagt, daß der mit der Politik $\boldsymbol{\pi}^\infty = (\boldsymbol{\alpha}, \boldsymbol{\alpha}, ...)$ erzielbare Gesamtnutzen gleich dem maximal erreichbaren Gesamtnutzen ist, d.h. $\boldsymbol{\alpha}(\mathbf{x}) \in \arg\max_{\mathbf{u} \in U(\mathbf{x})} (f(\mathbf{x}, \mathbf{u}) + \beta V^\infty(\mathbf{g}(\mathbf{x}, \mathbf{u}))\ \forall \mathbf{x} \in X$.

dort verwendeten Annahme $r = \theta$ besitzt das Optimierungsproblem die Gestalt

$$\sum_{k=0}^{\infty} \left(\frac{1}{1+r}\right)^k u(c_{1+k}) \to \max_{\{c_k\}_{k\in\mathbb{N}_0}} ! \tag{8.3.40}$$

unter den Nebenbedingungen

$$A_{k+1} = (1+r)A_k + y_{k+1} - c_{k+1} \quad \forall k \in \mathbb{N}_0, \tag{8.3.41}$$

$$A_k \in \mathbb{R} \quad \forall k \in \mathbb{N}_0,\ A_0 \text{ fest},\ \lim_{N\to\infty} \left(\frac{1}{1+r}\right)^N A_N = 0, \tag{8.3.42}$$

$$c_k \in \mathbb{R}_+ \quad \forall k \in \mathbb{N}_0, \tag{8.3.43}$$

wobei die einstufige Nutzenfunktion nach wie vor durch

$$u(c) = -\frac{1}{\gamma}\exp(-\gamma c) \quad \forall c \in \mathbb{R}_+ \tag{8.3.44}$$

gegeben ist. Zudem setzen wir voraus, daß alle Einkommen y_k, $k \in \mathbb{N}$, nichtnegativ und beschränkt sind. Wir wollen zunächst überprüfen, ob das Problem (8.3.40)-(8.3.44) die für die Anwendbarkeit der obigen Sätze benötigten Voraussetzungen erfüllt. Da wir $r > 0$ angenommen haben, ist der Diskontierungsfaktor $\beta = 1/(1+r)$ kleiner als Eins. Ferner ist die Nutzenfunktion u durch Null nach oben und wegen $c \geq 0$ durch $-1/\gamma$ nach unten beschränkt, so daß die wesentlichen Bedingungen (8.3.26) und (8.3.27) erfüllt sind. Dennoch lassen sich die genannten Sätze nicht anwenden, da das Optimierungsproblem in seiner jetzigen Gestalt noch nicht der Stationaritätsforderung genügt. Die Transformationsfunktion (8.3.41) ist zwar auf jeder Stufe *formal* identisch, sie hängt jedoch jeweils vom (schwankenden) Einkommen y_{k+1} und somit auch von k ab. Dieses Problem läßt sich jedoch beheben, indem man anstelle von A_k eine andere Zustandsvariable für die dynamische Programmierung auswählt. In jeder Periode k hängt die Konsumentscheidung sowohl von der bis zu diesem Zeitpunkt akkumulierten Ersparnis als auch von der Summe der abdiskontierten Einkommen aller Folgeperioden, d.h. vom Gesamteinkommen der „Restlebensdauer“ ab[38], vgl. dazu auch die in Beispiel 8.2 hergeleiteten optimalen Konsumniveaus (8.2.39), (8.2.43) und (8.2.47). Dieses Gesamtvermögen wird mit W_k bezeichnet und ist in Periode $k+1$ per Definition durch

$$W_{k+1} = (1+r)A_k + \sum_{n=k+1}^{\infty} \left(\frac{1}{1+r}\right)^{n-(k+1)} y_n \tag{8.3.45}$$

gegeben. Setzt man nunmehr in (8.3.45) die ursprüngliche Transformationsfunktion (8.3.41) ein, erhält man

$$W_{k+1} = (1+r)\left[(1+r)A_{k-1} + y_k - c_k\right] + (1+r)\sum_{n=k+1}^{\infty}\left(\frac{1}{1+r}\right)^{n-k} y_n$$

[38]Dabei handelt es sich um ein spezielles Charakteristikum des deterministischen Modells, da alle späteren Einkommen bereits mit Sicherheit bekannt sind.

$$
\begin{aligned}
&= (1+r)\left[(1+r)A_{k-1} + \sum_{n=k}^{\infty}\left(\frac{1}{1+r}\right)^{n-k} y_n - c_k\right] \\
&= (1+r)(W_k - c_k). \qquad (8.3.46)
\end{aligned}
$$

Es zeigt sich somit, daß die Transformationsfunktion (8.3.46) für die zeitliche Entwicklung des „Restvermögens“ W_k in der Tat auf jeder Stufe k *identisch* ist, so daß wir mit W_k als Zustandsvariable ein zu (8.3.40)-(8.3.43) äquivalentes, *stationäres* Optimierungsproblem erhalten, auf das wir die Sätze 8.2 bis 8.4 anwenden können.[39]

Nach Satz 8.2 wissen wir, daß die Wertfunktionen der Probleme mit endlichem Horizont gegen die zu (8.3.40)-(8.3.43) gehörige Wertfunktion V^∞ konvergieren. Von den in Beispiel 8.2 ermittelten Wertfunktionen (8.2.40), (8.2.44) und (8.2.48) ausgehend, läßt sich durch vollständige Induktion zeigen, daß die zu einem endlichen Horizont N gehörige Wertfunktion V^N die allgemeine Gestalt

$$
\begin{aligned}
V^N(W_1^{N-1}) &= \frac{\sum_{i=0}^{N-1}(1+r)^i}{(1+r)^{N-1}}\left[-\frac{1}{\gamma}\exp\left(-\gamma\frac{(1+r)^{N-1}}{\sum_{i=0}^{N-1}(1+r)^i}\cdot W_1^{N-1}\right)\right] \\
&= \frac{\sum_{i=0}^{N-1}(1+r)^i}{(1+r)^{N-1}} \\
&\quad \cdot\left[-\frac{1}{\gamma}\exp\left(-\gamma\frac{(1+r)^{N-1}}{\sum_{i=0}^{N-1}(1+r)^i}\left[\sum_{i=0}^{N-1}\left(\frac{1}{1+r}\right)^i y_{1+i} + (1+r)A_0\right]\right)\right] \\
&\qquad (8.3.47)
\end{aligned}
$$

besitzt, wobei W_1^{N-1} das bei einem endlichen Horizont N auftretende Lebensvermögen eines Individuums bezeichnet. Man beachte dabei, daß das in Beispiel 8.2 behandelte endlichstufige Problem eine Endauszahlung in Höhe von Null besitzt. Für den ersten Faktor auf der rechten Seite von (8.3.47) gilt

$$
\begin{aligned}
\frac{1}{(1+r)^{N-1}}\sum_{i=0}^{N-1}(1+r)^i &= \frac{1}{(1+r)^{N-1}}\cdot\frac{1-(1+r)^N}{1-(1+r)} \\
&= \frac{1}{r}\cdot\frac{(1+r)^N-1}{(1+r)^{N-1}} \\
&= \frac{1}{r}\left((1+r) - \frac{1}{(1+r)^{N-1}}\right) \\
&= \frac{1+r}{r} - \frac{1}{r}\frac{1}{(1+r)^{N-1}}. \qquad (8.3.48)
\end{aligned}
$$

Wegen $1/(1+r) < 1$ ergibt sich daraus

$$
\lim_{N\to\infty}\frac{1}{(1+r)^{N-1}}\sum_{i=0}^{N-1}(1+r)^i = \frac{1+r}{r}. \qquad (8.3.49)
$$

[39] Man hätte bereits in Beispiel 8.2 die Lösung des endlichstufigen Problems über diese Zustandsvariable ermitteln können, ohne daß sich dort nennenswerte Änderungen oder Vereinfachungen ergeben hätten. Dem Leser sei die Durchführung dieser alternativen Rechnung allerdings zur Übung empfohlen.

Dementsprechend konvergiert der erste Faktor im Argument der Exponentialfunktion in (8.3.47) gegen $r/(1+r)$.[40] Die für das unendlichstufige Modell relevante Zustandsvariable zu Beginn der Betrachtung ($k = 0$) ist gemäß (8.3.45) durch $W := (1+r)A_0 + \sum_{i=0}^{\infty} \left(\frac{1}{1+r}\right)^i y_{1+i}$ gegeben, wobei die Existenz der unendlichen Summe aufgrund der eingangs gemachten Voraussetzungen für die y_i gesichert ist. Unter Verwendung von (8.3.49) und mit $0 : \mathbb{R} \to \mathbb{R}$ als der Nullfunktion erhält man somit aus Satz 8.2 die Beziehung

$$\begin{aligned} V^{\infty}(W) &= \lim_{N\to\infty} T^N 0(W) \\ &= \lim_{N\to\infty} V^N(W) \\ &= \frac{1+r}{r}\left[-\frac{1}{\gamma}\exp\left(-\gamma\frac{r}{1+r}[(1+r)A+Y]\right)\right] \\ &= \frac{1+r}{r}\left[-\frac{1}{\gamma}\exp\left(-\gamma\frac{r}{1+r}W\right)\right] \end{aligned} \tag{8.3.50}$$

als Wertfunktion für das unendlichstufige Optimierungsproblem, wobei wir zur Vereinfachung der Notation $A := A_0$ und $Y := \sum_{i=0}^{\infty} \left(\frac{1}{1+r}\right)^i y_{1+i}$ gesetzt haben. Diese Darstellung der Wertfunktion ermöglicht uns mit Hilfe von Satz 8.4 nun auch die Bestimmung einer optimalen *stationären* Politik. Dazu müssen wir jene Konsummenge bestimmen, welche zu gegebenem W die rechte Seite der Bellman-Gleichung (vgl. (8.3.34)) maximiert. Entsprechend der Definition des Operators T und der Übergangsfunktion $g(W,c) = (1+r)(W-c)$ (vgl. (8.3.46)) ist also für alle $W \in \mathbb{R}$ die Maximalstelle der durch

$$\begin{aligned} Z(c) &= u(c) + \frac{1}{1+r}V^{\infty}(g(W,c)) \\ &= -\frac{1}{\gamma}\exp(-\gamma c) + \frac{1}{1+r}\left[-\frac{1}{\gamma}\cdot\frac{1+r}{r}\exp\left(-\gamma\frac{r}{1+r}(1+r)(W-c)\right)\right] \\ &= -\frac{1}{\gamma}\exp(-\gamma c) - \frac{1}{\gamma}\cdot\frac{1}{r}\exp\left(-\gamma r(W-c)\right) \end{aligned} \tag{8.3.51}$$

definierten Funktion $Z : \mathbb{R}_+ \to \mathbb{R}$ zu bestimmen. Die notwendige und wegen der Konkavität von Z auch hinreichende Optimalitätsbedingung für ein unrestringiertes Maximum von Z lautet

$$\exp(-\gamma c) - \exp(\gamma r c)\cdot\exp(-\gamma r W) = 0,$$

woraus sich nach kurzer Rechnung

$$c^* = \frac{r}{1+r}W = \frac{r}{1+r}((1+r)A + Y) > 0 \tag{8.3.52}$$

als optimale Entscheidungsregel auf jeder Stufe und in jedem Zustand ergibt. Es wird also in jeder Periode ein bestimmter Anteil des „Lebensvermögens“ konsumiert.

[40] Man beachte, daß für jede konvergente Folge $\{a_n\}_{n\in\mathbb{N}}$ reeller Zahlen mit $\lim_{n\to\infty} a_n = a \neq 0$ auch die Folge $1/a_n$ konvergiert und darüber hinaus $\lim_{n\to\infty} 1/a_n = 1/a$ gilt.

Es fällt auf, daß bei der obigen Herleitung die Bedingung $\lim_{N\to\infty}\left(\frac{1}{1+r}\right)^N A_N = 0$ aus (8.3.42) nicht explizit verwendet wurde. Diese ist mit der Optimallösung c^* aus (8.3.52) jedoch automatisch erfüllt, da sich unter Verwendung der Summenformel für die geometrische Reihe die Beziehung

$$\sum_{i=0}^{\infty}\left(\frac{1}{1+r}\right)^i \cdot c^* = \frac{1+r}{r}\cdot c^* = (1+r)A + Y \tag{8.3.53}$$

ergibt. Gleichung (8.3.53) besagt, daß die abdiskontierte Summe aller Konsummengen gerade dem Gesamtlebensvermögen (d.h. der Summe aller abdiskontierten Einkommen zuzüglich Anfangsausstattung) entspricht, so daß keine Schulden angehäuft werden. Die Ursache hierfür liegt in dem gewählten Lösungsweg. Die stationäre Entscheidungsregel (8.3.52) wurde durch Grenzwertbetrachtungen endlichstufiger Modelle abgeleitet, in denen $A_N = 0$ vorausgesetzt und somit das Hinterlassen von Schulden ausgeschlossen ist. Diese Eigenschaft endlichstufiger Modelle überträgt sich auch auf die unendlichstufige Variante. Mögliche Lösungskandidaten für das Optimierungsproblem (8.3.40)-(8.3.44), welche die Bedingung $\lim_{N\to\infty}\left(\frac{1}{1+r}\right)^N A_N = 0$ verletzen, werden auf diesem Wege also gar nicht gefunden.

Abschließend können wir mit (8.3.50) und (8.3.52) zeigen, daß die Wertfunktion V^∞ in diesem Beispiel der Bellman-Funktionalgleichung (8.3.34) genügt. In der Tat erhält man durch Einsetzen von c^* gemäß (8.3.52) in (8.3.51) die Bellman-Gleichung

$$\begin{aligned} TV^\infty(W) &= -\frac{1}{\gamma}\exp\left(-\gamma\frac{r}{1+r}W\right) + \frac{1}{1+r}\frac{1+r}{r}\left[-\frac{1}{\gamma}\exp\left(-\gamma\frac{r}{1+r}W\right)\right] \\ &= \left(1+\frac{1}{r}\right)\left[-\frac{1}{\gamma}\exp\left(-\gamma\frac{r}{1+r}W\right)\right] \\ &= V^\infty(W). \end{aligned}$$

Der einzige unerwartete Bestandteil dieses Beispiels ist sicherlich die im Vergleich zum endlichstufigen Problem geänderte Zustandsvariable. Hierbei handelt es sich allerdings um einen wesentlichen Aspekt der dynamischen Programmierung, da eine geeignete Wahl der Zustandsvariablen häufig einen signifikanten Einfluß auf die Lösbarkeit oder die Handhabbarkeit des Modells haben kann. Man sollte also bereits bei der Problemformulierung größte Sorgfalt walten lassen, um sich keine vermeidbaren Schwierigkeiten einzuhandeln. Es gibt hierfür jedoch (leider) keine festen Regeln oder Anhaltspunkte.

Mit diesen Überlegungen wollen wir die Betrachtung dieses Beispiels beenden. Es sei aber ergänzend darauf hingewiesen, daß die in Beispiel 8.2 ermittelten Konsummengen (8.2.39), (8.2.43) und (8.2.47) die allgemeine Gestalt

$$c_t^{N-t} = \frac{(1+r)^{N-t}}{\sum_{i=0}^{N-t}(1+r)^i}\left((1+r)A_{t-1} + \sum_{j=t}^{N}\left(\frac{1}{1+r}\right)^{j-t} y_j\right)$$

besitzen und somit wegen (8.3.49) für $N \to \infty$ gegen die stationäre Entscheidungsregel (8.3.52) konvergieren. Eine derartige Konvergenz ist in vielen Optimierungsproblemen gegeben, sie läßt sich jedoch nicht unter den gleichen allgemeinen Voraussetzungen beweisen wie die Konvergenz der Wertfunktionen. Zudem wird sie für die Bestimmung einer optimalen stationären Politik nicht benötigt, da diese bereits über Satz 8.4 aus der Wertfunktion ermittelt werden kann. Daher werden wir auf diesen Aspekt nicht näher eingehen.[41] □

8.3.3 Unbeschränkte Nutzenfunktionen

Wir haben im ersten Teil dieses Abschnitts gezeigt, daß sich alle wesentlichen Ergebnisse aus der endlichstufigen dynamischen Programmierung unter den Voraussetzungen (8.3.26) und (8.3.27) relativ mühelos auf den Fall eines unendlichen Horizonts übertragen lassen. Für viele ökonomische Anwendungen sind diese beiden Annahmen jedoch zu restriktiv. Insbesondere die Beschränktheit der einstufigen Nutzen- bzw. Kostenfunktion ist häufig nicht gegeben, zudem werden teilweise Modelle ohne Diskontierung ($\beta = 1$) betrachtet. Daher soll im folgenden nun untersucht werden, inwieweit sich die obigen Resultate auch unter schwächeren Voraussetzungen nachweisen lassen. Es leuchtet ein, daß dabei eine andere Argumentationsweise als unter den Voraussetzungen (8.3.26) und (8.3.27) verwendet werden muß. Dort konnten weit in der Zukunft anfallende Nutzenwerte aufgrund der Beschränktheit der einstufigen Nutzenfunktion sowie der Diskontierung praktisch vernachlässigt werden, da ihr Anteil am Gesamtnutzen verschwindend gering ist. Dieser Effekt tritt für $\beta = 1$ und *un*beschränkte Nutzenfunktionen hingegen nicht auf. Wir werden sehen, daß hieraus eine zentrale Schwierigkeit resultiert, die dazu führt, daß einige Eigenschaften nicht mehr oder nur noch unter bestimmten Bedingungen gültig sind. Dies werden wir zunächst jeweils anhand einfacher Beispiele veranschaulichen und dabei aufzeigen, in welchen Fällen und in welcher Form Probleme auftreten bzw. weshalb die jeweiligen Aussagen ihre Gültigkeit verlieren. Auf die Darstellung der technisch recht aufwendigen Beweise werden wir dagegen teilweise verzichten.

Wir setzen für den Rest dieses Abschnitts voraus, daß entweder die Bedingung

$$f(\mathbf{x}, \mathbf{u}) \geq 0 \quad \forall (\mathbf{x}, \mathbf{u}) \in X \times A \tag{8.3.54}$$

oder

$$f(\mathbf{x}, \mathbf{u}) \leq 0 \quad \forall (\mathbf{x}, \mathbf{u}) \in X \times A \tag{8.3.55}$$

erfüllt ist, während der Diskontierungsfaktor β nicht mehr notwendig kleiner als Eins ist, d.h., es gilt $0 < \beta \leq 1$. Die Voraussetzung (8.3.54) ist oftmals bei intertemporalen Nutzenmaximierungsproblemen und in der Wachstumstheorie erfüllt, z.B. wenn mit einer Cobb-Douglas-ähnlichen Nutzenfunktion der Gestalt $u(c) = \frac{1}{1-\rho} c^{1-\rho}$ gearbeitet wird. Auf die Bedingung (8.3.55) trifft man hingegen in Kostenminimierungsproblemen, welche offenbar äquivalent zur Maximierung negativer Kosten sind.

[41] Für einen Spezialfall, bei dem die Transformationsfunktion g die Identitätsfunktion ist, d.h. $g(x) = x$, vgl. man Stokey, Lucas (1989), S. 82, Theorem 4.9.

Genau wie im Falle der beschränkten Nutzenfunktionen wollen wir mit der Wertiteration beginnen, d.h., wir müssen überprüfen, ob die Wertfunktionen endlichstufiger Optimierungsprobleme gegen jene des unendlichstufigen Problems konvergieren. Wie das folgende Beispiel zeigt, ist diese Konvergenz unter der Voraussetzung (8.3.55) *nicht* gesichert.

Beispiel 8.4 Der Zustandsraum X bestehe aus den Zuständen x_k, $k \geq 0$. Im Ausgangszustand x_0 sei ein Übergang zu jedem beliebigen Zustand x_k, $k \geq 2$, zulässig, d.h. $g(x_0, u_0) = u_0$ mit $u_0 \in U(x_0) = \{x_k,\ k \geq 2\}$. Für alle $k \geq 2$ ist die Transformationsfunktion durch $g(x_k, u) = x_{k-1}\ \forall u \in U(x_k)$ gegeben, für $k = 1$ gelte $g(x_1, u) = x_1\ \forall u \in U(x_1)$. Während man also aus jedem Zustand x_k, $k \geq 2$, bei Wahl einer beliebigen Aktion u mit Sicherheit in den Zustand x_{k-1} gelangt, kann man den Zustand x_1 nie wieder verlassen. Man spricht in diesem Zusammenhang von einem *absorbierenden* Zustand. Die einstufige Nutzenfunktion besitzt die Gestalt $f(x_k, u) = 0\ \forall k \neq 2$ und $f(x_2, u) = -1$, d.h., beim Übergang von x_2 nach x_1 entsteht ein negativer Nutzen. Abbildung 8.3 illustriert dieses Problem graphisch. Offensichtlich ist die Voraussetzung (8.3.55) erfüllt, da kein Nutzenwert positiv ist.[42]

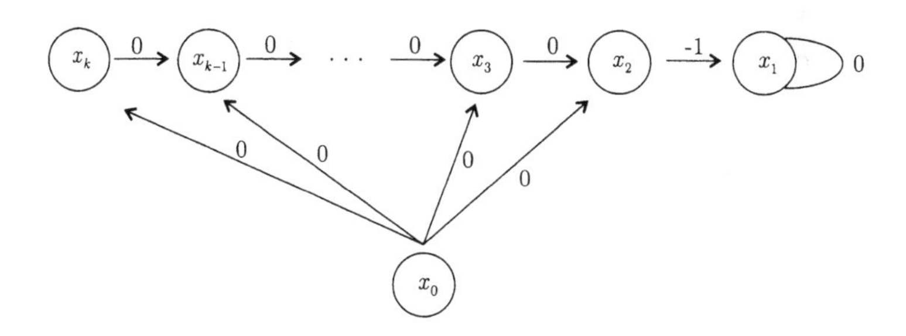

Abbildung 8.3: Illustration von Beispiel 8.4

Für den Fall eines unendlichen Horizonts gilt nun $V^\infty(x_0) = -1$, da bei jeder beliebigen, in x_0 gewählten Aktion irgendwann der Übergang von x_2 nach x_1 erfolgt. Ist der Horizont N hingegen endlich, gilt $V^N(x_0) = 0$ für alle $N \in \mathbb{N}$, da in x_0 stets ein $x_k \in X$ mit $k > N$ gewählt werden kann, so daß der Prozeß vor Erreichen von x_2 abbricht und der negative Nutzen somit nicht mehr auftritt. Folglich gilt dann $0 = \lim_{N\to\infty} V^N(x_0) \neq V^\infty(x_0) = -1$, d.h., die Wertfunktionen konvergieren nicht. □

[42]Man beachte, daß es sich in gewisser Hinsicht um ein pathologisches Beispiel handelt, in dem einige der bisher gemachten Voraussetzungen nicht erfüllt sind. Insbesondere ist der Zustandsraum abzählbar, und k ist nicht unmittelbar als Zeitindex interpretierbar. Dennoch ist dieses Beispiel zu Illustrationszwecken geeignet, da die auch in unserem Modellrahmen auftretenden Probleme ohne zu großen Aufwand veranschaulicht werden können.

Wie bereits zuvor angedeutet, ist der erst sehr „spät" anfallende negative Nutzen für die fehlende Konvergenz in Beispiel 8.4 verantwortlich. Bei jedem endlichen Horizont kann dieser Verlust vermieden werden, beim unendlichen Horizont geht er hingegen auf jeden Fall in den Gesamtnutzen ein. Ähnliche Phänomene treten unter der Voraussetzung (8.3.54) nicht auf, da man im Hinblick auf die *Maximierung* des Gesamtnutzens auch bei jedem endlichen Horizont bestrebt ist, hohe positive Nutzenwerte zu realisieren, so daß „späte" Auszahlungen hier keine Schwierigkeiten bereiten. Folglich kann es nicht überraschen, daß die Wertiteration unter der Voraussetzung (8.3.54) gilt.[43] Unter (8.3.55) muß hingegen eine zusätzliche Bedingung erfüllt sein, die ausschließt, daß ähnliche Probleme wie in Beispiel 8.4 auftreten.

Satz 8.5 *Es bezeichne* $0 : X \to \mathbb{R}$ *die Nullfunktion.*

1. *Unter der Voraussetzung (8.3.54) gilt*

$$V^{\infty}(\mathbf{x}) = \lim_{N\to\infty} T^N 0(\mathbf{x}) \quad \forall \mathbf{x} \in X. \tag{8.3.56}$$

2. *Unter der Voraussetzung (8.3.55) sei für* $\overline{V}(\mathbf{x}) := \lim_{N\to\infty} T^N 0(\mathbf{x})\ \forall \mathbf{x} \in X$ *zusätzlich die Bedingung* $\overline{V} = T\overline{V}$ *erfüllt. Dann gilt ebenfalls (8.3.56), d.h.* $\overline{V} = V^{\infty}$.

Beweis: zu 1: Da unter der Voraussetzung (8.3.54) alle einstufigen Nutzenfunktionen nichtnegativ sind, gilt trivialerweise $V^N(\mathbf{x}) \leq V^{\infty}(\mathbf{x})\ \forall \mathbf{x} \in X$, wobei V^N die zu dem aus (DOP2) resultierenden N-stufigen Problem *ohne* Endauszahlung gehörige Wertfunktion bezeichnet. Wegen (8.3.54) ist die Folge der V^N sogar monoton wachsend, so daß ihr Grenzwert (zumindest im Sinne der uneigentlichen Konvergenz gegen $+\infty$) existiert und wir unmittelbar $\lim_{N\to\infty} V^N(\mathbf{x}) \leq V^{\infty}(\mathbf{x})\ \forall \mathbf{x} \in X$ erhalten.[44] Da V^N als Wertfunktion den maximalen Nutzen des endlichstufigen Problems angibt, gilt andererseits für alle $N \in \mathbb{N}$ und für alle Politiken $\boldsymbol{\pi} = (\boldsymbol{\alpha}_0, \boldsymbol{\alpha}_1, ...)$ die Ungleichung $V_{\boldsymbol{\pi}}^N(\mathbf{x}) \leq V^N(\mathbf{x})\ \forall \mathbf{x} \in X$ und damit $V_{\boldsymbol{\pi}}^{\infty}(\mathbf{x}) \leq \lim_{N\to\infty} V^N(\mathbf{x})\ \forall \mathbf{x} \in X$. Durch Supremumbildung über alle Politiken folgt daraus $V^{\infty}(\mathbf{x}) \leq \lim_{N\to\infty} V^N(\mathbf{x})$ $\forall \mathbf{x} \in X$ und somit insgesamt $V^{\infty}(\mathbf{x}) = \lim_{N\to\infty} V^N(\mathbf{x})\ \forall \mathbf{x} \in X$. Wegen $V^N(\mathbf{x}) = T^N 0(\mathbf{x})$ ergibt sich die Behauptung.

zu 2: Der Beweis der Wertiteration unter der Voraussetzung (8.3.55) bedient sich der nachfolgenden Sätze 8.6 und 8.7 und wird daher an dieser Stelle ausgelassen. ■

Bemerkung 8.12 **(i)** Die unter (8.3.55) gemachte Zusatzvoraussetzung $\overline{V}(\mathbf{x}) = T\overline{V}(\mathbf{x})\ \forall \mathbf{x} \in X$ schließt Konstellationen wie in Beispiel 8.4 aus. Dort gilt beispielsweise $0 = \overline{V}(x)\ \forall x \in X$ aber $T\overline{V}(x_2) = \max_{u\in U(x_2)} \big(f(x_2, u) + \beta \overline{V}(g(x_2, u))\big) = -1$, so daß $\overline{V}(x_2) \neq T\overline{V}(x_2)$ ist.

---

[43] In Beispiel 8.4 ist für $f(x_2, u) = +1$ die Voraussetzung (8.3.54) erfüllt, und es gilt $V^N(x_0) = 1$ $\forall N \geq 2$, d.h. $1 = \lim_{N\to\infty} V^N(x_0) = V^{\infty}(x_0) = 1$.

[44] Für den Fall, daß sowohl $\lim_{N\to\infty} V^N(\mathbf{x})$ als auch $V^{\infty}(\mathbf{x})$ den Wert ∞ annehmen, ist diese Ungleichung natürlich sinngemäß als Gleichung zu verstehen.

(ii) Man kann die Gültigkeit der Gleichung $\overline{V} = T\overline{V}$ mit Hilfe einer leichter handhabbaren hinreichenden Bedingung überprüfen:[45] Falls ein $n_0 \in \mathbb{N}$ existiert, so daß die Mengen

$$U_n(\mathbf{x}, \lambda) := \{\mathbf{u} \in U(\mathbf{x}) \mid f(\mathbf{x}, \mathbf{u}) + \beta T^n 0(\mathbf{g}(\mathbf{x}, \mathbf{u})) \leq \lambda\} \subset \mathbb{R}^l$$

für alle $n \geq n_0$, alle $\mathbf{x} \in X$ und alle $\lambda \in \mathbb{R}$ *kompakt* sind, gilt $\overline{V}(\mathbf{x}) = T\overline{V}(\mathbf{x})$ für alle $\mathbf{x} \in X$. □

Bemerkung 8.13 Analog zu Satz 8.2 gilt auch Satz 8.5 nicht nur für die Nullfunktion, sondern unter Zusatzvoraussetzungen sogar für allgemeinere Abbildungen $V : X \to \mathbb{R}$.[46] □

Vor dem Hintergrund von Satz 8.5 liegt auf den ersten Blick die Vermutung nahe, daß die Bellman-Funktionalgleichung $V^\infty = TV^\infty$ ebenfalls nur unter der Voraussetzung (8.3.54) ohne weitere Annahmen nachgewiesen werden kann. Es stellt sich jedoch heraus, daß diese Vermutung falsch ist und die Bellman-Gleichung sowohl unter (8.3.54) als auch unter (8.3.55) gilt. Der Grund liegt darin, daß hier lediglich die zu (DOP2) gehörige Wertfunktion V^∞ auftritt und der Zusammenhang zum endlichstufigen Problem irrelevant ist. Damit können Konstellationen wie in Beispiel 8.4 diesbezüglich keine Probleme verursachen. Die im Zusammenhang mit der Wertiteration herausgearbeiteten Unterschiede unter (8.3.54) bzw. (8.3.55) haben lediglich einen Einfluß auf die jeweils zu verwendende Beweistechnik.

Satz 8.6 *Es sei $V^\infty : X \to \mathbb{R}$ die zu (DOP2) gehörige Wertfunktion. Dann gilt sowohl unter Voraussetzung (8.3.54) als auch unter (8.3.55)*

$$V^\infty(\mathbf{x}) = \sup_{\mathbf{u} \in U(\mathbf{x})} \left(f(\mathbf{x}, \mathbf{u}) + \beta V^\infty(\mathbf{g}(\mathbf{x}, \mathbf{u}))\right) \quad \forall \mathbf{x} \in X \tag{8.3.57}$$

bzw. in Kurzschreibweise $V^\infty(\mathbf{x}) = TV^\infty(\mathbf{x})\ \forall \mathbf{x} \in X$.

Beweis: zu 1. Es gelte (8.3.54). Dann ist die Folge $\{V^N\}_{N \in \mathbb{N}}$ der Wertfunktionen aus (DOP2) abgeleiteter endlichstufiger Optimierungsprobleme (ohne Endauszahlung) monoton wachsend und konvergiert nach Satz 8.5 für $N \to \infty$ gegen die Wertfunktion V^∞. Nun gilt

$$\begin{aligned}
TV^\infty(\mathbf{x}) &= \sup_{\mathbf{u} \in U(\mathbf{x})} \left(f(\mathbf{x}, \mathbf{u}) + \beta V^\infty(\mathbf{g}(\mathbf{x}, \mathbf{u}))\right) \\
&\overset{(1)}{=} \sup_{\mathbf{u} \in U(\mathbf{x})} \left(f(\mathbf{x}, \mathbf{u}) + \beta \cdot \lim_{N \to \infty} V^N(\mathbf{g}(\mathbf{x}, \mathbf{u}))\right) \\
&= \sup_{\mathbf{u} \in U(\mathbf{x})} \lim_{N \to \infty} \left(f(\mathbf{x}, \mathbf{u}) + \beta V^N(\mathbf{g}(\mathbf{x}, \mathbf{u}))\right) \\
&\overset{(2)}{=} \lim_{N \to \infty} \sup_{\mathbf{u} \in U(\mathbf{x})} \left(f(\mathbf{x}, \mathbf{u}) + \beta V^N(\mathbf{g}(\mathbf{x}, \mathbf{u}))\right)
\end{aligned}$$

[45] Vgl. dazu BERTSEKAS (1995b), S. 148, proposition 1.7.

[46] Vgl. dazu BERTSEKAS (1995b), S. 145, proposition 1.5.

$$\overset{(3)}{=} \lim_{N\to\infty} V^{N-1}(\mathbf{x})$$
$$\overset{(1)}{=} V^{\infty}(\mathbf{x}),$$

wobei (1) aus Satz 8.5 und (3) aus der Optimalitätsgleichung für endliche Horizonte folgt. Der wesentliche Schritt in der obigen Gleichungskette ist die Vertauschung von Grenzwert- und Supremumbildung in (2). Diese kann wie folgt gezeigt werden: Zunächst definieren wir die Funktionen W^N und W^{∞} durch $W^N(\mathbf{x},\mathbf{u}) := f(\mathbf{x},\mathbf{u}) + \beta V^N(\mathbf{g}(\mathbf{x},\mathbf{u}))$ und $W^{\infty}(\mathbf{x},\mathbf{u}) := f(\mathbf{x},\mathbf{u}) + \beta V^{\infty}(\mathbf{g}(\mathbf{x},\mathbf{u}))$. Weil die Folge der V^N unter der Voraussetzung (8.3.54) monoton von unten gegen V^{∞} konvergiert, ergibt sich die entsprechende Konvergenz auch für die Folge der W^N gegen W^{∞}. Daher gilt $W^N(\mathbf{x},\mathbf{u}) \le W^{\infty}(\mathbf{x},\mathbf{u}) = \lim_{N\to\infty} W^N(\mathbf{x},\mathbf{u})$ für alle $N \in \mathbb{N}$. Dies impliziert $\sup_{\mathbf{u}} W^N(\mathbf{x},\mathbf{u}) \le \sup_{\mathbf{u}} \lim_{N\to\infty} W^N(\mathbf{x},\mathbf{u})$ und damit[47]

$$\limsup_{N\to\infty} \sup_{\mathbf{u}} W^N(\mathbf{x},\mathbf{u}) \le \sup_{\mathbf{u}} \lim_{N\to\infty} W^N(\mathbf{x},\mathbf{u}). \tag{8.3.58}$$

Andererseits gilt trivialerweise $W^N(\mathbf{x},\mathbf{u}) \le \sup_{\mathbf{u}} W^N(\mathbf{x},\mathbf{u})$, woraus sich unmittelbar $\lim_{N\to\infty} W^N(\mathbf{x},\mathbf{u}) \le \liminf_{N\to\infty} \sup_{\mathbf{u}} W^N(\mathbf{x},\mathbf{u})$ ergibt. Anwendung des Supremum-Operators auf diese Ungleichung liefert dann

$$\sup_{\mathbf{u}} \lim_{N\to\infty} W^N(\mathbf{x},\mathbf{u}) \le \liminf_{N\to\infty} \sup_{\mathbf{u}} W^N(\mathbf{x},\mathbf{u}). \tag{8.3.59}$$

Kombination von (8.3.59) und (8.3.58) ergibt schließlich (2).[48]

zu 2. Da die Wertiteration unter der Voraussetzung (8.3.55) i. allg. nicht gilt, kann der Beweis aus Teil 1 nicht übernommen werden. Man argumentiert statt dessen mit ε-optimalen Politiken und einem anschließenden Grenzübergang $\varepsilon \to 0$, was wir aber an dieser Stelle nicht ausführen wollen. Vgl. ggf. BERTSEKAS (1995b), S. 137 f., Proposition 1.1 oder DYNKIN, YUSHKEVICH (1979). ■

Beim Vergleich der Sätze 8.3 und 8.6 fällt auf, daß die im Falle beschränkter Nutzenfunktionen mit Diskontierung gemachten Eindeutigkeitsaussagen nun fehlen. In der Tat macht man sich leicht klar, daß die Bellman-Gleichung $V^{\infty} = TV^{\infty}$ im allgemeinen keine eindeutige Lösung besitzt. Nach Teil 2 von Lemma 8.1 wissen wir nämlich, daß für jede Funktion $V : X \to \mathbb{R}$ und jedes Skalar $m \in \mathbb{R}$ die Beziehung $T(V+m)(\mathbf{x}) = TV(\mathbf{x}) + \beta m$ gilt. Ist nun $\beta = 1$ und $V^* : X \to \mathbb{R}$ eine Lösung der Bellman-Gleichung, d.h. $V^* = TV^*$, so gilt dementsprechend $T(V^* + m)(\mathbf{x}) = TV^*(\mathbf{x}) + m = V^* + m$. Folglich ist auch die Funktion $V^* + m$ für jedes $m \in \mathbb{R}$ eine Lösung der Bellman-Gleichung, so daß sogar unendlich viele Lösungen existieren. Es gibt jedoch die folgende Charakterisierung der Wertfunktion V^{∞} von (DOP2):

[47] Auf der linken Seite dieser Gleichung muß der limes superior anstelle des limes verwendet werden, da nicht von vornherein klar ist, daß die Folge $\{\sup_{\mathbf{u}} W^N(\mathbf{x},\mathbf{u})\}_{N\in\mathbb{N}}$ konvergiert.

[48] Man beachte, daß aus $\limsup(\sup W^N) \le \sup\lim W^N \le \liminf(\sup W^N)$ zum einen folgt, daß die Folge $\{\sup W^N\}$ (zumindest uneigentlich) konvergiert und zum anderen, daß dieser Grenzwert durch $\sup\lim W^N$ gegeben ist, also (2) gilt. Der gesamte Beweis bleibt insbesondere auch gültig, falls die Folge der V^N nur uneigentlich konvergiert, also $V^{\infty}(\mathbf{x}) = \infty$ gilt.

Satz 8.7

1. *Es gelte (8.3.54). Weiter sei eine Funktion* $V^* : X \to \mathbb{R}$ *mit* $V^*(\mathbf{x}) \geq 0$ $\forall \mathbf{x} \in X$ *Lösung der Bellman-Gleichung, d.h.* $V^* = TV^*$. *Dann gilt* $V^\infty(\mathbf{x}) \leq V^*(\mathbf{x})$ $\forall \mathbf{x} \in X$, *d.h., die Wertfunktion ist die kleinste nichtnegative Lösung der Bellman-Gleichung.*

2. *Es gelte (8.3.55). Weiter sei eine Funktion* $V^{**} : X \to \mathbb{R}$ *mit* $V^{**}(\mathbf{x}) \leq 0$ $\forall \mathbf{x} \in X$ *Lösung der Bellman-Gleichung, d.h.* $V^{**} = TV^{**}$. *Darüber hinaus gelte die Wertiteration* $V^\infty(\mathbf{x}) = \lim_{N\to\infty} T^N 0(\mathbf{x})$ $\forall \mathbf{x} \in X$. *Dann gilt* $V^\infty(\mathbf{x}) \geq V^{**}(\mathbf{x})$ $\forall \mathbf{x} \in X$, *d.h., die Wertfunktion ist die größte nichtpositive Lösung der Bellman-Gleichung.*

Beweis: zu 1: Für die Wertfunktionen V^N der zu (DOP2) gehörigen endlichstufigen Probleme ohne Endauszahlung gilt die Optimalitätsgleichung $V^N = TV^{N-1}$ (vgl. Satz 8.1 und (8.3.5)) und somit

$$V^N = TV^{N-1} = T^2 V^{N-2} = \ldots = T^N 0, \tag{8.3.60}$$

wobei 0 die Nullfunktion bezeichnet. Wegen[49] $V^* \geq 0$ folgt aus (8.3.60) mit Lemma 8.1 die Ungleichung $V^N \leq T^N V^*$, woraus sich sofort $V^N \leq V^*$ ergibt, da V^* nach Voraussetzung der Bellman-Gleichung genügt. Für $N \to \infty$ liefert Satz 8.5 dann $V^\infty(\mathbf{x}) = \lim_{N\to\infty} V^N(\mathbf{x}) \leq V^*(\mathbf{x})$ $\forall \mathbf{x} \in X$.

zu 2: Wie im Beweis von Teil 1 erhält man $V^N = T^N 0$, was wegen $V^{**} \leq 0$ und Lemma 8.1 sofort $V^N \geq T^N V^{**}$ impliziert. Da V^{**} nach Voraussetzung der Bellman-Gleichung genügt, folgt $V^N \geq V^{**}$ und daraus aufgrund der *Voraussetzung* $\lim_{N\to\infty} V^N = V^\infty$ die Behauptung. ■

Bemerkung 8.14 (i) Es gibt auch noch allgemeinere Varianten von Satz 8.7, bei denen u.a. auf die Zusatzvoraussetzung der Wertiteration unter (8.3.55) verzichtet werden kann. Die eingehende Behandlung dieser Sachverhalte würde hier aber zu weit führen.

(ii) Analog zu Korollar 8.1 gelten die Aussagen der Sätze 8.6 und 8.7 auch für eine feste Politik $\boldsymbol{\pi} = (\boldsymbol{\alpha}, \boldsymbol{\alpha}, \ldots)$, also insbesondere $V_\alpha^\infty = T_\alpha V_\alpha^\infty$. □

Damit gelangen wir nunmehr zur Frage der Optimalität stationärer Politiken. Da die Bellman-Gleichung auch unter den Voraussetzungen (8.3.54) und (8.3.55) gilt, würde man in Analogie zu Satz 8.4 zunächst vermuten, daß eine Entscheidungsregel $\boldsymbol{\alpha} : X \to \mathbb{R}$, welche für alle Zustände $\mathbf{x} \in X$ eine Maximalstelle der Bellman-Gleichung angibt, eine optimale Politik $\boldsymbol{\pi} = (\boldsymbol{\alpha}, \boldsymbol{\alpha}, \ldots)$ definiert. Dabei ist allerdings zu beachten, daß wir die Frage der Existenz derartiger optimaler Politiken wie in Abschnitt 8.3.2 offengelassen haben, die Existenz einer Maximalstelle der Bellman-Funktionalgleichung also nicht vorab gesichert ist. Ist dies jedoch der Fall (wovon

---

[49] Alle nachfolgenden Ungleichungen zwischen den Funktionen sind punktweise zu verstehen, d.h., $V \leq W$ bedeutet $V(\mathbf{x}) \leq W(\mathbf{x})$ für alle $\mathbf{x} \in X$.

wir wie üblich stillschweigend ausgehen wollen), erhält man unter der Voraussetzung (8.3.55) ein zu Satz 8.4 vollkommen analoges Resultat. Unter (8.3.54) kann hingegen der Fall eintreten, daß eine über die Lösung der Funktionalgleichung ermittelte *stationäre* Politik nicht optimal ist. Dies soll anhand des folgenden Beispiels verdeutlicht werden.[50]

Beispiel 8.5 Für ein unendlichstufiges Modell ohne Diskontierung bestehe der Zustandsraum X aus den beiden Zuständen x und y. Es gebe zwei mögliche Aktionen a und b, wobei man mit Aktion a in den Zustand x und mit Aktion b in den Zustand y gelangt. Während im Ausgangszustand x beide Aktionen zulässig sind ($U(x) = \{a, b\}$), kann in y nur Aktion b gewählt werden ($U(y) = \{b\}$), d.h., der Zustand y ist absorbierend. Die Transformationsfunktion g ist also durch $g(x, a) = x$, $g(x, b) = y$ und $g(y, b) = y$ gegeben. Für die einstufige Nutzenfunktion gelte $f(x, a) = 0$, $f(x, b) = 1$ und $f(y, b) = 0$, so daß lediglich beim Übergang von x nach y ein positiver Nutzen anfällt. Folglich ist die Voraussetzung (8.3.54) erfüllt, und es gilt insbesondere die Bellman-Funktionalgleichung. In diesem einfachen Beispiel erkennt man zudem, daß für die Wertfunktion V^∞ die Beziehungen $V^\infty(x) = 1$ und $V^\infty(y) = 0$ gelten. Die Bellman-Gleichung lautet in vektorieller Schreibweise

$$\begin{aligned}
\begin{pmatrix} 1 \\ 0 \end{pmatrix} &= \begin{pmatrix} V^\infty(x) \\ V^\infty(y) \end{pmatrix} = \begin{pmatrix} TV^\infty(x) \\ TV^\infty(y) \end{pmatrix} \\
&= \begin{pmatrix} \sup_{u \in U(x)} (f(x,u) + V^\infty(g(x,u))) \\ \sup_{u \in U(y)} (f(y,u) + V^\infty(g(y,u))) \end{pmatrix} \\
&= \begin{pmatrix} \sup \{f(x,a) + V^\infty(x),\ f(x,b) + V^\infty(y)\} \\ f(y,b) + V^\infty(y) \end{pmatrix} \\
&= \begin{pmatrix} \max\{0+1,\ 1+0\} \\ 0 \end{pmatrix} = \begin{pmatrix} 1 \\ 0 \end{pmatrix}.
\end{aligned}$$

Da $f(x,a) + V^\infty(x) = f(x,b) + V^\infty(y) = 1$ gilt, stellt sowohl die Entscheidung $\alpha_1(x) = a$ als auch $\alpha_2(x) = b$ eine Maximalstelle der Bellman-Gleichung im Zustand x dar. Während für die stationäre Politik $\pi_2 := (b, b, ...)$ tatsächlich $V^\infty_{\pi_2}(x) = 1 = V^\infty(x)$ gilt, liefert die stationäre Politik $\pi_1 := (a, a, ...)$ den Wert $V^\infty_{\pi_1}(x) = 0 < V^\infty(x)$, da hier niemals der Übergang von x nach y erfolgt. Somit ist π_1 nicht optimal.

Die entscheidende Ursache dafür, daß eine der Maximalstellen der Bellman-Gleichung keine optimale stationäre Politik generiert, liegt dabei in der fehlenden Diskontierung. Dies führt dazu, daß der einmalig realisierbare Nutzenzuwachs beim Zustandswechsel zu jedem beliebig späteren Zeitpunkt erfolgen könnte, ohne den Gesamtnutzen zu verändern. Folglich ist es auf jeder endlichen Stufe auch optimal,

[50] Auch die beiden nachfolgenden Beispiele 8.5 und 8.6 sind in ähnlicher Weise pathologisch wie Beispiel 8.4. Vgl. dazu jedoch die Anmerkungen in Fußnote 42.

den Zustand nicht zu wechseln. Die Zusammensetzung dieser optimalen Entscheidungsregeln zu einer *stationären* Politik ist dann jedoch nicht mehr optimal, da der Zustandswechsel auf diese Weise gar nicht erfolgt. □

Das in Beispiel 8.5 dargestellte Optimierungsproblem besitzt zumindest noch die angenehme Eigenschaft, daß die zweite Maximalstelle der Bellman-Gleichung (Aktion b) eine optimale stationäre Politik liefert. Der dadurch entstehende Eindruck, die Schwierigkeit bestünde alleine in der fehlenden Eindeutigkeit, erweist sich jedoch leider als falsch. Selbst wenn über die Bellman-Gleichung eine *eindeutige* optimale Entscheidungsregel bestimmt werden kann, muß die zugehörige stationäre Politik nicht optimal sein, wie folgendes Beispiel verdeutlicht.

Beispiel 8.6 Wir betrachten erneut ein unendlichstufiges Optimierungsproblem ohne Diskontierung, bei dem der Zustandsraum X aus den Zuständen x_k, $k \geq 1$, und y besteht. In jedem Zustand x_k gebe es zwei zulässige Aktionen u_y und u_x, wobei $g(x_k, u_y) = y$ und $g(x_k, u_x) = x_{k+1}$ gilt. Im absorbierenden Zustand y sei nur die Aktion u_y mit $g(y, u_y) = y$ zulässig. Die einstufige Nutzenfunktion f ist für die zulässigen Zustands-Aktionen-Paare wie folgt definiert: $f(x_k, u_x) = 0$, $f(x_k, u_y) = \frac{k-1}{k}$ $\forall k \geq 1$ und $f(y, u_y) = 0$. Man erhält also nur beim Übergang in den Zustand y einmalig eine positive Auszahlung, so daß Voraussetzung (8.3.54) erfüllt ist. Abbildung 8.4 veranschaulicht die Problemstellung graphisch.

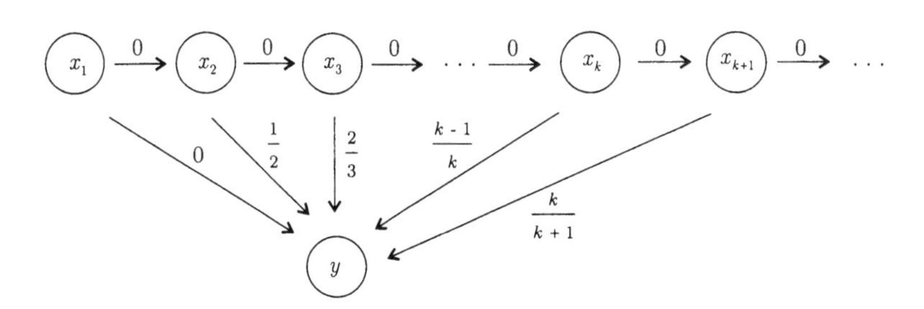

Abbildung 8.4: Illustration von Beispiel 8.6

Offensichtlich gelten für die durch $V^\infty(x) = \sup_\pi \left(\sum_{n=0}^{\infty} f(x, \alpha(x))\right)$ definierte Wertfunktion die Beziehungen $V^\infty(y) = 0$ und $V^\infty(x_k) = 1$ $\forall k \geq 1$, da $\sup_{k \in \mathbb{N}} \frac{k-1}{k} = 1$. Die Bellman-Gleichung lautet somit in vektorieller Schreibweise für y und ein beliebiges x_k

$$\begin{aligned}
\begin{pmatrix} 1 \\ 0 \end{pmatrix} &= \begin{pmatrix} V^\infty(x_k) \\ V^\infty(y) \end{pmatrix} = \begin{pmatrix} TV^\infty(x_k) \\ TV^\infty(y) \end{pmatrix} \\
&= \begin{pmatrix} \sup_{u \in U(x_k)} \left(f(x_k, u) + V^\infty(g(x_k, u))\right) \\ \sup_{u \in U(y)} \left(f(y, u) + V^\infty(g(y, u))\right) \end{pmatrix}
\end{aligned}$$

$$= \begin{pmatrix} \sup\{f(x_k,u_x)+V^\infty(x_{k+1}),\ f(x_k,u_y)+V^\infty(y)\} \\ f(y,u_y)+V^\infty(y) \end{pmatrix}$$

$$= \begin{pmatrix} \max\{0+1,\ \frac{k-1}{k}+0\} \\ 0 \end{pmatrix} = \begin{pmatrix} 1 \\ 0 \end{pmatrix}.$$

Da $\frac{k-1}{k} < 1$ gilt, ist die Entscheidungsregel $\alpha_k(x_k) = u_x$ in jedem Zustand x_k die *eindeutige* Maximalstelle der Funktionalgleichung. Es ist also auf jeder Stufe optimal, in den Zustand x_{k+1} zu springen und den Wechsel auf y in die Zukunft zu verschieben. Für den mit der daraus resultierenden stationären Politik $\pi_x = (u_x, u_x, ...)$ erreichbaren Gesamtnutzen gilt jedoch $V^\infty_{\pi_x}(x_k) = 0\ \forall k$, da niemals der Übergang in den Zustand y erfolgt. Obwohl die Bellman-Gleichung eine Maximalstelle besitzt, existiert hier offensichtlich überhaupt keine optimale Politik, denn der Optimalwert $V^\infty = 1$ wird bei keiner Politik jemals angenommen. □

Die Beispiele 8.5 und 8.6 zeigen jeweils auf, daß die Bellman-Funktionalgleichung unter der Voraussetzung (8.3.54) auch über Maximalstellen verfügen kann, die in jedem Fall zu suboptimalen stationären Politiken führen. Dies liegt im wesentlichen an der Möglichkeit, noch „im Unendlichen" positive Nutzen zu erzielen, so daß es in jedem endlichen Zeitpunkt durchaus optimal sein kann, die tatsächliche Realisierung dieses Nutzens aufzuschieben. Dies führt jedoch letztendlich dazu, daß er gar nicht erzielt wird. Dementsprechend erhält man eine zu Satz 8.4 analoge Charakterisierung optimaler stationärer Politiken nur unter der Voraussetzung (8.3.55). Im Falle nichtnegativer einstufiger Nutzen läßt sich aber zumindest eine formal ähnliche Bedingung angeben.

Satz 8.8 *Es sei* $\boldsymbol{\alpha} : X \to A$ *eine einstufige Entscheidungsregel. Weiter bezeichne* $\boldsymbol{\pi}^\infty := (\boldsymbol{\alpha}, \boldsymbol{\alpha}, ...)$ *die daraus gebildete stationäre Politik. Dann gilt:*

1. *Unter der Voraussetzung (8.3.55) ist* $\boldsymbol{\pi}^\infty$ *genau dann optimal, wenn für alle* $\mathbf{x} \in X$ *die Beziehung*
$$TV^\infty(\mathbf{x}) = T_\alpha V^\infty(\mathbf{x}) \tag{8.3.61}$$
gilt, d.h., wenn $\boldsymbol{\alpha}$ *für* alle $\mathbf{x} \in X$ *eine Maximalstelle der Bellman-Funktionalgleichung angibt.*

2. *Unter der Voraussetzung (8.3.54) ist* $\boldsymbol{\pi}^\infty$ *genau dann optimal, wenn für alle* $\mathbf{x} \in X$
$$TV^\infty_{\boldsymbol{\alpha}}(\mathbf{x}) = T_\alpha V^\infty_{\boldsymbol{\alpha}}(\mathbf{x}) \tag{8.3.62}$$
gilt, wobei $V^\infty_{\boldsymbol{\alpha}}$ *den mit der Politik* $\boldsymbol{\pi}^\infty$ *erreichbaren Gesamtnutzen bezeichnet (vgl. (8.1.17)).*

Beweis: zu 1: „⇒": Die Politik $\boldsymbol{\pi}^\infty$ sei optimal. Dann gilt per Definition $V^\infty_{\boldsymbol{\alpha}} = V^\infty(\mathbf{x})\ \forall \mathbf{x} \in X$. Nach Satz 8.6 erfüllt V^∞ die Bellman-Gleichung $TV^\infty = V^\infty$, und für $V_{\boldsymbol{\alpha}}^{\infty}$ gilt ebenso $T_{\boldsymbol{\alpha}} V_{\boldsymbol{\alpha}}^{\infty} = V_{\boldsymbol{\alpha}}^{\infty}$ (vgl. Bemerkung 8.14 (ii)). Daraus ergibt sich insgesamt die Gleichungskette $TV^{\infty} = V^{\infty} = V_{\boldsymbol{\alpha}}^{\infty} = T_{\boldsymbol{\alpha}} V_{\boldsymbol{\alpha}}^{\infty} = T_{\boldsymbol{\alpha}} V^{\infty}$.

„$\Leftarrow$“: Es gelte $TV^{\infty} = T_{\boldsymbol{\alpha}} V^{\infty}$. Aus der Bellman-Gleichung für V^{∞} folgt dann $V^{\infty} = T_{\boldsymbol{\alpha}} V^{\infty}$, d.h., V^{∞} ist ein Fixpunkt von $T_{\boldsymbol{\alpha}}$. Wegen $V^{\infty} \leq 0$ und Teil 2 von Satz 8.7 für eine feste Politik (bzw. aus Bemerkung 8.14 (ii)) ergibt sich daraus $V_{\boldsymbol{\alpha}}^{\infty} \geq V^{\infty}$, d.h., $\boldsymbol{\pi}^{\infty} = (\boldsymbol{\alpha}, \boldsymbol{\alpha}, ...)$ ist optimal.

zu 2: „$\Rightarrow$“: Die Politik $\boldsymbol{\pi}^{\infty}$ sei optimal, d.h. $V_{\boldsymbol{\alpha}}^{\infty}(\mathbf{x}) = V^{\infty}(\mathbf{x})\ \forall \mathbf{x} \in X$. Dann folgt genau wie in Teil 1 die Gleichungskette $T_{\boldsymbol{\alpha}} V_{\boldsymbol{\alpha}}^{\infty} = V_{\boldsymbol{\alpha}}^{\infty} = V^{\infty} = TV^{\infty} = TV_{\boldsymbol{\alpha}}^{\infty}$.

„$\Leftarrow$“: Es gelte $TV_{\boldsymbol{\alpha}}^{\infty}(x) = T_{\boldsymbol{\alpha}} V_{\boldsymbol{\alpha}}^{\infty}(\mathbf{x})\ \forall \mathbf{x} \in X$. Da nach Satz 8.6 (bzw. Bemerkung 8.14 (ii)) auch $T_{\boldsymbol{\alpha}} V_{\boldsymbol{\alpha}}^{\infty} = V_{\boldsymbol{\alpha}}^{\infty}$ gilt, folgt daraus $TV_{\boldsymbol{\alpha}}^{\infty} = V_{\boldsymbol{\alpha}}^{\infty}$, so daß $V_{\boldsymbol{\alpha}}^{\infty}$ ein Fixpunkt von T ist. Nach Teil 1 von Satz 8.7 (bzw. Bemerkung 8.14 (ii)) und wegen $V_{\boldsymbol{\alpha}}^{\infty} \geq 0$ erhält man daraus $V^{\infty}(\mathbf{x}) \leq V_{\boldsymbol{\alpha}}^{\infty}(\mathbf{x})\ \forall \mathbf{x} \in X$, d.h., $\boldsymbol{\pi}^{\infty} = (\boldsymbol{\alpha}, \boldsymbol{\alpha}, ...)$ ist optimal. ∎

Die unter Voraussetzung (8.3.54) angegebene Optimalitätsbedingung (8.3.62) für stationäre Politiken besitzt im Hinblick auf die in Bemerkung 8.10 genannte Interpretation der Operatoren T und $T_{\boldsymbol{\alpha}}$ selbst eine recht anschauliche Interpretation. Während $V_{\boldsymbol{\alpha}}^{\infty}$ den mit der Politik $\boldsymbol{\pi}^{\infty} = (\boldsymbol{\alpha}, \boldsymbol{\alpha}, ...)$ bei unendlichem Horizont erreichbaren Gesamtnutzen angibt, bezeichnen $TV_{\boldsymbol{\alpha}}^{\infty}$ bzw. $T_{\boldsymbol{\alpha}} V_{\boldsymbol{\alpha}}^{\infty}$ den maximalen bzw. den mit der Entscheidungsregel $\boldsymbol{\alpha}$ erreichbaren Gesamtnutzen eines *einstufigen* Problems mit Endauszahlung $\beta V_{\boldsymbol{\alpha}}^{\infty}$. Wegen $TV_{\boldsymbol{\alpha}}^{\infty} \geq T_{\boldsymbol{\mu}} V_{\boldsymbol{\alpha}}^{\infty}\ \forall \boldsymbol{\mu}$ kann die stationäre Politik folglich genau dann als optimal angesehen werden, wenn die dauerhafte Anwendung von $\boldsymbol{\alpha}$ in „der ersten“ und in den „folgenden“ unendlich vielen Perioden mindestens den gleichen Gesamtnutzen gewährleistet wie die einmalige Anwendung einer beliebigen anderen Entscheidungsregel $\boldsymbol{\mu}$ auf „der ersten“ und die anschließende Verwendung von $\boldsymbol{\alpha}$ auf allen „folgenden“ Stufen. Vor diesem Hintergrund wird auch deutlich, warum die in den Beispielen 8.5 und 8.6 bestimmten Politiken π_1 bzw. π_x nicht optimal sind. Das einmalige Abweichen von diesen Politiken auf die Entscheidungen b bzw. u_y würde jeweils zu einem höheren Gesamtnutzen führen, da der durch den Zustandswechsel bedingte Nutzen realisiert würde. Im übrigen prüft man leicht nach, daß die Bedingung (8.3.62) in beiden Beispielen *nicht* erfüllt ist.[51]

Damit haben wir nunmehr auch unter den Voraussetzungen (8.3.54) bzw. (8.3.55) alle für unsere Belange wesentlichen Aspekte der dynamischen Programmierung abgehandelt und können zur Anwendung der obigen Sätze auf ein ökonomisches Beispiel übergehen.

Beispiel 8.7 Wir betrachten die unendlichstufige Variante des in Abschnitt 5.5 dargestellten Lagerhaltungsproblems mit Diskontierung. Das zugehörige dynamische Optimierungsproblem besitzt die Gestalt

$$\sum_{k=0}^{\infty} \beta^k \left(cy_k - cx_k + r(y_k)\right) \rightarrow \min_{\{y_k\}_{k \in \mathbb{N}_0}}! \tag{8.3.63}$$

[51] In Beispiel 8.5 gilt $1 = TV_a^{\infty}(x) \neq T_a V_a^{\infty}(x) = 0$, in Beispiel 8.6 entsprechend $(k-1)/k = TV_{u_x}^{\infty}(x_k) \neq T_{u_x} V_{u_x}^{\infty}(x_k) = 0$. Dem Leser sei zur Übung empfohlen, die Entstehung dieser Terme nachzuvollziehen.

unter den Nebenbedingungen

$$x_{k+1} = y_k - d_k \quad \forall k \in \mathbb{N}_0, \tag{8.3.64}$$

$$x_k \in \mathbb{R} \quad \forall k \in \mathbb{N}_0, \; x_0 \text{ fest}, \tag{8.3.65}$$

$$y_k = x_k + u_k \in U(x_k) = \{y \in \mathbb{R} : y \geq x_k\} \quad \forall k \in \mathbb{N}_0, \tag{8.3.66}$$

wobei wir bereits die für den Fall eines endlichen Horizonts in Beispiel 8.1 für zweckmäßig erachtete Transformation $y_k := x_k + u_k$ der Entscheidungsvariablen durchgeführt haben und darüber hinaus alle früheren Bezeichnungen übernehmen. Ferner gilt $0 < \beta < 1$. Ähnlich wie bei der intertemporalen Konsum-Spar-Entscheidung in Beispiel 8.3 stellt sich zunächst das Problem, daß die durch (8.3.64) gegebene Transformationsfunktion aufgrund ihrer Abhängigkeit vom deterministischen Wert (Parameter) d_k nicht stationär ist. Da das vorliegende Beispiel nur Illustrationszwecken dient, wollen wir dieses Problem durch die unrealistische und stark vereinfachende Annahme einer *konstanten* Nachfrage $d > 0$ beseitigen.[52] Bei dem Optimierungsproblem (8.3.63)-(8.3.66) sind positive Kosten zu minimieren. Dies ist bekanntlich äquivalent zur Maximierung negativer Gewinne, so daß wir im Hinblick auf die Verwendung der obigen Sätze feststellen, daß die Voraussetzung (8.3.55) erfüllt ist. Wir wollen dennoch mit der ursprünglichen Formulierung als Minimierungsproblem weiterarbeiten.

Nach Satz 8.6 wissen wir, daß die zu (8.3.63)-(8.3.66) gehörige Wertfunktion $V^\infty : \mathbb{R} \to \mathbb{R}_+$ der Bellman-Funktionalgleichung $V^\infty = TV^\infty$ bzw.

$$V^\infty(x) = \min_{y \geq x} (cy + r(y) + \beta V^\infty(y-d) - cx) \quad \forall x \in X \tag{8.3.67}$$

genügt, und Teil 1 von Satz 8.8 stellt sicher, daß über die Minimalstellen der Funktionalgleichung eine optimale stationäre Politik bestimmt werden kann. Analog zu Beispiel 8.1 definieren wir zudem die Funktion $R : \mathbb{R} \to \mathbb{R}$ gemäß (vgl. (8.2.28))

$$R(y) := cy + r(y) + \beta V^\infty(y-d). \tag{8.3.68}$$

Wenn nun gezeigt werden kann, daß R eine (eindeutige) globale Minimalstelle $S \in \mathbb{R}$ besitzt, können wir genau wie in Beispiel 8.1 argumentieren, daß die Entscheidungsregel

$$\alpha(x) = \begin{cases} S - x, & \text{falls } x < S, \\ 0, & \text{falls } x \geq S \end{cases} \tag{8.3.69}$$

zu jedem $x \in \mathbb{R}$ die optimale Bestellmenge angibt und somit wegen Satz 8.8 eine optimale stationäre Politik $\pi^\infty = (\alpha, \alpha, ...)$ generiert. Es zeigt sich, daß der Nachweis der Existenz einer Minimalstelle von R die Hauptschwierigkeit dieses Optimierungsproblems darstellt. Für den Fall des endlichen Horizonts konnten wir die

[52] In der interessanteren und in den meisten Aspekten eigentlich anspruchsvolleren stochastischen Variante des Lagerhaltungsproblems wird diese Schwierigkeit dadurch behoben, daß für die dort als Zufallsvariablen modellierten Nachfragen d_k ein konstanter Erwartungswert angenommen wird. Die tatsächlich realisierten Nachfragen dürfen jedoch weiterhin im Zeitablauf schwanken.

Existenz der dort relevanten Minimalstellen S_k dadurch sicherstellen, daß die in (8.2.28) definierten Funktionen R_k stetig und konvex sind und darüber hinaus die Eigenschaft $\lim_{y\to-\infty} R_k(y) = \lim_{y\to\infty} R_k(y) = \infty$ besitzen. Somit ist es naheliegend, die entsprechenden Eigenschaften auch für R aus (8.3.68) nachzuweisen. Da wir für die Kostenfunktion r gerade Stetigkeit, Konvexität sowie $\lim_{y\to-\infty} r(y) = \lim_{y\to\infty} r(y) = \infty$ vorausgesetzt haben und aus der Annahme $|\lim_{y\to-\infty} r'(y)| > c$ zudem $\lim_{y\to-\infty}(r(y) + cy) = \infty$ folgern können, reicht es demnach offenbar aus, die gleichen Eigenschaften auch für die Wertfunktion V^∞ zu zeigen. Allerdings ist uns die funktionale Form von V^∞ unbekannt, so daß wir die Gültigkeit der obigen Eigenschaften nicht direkt verifizieren können. Ein vielversprechender Ansatz besteht jedoch darin, diese Eigenschaften von V^∞ aus den entsprechenden der Wertfunktion V^N des endlichstufigen Problems zu folgern, welche wir in Beispiel 8.1 bewiesen haben. Problematisch ist dabei aber, daß die Wertfunktionen V^N unter der Voraussetzung (8.3.55) nicht notwendig gegen V^∞ konvergieren, so daß dieses erst mit Hilfe der in Bemerkung 8.12 (ii) angegebenen hinreichenden Bedingung gezeigt werden muß. Dafür ist zunächst zu bemerken, daß aufgrund der Nichtnegativität der einstufigen Kosten die Ungleichungskette

$$0 \leq T0 \leq ... \leq T^N 0 \leq ... \leq V^\infty \tag{8.3.70}$$

gilt, wobei 0 die Nullfunktion bezeichnet. Man kann nun zeigen, daß $V^\infty(x_0)$ wegen $\beta < 1$ für alle Anfangszustände $x_0 \in \mathbb{R}$ endlich ist. Wegen (8.3.70) ist somit auch $V^N = T^N 0$ für alle $N \in \mathbb{N}$ endlich. Stetigkeit, Konvexität und $\lim_{x\to-\infty} V^N(x) = \lim_{x\to\infty} V^N(x) = \infty$ folgen wie in Beispiel 8.1 induktiv, und die Grenzwertfunktion $\overline{V}(x) := \lim_{N\to\infty} V^N(x)\ \forall x \in \mathbb{R}$ besitzt wegen der Endlichkeit die gleichen Eigenschaften. Wir zeigen nun abschließend, daß die Mengen

$$\begin{aligned} U_N(y,\lambda) &= \left\{y \in U(x) \mid f(x,y) + \beta T^N 0(g(x,y)) \leq \lambda\right\} \\ &= \left\{y \geq x \mid cy + r(y) + \beta T^N 0(y-d) - cx \leq \lambda\right\} \\ &= \{y \geq x \mid R_N(y) - cx \leq \lambda\} \end{aligned}$$

für alle $\lambda \in \mathbb{R}$, alle $x \in \mathbb{R}$ und alle $N \in \mathbb{N}$ kompakt in y sind. Dies folgt daraus, daß $U_N(y,\lambda)$ wegen $\lim_{y\to\infty} R_N(y) = \infty$ zum einen beschränkt und wegen der Stetigkeit von R_N zum anderen abgeschlossen ist. Nach Bemerkung 8.12 (ii) und Teil 2 von Satz 8.5 ergibt sich daraus $\overline{V} = V^\infty$. Somit besitzt die Wertfunktion in der Tat alle benötigten Eigenschaften, und man erhält die Existenz einer globalen Minimalstelle S von R.

Aus ökonomischer Sicht kann das obige Resultat insbesondere vor dem Hintergrund der Erkenntnisse aus Beispiel 8.1 nicht überraschen. Wenn sowohl Kosten als auch Nachfrage ihre Zeitabhängigkeit verlieren, ist es plausibel, daß auch der „kritische“ bzw. optimale Lagerbestand in jeder Periode identisch ist. Aufgrund des deterministischen Charakters des Modells werden die tatsächlichen *Aktionen* wie in Beispiel 8.1 zudem wieder der Gestalt sein, daß einfach zu Beginn jeder Periode eine Bestellung in Höhe der sicheren Nachfrage d getätigt wird, so daß weder Lager- noch

Fehlmengenkosten entstehen. Ihre wahre Bedeutung zeigt die Lösung erneut erst im stochastischen Modell, in dem sich eine formal identische Lösung ergibt, obwohl die Nachfrage unsicher und schwankend ist. Darüber hinaus ist auch eine Erweiterung auf eine Variante mit fixen Bestellkosten K möglich, in der sich (erwartungsgemäß) eine stationäre (s, S)-Politik mit zeitinvarianten Größen s und S ergibt. Darauf wollen wir jedoch aufgrund der zahlreichen mathematischen Schwierigkeiten nicht näher eingehen. □

8.4 Ergänzungen

In den vorangegangenen Abschnitten wurde ausführlich untersucht, wie die Methode der dynamischen Programmierung zur Lösung dynamischer Optimierungsprobleme in diskreter Zeit, welche die Markov-Eigenschaft besitzen und deren Zielfunktion additiv separabel ist, genutzt werden kann. In diesem Abschnitt soll nunmehr aufgezeigt werden, daß die Anwendung der dynamischen Programmierung auch bei Optimierungsproblemen möglich ist, die nicht über derart spezielle Eigenschaften verfügen. Dabei wird zunächst demonstriert, inwiefern allgemeine statische Optimierungsprobleme mit Hilfe einer geeigneten Wahl der Zustandsräume rekursiv lösbar sind. Anschließend werden Varianten der Bellman-Funktionalgleichungen für dynamische Optimierungsprobleme in stetiger Zeit hergeleitet, über die auch ein Bezug zu den in Kapitel 6 und 7 präsentierten Methoden der Variationsrechnung und der Kontrolltheorie hergestellt werden kann. In beiden nachfolgend betrachteten Erweiterungen ist die Darstellung jedoch knapp gehalten, da nur die prinzipiellen Möglichkeiten und die große Allgemeinheit der dynamischen Programmierung aufgezeigt werden sollen.

8.4.1 Dynamische Programmierung bei statischen Optimierungsproblemen

Im Zusammenhang mit der Erläuterung des Optimalitätsprinzips und der Herleitung der Bellman-Funktionalgleichungen wurde hervorgehoben, daß die entscheidende Idee der dynamischen Programmierung in der rekursiven Behandlung des Optimierungsproblems und der damit verbundenen Zerlegung in verhältnismäßig einfache Teilprobleme besteht. Diese Idee ist offenbar unabhängig von der dort betrachteten speziellen Gestalt des Optimierungsproblems und sollte daher grundsätzlich anwendbar sein, wenn eine Zielfunktion bzgl. einer *endlichen* Anzahl von Entscheidungsvariablen zu maximieren ist. Um die Richtigkeit dieser Vermutung zu bestätigen, betrachten wir im folgenden das (statische) Optimierungsproblem[53]

$$f(x_1, \dots, x_N) \to \max_{(x_1, \dots, x_N) \in \mathcal{D}} ! \tag{8.4.1}$$

[53] Abweichend von der in allen übrigen Kapiteln verwendeten Konvention, notieren wir ausschließlich in diesem Abschnitt Vektoren als *Zeilenvektoren*, da dies die verhältnismäßig komplexe Darstellung übersichtlicher gestaltet.

unter der Nebenbedingung

$$(x_1, ..., x_N) \in \mathcal{B}, \tag{8.4.2}$$

wobei $\mathcal{D} \subset \mathbb{R}^N$ den Definitionsbereich der stetigen Zielfunktion $f : \mathcal{D} \to \mathbb{R}$ sowie $\emptyset \neq \mathcal{B} \subset \mathcal{D}$ die Restriktionsmenge bezeichnet.

Bemerkung 8.15 Die Annahme $\mathcal{B}, \mathcal{D} \subset \mathbb{R}^N$ dient der Vereinfachung der Notation sowie einer besseren Vergleichbarkeit mit den Ansätzen aus Kapitel 3 und 4, sie ist jedoch unnötig restriktiv. Die nachfolgenden Resultate gelten auch für weitaus allgemeinere Grundräume. □

Zur Anwendung des Optimalitätsprinzips stellen wir uns gedanklich vor, die Entscheidungsvariablen seien in der (zeitlichen) Reihenfolge $x_1, x_2, ..., x_N$ zu wählen. Der rekursive Lösungsansatz erfordert dann, daß zunächst x_N bestimmt wird. Wir nehmen also an, daß die ersten $N-1$ Entscheidungen bereits (nicht notwendigerweise optimal) getroffen sind und fragen, wie x_N in Abhängigkeit der somit fest (aber beliebig) vorgegebenen $x_1, ..., x_{N-1}$ *optimal* gewählt werden sollte. Dazu definieren wir mit $\mathcal{B}_{N-1}(x_1, ..., x_{N-1})$ die Menge aller bei gegebenen $x_1, ..., x_{N-1}$ zulässigen Entscheidungen für x_N, d.h.

$$\mathcal{B}_{N-1}(x_1, ..., x_{N-1}) := \{x_N \in \mathbb{R} \mid (x_1, ..., x_{N-1}, x_N) \in \mathcal{B}\}. \tag{8.4.3}$$

Man beachte, daß die Menge $\mathcal{B}_{N-1}(x_1, ..., x_{N-1})$ für gewisse Tupel $(x_1, ..., x_{N-1})$ leer sein kann. Eine in noch zu definierender Weise optimale Entscheidung für x_N ist aber offensichtlich nur dann möglich, wenn $\mathcal{B}_{N-1}(x_1, ..., x_{N-1})$ nichtleer ist. Daher definiert man zusätzlich die Menge aller sog. $(N-1)$-zulässigen Folgen von Anfangsentscheidungen gemäß

$$\mathcal{C}_{N-1} := \left\{(x_1, ..., x_{N-1}) \in \mathbb{R}^{N-1} \mid \mathcal{B}_{N-1}(x_1, ..., x_{N-1}) \neq \emptyset\right\}. \tag{8.4.4}$$

Für eine beliebige Folge von Anfangsentscheidungen $(x_1, ..., x_{N-1}) \in \mathcal{C}_{N-1}$ betrachtet man somit das Optimierungsproblem

$$f_N(x_1, ..., x_{N-1}; x_N) \to \max_{x_N}! \tag{8.4.5}$$

unter der Nebenbedingung

$$x_N \in \mathcal{B}_{N-1}(x_1, ..., x_{N-1}) \tag{8.4.6}$$

mit der durch $f_N(x_1, ..., x_{N-1}; x_N) := f(x_1, ..., x_N)$ definierten Zielfunktion f_N. Die Lösungsmenge des Problems (8.4.5)-(8.4.6) wird mit $F_{N-1}(x_1, ..., x_{N-1})$ bezeichnet und ist durch

$$\begin{aligned} F_{N-1}(x_1, ..., x_{N-1}) := \; & \{\widehat{x}_N \in \mathbb{R} \mid f(x_1, ..., x_{N-1}; \widehat{x}_N) \geq f(x_1, ..., x_{N-1}; x_N) \\ & \quad \forall x_N \in \mathcal{B}_{N-1}(x_1, ..., x_{N-1})\} \end{aligned} \tag{8.4.7}$$

gegeben, wobei die Existenz einer Lösung $\widehat{x}_N$, d.h. $F_{N-1}(x_1, ..., x_{N-1}) \neq \emptyset$, vorausgesetzt wird. Man beachte, daß die „Optimalentscheidung“ $\widehat{x}_N \in F_{N-1}(x_1, ..., x_{N-1})$

zunächst nur in Abhängigkeit von $(x_1, ..., x_{N-1})$ bestimmt werden kann, so daß man auf diese Weise analog zu Abschnitt 8.1 eine Entscheidungs*regel* erhält. Die eigentlich optimale Entscheidung kann genau wie dort erst nach Abschluß der gesamten Rekursion im Zuge einer daran anschließenden Vorwärtsrechung bestimmt werden.

Diese kombinierte Rückwärts-Vorwärts-Rechnung kann nun wie folgt präzisiert werden: Analog zur Vorgehensweise in (8.4.3)-(8.4.7) auf Stufe $N-1$, ist auf jeder Stufe k, $k = N-2, ..., 1$, zu beliebig vorgegebenen $x_1, ..., x_k$ eine davon abhängige optimale Entscheidung $\widehat{x}_{k+1}$ zu treffen. Man definiert also rekursiv die Mengen $\mathcal{B}_k(x_1, ..., x_k)$ und $\mathcal{C}_k$ gemäß

$$\begin{aligned} k = N: \quad & \mathcal{C}_N = \mathcal{B}, \quad \mathcal{B}_N \text{ beliebig} \\ k = N-1, ..., 1: \quad & \mathcal{B}_k(x_1, ..., x_k) := \{x_{k+1} \in \mathbb{R} \mid (x_1, ..., x_k, x_{k+1}) \in \mathcal{C}_{k+1}\}, \\ & \mathcal{C}_k := \left\{(x_1, ..., x_k) \in \mathbb{R}^k \mid \mathcal{B}_k(x_1, ..., x_k) \neq \emptyset\right\} \end{aligned} \tag{8.4.8}$$

und betrachtet für $k = N-1, ..., 1$ die Optimierungsprobleme

$$f_{k+1}(x_1, ..., x_k; x_{k+1}) \to \max_{x_{k+1}}! \tag{8.4.9}$$

unter der Nebenbedingung

$$x_{k+1} \in \mathcal{B}_k(x_1, ..., x_k) \tag{8.4.10}$$

für jeweils alle $(x_1, ..., x_k) \in \mathcal{C}_k$. Dabei sind die Funktionen $f_k : \mathcal{C}_k \to \mathbb{R}$ ihrerseits rekursiv durch $f_N(x_1, ..., x_{N-1}; x_N) := f(x_1, ..., x_N)$ für alle $(x_1, ..., x_{N-1}) \in \mathcal{C}_{N-1}$ sowie

$$\begin{aligned} f_k(x_1, ...; x_k) := & \max_{x_{k+1}} \{f_{k+1}(x_1, ...; x_{k+1}) \mid x_{k+1} \in \mathcal{B}_k(x_1, ..., x_k)\} \\ := & f_{k+1}(x_1, ..., x_k; F_k(x_1, ..., x_k)) \quad \forall (x_1, ..., x_k) \in \mathcal{C}_k \end{aligned} \tag{8.4.11}$$

mit

$$\begin{aligned} F_k(x_1, ..., x_k) := & \{\widehat{x}_{k+1} \in \mathbb{R} \mid f_{k+1}(x_1, ..., x_k; \widehat{x}_{k+1}) \geq f_{k+1}(x_1, ..., x_k; x_{k+1}) \\ & \forall x_{k+1} \in \mathcal{B}_k(x_1, ..., x_k)\} \end{aligned} \tag{8.4.12}$$

für alle $k = N-1, ..., 1$ definiert.[54]

Auf diese Weise ergibt sich schließlich eine Funktion $f_1 : \mathcal{C}_1 \to \mathbb{R}$, welche über $\mathcal{C}_1$ zu maximieren ist, um die optimale Anfangsentscheidung $x_1^* \in \mathcal{C}_1$ zu bestimmen. Man beachte, daß bei Wahl von $x_1^* \in \mathcal{C}_1$ sichergestellt ist, daß sämtliche Mengen

[54] Man beachte, daß die Schreibweise $f_{k+1}(x_1, ..., x_k; F_k(x_1, ..., x_k))$ mit $F_k(x_1, ..., x_k)$ als *Menge* der maximierenden $\widehat{x}_{k+1} \in \mathcal{B}_k(x_1, ..., x_k)$ eine Funktion (f_{k+1}) mit einer Korrespondenz (F_k) verknüpft und insofern von uns nicht explizit definiert wurde. (Zur Definition einer Korrespondenz vgl. jedoch Definition 8.4 in Abschnitt 8.5.) Die Notation ist jedoch unmittelbar einsichtig, da sich jeweils der *gleiche* maximale Wert $f_k(x_1, ..., x_k)$ ergibt, unabhängig davon, welches $\widehat{x}_{k+1} \in F_k(x_1, ..., x_k)$ für x_{k+1} als Argument in $f_{k+1}(x_1, ..., x_k; x_{k+1})$ eingesetzt wird. Dies liegt an der Konstruktion der f_k gemäß (8.4.11).

in der obigen Rekursion nichtleer sind. Alle folgenden optimalen Entscheidungen $x_2^*, ..., x_N^*$ erhält man dann anschließend mittels der *Vorwärtsrechnung*

$$x_{k+1}^* \in F_k(x_1^*, ..., x_k^*), \quad k = 1, ..., N-1. \tag{8.4.13}$$

Die hier beschriebene Vorgehensweise ist konzeptionell die gleiche wie in Abschnitt 8.1 und 8.2, sie erscheint lediglich aufgrund der ungewohnten Notation und der allgemeinen Zielfunktion auf den ersten Blick etwas kompliziert. Daher betrachten wir zur Veranschaulichung ein einfaches Beispiel.

Beispiel 8.8 Es seien $\mathcal{D} = \mathbb{R}^3$ und $\mathcal{B} = \{\mathbf{x} \in \mathbb{R}^3 \mid x_i \geq 0,\ i = 1,2,3,\ \sum_{i=1}^3 x_i \leq 1\}$ sowie das Optimierungsproblem

$$f(x_1, x_2, x_3) = x_1 \cdot x_2 \cdot x_3 \longrightarrow \max_{(x_1,x_2,x_3) \in \mathbb{R}^3}! \tag{8.4.14}$$

unter der Nebenbedingung

$$(x_1, x_2, x_3) \in \mathcal{B} \tag{8.4.15}$$

gegeben. Wir wollen zunächst die in (8.4.8) definierten Mengen $\mathcal{B}_k$ und $\mathcal{C}_k$ bestimmen. Wegen $\mathcal{C}_3 = \mathcal{B}$ ergibt sich

$$\begin{aligned} \mathcal{B}_2(x_1, x_2) &= \{x_3 \in \mathbb{R} \mid (x_1, x_2, x_3) \in \mathcal{B}\} \\ &= \begin{cases} \{x_3 \in \mathbb{R} \mid x_3 \leq 1 - (x_1 + x_2),\ x_3 \geq 0\}, & x_1, x_2 \geq 0 \text{ und } x_1 + x_2 \leq 1 \\ \emptyset & \text{sonst.} \end{cases} \end{aligned}$$

Dementsprechend gilt

$$\begin{aligned} \mathcal{C}_2 &= \{(x_1, x_2) \in \mathbb{R}^2 \mid \mathcal{B}_2(x_1, x_2) \neq \emptyset\} \\ &= \{(x_1, x_2) \in \mathbb{R}^2 \mid x_1 \geq 0,\ x_2 \geq 0,\ x_1 + x_2 \leq 1\}, \end{aligned}$$

woraus sich unmittelbar

$$\begin{aligned} \mathcal{B}_1(x_1) &= \{x_2 \in \mathbb{R} \mid (x_1, x_2) \in \mathcal{C}_2\} \\ &= \begin{cases} \{x_2 \in \mathbb{R} \mid x_2 \leq 1 - x_1,\ x_2 \geq 0\}, & 0 \leq x_1 \leq 1 \\ \emptyset & \text{sonst} \end{cases} \end{aligned}$$

ergibt. Daraus erhält man schließlich die (nichtleere) Menge

$$\mathcal{C}_1 = \{x_1 \in \mathbb{R} \mid \mathcal{B}_1(x_1) \neq \emptyset\} = \{x_1 \in \mathbb{R} \mid 0 \leq x_1 \leq 1\}.$$

Unter Berücksichtigung dieser Mengen sind nun rekursiv die Optimierungsprobleme (8.4.9)-(8.4.10) zu lösen. Zunächst stellen wir fest, daß die Restriktionsmenge $\mathcal{B}$ in dem hier betrachteten Problem nichtleer und kompakt und die Zielfunktion stetig ist, so daß eine Lösung $\mathbf{x}^* \in \mathcal{B}$ von (8.4.14)-(8.4.15) existiert. Darüber hinaus erkennt man mit derselben Argumentation, daß für $x_1 \in \mathcal{C}_1$ auch jedes Teilproblem eine Lösung besitzt. Für die Lösung von (8.4.14)-(8.4.15) muß $f(\mathbf{x}^*) > 0$ und damit $x_i^* > 0$, $i = 1, 2, 3$, sein.

Für $k = 2$ ergibt sich für gegebenes $(x_1, x_2) \in \mathcal{C}_2$ das Problem

$$f_3(x_1, x_2; x_3) = f(x_1, x_2, x_3) \to \max_{x_3}!$$

unter der Nebenbedingung

$$x_3 \in \mathcal{B}_2(x_1, x_2).$$

Im Hinblick auf die spezielle Gestalt von $\mathcal{B}_2(x_1, x_2)$ und $\mathcal{C}_2$ erkennt man sofort, daß im Falle $x_1 > 0$, $x_2 > 0$ gerade $x_3 = 1 - (x_1 + x_2)$ gewählt wird, so daß man mit (8.4.11) die Funktion

$$f_2(x_1; x_2) = x_1 x_2 (1 - (x_1 + x_2)) = x_1 x_2 - x_1^2 x_2 - x_1 x_2^2$$

erhält. Auf der Stufe $k = 1$ ist folglich zu gegebenem $x_1 \in \mathcal{C}_1$ das Optimierungsproblem

$$f_2(x_1; x_2) \to \max_{x_2}!$$

unter der Nebenbedingung

$$x_2 \in \mathcal{B}_1(x_1) = \{x_2 \in \mathbb{R} \mid 1 - x_1 - x_2 \geq 0, \ x_2 \geq 0\}$$

zu lösen. Da $f_2(x_1; x_2)$ auch gleich Null ist, wenn $x_1 + x_2 = 1$ ist, genügt es, die Restriktionsmenge $\mathcal{B}_1(x_1) = \{x_2 \in \mathbb{R} \mid 1 - x_1 - x_2 > 0, x_2 > 0\}$ zu betrachten. Dann lautet die Optimalitätsbedingung

$$\frac{\partial f_2}{\partial x_2}(x_1; x_2) = x_1 - x_1^2 - 2x_1 x_2 = 0. \tag{8.4.16}$$

Dies liefert wegen $x_1 > 0$ sofort

$$x_2 = \frac{x_1(1 - x_1)}{2x_1} = \frac{1 - x_1}{2} > 0 \tag{8.4.17}$$

und somit

$$f_2(x_1; x_2) = \frac{1}{4} x_1 (1 - x_1)^2 > 0.$$

Zum Abschluß der Rekursion muß damit nur noch die Funktion

$$f_1(x_1) = \frac{1}{4} x_1 (1 - x_1)^2$$

bzgl. $x_1 \in \mathcal{C}_1 = \{x_1 \in \mathbb{R} \mid 0 \leq x_1 \leq 1\}$ maximiert werden. Für $x_1 = 0$ und $x_1 = 1$ gilt jeweils $f_1(x_1) = 0$, so daß wiederum nur eine innere Lösung $0 < x_1 < 1$ in Betracht kommt. Die Optimalitätsbedingung lautet

$$\frac{\partial f_1}{\partial x_1}(x_1) = \frac{1}{2} x_1 (1 - x_1) \cdot (-1) + \frac{1}{4}(1 - x_1)^2 = 0.$$

Wegen $x_1 \neq 1$ folgt daraus $1 - x_1 = 2x_1$ bzw. $x_1^* = 1/3$ als optimale Entscheidung auf der ersten Stufe. Für die Vorwärtsrechnung (8.4.13) gilt nun

$$F_1(x_1^*) = \{x_2^* \in \mathbb{R} \mid f_2(x_1^*; x_2^*) \geq f_2(x_1^*; x_2) \ \forall x_2 \in \mathcal{B}_1(x_1^*)\} = \left\{\frac{1}{3}\right\},$$

d.h. $x_2^* = 1/3$ (vgl. auch (8.4.17)). Ebenso erhält man

$$F_2(x_1^*, x_2^*) = \{x_3^* \in \mathbb{R} \mid f_3(x_1^*, x_2^*; x_3^*) \geq f_3(x_1^*, x_2^*; x_3) \; \forall x_3 \in \mathcal{B}_2(x_1^*, x_2^*)\} = \left\{\frac{1}{3}\right\}$$

und somit schließlich

$$x_3^* = x_2^* = x_1^* = \frac{1}{3}.$$

Diese Lösung ergibt sich natürlich auch, wenn das Optimierungsproblem (8.4.14)-(8.4.15) direkt als statisches Problem in den drei Variablen x_1, x_2 und x_3 behandelt wird. Die Überprüfung dieser Aussage sei dem Leser zur Übung empfohlen. □

Anhand von Beispiel 8.8 sollten bereits zwei wesentliche Aspekte deutlich geworden sein. Auf der einen Seite zeigt sich, daß mit Hilfe der dynamischen Programmierung, d.h. über eine rekursive Vorgehensweise, die gleiche Lösung des statischen Optimierungsproblems ermittelt werden kann wie mit den Methoden aus Teil I dieses Buches. Man kann in der Tat beweisen, daß dies für alle (!) beliebigen Optimierungsprobleme der Fall ist, solange die in (8.4.9)-(8.4.10) auftretenden Teilprobleme ebenso wie jenes der Maximierung von f_1 über $\mathcal{C}_1$ eine Lösung besitzen. Dieses Resultat unterstreicht die fundamentale Bedeutung und die überraschende Allgemeinheit der dynamischen Programmierung als generelle Optimierungsmethode. Auf der anderen Seite macht schon das simple Beispiel deutlich, daß die Anwendung der dynamischen Programmierung auf beliebige Optimierungsprobleme einen sehr hohen Aufwand erfordert, der noch dadurch verschärft wird, daß man die Mengen F_k^* wirklich für *alle* $(x_1, ..., x_k) \in \mathcal{C}_k$ betrachten muß. Aus diesem Grunde erweist sich die dynamische Programmierung für die *praktische* Anwendung letztendlich eher in den Fällen als geeignet, in denen das Optimierungsproblem über die in Abschnitt 8.1 angegebene spezielle additive Struktur verfügt.

8.4.2 Dynamische Programmierung in stetiger Zeit

In allen vorangegangenen Abschnitten dieses Kapitels wurde die dynamische Programmierung ausschließlich als Lösungsverfahren für dynamische Optimierungsprobleme mit *diskreter* Zeit (bzw. für statische Optimierungsprobleme mit endlich vielen Entscheidungsvariablen) verwendet. Die dynamische Programmierung bzw. das ihr zugrundeliegende Optimalitätsprinzip ist jedoch auch auf dynamische Optimierungsprobleme in *stetiger* Zeit anwendbar, so daß sie ein alternatives Verfahren zu den in Kapitel 6 und 7 behandelten Methoden der Variationsrechnung und der Kontrolltheorie darstellt.[55] Allerdings wird die dynamische Programmierung auf deterministische Probleme in stetiger Zeit eher selten angewandt. Dies liegt zum einen

[55] Ebenso existieren Varianten der Variationsrechnung (z.B. eine diskrete Eulersche Gleichung) und der Kontrolltheorie (z.B. das Maximumprinzip mit diskreter Hamilton-Funktion) für Optimierungsprobleme in diskreter Zeit. Da es sich hier um Spezialgebiete handelt und keine grundsätzlich neuen Ideen bzw. Erkenntnisse zum Tragen kommen, soll eine eingehendere Behandlung im Rahmen dieser Einführung jedoch unterbleiben.

daran, daß die (analog zum diskreten Fall gebildete) Wertfunktion nunmehr durch eine partielle Differentialgleichung charakterisiert wird, die im allgemeinen nur schwer zu lösen ist. Dagegen erfordert das Maximumprinzip „lediglich" die Lösung eines Systems gewöhnlicher Differentialgleichungen und führt somit zumeist einfacher und direkter zum Ziel. Zum anderen ist die dynamische Programmierung in stetiger Zeit nur unter erheblich restriktiveren Voraussetzungen (insbesondere die stetige Differenzierbarkeit der Wertfunktion) als das Maximumprinzip anwendbar. Daher besitzt dieser Abschnitt eher ergänzenden Charakter, weshalb auch auf eine explizite Darstellung der Beweise verzichtet werden soll. Es gibt jedoch einen sehr gewichtigen Grund, die dynamische Programmierung in stetiger Zeit trotz allem an dieser Stelle zu betrachten. Im Rahmen *stochastischer* Optimierungsprobleme in stetiger Zeit stellt sie nämlich die mit Abstand am häufigsten verwendete Lösungsmethode dar, so daß die folgenden Ausführungen als Einstieg in dieses anspruchsvolle mathematische Gebiet angesehen werden können. Darüber hinaus zeigt sich einmal mehr die fundamentale Bedeutung und die überraschende Allgemeinheit des der dynamischen Programmierung zugrundeliegenden Optimalitätsprinzips.

Wir betrachten im folgenden das in Analogie zu (DOP1) gebildete dynamische Optimierungsproblem 3 (**DOP3**)

$$\int_{t_0}^{t_1} f\left(\mathbf{x}(t), \mathbf{u}(t), t\right) dt + h(\mathbf{x}(t_1)) \rightarrow \max_{(\mathbf{x},\mathbf{u})\in\mathcal{A}} ! \tag{8.4.18}$$

unter den Nebenbedingungen

$$\begin{aligned} \dot{\mathbf{x}}(t) &= \mathbf{g}\left(\mathbf{x}(t), \mathbf{u}(t), t\right), \quad t \in [t_0, t_1], && (8.4.19)\\ \mathbf{x}(t) &\in \mathbb{R}^n, \quad t \in [t_0, t_1], \quad \mathbf{x}(t_0) = \mathbf{x}_0 \text{ fest}, && (8.4.20)\\ \mathbf{u}(t) &\in U \subset \mathbb{R}^r, \quad t \in [t_0, t_1], && (8.4.21) \end{aligned}$$

wobei die Menge $\mathcal{A}$ wie in Kapitel 7 durch

$$\mathcal{A} = \left\{(\mathbf{x}, \mathbf{u}) : [t_0, t_1] \rightarrow \mathbb{R}^n \times \mathbb{R}^r \mid \mathbf{x} \in \mathcal{S}^1[t_0, t_1], \mathbf{u} \in \mathcal{S}[t_0, t_1]\right\}$$

gegeben ist.[56] Offensichtlich handelt es sich bei (DOP3) um eine Variante des in Abschnitt 7.1 behandelten Kontrollproblems (KP1) mit ausschließlich freien Endwerten.[57] Wir wollen alle dort eingeführten Bezeichnungen und Annahmen übernehmen, d.h., für alle $t \in [t_0, t_1]$ ist $\mathbf{x}(t)$ der Zustandsvektor, $\dot{\mathbf{x}}(t) = \frac{\partial}{\partial t}\mathbf{x}(t)$ der Vektor der Ableitungen von $\mathbf{x}$ nach der Zeit und $\mathbf{u}(t)$ der Vektor der Steuerungen zum Zeitpunkt t.[58] Wie üblich setzen wir voraus, daß die momentane Nutzen- bzw.

[56] Es sei daran erinnert, daß $\mathcal{S}[t_0, t_1]$ die Menge aller auf $[t_0, t_1]$ stückweise stetigen und $\mathcal{S}^1[t_0, t_1]$ die Menge aller auf $[t_0, t_1]$ stückweise stetig differenzierbaren Funktionen bezeichnet, vgl. S. 177 und S. 179.

[57] Im Unterschied zum diskreten (DOP1) beachte man, daß der Zeitindex t nun explizit als Argument der Funktionen f, $\mathbf{g}$ und h aufgeführt wird.

[58] Genau wie in Kapitel 6 und 7 werden wir im folgenden zudem häufig das Argument t weglassen, um die Notation zu vereinfachen.

Auszahlungsfunktion $f : \mathbb{R}^n \times U \times [t_0, t_1] \to \mathbb{R}$ und die Transformationsfunktion $\mathbf{g} : \mathbb{R}^n \times U \times [t_0, t_1] \to \mathbb{R}^n$ stetig und bzgl. $\mathbf{x}$ sogar stetig differenzierbar sind. Darüber hinaus sei die Endauszahlungsfunktion $h : \mathbb{R}^n \to \mathbb{R}$ stetig.

Um größeren mathematischen Schwierigkeiten aus dem Wege zu gehen, wollen wir an dieser Stelle vereinfachend annehmen, daß zu jeder zulässigen Kontrollfunktion $\mathbf{u}$ eine eindeutige Zustandsfunktion $\mathbf{x}^u$ als Lösung des Differentialgleichungssystems $\dot{\mathbf{x}}^u(t) = \mathbf{g}(\mathbf{x}^u(t), \mathbf{u}(t), t)\ \forall t \in [t_0, t_1]$ existiert. Damit ist eine intuitiv sehr einsichtige Herleitung der sog. Hamilton-Jacobi-Bellman-Gleichung möglich, die das stetige Analogon zu den Bellman-Funktionalgleichungen (bzw. den Optimalitätsgleichungen) des diskreten Falls darstellt. In der Literatur findet man hierzu zwei unterschiedliche (wenngleich letztendlich ähnliche) Wege, die hier beide kurz präsentiert werden sollen.[59] Im ersten Fall erfolgt eine Diskretisierung von (DOP3), um auf diese Weise die bekannten Sätze aus der diskreten dynamischen Programmierung anwenden zu können. Ein anschließender Grenzübergang liefert dann die gesuchte Optimalitätsbedingung für das stetige Ausgangsproblem.[60] Dafür wählen wir zunächst eine äquidistante Unterteilung des Betrachtungsintervalls $[t_0, t_1]$ in N Abschnitte, wobei die Feinheit der Diskretisierung $\triangle t$ durch

$$\triangle t := \frac{t_1 - t_0}{N} \tag{8.4.22}$$

gegeben ist. Hiermit lassen sich die $N + 1$ Zustandsvariablen

$$\mathbf{x}_n := \mathbf{x}(t_0 + n \cdot \triangle t), \quad n = 0, 1, ..., N, \tag{8.4.23}$$

sowie die N Kontrollvariablen

$$\mathbf{u}_n := \mathbf{u}(t_0 + n \cdot \triangle t), \quad n = 0, 1, ..., N - 1, \tag{8.4.24}$$

definieren.[61] Die Zielfunktion (8.4.18) und die Nebenbedingung (8.4.19) (d.h. die sog. Bewegungsgleichung) werden schließlich wie folgt approximiert:[62]

$$F(\mathbf{x}, \mathbf{u}, t_0 + N\triangle t) := \sum_{n=0}^{N-1} f(\mathbf{x}_n, \mathbf{u}_n, t_0 + n\triangle t) \cdot \triangle t + h(\mathbf{x}_N) \tag{8.4.25}$$

---

[59] Beide Wege sind zu einem gewissen Grade heuristischer Natur und in erster Linie dazu geeignet, die Herkunft der Hamilton-Jacobi-Bellman-Gleichung zu veranschaulichen bzw. zu motivieren. Eine mathematisch exakte, zugleich aber auch anspruchsvollere Behandlung dieses Themenkomplexes findet man bei FLEMING, RISHEL (1975), Kapitel 4.

[60] Die nachfolgende Darstellung dieses Herleitungsweges orientiert sich an BERTSEKAS (1995a), S. 91 f. und WHITE (1969), S. 76.

[61] Um technische Schwierigkeiten zu umgehen, kann man voraussetzen, daß es sich bei den Stellen $t_0 + n\triangle t$ um Stetigkeitsstellen der Funktion $\mathbf{u}$ handelt. Es ergeben sich ebenfalls keine Probleme, wenn wie in Kapitel 7 für $\mathbf{u}$ rechtsseitige Stetigkeit vorausgesetzt wird.

[62] Zur Veranschaulichung der Approximationen (8.4.25) und (8.4.26) sei zum einen an die Definition des Riemann-Integrals über Ober- und Untersummen von Treppenfunktionen und zum anderen an die Definition der Ableitung einer Funktion als Grenzwert des Differenzenquotienten erinnert. Läßt man die Feinheit der Diskretisierung gegen Null gehen (d.h. $\triangle t \to 0$ bzw. $N \to \infty$), ergeben sich demnach mit $t_0 + n\triangle t = t$ die Konvergenzen $\sum_{n=0}^{N-1} f(x_n, u_n, t_0 + n\triangle t) \cdot \triangle t \to \int_{t_0}^{t_1} f(x(t), u(t), t)dt$ sowie $(x_{n+1} - x_n)/\triangle t \to \dot{x}(t)$ und $g(x_n, u_n, t_0 + n\triangle t) \to g(x(t), u(t), t)$.

sowie

$$\mathbf{x}_{n+1} = \mathbf{x}_n + \mathbf{g}\left(\mathbf{x}_n, \mathbf{u}_n, t_0 + n\triangle t\right) \cdot \triangle t, \quad n = 0, 1, ..., N-1, \tag{8.4.26}$$

wobei $\mathbf{x} = (\mathbf{x}_0, ..., \mathbf{x}_N)'$ und $\mathbf{u} = (\mathbf{u}_0, ..., \mathbf{u}_{N-1})'$ gesetzt wurde und die Zeitpunkte $t_0 + n\triangle t$, $n = 0, 1, ..., N-1$, der Übersichtlichkeit halber nicht als Index, sondern wie bei den Problemen in stetiger Zeit explizit als Argument der jeweiligen Funktionen notiert werden. Die Maximierung der Zielfunktion (8.4.25) unter den Nebenbedingungen (8.4.26) sowie (8.4.20)-(8.4.21) bei Berücksichtigung von (8.4.22)-(8.4.24) stellt somit ein zu (DOP1) formal identisches Optimierungsproblem dar, auf das wir insbesondere Satz 8.1 aus Abschnitt 8.2 anwenden können. Dazu bezeichne $\overline{V}_{t_0}(\mathbf{x}_0)$ die zum diskreten Optimierungsproblem gehörige Wertfunktion und $\overline{V}(\mathbf{x}_n, t_0 + n\triangle t)$, $n = 0, 1, ..., N-1$, den optimalen Teilnutzen ab Stufe n. Nach Satz 8.1 gilt dann die Rekursion

$$\overline{V}(\mathbf{x}_N, t_0 + N\triangle t) = h(\mathbf{x}_N) \tag{8.4.27}$$

für alle $\mathbf{x}_N \in \mathbb{R}^n$ und

$$\begin{aligned}
\overline{V}(\mathbf{x}_n, t_0 + n\triangle t) &= \max_{\mathbf{u}_n \in U} \left[f\left(\mathbf{x}_n, \mathbf{u}_n, t_0 + n\triangle t\right) \cdot \triangle t + \overline{V}\left(\mathbf{x}_{n+1}, t_0 + (n+1)\triangle t\right) \right] \\
&= \max_{\mathbf{u}_n \in U} \left[f\left(\mathbf{x}_n, \mathbf{u}_n, t_0 + n\triangle t\right) \cdot \triangle t \right. \\
&\qquad \left. + \overline{V}\left(\mathbf{x}_n + \mathbf{g}\left(\mathbf{x}_n, \mathbf{u}_n, t_0 + n\triangle t\right) \cdot \triangle t, t_0 + (n+1)\triangle t\right) \right]
\end{aligned} \tag{8.4.28}$$

für alle $\mathbf{x}_n \in \mathbb{R}^n$ und alle $n = 0, 1, ..., N-1$, wobei (8.4.26) bereits in (8.4.28) berücksichtigt ist und zur Vereinfachung vorausgesetzt wurde, daß das Supremum stets angenommen wird. Zudem stimmt der Endwert $\overline{V}(\mathbf{x}_0, t_0)$ dieser Rekursion (ebenfalls nach Satz 8.1) für alle $\mathbf{x}_0 \in \mathbb{R}^n$ mit der Wertfunktion $\overline{V}_{t_0}(\mathbf{x}_0)$ überein. Es soll nun angenommen werden, daß die Funktion $\overline{V} : \mathbb{R}^n \times [t_0, t_1] \to \mathbb{R}$ der optimalen Teilnutzen bzgl. beider Argumente stetig differenzierbar ist. Damit liefert eine Taylor-Approximation 1. Ordnung von $\overline{V}\left(\mathbf{x}_n + \mathbf{g}\left(\mathbf{x}_n, \mathbf{u}_n, t_0 + n\triangle t\right) \cdot \triangle t, t_0 + (n+1)\triangle t\right)$ die Beziehung

$$\begin{aligned}
&\overline{V}\left(\mathbf{x}_n + \mathbf{g}\left(\mathbf{x}_n, \mathbf{u}_n, t_0 + n\triangle t\right) \cdot \triangle t, t_0 + (n+1)\triangle t\right) \\
&\quad = \overline{V}\left(\mathbf{x}_n, t_0 + n\triangle t\right) + \nabla_{\mathbf{x}}\overline{V}\left(\mathbf{x}_n, t_0 + n\triangle t\right) \cdot \mathbf{g}\left(\mathbf{x}_n, \mathbf{u}_n, t_0 + n\triangle t\right) \cdot \triangle t \\
&\qquad + \nabla_t \overline{V}\left(\mathbf{x}_n, t_0 + n\triangle t\right) \cdot \triangle t + o(\triangle t),
\end{aligned} \tag{8.4.29}$$

wobei $\nabla_{\mathbf{x}}\overline{V}\left(\mathbf{x}_n, t_0 + n\triangle t\right)$ wie üblich den Gradienten (d.h. den $(1 \times n)$-Zeilenvektor) von $\overline{V}$ bzgl. der ersten Komponente, $\nabla_t \overline{V}\left(\mathbf{x}_n, t_0 + n\triangle t\right)$ die (eindimensionale) Ableitung von $\overline{V}$ bzgl. der zweiten Komponente und $o(\triangle t)$ die Kurzschreibweise für eine Funktion mit $\lim_{\triangle t \to 0} r(\mathbf{g} \cdot \triangle t, \triangle t)/\triangle t = 0$ bezeichnet.[63] Einsetzen von (8.4.29) in (8.4.28) liefert

$$\begin{aligned} \overline{V}(\mathbf{x}_n, t_0 + n\triangle t) &= \max_{\mathbf{u}_n \in U} \left[f(\mathbf{x}_n, \mathbf{u}_n, t_0 + n\triangle t) \cdot \triangle t + \overline{V}(\mathbf{x}_n, t_0 + n\triangle t) \right. \\ &\quad + \nabla_{\mathbf{x}} \overline{V}(\mathbf{x}_n, t_0 + n\triangle t) \cdot \mathbf{g}(\mathbf{x}_n, \mathbf{u}_n, t_0 + n\triangle t) \cdot \triangle t \\ &\quad \left. + \nabla_t \overline{V}(\mathbf{x}_n, t_0 + n\triangle t) \cdot \triangle t + o(\triangle t) \right]. \end{aligned} \tag{8.4.30}$$

Da $\overline{V}(\mathbf{x}_n, t_0 + n\triangle t)$ unabhängig von $\mathbf{u}_n$ ist, kann dieser Term auf beiden Seiten der Gleichung eliminiert werden. Anschließende Division durch $\triangle t \neq 0$ liefert

$$\begin{aligned} 0 &= \max_{\mathbf{u}_n \in U} \left[f(\mathbf{x}_n, \mathbf{u}_n, t_0 + n\triangle t) + \nabla_{\mathbf{x}} \overline{V}(\mathbf{x}_n, t_0 + n\triangle t) \cdot \mathbf{g}(\mathbf{x}_n, \mathbf{u}_n, t_0 + n\triangle t) \right. \\ &\quad \left. + \nabla_t \overline{V}(\mathbf{x}_n, t_0 + n\triangle t) + \frac{o(\triangle t)}{\triangle t} \right]. \end{aligned} \tag{8.4.31}$$

Die Beziehung (8.4.31) ist eine weitere charakteristische Gleichung für die Funktion $\overline{V}$ der optimalen Teilnutzen des *diskreten* Problems (8.4.25)-(8.4.26). Sie gilt aufgrund der zusätzlichen Annahme, daß die Funktion $\overline{V}$ stetig differenzierbar ist. Ziel der Analyse ist es nun, eine analoge Optimalitätsgleichung für das *stetige* Ausgangsproblem (DOP3) herzuleiten. Dafür definieren wir zunächst die zu diesem Problem gehörige Funktion $V : \mathbb{R}^n \times [t_0, t_1] \to \mathbb{R}$ gemäß

$$V(\mathbf{x}, t) := \max_{\substack{\mathbf{u}(s) \in U \\ s \in [t, t_1]}} \left[\int_t^{t_1} f(\mathbf{x}^u(s), \mathbf{u}(s), s)\, ds + h(\mathbf{x}^u(t_1)) \right] \tag{8.4.32}$$

mit $\mathbf{x}^u(t) = \mathbf{x}$ für alle $\mathbf{x} \in \mathbb{R}^n$ und für alle $t \in [t_0, t_1]$. Wir wollen im folgenden stets annehmen, daß diese Funktion einmal stetig differenzierbar ist. Der Funktionswert $V(\mathbf{x}, t)$ gibt den ab dem Startzeitpunkt t und mit dem Startwert $\mathbf{x}$ maximal erreichbaren Teilnutzen des Ausgangsproblems (DOP3) an. Abweichend vom Fall der diskreten dynamischen Programmierung wird $V(\cdot, t)$ für *alle* $t \in [t_0, t_1]$ als *Wertfunktion* bezeichnet, wobei der zu (DOP3) gehörige Optimalwert für $t = t_0$ und $\mathbf{x} = \mathbf{x}_0$ als Spezialfall enthalten ist. Es soll nun vorausgesetzt werden, daß die zum diskreten Problem gehörige Funktion $\overline{V}$ für alle Zustände $\mathbf{x} \in \mathbb{R}^n$ und alle Zeitpunkte $t \in [t_0, t_1]$ gegen die zum stetigen Problem gehörige Wertfunktion V konvergiert, wenn die Feinheit der Diskretisierung $\triangle t$ gegen Null geht, d.h., es gelte für alle $\mathbf{x} \in \mathbb{R}^n$ und für alle $t \in [t_0, t_1]$

$$\lim_{\substack{\triangle t \to 0, n \to \infty \\ t_0 + n\triangle t = t}} \overline{V}(\mathbf{x}, t_0 + n\triangle t) = V(\mathbf{x}, t). \tag{8.4.33}$$

---

[63] Man beachte, daß $\mathbf{x}_n$ und $\mathbf{u}_n$ in (8.4.29) gemäß (8.4.23) und (8.4.24) ebenfalls von $\triangle t$ abhängen. Dies ist an dieser Stelle jedoch unproblematisch, da der Grenzübergang $\triangle t \to 0$ hier noch nicht durchgeführt wird, so daß die abkürzende Schreibweise $o(\triangle t)$ nicht zu Mißverständnissen führt. Beim späteren Grenzübergang in (8.4.33) geht auch n gegen Unendlich, und der relevante Zeitpunkt $t = t_0 + n\triangle t$ bleibt fest.

Dann folgt aus (8.4.31) aufgrund der Stetigkeit der partiellen Ableitung von $\overline{V}$ mit $\triangle t \to 0$ die Gleichung

$$0 = \max_{\mathbf{u} \in U} \left[f(\mathbf{x}, \mathbf{u}, t) + \nabla_{\mathbf{x}} V(\mathbf{x}, t) \cdot \mathbf{g}(\mathbf{x}, \mathbf{u}, t) + \nabla_t V(\mathbf{x}, t) \right] \tag{8.4.34}$$

für alle $\mathbf{x} \in \mathbb{R}^n$ und für alle $t \in [t_0, t_1]$. Bei dieser partiellen Differentialgleichung handelt es sich um die *Hamilton-Jacobi-Bellman-Gleichung* der (stetigen) dynamischen Programmierung (kurz HJB-Gleichung), welche gemeinsam mit der (offensichtlichen) Randbedingung

$$V(\mathbf{x}, t_1) = h(\mathbf{x}) \quad \forall \mathbf{x} \in \mathbb{R}^n \tag{8.4.35}$$

die zu (DOP3) gehörige Wertfunktion charakterisiert.

Bevor wir näher auf diese Gleichung und insbesondere ihre Bedeutung für die Bestimmung einer Lösung von (DOP3), d.h. vor allem einer optimalen Kontrollfunktion $\mathbf{u}$, eingehen, soll noch kurz die eingangs erwähnte, alternative Herleitung der HJB-Gleichung angedeutet werden. Hierbei wird das Bellman'sche Optimalitätsprinzip *direkt* auf die in (8.4.32) definierte Wertfunktion angewendet, so daß man in Analogie zu (8.2.7) für alle $\mathbf{x} \in \mathbb{R}^n$ und für alle $t, r \in [t_0, t_1]$, $r > t$, die Beziehung

$$V(\mathbf{x}, t) = \max_{\substack{\mathbf{u}(s) \in U \\ s \in [t,r]}} \left[\int_t^r f\left(\mathbf{x}^u(s), \mathbf{u}(s), s\right) ds + V(\mathbf{x}^u(r), r) \right] \tag{8.4.36}$$

mit $\mathbf{x} = \mathbf{x}^u(t)$ erhält. Gleichung (8.4.36) besagt einfach, daß sich der ab dem Zeitpunkt t und mit dem Ausgangszustand $\mathbf{x}$ maximal erreichbare Teilnutzen zusammensetzt aus dem bis zu einem späteren Zeitpunkt r kumulierten „momentanen" Nutzen sowie dem ab diesem Zeitpunkt und mit zugehörigem Anfangszustand $\mathbf{x}^u(r)$ maximal erreichbaren Teilnutzen, wobei noch über die Kontrollfunktion $\mathbf{u}$ maximiert wird. Dies ist exakt die gleiche Interpretation wie bei den Optimalitätsgleichungen im diskreten Fall, so daß an dieser Stelle auf die dortige Diskussion der Gleichung sowie das ihr zugrundeliegende Optimalitätsprinzip verwiesen werden kann. Unter der Voraussetzung, daß die Wertfunktion V stetig differenzierbar ist, folgt für (8.4.36) mit einer Taylor-Approximation 1. Ordnung von $V(\mathbf{x}^u(r), r)$ um den Entwicklungspunkt $(\mathbf{x}, t) = (\mathbf{x}^u(t), t)$

$$\begin{aligned} V(\mathbf{x}, t) \;\; = \;\; & \max_{\substack{\mathbf{u}(s) \in U \\ s \in [t,r]}} \Bigg[\int_t^r f\left(\mathbf{x}^u(s), \mathbf{u}(s), s\right) ds + V(\mathbf{x}, t) + \nabla_{\mathbf{x}} V(\mathbf{x}, t) \cdot \left(\mathbf{x}^u(r) - \mathbf{x}^u(t)\right) \\ & + \nabla_t V(\mathbf{x}, t) \cdot (r - t) + \rho\left(\mathbf{x}^u(r) - \mathbf{x}^u(t), r - t\right) \Bigg], \end{aligned} \tag{8.4.37}$$

wobei ρ eine Funktion mit

$$\lim_{r \to t} \rho(\mathbf{x}^u(r) - \mathbf{x}^u(t), r - t) / ||(\mathbf{x}^u(r) - \mathbf{x}^u(t), r - t)'|| = 0$$

bezeichnet. Elimination von $V(\mathbf{x},t)$ auf beiden Seiten der Gleichung, Division durch $(r-t)$ und ein anschließender Grenzübergang $r \to t$ liefert dann schließlich

$$0 = \max_{\mathbf{u}(t)\in U} \left[f\left(\mathbf{x}^u(t), \mathbf{u}(t), t\right) + \nabla_{\mathbf{x}} V(\mathbf{x},t) \cdot \dot{\mathbf{x}}^u(t) + \nabla_t V(\mathbf{x},t) \right], \tag{8.4.38}$$

woraus sich mit $\mathbf{x}^u(t) = \mathbf{x}$ und $\dot{\mathbf{x}}^u(t) = \mathbf{g}(\mathbf{x}^u(t), \mathbf{u}(t), t)$ unmittelbar die HJB-Gleichung (8.4.34) ergibt.

Unabhängig davon, auf welchem Weg man zur HJB-Gleichung gelangt ist, bleibt das Problem, wie die Wertfunktion und insbesondere eine optimale Kontrollfunktion $\mathbf{u}^*$ mit Hilfe dieser Gleichung bestimmt werden können. Eine zentrale Rolle spielen hierbei sog. *Verifikationstheoreme*. Diese geben hinreichende Bedingungen dafür an, daß eine Lösung der HJB-Gleichung mit der Wertfunktion von (DOP3) übereinstimmt und daß sich eine optimale Kontrollfunktion aus den Maximalstellen der HJB-Gleichung sowie der Bewegungsgleichung in (DOP3) ergibt.

Satz 8.9 *Gegeben sei eine in beiden Argumenten stetig differenzierbare Funktion* $W : \mathbb{R}^n \times [t_0, t_1] \to \mathbb{R}$, *welche der HJB-Gleichung (8.4.34) und der Randbedingung (8.4.35) genügt, d.h., es gelte für alle* $\mathbf{x} \in \mathbb{R}^n$ *und für alle* $t \in [t_0, t_1]$

$$0 = \max_{\mathbf{u}\in U} \left[f(\mathbf{x},\mathbf{u},t) + \nabla_{\mathbf{x}} W(\mathbf{x},t) \cdot \mathbf{g}(\mathbf{x},\mathbf{u},t) + \nabla_t W(\mathbf{x},t) \right] \tag{8.4.39}$$

und

$$W(\mathbf{x}, t_1) = h(\mathbf{x}). \tag{8.4.40}$$

Ferner sei die durch

$$\boldsymbol{\nu}(\mathbf{x},t) := \operatorname*{argmax}_{\mathbf{u}\in U} \left[f(\mathbf{x},\mathbf{u},t) + \nabla_{\mathbf{x}} W(\mathbf{x},t) \cdot \mathbf{g}(\mathbf{x},\mathbf{u},t) + \nabla_t W(\mathbf{x},t) \right] \tag{8.4.41}$$

definierte Abbildung $\boldsymbol{\nu} : \mathbb{R}^n \times [t_0, t_1] \to \mathbb{R}^r$ *eine stückweise stetige Funktion. Die (gewöhnliche) Differentialgleichung*

$$\dot{\mathbf{x}}(t) = \mathbf{g}\left(\mathbf{x}(t), \boldsymbol{\nu}(\mathbf{x}(t),t), t\right) \quad \forall t \in [t_0, t_1] \tag{8.4.42}$$

mit der Anfangsbedingung $\mathbf{x}(0) = \mathbf{x}$ *besitze schließlich eine eindeutige Lösung* $\mathbf{x}^*$, *so daß mit der Kontrollfunktion* $\mathbf{u}^*(t) := \boldsymbol{\nu}(\mathbf{x}^*(t), t)$ *die Gleichung*

$$0 = f\left(\mathbf{x}^*(t), \mathbf{u}^*(t), t\right) + \nabla_{\mathbf{x}} W(\mathbf{x}^*(t), t) \cdot \mathbf{g}\left(\mathbf{x}^*(t), \mathbf{u}^*(t), t\right) + \nabla_t W(\mathbf{x}^*(t), t) \tag{8.4.43}$$

für alle $t \in [t_0, t_1]$ *erfüllt ist.*

Dann stimmt W *für alle* $(\mathbf{x}, t) \in \mathbb{R}^n \times [t_0, t_1]$ *mit der Wertfunktion überein, d.h.*

$$W(\mathbf{x},t) = V(\mathbf{x},t) \quad \forall \mathbf{x} \in \mathbb{R}^n,\ \forall t \in [t_0, t_1], \tag{8.4.44}$$

und $\mathbf{u}^*$ *ist eine optimale Kontrollfunktion.*

Beweis: Vgl. BERTSEKAS (1995a), S. 93 f., Proposition 2.1 sowie FLEMING, RISHEL (1975), S. 87 f., Theorem 4.4. ■

Die entscheidende Schwierigkeit bei der Bestimmung einer optimalen Kontrollfunktion bzw. der Anwendung von Satz 8.9 besteht in der Lösung der HJB-Gleichung, welche in der Regel eine nichtlineare partielle Differentialgleichung erster Ordnung darstellt. Im Gegensatz zu gewöhnlichen Differentialgleichungen sind diese schwer handhabbar, und eine explizite Lösung kann nur selten ermittelt werden, obwohl zumindest noch ein Lösungsverfahren existiert (vgl. FLEMING, RISHEL (1975), S. 99 ff.). In ökonomischen Anwendungen ist es vielfach möglich, die funktionale Form der Wertfunktion zu „raten" und anschließend mit Hilfe des Verifikationstheorems die Richtigkeit der Vermutung zu überprüfen sowie eine optimale Kontrollfunktion abzuleiten.

Am Ende dieses Abschnitts soll aufgezeigt werden, welcher Zusammenhang zwischen der zeitstetigen dynamischen Programmierung und den in Kapitel 6 und 7 vorgestellten Methoden der Variationsrechnung und der Kontrolltheorie besteht. Dabei wird sich herausstellen, daß sich sowohl die Eulersche Gleichung der Variationsrechnung als auch das Maximumprinzip der Kontrolltheorie aus der HJB-Gleichung herleiten lassen. Es ist jedoch zu beachten, daß dies weitaus restriktivere Voraussetzungen erfordert als die „direkte" Herleitung in Kapitel 6 und 7, so daß der „Umweg" über die dynamische Programmierung in erster Linie von theoretischem Interesse ist und vor allem die fundamentalen Zusammenhänge dieser vom Ansatz her recht unterschiedlichen Methoden demonstriert.[64]

Zur Herleitung[65] der Eulerschen Gleichung (vgl. (6.2.15) in Abschnitt 6.2) schreiben wir die HJB-Gleichung zunächst in der äquivalenten Form

$$-V_t(\mathbf{x},t) = \max_{\mathbf{u}\in U} \left[f(\mathbf{x},\mathbf{u},t) + V_{\mathbf{x}}(\mathbf{x},t)' \cdot \mathbf{g}(\mathbf{x},\mathbf{u},t) \right], \tag{8.4.45}$$

wobei wir zur besseren Vergleichbarkeit mit den in Abschnitt 6.2 hergeleiteten Resultaten auf die dort verwendete Notation übergegangen sind. Es wurde also $V_t(\mathbf{x},t) = \nabla_t V(\mathbf{x},t)$ und $V_{\mathbf{x}}(\mathbf{x},t)' = \nabla_{\mathbf{x}} V(\mathbf{x},t)$ gesetzt. Insbesondere handelt es sich bei $V_{\mathbf{x}}$ nunmehr um den *Spalten*vektor der partiellen Ableitungen. Das in Abschnitt 6.1 angegebene Standardproblem der Variationsrechnung (VP1) ergibt sich für $\mathbf{g}(\mathbf{x},\mathbf{u},t) = \mathbf{u}$, d.h. $\dot{\mathbf{x}}(t) = \mathbf{u}(t)\ \forall t \in [t_0,t_1]$, als Spezialfall aus (DOP3). Die HJB-Gleichung (8.4.45) hat folglich die Gestalt

$$-V_t(\mathbf{x},t) = \max_{\dot{\mathbf{x}}} \left[f(\mathbf{x},\dot{\mathbf{x}},t) + V_{\mathbf{x}}(\mathbf{x},t)' \cdot \dot{\mathbf{x}} \right]. \tag{8.4.46}$$

[64] Die Herleitung des Maximumprinzips mit Hilfe der dynamischen Programmierung ist allerdings auch aus Sicht der Kontrolltheorie nicht unbedeutend, da auf diese Weise die Interpretation der Kozustandsvariablen als Schattenpreise ermöglicht wird, vgl. FEICHTINGER, HARTL (1986), Abschnitt 2.2.

[65] Die nachfolgende Argumentation ist ausgesprochen heuristisch. Eine mathematisch exaktere Behandlung ist jedoch im Rahmen dieser Einführung nicht erforderlich, da es lediglich darum geht, einen grundsätzlichen Zusammenhang aufzuzeigen.

Es sei angenommen, daß eine Lösung $\mathbf{x}^*$ mit $\dot{\mathbf{x}}^* = \frac{d}{dt}\mathbf{x}^*$ der HJB-Gleichung auf $[t_0, t_1]$ existiert und daß die Wertfunktion V in jedem Punkt $(\mathbf{x}, t)$ zweimal stetig differenzierbar ist. Dann gilt zunächst die notwendige Optimalitätsbedingung 1. Ordnung

$$\frac{\partial}{\partial \dot{\mathbf{x}}} \left[f(\mathbf{x}^*, \dot{\mathbf{x}}^*, t) + V_{\mathbf{x}}(\mathbf{x}^*, t)' \cdot \dot{\mathbf{x}}^* \right] = \mathbf{0}$$

bzw.

$$f_{\dot{\mathbf{x}}}(\mathbf{x}^*, \dot{\mathbf{x}}^*, t) + V_{\mathbf{x}}(\mathbf{x}^*, t) = \mathbf{0}. \tag{8.4.47}$$

Subtraktion von $V_{\mathbf{x}}(\mathbf{x}^*, t)$ auf beiden Seiten und anschließende Differentiation nach t liefert unter Berücksichtigung der Kettenregel[66]

$$\begin{aligned} \frac{d}{dt}\left(f_{\dot{\mathbf{x}}}(\mathbf{x}^*, \dot{\mathbf{x}}^*, t)\right) &= -\frac{d}{dt}\left(V_{\mathbf{x}}(\mathbf{x}^*, t)\right) \\ &= -V_{\mathbf{xx}}(\mathbf{x}^*, t)' \cdot \dot{\mathbf{x}}^* - V_{\mathbf{x}t}(\mathbf{x}^*, t). \end{aligned} \tag{8.4.48}$$

Differentiation der HJB-Gleichung (8.4.46) nach $\mathbf{x}$ ergibt mit Hilfe des Umhüllendensatzes (vgl. Satz A.4 in Anhang A) andererseits

$$-V_{t\mathbf{x}}(\mathbf{x}^*, t) = f_{\mathbf{x}}(\mathbf{x}^*, \dot{\mathbf{x}}^*, t) + V_{\mathbf{xx}}(\mathbf{x}^*, t) \cdot \dot{\mathbf{x}}^*, \tag{8.4.49}$$

so daß die Kombination von (8.4.48) und (8.4.49) mit $V_{t\mathbf{x}} = V_{\mathbf{x}t}$ schließlich

$$f_{\mathbf{x}}(\mathbf{x}^*, \dot{\mathbf{x}}^*, t) - \frac{d}{dt}\left(f_{\dot{\mathbf{x}}}(\mathbf{x}^*, \dot{\mathbf{x}}^*, t)\right) = 0 \tag{8.4.50}$$

liefert. Hierbei handelt es sich aber offenbar gerade um die Eulersche Gleichung (6.2.15).

Vor dem Hintergrund der verhältnismäßig aufwendigen Analysen in Kapitel 7 kann es nicht überraschen, daß die Herleitung des Maximumprinzips mit Hilfe der dynamischen Programmierung einen noch weitaus höheren Aufwand erfordert als die Herleitung der Eulerschen Gleichung, so daß wir uns an dieser Stelle auf eine ausgesprochen heuristische Betrachtung beschränken. Zunächst kann dabei festgestellt werden, daß (DOP3) gerade einer einfachen Variante des in Kapitel 7 im Rahmen der Kontrolltheorie betrachteten Optimierungsproblems (KP1) entspricht, so daß wir die HJB-Gleichung (8.4.45) als Ausgangspunkt wählen können. Definiert man die Hamilton-Funktion H wie üblich durch[67]

$$H(\mathbf{x}, \mathbf{u}, \boldsymbol{\lambda}, t) := f(\mathbf{x}, \mathbf{u}, t) + \boldsymbol{\lambda}' \cdot \mathbf{g}(\mathbf{x}, \mathbf{u}, t) \tag{8.4.51}$$

und die Variable $\boldsymbol{\lambda}$ durch

$$\boldsymbol{\lambda}(t) := V_{\mathbf{x}}(\mathbf{x}, t) \quad \forall t \in [t_0, t_1], \tag{8.4.52}$$

[66] Die linke Seite von (8.4.47) ist eine von t abhängige konstante Funktion. Sie ist somit differenzierbar und besitzt die Ableitung Null, so daß der Übergang zu (8.4.48) in der Tat zulässig ist.

[67] Es sei daran erinnert, daß die hier behandelte Variante von (KP1) nicht entartet ist, also $\lambda_0 = 1$ gilt, weil wir ausschließlich freie Endpunkte betrachten.

läßt sich die HJB-Gleichung auch in der Gestalt

$$-V_t(\mathbf{x}, t) = \max_{\mathbf{u} \in U} H(\mathbf{x}, \mathbf{u}, \boldsymbol{\lambda}(t), t) \tag{8.4.53}$$

darstellen. Es wird angenommen, daß das Problem der dynamischen Programmierung eine Lösung $(\mathbf{x}^*, \mathbf{u}^*)$ besitzt, welche die HJB-Gleichung (8.4.53) erfüllt und daß die Wertfunktion wie vorher in jedem Punkt zweimal stetig differenzierbar ist. Es soll nun gezeigt werden, daß die für alle $t \in [t_0, t_1]$ durch

$$\boldsymbol{\lambda}^*(t) = V_{\mathbf{x}}(\mathbf{x}^*, t)$$

gegebene Funktion $\boldsymbol{\lambda}^*$ den Bedingungen des Pontrjaginschen Maximumprinzips genügt. Wir stellen hierfür zunächst fest, daß aus der Gültigkeit der HJB-Gleichung für $(\mathbf{x}^*, \mathbf{u}^*)$ unmittelbar folgt, daß die Maximumbedingung des Maximumprinzips erfüllt ist, da die Hamiltonfunktion (mit $\mathbf{x} = \mathbf{x}^*$) für $\mathbf{u}^*$ ihr globales Maximum erreicht. Somit ist lediglich noch die Gültigkeit der adjungierten Gleichung zu zeigen. Die HJB-Gleichung lautet für $(\mathbf{x}^*, \mathbf{u}^*)$

$$\begin{aligned} 0 &= H(\mathbf{x}^*, \mathbf{u}^*, \boldsymbol{\lambda}^*, t) + V_t(\mathbf{x}^*, t) \\ &= f(\mathbf{x}^*, \mathbf{u}^*, t) + \boldsymbol{\lambda}^*(t)' \cdot \mathbf{g}(\mathbf{x}^*, \mathbf{u}^*, t) + V_t(\mathbf{x}^*, t) \\ &= f(\mathbf{x}^*, \mathbf{u}^*, t) + V_{\mathbf{x}}(\mathbf{x}^*, t)' \cdot \mathbf{g}(\mathbf{x}^*, \mathbf{u}^*, t) + V_t(\mathbf{x}^*, t). \end{aligned} \tag{8.4.54}$$

Darüber hinaus besitzt der Term auf der rechten Seite von (8.4.54) aufgrund der Gültigkeit der HJB-Gleichung für festes $\mathbf{u}^*$ an der Stelle $\mathbf{x}^*$ ein globales Maximum, weil $\mathbf{u}^*$ für jedes andere $\mathbf{x} \neq \mathbf{x}^*$ i. allg. *keine* optimale Steuerung darstellt und somit $H(\mathbf{x}, \mathbf{u}^*, \boldsymbol{\lambda}^*, t) + V_t(\mathbf{x}, t) \leq 0$ ist. Es gilt also notwendigerweise

$$\frac{\partial}{\partial \mathbf{x}} \left(f(\mathbf{x}^*, \mathbf{u}^*, t) + V_{\mathbf{x}}(\mathbf{x}^*, t)' \cdot \mathbf{g}(\mathbf{x}^*, \mathbf{u}^*, t) + V_t(\mathbf{x}^*, t) \right) = \mathbf{0} \tag{8.4.55}$$

bzw.

$$f_{\mathbf{x}}(\mathbf{x}^*, \mathbf{u}^*, t) + V_{\mathbf{xx}}(\mathbf{x}^*, t)' \cdot \mathbf{g}(\mathbf{x}^*, \mathbf{u}^*, t) + V_{\mathbf{x}}(\mathbf{x}^*, t)' \cdot \mathbf{g}_{\mathbf{x}}(\mathbf{x}^*, \mathbf{u}^*, t) + V_{t\mathbf{x}}(\mathbf{x}^*, t) = \mathbf{0}, \tag{8.4.56}$$

wobei $V_{\mathbf{xx}}(\mathbf{x}^*, t)$ die Matrix der zweiten partiellen Ableitungen von V bzgl. $\mathbf{x}$ bezeichnet. Andererseits liefert Differentiation von (8.4.52) nach t unter Berücksichtigung der Bewegungsgleichung $\dot{\mathbf{x}}(t) = \mathbf{g}(\mathbf{x}(t), \mathbf{u}(t), t)$ die Beziehung

$$\dot{\boldsymbol{\lambda}}^*(t) = V_{\mathbf{x}t}(\mathbf{x}^*, t) + V_{\mathbf{xx}}(\mathbf{x}^*, t) \cdot \mathbf{g}(\mathbf{x}^*, \mathbf{u}^*, t). \tag{8.4.57}$$

Da die Wertfunktion annahmegemäß zweimal stetig differenzierbar ist, gilt $V_{t\mathbf{x}} = V_{\mathbf{x}t}$, und Kombination von (8.4.57) mit (8.4.56) ergibt die adjungierte Gleichung

$$\begin{aligned} \dot{\boldsymbol{\lambda}}^*(t) &= -f_{\mathbf{x}}(\mathbf{x}^*, \mathbf{u}^*, t) - \boldsymbol{\lambda}^*(t)' \cdot \mathbf{g}_{\mathbf{x}}(\mathbf{x}^*, \mathbf{u}^*, t) \\ &= -H_{\mathbf{x}}(\mathbf{x}^*, \mathbf{u}^*, \boldsymbol{\lambda}^*, t). \end{aligned} \tag{8.4.58}$$

Somit hat man alle Optimalitätsbedingungen des Maximumprinzips (vgl. Satz 7.1 in Abschnitt 7.2.1) mit Hilfe der dynamischen Programmierung wiedergewonnen. Es sei aber nochmals darauf hingewiesen, daß dies unter weitaus restriktiveren Voraussetzungen als in Kapitel 7 erfolgt ist (insbesondere die zweifache stetige Differenzierbarkeit der Wertfunktion), so daß wir diesen Ansatz nicht weiter vertiefen und es bei dem oben skizzierten, grundsätzlichen Zusammenhang belassen.

8.5 Anhang: Existenzsätze

In den Abschnitten 8.2 und 8.3 wurde aufgezeigt, auf welche Weise und unter welchen Voraussetzungen eine Lösung zeitdiskreter dynamischer Optimierungsprobleme mit Hilfe der Bellman-Funktionalgleichungen bestimmt werden kann. Die dort präsentierte Analyse ist allerdings insofern noch unvollständig, als die *Existenz* optimaler Politiken, d.h. die Existenz von Lösungen der zugrundeliegenden Optimierungsprobleme (DOP1′) und (DOP2), jeweils nur vorausgesetzt wurde. Im Rahmen der statischen Optimierung in Teil I dieses Buches sind wir zwar ebenso vorgegangen, dort steht jedoch mit dem Satz von Weierstraß ein fundamentales Resultat zur Verfügung, das eine leicht überprüfbare (und darüber hinaus häufig erfüllte) hinreichende Bedingung für die Existenz einer Lösung der betrachteten Probleme liefert. Zur Abrundung der vorangegangenen Darstellung der dynamischen Programmierung soll daher in diesem Anhang ein ähnliches Resultat auch für (DOP1′) und (DOP2) angegeben werden, mit dem die Existenz einer Lösung gerade in ökonomischen Anwendungen oftmals gesichert werden kann.

Die diskrete dynamische Programmierung zerlegt das dynamische Ausgangsproblem statische Teilprobleme. Bei jedem einzelnen dieser statischen Probleme kann die Existenz nun prinzipiell jeweils mit dem Satz von Weierstraß konkret überprüft werden. Dabei tritt jedoch die Schwierigkeit auf, daß nicht a priori sichergestellt ist, ob die Wertfunktion auf jeder Stufe über die benötigten Eigenschaften verfügt. Die Möglichkeit einer Übertragung des Satzes von Weierstraß auf das Gesamtproblem (DOP1′) bzw. (DOP2) hängt somit davon ab, ob man die Kompaktheits- und Stetigkeitseigenschaften auf jeder Stufe durch geeignete Voraussetzungen an die Zustands- und Aktionenräume sowie die Transformations- und Nutzenfunktionen vorab sichern kann. In diesem Zusammenhang erweist sich der Begriff einer stetigen Korrespondenz als hilfreich.[68] Es bezeichne im folgenden $\mathcal{P}(\mathbb{R}^n)$ die Menge aller Teilmengen von $\mathbb{R}^n$ (d.h. die Potenzmenge).

Definition 8.4 *Sei $\mathcal{D} \subset \mathbb{R}^n$ eine gegebene Menge. Eine Abbildung $K : \mathcal{D} \to \mathcal{P}(\mathbb{R}^m)$, die jedem Punkt $\mathbf{x} \in \mathcal{D}$ eine eindeutige Menge $K(\mathbf{x}) \subset \mathbb{R}^m$ zuordnet, heißt* Korrespondenz.

Eine Korrespondenz K heißt stetig *in $\mathbf{x}$, wenn für alle $\varepsilon > 0$ ein $\delta > 0$ existiert, so daß für alle $\mathbf{y} \in \mathcal{D}$ mit $\|\mathbf{x} - \mathbf{y}\| < \delta$ zu jedem $\mathbf{u} \in K(\mathbf{x})$ ein $\mathbf{v} \in K(\mathbf{y})$ mit*

[68] Vgl. SEBASTIAN, SIEBER (1981), S. 160, zur nachfolgenden Definition. Eine alternative Einführung einer Korrespondenz sowie hinreichende Bedingungen für deren Stetigkeit findet man bei STOKEY, LUCAS (1989), S. 56 ff.

$\|\mathbf{u} - \mathbf{v}\| < \varepsilon$ *existiert. Dabei bezeichnet* $\|\cdot\|$ *jeweils eine Norm des* $\mathbb{R}^n$ *bzw.* $\mathbb{R}^m$. *Eine Korrespondenz* $K : \mathcal{D} \rightarrow \mathcal{P}(\mathbb{R}^m)$ *heißt stetig, wenn sie in jedem Punkt* $\mathbf{x} \in \mathcal{D}$ *stetig ist.*

Wir betrachten zunächst das endlichstufige Problem (DOP1′) mit allen früher eingeführten Bezeichnungen. Weiter bezeichne $Z_n := \{(\mathbf{x}_n, \mathbf{u}_n) \mid \mathbf{x}_n \in X_n, \mathbf{u}_n \in U_n(\mathbf{x}_n)\}$, $n = 0, 1, ..., N-1$, die Menge aller auf Stufe n zulässigen Zustands-Aktionen-Paare. Dann erhält man

Satz 8.10 *Die Zustandsräume* $X_n \subset \mathbb{R}^k$, $n = 0, 1, ..., N$, *seien abgeschlossen. Für alle* $\mathbf{x}_n \in X_n$ *und alle* $n = 0, 1, ..., N-1$ *seien die Mengen* $U_n(\mathbf{x}_n) \subset \mathbb{R}^l$ *aller in* $\mathbf{x}_n$ *zulässigen Aktionen nichtleer und kompakt. Ferner seien die Korrespondenzen* $K_n : X_n \rightarrow \mathcal{P}(\mathbb{R}^l)$ *mit* $K_n(\mathbf{x}_n) = U_n(\mathbf{x}_n)$, $n = 0, 1, ..., N-1$, *stetig im Sinne von Definition 8.4, die Transformationsfunktionen* $\mathbf{g}_n : X_n \times A_n \rightarrow X_{n+1}$ *und die einstufigen Nutzenfunktionen* $f_n : X_n \times A_n \rightarrow \mathbb{R}$, $n = 0, 1, ..., N-1$, *stetig über* Z_n *sowie die Endauszahlungsfunktion* $f_N : X_N \rightarrow \mathbb{R}$ *ebenfalls stetig.*

Dann existiert eine Lösung von (DOP1) bzw. (DOP1′).

Beweis: Vgl. SEBASTIAN, SIEBER (1981), S. 54, Satz 1.4 sowie BOLTJANSKI (1976), S. 246, Satz 4.3. ■

Bemerkung 8.16 Die Voraussetzungen von Satz 8.10 lassen sich in vielerlei Hinsicht abschwächen. So muß für die Transformations- und die einstufigen Nutzenfunktionen nur die sog. Halbstetigkeit gefordert werden, und die Zustands- und Aktionenräume brauchen nur abgeschlossene bzw. kompakte Teilmengen eines separablen metrischen Raumes sein, vgl. DYNKIN, YUSHKEVICH (1979), S. 51. Diese Verallgemeinerungen sind für die meisten ökonomischen Anwendungen jedoch nicht von Bedeutung, so daß sie an dieser Stelle auch nicht ausführlicher diskutiert werden sollen. □

Wie bereits in Abschnitt 8.2 angedeutet, gehen die Voraussetzungen von Satz 8.10 nur geringfügig über jene hinaus, die wir auch im Rahmen der Herleitung der Bellman-Funktionalgleichungen gemacht haben. Konkret handelt es sich dabei um die Abgeschlossenheit bzw. die Kompaktheit der relevanten Zustands- und Aktionenräume sowie die Stetigkeit der auftretenden Funktionen und Korrespondenzen. Damit steht für Probleme mit endlichem Horizont ein zufriedenstellendes Resultat zur Verfügung. Bei der Erweiterung von Satz 8.10 auf das unendlichstufige Problem (DOP2) ist nun eine zusätzliche Schwierigkeit zu beachten. Wenn das Zielfunktional nach oben unbeschränkt ist, kann der Fall eintreten, daß der Optimalwert von (DOP2) gleich ∞ ist. Folglich wird dieser bei keiner Politik jemals angenommen, und es existiert dementsprechend keine optimale Politik. Daher können die in Satz 8.10 aufgeführten Bedingungen nur dann für die Existenz optimaler Politiken hinreichend sein, wenn zusätzliche Voraussetzungen erfüllt sind, welche die Beschränktheit des Zielfunktionals in (DOP2) nach oben gewährleisten. Derartige Voraussetzungen haben wir bereits in Abschnitt 8.3 zum Nachweis der Wertiteration und der

Bellman-Funktionalgleichungen benötigt. Man erkennt unmittelbar, daß die in Abschnitt 8.3.2 gemachten Voraussetzungen (8.3.26) und (8.3.27) die Beschränktheit der Zielfunktion nach oben sicherstellen. Dementsprechend erhält man

Satz 8.11 *Es seien die Voraussetzungen von Satz 8.10 für alle* $n \in \mathbb{N}_0$ *erfüllt. Ferner gelte (8.3.26) und (8.3.27).*

Dann existiert eine Lösung von (DOP2).

Beweis: Es ist hier ein vollständig anderer Beweis als für Satz 8.10 notwendig, da bei unendlichem Horizont keine Rekursion durchgeführt werden kann. Der Leser sei daher auf DYNKIN, YUSHKEVICH (1979), S. 130-132 und S. 151 f., verwiesen. ∎

Bemerkung 8.17 Man würde zunächst erwarten, daß die Existenz optimaler Politiken auch unter der Voraussetzung (8.3.55) nachgewiesen werden könnte, da die Zielfunktion in diesem Fall nach oben beschränkt ist. Überraschenderweise ist diese Vermutung aber lediglich im Falle eines abzählbaren Zustandsraumes korrekt. Im allgemeinen Fall überabzählbarer (stetiger) Zustandsräume benötigt man hingegen auch eine gewisse Beschränkung nach unten, vgl. DYNKIN, YUSHKEVICH (1979), S. 130-132, für nähere Details. □

Mit den beiden obigen Sätzen stehen nunmehr auch für zeitdiskrete dynamische Optimierungsprobleme zufriedenstellende Resultate hinsichtlich der Existenz von Lösungen zur Verfügung. Lediglich unter der Voraussetzung (8.3.54) kann aufgrund der hierbei auftretenden Unbeschränktheit des Zielfunktionals keine analoge hinreichende Bedingung angegeben werden, so daß dieser Fall in Anwendungen eine besondere Aufmerksamkeit erfordert.

Literaturhinweise

Aus der Vielzahl von Monographien und Lehrbüchern zur dynamischen Programmierung greifen wir lediglich jene Werke heraus, welche die vorangehende Darstellung wesentlich geprägt haben und für Ökonomen im Hinblick auf ein vertiefendes Studium besonders geeignet erscheinen. Speziell auf diese Zielgruppe ausgerichtet sind die Bücher von INTRILIGATOR (1971) und STOKEY, LUCAS (1989). Beim erstgenannten Werk wird die dynamische Programmierung jedoch nur sehr knapp und weitgehend heuristisch behandelt, während in STOKEY, LUCAS (1989) eine sehr ausführliche und mathematisch fundierte Darstellung präsentiert wird. Allerdings beschränken sich die Autoren auf Probleme mit unendlichem Horizont und einen dem fundamentalen Problem der Variationsrechnung entsprechenden Modellrahmen.

Wie im Text bereits mehrfach angedeutet wurde, spielt die dynamische Programmierung insbesondere in stochastischen Modellen eine herausragende Rolle. Dementsprechend kann es nicht überraschen, daß die meisten Abhandlungen sich direkt mit der stochastischen dynamischen Programmierung beschäftigen, welche die deterministische selbstverständlich als Spezialfall enthält. Eine intuitiv sehr einsichtige Darstellung findet man hierzu in BERSTEKAS (1995a,b). Für eine mathematisch exakte und zudem alle wesentlichen Fragestellungen behandelnde Analyse sei darüber hinaus auf DYNKIN, YUSHKEVICH (1979) verwiesen.

Die in diesem Kapitel gewählte Vorgehensweise orientiert sich in der Tat an den zuletzt genannten Werken, in denen die meisten hier aufgeführten Sätze z.T. noch ausführlicher diskutiert werden. Lediglich die in Abschnitt 8.4 präsentierten Ergänzungen werden dort nicht behandelt; hierzu sei auf BOLTJANSKI (1976) und WHITE (1969) für den Bezug zur statischen sowie auf FEICHTINGER, HARTL (1986), FLEMING, RISHEL (1975), INTRILIGATOR (1971) und MALLIARIS, BROCK (1982) für die Zusammenhänge zur zeitstetigen Optimierungstheorie verwiesen. Näheres zu den in den Bemerkungen angegebenen Erweiterungen findet man bei BERTSEKAS (1995a,b), DYNKIN, YUSHKEVICH (1979), SEBASTIAN, SIEBER (1981) sowie STOKEY, LUCAS (1989). Schließlich sei darauf hingewiesen, daß die Behandlung des Lagerhaltungsproblems der Darstellung in BERTSEKAS (1995a,b) folgt, während das Konsum-Ersparnis-Problem an CABALLERO (1990, 1991) adaptiert ist. Die Beispiele 8.4, 8.5 und 8.6 gehen auf DYNKIN, YUSHKEVICH (1979) zurück.

Mathematischer Anhang

Anhang A

Einige Sätze und Definitionen

In diesem Anhang wollen wir wichtige Sätze und Definitionen aufführen, die etwas fortgeschrittener Natur sind und somit nicht gut in das einführende Kapitel 1 hineinpassen. Die jeweiligen Begriffe und Resultate werden jedoch an verschiedenen Stellen des Buches als Hilfsmittel in Beweisen oder Anwendungsbeispielen benötigt, so daß es sinnvoll erscheint, sie an dieser Stelle zur Referenz anzugeben.

Zunächst wollen wir klären, was unter der abgeschlossenen Hülle einer Menge verstanden wird.[1]

Definition A.1

1. *Sei* $Y \subset \mathbb{R}^n$ *eine Menge. Ein Punkt* $\mathbf{x} \in \mathbb{R}^n$ *heißt* Randpunkt *der Menge* Y*, wenn jede Umgebung von* $\mathbf{x}$ *sowohl einen Punkt aus* Y *als auch einen Punkt aus* $\mathbb{R}^n \backslash Y$ *enthält.*

   Die Menge aller Randpunkte von Y *heißt* Rand *von* Y *und wird mit* ∂Y *bezeichnet.*

2. *Für jede Menge* $Y \subset \mathbb{R}^n$ *wird die Menge* $\overline{Y} := Y \cup \partial Y$ *als* abgeschlossene Hülle *von* Y *bezeichnet.*

   Die Menge $\operatorname{int}(Y) := Y \backslash \partial Y$ *heißt das* Innere *der Menge* Y*.*

Man kann zeigen, daß $\overline{Y}$ der Schnitt aller abgeschlossenen Mengen in $\mathbb{R}^n$ ist, die Y als Teilmenge enthalten. Insbesondere gilt $Y \subset \overline{Y}$, und $\overline{Y}$ ist eine abgeschlossene Menge. Anschaulich gesprochen erhält man die abgeschlossene Hülle einer Menge Y, indem man ihre Randpunkte hinzunimmt.

Häufig ist man daran interessiert, eine vorgegebene Funktion zumindest in einer kleinen Umgebung eines bestimmten Punktes durch eine lineare oder eine quadratische Funktion zu approximieren. Hierzu eignet sich oftmals eine Taylor-Entwicklung erster oder zweiter Ordnung.

---

[1] Wir beschränken uns an dieser Stelle auf den für uns relevanten Fall des $\mathbb{R}^n$ als Grundraum. Die gleichen Definitionen sind auch für allgemeine topologische Räume anwendbar.

Satz A.1 (Taylor-Entwicklung 1. Ordnung) *Gegeben seien eine offene Menge* $\mathcal{D} \subset \mathbb{R}^n$ *und eine Funktion* $f \in C^1(\mathcal{D})$. *Ferner seien* $\mathbf{x}_0 \in \mathcal{D}$ *ein Punkt und* $\varepsilon > 0$ *eine Zahl, so daß* $U_\varepsilon(\mathbf{x}_0) \subset \mathcal{D}$ *gilt. Dann besitzt* f *für alle* $\mathbf{h} \in \mathbb{R}^n$ *mit* $\mathbf{x}_0+\mathbf{h} \in U_\varepsilon(\mathbf{x}_0)$ *die Darstellung*

$$f(\mathbf{x}_0 + \mathbf{h}) = f(\mathbf{x}_0) + \nabla f(\mathbf{x}_0)\mathbf{h} + r(\mathbf{h}),$$

wobei r *eine reellwertige Funktion mit* $\lim_{\mathbf{h}\to\mathbf{0},\mathbf{h}\neq\mathbf{0}} r(\mathbf{h})/\left\|\mathbf{h}\right\| = 0$ *bezeichnet.*

Satz A.2 (Taylor-Entwicklung 2. Ordnung) *Gegeben seien eine offene Menge* $\mathcal{D} \subset \mathbb{R}^n$ *und eine Funktion* $f \in C^2(\mathcal{D})$. *Ferner seien* $\mathbf{x}_0 \in \mathcal{D}$ *ein Punkt und* $\varepsilon > 0$ *eine Zahl, so daß* $U_\varepsilon(\mathbf{x}_0) \subset \mathcal{D}$ *gilt. Dann besitzt* f *für alle* $\mathbf{h} \in \mathbb{R}^n$ *mit* $\mathbf{x}_0+\mathbf{h} \in U_\varepsilon(\mathbf{x}_0)$ *die Darstellung*

$$f(\mathbf{x}_0 + \mathbf{h}) = f(\mathbf{x}_0) + \nabla f(\mathbf{x}_0)\mathbf{h} + \frac{1}{2}\mathbf{h}'\nabla f(\mathbf{x}_0)\mathbf{h} + \rho(\mathbf{h}),$$

wobei ρ *eine reellwertige Funktion mit* $\lim_{\mathbf{h}\to\mathbf{0},\mathbf{h}\neq\mathbf{0}} \rho(\mathbf{h})/\left\|\mathbf{h}\right\|^2 = 0$ *bezeichnet.*

Wir kommen nun zum fundamentalen und wichtigen Satz über implizite Funktionen. Dieser macht eine Aussage darüber, unter welchen Bedingungen gewisse Gleichungen implizit eine Funktion definieren und wie deren Ableitung berechnet werden kann.

Satz A.3 (Satz über implizite Funktionen) *Seien* $X \subset \mathbb{R}^k$ *und* $Y \subset \mathbb{R}^m$ *offene Mengen und sei* $\mathbf{F} : X \times Y \to \mathbb{R}^m$ *eine stetig differenzierbare Funktion. Weiter sei* $(\mathbf{x}^*, \mathbf{y}^*) \in X \times Y$ *ein Punkt mit* $\mathbf{F}(\mathbf{x}^*, \mathbf{y}^*) = \mathbf{0}$, *und die* $(m \times m)$*-Matrix* $\frac{\partial \mathbf{F}}{\partial \mathbf{y}}(\mathbf{x}^*, \mathbf{y}^*)$ *der partiellen Ableitungen von* $\mathbf{F}$ *nach* $\mathbf{y}$ *an der Stelle* $(\mathbf{x}^*, \mathbf{y}^*)$ *sei invertierbar.*

Dann existieren offene Umgebungen $U \subset X$ *von* $\mathbf{x}^*$ *und* $V \subset Y$ *von* $\mathbf{y}^*$ *sowie genau eine stetig differenzierbare Abbildung* $\mathbf{f} : U \to V$ *mit* $\mathbf{F}(\mathbf{x}, \mathbf{f}(\mathbf{x})) = 0$ *für alle* $\mathbf{x} \in U$.

Ferner gilt für die Jacobi-Matrix von $\mathbf{f}$ *für alle* $\mathbf{x} \in U$ *und insbesondere an der Stelle* $\mathbf{x}^*$ *die Gleichung*

$$\frac{\partial \mathbf{f}}{\partial \mathbf{x}}(\mathbf{x}) = -\left(\frac{\partial \mathbf{F}}{\partial \mathbf{y}}(\mathbf{x}, \mathbf{f}(\mathbf{x}))\right)^{-1} \cdot \frac{\partial \mathbf{F}}{\partial \mathbf{x}}(\mathbf{x}, \mathbf{f}(\mathbf{x})) \tag{A.1}$$

bzw.

$$\begin{pmatrix} \frac{\partial f_1}{\partial x_1} & \cdots & \frac{\partial f_1}{\partial x_k} \\ \vdots & & \vdots \\ \frac{\partial f_m}{\partial x_1} & \cdots & \frac{\partial f_m}{\partial x_k} \end{pmatrix} = -\begin{pmatrix} \frac{\partial F_1}{\partial y_1} & \cdots & \frac{\partial F_1}{\partial x_m} \\ \vdots & & \vdots \\ \frac{\partial F_m}{\partial y_1} & \cdots & \frac{\partial F_m}{\partial y_m} \end{pmatrix}^{-1} \cdot \begin{pmatrix} \frac{\partial F_1}{\partial x_1} & \cdots & \frac{\partial F_1}{\partial x_k} \\ \vdots & & \vdots \\ \frac{\partial F_m}{\partial x_1} & \cdots & \frac{\partial F_m}{\partial x_k} \end{pmatrix},$$

wobei alle partiellen Ableitungen von $\mathbf{f}$ *an der Stelle* $\mathbf{x}^*$ *und alle partiellen Ableitungen von* $\mathbf{F}$ *an der Stelle* $(\mathbf{x}^*, \mathbf{y}^*)$ *mit* $\mathbf{y}^* = \mathbf{f}(\mathbf{x}^*)$ *ausgewertet werden müssen.*

Im Haupttext wird dieser Satz in erster Linie als Hilfsmittel in einigen Beweisen benötigt. Es sei jedoch darauf hingewiesen, daß er auch sehr häufig im Rahmen komparativ-statischer Analysen in ökonomischen Modellen einsetzbar ist.

In ökonomischen Anwendungen ist man oft mit Problemstellungen konfrontiert, bei denen die zu maximierende Zielfunktion nicht nur von einer Entscheidungsvariablen, sondern zusätzlich auch von gewissen, nicht vom Entscheider zu beeinflussenden Parametern abhängt. Man ist dann in der Regel an Aussagen darüber interessiert, wie der Maximalwert des Optimierungsproblems auf Veränderungen der Parameter reagiert. Ein in diesem Zusammenhang häufig verwendetes Resultat ist der sog. *Umhüllendensatz*. Gegenstand der Betrachtung ist das Maximierungsproblem

$$f(\mathbf{x}, \boldsymbol{\beta}) \to \max_{\mathbf{x} \in \mathcal{D}}! \tag{A.2}$$

mit einer Zielfunktion $f : \mathcal{D} \times \mathcal{G} \to \mathbb{R}$, wobei $\mathcal{D} \subset \mathbb{R}^n$ und $\mathcal{G} \subset \mathbb{R}^k$ zwei offene Mengen bezeichnen und $\boldsymbol{\beta} \in \mathcal{G}$ ein Parametervektor sei. Wir wollen vereinfachend annehmen, daß zu jedem Parametervektor $\boldsymbol{\beta}$ genau eine Lösung $\mathbf{x}^*(\boldsymbol{\beta})$ des Maximierungsproblems (A.2) existiert, so daß $\mathbf{x}^*$ formal als Funktion von $\boldsymbol{\beta}$ aufgefaßt werden kann. Wir nehmen an, daß diese Funktion $\mathbf{x}^* : \mathcal{G} \to \mathcal{D}$ differenzierbar ist. Einsetzen von $\mathbf{x}^*(\boldsymbol{\beta})$ in die Zielfunktion liefert die Funktion $v : \mathcal{G} \to \mathbb{R}$ gemäß

$$v(\boldsymbol{\beta}) = f(\mathbf{x}^*(\boldsymbol{\beta}), \boldsymbol{\beta}), \tag{A.3}$$

welche zu jedem Parametervektor $\boldsymbol{\beta}$ den Optimalwert des Maximierungsproblems angibt. Die Reaktion des Optimalwertes auf Parameteränderungen ist somit durch die Ableitung von v nach $\boldsymbol{\beta}$ gegeben. Hierfür gilt

Satz A.4 *Seien $\mathcal{D} \subset \mathbb{R}^n$ und $\mathcal{G} \subset \mathbb{R}^k$ zwei offene Mengen und $f : \mathcal{D} \times \mathcal{G} \to \mathbb{R}$ eine differenzierbare Funktion, für welche das Optimierungsproblem (A.2) für alle $\boldsymbol{\beta} \in \mathcal{G}$ genau eine Lösung besitzt. Darüber hinaus seien die Funktion $\mathbf{x}^* : \mathcal{G} \to \mathcal{D}$, welche die Optimallösung von (A.2) in Abhängigkeit von $\boldsymbol{\beta}$ angibt sowie die durch (A.3) definierte Funktion $v : \mathcal{G} \to \mathbb{R}$ differenzierbar. Dann gilt*

$$\nabla v(\boldsymbol{\beta}) = \nabla_{\boldsymbol{\beta}} f(\mathbf{x}^*(\boldsymbol{\beta}), \boldsymbol{\beta}). \tag{A.4}$$

Zur Verdeutlichung der Aussage von Satz A.4 sei hervorgehoben, daß die rechte Seite von (A.4) durch den Vektor der *partiellen* Ableitungen der Funktion f nach $\boldsymbol{\beta}$ gegeben ist, welche an der Stelle $\mathbf{x} = \mathbf{x}^*(\boldsymbol{\beta})$ betrachtet werden müssen.[2]

Beim nächsten Resultat geht es um die Frage, wie Integrale, deren Integrationsgrenzen und deren Integrand von einem Parameter abhängen, differenziert werden können.

Satz A.5 (Regel von Leibniz) *Gegeben seien zwei endliche Intervalle $[a, b] \subset \mathbb{R}$ und $[\alpha, \beta] \subset \mathbb{R}$ sowie stetige Funktionen $g : [\alpha, \beta] \to \mathbb{R}$, $h : [\alpha, \beta] \to \mathbb{R}$ und $f : [a, b] \times [\alpha, \beta] \to \mathbb{R}$. Die Funktionen g und h seien darüber hinaus stetig differenzierbar*

[2]Es existieren auch Varianten des Umhüllendensatzes für Optimierungsprobleme mit Gleichungs- und Ungleichungsrestriktionen, auf die an dieser Stelle jedoch nicht weiter eingegangen werden soll, vgl. z.B. MAS-COLELL, WHINSTON, GREEN (1995), S. 964 f.

und f stetig partiell differenzierbar nach seiner zweiten Komponente. Ferner gelte $[g(\varepsilon), h(\varepsilon)] \subset [a, b]$ $\forall \varepsilon \in [\alpha, \beta]$. Schließlich sei die Funktion $F : [\alpha, \beta] \to \mathbb{R}$ durch

$$F(\varepsilon) = \int_{g(\varepsilon)}^{h(\varepsilon)} f(x, \varepsilon) dx \quad \forall \varepsilon \in [\alpha, \beta] \tag{A.5}$$

definiert. Dann ist F differenzierbar, und es gilt

$$F'(\varepsilon) = f(h(\varepsilon), \varepsilon) \cdot h'(\varepsilon) - f(g(\varepsilon), \varepsilon) \cdot g'(\varepsilon) + \int_{g(\varepsilon)}^{h(\varepsilon)} \frac{\partial f}{\partial \varepsilon}(x, \varepsilon) dx. \tag{A.6}$$

Die Aussage von Satz A.5 wird als *Regel von Leibniz* bezeichnet und stellt offensichtlich eine verallgemeinerte Form der bekannten Kettenregel dar. Sind die Funktionen g und h unabhängig von ε, entfallen die ersten beiden Terme auf der rechten Seite von (A.6) und man spricht davon, daß die Funktion F „unter dem Integral differenziert" werden darf.

Wir kommen abschließend zu einer Möglichkeit, den Differenzierbarkeitsbegriff für Funktionen zu erweitern. Aus Satz 1.2 in Abschnitt 1.1 ist bekannt, daß für eine auf einer konvexen Menge $\mathcal{B}$ differenzierbare und konkave Funktion $f : \mathbb{R}^n \to \mathbb{R}$ die Gradientenungleichung

$$f(\mathbf{x}) - f(\mathbf{y}) \leq \nabla f(\mathbf{y})(\mathbf{x} - \mathbf{y}) \quad \forall \mathbf{x}, \mathbf{y} \in \mathcal{B} \tag{A.7}$$

gilt, wobei $\nabla f(\mathbf{y})$ den Gradienten von f an der Stelle $\mathbf{y}$ bezeichnet. Zu einer Erweiterung des Differentiationsbegriffs gelangt man nun, indem man den Gradienten in (A.7) durch einen beliebigen Vektor ersetzt.[3]

Definition A.2 *Sei $\mathcal{D} \subset \mathbb{R}^n$ eine offene Menge und $f : \mathcal{D} \to \mathbb{R}$ eine Funktion. Ferner sei $\mathcal{B} \subset \mathcal{D}$ eine konvexe Menge. Ein Vektor $\mathbf{s} \in \mathbb{R}^n$ heißt* Supergradient *von f an der Stelle $\mathbf{y}$, wenn die Ungleichung*

$$f(\mathbf{x}) - f(\mathbf{y}) \leq \mathbf{s}'(\mathbf{x} - \mathbf{y}) \quad \forall \mathbf{x} \in \mathcal{B} \tag{A.8}$$

erfüllt ist.

Der Begriff eines Supergradienten erweist sich im Rahmen ökonomischer Problemstellungen häufig als nützlich, wenn die Extremstellen von Funktionen mit Sprüngen bestimmt werden sollen. Für unsere Belange benötigen wir jedoch lediglich den folgenden Sachverhalt.

Satz A.6 *Gegeben seien eine offene Menge $\mathcal{D} \subset \mathbb{R}^n$, eine konvexe Menge $\mathcal{B} \subset \mathcal{D}$ und eine auf $\mathcal{B}$ konkave Funktion $f : \mathcal{D} \to \mathbb{R}$. Dann besitzt f für alle $\mathbf{y} \in \text{int}(\mathcal{B})$ einen Supergradienten.*

[3]Für ein intensiveres Studium dieses Themenkomplexes sei der interessierte Leser auf ROCKAFELLAR (1970) verwiesen.

Bemerkung A.1 **(i)** Falls f an der Stelle $\mathbf{y}$ differenzierbar ist, gilt sogar $\mathbf{s}' = \nabla f(\mathbf{y})$, d.h., der Supergradient stimmt mit dem Gradienten überein.

(ii) Verwendet man in (A.8) die umgekehrte Ungleichung, wird $\mathbf{s}$ als *Subgradient* bezeichnet. Analog zu Lemma A.6 folgt die Existenz eines Subgradienten dann für eine *konvexe* Funktion. □

Anhang B

Differentialgleichungen

In den Abschnitten B.1-B.3 erfolgt zunächst die systematische Behandlung *gewöhnlicher Differentialgleichungen*, wobei die für das Verständnis der Darstellung in Kapitel 6 und 7 wesentlichen Definitionen, Existenzsätze und Lösungsmethoden angegeben werden. Die Aufteilung nach Gleichungen erster Ordnung, Systemen von n Gleichungen erster Ordnung sowie Gleichungen n-ter Ordnung folgt dabei dem jeweiligen Schwierigkeitsgrad der einzelnen Fälle. Abschließend wird in Abschnitt B.4 noch kurz auf *partielle Differentialgleichungen* eingegangen.

B.1 Gewöhnliche Differentialgleichungen erster Ordnung

Wir beschränken uns zunächst auf die Betrachtung solcher Differentialgleichungen[1], deren Lösungen durch *ein*dimensionale, reelle Funktionen gegeben sind, da dieser Fall verhältnismäßig einfach verständlich ist und die spätere Betrachtung der allgemeinen Fälle erleichtert.

Definition B.1 *Es seien eine Menge $\mathcal{D} \subset \mathbb{R} \times \mathbb{R}$ und eine Funktion $f : \mathcal{D} \to \mathbb{R}$ gegeben. Dann heißt*

$$y' := \frac{dy}{dt} = f(t, y) \tag{B.1.1}$$

eine gewöhnliche Differentialgleichung erster Ordnung.

Ist $I \subset \mathbb{R}$ ein Intervall und $\varphi : I \to \mathbb{R}$ eine differenzierbare Funktion mit $\{(t, y) \in I \times \mathbb{R} : y = \varphi(t)\} \subset \mathcal{D}$, welche die Gleichung

$$\varphi'(t) = f(t, \varphi(t)) \quad \forall t \in I \tag{B.1.2}$$

[1] Da wir in diesem Anhang gewöhnliche und partielle Differentialgleichungen ausschließlich strikt getrennt voneinander betrachten, können wir das zugehörige Adjektiv zur Abkürzung vernachlässigen und einfach von Differentialgleichungen sprechen. In den Abschnitten B.1-B.3 handelt es sich stets um gewöhnliche, in Abschnitt B.4 um partielle Differentialgleichungen.

erfüllt, so heißt die Funktion φ eine Lösung[2] *der Differentialgleichung (B.1.1).*

Ist zusätzlich ein Punkt $(t_0, y_0) \in \mathcal{D}$, $t_0 \in I$, vorgegeben und soll die Lösung φ die Bedingung $\varphi(t_0) = y_0$ erfüllen, wird (B.1.1) als Differentialgleichung mit Anfangsbedingung $\varphi(t_0) = y_0$ *bzw. als* Anfangswertproblem *bezeichnet.*[3]

Es stellt sich natürlich sofort die Frage, unter welchen Bedingungen überhaupt eine Lösung von (B.1.1) bzw. eines zugehörigen Anfangswertproblems existiert und ob bzw. wann diese eindeutig ist. Beide Fragen lassen sich unter recht einfachen Bedingungen positiv beantworten. Die Existenz einer Lösung folgt dabei bereits aus der Stetigkeit der Funktion f über einem sog. *Gebiet.*[4]

Definition B.2

1. *Eine Menge $\mathcal{D} \subset \mathbb{R}^n$ heißt* zusammenhängend, *wenn es keine disjunkte Zerlegung von $\mathcal{D}$ in nichtleere, offene Mengen gibt, d.h., wenn es keine offenen Mengen $\mathcal{A} \subset \mathcal{D}$ und $\mathcal{B} \subset \mathcal{D}$ mit $\mathcal{A} \neq \emptyset$, $\mathcal{B} \neq \emptyset$, $\mathcal{A} \cap \mathcal{B} \neq \emptyset$ und $\mathcal{A} \cup \mathcal{B} = \mathcal{D}$ gibt.*

2. *Eine Menge $\mathcal{D} \subset \mathbb{R}^n$ heißt* Gebiet, *wenn sie offen und zusammenhängend ist.*

Es sei darauf hingewiesen, daß die Forderung einer auf einem *Gebiet* definierten bzw. stetigen Funktion f für unsere Belange keine Einschränkung darstellt. Bspw. sind alle Gebiete in $\mathbb{R}$ gerade die offenen Intervalle. Im Rahmen der Kontrolltheorie (Kapitel 7) treten in der Regel ausschließlich kartesische Produkte von offenen Intervallen als Definitionsbereiche auf, so daß die Voraussetzung eines Gebietes dort erfüllt ist.

Satz B.1 (Peano) *Sei $\mathcal{D} \subset \mathbb{R} \times \mathbb{R}$ ein Gebiet und $f : \mathcal{D} \to \mathbb{R}$ eine stetige Funktion. Weiter sei $(t_0, y_0) \in \mathcal{D}$ fest vorgegeben (aber beliebig). Dann existiert (mindestens) eine Lösung des Anfangswertproblems (B.1.1).*

Es zeigt sich somit, daß die Existenz einer Lösung unter sehr einfachen Bedingungen sichergestellt ist, so daß im Grunde nur noch das Problem der Eindeutigkeit zu klären bleibt. Dabei ist zunächst von vornherein offensichtlich, daß die Lösung einer

[2] Insbesondere in der angewandten Literatur wird diese Lösung häufig ebenfalls mit y bezeichnet, um die Notation nicht zu überfrachten. Während wir in Kapitel 6 und 7 ebenso vorgegangen sind, ist im Rahmen dieses etwas fundamentaleren Anhangs eine exaktere formale Trennung angebracht.

[3] Man beachte, daß der Punkt $(t_0, y_0) \in \mathcal{D}$ *beliebig* sein kann und nicht zwingend mit dem linken Randpunkt (also dem zeitlichen „Anfangspunkt") von I übereinstimmen muß, auch wenn die Bezeichnung als Anfangswertproblem wohl auf diesen Spezialfall (der im übrigen häufig auftritt) zurückzuführen ist. Man unterscheidet ein Anfangs- von einem Randwertproblem, bei dem Bedingungen für *beide Endpunkte* des Intervalls I vorgegeben sind. Derartige Probleme sind weitaus schwieriger und werden hier nicht betrachtet.

[4] Die nachfolgende Definition einer zusammenhängenden Menge ist auch in allgemeinen topologischen Räumen anwendbar, wir beschränken uns jedoch auf den hier relevanten Fall des $\mathbb{R}^n$. Es sei zudem darauf hingewiesen, daß die in Teil 1 von Definition B.2 aufgeführte Bedingung äquivalent dazu ist, daß jede Teilmenge von $\mathcal{D}$, die sowohl offen als auch abgeschlossen ist, entweder die leere Menge oder $\mathcal{D}$ selbst ist.

Differentialgleichung *ohne* Anfangsbedingung niemals eindeutig sein kann, sondern es im Falle der Existenz sogar unendlich viele Lösungen gibt.[5] Man kann aber zumindest erwarten, unter gewissen Zusatzvoraussetzungen zu jedem Punkt (t_0, y_0) und zugehöriger Anfangsbedingung $\varphi(t_0) = y_0$ (welche die in Fußnote 5 angedeutete Integrationskonstante festlegt) eine eindeutige Lösung zu finden. Hierfür benötigt man zusätzlich den Begriff einer Lipschitzbedingung.

Definition B.3 *Sei* $\mathcal{D} \subset \mathbb{R} \times \mathbb{R}$ *und* $f : \mathcal{D} \to \mathbb{R}$ *eine Funktion. Dann genügt* f *in* $\mathcal{D}$ *einer* Lipschitzbedingung *mit der* Lipschitzkonstanten $L \geq 0$, *wenn*

$$|f(t,y) - f(t,z)| \leq L \cdot |y - z| \quad \forall (t,y), (t,z) \in \mathcal{D}. \tag{B.1.3}$$

Die Funktion f *genügt in* $\mathcal{D}$ *einer* lokalen *Lipschitzbedingung, wenn zu jedem* $(t_0, y_0) \in \mathcal{D}$ *eine Umgebung* U *und ein (von* (t_0, y_0) *bzw.* U *abhängiges)* $L \geq 0$ *existieren, so daß* f *in* $\mathcal{D} \cap U$ *einer Lipschitzbedingung im Sinne von (B.1.3) genügt.*

Satz B.2 (Picard-Lindelöf) *Sei* $\mathcal{D} \subset \mathbb{R} \times \mathbb{R}$ *ein Gebiet. Ferner sei die Funktion* $f : \mathcal{D} \to \mathbb{R}$ *stetig und genüge in* $\mathcal{D}$ *einer lokalen Lipschitzbedingung. Dann existiert zu jedem* $(t_0, y_0) \in \mathcal{D}$ *ein* $\varepsilon > 0$ *und eine eindeutige Lösung* $\varphi : [t_0 - \varepsilon, t_0 + \varepsilon] \to \mathbb{R}$ *der Differentialgleichung (B.1.1) mit der Anfangsbedingung* $\varphi(t_0) = y_0$.

Im Vergleich zum Satz von Peano ist somit die zusätzliche Voraussetzung einer lokalen Lipschitzbedingung für die Eindeutigkeit einer Lösung des Anfangswertproblems ausreichend. Es ist jedoch zu beachten, daß die Lösung(en) in der Regel nicht für alle t, sondern nur auf einem kleinen Intervall um t_0 definiert ist (sind). Die Lipschitzbedingung selbst ist dabei häufig nicht leicht überprüfbar, es gibt jedoch eine einfache hinreichende Bedingung.

Satz B.3 *Sei* $\mathcal{D} \subset \mathbb{R} \times \mathbb{R}$ *ein Gebiet, und die Funktion* $f : \mathcal{D} \to \mathbb{R}$, $(t, y) \mapsto f(t, y)$, *sei stetig und bzgl. ihrer zweiten Komponente* (y) *stetig partiell differenzierbar. Dann genügt* f *in* $\mathcal{D}$ *einer lokalen Lipschitzbedingung.*

Selbst wenn die Existenz einer eindeutigen Lösung sichergestellt werden kann, ist es nicht zwangsläufig möglich, diese auch in expliziter Form anzugeben. Im Gegenteil lassen sich sehr viele in der Anwendung auftretende Differentialgleichungen nur numerisch lösen. Da derartige Ansätze jedoch weit über den Rahmen dieses Buches hinausgehen, beschränken wir uns im folgenden auf eine spezielle Art von Differentialgleichungen, die sich zum einen immer explizit lösen lassen und die zum anderen auch in ökonomischen Anwendungen recht häufig von Bedeutung sind. Hierbei handelt es sich um lineare Differentialgleichungen.

[5] Dies erkennt man bereits für die triviale Differentialgleichung $y' = f(t)$, für welche man mittels Integration unmittelbar eine Lösung der Gestalt $\varphi(t) = \int_{t_0}^{t} f(s)ds + c$ angeben kann. Allerdings ist die Integrationskonstante $c \in \mathbb{R}$ unbestimmt, so daß sich für jedes $c \in \mathbb{R}$ eine andere Lösung ergibt.

Definition B.4 *Sei $I \subset \mathbb{R}$ ein gegebenes Intervall sowie $a : I \to \mathbb{R}$ und $b : I \to \mathbb{R}$ zwei stetige Funktionen. Dann heißt*

$$y' = a(t) \cdot y + b(t) \tag{B.1.4}$$

lineare Differentialgleichung erster Ordnung.

Ist die Funktion b identisch Null, d.h. $b(t) = 0\ \forall t \in I$, so heißt die Differentialgleichung homogen. *Gibt es hingegen mindestens ein $t \in T$ mit $b(t) \neq 0$, so heißt die Differentialgleichung* inhomogen.

Gibt man für die Differentialgleichung (B.1.4) eine Anfangsbedingung $\varphi(t_0) = y_0$ vor, existiert sowohl für den homogenen als auch für den inhomogenen Fall stets eine eindeutige, auf ganz I definierte Lösung, die sich zudem in expliziter Form angeben läßt. Zunächst erhält man für den homogenen Fall

Satz B.4 *Sei $I \subset \mathbb{R}$ ein Intervall und $a : I \to \mathbb{R}$ eine stetige Funktion. Ferner sei der Punkt $(t_0, y_0) \in I \times \mathbb{R}$ fest (aber beliebig) vorgegeben. Dann besitzt die homogene lineare Differentialgleichung erster Ordnung*

$$y' = a(t) \cdot y \tag{B.1.5}$$

genau eine Lösung $\varphi : I \to \mathbb{R}$ mit der Anfangsbedingung $\varphi(t_0) = y_0$ gemäß

$$\varphi(t) = y_0 \cdot \exp\left(\int_{t_0}^{t} a(s)ds\right). \tag{B.1.6}$$

Darüber hinaus läßt sich aus der in (B.1.6) angegebenen Lösung der homogenen Differentialgleichung unmittelbar auch die eindeutige Lösung der zugehörigen inhomogenen Differentialgleichung explizit bestimmen. Diese Methode wird in der Theorie der Differentialgleichungen als „Variation der Konstanten" bezeichnet. Dies resultiert daraus, daß die allgemeine Lösung der homogenen Differentialgleichung (d.h. ohne Anfangsbedingung) die Gestalt $\varphi(t) = c \cdot \exp\left(\int_{t_0}^{t} a(s)ds\right)$ mit einer beliebigen Konstanten $c \in \mathbb{R}$ besitzt. Für den inhomogenen Fall wird nun die Konstante c durch eine *Funktion* $c : I \to \mathbb{R}$ ersetzt und versucht, eine (bzw. die) Lösung der inhomogenen Differentialgleichung durch eine geeignete Wahl von $c(t)$ zu bestimmen. Diesem Ansatz folgend erhält man

Satz B.5 *Sei $I \subset \mathbb{R}$ ein Intervall, und seien $a, b : I \to \mathbb{R}$ stetige Funktionen. Ferner sei der Punkt $(t_0, y_0) \in I \times \mathbb{R}$ fest (aber beliebig) vorgegeben. Dann besitzt die inhomogene lineare Differentialgleichung erster Ordnung*

$$y' = a(t) \cdot y + b(t) \tag{B.1.7}$$

genau eine Lösung $\psi : I \to \mathbb{R}$ mit der Anfangsbedingung $\psi(t_0) = y_0$ gemäß

$$\psi(t) = \exp\left(\int_{t_0}^{t} a(s)ds\right) \cdot \left[y_0 + \int_{t_0}^{t} b(s) \cdot \exp\left(-\int_{t_0}^{s} a(r)dr\right) ds\right]. \tag{B.1.8}$$

B.2 Systeme von n Differentialgleichungen erster Ordnung

Das Ziel dieses Abschnitts besteht darin, die soeben präsentierten Resultate für einfache Differentialgleichungen erster Ordnung auf den Fall zu übertragen, daß die durch eine Differentialgleichung charakterisierte Funktion *vektorwertig* ist, d.h. den $\mathbb{R}^n$ als Bildraum besitzt. Hierbei erhält man ein sog. System von n Differentialgleichungen erster Ordnung.

Definition B.5 *Sei $\mathcal{D} \subset \mathbb{R} \times \mathbb{R}^n$ eine Menge und $\mathbf{f} : \mathcal{D} \to \mathbb{R}^n$ eine Funktion. Dann heißt*

$$\mathbf{y}' = \mathbf{f}(t, \mathbf{y}) \tag{B.2.1}$$

bzw. in ausführlicher Vektorschreibweise

$$\begin{aligned} y_1' &= f_1(t, y_1, ..., y_n) \\ y_2' &= f_2(t, y_1, ..., y_n) \\ &\vdots \\ y_n' &= f_n(t, y_1, ..., y_n) \end{aligned} \tag{B.2.2}$$

mit[6] $\mathbf{y} = (y_1, ..., y_n)^t$ *und* $\mathbf{f} = (f_1, ..., f_n)^t$ *ein* System von n Differentialgleichungen erster Ordnung.

Ist $I \subset \mathbb{R}$ ein Intervall und $\boldsymbol{\varphi} : I \to \mathbb{R}^n$ eine differenzierbare Funktion mit $\{(t, \mathbf{y}) \in I \times \mathbb{R}^n : \mathbf{y} = \boldsymbol{\varphi}(t)\} \subset \mathcal{D}$, welche die Gleichung

$$\boldsymbol{\varphi}'(t) = \mathbf{f}(t, \boldsymbol{\varphi}(t)) \quad \forall t \in I \tag{B.2.3}$$

erfüllt, heißt die Funktion $\boldsymbol{\varphi}$ eine Lösung *des Differentialgleichungssystems (B.2.1).*

Ist zusätzlich ein fester Punkt $(t_0, \mathbf{y}_0) \in \mathcal{D}$ gegeben und soll die Lösung $\boldsymbol{\varphi}$ die Bedingung $\boldsymbol{\varphi}(t_0) = \mathbf{y}_0$ erfüllen, wird (B.2.1) als Anfangswertproblem *bzw. als Differentialgleichungssystem mit Anfangsbedingung bezeichnet.*

Man beachte, daß der Wertebereich einer Lösung $\boldsymbol{\varphi}$ zwar n-dimensional, ihr Argument t jedoch weiterhin nur eindimensional ist. Aufgrund der offensichtlichen Analogie zur einfachen Differentialgleichung aus Definition B.1 kann es wenig überraschen, daß auch die in Abschnitt B.1 angegebenen Existenz- und Eindeutigkeitssätze bei einer entsprechend modifizierten Lipschitzbedingung auf den Fall eines Systems von n Differentialgleichungen erster Ordnung übertragbar sind. In der Tat gilt

Satz B.6 (Peano) *Sei $\mathcal{D} \subset \mathbb{R} \times \mathbb{R}^n$ ein Gebiet und $\mathbf{f} : \mathcal{D} \to \mathbb{R}^n$ eine stetige Funktion. Weiter sei $(t_0, \mathbf{y}_0) \in \mathcal{D}$ fest (aber beliebig) vorgegeben. Dann existiert eine Lösung des Anfangswertproblems (B.2.1).*

[6] In der Theorie der Differentialgleichungen wird das Symbol $'$ üblicherweise zur Kennzeichnung der Ableitung einer Funktion verwendet, so daß wir in diesem Anhang ein hochgestelltes t für die Transponierte eines Vektors einsetzen, um Verwechslungen zu vermeiden.

Definition B.6 *Sei* $\mathcal{D} \subset \mathbb{R} \times \mathbb{R}^n$ *und* $\mathbf{f} : \mathcal{D} \to \mathbb{R}^n$ *eine Funktion. Dann genügt* $\mathbf{f}$ *in* $\mathcal{D}$ *einer* Lipschitzbedingung *mit der Lipschitzkonstanten* $L \geq 0$*, wenn*

$$\|\mathbf{f}(t, \mathbf{y}) - \mathbf{f}(t, \mathbf{z})\| \leq L \cdot \|\mathbf{y} - \mathbf{z}\| \quad \forall (t, \mathbf{y}), (t, \mathbf{z}) \in \mathcal{D}, \tag{B.2.4}$$

wobei $\|\cdot\|$ *eine Norm bezeichnet.*

Die Funktion $\mathbf{f}$ *genügt in* $\mathcal{D}$ *einer* lokalen Lipschitzbedingung, *wenn zu jedem* $(t_0, \mathbf{y}_0) \in \mathcal{D}$ *eine Umgebung* U *und ein* $L \geq 0$ *existieren, so daß* $\mathbf{f}$ *in* $\mathcal{D} \cap U$ *einer Lipschitzbedingung genügt.*

Satz B.7 *Sei* $\mathcal{D} \subset \mathbb{R} \times \mathbb{R}^n$ *eine offene Menge, und die Funktion* $\mathbf{f} : \mathcal{D} \to \mathbb{R}^n$, $(t, \mathbf{y}) \mapsto \mathbf{f}(t, \mathbf{y})$*, sei bzgl. aller Komponenten* $y_1, ..., y_n$ *stetig partiell differenzierbar. Dann genügt* $\mathbf{f}$ *in* $\mathcal{D}$ *einer lokalen Lipschitzbedingung.*

Satz B.8 (Picard-Lindelöf) *Sei* $\mathcal{D} \subset \mathbb{R} \times \mathbb{R}^n$ *ein Gebiet. Ferner sei die Funktion* $\mathbf{f} : \mathcal{D} \to \mathbb{R}^n$ *stetig und genüge in* $\mathcal{D}$ *einer lokalen Lipschitzbedingung. Dann existiert zu jedem* $(t_0, \mathbf{y}_0) \in \mathcal{D}$ *ein* $\varepsilon > 0$ *und eine eindeutige Lösung* $\boldsymbol{\varphi} : [t_0 - \varepsilon, t_0 + \varepsilon] \to \mathbb{R}^n$ *des Differentialgleichungssystems (B.2.1) mit der Anfangsbedingung* $\boldsymbol{\varphi}(t_0) = \mathbf{y}_0$.

Bemerkung B.1 Man beachte, daß der Satz von Picard-Lindelöf lediglich die *lokale* Existenz einer Lösung sicherstellt. Globale Aussagen erhält man nur mit Zusatzannahmen. Ist unter den Bedingungen von Satz B.8 $\mathcal{D} = I \times \mathbb{R}^n$, wobei $I \subset \mathbb{R}$ ein Intervall bezeichnet, und ist $\mathbf{f}$ auch linear beschränkt bzgl. $\mathbf{y}$, so existiert eine Lösung auf ganz I. Dabei heißt eine Funktion $\mathbf{f} : I \times \mathbb{R}^n \to \mathbb{R}^n$, $(t, \mathbf{y}) \mapsto \mathbf{f}(t, \mathbf{y})$ linear beschränkt bzgl. $\mathbf{y}$, wenn es stetige, nichtnegative Funktionen $\alpha : I \to \mathbb{R}$ und $\beta : I \to \mathbb{R}$ gibt, so daß für alle $t \in I$ und für alle $\mathbf{y} \in \mathbb{R}^n$ die Ungleichung $\|\mathbf{f}(t, \mathbf{y})\| \leq \alpha(t) \|\mathbf{y}\| + \beta(t)$ gilt. Diese Voraussetzungen sind insbesondere für Systeme von linearen Differentialgleichungen erfüllt. □

Im Rahmen der Kontrolltheorie (Kapitel 7) sind wir mit Differentialgleichungssystemen konfrontiert, die eine etwas andere formale Struktur als in (B.2.1) besitzen. Konkret haben wir dabei eine weitere Funktion $\mathbf{u}$ als Argument der Funktion $\mathbf{f}$ zu berücksichtigen, d.h., man betrachtet ein Differentialgleichungssystem der Form

$$\mathbf{y}' = \mathbf{f}(t, \mathbf{y}, \mathbf{u}) \tag{B.2.5}$$

mit Funktionen $\mathbf{f} : I \times Y \times \mathbb{R}^m \to \mathbb{R}^n$ und $\mathbf{u} : I \to \mathbb{R}^m$, wobei $I \subset \mathbb{R}$ ein offenes Intervall und $Y \subset \mathbb{R}^n$ ein Gebiet bezeichnen. Es stellt sich nun die Frage, welche Bedingungen die Funktion $\mathbf{u}$ erfüllen muß, um auch für Anfangswertprobleme der Form (B.2.5) die Existenz und Eindeutigkeit einer Lösung sicherzustellen. Die Antwort hierauf liefert der Satz von Cauchy-Peano (vgl. TAKAYAMA (1985), S. 305), der hinsichtlich der Voraussetzungen an $\mathbf{f}$ gerade dem Satz von Picard-Lindelöf entspricht, zusätzlich jedoch fordert, daß die Funktion $\mathbf{u}$ stückweise stetig ist.

Satz B.9 (Cauchy-Peano) *Sei* $I \subset \mathbb{R}$ *ein offenes Intervall,* $Y \subset \mathbb{R}^n$ *ein Gebiet, und die Funktion* $\mathbf{f} : I \times Y \times \mathbb{R}^m \to \mathbb{R}^n$, $(t, \mathbf{y}, \mathbf{u}) \mapsto \mathbf{f}(t, \mathbf{y}, \mathbf{u})$*, sei stetig sowie bzgl.*

ihrer „mittleren" Komponenten (d.h. $y_1, ..., y_n$) stetig partiell differenzierbar. Ferner sei die Funktion $\mathbf{u} : I \to \mathbb{R}^m$ *stückweise stetig. Dann existiert zu jedem* $(t_0, \mathbf{y}_0) \in I \times Y$ *ein* $\varepsilon > 0$ *und eine eindeutige stetige Lösung* $\boldsymbol{\varphi} : [t_0 - \varepsilon, t_0 + \varepsilon] \subset I \to \mathbb{R}^n$ *des Differentialgleichungssystems (B.2.5) mit der Anfangsbedingung* $\boldsymbol{\varphi}(t_0) = \mathbf{y}_0$.

Bemerkung B.2 **(i)** Man beachte, daß die Lösung $\boldsymbol{\varphi}$ die Differentialgleichung $\boldsymbol{\varphi}'(t) = f(t, \boldsymbol{\varphi}(t), \mathbf{u}(t))$ aufgrund der stückweisen Stetigkeit von $\mathbf{u}$ ebenfalls nur noch stückweise erfüllen muß, d.h., die Differentialgleichung gilt auf dem ganzen Intervall $[t_0 - \varepsilon, t_0 + \varepsilon]$ außer an abzählbar vielen Stellen.

(ii) Ebenso wie der Satz von Picard-Lindelöf macht auch der Satz von Cauchy-Peano nur eine lokale Aussage, d.h., $\boldsymbol{\varphi}$ ist nicht notwendig auf ganz I definiert.

(iii) Man kann die Lösung eines Differentialgleichungssystems auch als sog. *Kurve* im $\mathbb{R}^n$ mit Parameter t auffassen. Diese Kurve wird häufig auch als *Trajektorie* oder als *Phasenbahn* bezeichnet, weshalb der $\mathbb{R}^n$ in diesem Zusammenhang auch der *Phasenraum* des Differentialgleichungssystems genannt wird. □

In vielen Anwendungen ist man an Aussagen darüber interessiert, wie die Lösung einer Differentialgleichung vom Anfangswert $(t_0, \mathbf{y}_0)$ abhängt bzw. auf Veränderungen dieses Anfangswertes reagiert. Daher soll an dieser Stelle ein Satz aufgeführt werden, der Bedingungen dafür angibt, daß die Lösung eines Differentialgleichungssystems stetig und stetig partiell differenzierbar bzgl. des Anfangswerts ist. Von diesem Satz wird im Rahmen der Kontrolltheorie Gebrauch gemacht.

Satz B.10 *Sei* $\mathcal{D} \subset \mathbb{R} \times \mathbb{R}^n$ *ein Gebiet, und sei die Funktion* $\mathbf{f} : \mathcal{D} \to \mathbb{R}^n$ *stetig und bzgl. ihrer letzten n Komponenten stetig partiell differenzierbar. Weiter sei* $(t_0, \mathbf{y}_0) \in \mathcal{D}$ *gegeben und* $I \subset \mathbb{R}$ *ein kompaktes Intervall mit* $t_0 \in I$*, auf dem die Lösung* $\boldsymbol{\varphi}_0$ *des Differentialgleichungssystems* $\mathbf{y}' = \mathbf{f}(t, \mathbf{y})$ *mit Anfangsbedingung* $\boldsymbol{\varphi}_0(t_0) = \mathbf{y}_0$ *existiert. Zur Verdeutlichung der Abhängigkeit vom Anfangswert werde diese Lösung in der Form* $\boldsymbol{\varphi}_0(t) = \boldsymbol{\varphi}(t; t_0, \mathbf{y}_0)$ *geschrieben.*

Dann existiert ein $\eta > 0$*, so daß* $\mathcal{A}_\eta := \{(t, \mathbf{y}) : t \in I, |\mathbf{y} - \boldsymbol{\varphi}_0(t)| \leq \eta\} \subset \mathcal{D}$ *ist und jede Lösung* $\boldsymbol{\varphi}$ *eines Anfangswertproblems zur Anfangsbedingung* $\boldsymbol{\varphi}(s) = \mathbf{z}$, $(s, \mathbf{z}) \in \mathcal{A}_\eta$*, auf I existiert. Die zugehörigen Lösungen* $\boldsymbol{\varphi}(t; s, \mathbf{z})$ *sind stetig in allen Argumenten und darüber hinaus stetig partiell differenzierbar nach* $(s, \mathbf{z})$*. Des weiteren sind diese partiellen Ableitungen selbst nach t stetig differenzierbar.*

Ähnlich wie bei den einfachen Differentialgleichungen erster Ordnung spielen auch im n-dimensionalen Fall sog. lineare Differentialgleichungssysteme eine zentrale Rolle, da sich ihre Lösungen gut charakterisieren und unter gewissen Zusatzvoraussetzungen sogar in expliziter Form angeben lassen.

Definition B.7 *Sei* $I \subset \mathbb{R}$ *ein Intervall sowie* $\mathbf{A} : I \to \mathbb{R}^{n \times n}$ *und* $\mathbf{b} : I \to \mathbb{R}^n$ *zwei stetige Abbildungen. Dann heißt*

$$\mathbf{y}' = \mathbf{A}(t) \cdot \mathbf{y} + \mathbf{b}(t) \tag{B.2.6}$$

ein lineares System von n Differentialgleichungen erster Ordnung *(kurz: lineares Differentialgleichungssystem). Ist die Abbildung* $\mathbf{b}$ *identisch Null, d.h.* $\mathbf{b}(t) = 0$ $\forall t \in I$, *heißt das Differentialgleichungssystem* homogen. *Ist* $\mathbf{b}$ *hingegen von Null verschieden, so heißt das Differentialgleichungssystem* inhomogen, *und das System* $\mathbf{y}' = \mathbf{A}(t) \cdot \mathbf{y}$ *wird als das dem inhomogenen System* zugehörige homogene System *bezeichnet.*

Bemerkung B.3 Die Abbildung A ist matrix- und die Abbildung $\mathbf{b}$ vektorwertig, d.h.

$$\mathbf{A} = \begin{pmatrix} a_{11} & \cdots & a_{1n} \\ \vdots & & \vdots \\ a_{n1} & \cdots & a_{nn} \end{pmatrix} \text{ und } \mathbf{b} = \begin{pmatrix} b_1 \\ \vdots \\ b_n \end{pmatrix}.$$

Die in Definition B.7 vorausgesetzte Stetigkeit erfordert somit, daß alle eindimensionalen Funktionen $a_{ij} : I \to \mathbb{R}$, $i, j = 1, ..., n$, und $b_k : I \to \mathbb{R}$, $k = 1, ..., n$, stetig sind. □

Satz B.11 *Sei* $I \subset \mathbb{R}$ *ein Intervall und* $\mathbf{A} : I \to \mathbb{R}^{n \times n}$ *und* $\mathbf{b} : I \to \mathbb{R}^n$ *stetige Abbildungen. Dann existiert zu jedem* $(t_0, \mathbf{y}_0) \in I \times \mathbb{R}^n$ *genau eine Lösung* $\boldsymbol{\varphi} : I \to \mathbb{R}^n$ *des linearen Differentialgleichungssystems (B.2.6) mit der Anfangsbedingung* $\boldsymbol{\varphi}(t_0) = \mathbf{y}_0$.

Es sei hervorgehoben, daß Satz B.11 die Existenz einer globalen, d.h. auf ganz I definierten Lösung des Differentialgleichungssystems sicherstellt. Im Gegensatz zum eindimensionalen Fall (vgl. Satz B.4 und B.5) ist diese Lösung aber weder für ein homogenes noch für ein inhomogenes System in geschlossener Form allgemein bestimmbar. Dies ist lediglich im Fall konstanter, d.h. von t unabhängiger Koeffizienten $\mathbf{A}$ und $\mathbf{b}$ möglich, auf den wir unten noch eingehen werden. Man gelangt jedoch bereits im allgemeinen Fall zu einigen interessanten und wichtigen Resultaten, wenn man ein lineares Differentialgleichungssystem *ohne* Anfangsbedingung betrachtet.

Satz B.12 *Sei* $I \subset \mathbb{R}$ *ein Intervall und* $\mathbf{A} : I \to \mathbb{R}^{n \times n}$ *eine stetige Abbildung. Dann ist die Lösungsmenge* L_H *des homogenen linearen Differentialgleichungssystems*

$$\mathbf{y}' = \mathbf{A}(t) \cdot \mathbf{y} \tag{B.2.7}$$

ein n*-dimensionaler Vektorraum über* $\mathbb{R}$.

Ist darüber hinaus $\mathbf{b} : I \to \mathbb{R}^n$ *eine weitere stetige Abbildung, so besitzt die Lösungsmenge* L_I *des inhomogenen Differentialgleichungssystems*

$$\mathbf{y}' = \mathbf{A}(t) \cdot \mathbf{y} + \mathbf{b}(t) \tag{B.2.8}$$

die Gestalt

$$L_I = \boldsymbol{\psi}_0 + L_H, \tag{B.2.9}$$

wobei $\boldsymbol{\psi}_0 : I \to \mathbb{R}^n$ *eine beliebige Lösung des inhomogenen Systems bezeichnet.*

Bemerkung B.4 **(i)** Eine Basis $(\varphi_1^*, ..., \varphi_n^*)$ des Vektorraums L_H wird als *Fundamentalsystem* des Differentialgleichungssystems $\mathbf{y}' = \mathbf{A}(t) \cdot \mathbf{y}$ bezeichnet. Ein Vektor $(\boldsymbol{\varphi}_1, ..., \boldsymbol{\varphi}_n)$ von Lösungen dieses Systems bildet genau dann ein Fundamentalsystem, wenn die Determinante der Matrix $\boldsymbol{\Phi} := (\boldsymbol{\varphi}_1, ..., \boldsymbol{\varphi}_n)$ von Null verschieden ist.[7]

(ii) Alle bisher gemachten Aussagen gelten auch dann, wenn die Abbildungen $\mathbf{A}$ und $\mathbf{b}$ *komplexwertig* sind, d.h. der Bildraum $\mathbb{R}^n$ durch $\mathbb{C}^n$ ersetzt wird. Dies ist für die Bestimmung expliziter Lösungen von homogenen Differentialgleichungssystemen mit konstanten Koeffizienten von zentraler Bedeutung. □

Bemerkung B.5 Es sei daran erinnert, daß sich jedes Element eines Vektorraumes als Linearkombination der Elemente einer Basis dieses Vektorraumes darstellen läßt. Ist $(\varphi_1^*, ..., \varphi_n^*)$ ein Fundamentalsystem des Differentialgleichungssystems $\mathbf{y}' = \mathbf{A}(t)\mathbf{y}$, so besitzt dessen allgemeine Lösung folglich die Gestalt $\sum_{i=1}^n c_i \cdot \boldsymbol{\varphi}_i^*$, $c_i \in \mathbb{R}$. □

Bevor abschließend auf lineare Differentialgleichungssysteme mit konstanten Koeffizienten näher eingegangen wird, wollen wir angeben, wie eine spezielle Lösung des inhomogenen Systems mit Hilfe des Ansatzes der Variation der Konstanten bestimmt werden kann, *wenn* ein Fundamentalsystem des zugehörigen homogenen Systems vorliegt. Satz B.13 stellt somit eine Verallgemeinerung von Satz B.5 dar.

Satz B.13 *Sei $I \subset \mathbb{R}$ ein Intervall sowie $\mathbf{A} : I \longrightarrow \mathbb{R}^{n \times n}$ und $\mathbf{b} : I \longrightarrow \mathbb{R}^n$ zwei stetige Abbildungen. Ferner sei $\boldsymbol{\varphi}_1, ..., \boldsymbol{\varphi}_n$ ein Fundamentalsystem des homogenen Differentialgleichungssystems $\mathbf{y}' = \mathbf{A}(t) \cdot \mathbf{y}$. Bezeichnet $\boldsymbol{\Phi} := (\boldsymbol{\varphi}_1, ..., \boldsymbol{\varphi}_n)$ die aus dem Fundamentalsystem gebildete $(n \times n)$-Matrix, so ist die durch*

$$\boldsymbol{\psi}(t) := \boldsymbol{\Phi}(t) \left(\mathbf{c} + \int_{t_0}^{t} \boldsymbol{\Phi}(s)^{-1} \mathbf{b}(s) ds \right) \tag{B.2.10}$$

definierte Funktion $\boldsymbol{\psi} : I \longrightarrow \mathbb{R}^n$ eine Lösung des inhomogenen Differentialgleichungssystems $\mathbf{y}' = \mathbf{A}(t) \cdot \mathbf{y} + \mathbf{b}(t)$, wobei $t_0 \in I$ beliebig ist und $\mathbf{c} \in \mathbb{R}^n$ eine Konstante bezeichnet.

Am Ende dieses Abschnitts gelangen wir nunmehr zu linearen Differentialgleichungssystemen mit konstanten Koeffizienten, d.h. mit zeitunabhängigen „Abbildungen" $\mathbf{A}$ und $\mathbf{b}$, deren Lösungen mit Hilfe der Eigenwerttheorie von Matrizen in expliziter Form bestimmbar sind. Wir können uns dabei sogar auf den Fall eines *homogenen* Systems ($\mathbf{b} = \mathbf{0}$) beschränken, weil die Bestimmung einer Lösung des zugehörigen inhomogenen Systems anschließend mit Hilfe von Satz B.13 (prinzipiell) möglich ist. Wie bereits in Bemerkung B.4 (ii) angedeutet wurde, ist es allerdings zweckmäßig, das entscheidende Resultat für *komplexwertige* Differentialgleichungen zu formulieren. Die Ursache hierfür ist, daß reellwertige Matrizen nicht notwendig

---

[7] Es sei daran erinnert, daß die Lösungen $\boldsymbol{\varphi}_1, ..., \boldsymbol{\varphi}_n$ vektorwertig sind, so daß $\boldsymbol{\Phi}$ eine $(n \times n)$-Matrix darstellt.

auch reelle Eigenwerte und -vektoren besitzen, so daß in einem derartigen Fall Zusatzüberlegungen angestellt werden müßten.

Satz B.14 *Sei $I \subset \mathbb{R}$ ein Intervall und $\mathbf{A} \in \mathbb{C}^{n \times n}$ eine gegebene Matrix, welche n verschiedene Eigenwerte $\lambda_1, ..., \lambda_n \in \mathbb{C}$ und n zugehörige, linear unabhängige Eigenvektoren $\mathbf{z}_1, ..., \mathbf{z}_n \in \mathbb{C}^n$ besitzt. Dann bilden die durch*

$$\boldsymbol{\varphi}_k(t) := \mathbf{z}_k \cdot e^{\lambda_k t}, \quad k = 1, ..., n, \tag{B.2.11}$$

definierten Funktionen $\boldsymbol{\varphi}_k : \mathbb{R} \to \mathbb{C}^n$ ein Fundamentalsystem von Lösungen des homogenen linearen Differentialgleichungssystems $\mathbf{y}' = \mathbf{A}\mathbf{y}$.

In ökonomischen Anwendungen tritt fast ausschließlich der Fall reellwertiger Differentialgleichungssysteme ($\mathbf{A} \in \mathbb{R}^{n \times n}$) auf. *Wenn* die zugehörige Matrix über n *reelle* Eigenwerte verfügt, bleibt Satz B.14 in dieser Form gültig, d.h., man erhält über (B.2.11) ein Lösungsfundamentalsystem. Besitzt die Matrix hingegen komplexe Eigenwerte und sind die Voraussetzungen von Satz B.14 erfüllt, so ist zumindest eine Transformation auf ein reelles Fundamentalsystem möglich. Existieren jedoch weniger als n Eigenwerte bzw. keine n linear unabhängigen Eigenvektoren, sind noch weitere Überlegungen mit Hilfe der sog. Jordan-Normalform notwendig. Auf diese beiden Aspekte wollen wir an dieser Stelle jedoch nicht näher eingehen.

B.3 Gewöhnliche Differentialgleichungen n-ter Ordnung

In diesem Abschnitt widmen wir uns dem Fall, daß in einer Differentialgleichung auch höhere Ableitungen von Bedeutung sind.

Definition B.8 *Gegeben seien eine Menge $\mathcal{D} \subset \mathbb{R} \times \mathbb{R}^n$ und eine stetige Funktion $f : \mathcal{D} \to \mathbb{R}$. Dann heißt*[8]

$$y^{(n)} = f\left(t, y, y', ..., y^{(n-1)}\right) \tag{B.3.1}$$

eine gewöhnliche Differentialgleichung n-ter Ordnung.

Ist $I \subset \mathbb{R}$ ein Intervall und $\varphi : I \to \mathbb{R}$ eine n-mal differenzierbare Funktion mit $\{(t, y_0, ..., y_{n-1}) \in I \times \mathbb{R}^n : y_k = \varphi^{(k)}(t),\ k = 0, ..., n-1\} \subset \mathcal{D}$, welche die Gleichung

$$\varphi^{(n)}(t) = f\left(t, \varphi(t), \varphi'(t), ..., \varphi^{(n-1)}(t)\right) \quad \forall t \in I \tag{B.3.2}$$

erfüllt, so heißt die Funktion φ eine Lösung *der Differentialgleichung (B.3.1).*

Ist zusätzlich ein fester Punkt $(t_0, y_0, ..., y_{n-1}) \in \mathcal{D}$, $t_0 \in I$, gegeben und soll die Lösung die Bedingungen $\varphi(t_0) = y_0, \varphi'(t_0) = y_1, ..., \varphi^{(n-1)}(t_0) = y_{n-1}$ erfüllen, wird (B.3.1) als Anfangswertproblem *bzw. als Differentialgleichung mit Anfangsbedingung bezeichnet.*

[8] Die Bezeichnung $y^{(k)}$ steht für die k-te Ableitung von y nach t.

Man kann leicht nachprüfen, daß sich eine Differentialgleichung n-ter Ordnung in dem Sinne auf ein System von n Differentialgleichungen erster Ordnung zurückführen läßt, als eine Lösung φ von (B.3.1) zugleich eine Lösung des Systems erster Ordnung

$$\overline{\mathbf{y}}' = \mathbf{g}(t, \overline{\mathbf{y}}) \qquad \text{(B.3.3)}$$

mit $\overline{\mathbf{y}} := (y_0, ..., y_{n-2}, y_{n-1})^t$ und $\mathbf{g}(t, \overline{\mathbf{y}}) := (y_1, ..., y_{n-1}, f(t, \overline{\mathbf{y}}))^t$ definiert und umgekehrt. Das System (B.3.3) lautet nämlich in ausführlicher Schreibweise

$$\begin{aligned} y_0' &= y_1, \\ y_1' &= y_2, \\ &\vdots \\ y_{n-2}' &= y_{n-1}, \\ y_{n-1}' &= f(t, y_0, ..., y_{n-1}), \end{aligned} \qquad \text{(B.3.4)}$$

so daß eine Lösung φ von (B.3.1) mit

$$\varphi_0(t) := \varphi(t), \ \varphi_1(t) := \varphi'(t), \ \dots, \varphi_{n-1}(t) := \varphi^{(n-1)}(t)$$

unmittelbar eine Lösung $\boldsymbol{\psi} := (\varphi_0, ..., \varphi_{n-1})^t$ von (B.3.4) liefert. Ist hingegen $\boldsymbol{\psi} = (\varphi_0, ..., \varphi_{n-1})^t$ eine Lösung von (B.3.3), so definiert $\varphi := \varphi_0$ eine Lösung von (B.3.1), da nach (B.3.4) die Beziehungen

$$\begin{aligned} \varphi_1(t) &= \varphi_0'(t) = \varphi'(t), \\ \varphi_2(t) &= \varphi_1'(t) = \varphi_0''(t) = \varphi''(t), \\ &\vdots \\ \varphi_{n-1}(t) &= \varphi^{(n-1)}(t) \end{aligned}$$

sowie

$$\varphi^{(n)}(t) = \varphi_{n-1}'(t) = f(t, \varphi_0, ..., \varphi_{n-1}) = f(t, \varphi(t), \varphi'(t), ..., \varphi^{(n-1)}(t))$$

gelten.

Dieser Zusammenhang läßt sich beispielsweise dahingehend ausnutzen, daß die für Differentialgleichungssysteme bewiesenen Existenz- und Eindeutigkeitssätze auch auf Differentialgleichungen n-ter Ordnung übertragbar sind. So gelten die in Abschnitt B.2 angegebenen Sätze von Peano und Picard-Lindelöf ebenso für Differentialgleichungen n-ter Ordnung und brauchen an dieser Stelle nicht nochmals aufgeführt werden. Im Hinblick auf die konkrete Lösung einer Differentialgleichung n-ter Ordnung ist die Umformulierung auf ein Differentialgleichungssystem erster Ordnung jedoch nicht immer zweckmäßig, da man über eine direkte Behandlung der Differentialgleichung n -ter Ordnung häufig einfacher zum Ziel gelangt. Dies gilt insbesondere für den Fall einer linearen Differentialgleichung n-ter Ordnung mit *konstanten Koeffizienten.*

Definition B.9 *Sei $I \subset \mathbb{R}$ ein Intervall, und $a_k : I \to \mathbb{R}$, $k = 0, 1, ..., n-1$, sowie $b : I \to \mathbb{R}$ seien stetige Funktionen. Dann heißt*

$$y^{(n)} + a_{n-1}(t)y^{(n-1)} + ... + a_1(t)y' + a_0(t)y = b(t) \tag{B.3.5}$$

eine lineare Differentialgleichung n-ter Ordnung. *Ist die Funktion b identisch Null, heißt (B.3.5)* homogen, *ist b hingegen von Null verschieden, wird die Differentialgleichung als* inhomogen *bezeichnet.*

Sind alle Funktionen a_k, $k = 0, 1, ..., n-1$, unabhängig von t, d.h. konstant, so heißt (B.3.5) eine lineare Differentialgleichung n-ter Ordnung mit konstanten Koeffizienten.

Aufgrund des oben gezeigten Zusammenhangs zwischen Differentialgleichungen n-ter Ordnung und Differentialgleichungssystemen erster Ordnung gelten die in den Sätzen B.11 und B.12 sowie in Bemerkung B.4 gemachten Aussagen sinngemäß auch für lineare Differentialgleichungen n-ter Ordnung, so daß sie an dieser Stelle nicht nochmals aufgeführt werden.

Die Lösungen einer homogenen linearen Differentialgleichung n-ter Ordnung mit konstanten Koeffizienten lassen sich stets in expliziter Form angeben.

Satz B.15 *Sei $I \subset \mathbb{R}$ ein Intervall, $a_k \in \mathbb{R}$, $k = 0, 1, ..., n-1$, und sei*

$$y^{(n)} + a_{n-1}y^{(n-1)} + ... + a_1y' + a_0y = 0 \tag{B.3.6}$$

eine homogene lineare Differentialgleichung n-ter Ordnung mit konstanten Koeffizienten. Ferner sei $\lambda \in \mathbb{C}$ eine m-fache Nullstelle des Polynoms

$$Y^n + a_{n-1}Y^{n-1} + ... + a_1Y + a_0. \tag{B.3.7}$$

Dann definieren die Funktionen

$$\varphi_1(t) := e^{\lambda t},\ \varphi_2(t) := t \cdot e^{\lambda t}, ..., \varphi_m(t) := t^{m-1} \cdot e^{\lambda t} \tag{B.3.8}$$

gerade m Lösungen der Differentialgleichung (B.3.6). Aus den n (möglicherweise mehrfachen) Nullstellen des Polynoms gewinnt man mittels (B.3.8) ein Fundamentalsystem[9] der Differentialgleichung (B.3.6).

Bemerkung B.6 **(i)** Das Polynom (B.3.7) läßt sich als charakteristisches Polynom einer Matrix auffassen, so daß die Nullstellengleichung

$$Y^n + a_{n-1}Y^{n-1} + ... + a_1Y + a_0 = 0 \tag{B.3.9}$$

auch *charakteristische Gleichung* der Differentialgleichung (B.3.6) genannt wird.

(ii) die Nullstellen eines Polynoms werden häufig auch als seine *Wurzeln* (englisch: roots) bezeichnet. □

[9] Genau wie im Fall von linearen Differentialgleichungssytemen erster Ordnung versteht man unter einem Fundamentalsystem einer linearen Differentialgleichung n-ter Ordnung eine Basis des Vektorraumes seiner Lösungen.

Bemerkung B.7 In Satz B.15 ist besonders zu beachten, daß die Nullstellen des Polynoms durchaus *komplexe* Zahlen sein können, selbst wenn alle Koeffizienten a_k reell sind. Demzufolge können auch die Lösungen der Differentialgleichung komplex sein, so daß sich im Hinblick auf die ökonomische Interpretation dieser Lösungen Schwierigkeiten ergeben können. Man kann ein Fundamentalsystem komplexer Lösungen jedoch problemlos in ein Fundamentalsystem reeller Lösungen transformieren, indem man die zu einer komplexen Nullstelle λ gehörigen Lösungen in Real- und Imaginärteil aufspaltet und außerdem die zu den konjugiert-komplexen Nullstellen $\overline{\lambda}$ gehörigen Lösungen streicht.

Um dies einzusehen beachte man zunächst, daß ein Polynom n-ten Grades stets genau n Nullstellen besitzt (reell und/oder komplex). Insbesondere addieren sich die Vielfachheiten der Nullstellen zu n auf, falls mehrfache Nullstellen auftreten.[10] Des weiteren benötigt man die sog. *Eulersche Formel*, welche die Exponentialfunktion im Komplexen in ihren Real- und ihren Imaginärteil zerlegt. Sie lautet

$$\exp(it) = \cos(t) + i \cdot \sin(t), t \in \mathbb{R},$$

wobei i die imaginäre Einheit, d.h. die eindeutige Lösung der Gleichung $i^2 = -1$ bezeichnet. Schließlich ist zu beachten, daß komplexe Lösungen eines Polynoms stets in konjugiert-komplexen Paaren auftreten. Ist also $\lambda = \mu + i\nu$ eine Nullstelle eines Polynoms, so ist $\overline{\lambda} = \mu - i\nu$ ebenfalls eine Nullstelle des gleichen Polynoms.

Es sei nun angenommen, daß man über Satz B.15 ein Fundamentalsystem der Differentialgleichung (B.3.6) bestimmt hat, bei dem m Basiselemente aus einer m-fachen komplexen Nullstelle $\lambda = \mu + i\nu$ des Polynoms (B.3.7) resultieren. Nach Satz B.15 sind diese durch

$$\varphi_1(t) = e^{\lambda t}, \varphi_2(t) = t \cdot e^{\lambda t}, ..., \varphi_m(t) = t^{m-1} \cdot e^{\lambda t}$$

gegeben. Durch Anwendung der Eulerschen Formel lassen sie sich auch in der Form

$$\begin{aligned}
\varphi_1(t) &= \exp(\mu t) \cdot (\cos(\nu t) + i \cdot \sin(\nu t)), \\
\varphi_2(t) &= t \cdot \exp(\mu t) \cdot (\cos(\nu t) + i \cdot \sin(\nu t)), \\
&\vdots \\
\varphi_m(t) &= t^{m-1} \cdot \exp(\mu t) \cdot (\cos(\nu t) + i \cdot \sin(\nu t))
\end{aligned}$$

darstellen. Spaltet man diese Lösungen nun schließlich jeweils in Real- und Imaginärteil auf, erhält man mit

$$t^q \cdot \exp(\mu t) \cdot \cos(\nu t) \quad \text{und} \quad t^q \cdot \exp(\mu t) \cdot \sin(\nu t), \qquad q = 0, 1, ..., m-1,$$

gerade $2m$ reelle Lösungen der Differentialgleichung. Im ursprünglich über Satz B.15 ermittelten Fundamentalsystem ersetzt man dann die m zur komplexen Nullstelle

[10] Bspw. besitzt das durch $x^3 - x^2$ gegebene Polynom dritten Grades die einfache Nullstelle $x_1 = 1$ und die zweifache Nullstelle $x_2 = 0$.

λ sowie die m zur konjugiert-komplexen Nullstelle $\overline{\lambda} = \mu - i\nu$ gehörigen Lösungen durch die $2m$ soeben bestimmten reellen Lösungen und hat somit ein reelles Fundamentalsystem aus n Lösungen der Differentialgleichung (B.3.6) gefunden.[11] □

Abschließend sei noch darauf hingewiesen, daß Satz B.15 im Zusammenspiel mit Satz B.13 auch zur Bestimmung einer Lösung einer inhomogenen linearen Differentialgleichung n-ter Ordnung mit konstanten Koeffizienten genutzt werden kann. Dazu bestimmt man mit Satz B.15 zunächst ein Fundamentalsystem der zugehörigen homogenen Differentialgleichung, nutzt dann die zu Beginn dieses Abschnitts angegebene Transformation auf ein System von n Differentialgleichungen erster Ordnung und wendet schließlich Satz B.13 (Variation der Konstanten) an.[12]

B.4 Partielle Differentialgleichungen

Die in den vorangegangenen Abschnitten behandelten gewöhnlichen Differentialgleichungen treten auf, wenn man die Variationsrechnung und die Kontrolltheorie zur Lösung zeitstetiger dynamischer Optimierungsprobleme nutzt. Wendet man hingegen die dynamische Programmierung auf zeitstetige Probleme an, stößt man schnell auf partielle Differentialgleichungen. Die hierzu existierende mathematische Theorie ist um ein Vielfaches schwieriger als jene der gewöhnlichen Differentialgleichungen, und eine ähnlich umfangreiche Behandlung wie in Abschnitt B.1-B.3 würde den Rahmen dieses Buches komplett sprengen. Wir beschränken uns dementsprechend darauf, der Vollständigkeit halber die Definition partieller Differentialgleichungen anzugeben, verzichten jedoch auf jegliche Aussagen zur Existenz oder sogar zur Bestimmung einer Lösung.

Definition B.10 *Sei $\mathcal{D} \subset \mathbb{R}^n$ ein Gebiet und $f : \mathcal{D} \to \mathbb{R}$ eine (hinreichend oft) partiell differenzierbare Funktion. Weiter sei P ein Polynom vom Grade m in n Variablen, dessen Koeffizienten stetige Funktionen sind. Dann heißt*

$$P\left(\frac{\partial}{\partial x_1}, \dots, \frac{\partial}{\partial x_n}\right) f = 0 \tag{B.4.1}$$

eine lineare partielle Differentialgleichung m-ter Ordnung.[13]

[11] Die zur konjugiert-komplexen Nullstelle $\overline{\lambda}$ gehörigen Lösungen dürfen nicht berücksichtigt werden, da ein Fundamentalsystem als Basis eines n-dimensionalen Vektorraums nur aus n Lösungen der Differentialgleichung bestehen kann. Sollte das relevante Polynom (B.3.7) mehrere komplexe Nullstellen $\lambda_1, \dots, \lambda_k$ (mit konjugiert-komplexen Nullstellen $\overline{\lambda}_1, \dots, \overline{\lambda}_k$) besitzen, muß das oben beschriebene Verfahren natürlich für jede dieser Nullstellen durchgeführt werden.

[12] Sollte das Fundamentalsystem der homogenen Differentialgleichung auch komplexe Lösungen enthalten, ist dabei vor der Transformation auf ein System von n Differentialgleichungen noch das in Bemerkung B.7 dargestellte Verfahren anzuwenden.

[13] Die in (B.4.1) verwendete Kurzschreibweise bedeutet einfach, daß die partiellen Ableitungen der Funktion f für die n Variablen des gegebenen Polynoms eingesetzt werden müssen.

Im Gegensatz zu gewöhnlichen Differentialgleichungen, bei denen nur Funktionen *einer* Variablen sowie deren Ableitungen miteinander verknüpft werden, zeichnen sich partielle Differentialgleichungen also dadurch aus, daß sie Funktionen *mehrerer* Variablen sowie deren partielle Ableitungen zueinander in Beziehung setzen. Die Ordnung der partiellen Differentialgleichung wird dabei durch die höchste auftretende partielle Ableitung definiert, d.h. $\frac{\partial}{\partial x_2} f(x_1, x_2) + \frac{\partial^4}{\partial x_1^4} f(x_1, x_2) = 0$ stellt beispielsweise eine partielle Differentialgleichung vierten Grades dar.

Das Vorgehen bei der Bestimmung der Lösung einer partiellen Differentialgleichung hängt in der Regel sehr stark von der Form dieser Differentialgleichung selbst ab, so daß kein allgemein anwendbares „Rezept" angegeben werden kann. Selbst partielle Differentialgleichungen erster und zweiter Ordnung sind häufig extrem schwierig und zumeist nur numerisch lösbar. Es gibt jedoch einige „typische" partielle Differentialgleichungen, die in der (insbesondere physikalischen) Anwendung immer wieder auftreten und zu denen eine umfangreiche Literatur existiert. Hierauf kann an dieser Stelle allerdings nicht näher eingegangen werden.

Literaturhinweise

Der in diesem Anhang präsentierte Überblick über die zentralen Grundlagen der Theorie der Differentialgleichungen ist äußerst knapp gehalten, da er in erster Linie als „Nachschlagemöglichkeit" gedacht ist. Die hier gewählte Darstellung orientiert sich dabei im wesentlichen an der entsprechenden Vorgehensweise und Notation in FORSTER (1984) sowie teilweise an BRAUN (1991) und WALTER (2000). Für eine intensivere Beschäftigung mit der Theorie der gewöhnlichen Differentialgleichungen sei neben den genannten Werken auch auf andere Standardlehrbücher zu diesem Themenkomplex wie z.B. COLLATZ (1990) und HEUSER (1995) verwiesen.

Literaturverzeichnis

ARROW, K. J., HARRIS, T., MARSCHACK, J. (1951): Optimal Inventory Policy, *Econometrica* 19, 250-272.

ARROW, K. J., KARLIN, S., SCARF, H. (1958): *Studies in the Mathematical Theory of Inventory and Production*, Stanford University Press, Stanford.

BARNER, M., FLOHR, F. (1989): *Analysis 2*, de Gruyter, Berlin, New York.

BAZARAA, M. S., SHERALI, H. D. SHETTY, C. M. (1993): *Nonlinear Programming*, 2. edition John Wiley & Sons, New York.

BELLMAN, R. (1957): *Dynamic Programming*, Princeton University Press, Princeton.

BERTSEKAS, D. P. (1995a): *Dynamic Programming and Optimal Control*, Volume I, Athena Scientific, Belmont (Mass.).

BERTSEKAS, D. P. (1995b): *Dynamic Programming and Optimal Control*, Volume II, Athena Scientific, Belmont (Mass.).

BOLTJANSKI, W. G. (1976): *Optimale Steuerung diskreter Systeme*, Akademische Verlagsgesellschaft Geest & Portig K.-G., Leipzig.

BRAUN, M. (1991): Differentialgleichungen und ihre Anwendungen, 2. Auflage, Springer, Berlin, Heidelberg, New York.

CABALLERO, R. J. (1990): Consumption Puzzles and Precautionary Savings, *Journal of Monetary Economics* 25, 113-136.

CABALLERO, R. J. (1991): Earnings Uncertainty and Aggregate Wealth Accumulation, *American Economic Review* 81, 859-871.

CARROLL, C. D., SAMWICK, A. A. (1995): How Important is Precautionary Saving?, NBER Working Paper 5194.

CHIANG, A. C. (1992): *Elements of Dynamic Optimization*, McGraw-Hill, New York.

COLLATZ, L. (1990): *Differentialgleichungen: eine Einführung unter besonderer Berücksichtigung der Anwendungen*, 7. Auflage, Teubner, Stuttgart.

Deaton, A. (1992): *Understanding Consumption*, Clarendon Press, Oxford.

Dynkin, E. B., Yushkevich, A. A. (1979): *Controlled Markov Processes*, Springer, Berlin, Heidelberg, New York.

Feichtinger, G., Hartl, R. F. (1986): *Optimale Kontrolle ökonomischer Prozesse: Anwendungen des Maximumprinzips in den Wirtschaftswissenschaften*, de Gruyter, Berlin, New York.

Fischer, G. (2000): *Lineare Algebra*, 12. Auflage, Vieweg, Braunschweig, Wiesbaden.

Fleming, W. H., Rishel, R. W. (1975): *Deterministic and Stochastic Optimal Control*, Springer, Berlin, Heidelberg, New York.

Föllinger, O. (1988): *Optimierung dynamischer Systeme: Eine Einführung für Ingenieure*, 2. Auflage, Oldenbourg, München, Wien.

Forster, O. (1984): *Analysis 2*, 5. Auflage, Vieweg, Braunschweig, Wiesbaden.

Forster, O. (2001): *Analysis 1*, 6. Auflage, Vieweg, Braunschweig, Wiesbaden.

Franz, W. (1999): *Arbeitsmarktökonomik*, 4. Auflage, Springer, Berlin, Heidelberg, New York.

Hadley, G., Kemp, M. C. (1971): *Variational Methods in Economics*, North-Holland, Amsterdam, London.

Hestenes, M. R. (1966): *Calculus of Variations and Optimal Control Theory*, John Wiley & Sons, New York, London, Sydney.

Heuser, H. (1995): *Gewöhnliche Differentialgleichungen: Einführung in Lehre und Gebrauch*, 3. Auflage, Teubner, Stuttgart.

Holt, C. C., Modigliani, F., Muth, J. F., Simon, H. A. (1960): *Planning Production, Inventories and Work Force*, Prentice-Hall, Englewood Cliffs.

Iglehart, D. S. (1963): Optimality of (s,S) Policies in the Infinite Horizon Dynamic Inventory Problem, *Management Science* 9, 259-267.

Intriligator, M. D. (1971): *Mathematical Optimization and Economic Theory*, Prentice-Hall, Englewood Cliffs (N. J.).

Ioffe, A. D., Tichomirov, V. M. (1979): *Theorie der Extremalaufgaben*, VEB Deutscher Verlag der Wissenschaften, Berlin.

Johnston, J., DiNardo, J. (1997): *Econometric Methods*, 4. edition, McGraw-Hill, New York.

KAMIEN, M. I., SCHWARTZ, N. L., (1998): *Dynamic Optimization: The Calculus of Variations and Optimal Control in Economics and Management*, 2. edition, North-Holland, Amsterdam et al.

KARMANN, A. (2000): *Mathematik für Wirtschaftswissenschaftler*, 4. Auflage, Oldenbourg, München, Wien.

KOSMOL, P. (1991): *Optimierung und Approximation*, de Gruyter, Berlin, New York.

KREPS, D. M. (1990): *A Course in Microeconomic Theory*, Harvester Wheatsheaf, New York, London.

LINDBECK, A., SNOWER, D. J. (1986): Wage Setting, Unemployment, and Insider-Outsider Relations, *American Economic Review* 76, Pap. & Proc., 235-239.

LINDBECK, A., SNOWER, D. J. (1987): Efficiency Wages versus Insiders and Outsiders, *European Economic Review* 31, 407-416.

LINDBECK, A., SNOWER, D. J. (1988): Cooperation, Harassment, and Involuntary Unemployment: An Insider-Outsider Approach. *American Economic Review* 78, 167-188.

LUENBERGER, D. G. (1984): *Linear and Nonlinear Programming*, 2. edition, Addison-Wesley, Reading (Mass.).

LUENBERGER, D. G. (1995): *Microeconomic Theory*, McGraw-Hill, New York.

MALLIARIS, A. G., BROCK, W. A. (1982): *Stochastic Methods in Economics and Finance*, North-Holland, Amsterdam et al.

MAS-COLELL, A., WHINSTON, M. D., GREEN, J. R. (1995): *Microeconomic Theory*, Oxford University Press, New York, Oxford.

MICHEL, P. (1982): On the Transversality Condition in Infinite Horizon Optimal Control Problems, *Econometrica* 50, 975-985.

NÄSLUND, B. (1966): Simultaneous Determination of Optimal Repair Policy and Service Life, *Swedish Journal of Economics* 68, 63-73.

OPITZ, O. (1999): *Mathematik*, 7. Auflage, Oldenbourg, München, Wien.

PONTRJAGIN, L. S., BOLTJANSKI, V. G., GAMKRELIDZE, R. V., MISCENKO, E.F. (1967): *Mathematische Theorie optimaler Prozesse*, 2. Auflage, Oldenbourg, München, Wien.

RAHMAN, M. A., (1963): Regional Allocation of Investment, *Quarterly Journal of Economics* 77, 26-39.

RAHMAN, M. A., (1966): Regional Allocation of Investment: Continuous Version, *Quarterly Journal of Economics* 80, 159-160.

RAMSEY, F. P. (1928): A Mathematical Theory of Saving, *Economic Journal* 38, 543-559.

ROCKAFELLAR, R. T. (1970): *Convex Analysis*, Princeton University Press, Princeton.

SEBASTIAN, H.-J., SIEBER, N. (1981): *Diskrete Dynamische Optimierung*, Akademische Verlagsgesellschaft Geest & Portig K.-G., Leipzig.

SEIERSTAD, A., SYDSÆTER, K. (1987): *Optimal Control Theory with Economic Applications*, North-Holland, Amsterdam et al.

STOKEY, N. L., LUCAS, R. E. (1989): *Recursive Methods in Economic Dynamics*, Harvard University Press, Cambridge (Mass.), London.

SUNDARAM, R. K. (1996): *A First Course in Optimization Theory*, Cambridge University Press, Cambridge.

TAKAYAMA, A. (1985): *Mathematical Economics*, 2. edition, Cambridge University Press, Cambridge et al.

THOMPSON, G. L. (1968): Optimal Maintenance Policy and Sale Date of a Machine, *Management Science* 14, 543-550.

TROUTMAN, J. L. (1983): *Variational Calculus With Elementary Convexity*, Springer, New York, Heidelberg, Berlin.

VARIAN, H. R. (1992): *Microeconomic Analysis*, 3. edition, W. W. Norton & Company, New York, London.

VARIAN, H. R. (2001): *Grundzüge der Mikroökonomik*, 5. Auflage, Oldenbourg, München, Wien.

WALTER, W. (2000): *Gewöhnliche Differentialgleichungen: eine Einführung*, 7. Auflage, Springer, Berlin, Heidelberg, New York.

WHITE, D. J. (1969): *Dynamic Programming*, Holden-Day, San Francisco.

Index

9 783540 435006

Printed in Germany by
Amazon Distribution
GmbH, Leipzig